注册建筑师考试丛书
一级注册建筑师考试历年真题与解析

·1·

设计前期 场地与建筑设计（知识）

（第十四版）

《注册建筑师考试教材》编委会 编
曹纬浚 主编

中国建筑工业出版社

图书在版编目(CIP)数据

一级注册建筑师考试历年真题与解析.1,设计前期 场地与建筑设计：知识／《注册建筑师考试教材》编委会编；曹纬浚主编. —14版. — 北京：中国建筑工业出版社，2021.11
（注册建筑师考试丛书）
ISBN 978-7-112-26817-7

Ⅰ.①一… Ⅱ.①注…②曹… Ⅲ.①建筑设计—资格考试—题解 Ⅳ.①TU-44

中国版本图书馆CIP数据核字（2021）第233435号

责任编辑：张 建 刘 丹
责任校对：焦 乐
封面图片：刘延川 孟义强

注册建筑师考试丛书
一级注册建筑师考试历年真题与解析
·1·
设计前期 场地与建筑设计（知识）
（第十四版）
《注册建筑师考试教材》编委会 编
曹纬浚 主编
*
中国建筑工业出版社出版、发行（北京海淀三里河路9号）
各地新华书店、建筑书店经销
北京红光制版公司制版
北京市密东印刷有限公司印刷
*
开本：787毫米×1092毫米 1/16 印张：43¼ 字数：1051千字
2021年11月第十四版 2021年11月第一次印刷
定价：**118.00**元
ISBN 978-7-112-26817-7
（38483）

版权所有 翻印必究
如有印装质量问题，可寄本社图书出版中心退换
（邮政编码 100037）

《注册建筑师考试教材》
编委会

主任委员　赵春山
副主任委员　于春普　曹纬浚
主　　编　曹纬浚
主编助理　曹　京　陈　璐
编　　委（以姓氏笔画为序）

于春普　王又佳　王昕禾　尹　桔
叶　飞　冯　东　冯　玲　刘　博
许　萍　李　英　李魁元　何　力
汪琪美　张思浩　陈　岚　陈　璐
陈向东　赵春山　荣玥芳　侯云芬
姜忆南　贾昭凯　晁　军　钱民刚
郭保宁　黄　莉　曹　京　曹纬浚
穆静波　魏　鹏

序

赵春山

（住房和城乡建设部执业资格注册中心原主任）

我国正在实行注册建筑师执业资格制度，从接受系统建筑教育到成为执业建筑师之前，首先要得到社会的认可，这种社会的认可在当前表现为取得注册建筑师执业注册证书，而建筑师在未来怎样行使执业权力，怎样在社会上进行再塑造和被再评价从而建立良好的社会资源，则是另一个角度对建筑师的要求。因此在如何培养一名合格的注册建筑师的问题上有许多需要思考的地方。

一、正确理解注册建筑师的准入标准

我们实行注册建筑师制度始终坚持教育标准、职业实践标准、考试标准并举，三者之间相辅相成、缺一不可。所谓教育标准就是大学专业建筑教育。建筑教育是培养专业建筑师必备的前提。一个建筑师首先必须经过大学的建筑学专业教育，这是基础。职业实践标准是指经过学校专门教育后，又经过一段有特定要求的职业实践训练积累。只有这两个前提条件具备后才可报名参加考试。考试实际就是对大学建筑教育的结果和职业实践经验积累结果的综合测试。注册建筑师的产生都要经过建筑教育、实践、综合考试三个过程，而不能用其中任何一个去代替另外两个过程，专业教育是建筑师的基础，实践则是在步入社会以后通过经验积累提高自身能力的必经之路。从本质上说，注册建筑师考试只是一个评价手段，真正要成为一名合格的注册建筑师还必须在教育培养和实践训练上下功夫。

二、关注建筑专业教育对职业建筑师的影响

应当看到，我国的建筑教育与现在的人才培养、市场需求尚有脱节的地方，比如在人才知识结构与能力方面的实践性和技术性还有欠缺。目前在建筑教育领域实行了专业教育评估制度，一个很重要的目的是想以评估作为指挥棒，指挥或者引导现在的教育向市场靠拢，围绕着市场需求培养人才。专业教育评估在国际上已成为了一种通行的做法，是一种通过社会或市场评价教育并引导教育围绕市场需求培养合格人才的良好机制。

当然，大学教育本身与社会的具体应用需要之间有所区别，大学教育更侧重于专业理论基础的培养，所以我们就从衡量注册建筑师的第二个标准——实践标准上来解决这个问题。注册建筑师考试前要强调专业教育和三年以上的职业实践。现在专门为报考注册建筑师提供一个职业实践手册，包括设计实践、施工配合、项目管理、学术交流四个方面共十项具体实践内容，并要求申请考试人员在一名注册建筑师指导下完成。

理论和实践是相辅相成的关系，大学的建筑教育是基础理论与专业理论教育，但必须要给学生一定的时间使其把理论知识应用到实践中去，把所学和实践结合起来，提高自身的业务能力和专业水平。

大学专业教育是作为专门人才的必备条件，在国外也是如此。发达国家对一个建筑师的要求是：没有经过专门的建筑学教育是不能称之为建筑师的，而且不能进入该领域从事与其相关的职业。企业招聘人才也首先要看他们是否具备扎实的基本知识和专业本领，所以大学的本科建筑教育是必备条件。

三、注意发挥在职教育对注册建筑师培养的补充作用

在职教育在我国有两个含义：一种是后补充学历教育，即本不具备专业学历，但工作后经过在职教育通过社会自学考试，取得从事现职业岗位要求的相应学历；还有一种是继续教育，即原来学的本专业和其他专业学历，随着科技发展和自身业务领域的拓宽，原有的知识结构已不适应了，于是通过在职教育去补充相关知识。由于我国建筑教育在过去一时期底子薄，培养数量与社会需求差距很大。改革开放以后为了满足快速发展的建筑市场需求，一批没有经过规范的建筑教育的人员进入了建筑师队伍。而要解决好这一历史问题，提高建筑师队伍整体职业素质，在职教育有着重要的补充作用。

继续教育是在职教育的一种行之有效的教育形式，它特指具有专业学历背景的在职人员从业后，因社会的发展使得原有知识需要更新，要通过参加新知识、新技术的学习以调整原有知识结构，拓宽知识范围。它在性质上与在职培训相同，但又不能完全画等号。继续教育是有计划性、目标性、提高性的，从整体人才队伍和个人知识总体结构上作调整和补充。当前，社会在职教育在制度上和措施上还不够完善，质量很难保证。有一些人把在职读学历作为"镀金"，把继续教育当作"过关"。虽然最后证明拿到了，但实际的本领和水平并没有相应提高。为此需要我们做两方面的工作：一是要让我们的建筑师充分认识到在职教育是我们执业发展的第一需求；二是我们的教育培训机构要完善制度、改进措施、提高质量，使参加培训的人员有所收获。

四、为建筑师创造一个良好的职业环境

要向社会提供高水平、高质量的设计产品，关键还是要靠注册建筑师的自身素质，但也不可忽视社会环境的影响。大众审美的提高可以让建筑师感受到社会的关注，增强自省意识，努力创造出一个经受得住大众评价的作品。但目前实际上建筑师的很多设计思想受开发商与业主方面很大的影响，有时建筑水平并不完全取决于建筑师，而是取决于开发商与业主的喜好。有的业主审美水平不高，很多想法往往只是自己的意愿，这就很难做出跟社会文化、科技、时代融合的建筑产品。要改善这种状态，首先要努力创造尊重知识、尊重人才的社会环境。建筑师要维护自己的职业权力，大众要尊重建筑师的创作成果，业主不要把个人喜好强加于建筑师。同时建筑师自己也要提高自身的素质和修养，增强社会责任感，建立良好的社会信誉。要让创造出的作品得到大众的尊重，首先自己要尊重自己的劳动成果。

五、认清差距，提高自身能力，迎接挑战

目前中国的建筑师与国际水平还存在着一定差距，而面对信息化时代，如何缩小差距以适应时代变革和技术进步，成为建筑教育需要探讨解决的问题，并及时调整、制定新的对策。

我们现在的建筑教育不同程度地存在重艺术、轻技术的倾向。在注册建筑师资格考试中明显感觉到建筑师们在相关的技术知识包括结构、设备、材料方面的把握上有所欠缺，这与教育有一定的关系。学校往往比较注重表现能力方面的培养，而技术方面的教育则相

对不足。尽管这些年有的学校进行了一些课程调整，加强了技术方面的教育，但从整体来看，现在的建筑师在知识结构上还是存在欠缺。

建筑是时代发展的历史见证，它凝固了一个时期科技、文化发展的印记，建筑师如果不能与时代发展相适应，努力学习和掌握当代社会发展的科学技术与人文知识，提高建筑的科技、文化内涵，就很难创造出高水平的作品。

当前，我们的建筑教育可以利用互联网加强与国外信息的交流，了解和掌握国外在建筑方面的新思路、新理念、新技术。这里想强调的是，我们的建筑教育还是应该注重与社会发展相适应。当今，社会进步速度很快，建筑所蕴含的深厚文化底蕴也在不断地丰富、发展。现代建筑创作不能单一强调传统文化，要充分运用现代科技发展成果，使经济、安全、健康、适用和美观得到全面体现。在人才培养上也要与时俱进。加强建筑师科技能力的培养，让他们学会适应和运用新技术、新材料去进行建筑创作。

一个好的建筑要实现它的内在和外表的统一，必须要做到：建筑的表现、材料的选用、结构的布置以及设备的安装融为一体。但这些在很多建筑中还做不到，这说明我们一些建筑师在对新结构、新设备、新材料的掌握和运用上能力不够，还需要加大学习的力度。只有充分掌握新的结构技术、设备技术和新材料的性能，建筑师才能够更好地发挥创造水平，把技术与艺术很好地融合起来。

中国加入WTO以后面临国外建筑师的大量进入，这对中国建筑设计市场将会有很大的冲击，我们不能期望通过政府设立各种约束限制国外建筑师的进入而自保，关键是要使国内建筑师自身具备与国外建筑师竞争的能力，迎接挑战，参与竞争，通过实践提高我们的设计水平，为社会提供更好的建筑作品。

前　言

一、本套书编写的依据、目的及组织构架

原建设部和人事部自 1995 年起开始实施注册建筑师执业资格考试制度。

本套书以考试大纲为依据，结合考试参考书目和现行规范、标准进行编写，并结合历年真实考题的知识点作出修改补充。由于多年不断对内容的精益求精，本套书是目前市面上同类书中，出版较早、流传较广、内容严谨、口碑销量俱佳的一套注册建筑师考试用书。

本套书的编写目的是指导复习，因此在保证内容综合全面、考点覆盖面广的基础上，力求重点突出、详略得当；并着重对工程经验的总结、规范的解读和原理、概念的辨析。

为了帮助考生准备注册考试，本书的编写教师自 1995 年起就先后参加了全国一、二级注册建筑师考试辅导班的教学工作。他们都是在本专业领域具有较深造诣的教授、一级注册建筑师、一级注册结构工程师和具有丰富考试培训经验的名师、专家。

本套《注册建筑师考试丛书》自 2001 年出版至今，除 2002、2015、2016 三年停考之外，每年均对教材内容作出修订完善。现全套书包含：《一级注册建筑师考试教材》（简称《一级教材》，共 6 个分册）、《一级注册建筑师考试历年真题与解析》（简称《一级真题与解析》，知识题科目，共 5 个分册）；《二级注册建筑师考试教材》（共 3 个分册）、《二级注册建筑师考试历年真题与解析》（知识题科目，共 2 个分册）。

二、本书（本版）修订说明

（1）依据最新颁布的《民用建筑设计统一标准》GB 50352—2019、《建筑抗震设计规范》GB 50011—2010（2016 年版）、《住宅设计规范》GB 50096—2011、《城市居住区规划设计标准》GB 50180—2018、《城乡建设用地竖向规划规范》CJJ 83—2016、《城市综合交通体系规划标准》GB/T 51328—2018 以及《城市工程管线综合规划规范》GB 50289—2016 等标准进行了题干、解析和答案的修订，并进行了新旧规范论述上的比较，删除不适用的题目，同时补充涉及最新考点的新题。

（2）比对最新的规范标准，对真题部分的解析内容进行了较大规模的修订，针对题目选项逐一论述，更有针对性。

（3）新增了 2019 年的《设计前期与场地设计（知识）》及《建筑设计（知识）》试题、解析及参考答案，更新了题库，以便考生进行考前自测。

三、本套书配套使用说明

考生在学习《一级教材》时，除应阅读相应的标准、规范外，还应多做试题，以便巩固知识，加深理解和记忆。《一级真题与解析》是《一级教材》的配套试题集，收录了

2003 年以来知识题的多年真实试题并附详细的解答提示和参考答案，其 5 个分册分别对应《一级教材》的前 5 个分册。《一级真题与解析》的每个分册均包含两个部分，即按照《一级教材》章节设置的分散试题和近几年的整套试题。考生可以在考前做几次自测练习。

《一级教材》的第 6 分册收录了一级注册建筑师资格考试的"建筑方案设计""建筑技术设计"和"场地设计" 3 个作图考试科目的多年真实试题，并提供了参考答卷，部分试题还附有评分标准；对作图科目考试的复习大有好处。

四、《一级历年真题与解析》作者及协助编写人员

《第 1 分册 设计前期 场地与建筑设计（知识）》——第一、二章王昕禾；第三、七章晁军、尹桔；第四章何力；第五章王又佳；第六章荣玥芳。

《第 2 分册 建筑结构》——第八章钱民刚；第九、十章黄莉、王昕禾；第十一章黄莉、冯东；第十二～十四章冯东；第十五、十六章黄莉、叶飞。

《第 3 分册 建筑物理与建筑设备》——第十七章汪琪美；第十八章刘博；第十九章李英；第二十章许萍；第二十一章贾昭凯、贾岩；第二十二章冯玲。

《第 4 分册 建筑材料与构造》——第二十三章侯云芬；第二十四章陈岚。

《第 5 分册 建筑经济 施工与设计业务管理》——第二十五章陈向东；第二十六章穆静波；第二十七章李魁元。

《第 6 分册 建筑方案 技术与场地设计（作图）》——第二十八、三十章张思浩；第二十九章建筑剖面及构造部分姜忆南，建筑结构部分冯东，建筑设备、电气部分贾昭凯、冯玲。

除上述编写者之外，多年来曾参与或协助本套书编写、修订的人员有：王其明、姜中光、翁如璧、耿长孚、任朝钧、曾俊、林焕枢、张文革、李德富、吕鉴、朋改非、杨金铎、周慧珍、刘宝生、张英、陶维华、郝昱、赵欣然、霍新民、何玉章、颜志敏、曹一兰、周庄、陈庆年、周迎旭、阮广青、张炳珍、杨守俊、王志刚、何承奎、孙国樑、张翠兰、毛元钰、曹欣、楼香林、李广秋、李平、邓华、翟平、曹铎、栾彩虹、徐华萍、樊星。

在此预祝各位考生取得好成绩，考试顺利过关！

《注册建筑师考试教材》编委会
2021 年 9 月

目　录

序 ………………………………………………………………………… 赵春山
前言
一　设计前期工作 ……………………………………………………………… 1
二　场地设计知识 ……………………………………………………………… 81
三　建筑设计原理 ……………………………………………………………… 147
　　（一）公共建筑设计原理 …………………………………………………… 147
　　（二）住宅设计原理 ………………………………………………………… 165
　　（三）建筑构图原理 ………………………………………………………… 176
　　（四）建筑色彩知识 ………………………………………………………… 185
　　（五）建筑设计新概念 ……………………………………………………… 188
四　中国古代建筑史 …………………………………………………………… 203
　　（一）中国古代建筑的发展历程 …………………………………………… 203
　　（二）中国古代建筑的特征 ………………………………………………… 219
　　（三）中国建筑历史知识 …………………………………………………… 227
　　（四）历史文化遗产保护 …………………………………………………… 264
五　外国建筑史 ………………………………………………………………… 271
　　（一）古代埃及建筑 ………………………………………………………… 271
　　（二）古代西亚建筑 ………………………………………………………… 272
　　（三）古代希腊建筑 ………………………………………………………… 273
　　（四）古代罗马建筑 ………………………………………………………… 278
　　（五）拜占庭建筑 …………………………………………………………… 282
　　（六）西欧中世纪建筑 ……………………………………………………… 284
　　（七）中古伊斯兰建筑 ……………………………………………………… 286
　　（八）文艺复兴建筑与巴洛克建筑 ………………………………………… 290
　　（九）法国古典主义建筑与洛可可风格 …………………………………… 296
　　（十）资产阶级革命至19世纪上半叶的西方建筑 ………………………… 301
　　（十一）19世纪下半叶至20世纪初的西方建筑 …………………………… 303
　　（十二）两次世界大战之间——现代主义建筑形成与发展时期 ………… 306
　　（十三）第二次世界大战后40～70年代的建筑思潮——现代建筑派的普及
　　　　　　与发展 …………………………………………………………… 314
　　（十四）现代主义之后的建筑思潮 ………………………………………… 324
　　（十五）历史文化遗产保护 ………………………………………………… 330
六　城市规划基础知识 ………………………………………………………… 334
　　（一）城市与城市规划理论 ………………………………………………… 334

（二）城市规划的工作内容和方法 ·· 341
　　（三）城市性质与城市人口 ·· 342
　　（四）城市用地 ·· 343
　　（五）城市的组成要素及规划布局 ·· 345
　　（六）城市总体布局 ·· 347
　　（七）城市公用设施规划 ·· 349
　　（八）居住区规划 ·· 351
　　（九）城市公共活动中心建筑群规划 ·· 360
　　（十）城市规划的实施 ·· 361
　　（十一）城市设计 ·· 362
　　（十二）城乡规划法规和技术规范 ·· 365
　七　建筑设计标准、规范 ·· 368
　　（一）民用建筑等级划分及设计深度规定 ······································ 368
　　（二）民用建筑设计统一标准 ·· 373
　　（三）各类型民用建筑设计规范 ·· 389
　　（四）无障碍设计和老年人建筑设计规范 ······································ 414
　　（五）民用建筑设计防火规范 ·· 422
　　（六）绿色建筑与建筑节能 ·· 438
《设计前期与场地设计（知识）》2019年试题、解析及参考答案 ············ 446
《设计前期与场地设计（知识）》2012年试题、解析及参考答案 ············ 484
《设计前期与场地设计（知识）》2011年试题、解析及参考答案 ············ 504
《设计前期与场地设计（知识）》2010年试题、解析及参考答案 ············ 523
《建筑设计（知识）》2019年试题、解析及参考答案 ······························ 540
《建筑设计（知识）》2014年试题、解析及参考答案 ······························ 576
《建筑设计（知识）》2012年试题、解析及参考答案 ······························ 611
《建筑设计（知识）》2011年试题、解析及参考答案 ······························ 646

一 设计前期工作[1]

1-1 (2009) 在选址阶段，可暂不收集下列何种基础资料？
A 气象、水文、地貌、地质、自然灾害资料
B 生态环境资料
C 市政、公用工程设施资料
D 各类建筑工程造价资料
解析：《建筑设计资料集7》"厂址选择"部分"资料收集"中有题中A、B、C项的要求，项目选址与各类建筑工程造价资料无关。
答案：D

1-2 (2009) 在选址阶段，可暂不收集下列何种基础资料图？
A 区域位置地形图　　　　　B 地理位置地形图
C 厂区地段水文地质平面图　D 选址地段地形图
解析：《建筑设计资料集7》"厂址选择"部分"资料收集"中对"地形"的要求有"地理位置地形图""区域位置地形图""厂址地形图"和"厂外工程地形图"。
答案：C

1-3 (2009) 从宏观地来划分地形，以下哪种划分的分类是正确的？
A 山地、平原　　　　　　　B 山地、丘陵、平原
C 丘陵、平原、盆地　　　　D 山地、丘陵、盆地
解析：《工程测量规范》GB 50026—2007 第5.1.2条规定：地形的类别划分，应根据地面倾角（α）的大小确定，并应符合下列规定：平坦地 $\alpha<3°$；丘陵地 $3°\leqslant\alpha<10°$；山地 $10°\leqslant\alpha<25°$；高山地 $\alpha\geqslant25°$。
宏观地可分为山地、平原和丘陵。
答案：B

1-4 (2009) 题图所示等高线地形图中O点的标高是（　　）。
A 45.20m　　　　B 45.40m
C 45.60m　　　　D 45.80m
解析：$45+L_1/L=45+5/25=45.2$。
答案：A

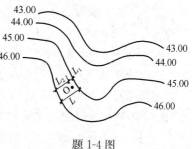

题1-4图
注：O点相对位置：$L=25$m；
$L_1=5$m；$L_2=20$mm。

---

[1] 本章及后面几套试题的提示中有的规范、标准引用次数较多，我们采用了简称，并在第二章末列出了这些规范、标准的简称、全称对照表，供查阅。

1-5 (2009) 下列有关"高程"的表述中，哪项是错误的?
A 我国规定以黄海的常年海水面作为高程的水准面
B 地面点高出水准面的垂直距离称"绝对高程"或"海拔"
C 某一局部地区，距国家统一高程系统水准点较远，可选定任一水准面作为假定水准面
D 我国的水准原点设在青岛

解析：见《竖向规范》条文说明2"术语"，B、C、D正确，我国规定以黄海的平均海水面作为高程的基准面。

答案：A

1-6 (2009) 从一般水平方向而言，位于下风部位的建筑受污染的程度与该方向风频多少和风速大小，呈现正确关系的是(　　)。
A 风频多者受污染程度大、风速大者受污染程度大
B 风频多者受污染程度大、风速小者受污染程度大
C 风频少者受污染程度大、风速大者受污染程度小
D 风频少者受污染程度小、风速大者受污染程度大

解析：风频大，污染多；风速小，污染大。污染系数与风向频率成正比，与平均风速成反比。

答案：B

1-7 (2009) 工程场地附近存在对工程安全有影响的滑坡或有滑坡可能时，批建前应进行专门的滑坡勘察，勘察点间距不宜大于(　　)。
A 40m　　　B 45m　　　C 50m　　　D 60m

解析：《岩土工程勘察规范》GB 50021—2001（2009年版）第5.2.1条规定：拟建工程场地或其附近存在对工程安全有影响的滑坡或有滑坡可能时，应进行专门的滑坡勘察。第5.2.4条规定：勘探点间距不宜大于40m。

答案：A

1-8 (2009) 对于抗震设防烈度不同的地区，需要进行场地与地基的地震效应评价的，其设防等级应为(　　)。
A 大于或等于8度　　　　　B 大于或等于7度
C 大于或等于6度　　　　　D 任何场地都必须进行

解析：《岩土工程勘察规范》GB 50021—2001（2009年版）第4.1.1条5款规定：对于抗震设防烈度等于或大于6度的场地，应进行场地与地基的地震效应评价。

答案：C

1-9 (2009) 城市中的洪灾有哪几种类型?
Ⅰ.河（湖）洪；Ⅱ.海潮；Ⅲ.人为洪；Ⅳ.山洪；Ⅴ.泥石流
A Ⅰ+Ⅱ+Ⅳ　　　　　　　B Ⅰ+Ⅱ+Ⅲ+Ⅳ
C Ⅰ+Ⅱ+Ⅳ+Ⅴ　　　　　D Ⅰ+Ⅱ+Ⅲ+Ⅳ+Ⅴ

解析：见《城市防洪工程设计规范》GB/T 50805—2012第1.0.6条，位于山区的城市，主要防河洪水，同时防山洪、泥石流；位于平原的城市，主要防江河洪水；位于海滨的城市，除防洪、防涝外，应防风暴潮。

答案：C

1-10 (2009) 在位于抗震设防地区选择建筑场地时，下列场地地段划分的类别中何者是正确的？

A 安全地段、非安全地段、一般地段
B 有利地段、安全地段、一般地段、非安全地段
C 危险地段、不利地段、一般地段、有利地段
D 危险地段、安全地段、一般地段、稳定地段

解析：《抗震规范》第4.1.1条：选择建筑场地时，应按表4.1.1划分为对建筑抗震有利、一般、不利和危险的地段。故选项C正确。

答案：C

1-11 (2009) 下列哪类用地不包括在镇规划用地范围之中？

A 农村用地　　B 仓储用地　　C 对外交通用地　　D 绿地

解析：《镇规划标准》GB 50188—2007第4.1.1条规定：镇用地范围有9大类，包括"仓储用地""对外交通用地"和"绿地"，无"农村用地"。

答案：A

1-12 (2009) 某城市规划管理部门对建设项目实施管理的内容中，下列何者是城乡规划法规定之外的内容？

A 建设项目选址意见书　　　　B 建设用地规划许可证
C 建筑工程规划许可证　　　　D 建设工程方案设计批准书

解析：《中华人民共和国城乡规划法》第三十六条：……建设单位在报送有关部门批准或者核准前，应当向城乡规划主管部门申请核发选址意见书。第三十七条：……由城市、县人民政府城乡规划主管部门依据控制性详细规划核定建设用地的位置、面积、允许建设的范围，核发建设用地规划许可证。第四十条：……建设单位或者个人应当向城市、县人民政府城乡规划主管部门或者省、自治区、直辖市人民政府确定的镇人民政府申请办理建设工程规划许可证。由此可知，选项A、B、C是城乡规划法规定之内的内容。故本题选D。

答案：D

1-13 (2009) 规划设计中"用地红线"是指(　　　)。

A 建设工程项目的使用场地
B 规划设计的道路（含居住区内道路）用地的边界线
C 各类建设工程项目用地使用权属范围的边界线
D 有关法规或详细规划确定的建筑物、构筑物的基底位置不得超出的界线

解析：《统一标准》"术语"第2.0.7条规定："用地红线"是"各类建设工程项目用地使用权属范围的边界线"。第2.0.6条规定：道路红线是"城市道路（含居住区级道路）用地的边界线"。

答案：C

1-14 (2009) 下列有关国家土地使用权转让的描述中，哪一项是错误的？

A 全民所有，即国家拥有土地的所有权，由地方行政部门代表国家行使
B 土地使用权可以有偿转让

C 国家为了公共利益的需要，可以依法对集体所有制的土地实行征用
D 土地使用权可以依法转让

解析：见《土地管理法》第二条，B、C、D正确，并规定："全民所有，即国家所有土地的所有权由国务院代表国家行使。"

答案：A

1-15 (2009) 下列有关城市、县、镇近期建设规划的重点内容中，何者是错误的？
A 重点基础设施　　　　　　B 科研开发基地
C 公共服务设施　　　　　　D 中低收入居民的住房建设

解析：建设部2005年《关于抓紧组织开展近期建设规划制定工作的通知》中要求：编制近期建设规划，确定近期建设规划的工作重点。包括城市基础设施、公共服务设施、经济适用房建设以及危旧房改造的安排等。

答案：B

1-16 (2009) 我国对环境保护的要求，以下哪项是错误的？
A 保护和改善生态环境，保障土地的可持续利用
B 占用耕地与开发复垦耕地相平衡
C 非农业建设用地，只能占用一般农业用地
D 提高土地利用率，统筹安排各类、各区域用地

解析：《土地管理法》第十九条中有题中的A、B、D项的规定。

答案：C

1-17 (2009) 新建扩建的民用建筑工程在设计前，应进行所在城市区域土壤中何种物质气体浓度或固体析出率的调查？
A 二氧化碳　　B 二氧化硫　　C 氧化硅　　D 氡

解析：《民用建筑工程室内环境污染控制规范》GB 50325—2010（2013年版）第4.1.1条：新建、扩建的民用建筑工程设计前，应进行建筑工程所在城市区域土壤中氡浓度或土壤表面氡析出率调查，并提交相应的调查报告。未进行过区域土壤中氡浓度或土壤表面氡析出率测定的，应进行建筑场地土壤中氡浓度或土壤氡析出率测定，并提供相应的检测报告。故选项D正确。

答案：D

1-18 (2009) 根据《城镇老年人设施规划规范》，下列有关老年人设施选址、绿地等的叙述中正确的是(　　)。
A 老年人设施应选择地形有一定坡度（>10%）的地段
B 应选择绿化条件较好，空气清新，远离河（湖）水面，以及有溺水、投湖等可能的地段
C 老年人设施场地内的绿地率，新建项目不应低于35%
D 子女探望老人路途上所花的时间以不超过1小时为佳

解析：《城镇老年人设施规划规范》GB 50437—2007（2018年版）第4.2"选址"一节未提及选项B的内容。故选项B错误。

第4.2.3条：老年人设施应选择在交通便捷、方便可达的地段布置，但应避开对外公路、快速路及交通量大的交叉路口等地段。此条款的条文说明提到

了方便子女探望老人，探望老人所花路途时间以不超过1小时左右为最佳的说法，故选项D正确。

第5.2.1条：老年人设施室外活动场地应平整防滑、排水畅通，坡度不应大于2.5%。故选项A错误。

第5.3.1条：老年人设施场地范围内的绿地率：新建不应低于40%，扩建和改建不应低于35%。故选项C错误。本题应选D。

答案：D

1-19 (2009) 镇规划建设的用地选择上，不属于应避开的生态区段是（   ）。
A 沙尘暴源区、荒漠中的绿洲、严重缺水的地区
B 荒地、薄地地区
C 天然林、红树林、热带雨林地区
D 珍稀动植物的栖息地和保护区

解析：《镇规划标准》GB 50188—2007 第5.4.2条：建设用地宜选在生产作业区附近，并应充分利用原有用地调整挖潜，同土地利用总体规划相协调。需要扩大用地规模时，宜选择荒地、薄地，不占或少占耕地、林地和牧草地；故宜选择B区段，而应避开C、D区段。

第5.4.3条：建设用地宜选在水源充足，水质良好，便于排水、通风和地质条件适宜的地段。故应避开A区段。故选项B正确。

答案：B

1-20 (2009) 题图所示的小城市中，某工业区布局位置不适当的是（   ）。

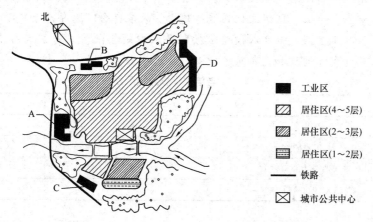

题1-20图

A A区域　　　　B B区域　　　　C C区域　　　　D D区域

解析：从风玫瑰图可看出当地主要是南风，D区的工业厂房部分在住宅的南边，将造成污染。

答案：D

1-21 (2009) 下列有关医院建筑分级与住院病床指标的叙述中，何者是错误的？
A 三级医院的总床位不少于500个
B 二级医院的总床位不少于250个

C 三级医院每床的建筑面积不少于60m²

D 二级医院每床的建筑面积不少于45m²

解析：卫生部1994年9月2日发布的《医疗机构基本标准》中规定：三级医院总床位应在500张以上，每床建筑面积不少于60m²；二级医院总床位100～499张，每床建筑面积不少于45m²。

答案：B

1-22 （2009）根据《居住区规范》，在计算人均居住区用地控制指标（m²/人）时，每户平均人数（人/户）为下列何值？

A 2.9　　　　B 3.2　　　　C 3.8　　　　D 4.2

解析：现行《居住区标准》第3.0.3条表3.0.3注中规定：控制指标按每户3.2人计算。

答案：B

1-23 （2009）根据《城镇老年人设施规划规范》的要求，居住区（镇）级新建区规划设计中应配建的设施为（　　）。

A 老年公寓、老人护理站、老年活动中心

B 养老院、老年活动中心、老年服务中心

C 养老院、老年活动中心、老人护理站

D 老年公寓、老年服务中心、老人护理站

解析：《城镇老年人设施规划规范》GB 50437—2007（2018年版）第3.1.1条：老年活动中心、老年学校（大学）按服务范围分为市级、区级。老年学校（大学）宜结合市级、区级文化馆统筹建设。故应包含"老年活动中心"。

第3.1.2条：老年人设施应按服务人口规模配置，并应符合表3.1.2的规定：应包含养老院和老年服务中心。故选项B正确。

老年人设施分级配建表　　　　　　表3.1.2

项目	5~10（万人）	0.5~1.2（万人）
养老院	▲	△
老年养护院	▲	△
老年服务中心（站）	▲	▲
老年人日间照料中心	△	▲

答案：B

1-24 （2009）下列各种建筑物内设置电梯的常用标准，何者是正确的？

A 六层以上住宅或住户入口层楼面距室外设计地面的高度超过18m的住宅

B 大型商店营业部分其层数为四层或四层以上

C 七层或七层以上的办公楼

D 四层或四层以上的一、二级旅馆

解析：《住宅设计规范》GB 50096—2011第6.4.1条：属下列情况之一时，必须设置电梯：七层及七层以上住宅或住户入口层楼面距室外设计地面的高度超过16m时；故选项A错误。

《商店建筑设计规范》JGJ 48—2014 第 4.1.7 条：大型和中型商店的营业区宜设乘客电梯、自动扶梯、自动人行道；多层商店宜设置货梯或提升机；故选项 B 错误。

《办公建筑设计规范》JGJ 67—2006 第 4.1.3 条：五层及五层以上办公建筑应设电梯；故选项 C 错误。

《旅馆建筑设计规范》JGJ 62—2014 第 4.1.11 条第 1 款：四级、五级旅馆建筑 2 层宜设乘客电梯，3 层及 3 层以上应设乘客电梯。一级、二级、三级旅馆建筑 3 层宜设乘客电梯，4 层及 4 层以上应设乘客电梯。选项 D 说法不准确，也不正确。故本题无答案。

答案： 无答案

1-25（2009）依据《城市公共设施规划规范》，下列城市分类类别中何者是准确且全面的？

A 中小城市和大城市
B 小城市、中等城市和特大城市
C 小城市、中等城市、大城市Ⅰ类和大城市Ⅱ类
D 小城市、中等城市、大城市Ⅰ类、大城市Ⅱ类和大城市Ⅲ类

解析： 见《城市公共设施规划规范》GB 50442—2008 表 1.0.4 及表 1.0.5，城市分类为：小城市、中等城市和大城市Ⅰ类、Ⅱ类、Ⅲ类。

答案： D

1-26（2009）题图所示防空地下室与特定区域的距离分别用 S_1 与 S_2 表示，下列哪组取值是正确的？

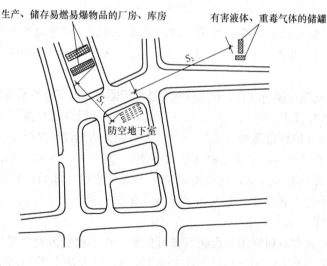

题 1-26 图

A $S_1>35m$，$S_2>60m$ 　　B $S_1>40m$，$S_2>75m$
C $S_1>45m$，$S_2>80m$ 　　D $S_1>50m$，$S_2>100m$

解析： 见《人防地下室规范》第 3.1.3 条。

答案： D

1-27 (2009) 按我国现行抗震设计规范的规定，位于下列何种基本烈度幅度范围内地区的建筑物应考虑抗震设防？

A 5～9度　　　B 6～9度　　　C 5～10度　　　D 7～10度

解析：《抗震规范》第1.0.2条：抗震设防烈度为6度及以上地区的建筑，必须进行抗震设计。

第1.0.3条：本规范适用于抗震设防烈度为6、7、8和9度地区建筑工程的抗震设计以及隔震、消能减震设计……故选项B正确。

答案：B

1-28 (2009) 按《防火规范》要求计算建筑高度 H，题图中何者是正确的？

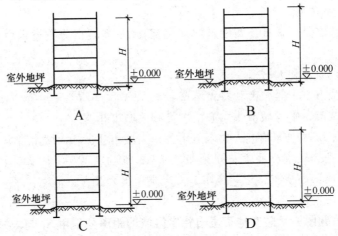

题 1-28 图

解析：《防火规范》附录A第A.0.1条2款规定："建筑屋面为平屋面（包括有女儿墙的平屋面）时，应为建筑物室外设计地面至其屋面面层的高度。"

答案：A

1-29 (2009) 建筑与规划结合，首先体现在选址问题上，以下哪条不是选址的主要依据？

A 项目建议书　　　　　　　B 可行性研究报告
C 环境保护评价报告　　　　D 初步设计文件

解析：见《建设项目选址规划管理办法》（建设部、国家计委1991年8月23日发布）第六条第（二）款的规定，第1项是"经批准的项目建议书"，第2、3、4项属于可行性研究，第5项属于环境保护评价。

答案：D

1-30 (2009) 城市规划管理实行建筑高度控制，以下哪些因素考虑较全面？

A 不危害公共空间尺度、卫生和景观　　B 不危害公共空间安全、卫生和景观
C 不危害公共空间尺度、安全和景观　　D 不危害公共空间安全、尺度和卫生

解析：《统一标准》第4.5.1条：建筑高度不应危害公共空间安全和公共卫生，且不宜影响景观。故选项B正确。

答案：B

1-31 (2009) 民用建筑设计中应贯彻"节约"的基本国策，其内容是指节约（　　　）。

A 用地、能源、用水 　　　　　　B 用地、能源、用水、投资
C 用地、能源、用水、劳动力　　　D 用地、能源、用水、原材料

解析：《统一标准》第1.0.3条第4款：应贯彻节约用地、节约能源、节约用水和节约原材料的基本国策。故选项D正确。

答案：D

1-32 (2009) 工业项目建设用地必须同时符合下列的哪一组控制指标？
Ⅰ. 容积率控制指标；Ⅱ. 建筑系数控制指标；Ⅲ. 道路、广场、堆料场等用地指标；Ⅳ. 绿化率控制指标；Ⅴ. 工业项目投资强度控制指标；Ⅵ. 工业项目中非生产设施，如行政办公、生活服务等的用地面积与项目总用地的比值指标

A Ⅰ＋Ⅱ＋Ⅲ＋Ⅳ　　　　　　　B Ⅰ＋Ⅱ＋Ⅳ＋Ⅴ＋Ⅵ
C Ⅰ＋Ⅱ＋Ⅲ＋Ⅳ＋Ⅴ　　　　　D Ⅰ＋Ⅱ＋Ⅲ＋Ⅳ＋Ⅴ＋Ⅵ

解析：《工业项目建设用地控制指标》（国土资发［2008］24号）第四条规定："本控制指标由投资强度、容积率、建筑系数、行政办公及生活服务设施用地所占比重、绿地率五项指标构成。工业项目建设用地必须同时符合这五项指标。"

答案：B

1-33 (2009) 下列有关节能建筑在采暖和空调措施方面的叙述中，何者是错误的？
A 倡导在住宅中应用不可调集中空调
B 长江流域建筑可发展多种热泵
C 南方建筑不宜强调集中制冷，提倡自然通风、外遮阳
D 倡导采用开启式外窗，通过可调的自然通风减少对机械通风的依赖

解析：不可调的集中空调不节能，而题中B、C、D项均是节能措施。

答案：A

1-34 (2009) 在居住区设计中，广场兼停车场的地面坡度应为(　　)。

A ≥0.6%　　B 0.5%～1.0%　　C 0.5%～0.7%　　D ≥0.3%

解析：《居住区标准》第6.0.4条第3款：居住街坊内附属道路的最小纵坡不应小于0.3%。但未提及广场兼停车场的地面坡度。

《城市道路工程设计规范》CJJ37—2012（2016年版）第11.2.5条"机动车停车场"第7款及11.3.4条（广场）第2款，均提及地面坡度宜为0.3%～3.0%。故选D。

答案：D

1-35 (2009) 建筑的"全生命周期"是指(　　)。
A 建筑结构的设计年限
B 自建筑物验收交付使用直至建筑物报废拆除的过程
C 自建筑物施工开始直至建筑物报废拆除的过程
D 包括建筑材料的生产与运输、建筑的规划、设计、施工、使用、运营、维护到建筑物拆除及其废料回收再生的过程

解析：建筑的全生命周期是指：建筑物的物料生产、建筑规划、设计、施工、运营、维护、拆除及回收的全过程。

答案：D

1-36 (2009）民用建筑设计中纪念性建筑和特别重要的建筑的设计使用年限为（　　）。
　　A　25年　　　　B　50年　　　　C　75年　　　　D　100年
解析：《统一标准》第3.2.1条：民用建筑的设计使用年限应符合表3.2.1的规定。查表可知选项D正确。

设计使用年限分类　　　　　　　　　　　　　　　表3.2.1

类别	设计使用年限（年）	示例
1	5	临时性建筑
2	25	易于替换结构构件的建筑
3	50	普通建筑和构筑物
4	100	纪念性建筑和特别重要的建筑

答案：D

1-37 (2009）在独立式住宅院落用地与道路的关系上，题图中何者最合适？

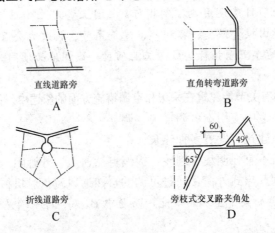

题 1-37 图

解析：A图有一个院落不临道路，进出不便；C图几个院落同从一个小广场出入，相互有干扰；D图两个路口距离较近，岔路夹角较小，出行不便；B图三个院落分别与直角转弯道路连通，出行方便。

答案：B

1-38 (2009）在题图左图地形的基础上布置右图所示独立式住宅组团，位置不适当的是（　　）。

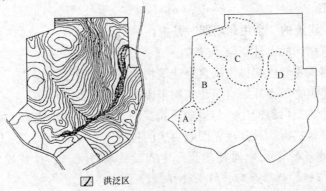

题 1-38 图

A A组团　　　　B B组团　　　　C C组团　　　　D D组团

解析：D组团位于洪泛区上，不安全。

答案：D

1-39 (2009) 面对业主和开发商在高层住宅地下车库车位归属问题的纠纷仲裁中，建筑师的立场应该是(　　)。

A 站在业主一边　　　　　　B 站在开发商一边
C 该仲裁与设计无关　　　　D 为仲裁方提供详尽的相关资料

解析：建筑师不应站在业主或开发商任何一边，但应为仲裁方提供详尽的相关资料。

答案：D

1-40 (2009) 目前商品房住宅小区在住房结构比例设计时应遵循的原则是(　　)。

A 套型建筑面积75m^2以下的住房面积所占比例必须在60%以上
B 套型建筑面积90m^2以下的住房面积所占比例必须在70%以上
C 套型建筑面积宜控制在65~85m^2之间，其中65m^2的套型应不大于总套型数量的45%
D 套型建筑面积宜控制在100~120m^2之间，其中100m^2的套型应不大于总套型数量的60%

解析：国务院办公厅2006年5月24日转发建设部等九部门发布的《关于调整住房供应结构稳定住房价格的意见》中规定："套型建筑面积90平方米以下住房（含经济适用住房）面积所占比重，必须达到开发建设总面积的70%以上。"

答案：B

1-41 (2009) 5层及5层以上普通办公建筑设置电梯的数量应按如下哪项标准执行？

A 每2000m^2至少设置1台　　　　B 每3000m^2至少设置1台
C 每4000m^2至少设置1台　　　　D 每5000m^2至少设置1台

解析：见《办公建筑规范》条文说明第4.1.4条表1，"常用级"每5000m^2至少设置1台。

答案：D

1-42 (2009) 以出让方式取得土地使用权进行房地产开发，未在动工开发期限内开发土地，超过开发期限满多少年的，国家可以无偿收回土地使用权？

A 一年　　　　B 二年　　　　C 三年　　　　D 四年

解析：见《房地产管理法》第二十六条及《土地管理法》第三十七条。

答案：B

1-43 (2009) 建筑设计单位制定设计周期和计划进度时应考虑的因素，不包括以下哪项？

A 项目的技术复杂性　　　　B 甲方的计划安排
C 人员配备状况　　　　　　D 设计费的多少

解析：制订设计周期和计划进度与设计费的多少无关。

答案：D

1-44 (2008) 下列几个气象因素，在场址选择收集气象资料时，何者可不考虑在内？

A 风暴

B 积雪密度

C 冰雹

D 冬季第一天结冻和春季最后一天解冻的日期

解析：《建筑设计资料集7》"厂址选择"部分"资料收集"中对气象资料有"风暴、积雪密度、冬季第一天结冻和春季最后一天解冻的日期"的要求，无"冰雹"要求。

答案：C

1-45 (2008) 工厂场址选择各类地形图中对比例和等高线间距的要求，下列何者是不符合常规的？

A 地理位置地形图：比例1∶25000或1∶50000

B 区域位置地形图：比例1∶3000或1∶4000，等高线间距1~5m

C 厂址地形图：比例1∶500、1∶1000或1∶2000，等高线间距0.25~1m

D 厂外工程地形图（如铁路、道路等）：比例1∶500~1∶2000

解析：《建筑设计资料集7》"厂址选择"部分"资料收集"中对"地形"有题中A、C、D项的要求，另要求"区域位置地形图：比例1∶5000或1∶10000，等高线间距1~5m"。

答案：B

1-46 (2008) 若山地按地貌形态的分类，可分为（　　）。

A 最高山、高山、中山、中低山和低山五类

B 高山、中高山、中中山、低中山和低山五类

C 最高山、高山、中山和低山四类

D 高山、中山和低山三类

解析：见《工程地质手册》，山地按地貌形态可分为最高山、高山、中山和低山四类。

答案：C

1-47 (2008) 题图的风向玫瑰图中，中心圈内的数值为（　　）。

A 污染系数　　　　B 全年平均风速

C 无风日数　　　　D 全年静风频率

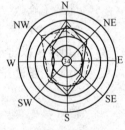

题1-47图

解析：《建筑设计资料集1》"气象"部分"风"在风玫瑰图处指出："风玫瑰图中心圈内的数字为'全年的静风频率'"。

答案：D

1-48 (2008) 我国习惯按降雨量的多少将国土分为若干降雨区带，下列的分类数量和具体区带名称何者是正确的？

A 多水带、过渡带和少水带三个区带

B 干旱带、少水带、多水带和丰水带四个区带

C 干旱带、少水带、过渡带和多水带四个区带

D 缺水带、少水带、过渡带、多水带和丰水带五个区带

解析：根据全国各地年降水量、年径流深度和年径流系数，可以概括地将我国国土划分为：多雨丰水带、湿润多水带、半湿润过渡带、半干旱少水带和干旱缺水带，以显示地域差异。

答案：D

1-49 (2008) 下列四个城市中，哪个不属于夏热冬暖的热工分区？

A 上海　　　　　B 福州　　　　　C 汕头　　　　　D 南宁

解析：见《统一标准》第3.3.1条表3.3.1及附录A，可知福州、汕头、南宁均属夏热冬暖的Ⅳ类地区，上海属夏热冬冷的Ⅲ类地区。

答案：A

1-50 (2008) 题图为山区城市100～50年重现山洪的排洪渠简图，其适用的城市级别为(　　)。

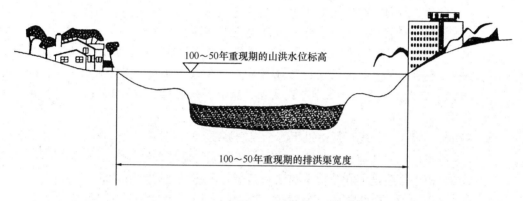

题1-50图

A 城市非农业人口≥150万人的特别重要城市
B 城市非农业人口为50万～150万人的重要城市
C 城市非农业人口为20万～50万人的中等城市
D 城市非农业人口≤20万人的一般城镇

解析：《防洪标准》第4.2.1条表4.2.1规定：100～50年的重现山洪标准适用于防护等级Ⅲ级、比较重要的城市。

答案：规范已更新，无答案。

1-51 (2008) 关于我国湿陷性黄土的分布区域，以下何者是不正确的？

A 四川、贵州和江西省的部分地区
B 河南西部和宁夏、青海、河北的部分地区
C 山西、甘肃的大部分地区
D 陕西的大部分地区

解析：见《黄土地区建筑规范》附录A"中国湿陷性黄土工程地质分区图"，可知"四川、贵州和江西省的部分地区"不在其内。

答案：A

1-52 (2008) 下列我国的主要城市何者地震烈度不属于8度区？

A 西宁　　　　　B 西安　　　　　C 兰州　　　　　D 北京

解析：见《抗震规范》附录 A.0.1-1、A.0.24-1、A.0.25-3、A.0.26-3，可知西安、兰州、北京属于8度区，西宁属于7度区。

答案：A

1-53 （2008）陡坡上的岩体或土体，在重力或其他外力作用下突然下坠破坏的现象称为（　　）。

A　断裂　　　　B　崩塌　　　　C　滑坡　　　　D　泥石流

解析：陡坡上的岩体或土体在重力作用下突然脱离母体向下崩落的现象称为崩塌。

答案：B

1-54 （2008）在下列各类用地土地使用权的出让最高年限中，正确的是（　　）。

A　居住用地60年
B　工业用地40年
C　商业、旅游、娱乐用地40年
D　教育、科技、文化、卫生、体育用地40年

解析：《城镇国有土地使用权出让和转让暂行条例》（国务院1990年5月19日第55号令）第十二条规定：居住用地七十年；工业用地五十年；教育、科技、文化、卫生、体育用地五十年；商业、旅游、娱乐用地四十年。

答案：C

1-55 （2008）城市"黄线"是指以下哪个控制界线？

A　城市中心公共建筑、商业建筑和中心广场的用地控制界线
B　城市中军事设施和公检法政法部门所有设施用地的控制界线
C　城市建设总体规划中分期建设发展总图上的分期建设用地控制线
D　城市基础设施用地的控制界线

解析：《城市黄线管理办法》（建设部2005年12月20日第144号令）第二条规定：城市黄线是指城市基础设施用地的控制界线。

答案：D

1-56 （2008）下列有关开发商的建设用地和毗邻设施用地边界线的叙述中，何者是错误的？

A　建设用地毗邻规划道路时，规划道路红线即为建设用地的边界之一
B　建设用地毗邻河道江湖时，河岸侧壁顶面的内缘即为建设用地规划边界线
C　建设用地毗邻高压线时，建设用地边界为高压线走廊隔离带的规划边界线
D　建设用地毗邻铁路时，建设用地的边界为铁路隔离带的规划边界线

解析：《北京地区建设工程规划设计通则》（北京市规划委员会2003年3月发布）第1.1.1条2款（2）项规定："建设用地邻河道、铁路、高压线时，建设用地边界为河湖隔离带、铁路隔离带、高压线走廊隔离带的规划边界线"；2款（3）项规定："建设用地邻规划道路时，规划道路红线即为建设用地的用地边界之一"。

答案：B

1-57 （2008）下列关于建设项目环境影响评价报批内容、评价审批和手续方面的叙述中，正确的是哪一项？

A　可能造成轻度环境影响的，应当编制环境影响报告表

B 报批的环境影响报告书中不应附有对有关单位、专家和公众的意见采纳或不采纳的建议
C 设计单位和个人都可为建设单位推荐或指定进行环境评价的机构
D 预审、审核、审批环境影响评价文件的被审建设单位，需向各种审查单位交纳一定的审查费用

解析： 见《建设项目环境保护管理条例》（国务院1998年11月29日第253号令）第七条第二款、第十条及第十四条。

答案： A

1-58 (2008) 启动大、中型建设项目场址选择工作的主要依据是( )。
A 有关部门批准的"建设方案"
B 有关部门批准的"项目建议书"
C 上级批准的"可行性研究报告"
D 当地规划部门核发的选址意见书和建设用地规划许可证

解析： 见《建设项目选址规划管理办法》（建设部、国家计委1991年8月23日发布）第六条第（二）款的规定。

答案： B

1-59 (2008) 下列有关大气污染悬浮颗粒物和可吸入颗粒物的叙述中，何者有误？
A 悬浮颗粒物是指大气中除气体以外的物质，其中包括固体、液体、气溶胶
B 悬浮颗粒物中固体为灰尘、烟气、烟雾，液体为云雾、雾滴
C 飘尘是指烟气、煤烟和雾等颗粒状物质，粒径小于 $10\mu m$
D 粒径越小，越容易沉降；粉尘比表面积越大，物理、化学活性越低，不会加剧生理效应的发生和发展

解析： 空气颗粒物是悬浮在空气中的微小固体和液体小滴的混合物，是雾、烟和空气尘埃的主要成分。空气颗粒物中直径大于 $100\mu m$ 的可以较快落到地面（通常叫降尘），其中直径小于 $10\mu m$ 的空气颗粒物又被国际标准化组织称为可吸入颗粒物，可以几小时甚至几年在空中飘浮。粒径越小，越不容易沉降；粉尘比表面积越大，物理、化学活性应越高。直径小于 $2.5\mu m$ 的空气颗粒物越小，飘得越远，影响面越大，可进入人体深部肺泡而影响肺的呼吸功能。

答案： D

1-60 (2008) 目前国内建筑工程建设项目用地竖向规划时采用的统一的水准高程系统是( )。

Ⅰ.56黄海高程系统基准；Ⅱ.75渤海高程基准；Ⅲ.85高程基准；Ⅳ.吴淞高程基准；Ⅴ.珠江高程基准

A Ⅰ、Ⅱ、Ⅳ、Ⅴ B Ⅰ、Ⅲ、Ⅳ、Ⅴ
C Ⅱ、Ⅲ、Ⅳ、Ⅴ D Ⅰ、Ⅱ、Ⅲ、Ⅳ

解析：《城乡建设用地竖向规划规范》CJJ 83—2016条文说明第3.0.7条：高程系统建议采用1956黄海高程系、1985国家高程基准、吴淞高程基准、珠江高程基准。建议采用的高程系统中没有出现75渤海高程基准，故本题应选B。

答案： B

1-61 （2008）城市中有两个按不同形式布置的工业区：集中式和分散式（见题图）。在每昼夜各个工厂污染物排放量都等同的情况下，结合风玫瑰图，判断二者对城市 O 点区域的污染持续时间（   ）。

A 集中式多于分散式　　　　　B 集中式少于分散式
C 二者无明显差别　　　　　　D 不好判断

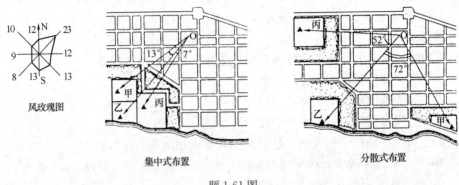

题 1-61 图

解析：从风玫瑰图可知，西风频率和西南风频率相近，而东南风的频率大于西南风的频率，故在西南方向集中式布置对 O 点区域的污染持续时间会少于分散式布置。

答案：B

1-62 （2008）一小城市的拟开发区域处于山脊地带，城市规划部门明确规定：在此地段建造的建筑物高度不能破坏自然的山脊轮廓线（即建筑物的高度不能超过山脊线的标高），当前在该地段需设计建造一面向景观的二层建筑，选择下列题图上的哪块地块与规划部门的规定相一致？

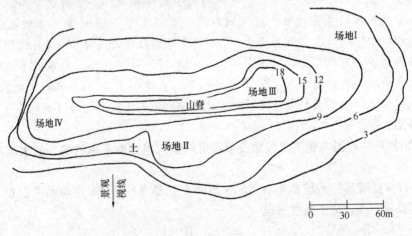

题 1-62 图

A 场地Ⅰ　　　B 场地Ⅱ　　　C 场地Ⅲ　　　D 场地Ⅳ

解析：山脊标高为 18m，场地Ⅱ标高约 10m，面向景观可盖二层建筑不会超过山脊；场地Ⅳ标高约 13m，盖二层建筑将会超过山脊。

答案：B

1-63 (2008) 在城市中心地区,机动车公共停车场的服务半径应不大于( )。
A 100m   B 200m   C 300m   D 500m
解析:参见《城市停车规划规范》GB/T 51149—2016 第5.2.9条:城市公共停车场宜布置在客流集中的商业区、办公区、医院、体育场馆、旅游风景区及停车供需矛盾突出的居住区,其服务半径不应大于300m。同时,应考虑车辆噪声、尾气排放等对周边环境的影响。第5.2.11条:非机动车停车场布局应考虑停车需求、出行距离因素,结合道路、广场和公共建筑布置,其服务半径宜小于100m,不应大于200m,并应满足使用方便、停放安全的要求。
答案:B

1-64 某开发商拟在Ⅲ类建筑气候区开发一片15分钟生活圈的4~6层居住区,该住区的居住人口约为10000人,在规划控制指标的限定下,该小区的用地总面积约为( )。
A 38~51hm²   B 37~48hm²   C 31~39hm²   D 26~34hm²
解析:参见《居住区标准》表4.0.1-1,在Ⅲ类建筑气候区开发15分钟生活圈的4~6层居住区,人均居住用地面积控制指标为37~48m²/人,乘以住区人口,故该住区的用地总面积约为37~48hm²。故选项B正确。
答案:B

1-65 (2008)《城市居住区规划设计规范》中有关车行和人行出入口的最大间距的规定是依据哪个规范作出的?
A 环保   B 消防   C 卫生   D 绿化
解析:《居住区标准》第6.0.4条:居住街坊内附属道路的规划设计应满足消防、救护、搬家等车辆的通达要求。
条文说明第6.0.4条:居住区中内的道路设置应满足防火要求,其规划设计应符合现行国家标准《建筑设计防火规范》GB 50016 第7章中对消防车道、救援场地和入口等内容的相关规定。同时,居住区道路规划要与抗震防灾规划相结合。故选项B正确。
答案:B

1-66 (2008) 下列建筑功能用房布设的位置,符合消防要求的是( )。
A 单身宿舍居室设于建筑物的地下室内
B 托儿所、幼儿园设在高层建筑物内的首层或二、三层并有单独出入口
C 300人的歌舞厅和KTV包房设在22层大厦的地下二层
D 高层建筑内的消防控制室可设在地下一、二层或首层
解析:从《防火规范》第5.4.9条、8.1.7条可知题中C、D错误;另《宿舍建筑设计规范》第3.2.5条规定:"居室不应布置在地下室",A错误;从《防火规范》第5.4.4条知B正确。
答案:B

1-67 (2008) 在策划购物中心类建设项目时,要同时考虑设置的内容不包括( )。
A 超级市场   B 金融服务网点
C 公交停靠场地   D 税务部门的分支机构

解析：策划购物中心类建设项目时，可不考虑设置税务部门的分支机构。
答案：D

1-68 (2008) 我国建筑工程项目的色彩选择中，常用的表色体系（含色标）是( )。
A CIE（国际照明委员会）表色体系　　B 日本色彩研究所表色体系
C 孟塞尔表色体系　　D 奥司特瓦尔特表色体系

解析：《建筑设计资料集1》"色彩·基本概念"的"色彩知识"表中叙述："在建筑上使用的表色体系宜为孟塞尔表色体系，因其易为建筑工作者所理解和使用"。
答案：C

1-69 (2008) 研究人类聚居的人类聚居学（EKISTICS）认为人类聚居的几个基本组成要素是( )。
A 生产力集中、城镇化和科学发展三个要素
B 人、环境、自然三个要素
C 自然界、人、社会、建筑物和联系网络五个要素
D 个人、住宅、邻里、集镇、城市五个要素

解析：见《中国大百科全书：建筑·园林·城市规划》，人类聚居学认为人类聚居由五个基本要素组成：自然界、人、社会、建筑物、联系网络。人类聚居学研究上述五项要素以及它们之间的相互关系。
答案：C

1-70 (2008) 按《统一标准》，非保护控制区内建筑物建筑高度 H 的计算取值，以下所示的计算图示中正确的是( )。

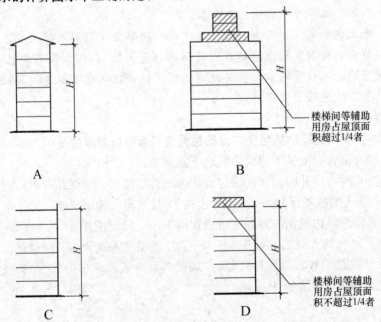

题 1-70 图

解析：现行《统一标准》第 4.5.2 条第 2 款：非控制区内建筑，平屋顶建筑高

度应按建筑物主入口场地室外设计地面至建筑女儿墙顶点的高度计算，无女儿墙的建筑物应计算至其屋面檐口；坡屋顶建筑高度应按建筑物室外地面至屋檐和屋脊的平均高度计算；当同一座建筑物有多种屋面形式时，建筑高度应按上述方法分别计算后取其中最大值；下列突出物不计入建筑高度内：

　　1) 局部突出屋面的楼梯间、电梯机房、水箱间等辅助用房占屋顶平面面积不超过 1/4 者；

　　2) 突出屋面的通风道、烟囱、装饰构件、花架、通信设施等；

　　3) 空调冷却塔等设备。

选项 A 应算至屋檐和屋脊的平均高度处，故错误；选项 B 应算至楼梯间等辅助用房顶部，故正确；选项 C 和选项 D 应算至女儿墙顶点，故 C、D 错误。本题应选 B。

答案：B

1-71 (2008) 下列何项建筑的抗震设防等级不属于乙类？

A 航天科学研究楼

B 伤寒等病毒科学实验楼

C 大型电影院、大型剧场

D 人数较多的幼儿园或低层小学教学楼

解析：根据《建筑工程抗震设防分类标准》GB 50223—2008 第 6.0.4、6.0.8 及 7.3.4-1 条的规定，A、C、D 项均为乙类设防，第 6.0.9 条规定 B 项为甲类设防。

答案：B

1-72 (2008) 下列关于玻璃幕墙设置的叙述正确的是(　　)。

A 居住区内可任意使用玻璃幕墙

B 历史文化名城中划定的历史街区、风景名胜区应慎用玻璃幕墙

C 在十字路口或多路交叉路口不应设置玻璃幕墙

D 在 T 形路口正对直线路段处不宜设置玻璃幕墙

解析：《玻璃幕墙光学性能》GB/T 18091—2000 第 4.2.2 条规定："居住区内应限制设置玻璃幕墙"；第 4.2.3 条规定："历史文化名城中划定的历史街区、风景名胜区应慎用玻璃幕墙"；第 4.2.4 条规定："在 T 形路口正对直线路段不应设置玻璃幕墙，在十字路口或多路交叉路口不宜设置玻璃幕墙"。

答案：B

1-73 (2008) 为贯彻节地的政策，设计工厂时采用下列哪种形式对节约土地较为不利？

A 多层、双层或高层厂房

B 单层的联合厂房

C 结合工艺特点和工艺流程带地下层的厂房或地下工厂

D 内院型的花园式厂房

解析：《建筑设计资料集7》"厂址选择"部分"厂址选择的原则及要求"的相关要求。内院型的花园式厂房环境很好，但不利于节约用地。

答案：D

1-74 (2008) 建设工程用地内，雨水资源的利用除设计建设雨水利用设施和将雨水引入储存设施蓄积利用外，如下的一些策划措施哪一类做法不妥？

A 建筑物屋顶的雨水应集中引入地面透水区域，如绿地、透水地面
B 用地内的庭院、停车库、人行道、自行车道等地段应用透水材料铺装，或设置汇流设施将雨水引入透水区
C 景观水池应设计建设成雨水储存设施
D 草坪、绿地不能滞留雨水，且应高出周围地面

解析：《建筑小区雨水利用工程技术规范》GB 50400—2006 第 6.1.11 条规定："小区内路面宜高于路边绿地 50~100mm，并应确保雨水顺畅流入绿地。"

答案：D

1-75 (2008) 生产、储存易燃易爆物品的厂房、库房与防空地下室的距离至少不应小于(　　)。

A 30m　　　　B 40m　　　　C 50m　　　　D 60m

解析：《人防地下室规范》第 3.1.3 条：防空地下室距生产、储存易燃易爆物品厂房、库房的距离不应小于 50m；距有害液体、重毒气体的贮罐不应小于 100m。故选项 C 正确。

答案：C

1-76 (2008) 策划城市中商业步行区时，下列阐述中何者是错误的？

A 步行区内的步行道路和广场面积可按每平方米容纳 0.8~1.0 人计算
B 商业步行区距城市次干路的距离不宜大于 200m
C 商业步行区的紧急安全出口间距不得大于 200m
D 步行区内的道路宽度可采用 10~15m，其间可设小广场

解析：本题可参考《全国民用建筑工程设计技术措施》（2009 年版）的相关规定。

5.2.1 商业步行区的道路应满足送货车、清扫车和消防车通行的要求，道路宽度可采用 10~15m，每 500m 宜提供一处可供人们停留休息的室外空间或配置小型广场。

5.2.2 商业步行区的紧急安全疏散出口间隔距离不得大于 160m。

5.2.3 商业步行区距城市次干路的距离不宜大于 200m，步行出口距公共交通站的距离不宜大于 100m。

5.2.4 商业步行区附近应有相应规模的机动车、非机动车停车场、库，其距步行区进出口距离不宜大于 100m。

《防火规范》第 5.3.6 条第 5 款，步行街两侧建筑内的疏散楼梯应靠外墙设置并宜直通室外，确有困难时，可在首层直接通至步行街；首层商铺的疏散门可直接通至步行街，步行街内任一点到达最近室外安全地点的步行距离不应大于 60m。

答案：C

1-77 (2008) 城市和航空港之间的适宜距离宜控制在(　　)。

A 5km 左右　　　B 5～10km 之间　　C 10～30km 之间　D 30～50km 之间

解析：《民用航空运输机场选址规定》CCAR-170CA 第三条（十）款要求机场应"与城市距离适中"，题中 A 项"5km 左右"和 B 项"5～10km 之间"均太近；D 项"30～50km 之间"太远；C 项"10～30km 之间"比较适中，距离不超过 30km 时旅客使用常规交通工具可以在 100min 内从市中心到达机场。

答案：C

1-78 (2008) 下列高层建筑中，何者在防火设计中的建筑分类属于一类？

A 高度为 48m，每层面积不大于 1000m² 的电信楼
B 高度为 39m，每层面积不大于 1500m² 的商住楼
C 高度为 27m 的医院建筑
D 高度为 33m，藏书 80 万册的图书馆

解析：参见《防火规范》第 5.1.1 条：民用建筑根据其建筑高度和层数可分为单、多层民用建筑和高层民用建筑。高层民用建筑根据其建筑高度、使用功能和楼层的建筑面积可分为一类和二类。民用建筑的分类应符合表 5.1.1 的规定。

民用建筑的分类　　　表 5.1.1

名称	高层民用建筑		单、多层民用建筑
	一类	二类	
住宅建筑	建筑高度大于 54m 的住宅建筑（包括设置商业服务网点的住宅建筑）	建筑高度大于 27m，但不大于 54m 的住宅建筑（包括设置商业服务网点的住宅建筑）	建筑高度不大于 27m 的住宅建筑（包括设置商业服务网点的住宅建筑）
公共建筑	1. 建筑高度大于 50m 的公共建筑。 2. 建筑高度 24m 以上部分任一楼层建筑面积大于 1000m² 的商店、展览、电信、邮政、财贸金融建筑和其他多种功能组合的建筑 3. 医疗建筑、重要公共建筑、独立建造的老年人照料设施 4. 省级及以上的广播电视和防灾指挥调度建筑、网局级和省级电力调度建筑 5. 藏书超过 100 万册的图书馆、书库	除一类高层公共建筑外的其他高层公共建筑	1. 建筑高度大于 24m 的单层公共建筑 2. 建筑高度不大于 24m 的其他公共建筑

查表可知，选项 C 为一类建筑。

答案：C

1-79 (2008) 有关城市汽车加油站的选址和总图布置的下列阐述中，何者是正确的？

A 城市中一级汽车加油站宜设在城市建成区
B 城市建成区的加油站应靠近城市道路，宜设在城市干道的交叉路口附近
C 加油站面向进出口道路的一侧，宜设置非实体围墙或开敞
D 加油站站内的停车场和道路路面宜用沥青路面

解析：从《汽车加油加气站设计与施工规范》GB 50156—2002（2006年版）第4.0.2、4.0.3及5.0.3-3条可知题中A、B、D项错误，再看第5.0.1-3条，知C项正确。

答案：C

1-80 (2008) 有关城镇垃圾转运量小于**150t/d**的小型转运站的设置标准，以下哪项不正确？

A 用地面积≤3000m² B 绿化隔离带宽度≥5m
C 与相邻建筑间距≥6m D 用地面积可根据绿化率的提高而增加

解析：《城市环境卫生设施设置标准》CJJ 27—2005 表4.2.3有题中A、B、D项标准，并规定"与相邻建筑间距≥10m"。

答案：C

1-81 (2008) 有关城市消防站的规划布局和选址的叙述中，下列何者是正确的？

A 应设在辖区内的边缘地段、远离人口稠密集中区，但必须保证接到出发指令后5分钟内消防队可以到达辖区内的任何地区
B 消防站的主体建筑与医院、托幼设施、影剧院、商场等容纳人员较多的公共建筑的主要疏散出口的距离不应小于50m
C 消防站车库门应朝向城市道路，至道路红线的距离不应小于10m
D 消防站一般可设在综合性的建筑物中

解析：参见《城市消防站建设标准》建标〔2017〕75号第三章的相关规定。

第十三条　消防站的布局一般应以接到出动指令后5min内消防队可以到达辖区边缘为原则确定。

第十五条　消防站的选址应符合下列规定：

一、应设在辖区内适中位置和便于车辆迅速出动的临街地段，并应尽量靠近城市应急救援通道。

二、消防站执勤车辆主出入口两侧宜设置交通信号灯、标识、标线等设施，距医院、学校、幼儿园、托儿所、影剧院、商场、体育场馆、展览馆等公共建筑的主要疏散出口不应小于50m。

三、辖区内有生产、贮存危险化学品单位的，消防站应设置在常年主导风向的上风或侧风处，其边界距上述危险部位一般不宜小于300m。

四、消防站车库门应朝向城市道路，后退红线不宜小于15m，合建的小型站除外。

第十六条　消防站不宜设在综合性建筑物中。特殊情况下，设在综合性建筑物中的消防站应自成一区，并有专用出入口。

答案：B

1-82 (2008) 某医院病房楼前后两栋均为二层，按日照要求其楼间距为**10m**，考虑各种因素其间距不宜小于下列何值？

A 10m B 12m C 15m D 18m

解析：见《医院规范》第4.2.6条。

答案：B

1-83 (2008) 住宅建筑的设计使用年限不应少于下列何值?

A 150年　　　B 100年　　　C 50年　　　D 25年

解析：见《统一标准》第3.2.1条表3.2.1。

答案：C

1-84 (2008) 按《工程勘察设计收费标准》中民用建筑复杂程度分级，下列四个项目中不属于Ⅲ级的是(　)。

A 20层以上的居住建筑　　　　　B 高级大型公共建筑工程
C 高度36～48m的一般公共建筑工程　D 高标准的古建筑

解析：《工程勘察设计收费标准》(2002年修订版)第7.3.1条表7.3-1中规定题中A、B、D项均为Ⅲ级，而高度24～50m的一般公共建筑工程为Ⅱ级。

答案：C

1-85 (2008) 多层建筑层高不同时，对土建工程造价的影响通常为层高每增加10cm，增加造价大约在(　)。

A 1.3%～1.5%　B 2.3%～2.5%　C 3.3%～3.5%　D 4.3%～4.5%

解析：墙体造价一般占土建工程造价的40%～45%，一般住宅层高在2.9m左右，10cm高度墙体的造价约为墙体造价的1/30，故增加10cm高墙体使土建工程造价约增加：(40%～50%)÷30=1.33%～1.5%。

答案：A

1-86 (2007) 民用建筑修缮查勘前应具备有关资料，不包括下列何项?

A 房屋地形图、房屋原始图纸、房屋使用情况资料
B 修缮范围的标准和方法
C 房屋完损等级以及定期的和季节性的查勘记录、历年修缮资料
D 城市建设规划和市容要求、市政管线设施情况

解析：修缮范围的标准和方法应事先考虑，不属于查勘前应具备的资料。

答案：B

1-87 (2007) 某场地地质作用影响程度为"动力地质作用影响较弱；环境工程地质条件较简单，易于整治"。该场地稳定性类别属于以下哪项?

A 稳定　　　B 稳定性较差　　　C 稳定性差　　　D 不稳定

解析：见《城乡规划工程地质勘察规范》CJJ 57—2012附录C。

答案：B

1-88 (2007) "建筑物必须满足夏季防热、遮阳、通风降温要求，冬季应兼顾防寒，应防雨、防潮、防洪、防雷电"是哪个热工分区的建筑基本要求?

A 温和地区　　B 寒冷地区　　C 夏热冬暖地区　　D 夏热冬冷地区

解析：见《统一标准》第3.3.1条表3.3.1。

答案：D

1-89 (2007) 下列关于防洪标准的叙述中错误的是哪一项?

A 防护对象的防洪标准应以防御的洪水或潮水的重现期表示；对特别重要的防护对象，可采用可能最大洪水表示
B 对于影响公共防洪安全的防护对象，应按自身和公共防洪安全两者要求中的

公共防洪标准确定

C 对部分防护对象，经论证，其防洪标准可适当提高或降低

D 按规定的防洪标准进行防洪建设，若需要的工程量大，费用多，一时难以实现时，经报行业主管部门批准，可分期实施，逐步达到

解析：《防洪标准》第3.0.6条规定："对于影响公共防洪安全的防护对象，应按自身和公共防洪安全两者要求的防洪标准中较高者确定。"

答案：B

1-90 (2007) 岩质边坡破坏形式的确定是边坡支护设计的基础，分为两大类，正确的是( )。

A 崩塌型、重力型　　　　　　B 土质型、滑移型
C 崩塌型、滑移型　　　　　　D 土质型、重力型

解析：《建筑边坡工程技术规范》GB 50330—2002"条文说明"中第3.1.2条："岩质边坡破坏形式的确定是边坡支护设计的基础。众所周知，不同的破坏形式应采用不同的支护设计。本规范宏观地将岩质边坡破坏形式确定为滑移型与崩塌型两大类。"

答案：C

1-91 (2007) 建筑的抗震设防烈度主要由以下哪些条件确定？

Ⅰ．建筑的重要性；Ⅱ．建筑的高度；Ⅲ．国家颁布的烈度区划图；Ⅳ．批准的城市抗震设防分区图

A Ⅰ、Ⅲ　　　B Ⅱ、Ⅲ　　　C Ⅱ、Ⅳ　　　D Ⅲ、Ⅳ

解析：建筑的抗震设防烈度由烈度区划图和城市抗震设防分区图确定。

答案：D

1-92 (2007) 在竖向规划阶段，土石方量的估算范围不包括以下哪项？

A 场地平整土石方量

B 地面设施的土石方量

C 道路的土石方量

D 地下工程、管网、建（构）筑物基础等的土石方量

解析：D条其挖填土方建筑自身平衡；而土方估算时D条设计项目尚未开始确定，所以也不可能计算土方量。

答案：D

1-93 (2007) 以下各项指标中，何者主要反映用地的开发强度？

A 容积率　　　B 绿地率　　　C 总用地面积　　　D 建筑密度

解析：建筑面积的多少可以反映用地的开发强度，而增加建筑面积必然加大容积率。

答案：A

1-94 (2007) 用地类别代号R11和A33分别表示何种用地？

A 住宅用地和绿化用地　　　　B 办公用地和仓储用地
C 办公用地和道路用地　　　　D 住宅用地和中小学用地

解析：详见《城市用地标准》表3.3.2。

答案：D

1-95 (2007) 以下哪项不属于控制用地和环境质量的指标?
　　A　绿地率　　　　B　容积率　　　　C　用地面积　　　D　建筑密度
　　解析：用地面积不属于控制用地和环境质量的指标。
　　答案：C

1-96 (2007) 下列关于土地所有权方面的叙述中错误的是哪一项?
　　A　城市市区的土地属于国家所有
　　B　农村和城市郊区的土地，除由法律规定属于国家所有的以外，属于农民集体所有
　　C　宅基地和自留地、自留山，属于农民集体所有
　　D　国有土地和农民集体所有的土地，可以依法将所有权转让给单位或者个人
　　解析：国有土地和农民集体所有的土地，土地的所有权不属于个人。
　　答案：D

1-97 (2007) 中小学校校址内主要教学楼有窗户的外墙面与铁路路轨的距离不应小于（　　）。
　　A　50m　　　　　B　80m　　　　　C　150m　　　　D　300m
　　解析：《中小学规范》第4.1.6条：学校教学区的声环境质量应符合现行国家标准《民用建筑隔声设计规范》GB 50118的有关规定。学校主要教学用房设置窗户的外墙与铁路路轨的距离不应小于300m，与高速路、地上轨道交通线或城市主干道的距离不应小于80m。故选项D正确。
　　答案：D

1-98 (2007) 以下各种民用建筑对场地选择的要求中，何者是错误的?
　　A　老年人居住建筑宜设于居住区，与社区各项服务设施组成健全的生活保障网络系统
　　B　幼儿园位置应方便家长接送，避免交通干扰
　　C　小学服务半径不宜大于1000m，有学生宿舍的学校不受此限制
　　D　小型电影院主要入口前道路通行宽度不应小于安全出口宽度总和，并不应小于8m
　　解析：《中小学规范》第2.1.1条规定：小学服务半径不宜大于500m。
　　答案：C

1-99 (2007) 用于旅游配套服务功能的某小型建设项目，拟建于自然保护区内，其可选择的场址宜位于（　　）。
　　A　核心区　　　　B　实验区　　　　C　缓冲区　　　　D　外围保护地带
　　解析：旅游配套建设项目要保护环境应建在保护区外围，不应进入核心、实验及缓冲区。
　　答案：D

1-100 (2007) 建筑与规划结合，首先体现在选址问题上，以下哪条是选址的主要依据?
　　A　项目建议书　　　　　　　　　　B　可行性研究报告
　　C　环境保护评价报告　　　　　　　D　初步设计文件

解析：参见《建设项目选址规划管理办法》（建设部国家计委1991年8月23日发布）第六条的（二）。

答案：A

1-101 （2007）在城市建筑高度控制区外，以下哪项要计入建筑高度？
A　平屋顶上屋顶花园附设的通透花架和装饰构架
B　空调冷却塔等设备
C　局部突出屋面的电梯机房、水箱间等辅助用房，占屋顶平面面积大于或等于1/3者
D　突出屋面的通风道

解析：《统一标准》第4.5.2条第2款：下列突出物不计入建筑高度内。
　　1）局部突出屋面的楼梯间、电梯机房、水箱间等辅助用房占屋顶平面面积不超过1/4者；
　　2）突出屋面的通风道、烟囱、装饰构件、花架、通信设施等；
　　3）空调冷却塔等设备。
故选项A、B、D不计入建筑高度内。本题应选C。

答案：C

1-102 对建筑高度控制有要求的区域是指以下哪类？
Ⅰ　历史文化名城名镇名村　　Ⅱ　历史文化街区
Ⅲ　文物保护单位　Ⅳ　历史建筑和风景名胜区　Ⅴ　自然保护区
A　Ⅰ、Ⅲ、Ⅳ、Ⅴ　　　　B　Ⅰ、Ⅱ、Ⅳ、Ⅴ
C　Ⅰ、Ⅲ、Ⅲ、Ⅴ　　　　D　Ⅰ、Ⅱ、Ⅲ、Ⅳ、Ⅴ

解析：《统一标准》第4.5.1条第4款：建筑处在历史文化名城名镇名村、历史文化街区、文物保护单位、历史建筑和风景名胜区、自然保护区的各项建设，应按规划控制建筑高度。故选项D正确。

答案：D

1-103 （2007）下列哪幅图中的空间限制感较能体现出"削弱与周围空间的视觉联系，增强其作为不同空间的作用"？

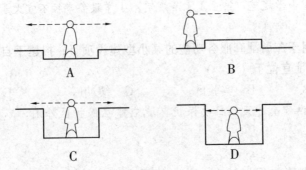

题1-103图

解析：只有图D中的墙能阻隔人的视线，削弱人所在空间与周围空间的视觉联系。

答案：D

1-104 下列有关各类民用建筑日照标准的叙述，哪项是错误的？
A 老年人住宅的主要功能房间应有不少于75%的面积满足采光系数标准要求
B 每套住宅至少应有一个居住空间满足采光系数标准要求
C 幼儿园的主要功能房间应有不少于85%的面积满足采光系数标准要求
D 中小学教室的采光不应低于采光等级Ⅲ级的采光系数标准要求

解析：《统一标准》第7.1.2条：居住建筑的卧室和起居室（厅）、医疗建筑的一般病房的采光不应低于采光等级Ⅳ级的采光系数标准值，教育建筑的普通教室的采光不应低于采光等级Ⅲ级的采光系数标准值，且应进行采光计算。采光应符合下列规定：

    1 每套住宅至少应有一个居住空间满足采光系数标准要求，当一套住宅中居住空间总数超过4个时，其中应有2个及以上满足采光系数标准要求；

    2 老年人居住建筑和幼儿园的主要功能房间应有不小于75%的面积满足采光系数标准要求。

故选项C错误。

答案：C

1-105 (2007) 以下有关环境保护方面工作的描述，哪项不是设计单位应承担的工作？
A 承担或参与建设项目的环境影响评价
B 接受设计任务书后，进一步完善并报批环境影响报告书（表），使之与实际方案相适应
C 严格执行"三同时"制度
D 环境影响报告书（表）应报有关部门批准

解析：环境影响评价不是设计单位应承担的工作，具体规定参见《中华人民共和国环境影响评价法》。

答案：A

1-106 建筑基地内地下机动车车库出入口与连接道路间宜设置缓坡段，缓坡段应从车库出入口坡道起坡点算起，且不宜小于下列何值？
A 7.5m   B 9m   C 12m   D 15m

解析：《统一标准》第5.2.4条第4款：当建筑基地内地下机动车车库出入口直接连接基地外城市道路时，其缓冲段长度不宜小于7.5m。故选项A正确。

答案：A

1-107 (2007) 沿街建筑应设连通街道和内院的人行通道，其间距不宜大于以下何值？
A 60.0m   B 80.0m   C 120.0m   D 160.0m

解析：《统一标准》第5.2.1条第2款：沿街建筑应设连通街道和内院的人行通道，人行通道可利用楼梯间，其间距不宜大于80.0m。故选项B正确。

答案：B

1-108 (2007) 关于铁路旅客车站站前广场设计原则，下列哪条是错误的？
A 站前广场应分区布置，旅客、车辆、行包三种流线应短捷，避免交叉
B 人行通道、车行道应与城市道路相衔接

C 站前广场的地面、路面宜采用柔性地面，并符合排水要求

D 特大型和大型旅客车站宜设立体站前广场

解析：《铁路旅客车站建筑设计规范》GB 50226—2007 第 4.0.2 条第 2、3、5 款中有 A、B、D 项规定；另规定站前广场的地面应采用刚性地面，故 C 是错误的。

答案：C

1-109 (2007) 住宅建筑的设计使用年限不应少于下列何值？

A 150 年　　　B 100 年　　　C 50 年　　　D 25 年

解析：《统一标准》第 3.2.1 条表 3.2.1。

答案：C

1-110 (2007) 下列关于综合医院总平面设计的叙述中，哪项是错误的？

A 病房楼获得最佳朝向

B 医院人员次要出入口可作为废弃物出口，但不得作为尸体出口

C 应留有改建、扩建余地

D 在门诊部、急诊部附近应设车辆停放场

解析：《医院规范》第 4.2.2 条规定：人员出入口不应兼作尸体和废弃物出入口。

答案：B

1-111 (2007) 下列关于图书馆总平面布置的叙述中，哪项是错误的？

A 道路布置应便于人员进出、图书运送、装卸和消防疏散

B 新建图书馆的建筑物基地覆盖率不宜大于 40%

C 应设读者入口广场，如设有儿童阅览区的，该广场中应有儿童活动的场地

D 绿化率不宜小于 30%

解析：《图书馆建筑设计规范》JGJ 38—2015 第 3.2 条总平面布置中有 A、B、D 项的规定。对于设有儿童阅览区的图书馆，规定该区应有单独的出入口，室外应有设施完善的儿童活动场地；但对于设读者入口广场，规范未作规定，故 C 项错误。

答案：C

1-112 (2007) 在与飞机场用地的相邻地块上，规划建设一居民区，拟在其中建一所小学校，对小学校的飞机噪声限值为（　　）。

A 45dB(A)　　　B 60dB(A)　　　C 70dB(A)　　　D 80dB(A)

解析：《统一标准》第 7.4.1 条：民用建筑各类主要功能房间的室内允许噪声级、围护结构（外墙、隔墙、楼板和门窗）的空气声隔声标准以及楼板的撞击声隔声标准，应符合现行国家标准《民用建筑隔声设计规范》GB 50118 的规定。而依据《民用建筑隔声设计规范》GB 50118—2010 第 5.1.1 的规定：学校建筑普通教室的允许噪声级为 45dB（A）。故 A 正确。

答案：A

1-113 (2007) 依据大气、地面水、噪声及生态环境影响评价技术导则中的评价工作分

级，指出下列选项何者是错误的？

A 大气环境影响评价工作划分为1、2、3级

B 地面水环境影响评价工作划分为1、2、3级

C 噪声环境影响评价工作划分为1、2、3级

D 生态环境影响评价工作的工作级别划分为1、2、3、4级

解析：《环境影响评价技术导则生态影响》HJ 19—2011。

答案：D

1-114 (2007)《中华人民共和国建筑法》规定从事建筑活动的建筑施工企业、勘察单位、设计单位和工程监理单位应当具备一定的资质条件，下列选项中哪项不是必需的？

A 有行业协会出具的资信证明

B 有符合国家规定的注册资本

C 有与其从事建筑活动相适应的具备法定执业资格的专业技术人员

D 有从事相关建筑活动所应有的技术装备

解析：行业协会出具的证明不是必需的。

答案：A

1-115 (2007) 应在哪个阶段组成项目组赴现场进行实地调查、收集基础资料并进行投资估算和资金筹措工作？

A 项目建议书阶段　　　　B 立项报告阶段

C 初步设计阶段　　　　　D 可行性研究阶段

解析：组成项目组做估算是在可行性研究阶段。

答案：D

1-116 (2007) 建筑设计单位不按照建筑工程建设强制性标准进行设计而造成工程质量事故的，应承担以下哪项法律责任？

A 责令改正，处以罚款

B 责令停业整顿，降低资质等级或吊销资质证书，依法承担赔偿责任

C 承担赔偿责任

D 依法追究刑事责任

解析：《建设工程质量管理条例》第六十三条：违反本条例规定，有下列行为之一的，责令改正，处10万元以上30万元以下的罚款：

（一）勘察单位未按照工程建设强制性标准进行勘察的；

（二）设计单位未根据勘察成果文件进行工程设计的；

（三）设计单位指定建筑材料、建筑构配件的生产厂、供应商的；

（四）设计单位未按照工程建设强制性标准进行设计的。

有前款所列行为，造成工程质量事故的，责令停业整顿，降低资质等级；情节严重的，吊销资质证书；造成损失的，依法承担赔偿责任。

故选项B正确。

答案：B

1-117 (2007) 下列何种方法不适用于编制投资估算？
A 费率法　　　　　　　　　B 单元估算法
C 单位指标估算法　　　　　D 近似（匡算）工程量估算法
解析：费率法不是投资估算编制方法，费率法指单项取费，如设计、施工占总价的百分数。
答案：A

1-118 (2007) 在实施投资估算中，下列哪项不能满足控制投资的需要？
A 建设项目建议书和可行性研究　　B 工程设计招标、投标或方案设计
C 限额设计　　　　　　　　　　　D 施工费用
解析：实施投资估算准度相对高，A项非实施性估算，最不能控制投资，应排在最后。
答案：A

1-119 (2007) 建设工程项目必须取得以下哪项文件证明之后才能正式开工？
A 建设用地规划许可证　　　　　B 建设工程规划许可证
C 上级管理部门签发的开工许可证　D 施工图文件和施工图审查证明
解析：建设工程开工许可证是准予建设的法律凭证。
答案：C

1-120 (2006) 1/1000 场址地形图上等高线高差的要求为下列何项？
A 0.10～0.20m　B 0.25～1.00m　C 1.50～2.00m　D 2.50～5.00m
解析：1/1000 地形图上等高距为 0.25～1.00m。
答案：B

1-121 (2006) 场址气象资料的降水量内容中，下列哪一项不用收集？
A 平均年总降雨量　　　　　　B 当地采用的雨量计算公式
C 五分钟最大降雨量　　　　　D 积雪深度、密度、日期
解析：见《建筑设计资料集7》在"厂址选择"部分"厂址选择的原则及要求"以及"资源收集"中有关降水量的要求。
答案：C

1-122 (2006) 下列总图图例，何者表示铁路跨道路？

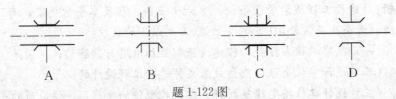

题 1-122 图

解析：《总图标准》第 3.0.2 条表 3.0.2-49。
答案：B

1-123 (2006) 下列图例，何者为过水路面？

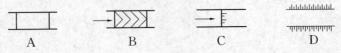

解析：《总图标准》第 3.0.1 条表 3.0.1-44。

答案：A

1-124 （2006）题 1-124 图中何处为山谷？

A　A 处　　　　B　B 处

C　C 处　　　　D　D 处

解析：A、B 山头中间夹缝处。

答案：D

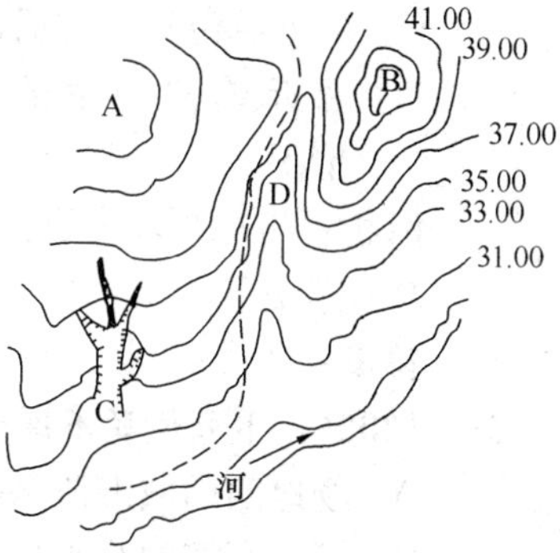

1-125 （2006）下列日照资料中何者与日照间距系数有关？

A　全年日照时数　　B　冬季日照时数

C　入射角　　　　　D　冬季太阳辐射强度

题 1-124 图

解析：根据日照间距系数的计算公式可知。

答案：C

1-126 （2006）选择场地时一般以哪个玫瑰图为主？

A　全年风频玫瑰图

B　夏季风频玫瑰图

C　冬季风频玫瑰图

D　风速玫瑰图

解析：在场地选择时，一般以风向频率玫瑰图为主，在某些场合，也可以用风速玫瑰图代替。

答案：A

1-127 （2006）下列地质地貌在地震条件下何者不属危险地段？

A　泥石流地段　B　液化土地段　C　滑坡地段　D　地裂地段

解析：根据《抗震规范》表 4.1.1 条规定：滑坡、泥石流、地裂等地段属于危险地段。液化土属于不利地段。

答案：B

1-128 （2006）在湿陷性黄土地区选择场地时下述哪条不妥？

A　避开洪水威胁地段　　　　B　避开新建水库

C　避开地下坑穴集中地段　　D　避开场地排水顺利地段

解析：根据《黄土地区建筑规范》第 5.2.1 条规定：场地选择应具有排水通畅或利于组织场地排水的地形条件。

答案：D

1-129 （2006）下列何者不属于地表水？

A　江、河　　B　湖、海　　C　泉水　　D　水库

解析：泉水是地下水，不属地表水。

答案：C

1-130 （2006）下列何项不属于场地环境资料？

A　邻近单位的工作与生产性质

B　邻近单位的生活情况

C 邻近单位日常交通情况

D 邻近单位产生的声、光、尘、气味、电磁波、振动波及心理影响等情况

解析：场地环境有自然生态、建筑工业污染影响及交通情况等。B不属于场地环境资料。

答案：B

1-131 (2006) 下列何者不属于场地的大市政？

A 场地四周城市道路等级、坐标、标高

B 可供衔接的给水排水管坐标、标高

C 电力、通信、燃气衔接点坐标及方式

D 市容要求

解析：A、B、C三选项均涉及城市管线及道路，属于场地大市政；而市容要求不属于场地大市政。

答案：D

1-132 (2006) 规划管理部门提供的场地地形图的坐标网应是（　　）。

A 建筑坐标网　　B 城市坐标网　　C 测量坐标网　　D 假定坐标网

解析：参考《一级注册建筑师考试教材 1 设计前期 场地与建筑设计》第二章第二节。

答案：B

1-133 (2006) 根据《建筑抗震设计规范》对场地土的划分类别，判断下列哪条分类不对？

A 密实的碎石土属于坚硬土类

B 密实的粗砂属于中硬土类

C $f_{ak}>200$ 的黏土属于中软土类（f_{ak}是地基静承载力）

D 淤泥属于软弱土类

解析：《抗震规范》第4.1.3条表4.1.3规定：$f_{ak}\leqslant150$ 的黏土属于中软土。

答案：C

1-134 (2006) 居住区建筑容积率是哪个比值？

A $\dfrac{总建筑基底面积}{总用地面积}$　　　　B $\dfrac{总建筑体积}{总用地面积}$

C $\dfrac{总建筑面积}{总用地面积}$　　　　D $\dfrac{总建筑面积}{建筑控制线内场地面积}$

解析：《居住区标准》第4.0.1条表4.0.1-1的表注：居住区用地容积率是生活圈内，住宅建筑及其配套设施地上建筑面积之和与居住区用地总面积的比值。故选项C正确。

答案：C

1-135 (2006) 居住区绿地率是指哪个比值？

A $\dfrac{公共绿地}{居住区用地面积}$　　　　B $\dfrac{宅旁绿地}{居住区用地面积}$

C $\dfrac{专用绿地}{居住区用地面积}$ D $\dfrac{各类绿地面积总和}{居住区用地面积}$

解析：《居住区标准》第4.0.2条表4.0.2的表注：绿地率是居住街坊内绿地面积之和与该居住街坊用地面积的比率（％）。故选项D正确。

答案：D

1-136 （2006）题图表示组团绿地面积计算起止界，哪一个图正确？

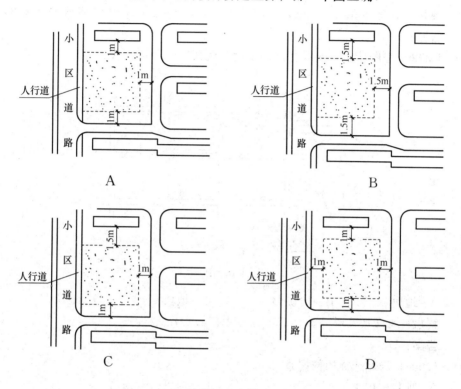

题1-136图

解析：《居住区标准》附录A第A.0.2条第3款：居住街坊内绿地面积的计算方法，当集中绿地与城市道路邻接时，应算至道路红线；当与居住街坊附属道路邻接时，应算至距路面边缘1.0m处；当与建筑物邻接时，应算至距房屋墙脚1.5m处。故选项C正确。

答案：C

1-137 （2006）下列哪条不属于项目建议书内有关环保的主要内容？

A 所在地区环境现状　　　　　　B 建成后可能造成的环境影响分析
C 当地环保部门的意见和要求　　D 当地交通部门的意见和要求

解析：交通部门要求的车辆数，与环保要求无关。

答案：D

1-138 （2006）某科研所对环境的振动要求较高，下列条件中，哪一组较合适？

Ⅰ．位于城市郊区；Ⅱ．工程地质条件好，地基承载力高；Ⅲ．位于国家铁路干线和城市快速路旁；Ⅳ．位于城市市中心区内；Ⅴ．水、电、气等市政配套条件较好的地区

A Ⅰ、Ⅱ、Ⅲ   B Ⅱ、Ⅲ、Ⅳ   C Ⅰ、Ⅱ、Ⅴ   D Ⅰ、Ⅲ、Ⅳ

解析：铁路、城市快速路和市中心振动大，对环境干扰大，Ⅲ、Ⅳ应排除。

答案：C

1-139 (2006) 人流较多的大型百货公司主要出入口宜选在哪处？

A 城市快速路两侧　　　　　　B 城市支路两侧
C 城市次干路两侧　　　　　　D 居住小区服务中心

解析：百货公司人流车流较大，人流宜从主干道出入，车流宜从次干道出入。

答案：C

1-140 (2006) 题图所示，某石化厂的生活区选在哪一地块比较合适？

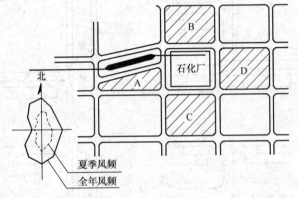

题 1-140 图

A 地块A　　　B 地块B　　　C 地块C　　　D 地块D

解析：生活区应避开石化厂下风向处且应远离铁路线。

答案：D

1-141 (2006) 场地选择的依据是（　　）。

A 项目建议书　　　　　　　　B 预可行性报告
C 可行性研究报告　　　　　　D 设计任务书

解析：场地选择的依据是项目建议书。

答案：A

1-142 (2006) 如题图所示，某中学校址宜选哪一地块比较好？

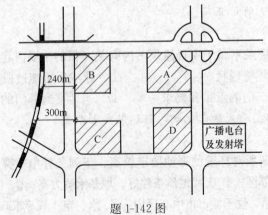

题 1-142 图

A 地块A　　　B 地块B　　　C 地块C　　　D 地块D

解析：C地块比较僻静，距铁道300m，满足《中小学规范》第4.1.6条的要求，又不靠近城市干道立交桥和电台发射塔。

答案：C

1-143 (2006) 下述哪一项不属于厂址方案比较的内容？

A 厂址主要技术条件比较　　　B 基建费用比较
C 经营费用比较　　　　　　　D 建筑单体方案比较

解析：选择厂址方案时尚无建筑单体方案。

答案：D

1-144 (2006) 关于可行性研究中的投资估算的作用，下列论述何者不对？

A 是项目决策的重要依据，但不是研究、分析项目经济效果的重要条件
B 对工程概算起控制作用，设计概算不得突破批准的投资估算额（超过10%需另行批准）
C 可作为项目资金筹措及制定建设贷款计划的依据
D 是进行设计招标、优选设计单位和设计方案、实行限额设计的依据

解析：估算先行，设计单位招标、优选属后期工作。

答案：D

1-145 (2006) 场地选择时所用区域位置图的比例尺可用下列中的（　　）。

A　1∶500　　B　1∶3000　　C　1∶5000　　D　1∶20000

解析：见《总图标准》表2.2.1。

答案：C

1-146 (2006) 某场地平面草图如题图所示，拟建建筑地上9层、地下3层，每层面积相同，其容积率（不含地下）为（　　）。

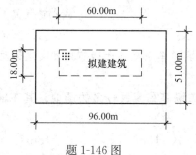

题1-146图

A　1.56　　　B　1.98　　　C　2.59　　　D　3.12

解析：容积率 = $\dfrac{总建筑面积}{总用地面积} = \dfrac{60 \times 18 \times 9}{51 \times 96} = 1.98$。

答案：B

1-147 (2006) 下列哪项为私密空间？

A 学校中的教室　　　　　　B 商场中的营业厅
C 住宅中的卧室　　　　　　D 庭园

解析：学校、商场和庭园均为公共场所，只有住宅中的卧室是私密空间。

答案：C

1-148 (2006) 高层塔式住宅、多层和中高层点式住宅与侧面有窗的各种层数的住宅之间，应考虑视觉卫生因素。如加大住宅侧面间距将影响下述哪项？
A 建筑高度　　　　B 建筑朝向　　　C 日照间距　　　D 居住密度
解析：居住密度比其余三项所受的影响大而直接。
答案：D

1-149 (2006) 为不影响建筑物安全，直径大于200mm的地下给水管离建筑基础最小水平间距应为(　　)。
A 1.50m　　　B 2.00m　　　C 2.50m　　　D 3.00m
解析：《城市工程管线综合规划规范》GB 50289—2016 第4.1.9条表4.1.9中：$d>200mm$ 的给水管线距建（构）筑物的最小距离是3.0m。故选项D正确。
答案：D

1-150 (2006) 面街布置的住宅，其出入口应避免直接开向城市道路和居住区级道路是为了(　　)。
A 环保　　　　B 消防　　　C 安全　　　D 卫生
解析：《居住区标准》条文说明第6.0.5条：道路边缘至建筑物、构筑物之间应保持一定距离，主要是考虑在建筑底层开窗开门和行人出入时不影响道路的通行及行人的安全，以防楼上掉下物品伤人，同时应有利于设置地下管线、地面绿化及减少对底层住户的视线干扰等因素而提出的。对于面向城市道路开设了出入口的住宅建筑应保持相对较宽的间距，从而使居民进出建筑物时可以有个缓冲地段，并可在门口临时停放车辆以保障道路的正常交通。故选项C正确。
答案：C

1-151 (2006) 大、中型汽车库车辆出入口不应开向哪类道路？
A 城市快速路　　　　B 城市次干路
C 支路　　　　　　　D 居住区道路
解析：大、中型公共停车场服务于城市内外交通设施，不应开向居住区道路。
答案：D

1-152 (2006) 车库、停车场等车流量较多的场地，其车辆出入口距学校建筑出入口不应小于(　　)。
A 10m　　　B 15m　　　C 18m　　　D 20m
解析：《统一标准》第4.2.4条第4款：建筑基地机动车出入口距公园、学校及有儿童、老年人、残疾人使用建筑的出入口最近边缘不应小于20.0m。故选项D正确。
答案：D

1-153 (2006) 建筑耐久年限是以下列何项确定的？
A 主体结构　　　　　　B 内外建筑装修
C 暖、通、电、信设备　D 水、电、气管线
解析：《统一标准》表3.2.1的表注说明民用建筑的设计使用年限分类是依据《建筑结构可靠性设计统一标准》GB 50068 制定。

《建筑结构可靠性设计统一标准》GB 50068—2018 第 1.0.1 条：按本规范进行抗震设计的建筑，其基本的抗震设防目标是：当遭受低于本地区抗震设防烈度的多遇地震影响时，主体结构不受损坏或不需修理可继续使用。故选项 A 正确。

答案： A

1-154 （2006）下列方案何者满足防火规范？

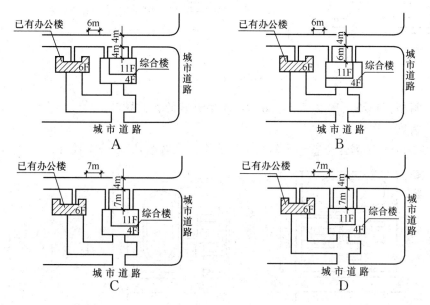

题 1-154 图

解析： 已有办公楼（6层）与高层综合楼裙房间距6m，满足防火间距要求；且综合楼建筑与城市道路之间留有充足的疏散空间，故选A。

答案： A

1-155 （2006）下列医院总平面方案（见题图），何者较好？

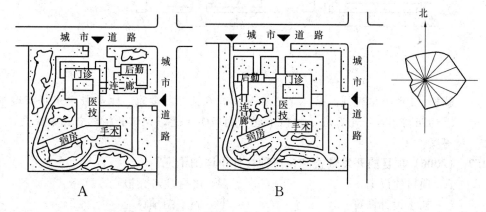

题 1-155 图（一）

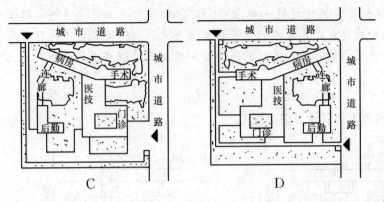

题 1-155 图（二）

解析：根据《医院规范》第四章及第五章的相关规定。

答案：B

1-157 (2006) 下列四个普通小学总平面方案（见题图），哪一个较好？

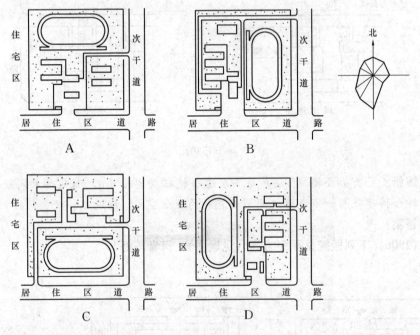

题 1-156 图

解析：《中小学规范》第 4.1.6 条和 4.3.6 条 2 款要求：主要教学用房距城市干道的距离不应小于 80m，校门不宜开向城市干道，操场长轴应南北方位。

答案：B

1-157 (2006) 项目的开发效益应在何种文件中详细论证？

　　A 项目建议书　　　　　　B 可行性研究报告
　　C 初步设计概算　　　　　D 施工图预算

解析：项目建议书是向国家提出建设某一项目的建议性文件，是对拟建项目的初步设想。而可行性研究的主要作用是为建设项目投资决策提供依据，同时也为建设项目设计、银行贷款、申请开工建设、建设项目实施、项目评估、科学实验、设备制造等提供依据。批准的可行性研究报告是项目的最终决策文件。

答案：B

1-158 (2006) 关于场地管线综合的处理原则，下述何者不正确？
A 临时管线避让永久管线　　　　B 小管径管线避让大管径管线
C 重力流管避让压力管　　　　　D 易弯曲管避让不易弯曲管

解析：《城市工程管线综合规划规范》GB 50289—2016 第 3.0.7 条：编制工程管线综合规划时，应减少管线在道路交叉口处交叉。当工程管线竖向位置发生矛盾时，宜按下列规定处理：
1 压力管线宜避让重力流管线；
2 易弯曲管线宜避让不易弯曲管线；
3 分支管线宜避让主干管线；
4 小管径管线宜避让大管径管线；
5 临时管线宜避让永久管线。
故选项 C 错误。

答案：C

1-159 (2006) 下列哪项内容不属于城市规划管理部门协调审查的范围？
A 允许开发界线　　　　　　　　B 建筑限高
C 建筑物沿街立面　　　　　　　D 燃气调压设施面积

解析：燃气调压设施面积属于燃气专项技术要求。

答案：D

1-160 (2006) 下列哪个是施工建设阶段的开始日期？
A 开始拆除原有建筑物动工之日
B 三通一平开始动工之日
C 地质详勘开始进场之日
D 建设项目第一次正式破土开槽动工之日

解析：三通一平是基本建设项目开工的前提条件，而不是施工建设阶段的开始日期。

答案：D

1-161 (2006) 下列哪个日期是建设项目的竣工日期？
A 建筑施工完成日期
B 设备安装完成日期
C 设备运转试生产日期
D 有关验收单位或验收组验收合格的日期

解析：验收合格才算竣工。

答案：D

1-162 (2005) 下列何者属规划用地允许开发界线？
A 征地边界线　　B 绿化控制线　　C 建筑控制线　　D 道路红线

解析：城市道路红线外即开发地界线。

答案：D

1-163 (2005) 大中型民用建筑工程设计项目，如旅馆、会议中心、培训中心等，在前期工作中，有关选址分析、拆迁方案、财务费用估算、资金筹措以及风险分析等属于（　　）。

A　项目建议书阶段　　　　　　B　可行性研究阶段
C　建筑设计方案阶段　　　　　D　建筑设计初步设计阶段

解析：题目所述工作属于项目建议书阶段。

答案：A

1-164 (2005) 搜集资料时对地形图的要求列于下，其中错误的是哪项？

A　比例尺为1：10000或1：20000的地理位置地形图
B　比例尺为1：5000或1：10000，等高线间距为1～5m的区域位置地形图
C　比例尺为1：500、1：1000或1：2000，等高线间距为0.25～1m的厂址地形图
D　比例尺为1：500～1：2000，包括铁路、道路、供排水、热力管线等的厂外工程地形图

解析：详《建筑设计资料集1》中"场地设计"部分"地形与地形图"要求。

答案：A

1-165 (2005) 以下地貌地质现象图中（见题图），何者的图注说明是错误的？

题1-165图

A　A为黄土层　　　　　　　　B　B为滑坡
C　C为溪流　　　　　　　　　D　D为喀斯特溶洞

解析：A、B、D图注说明正确。

答案：C

1-166 （2005）下列地貌地形图中何者为山嘴形地貌？

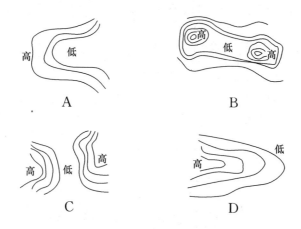

题 1-166 图

解析："山地地形地貌基本形式"对"山嘴形"的解释是："如半岛形三面为下坡的突出高地称山嘴"。即山脚伸出去的尖端。

答案：D

1-167 （2005）随着城市人口的急剧增长，密集式高层建筑的大片涌现，生态的失衡，城市气候中出现了一些新的现象，以下这些现象中何者是非气候因素造成的？（   ）

A 城市热岛现象　　　　　　　　B 城市沥涝现象
C 城市沙暴现象　　　　　　　　D 城市光污染现象

解析：城市光污染现象是非气候因素造成的。

答案：D

1-168 （2005）对城市雾的认识上，下列何者是不正确的？

A 雾是空气中水汽达到或接近饱和时形成的
B 烟雾为空气中水汽和烟气中的各种飘尘和悬浮微粒（有害的或无害的）的混合物
C 由于空气温度骤降、空气中水汽增加所形成的雾，对人的生活、生产活动和环境无负面作用
D 在城市和工矿区，烟雾和光化学雾对人体健康有危害作用

解析：雾影响交通，对生产生活有负面影响。

答案：C

1-169 （2005）在中国太阳能年辐射总量的概略分区示意图中，其中原则上可利用太阳能资源丰富的地区为哪些地区？

A Ⅰ、Ⅱ、Ⅲ　　B Ⅱ、Ⅲ、Ⅳ　　C Ⅰ、Ⅲ、Ⅳ　　D Ⅲ、Ⅳ、Ⅴ

解析：根据《建筑采光设计标准》GB 50033—2013 附录 A 所示，中国西南、西北与东北三地年太阳辐射总量均很高。

答案：A

1-170 (2005) 下列对综合风象玫瑰图(题图所示)的阐述中,何者是错误的?

A 风频 = $\dfrac{\text{计算时段（月、季、年）所发生的风的方向次数}}{\text{期内刮风的总次数}} \times 100\%$

B 平均风速 = $\dfrac{\text{相同风向的各次风速之和}}{\text{所发生的相同风向的次数}}$

C 污染系数 = $\dfrac{\text{平均风速}}{\text{风向频率}}$

D 按盛行风向考虑工业区应设在生活区的下风向

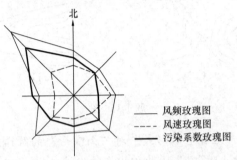

题 1-170 图　综合风象玫瑰图

解析：查风向玫瑰图资料：污染系数 = $\dfrac{\text{风向频率}}{\text{平均风速}}$。

答案：C

1-171 (2005) 如题图所示,谷底中不会产生泉水涌出的地质构造是(　　)。

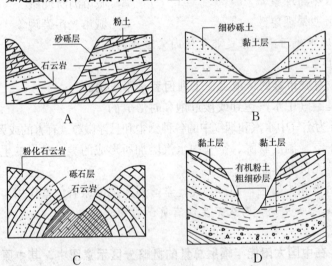

题 1-171 图

解析：泉水靠水压涌出,有砂砾石渗水向下行,黏土滞水。

答案：C

1-172 (2005) 下列有关噪声的叙述中何者是错误的?

A 夜间医院的病房：寂静,声级约为 25dB（A）

B 要求精力高度集中的临界范围：轻度干扰，声级为60dB（A）

C 印刷厂噪声、听力保护的最大值：很响，声级为90dB（A）

D 大型纺织厂：难以承受，声级为110dB（A）

解析：根据《民用建筑隔声设计规范》GB 50118—2010 第5.1.1条表5.1.1规定：医院病房允许噪声级 一级≤40dB，二级≤45dB，三级≤50dB；听力测听室 一、二级≤25dB，三级≤30dB。

答案：A

1-173 (2005) 对选址范围内古树名木的理解和处理方式，下列叙述中哪项是不正确的？

A 超过150年树龄的为二级古树名木

B 超过300年树龄的为一级古树名木

C 特别珍贵稀有，具有重大历史价值、纪念意义和具有重要科研价值的树木也为一级古树名木

D 新建、改建和扩建工程选址范围内存有古树名木时，在策划阶段就应纳入创意设计之中，或考虑避让或采取保护措施

解析：根据《城市古树名木保护管理办法》第四条规定：古树名木分为一级和二级。凡树龄在300年以上，或者特别珍贵稀有，具有重要历史价值和纪念意义，重要科研价值的古树名木，为一级古树名木；其余为二级古树名木。

答案：A

1-174 (2005) 下列对五个建筑技术指标的组合中，何组组合为控制开发强度的主要指标？

Ⅰ．容积率；Ⅱ．建筑物的平均层数；Ⅲ．建筑密度；Ⅳ．绿地率；Ⅴ．建筑高度

A Ⅰ、Ⅲ、Ⅴ　　B Ⅰ、Ⅱ、Ⅳ　　C Ⅰ、Ⅲ、Ⅳ　　D Ⅰ、Ⅳ、Ⅴ

解析：Ⅱ、Ⅲ对控制开发强度作用小。

答案：D

1-175 (2005) 城市规划中"紫线"的含义是下列中的哪一项？

A 规划道路用地和其他用地的分界线

B 城市保留地四周和其他用地的分界线

C 铁路两侧隔离带用地和其他用地的分界线

D 文物保护区用地和城市规划中其他各种用地的分界线

解析：见《城市紫线管理办法》。

答案：D

1-176 (2005) 国家在编制土地利用总体规划时将土地用途分为下述中哪些类？

A 四类，由农用地、草地和林地、沼泽地和沙漠、建设用地组成

B 三类，由农用地、草地和林地、未利用地组成

C 三类，由农用地、建设用地、未利用地组成

D 四类，由农用地、草地和林地、建设用地、未利用地组成

解析：《土地管理法》将土地按用途分为农用地、建设用地和未利用地共三类。

答案：C

1-177 (2005) 为了节约用地和集约利用土地，对于工业建设用地须用指标控制。以下哪项是不正确的？

A 行政办公及生活服务设施所占比重
B 建筑系数
C 高度
D 投资强度控制指标（以专门行业分类、地区分类和市县等别平衡后得出）

解析：为了集约利用土地，对 A、B、C 选项的指标进行控制较为有效。
答案：D

1-178 (2005) 建筑策划时，下列的一些建筑和功能用房的空间位置，何者是不符合规范、规程要求的？

A 单身宿舍不设在建筑物的地下室内
B 托儿所、幼儿园设在高层建筑的四、五层上，同时设有单独出入口
C 歌舞厅、卡拉OK厅（含具有卡拉OK功能的餐厅）、网吧、游戏厅以及桑拿浴室设在高层建筑内的一、二层
D 地下商店的营业厅设在高层建筑的地下二层

解析：详见《防火规范》第5.4.3条、5.4.4、5.4.9条及《宿舍建筑设计规范》JGJ 36—2005 第4.2.6条。
答案：B

1-179 (2005) 城市规划部门给出用地地块，如题图所示。根据分类和代号，策划单位在其上布置的各种建筑，哪种是符合规划要求的？

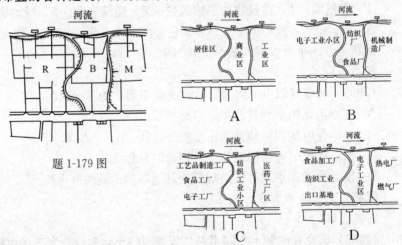

题1-179图

解析：详见《城市用地标准》表3.3.2。
答案：A

1-180 (2005) 某一小城，拟建设一城市公共中心，下列四块场地中何者为好？

A 1号地场　　　　　　　B 2号地场
C 3号地场　　　　　　　D 4号地场

解析：公共中心选址应处地区中心、交通方便处。

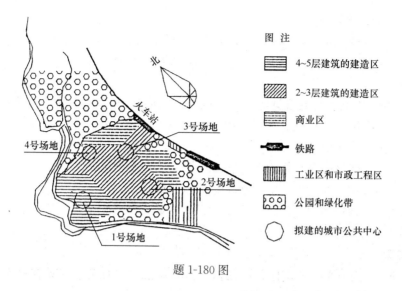

题 1-180 图

答案：C

1-181 （2005）在下列四种场地地形起伏较大的条件下，哪种建筑布置方案最不合理？（上半部分是剖面示意图，下半部分是地形平面图）

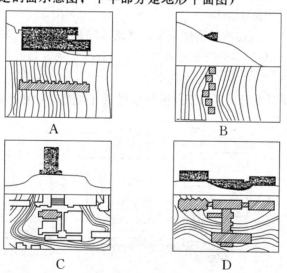

题 1-181 图

解析：建筑尽量不垂直等高线布置。
答案：A

1-182 （2005）在经济改革和宏观调控的形势下，城市内房地产开发商获取土地使用权的主要方式中，以下何者是正确的？

A 对于需要将农用地转为建设用地者必须首先获得当地乡镇人民政府的同意

B 向当地乡镇或县级人民政府申请，由该级政府所辖的国土资源部分划拨，获得土地使用权

C 在公开的土地市场，通过投标、拍卖以及挂牌等形式，经过有序竞争获取土

地使用权

D 完全按买卖双方意愿，在地方有关部门的主持下，自由地转让和出让土地

解析：根据《房地产管理法》和《土地管理法》的相关规定。

答案：C

1-183 (2005) 下列各类民用建筑中，主要用房的净高，何者不符合有关规范规定？

A 中小学实验室不低于 3.0m

B 医院洁净手术室 2.8~3.0m

C 商店建筑中设有系统通风空调的营业厅不低于 3.0m

D 甲级智能建筑办公室顶棚高度不低于 2.7m

解析：根据《中小学规范》第 7 章第 2 节第 7.2.1 条表 7.2.1 规定：实验室净高不应低于 3.1m。

答案：A

1-184 (2005) 位于 8 度地震区某小区内，拟建一批六层住宅，在结构体系的选择上，下列论述中何者是不正确的？

A 不可采用无抗震墙的钢筋混凝土板柱结构

B 可采用砌体墙和钢筋混凝土墙的混合结构

C 不可采用内框架结构

D 底部框架—抗震墙结构体系中，其底部的抗震墙不应采用砌体抗震墙

解析：砌体墙和钢筋混凝土墙不应同时用在 8 度地震区的同一个建筑内。

答案：B

1-185 (2005) 下面四个居住区和工业区的布置图（题图）中何者是最不恰当的？

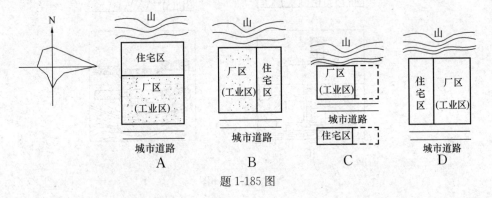

题 1-185 图

解析：居住区在厂区的下风向不妥。

答案：D

1-186 (2005) 某一小区中地上建造 5 层砖混结构住宅 10 万 m²，11 层钢筋混凝土剪力墙体系的小高层住宅 44 万 m²，该小区的平均住宅层数为（　）。

A 7.5层　　　　B 8层　　　　C 9层　　　　D 9.5层

解析：《居住区标准》第 2.0.8 条：住宅建筑平均层数是指：在一定用地范围内，住宅建筑总面积与住宅建筑基底总面积的比值所得的层数。

$$平均层数 = \frac{住宅建筑总面积}{住宅建筑基底面积} = \frac{10+44}{10\div 5 + 44\div 11} = 9(层)$$

故选项 C 正确。

答案：C

1-187 （2005）下列风向和地形的相应关系图中，对风向分区的说明中哪项是错误的？

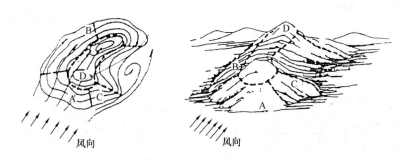

题 1-187 图

A 迎风坡区　　　　　　　　B 顺风坡区
C 涡风区　　　　　　　　　D 越山风区

解析：参考《建筑设计资料集 1》"建筑风环境"和自然地理学教科书。

答案：C

1-188 （2005）依照《建筑工程抗震设防分类标准》规定，符合甲类标准的是下列哪项工程？

A 一、二级存放国家珍贵文物的博物馆
B 中央级的电信枢纽（含卫星地面站）
C 国内外主要干线机场中的航空站
D 单机容量为 300MW 的火力发电厂

解析：《建筑工程抗震设防分类标准》GB 50223—2008 第 5.4.3-1 条规定：国家卫星通信地球站抗震设防为特殊设防类，简称：甲类，其余均为乙类设防。

答案：B

1-189 （2005）对平面为Π形或Ⅲ形半封闭庭院的建筑物（如题图所示）策划时应遵守的原则中，以下何者是不正确的？

A 各翼间的纵向应与主导风向平行或呈 0°~60°的夹角布置
B 庭院开口应面向主导风向
C 建筑物各翼间的纵向如不能和主导风向平行或成要求角度时，则在院内封闭部分设不小于 15m² 的开口
D 图中 B 不能小于相对两翼高度之和的一半，同时至少在 15m 以上

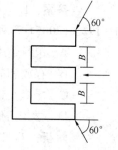

题 1-189 图

解析：根据《建筑设计资料集 1》"建筑风环境"中"建筑群体布局"与场地风环境：建筑物的开口应朝向主导风向，并在 0°~45°之间。

答案：A

1-190 (2005) 在噪声干扰很强的城市干道近侧，成组布置住宅时，下列四种设置形式，何者对小区内部 l 段干扰最大？

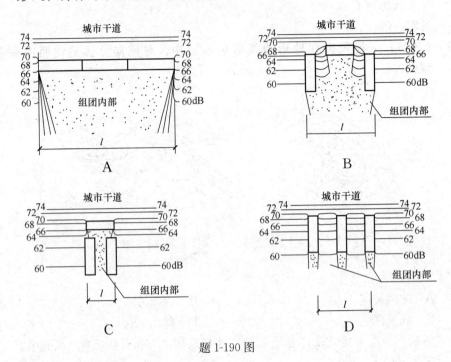

题 1-190 图

解析：高分贝的道路噪声对无遮挡的内院干扰大。
答案：D

1-191 居住街坊内的集中绿地部分处于标准日照阴影范围内时，其不在日照阴影范围中的面积应不小于绿地面积的（　）。
A　1/4　　　　B　1/3　　　　C　1/2　　　　D　3/4

解析：《居住区标准》第 4.0.7 条第 3 款：居住街坊内的集中绿地，在标准的建筑日照阴影线范围之外的绿地面积不应少于 1/3，其中应设置老年人、儿童活动场地。故选项 B 正确。
答案：B

1-192 (2005) 下列有关建设项目中设置安全防范设施的提法，何者是不必要的？
A　银行金库要设置高灵敏度的安全防范设施
B　存放和展出珍贵文物的博物馆要设置高灵敏度的安全防范设施
C　星级宾馆前台存放贵重物品的寄存处要设安全防范设施
D　学校需设安全防范设施

解析：参照各对应建筑设计规范的安全防范设施管理规定。
答案：D

1-193 (2005) 民用建筑设计应满足室内环境要求，以下哪条是错误的？
A　内走道长度不超过 20m 时至少应有一端采光口
B　厨房的通风开口面积不应小于其地板面积的 1/10

C 严寒地区不应设置开敞的楼梯间和外廊。出入口宜设门斗或其他防寒措施

D 离地面高度在 0.80m 以下的采光口不应计入有效采光面积

解析：《统一标准》第 7 章，第 7.2.2-2 条有 B 项规定，第 7.3.3 条有 C 项规定，第 7.1.2-1 条有 D 项规定。

答案： A

1-194 （2005）下述关于车流量较多的基地（包括出租汽车站、车场等）的出入口通路连接城市道路的位置，哪条规定是正确的？

A 距大中城市主干道交叉口的距离，自道路红线交点量起不应小于 60m

B 距非道路交叉口的过街人行道（包括引道、引桥和地铁出入口）最边缘线不应小于 4m

C 距公共交通站台边缘不应小于 15m

D 距公园、学校、儿童及残疾人等建筑的出入口不应小于 15m

解析：《统一标准》第 4.2.4 条：建筑基地机动车出入口位置，应符合所在地控制性详细规划，并应符合下列规定：

1 中等城市、大城市的主干路交叉口，自道路红线交叉点起沿线 70.0m 范围内不应设置机动车出入口；

2 距人行横道、人行天桥、人行地道（包括引道、引桥）的最近边缘线不应小于 5.0m；

3 距地铁出入口、公共交通站台边缘不应小于 15.0m；

4 距公园、学校及有儿童、老年人、残疾人使用建筑的出入口最近边缘不应小于 20.0m。

故选项 C 正确。

答案： C

1-195 （2005）下列有关剧场基地与其周围交通联系方面的叙述哪条是错的？

A 剧场基地至少有一面临接城镇道路或直接通向城市道路的空地

B 临接的城市道路可通行宽度不应小于剧场安全疏散出口宽度的总和

C 对中型剧场（801～1200 座）来讲，上述可通行宽度不应小于 10m

D 剧场的退线距离应符合城镇规划要求；留出入口的集散空地面积指标不应小于 0.20m²/座

解析： 根据《剧场建筑设计规范》JGJ 57—2000 第 3.0.2 条的规定：中型剧场（801～1200 座）可通行宽度不应小于 12m。

答案： C

1-196 （2005）新建一宗教建筑（二、三层）位于原有寺院内与原单层的大殿西侧相距 4.50m，需采取何种措施，才能满足防火规范要求？（注：原有大殿耐火等级三级；新建建筑二级）

A 不需采取措施 B 新建建筑东墙上设乙级防火窗

C 新建建筑东墙上设甲级防火窗 D 新建建筑东墙应为防火墙

解析： 参见《防火规范》第 5.2.2 条表 5.2.2 注 2。

答案： D

1-197 (2005) 下列有关缴纳城市基础设施建设费的叙述中，何者是不正确的？
    A 该费的征收基础以批准的年度投资计划的建筑面积（包括地下面积）为准
    B 通过有偿出让方式取得国有土地使用权且地价款中含有该费者则可免缴
    C 市近郊处的建设工程项目，其中住宅项目收取的该费要高于非住宅项目
    D 远郊区的该费收费标准不得高于城近郊区
    解析：参考各地关于征收基础设施建设费的暂行办法和补充通知。
    答案：C

1-198 (2005) 业主要求建筑师设计能在最短时间投入使用的单层工厂，能符合业主要求的是下列中的哪种形式？
    A 预制钢筋混凝土结构厂房（大型屋面板，薄腹梁，矩形柱以及带杯口的台阶式深基础，砖砌体外围）
    B 预应力捣制整体式钢筋混凝土结构厂房（捣制梁板，矩形柱台阶式深基础，砖砌体外围）
    C 一般钢结构厂房（压型钢板屋面，实腹式钢檩条，梯形钢屋架，双肢柱，带杯口的台阶式深基础，压型钢板外围）
    D 轻钢结构厂房（压型钢板屋面，薄壁型钢檩条，门式钢架整体式和地坪结合钢筋混凝土平板基础）
    解析：按照在最短时间内投入使用的要求，应减少现场施工。轻钢结构在工厂加工构件，在工地组装，建造速度快。
    答案：D

1-199 (2005) 利用深基础做地下架空层时，其建筑面积按下列哪条规则计算？
    A 不论层高多少、有无装设门窗和地面装修，均按外围结构构件轴线围合而成的水平面积计算
    B 层高超过2.2m、外围安装门窗、地面抹灰装修者，按围护结构的外围水平面积计算
    C 层高超过2.2m、外围安装门窗、地面抹灰装修者，按围护结构的外围水平面积的一半计算
    D 不论层高多少、外围与地面做法如何，均不计入建筑面积之内
    解析：参见《建筑工程建筑面积计算规范》GB/T 50353—2013 第3.0.7条。
    答案：B

1-200 (2004) 建筑与规划结合，首先体现在选址问题上，以下哪条是选址的主要依据？
    A 项目建议书   B 可行性研究报告
    C 环境保护评价报告   D 初步设计文件
    解析：详见《一级注册建筑师考试教材 1 设计前期 场地与建筑设计》第一章、第一节"一"和"三"；项目选址的主要依据是国家的基本建设程序，其中项目建议书提出了选址的初步设想。故选项A正确。
    答案：A

1-201 (2004) 场地选择前应收集相应的资料，以下哪些资料不属于收集范围？
  A 地质、水文、气象、地震等资料
  B 项目建议书及选址意见书等前期资料
  C 有关的国土规划、区域规划、地市规划、专业规划的基础资料
  D 征地协议和建设用地规划许可证等文件

解析：A、B、C是场地选择的基础资料。

答案：D

1-202 (2004) 题图四个剖面图中，哪个为正确的Ⅰ-Ⅰ剖面图？

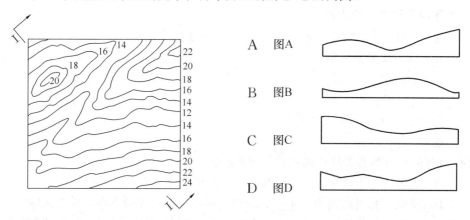

题 1-202 图

解析：剖面线左起，标高从12升至20，又降至12，再升到24，两侧高、中间低成山谷形。

答案：A

1-203 (2004) 下列关于中国建筑气候分区的说法中哪条有错误？
  A 中国建筑气候分区中的Ⅳ区就相当于全国建筑热工设计分区中的"夏热冬暖地区"
  B 中国建筑气候分区中的Ⅶ区就相当于全国建筑热工设计分区中的"严寒地区"
  C 中国建筑气候分区中的Ⅲ区不包括西安和徐州
  D 中国建筑气候分区中的Ⅴ区不包括重庆和桂林

解析：依据《统一标准》第3.3.1条表3.3.1，中国建筑气候分区中的Ⅰ区为严寒地区，Ⅱ区为寒冷地区，Ⅲ区为夏热冬冷地区，Ⅳ区为夏热冬暖地区，Ⅴ区为温和地区，Ⅵ区为严寒和寒冷地区，Ⅶ区为严寒和寒冷地区。故选项A正确、B错误。又据《民用建筑热工设计规范》GB 50176—2016附录A表A.0.1，西安和徐州皆属于2B气候区；重庆和桂林皆属于3B气候区。故选项C、D正确。本题应选B。

答案：B

1-204 (2004) 题1-204图是某城市的风玫瑰图，以下的叙述中哪条不正确？
  A 最大风向是南风S

B 全年的静风频率是9

C 虚线------表示为夏季6、7、8三个月风速平均值

D 玫瑰图中每个圆圈的间隔为频率10%

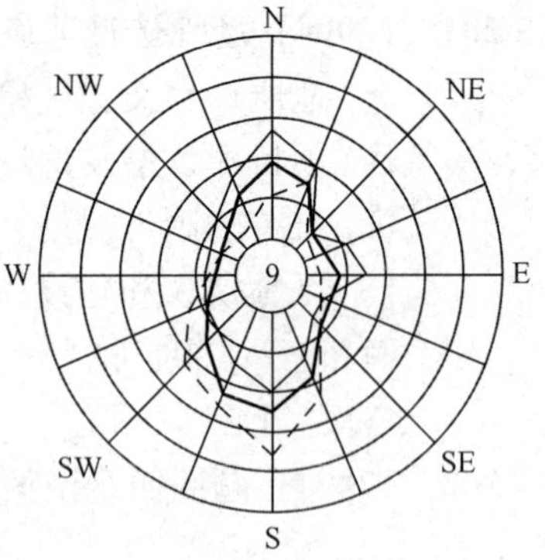

解析：根据《建筑设计资料集1》"气象"部分"风"，玫瑰图中每圆圈的间隔为频率5%。

答案：D

题1-204图

1-205 (2004) 影响某城市建筑日照的因素中，下列哪项论述是较全面的？

Ⅰ．纬度；Ⅱ．经度；Ⅲ．海拔；Ⅳ．太阳高度角；Ⅴ．太阳方位角

A Ⅰ、Ⅱ、Ⅲ、Ⅳ、Ⅴ   B Ⅰ、Ⅳ、Ⅴ

C Ⅰ、Ⅲ、Ⅳ、Ⅴ   D Ⅳ、Ⅴ

解析：经度与日照关系不大。

答案：C

1-206 (2004) 下列有关风级的叙述，哪条有错？

A 无风 相当风速为0，炊烟直上，树叶不动

B 微风 相当风速为3.4～5.4m/s，树叶及微枝摇动不息，旌旗飘展

C 大风 相当风速为17.2～20.7m/s，可折断树枝，迎风步行感到阻力很大

D 飓风 相当风速为32.6m/s以上，摧毁力极大，陆地极少见

解析：《建筑设计资料集1》"气象"部分"风"中的风级表，无风速度应为0～0.2m/s。

答案：A

1-207 (2004) 城市应根据其社会经济地位的重要性或非农业人口的数量分为四个等级。其中Ⅰ级（特别重要的城市）非农业人口≥150万人，其防洪标准[重现期（年）]为多少年？

A ≥50年   B ≥150年   C ≥200年   D ≥250年

解析：参见《防洪标准》表4.2.1，查表可知选项C正确。

城市防护区的防护等级和防洪标准   表4.2.1

防护等级	重要性	常住人口（万人）	当量经济规模（万人）	防洪标准[重现期（年）]
Ⅰ	特别重要	≥150	≥300	≥200
Ⅱ	重要	<150，≥50	<300，≥100	200～100
Ⅲ	比较重要	<50，≥20	<100，≥40	100～50
Ⅳ	一般	<20	<40	50～20

答案：C

1-208 (2004) 在选址时要注意地质状况。以下关于不同地质状况的描述中，哪条是错误的？

A 湿陷性黄土：又名大孔土，遇水浸湿后，大孔结构瞬间崩碎
B 滑坡：如题图所示
C 膨胀土：一种砂土，在一定荷载下，受水浸湿时，土体膨胀，干燥失水时土体收缩
D 岩溶（喀斯特）：有地下水活动的石灰岩地区，经常容易形成岩溶（喀斯特）地基

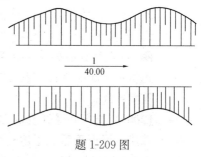

题1-208图

解析：膨胀土是一种吸水膨胀、失水收缩开裂的特种黏性土，不是砂土；砂土是无黏性土。

答案：C

1-209 (2004) 如题图所示，以下哪组答案是正确的？
Ⅰ．此图表示截水沟；Ⅱ．此图表示路堤；Ⅲ．"1"表示1%的沟底纵向坡度；Ⅳ．→箭头表示水流方向；Ⅴ."40.00"表示变坡点间距离；Ⅵ."40.00"表示地坪标高；Ⅶ."1"表示变坡点编号

A Ⅰ、Ⅲ、Ⅳ、Ⅵ　　B Ⅱ、Ⅳ、Ⅴ、Ⅶ
C Ⅰ、Ⅲ、Ⅳ、Ⅴ　　D Ⅱ、Ⅲ、Ⅳ、Ⅵ

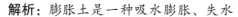

题1-209图

解析：见《总图标准》第3.0.1条表3.0.1-35"X 截水沟"。

答案：C

1-210 (2004) 关于建筑抗震设防类别的叙述，以下哪条错误？
A 建筑抗震设防类别，按使用功能的重要性可分为甲、乙、丙、丁四类
B 6000座及以上的大型体育馆列为乙类
C 1200座及以上的大型影剧院列为乙类
D 建筑面积2万m²以上的商业活动场所列为乙类

解析：《建筑工程抗震设防分类标准》GB 50223—2008第6.0.5条及条文说明规定，1.7万m²以上的多层商场抗震设防类别即为乙类。

答案：D

1-211 (2004) 以下有关"高程"的叙述，哪条错误？
A "高程"是以大地水准面为基准面，并从零点（水准原点）起算地面各测量点的垂直高度
B 我国已规定以渤海平均海平面作为高程的基准面，并在烟台设立水准原点，作为全国高程的起算点
C 水准高程系统可以换算，如吴淞高程基准、珠江高程基准也可使用
D 由于长期使用习惯称呼，通常把绝对高程和相对高程统称为高程或标高

解析：我国水准原点设在青岛的观象山。

答案：B

1-212 （2004）道路红线与建筑控制线对场地的控制，以下哪一条是不正确的？
A 建筑物的台阶、平台、窗井建筑突出物不允许突入道路红线
B 建筑控制线并不限制场地的使用范围，而是划定场地内可以建造建筑的界限
C 建筑控制线与道路红线之间的用地，不允许土地持有者建造建筑物和道路、绿地、停车场等设施
D 属于公益上有需要的建筑和临时性建筑，经当地规划主管部门批准，可突入道路红线建造

解析：道路红线与建筑控制线之间的用地属于土地所有者，但不能建造建筑物，只能作为道路、绿化、停车场用。

答案：C

1-213 （2004）排放有毒有害气体的建设项目应布置在生活居住区的哪个风向位置？
A 污染系数最大方位的上风侧
B 污染系数最大方位的下风侧
C 污染系数最小方位的上风侧
D 污染系数最小方位的下风侧

解析：为减少污染，放在下风侧最好。

答案：B

1-214 （2004）建筑师受开发商委托要对某地块进行成本测算，并作出效益分析。若要算出七通一平后的土地楼面价格时，下列哪组答案才能算是主要的价格因素？
Ⅰ．土地出让金；Ⅱ．大市政费用；Ⅲ．红线内管网费；Ⅳ．拆迁费；Ⅴ．容积率；Ⅵ．限高

A Ⅰ、Ⅱ、Ⅳ、Ⅴ　　　　　　B Ⅰ、Ⅳ、Ⅴ、Ⅵ
C Ⅰ、Ⅱ、Ⅲ、Ⅳ　　　　　　D Ⅰ、Ⅱ、Ⅳ、Ⅵ

解析：排除Ⅲ、Ⅵ。

答案：A

1-215 （2004）在项目建议书中应根据建设项目的性质、规模、建设地区的环境现状等有关资料，对建设项目建成投产后可能造成的环境影响进行简要说明。其主要内容应包括哪些方面？

Ⅰ．所在地区的环境现状；Ⅱ．可能造成的环境影响分析；Ⅲ．设计采用的环境保护标准；Ⅳ．当地环保部门的意见和委托；Ⅴ．环境保护投资估算；Ⅵ．存在的问题

A Ⅰ、Ⅱ、Ⅳ、Ⅵ　　　　　　B Ⅰ、Ⅱ、Ⅲ、Ⅳ
C Ⅱ、Ⅲ、Ⅴ、Ⅵ　　　　　　D Ⅰ、Ⅱ、Ⅲ、Ⅴ

解析：排除Ⅲ、Ⅴ。

答案：A

1-216 （2004）在某大城市边缘地区要开发建设一个 60hm² 的科技园区。考虑到资金的运转，要求分期滚动开发。第一期开发面积约 15hm²。题图中有Ⅰ、Ⅱ、Ⅲ、Ⅳ四个分区，各 15hm²。试问首选的起步区应在哪个地块？

A 西北地块
B 东北地块
C 东南地块
D 西南地块

解析：周边具备配套最好设施的地方。
答案：C

1-217 (2004) 某城市要建一个科技软件园，题图有Ⅰ、Ⅱ、Ⅲ、Ⅳ四个位置，哪一个地块较适合（每个地块约 25hm²）？

A Ⅰ　　　B Ⅱ
C Ⅲ　　　D Ⅳ

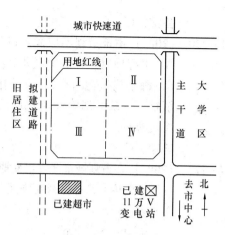

题1-216图

解析：1. 应远离铁路，避免噪声干扰；

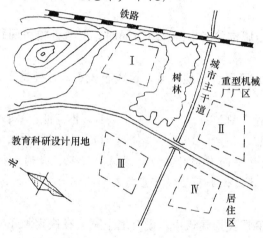

题1-217图

2. 科技软件园属于教育科研性质，放在教育科研设计用地较为适宜。
答案：C

1-218 (2004) 在建筑工程建设程序中，以下哪项叙述是正确的？
A 建设工程规划许可证取得后，方能申请建设用地规划许可证
B 建设工程规划许可证取得后，才能取得开工证
C 建设工程规划许可证取得后，才能取得规划条件通知书
D 建设工程规划许可证取得后，即可取得建筑用地钉桩通知单

解析：参见《一级注册建筑师考试教材 5 建筑经济 施工与设计业务管理》第二十四章第六节房地产开发程序。
答案：B

1-219 (2004) 建筑策划的主要任务是（　　）。
A 收集基础资料和规划条件　　B 提出问题
C 确定设计任务书和初步设想　　D 为解决专业技术问题提供办法

解析：建筑策划是介于总体规划项目立项和建筑设计之间的一个环节，其主要任务是确定设计任务书和初步设想。

答案：C

1-220 (2004) 建筑策划不应满足以下哪种要求？

A 工程项目的任务书要求　　　　B 业主对投资风险的分析

C 确定建筑物的平、立、剖面图设计　D 工程进度的预测

解析：建筑策划阶段是发现设计存在问题的实质阶段，而不是确定设计方案的实质阶段。

答案：C

1-221 (2004) 在策划城市开发用地地块时应考虑节地、路网设置和开发的灵活性等原则。在城市的中心商务区或繁华区可划成较小的街坊，一般应以多大为宜？

A ＞30hm²　　　　　　　　　　B 20～30hm²

C 2000m²～10hm²　　　　　　　D ＜2000m²

解析：城市用地一般以500m见方道路网格形成的街坊为宜。

答案：B

1-222 (2004) 在规划城市住宅小区总体布局时，要考虑楼房间距，主要应考虑以下哪组因素？

Ⅰ．体形；Ⅱ．通风、日照；Ⅲ．管线布置；Ⅳ．视觉干扰；Ⅴ．交通；Ⅵ．防火、防灾

A Ⅰ、Ⅱ、Ⅳ、Ⅵ　　　　　　　B Ⅱ、Ⅲ、Ⅴ、Ⅵ

C Ⅱ、Ⅲ、Ⅳ、Ⅵ　　　　　　　D Ⅱ、Ⅳ、Ⅴ、Ⅵ

解析：在基地总平面布局时，应对通风、日照、交通、视线干扰和防火、防灾作综合考虑，建筑体形和管线布置对其影响不大。

答案：D

1-223 (2004) 一般高层民用建筑中，设有地下室。在决定地下室层高时并不受制于以下哪个因素？

A 结构梁板高度　　　　　　　　B 设备间、人防要求净高

C 地下室管网要求净空　　　　　D 室内外地坪高差

解析：一般高层民用建筑的地下室不受制于室内外地坪高差。

答案：D

1-224 (2004) 以下对"半地下室"的理解，哪条正确？

A 房间地平面低于室外地平面的高度超过该房间净高1/3，且不超过1/2者

B 房间地平面低于室外地平面的高度超过该房间净高1/3者

C 房间地平面低于室外地平面的高度超过该房间净高1/2者

D 房间地平面低于室外地平面的高度超过该房间净高1/3，且不超过2/3者

解析：《统一标准》第2章术语第2.0.16条：房间地平面低于室外地平面的高度超过该房间净高的1/3，且不超过1/2者为半地下室。故选项A正确。

答案：A

1-225 (2004) 以下关于居住区"建筑密度"的术语表述，哪条正确？

A 居住区建筑密度＝$\dfrac{居住建筑的总面积}{居住区用地面积}$（％）

B 居住区建筑密度=$\dfrac{各类建筑的基底总面积}{居住区用地面积}$（%）

C 居住区建筑密度=$\dfrac{居住建筑的总面积}{住宅用地面积}$（%）

D 居住区建筑密度=$\dfrac{各类建筑的基底总面积}{住宅用地面积}$（%）

解析：《居住区标准》表4.0.2的表注：建筑密度是居住街坊内，住宅建筑及其便民服务设施建筑基底面积与该居住街坊用地面积的比率（%）。故选项B正确。

答案：B

1-226 （2004）我国现行的设计规范标准和20世纪50年代的标准相比，有很大的发展。以下哪条规定没有发生变化和修改？

A 消防规范

B 外墙的节能要求

C 每段楼梯不得超过18级

D 居住房间在6层以上时，应有电梯设备

解析：《统一标准》第6.8.5条：每个梯段的踏步级数不应少于3级，且不应超过18级。故选项C没有发生过变化。《住宅设计规范》GB 50096—2011 第6.4.1条：属下列情况之一时，必须设置电梯：七层及七层以上住宅或住户入口层楼面距室外设计地面的高度超过16m时；故选项D已发生变化。此外，选项A、B均已发生较大的变化。故本题应选C。

答案：C

1-227 （2004）某大城市CBD中心区设计了超高层的旅馆式公寓，带有1~3层的商业建筑裙房。以下对该建筑的叙述哪条是不合适的？

A 这是综合楼

B 这是超高层建筑，宜设置屋顶直升机停机坪

C 这是超高层住宅建筑，但不是公共建筑，可不设避难层

D 如设避难层，避难层的净面积宜按5人/m² 计算

解析：底层带商业裙房的酒店式公寓属于公共建筑，超高层应设避难层。

答案：C

1-228 居住区内道路的规划设计应遵循规范，以下哪条规范的叙述有错？

A 支路的红线宽度宜为14~20m

B 主要附属道路至少应有两个车行出入口连接城市道路

C 人行出入口间距不宜超过200m

D 居住街坊内的附属道路最小纵坡不应小于0.3%；机动车与非机动车混行的道路，其纵坡宜按照或分段按照机动车道要求进行设计

解析：《居住区标准》第6.0.3条第2款：支路的红线宽度，宜为14~20m。故选项A正确。

第6.0.4条：居住街坊内附属道路的规划设计应满足消防、救护、搬家等

车辆的通达要求，并应符合下列规定：

  1 主要附属道路至少应有两个车行出入口连接城市道路，其路面宽度不应小于4.0m；其他附属道路的路面宽度不宜小于2.5m。故选项B正确。

  2 人行出入口间距不宜超过200m。故选项C正确。

  3 最小纵坡不应小于0.3%，最大纵坡应符合表6.0.4的规定；机动车与非机动车混行的道路，其纵坡宜按照或分段按照非机动车道要求进行设计。故选项D错误。

答案：D

1-229 (2004) 城市规划对建筑基地有严格的要求，下列哪条要求错误？

 A 临时性建（构）筑物，经当地规划行政主管部门批准，可突入道路红线建造
 B 当建筑前后各自已留有空地或通路，并符合建筑防火规定时，则相邻基地边界线两边的建筑可毗连建造
 C 基地沿城市道路的长度应按建筑规模或疏散人数确定，并至少不小于基地周长的1/4
 D 建筑基地的出入口不应少于2个，且不宜设置在同一条城市道路上

解析：《统一标准》第4.3.4条：治安岗、公交候车亭、地铁、地下隧道、过街天桥等相关设施以及临时性建（构）筑物等，当确有需要，且不影响交通及消防安全，应经当地规划行政主管部门批准，可突入道路红线建造。故选项A正确。

  第4.2.3条第3款：当相邻基地的建筑物毗邻建造时，应符合现行国家标准《建筑设计防火规范》GB 50016的有关规定。故选项B正确。

  第4.2.5条第1款：建筑基地与城市道路邻接的总长度不应小于建筑基地周长的1/6。故选项C错误。

  第4.2.5条第2款：建筑基地的出入口不应少于2个，且不宜设置在同一条城市道路上。故选项D正确。

答案：C

1-230 (2004) 在大城市的CBD中心区，影响交通组织的主要因素有下列中的哪几项？
Ⅰ.容积率；Ⅱ.路网密度；Ⅲ.建筑类别；Ⅳ.城市景观；Ⅴ.建筑密度；Ⅵ.建筑形式

 A Ⅰ、Ⅱ、Ⅳ、Ⅵ   B Ⅱ、Ⅲ、Ⅳ、Ⅴ
 C Ⅰ、Ⅱ、Ⅲ、Ⅴ   D Ⅰ、Ⅱ、Ⅴ、Ⅵ

解析：其中城市景观和建筑形式不是影响交通组织的主要因素，应排除。

答案：C

1-231 (2004) 建筑结构的设计使用年限是强制性规范中要求的标准。下列设计使用年限分类中哪条有错？

 A 1类：设计使用年限10年（临时性结构）
 B 2类：设计使用年限25年（易于替换的结构构件）
 C 3类：设计使用年限50年（普通房屋和构筑物）
 D 4类：设计使用年限100年（纪念性建筑和特别重要的建筑结构）

解析：《统一标准》第3.2.1条表3.2.1规定：临时性建筑使用年限为5年。
答案：A

1-232 (2004) 某城市用地开发建设甲级智能型办公楼。已知规划用地为 1.5hm², 建筑密度为30%, 限高60m, 地下一层、二层为车库和设备用房。试问最多能盖多大面积的建筑比较经济合理（绿地和广场、停车场下不能有地下室）?

A 61000～71000m² B 72000～82000m²
C 83000～93000m² D 94000～104000m²

解析：15000m²×30%=4500m²/层，地上约16层，建筑面积72000m²。
答案：B

1-233 (2004) 下列综合医院方案，哪种形式最有利于扩建？（题图中虚线为扩建部分）

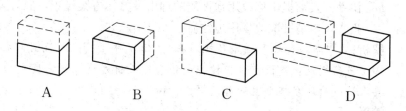

题1-233图

解析：D符合《医院规范》扩建的要求。
答案：D

1-234 (2004) 按国际惯例，下述工程咨询工作应包括的工作内容哪项是全面的？
Ⅰ. 项目建议书；Ⅱ. 可行性研究报告；Ⅲ. 工程设计；Ⅳ. 工程监理；Ⅴ. 工程管理

A Ⅰ、Ⅱ   B Ⅰ、Ⅱ、Ⅴ
C Ⅰ、Ⅱ、Ⅳ、Ⅴ   D Ⅰ、Ⅱ、Ⅲ、Ⅳ、Ⅴ

解析：应除去工程设计与监理。
答案：B

1-235 (2004) 在中国，以下哪些因素较小影响开发效益？
A 市政条件   B 规划设计条件   C 设计费率   D 贷款利率
解析：设计费率影响小。
答案：C

1-236 (2004) 在详细规划城市住宅区时，需要六图一书。下面哪条是六图一书的正确内容？

A 方案图、初设图、施工图、地形图、管道汇总图、竖向图及说明书
B 现状图、规划总平面图、道路规划图、竖向规划图、市政设施管网综合规划图、绿地规划图和住宅区详细规划说明书
C 现状图、规划总平面图、公建分析图、交通分析图、绿化分析图、管网汇总图和设计说明书
D 规划总平面图、道路交通分析图、竖向设计图、管网汇总图、绿地规划图、地形图和环境评价书

解析：参见《建筑工程设计文件编制深度规定》总图部分或《民用建筑工程总平面初步设计、施工图设计深度图样》。

答案：B

1-237 (2004) 开发商通过土地拍卖竞标，中标后拿到一块 15hm² 的城市住宅用地。现因故希望改建商业与办公用房，要求建筑师进行策划，以满足其要求。试问下列哪种策划方案是正确的？

A 将住宅楼改为综合楼，以满足办公、商业的要求
B 现在先按住宅设计，考虑留有余地，保持灵活性，以便将来施工时，再通过洽商修改，改为办公楼
C 建筑师通过熟人关系，代表开发商去申请修改用地性质
D 协助开发商提出修改用地性质的理由及具体方案设想，向有关规划部门提出报告，申请批准改变用地性质

解析：《中华人民共和国城乡规划法》（2007 年 10 月 28 日国家主席 74 号令）第四十三条规定：建设单位应按照规划条件进行建设，确需变更的，必须向城市、县人民政府城乡规划主管部门提出申请。

答案：D

1-238 (2004) 在以下工程网络进度表（见题图）中，哪条是决定工程总进度的关键路径？

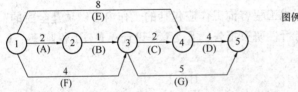

题 1-238 图

A ①→②→③→④→⑤ B ①→②→③→⑤
C ①→③→⑤ D ①→④→⑤

解析：本工程控制进度的关键工序是 E，需要 8 个时间单位，在 E 工序完成到达④以前，D 工序不能开始。因此决定工程总进度的关键路径是①→④→⑤，共需 12 个时间单位。

答案：D

1-239 (2004) 甲方要求加快某大型公建工程进度，采用以下方法中的哪种是不合适的？

A 增加设计力量，压缩设计周期
B 两班倒，冬季施工，加快施工进度
C 省却初步设计阶段，方案批准后，立即做施工图设计
D 实行平行流水作业，多工种交叉施工

解析：初步设计是把好质量关的重要环节，故不能省略初步设计阶段。

答案：C

1-240 下列四条中哪一条不符合城市规划对建筑基地的要求?
    A 基地地面高程应按城市规划确定的控制标高设计
    B 基地地面宜高出城市道路的路面,否则应有排除地面水的措施
    C 基地应有三个以上不同方向通向城市道路的出口
    D 基地有滑坡、洪水淹没或海潮侵袭的可能时,应有安全防护措施
    解析:人员密集的建筑的场地应至少有两个以上不同方向通向城市道路的出口。
    答案:C

1-241 建设一个新开发区,下列哪项不属于设计前期工作?
    A 建设项目的总概算   B 编写"项目建议书"
    C 拟制"项目评估报告"   D 进行预可行性和可行性研究
    解析:对于一个新开发区的设计前期工作包括"项目建议书""可行性研究报告""项目评估报告"。含投资估算,不含项目总概算。
    答案:A

1-242 下列哪一条的说法是不正确的?
    A 地震烈度表示地面及房屋建筑遭受地震破坏的程度
    B 建筑物抗震设防的重点是7、8、9度地震烈度的地区
    C 结构抗震设计是以地震震级为依据的
    D 地震烈度和地震震级不是同一概念
    解析:结构抗震设计是以地震烈度为依据的。
    答案:C

1-243 在对场地进行的功能分析中,下列哪一项与确定合理的建筑朝向没有关系?
    A 建筑物使用太阳能供热
    B 冬季主导风向为西北风
    C 场地东面的高速公路产生交通噪声
    D 相邻建筑所采用的基础形式
    解析:建筑物使用太阳能供热必须选择最佳朝向,冬季西北风的侵袭或夏季的自然通风以及对交通噪声的干扰等均可通过选择合理的朝向来解决;而相邻建筑的基础形式却对确定合理的建筑朝向没有影响。
    答案:D

1-244 主要应考虑住宅夏季防热和组织自然通风、导风入室的要求,为下列何建筑气候区?
    A Ⅰ、Ⅱ建筑气候区   B Ⅲ、Ⅳ建筑气候区
    C Ⅴ、Ⅵ建筑气候区   D Ⅵ、Ⅶ建筑气候区
    解析:在Ⅲ、Ⅳ建筑气候区,主要应考虑住宅夏季防热和组织自然通风、导风入室的要求。
    答案:B

1-245 试问下列房间的日照标准哪一项是不准确的?
    A 住宅应每户至少有一个居室能获得冬至日满窗不少于3h的日照

  B 宿舍每层至少有半数以上的居室能获得冬至日满窗不少于1h的日照

  C 老年人公寓的主要居室应能获得冬至日满窗不少于2h的日照

  D 医院至少有半数以上的病房应能获得冬至日满窗不少于2h的日照

  解析：住宅应每户至少有一个居室能获得冬至日满窗不少于1h的日照，而非3h。

  答案：A

1-246 关于规划总用地范围的周界问题下列何项是错误的？

  A 自然分界线   B 道路中心线

  C 道路红线   D 双方用地的交界处划分

  解析：根据规划总用地范围的规定：①当规划总用地周界为城市道路、居住区（级）道路、小区路或自然分界线时，用地范围划至道路中心线或自然分界线；②当规划总用地与其他用地相邻，用地范围划至双方用地的交界处。

  答案：C

1-247 环境保护治理中，"三废"的内容是下列哪一条？

  A 废弃物、废料、废气 B 废水、废气、废渣

  C 废渣、废料、废水   D 废弃物、废水、废渣

  解析：在环境保护治理中，"三废"的内容是指废水、废气、废渣三种废弃物质。

  答案：B

1-248 缓解城市噪声的最好方法是下列哪一项？

  A 减少私人小汽车的数量

  B 设置水体作为声障或种一排树

  C 提供大尺度景观作为屏障

  D 增加噪声源与受声点的距离

  解析：每一城市均面临着噪声污染与控制问题。对此所提出的每一种方法定会有所减轻。景观控制方法是通过多种物体与介质反射、吸收噪声；而流动的水能掩蔽噪声；限制私人小汽车的数量也能减少噪声源，但其他类型的交通车辆如公共汽车、货车、急救车等仍将产生噪声。根据声学原理，声级随着声源与受声点距离的平方增加而减少的特性，最好的方法是增加噪声源与受声点的距离。

  答案：D

1-249 对于人员密集的建筑基地，下列哪一项是与规范要求不符？

  A 基地应至少两面直接临接城市道路

  B 基地沿城市道路的长度至少不小于基地周长的1/6

  C 基地至少有两个以上不同方向通向城市道路的（包括以通路连接的）出口

  D 基地或建筑物的主要出入口，应避免直对城市主要干道的交叉口

  解析：基地应至少一面直接临接城市道路。

  答案：A

1-250 当基地与道路红线不连接时，应采取何种方法与红线连接？

  A 改变红线   B 扩大用地范围

  C 改变邻红线用地地界 D 设通路

  解析：当基地与道路红线不连接时，应采取设通路的方法与红线连接。单车道

通路的宽度不小于4m；双车道通路的宽度不小于7m。

答案：D

1-251 尽端式车行路长度超过（　　）m应设回车场。

A 24　　　　B 30　　　　C 35　　　　D 50

解析：长度超过35m的尽端式车行路应设回车场。

答案：C

1-252 消防站的选址应使消防队在（　　）min内到达责任区的最远点。

A 3　　　　B 5　　　　C 8　　　　D 10

解析：《城市消防规划规范》GB 51080—2015第4.1.3条第1款：城市建设用地范围内普通消防站布局，应以消防队接到出动指令后5min内可到达其辖区边缘为原则确定。故选项B正确。

答案：B

1-253 在城市一般建设地区计入建筑控制高度的部分为下列哪一项？

A 电梯机房　　　　　　　　B 烟囱
C 水箱间　　　　　　　　　D 主体建筑的女儿墙

解析：在城市一般建设地区可不计入建筑控制高度的部分有局部突出屋面的楼梯间、电梯机房、水箱间及烟囱等，不包括主体建筑的女儿墙。

答案：D

1-254 综合医院选址，下列哪条不合适？

A 交通方便，面临两条城市道路　　B 便于利用城市基础设施
C 地形较规整　　　　　　　　　　D 邻近小学校

解析：根据《医院规范》第2.1.2条，基地选择应符合下列要求：

一、交通方便，宜面临两条城市道路；

二、便于利用城市基础设施；

三、环境安静，远离污染源；

四、地形力求规整；

五、远离易燃、易爆物品的生产和贮存区，并远离高压线路及其设施；

六、不应邻近少年儿童活动密集场所。

答案：D

1-255 某学院拟建一栋耐火等级为二级的6层教工住宅，其山墙设有采光窗，则与相邻基地暂为空地边界的距离至少应为（　　）m。

A 2　　　　B 3　　　　C 4　　　　D 6

解析：根据防火间距为6m的要求（非高层耐火等级为一、二级的民用建筑），各自应从边界退让3m，才能满足规范的要求。

答案：B

1-256 一幢占地为2000m² 的3层建筑物，每层建筑面积为800m²，该项建筑用地的建筑容积率为（　　）。

A 0.8　　　　B 1.2　　　　C 1.6　　　　D 2.4

解析：建筑容积率等于建筑物的建筑面积除以用地面积所得的商。公式与计算：

$$建筑容积率 = \frac{建筑面积}{用地面积} = \frac{800 \times 3}{2000} = 1.2$$

答案：B

1-257 某房地产开发公司拟建一幢12000m² 的写字楼，要求建筑师将使用系数由60%提高到65%，使用面积需要增加（ ）m²。

A 480　　　　B 600　　　　C 720　　　　D 840

解析：使用系数等于使用面积与建筑面积的百分比，提高使用系数必须在原有基础上使用面积从60%增加到65%，所增加的使用面积为12000×(65%－60%)＝600m²。

答案：B

1-258 场地"三通一平"的内容是（ ）。

A 水通、电通、路通、平整场地　　B 水通、暖通、煤气通、路平
C 通信、暖通、水通、路平　　　　D 电通、信通、水通、平整场地

解析：场地"三通一平"的内容是指水通、电通、路通、平整场地。

答案：A

1-259 根据《建设项目环境保护管理条例》的规定，对环境有影响的建设项目的污染防治，执行"三同时"制度。"三同时"的内容是（ ）。

A 同时勘察、同时设计、同时施工
B 同时设计、同时施工、同时投产使用
C 同时立项、同时报批、同时设计
D 同时施工、同时投产使用、同时验收

解析：依据《建设项目环境保护管理条例》（国务院1998年11月29日第253号令）第十六条：建设项目需要配套建设的环境保护设施，必须与主体工程同时设计、同时施工、同时投产使用。

答案：B

1-260 在城市规划区内进行建设时，下列哪项说法是错误的？

A 设计任务书报请批准时，必须持有建设工程规划许可证
B 在取得建设工程规划许可证后，方可申请办理开工手续
C 在申请用地时，须核发建设用地规划许可证，经县级以上地方人民政府审查批准后，由土地主管部门划拨土地
D 禁止在批准临时使用的土地上建设永久性的建筑物、构筑物和其他设施

解析：设计任务书报请批准时，必须附有城市规划行政主管部门的选址意见书。

答案：A

1-261 在建筑初步设计阶段开始之前最先应取得下列哪一项资料？

A 项目建议书　　　　　　　　　B 工程地质报告
C 可行性研究报告　　　　　　　D 施工许可证

解析：基本建设程序中所提出的基本步骤，建筑初步设计文件的形成应根据可行性研究报告进行。因此，最先取得的资料应为可行性研究报告。

答案：C

1-262 在初步设计阶段，下列哪一项建筑师可不考虑？

A 建设单位的需要　　　　　　B 顾客的需要
C 可行性研究报告　　　　　　D 建筑施工设备

解析：在初步设计阶段，建筑师或建筑设计人员根据可行性研究报告，特别是建设单位与顾客的需要开展建筑方案与初步设计。而对于建筑施工设备可不必考虑。

答案：D

1-263 初步设计文件深度的规定，下列何者为不妥的？

A 应符合已审定的设计方案
B 能据以确定土地征用范围
C 能据以进行施工图设计，但不能据以进行施工准备以及准备主要设备及材料
D 应提供工程设计概算

解析：依据《建筑工程设计文件编制深度规定》：初步设计文件的深度应满足审批的要求：①应符合已审定的设计方案；②能据以确定土地征用范围；③能据以准备主要设备及材料；④应提供工程设计概算，作为审批确定项目投资的依据；⑤能据以进行施工图设计；⑥能据以进行施工准备。

答案：C

1-264 设计周期定额不包括（　　）。

A 设计前期工作　　B 初步设计　　　C 技术设计　　　D 施工图设计

解析：设计周期定额不包括：①设计前期工作；②方案设计、初步设计及技术设计的审批时间；③施工图预算；④设计前赴外地现场踏勘及工程调研时间（以一次综合调研为限）。

答案：A

1-265 土地使用权出让，可以采取下列哪一种方式？

Ⅰ．拍卖；Ⅱ．招标；Ⅲ．双方协议

A Ⅰ、Ⅱ　　　　　B Ⅱ、Ⅲ　　　　　C Ⅰ、Ⅲ　　　　　D Ⅰ、Ⅱ、Ⅲ

解析：依据《房地产管理法》的有关规定：土地使用权出让，可以采取拍卖、招标或者双方协议的方式。

答案：D

1-266 建设一个规模较大的新开发区，按照合理的建设次序，应首先进行（　　）的建设。

A 供电、供水、通信、道路等基础设施
B 居住区以及商店、医院等服务设施
C 厂前区及工人生活设施
D 管委会办公楼与厂房

解析：对于一个规模较大的新开发区的建设应首先进行供电、供水、通信、道路等基础设施的建设，以便为其他各项工程的建设提供最基本的生活与施工条件。

答案：A

1-267 下列哪一条违反《建筑法》？

A 从事建筑活动的专业技术人员，应当依法取得相应的执业资格证书，并在执

　　　　行资格证书许可的范围内从事建筑活动
　　　B　建筑设计单位对设计文件选用的建筑材料、建筑构配件的设备，不得指定生产厂、供应商
　　　C　工程设计的修改由原设计单位和施工单位共同负责
　　　D　建筑工程的勘察，设计单位必须对其勘察、设计的质量负责

解析：工程设计的修改由原设计单位负责，建筑施工企业不得擅自修改工程设计。

答案：C

1-268　执行规范条文时，表示很严格的用词为（　　）。
　　　Ⅰ．应；Ⅱ．必须；Ⅲ．不应；Ⅳ．不得；Ⅴ．严禁
　　　A　Ⅰ、Ⅱ　　　　B　Ⅱ、Ⅲ、Ⅳ　　　　C　Ⅲ、Ⅳ、Ⅴ　　　　D　Ⅱ、Ⅴ

解析：执行规范条文时，对于要求严格程度的用词有不同的词语；
(1) 表示很严格，非这样做不可的用词：
正面词采用"必须"；
反面词采用"严禁"。
(2) 表示严格，在正常情况下均应这样做的用词：
正面词采用"应"；
反面词采用"不应"或"不得"。
(3) 表示允许稍有选择，在条件许可时首先应这样做的用词：
正面用词"宜"；
反面用词"不宜"。

答案：D

1-269　项目建议书阶段的投资估算允许误差是（　　）。
　　　A　5%　　　　　B　10%　　　　　C　15%　　　　　D　20%

解析：建设程序建设项目及可行性研究第二章项目建议书重点深度中指出项目建议书投资估算允许误差为20%（题1-269解表）。

项目决策分析与评价的不同阶段对投资估算准确度的要求　　　题1-269解表

序号	项目决策分析与评价的不同阶段	投资估算的允许误差率
1	投资机会研究阶段	±30%以内
2	初步可行性研究（项目建议书）阶段	±20%以内
3	可行性研究阶段	±10%以内
4	项目前评估阶段	±10%以内

答案：D

1-270　场地选择时建筑师要和各方面联系，但（　　）不是主要的。
　　　A　投资方　　　　B　政府主管部门　　　　C　开发公司　　　　D　施工单位

解析：场地选择时建筑师要和投资方、开发公司及政府主管部门关注最终选址。

答案：D

1-271　建设项目的环境影响报告书（或表），应当在（　　）阶段完成。
　　　A　项目建议书　　　B　初步可行性研究　　　C　可行性研究　　　D　初步设计

解析：建设项目的可行性研究报告必须有环境保护篇（章）具体落实环境影响

报告书（或表）。

答案：C

1-272 选择工厂生活区所需的设计基础资料，（　　）不必考虑。
  A　生活区的总人数、单身与家属的人口数
  B　生活区的总建筑面积，单身宿舍、家属住宅及公共福利设施的建筑面积
  C　生活区水、电、煤气、蒸汽的需要量
  D　生活区对周围地区的环境污染影响
  解析：生活区一般无三废污染源。
  答案：D

1-273 开发商拟在城区开发一个商城，将委托设计单位做前期工作，设计单位首先要做的工作是（　　）。
  A　代表开发商去规划局了解规划要求
  B　做市场调查与分析
  C　做建筑方案设计
  D　签订委托书
  解析：开发商委托设计单位做前期工作，意味着请设计单位或建筑师据项目建议书着手设计基础资料，了解规划要求。
  答案：A

1-274 某单位拟建一幢住宅楼，上水由城市供应，污水排入城市管网。在收集有关污水的设计基础资料时，下列哪项可不必收集？
  A　城市卫生部门对污水的物理、化学和细菌分析的规定
  B　污水连接点的坐标和标高
  C　连接点管道的埋深、管径、坡度
  D　允许排入下水道的污水量
  解析：住宅为生活污水，不必收集城市卫生部门对污水物理、化学和细菌分析的规定。
  答案：A

1-275 山坡地分全阳坡、半阳坡及背阳坡（见题图），半阳坡是指（　　）。
  A　西北、东北　　　　B　东、西
  C　西南、东南　　　　D　南、北
  解析：南、东南及西南为全阳坡；北、东北及西北为背阳坡；东、西为半阳坡。
  答案：B

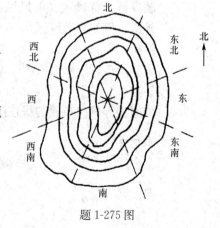
题1-275图

1-276 场地选择时要收集环境保护资料，以下哪项是不必要的？
  A　当地环保部门对环保的要求及意见
  B　本地区环境污染的本底浓度
  C　邻近企业生产有何污染及三废治理情况
  D　本场地工程的三废排放浓度

解析：收集环境保护资料，不含本场地工程的三废排放浓度。

答案：D

1-277 现有四块不同坡度的场地供某居住区用地选择，以场地坡度（　　）较为经济合理。

A 0.2%　　　　B 0.5%　　　　C 0.8%　　　　D 1.2%

解析：《居住区标准》条文说明第6.0.4条第3款：对居住区道路最大纵坡的控制是为了保证车辆的安全行驶，以及步行和非机动车出行的安全和便利。而设计道路最小纵坡是为了满足路面排水的要求，居住街坊内的附属道路纵坡不应小于0.3%。

在本题中，主要是考虑居住区用地的场地排水问题，故可排除选项A；在后3个选项中，较为平坦的场地更经济环保。故选项B正确。

答案：B

1-278 关于震级的论述，下列哪条是错误的？

A 震级表示一次地震能量的大小
B 震级是指地面房屋遭受一次地震破坏的强弱程度
C 震级每差一级，地震波的能量将差32倍
D 国际上通用的是里氏震级

解析：震级不是指地面房屋遭受一次地震破坏的强弱程度。

答案：B

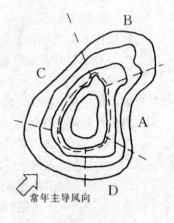

1-279 题图所示为一小山，风在其周围形成迎风区、顺风区、背风区、涡风区、高压风区等小气候区，何处为涡风区？

解析：箭头区为迎风区；C为顺风区；D为高压风区；B为背风区；A为涡风区。

答案：A

题1-279图

1-280 依据盛行风向布置的居住区分区草图（见题图），下列哪一个不妥？

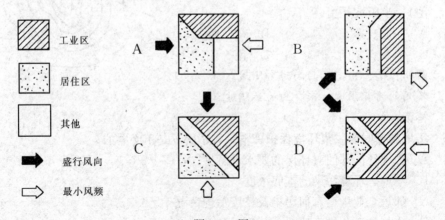

题1-280图

解析：C 图工业区影响居住区不妥。

答案：C

1-281 下列关于相对湿度的论据，哪一条是错误的?

A 相对湿度体现空气接近水蒸气饱和的程度

B 相对湿度是在常温下空气中实有含水率与同温下饱和空气中含水率之比

C 相对湿度是在常温下空气中实有水汽压与同温下饱和水汽压之比

D 相对湿度以百分率表示

解析：相对湿度是在常温下空气实有水汽压与同温下饱和水汽压之比，不是含水率之比。

答案：B

1-282 空气温度是在什么条件下测得的?

A 空气温度是用湿球温度计在暴露于空气中但又不受太阳直接辐射处测得

B 空气温度是用干球温度计在暴露于空气中但又不受太阳直接辐射处测得

C 空气温度是用湿球温度计在太阳直接辐射处测得

D 空气温度是用干球温度计在太阳直接辐射处测得

解析：空气温度用干球温度计在暴露于空气中但又不受太阳直接辐射处测得。

答案：B

1-283 下列有关"污染系数"、"风速"和"风向频率"等的叙述中，哪项是错的?

A 污染系数 $=\dfrac{\text{风向频率（\%）}}{\text{平均风速（m/s）}}$

B 一般应将排放有害物质的工业企业或装置，布置在主导风向的下风侧（当主导风向明显时）

C 一般应将排放有害物质的工业企业或装置，布置在最大风速侧（当主导风向不明显时）

D 一般应将排放有害物质的工业企业或装置，布置在污染系数最大方位侧（当风向频率较明显时）

解析：下风部分受污染程度与该方向的风频大小成正比，与风速大小成反比。

答案：C

1-284 在地下水中如含有某种离子量较高的物质，会对钢筋混凝土结构产生侵蚀作用，这种物质是（　　）。

A 钠离子　　　　B 汞离子　　　　C 砷离子　　　　D 氯离子

解析：《混凝土结构耐久性设计规范》GB/T 50476—2008 中第六章氯化物环境的 6.1.1 条规定："氯化物环境中配筋混凝土结构的耐久性设计，应控制氯离子引起的钢筋锈蚀"。

答案：D

1-285 下列有关自重湿陷性黄土的叙述，哪条正确?

A 在一定压力下受水浸湿，发生显著附加下沉

B 在上部覆土的自重压力下受水浸湿，发生湿陷

C 在一定压力下受水浸湿,发生附加下沉,但不显著

D 在无压力下,受水浸湿发生湿陷

解析:自重湿陷性黄土是在无压力下,受水浸湿发生湿陷。

答案:D

1-286 选址时要了解水文地质情况,以下哪项不属于此范围?

A 地表水情况　　　　　　　　B 地下水情况
C 滞水层情况　　　　　　　　D 降水情况

解析:了解水文地质,降水情况不属此范围。

答案:D

1-287 关于托儿所、幼儿园的选址要求,以下哪项错误?

A 基地远离各种污染源

B 服务半径800m为宜

C 应设有集中绿化园地,并严禁种植有毒带刺植物

D 必须设置各班专用活动场地,还应设有全园共用的室外游戏场地

解析:《托儿所、幼儿园建筑设计规范》JGJ 39—2016 第3.1.2条第5款:托儿所、幼儿园的基地应远离各种污染源,并应符合国家现行有关卫生、防护标准的要求。故选项A正确。

第3.2.4条:托儿所、幼儿园场地内绿地率不应小于30%,宜设置集中绿化用地。绿地内不应种植有毒、带刺、有飞絮、病虫害多、有刺激性的植物。故选项C正确。

第3.2.3条第1、2款:每班应设专用室外活动场地,面积不宜小于60m²,各班活动场地之间宜采取分隔措施;应设全园共用活动场地,人均面积不应小于2m²。故选项D正确。

第3.1.3条:托儿所、幼儿园的服务半径宜为300~500m。故选项B错误。

答案:B

1-288 关于综合医院的选址要求,下列哪条不符合现行建筑设计规范?

A 环境安静,远离污染源　　　　B 不应邻近少年儿童活动密集场所
C 交通方便,宜面临一条城市道路　　D 便于利用城市基础设施

解析:《医院规范》第4.1.2条:综合医院的基地选择应符合下列要求:

1 交通方便,宜面临2条城市道路;

2 宜便于利用城市基础设施;

3 环境宜安静,应远离污染源;

4 地形宜力求规整,适宜医院功能布局;

5 远离易燃、易爆物品的生产和储存区,并应远离高压线路及其设施;

6 不应临近少年儿童活动密集场所;

7 不应污染、影响城市的其他区域。

故选项C不符合现行规范要求。

答案:C

1-289 如题图，大中型商场基地连接城市干道的位置，以下何者符合要求？

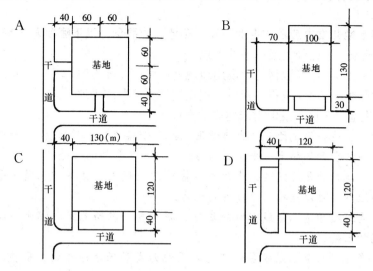

题 1-289 图

解析：大中型商场应有不少于两个面的出入口与城市道路相连，或基地不小于 1/6 的周边总长度和建筑不少于两个出入口与一边城市道路相邻。另外通道出入口距城市干道交叉路口红线弯起点处，不应小于 70m。

答案：A

1-290 某居住小区规划的 1.5 万 m² 商业服务大楼（见题图），应放在下列哪个位置最为合适？

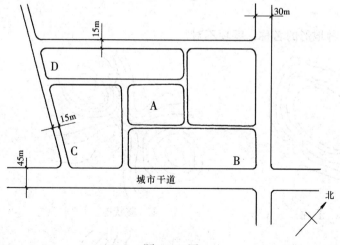

题 1-290 图

解析：同上题。
答案：B

1-291 以下哪项标准我国尚未颁布？

A 农田灌溉水质标准　　　　　　　B 渔业水质标准、海水水质标准
C 城市区域光污染质量标准　　　　D 城市区域环境噪声标准

解析：城市区域光污染质量标准尚未颁布。

答案：C

1-292 城市土地开发中涉及"生地"和"熟地"的概念，以下哪项表述是正确的？

A 熟地——已经七通一平的土地
B 熟地——已经取得"建设用地规划许可证"的土地
C 熟地——已经取得"建设工程规划许可证"的土地
D 生地——已开发但尚未建成的土地

解析：生地指的是已完成土地使用权批准手续（指征收），没进行或部分进行基础设施配套开发和土地平整而未形成建设用地条件的土地；

熟地指的是已完成土地开发等基础设施建设（具备"几通一平"），形成建设用地条件可以直接用于建设的土地；

毛地指的是已完成宗地内基础设施开发，但尚未完成宗地内房屋拆迁补偿安置的土地；

净地指的是已完成宗地内基础设施开发和场地内拆迁、平整，土地权利单一的土地。

一般而言，"生地""熟地"重点着眼于建设，而"毛地""净地"更多着眼于出让。

答案：A

1-293 我国各地区对居住建筑不适宜的朝向，以下哪项是正确的？

A 哈尔滨地区，西北、北　　B 石家庄地区，北偏西30°
C 合肥地区，北　　　　　　D 福州地区，北

解析：居住区规划的部分地区建筑规定不宜朝向。哈尔滨为西北和北。

答案：A

1-294 以下四种地形的名称，哪项不对？

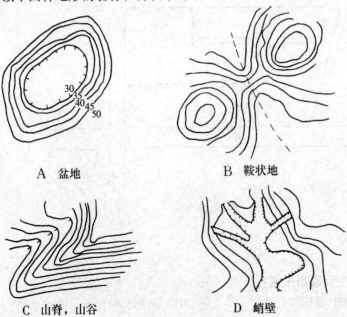

A 盆地　　　　　　B 鞍状地

C 山脊，山谷　　　D 峭壁

题 1-294 图

解析：D为冲沟不是峭壁。

答案：D

1-295 工程场地测量坐标用 X、Y 表示，以下哪种概念是正确的？

A　X——南北方向轴线　　Y——东西方向轴线
B　X——东西方向轴线　　Y——南北方向轴线
C　X——在 Y 纵轴上的距离　　Y——在 X 横轴上的距离
D　X——代表纬度值　　Y——代表经度值

解析：地形测量图规定坐标是：X 南北方向轴线，Y 东西方向轴线。

答案：A

1-296 关于场地方格网交叉点标高的图例，下列哪个注法是正确的？

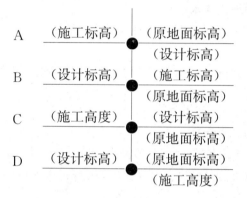

解析：方格网土方计算法规定：左上方为施工填挖高度，右上方为设计标高，右下方为原地面标高。

答案：C

1-297 下列哪项不属于城市建设用地？

A　道路广场用地　　　　　　　B　市政公用设施用地
C　绿地和特殊用地　　　　　　D　水域及其他

解析：《城市用地分类与规划建设用地标准》GB 50137—2011 第 2 章"术语"第 2.0.2 条：城市建设用地指城市（镇）内居住用地、公共管理与公共服务设施用地、商业服务业设施用地、工业用地、物流仓储用地、道路与交通设施用地、公用设施用地、绿地与广场用地（共 8 大类、35 中类、42 小类）的统称。题目的 4 个选项中只有 D 不属于城市建设用地。

答案：D

1-298 在某大型商业中心设计中，拟将部分有盖中庭放在室外，为城市提供半开敞式的公益活动空间。建筑师应以下列何种方式计算该室外中庭的建筑面积最为合适？

A　中庭不算建筑面积
B　中庭按 50% 投影面积计算建筑面积
C　中庭按 100% 投影面积计算建筑面积
D　根据当地城市规划主管部门的规定计算建筑面积

解析：《建筑工程建筑面积计算规范》GB/T 50353—2013 第3.0.9条：建筑物间的架空走廊，有顶盖和围护结构的，应按其围护结构外围水平面积计算全面积；无围护结构、有围护设施的，应按其结构底板水平投影面积计算1/2面积。由此条可以推断，商业中心有顶盖的中庭，应按100%投影面积计算建筑面积。故选项C正确。

答案：C

1-299 滑坡现象是由以下哪种原因造成的？
    A 湿陷性黄土受外力作用
    B 土层破碎、自重崩塌所致
    C 岩溶现象造成的
    D 岩层倾向与坡向一致，且山坡土含水过高

解析：岩层倾向与坡向一致，且山坡含水过高，造成滑坡现象。

答案：D

1-300 住宅日照标准日(大寒日或冬至日)所对应的有效日照时间带，以下哪项正确？
    A 大寒日9～15时，冬至日8～16时
    B 大寒日10～14时，冬至日7～17时
    C 大寒日7～17时，冬至日10～14时
    D 大寒日8～16时，冬至日9～15时

解析：住宅建筑日照标准规定有效日照时间，大寒日8～16时，冬至日9～15时。

答案：D

1-301 关于饮食店布局要求，以下哪条不妥？
    A 严禁建在产生有害、有毒物的工厂的防护带内
    B 应建在群众方便到达之处
    C 通风良好，但气味、油烟、噪声及废弃物不能影响居民区
    D 三级餐馆及二级食堂均应设小汽车停车场

解析：饮食店布局一、二级均设小汽车停车场。

答案：D

1-302 当规划用地内的人口界于小区和居住区之间时，其配套公建的规模，以下哪项正确？
    A 当人口规模靠近下一级时，按下一级配建
    B 当人口规模靠近高一级时，按高一级人口配建
    C 按人口数以插入法计算配套公建规模
    D 按下一级配建，并根据所增人数及规划用地周围的设施条件，增配高一级有关项目

解析：规划用地内人口介于小区与居住区之间，公建规模应按下一级所增人数及用地增配。

答案：D

1-303 老年人居住建筑的主要居室，冬至日满窗日照时间应不少于(　　) h。
    A 2   B 3   C 4   D 5

解析：《居住区标准》第4.0.9条第1款：老年人居住建筑日照标准不应低于冬至日日照时数2h。故选项A正确。

答案：A

1-304 车流量较大的场地，其通路连接城市道路的位置，在大中城市中，与主干道的交叉口保持一定的距离。这个距离的起量点应是下列中的哪一点？

A 交叉路口道路的直线与拐弯处曲线相接处的切点
B 交叉路口的人行道外缘的直线交点
C 交叉路口道路转弯曲线的顶点
D 交叉路口道路红线的交点

解析：大城市主干道的交叉口道路红线的交点，应与车流量较大的场地保持一定的（70m）距离。

答案：D

1-305 在策划大型公共建筑方案时，要充分考虑室外停车位的数量及所占面积，小汽车停放指标以（　　）m²/辆为适当。

A 18　　　　　B 25　　　　　C 40　　　　　D 48

解析：大型公建室外停车位所占面积，以小汽车指标在25～30m²/辆合适。

答案：B

1-306 在考虑建筑的可持续发展问题上，以下哪个因素影响最小？

A 建筑结构形式　　　　　B 建筑设备的选择
C 建筑形式　　　　　　　D 建筑围护结构的设计

解析：在考虑建筑可持续发展问题上，对已有建筑设计来讲，建筑形式因素影响最小。

答案：C

1-307 某中学的四种布局方案（见题图），其中哪个不可行？

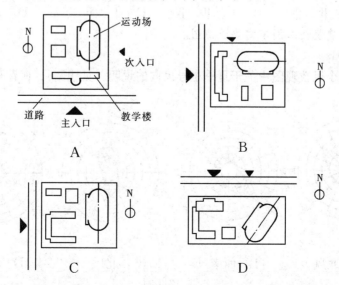

题1-307图

解析：教学楼朝东西，操场东西长轴，相比较而言，该方案不妥。
答案：B

1-308 工业与居住区沿河布置时（见题图），以下哪个方案较为合理？

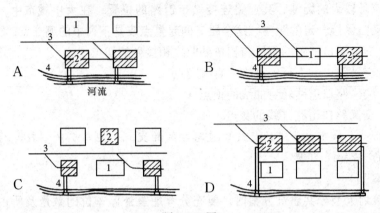

题 1-308 图
1—居住区；2—工业区；3—铁路；4—码头

解析：指工业区与居住区布置的合理性，强调工业区与铁路、码头、河流间关系密切，应排除交错夹击布局。
答案：A

1-309 注册建筑师是一种什么称谓？
A 资格　　　　B 职责　　　　C 职称　　　　D 职务
解析：注册建筑师通过考试获取资格。
答案：A

1-310 建筑施工图中应包括（　　）。
Ⅰ．总平面图；Ⅱ．平、立、剖面图及大样；Ⅲ．透视图；Ⅳ．设计说明
A Ⅰ、Ⅱ、Ⅲ　　B Ⅰ、Ⅱ、Ⅳ　　C Ⅰ、Ⅱ　　D Ⅱ、Ⅳ
解析：建筑施工图不需要透视图。
答案：B

1-311 下列四个风玫瑰图中关于夏季主导风向的说明（见题图），何者是错误的？

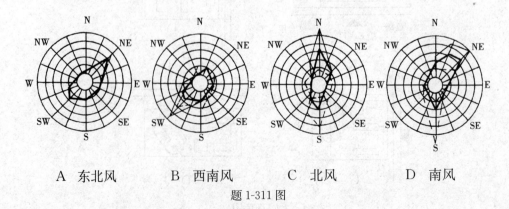

A 东北风　　　B 西南风　　　C 北风　　　D 南风

题 1-311 图

解析：粗线全年，细线冬季，虚线夏季，风频大方向为主导风向。
答案：C

1-312 北京的经度和纬度为（　　）。
A 116°19′ 39°57′　　　　　　B 120°00′ 39°57′
C 116°19′ 23°00′　　　　　　D 113°13′ 23°00′
解析：地理知识考核记忆力、分辨力和分析排除法。
答案：A

1-313 风对场地的布置有多方面的影响，以下叙述何者有误？
A 总体布置中，应合理选择建筑体形和朝向，尽量采用自然通风
B 在山地背风面不应布置住宅等建筑，以免影响通风
C 锅炉房等有污染的建筑，应布置在居住建筑的下风向
D 高层建筑的布局应避免形成高压风带和风口
解析：山地背风面，可挡某方向强风。产生小气候时，如合理布置住宅，仍能有良好通风。
答案：B

1-314 建筑师在设计前期工作中的内容，下列何者是完全正确的？
A 提供一份设计前的方案图
B 负责建设项目的策划和立项，并做出初步方案
C 组织勘探、选址，分析项目建造的可能性
D 提出项目建议书、可行性研究报告、初步方案及评估决策等
解析：项目建议书、可行性研究报告及最终投资决策评估报告是设计前期工作的主要内容。
答案：D

1-315 某开发公司拟投资兴建一幢综合性商厦，根据基本建设程序，该投资者首先应做的是（　　）。
A 进行实地考察，确定建设地点，做征地拆迁的准备工作
B 提出项目建议书
C 进行投资估算和资金筹措
D 对项目进行初步设计
解析：项目建议书是项目设计前期最初的工作文件。项目建议书编制完成后，即报送建设项目所属地方规划建设管理部门审批，进而推进建设项目下一阶段的工作。故选项B正确。
答案：B

1-316 下列哪一项不属于设计前期的工作内容？
A 提出项目建议书　　　　　　B 编制项目总概算
C 编制可行性研究报告　　　　D 进行项目评估与决策
解析：编制项目总概算属初步设计工作内容。
答案：B

1-317 外商拟在一开发区投资建造一座工厂，该项目已立项，此时应做的下一步工作为（　　）。
　　A 合营双方签约　　　　　　B 编制可行性研究报告
　　C 委托设计单位进行设计　　D 招收新工人进行技术培训
　　解析：外资项目可先立项，其后编制可行性研究报告及评估决策。
　　答案：B

1-318 概算是（　　）阶段编制的文件之一。
　　A 可行性研究　　B 初步设计　　C 施工图设计　　D 技术设计
　　解析：初步设计阶段编制工程概算。
　　答案：B

1-319 可行性研究阶段的主要任务是对拟建项目的技术经济、工程建设等内容进行多方案比较，从而（　　）。
　　A 提出项目建议书　　B 编制设计任务书
　　C 推荐最佳方案　　　D 决定入选方案
　　解析：可行性研究阶段的主要任务就是多方案中择优，从而推荐最佳方案。
　　答案：C

1-320 国内投资项目和利用外资项目，都需要编制可行性研究报告，它是在什么基础上做出的？
　　A 项目建议书　　B 项目评估报告
　　C 初步设计　　　D 资金落实以后
　　解析：在设计前期工作阶段，需在项目建议书的基础上做可行性研究工作。
　　答案：A

1-321 建设项目的投资估算指的是对建设工程预期造价所进行的优化、计算核定。它属于哪个阶段？
　　A 可行性研究阶段　　B 初步设计阶段
　　C 施工图设计阶段　　D 设计任务书阶段
　　解析：投资估算是可行性研究阶段的主要工作之一。
　　答案：A

1-322 建设项目经批准开工建设，即进入了建设实施阶段。按照统计部门规定，以下开工建设时间何者是正确的？
　　A 指正式开始平整场地的时间
　　B 开始拆除旧有建筑的时间
　　C 第一次正式破土开槽开始施工的时间
　　D 不需开槽的工程，以打桩完毕作为正式开工时间
　　解析：统计部门规定第一次正式破土开槽开始施工的时间，为进入建设实施阶段。
　　答案：C

1-323 大型民用建筑工程设计阶段分为（　　）。
　　Ⅰ．建筑设计；Ⅱ．结构设计；Ⅲ．方案设计；Ⅳ．初步设计；Ⅴ．施工图

设计

A Ⅰ、Ⅱ、Ⅲ、Ⅳ、Ⅴ   B Ⅰ、Ⅱ
C Ⅲ、Ⅳ、Ⅴ   D Ⅳ、Ⅴ

解析：《建筑工程设计文件编制深度规定》规定：方案设计、初步设计及施工图设计为大型民用建筑工程设计的三阶段程序。

答案：C

1-324 竣工验收委员会或验收小组，应由（　　）部门组成。
A 银行、物资、环保、劳动、统计
B 银行、环保、劳动
C 建设单位、接管单位、设计单位
D 建设单位、接管单位、设计单位、施工单位

解析：国家验收工程不应由施工、设计及建设单位验收，而由国家机构等部门验收。

答案：A

1-325 下列关于竣工验收目的的叙述，何者有误？
A 是为了检验设计和工程质量，保证正常生产
B 有关部门和单位可以总结经验教训
C 建设单位对验收合格的项目可以及时移交
D 及时测算出开发单位在该项目上的盈利情况

解析：开发盈利不属竣工验收目的。

答案：D

1-326 日照间距对下列何者无直接影响？
A 建筑密度   B 用地指标
C 用地规模   D 绿化率

解析：绿化率与日照间距无直接关系。

答案：D

1-327 建筑物基础的埋置深度应该（　　）。
A 大于冻土深度   B 小于冻土深度
C 等于冻土深度   D 与冻土深度无关

解析：建筑基础埋置深度要大于冻土深度。

答案：A

1-328 在一般建设项目的场地选择中，对水文地质资料的要求，哪些不用考虑？
A 地下水位高度   B 地下水对基础有无腐蚀
C 蓄水层水量   D 水的细菌指标

解析：地下水质一般对细菌指标关注较少。

答案：D

1-329 下述对于建设项目的用地要求，何者是正确的？
A 不得占用耕地
B 尽量少占或不占耕地

C 应尽量使用耕地，以节约投资

D 只要是工程建设需要，可以任选用地

解析：尽量少占或不占耕地是基建使用土地的原则。

答案：B

1-330 土地使用出让金是指建设项目通过何种方式，取得何种期限土地使用权时支付的？

A 土地使用权出让方式，无限期　　B 土地使用权划拨方式，无限期
C 土地使用权出让方式，有限期　　D 土地使用权划拨方式，有限期

解析：国家土地使用权出让金由建设者支付，使用期是有限的。

答案：C

1-331 通过土地使用权出让方式取得有限期的土地使用权，应支付（　　）。

A 土地补偿费　　　　　　　B 土地开发费
C 土地使用权出让金　　　　D 土地征用费

解析：通过土地使用权出让方式取得有限期的土地使用权，应支付土地使用权出让金。

答案：C

1-332 噪声控制首先应采取的措施为（　　）。

A 选择隔声材料，对建筑进行隔声处理

B 选择吸声材料，对设备进行吸声处理

C 选择隔声罩，对设备进行隔声处理

D 首先控制噪声源，选用低噪声的工艺和设备

解析：选用低噪声的工艺和设备是噪声控制的首要措施。

答案：D

二 场 地 设 计 知 识[1]

2-1 (2009)有关防洪标准的确定,下列表述错误的是( )。
  A 防护对象的防洪标准应以防御的洪水或潮水的重现期表示
  B 对特别重要的防护对象,采用可能最大洪水表示
  C 当场地内有两种以上的防护对象时,应在防洪标准的基础上提高一级表示
  D 根据防护对象的不同需要,其防洪标准可采用设计一级或设计、校核两级
  解析:见《防洪标准》第3.0.5条。
  答案:C

2-2 (2009)有关大寒日有效日照时间段的确定,下列表述正确的是( )。
  A 8时至16时   B 9时至15时   C 8时至15时   D 9时至16时
  解析:《居住区标准》第4.0.9条表4.0.9:

住宅建筑日照标准　　　　表4.0.9

建筑气候区划	Ⅰ、Ⅱ、Ⅲ、Ⅶ气候区		Ⅳ气候区		Ⅴ、Ⅵ气候区
城区常住人口（万人）	≥50	<50	≥50	<50	无限定
日照标准日	大寒日			冬至日	
日照时数（h）	≥2		≥3	≥1	
有效日照时间带（当地真太阳时）	8时~16时			9时~15时	
计算起点	底层窗台面				

  注:底层窗台面是指距室内地坪0.9m高的外墙位置。

  故选项A正确。
  答案:A

2-3 下列关于居住街坊内绿地面积的计算方法,错误的是( )。
  A 满足当地植树绿化覆土要求的屋顶绿地可计入绿地
  B 当绿地边界与城市道路邻接时,应算至道路红线;当与居住街坊附属道路邻接时,应算至路面边缘
  C 当与建筑物邻接时,应算至距房屋墙脚1.0m处;当与围墙、院墙邻接时,应算至墙脚
  D 当集中绿地与居住街坊附属道路邻接时,应算至距路面边缘1.0m处;当与建筑物邻接时,应算至距房屋墙2.0m处

---

[1] 本章及后面几套试题的提示中有的规范、标准引用次数较多,我们采用了简称,并在本章末列出了这些规范、标准的简称、全称对照表,供查阅。

解析：《居住区标准》第A.0.2条：

  1 满足当地植树绿化覆土要求的屋顶绿地可计入绿地。绿地面积计算方法应符合所在城市绿地管理的有关规定。

  2 当绿地边界与城市道路邻接时，应算至道路红线；当与居住街坊附属道路邻接时，应算至路面边缘；当与建筑物邻接时，应算至距房屋墙脚1.0m处；当与围墙、院墙邻接时，应算至墙脚。

  3 当集中绿地与城市道路邻接时，应算至道路红线；当与居住街坊附属道路邻接时，应算至距路面边缘1.0m处；当与建筑物邻接时，应算至距房屋墙脚1.5m处。

  故选项D错误。

答案：D

2-4 （2009）下列有关确定避震疏散场所的叙述，错误的是(　　)。

 A 紧急避震疏散场所人均有效避难面积不小于$1m^2$

 B 固定避震疏散场所人均有效避难面积不小于$2m^2$

 C 超高层建筑避难层（间）不能作为紧急避震疏散场所

 D 紧急避震疏散场所的服务半径宜为500m，固定避震疏散场所的服务半径宜为2~3km

解析：见《城市抗震防灾规划标准》GB 50413—2007 第8.2.8条。

答案：C

2-5 （2009）下列有关医院布局的叙述，错误的是(　　)。

 A 病房楼应获得最佳朝向

 B 病房楼的前后间距除应满足日照要求外不宜小于12m

 C 职工住宅如建在医院基地内，应增设出入口

 D 半数以上的病房应能获得冬至日不小于2h的日照

解析：见《医院规范》第4.2.1条4款、第4.2.6条及《民建通则》第5.1.3条4款，可知题中A、B、D项正确。《医院规范》第2.2.7条规定，医疗用地内不得建职工住宅。

答案：C

2-6 （2009）下列有关医院基地出入口布置的叙述，正确的是(　　)。

 A 出入口有足够宽度时可以设置一个

 B 不应少于两处，人员出入口不应兼作尸体和废弃物出口

 C 不应少于三处，人员出入口、尸体出口和废弃物出口三者必须分开

 D 在面临两条城市道路上分别设有一个出入口时，两出入口均可为人员出入口

解析：见《医院规范》第4.2.2条。

答案：B

2-7 （2009）人员密集建筑的基地应符合的条件，错误的是(　　)。

 A 基地应至少有两个或两个以上不同方向通向城市道路的出入口

 B 建筑基地与城市道路邻接的总长度不应小于建筑基地周长的1/6

 C 建筑物主要出入口前应有供人员集散用的空地

D 基地所邻接的城市道路应有足够的宽度

解析：《统一标准》GB 50352—2019 第 4.2.5 条：
1 建筑基地与城市道路邻接的总长度不应小于建筑基地周长的 1/6；
2 建筑基地的出入口不应少于 2 个，且不宜设置在同一条城市道路上；
3 建筑物主要出入口前应设置人员集散场地，其面积和长宽尺寸应根据使用性质和人数确定；
4 当建筑基地设置绿化、停车或其他构筑物时，不应对人员集散造成障碍。

故选项 A 错误。

答案：A

2-8（2009）经当地城市规划行政主管部门批准，允许突出道路红线的建筑突出物应符合的规定，下列哪条有误？

A 在有人行道的路面下，允许突出地下室底板及其基础
B 在有人行道的路面上空 2.5m 以上允许突出深度不大于 0.6m 的凸窗
C 在有人行道的路面上空 3.0m 以上允许突出深度不大于 2.0m 的雨篷
D 在无人行道的路面上空 4.0m 以上允许突出深度不大于 0.6m 的空调机位

解析：见《统一标准》第 4.3.1 及第 4.3.2 条 1、2 款。

答案：A

2-9（2009）某中型电影院建筑的基地应符合的条件，错误的是( )。

A 主要入口前道路通行宽度除不应小于安全出口宽度总和外，不应小于 12m
B 一面临街时至少应有另一侧临内院空地或通路，其宽度不应小于 3.5m
C 主要入口前的集散空地，应按每座 $0.2m^2$ 计
D 基地沿城市道路的长度至少不小于基地周长的 1/6

解析：根据《影院规范》第 3.1.2 条中第 2、3、6 款，可知 A、C、D 正确。

答案：B

2-10（2009）有关消防通道的叙述，错误的是( )。

A 当建筑的沿街长度不超过 150m 或总长度不超过 220m 时，不必在适中位置设置穿过建筑的消防车道
B 当建筑的周围设环形消防车道时，总长度超过 220m 时应在适中位置设置穿过建筑的消防车道
C 建筑的内院或天井，当其短边长度超过 24m 时，宜设有进入内院或天井的消防车道
D 有封闭内院或天井的建筑物沿街时，应设置连通街道和内院的人行通道，其间距不宜大于 80m

解析：由《防火规范》第 7.1.1、7.1.4 条可知 A、C、D 项正确，B 项错误。

答案：B

2-11（2009）居住区道路用地指标应包括的范围，下列哪项不在其内？

A 居住区道路 　　　　　　　B 小区路
C 组团路 　　　　　　　　　D 宅间小路

解析：参见《城市居住区标准》第6章"道路"。在2018版《居住区标准》中，居住区的规模和道路系统已发生根本性变化（已改为"小街区，密路网"的交通组织方式）。居住区道路已成为城市道路交通系统的有机组成部分，主要分为：支路（居住区的主要道路类型）和居住街坊内的附属道路。故此题无答案。

答案：无答案

2-12 (2009) 居住区内非公建配建的居民汽车地面停放场地应属于哪项用地？
A 住宅用地　　　　　　　　　　B 宅间绿地
C 道路用地　　　　　　　　　　D 公共服务设施用地

解析：参见《居住区标准》附录A和附录B。居住区内为居民配建的地面机动车停车位在十五分钟生活圈居住区配套设施中属于"交通场站"用地；在五分钟生活圈居住区配套设施中属于"社区服务设施"用地；在居住街坊配套设施中属于"便民服务设施"用地。故此题无答案。

答案：无答案

2-13 (2009) 基地内建筑面积大于3000m²且只有一条环通的基地道路与城市道路相连接时，基地道路的宽度不应小于多少？
A 5m　　　　　　　　　　　　B 6m
C 7m　　　　　　　　　　　　D 8m

解析：见《统一标准》第4.2.1.2条。

答案：C

2-14 (2009) 有关居住区内道路边缘至建筑物的距离，错误的是(　　)。
A 高层建筑面向小区路有出入口时，最小距离为5m
B 多层建筑面向小区路有出入口时，最小距离为3m
C 高层建筑面向小区路无出入口时，最小距离为3m
D 多层建筑面向小区路无出入口时，最小距离为3m

解析：见《居住区标准》表6.0.5。

答案：B

2-15 (2009) 有关小型车停车场车位的叙述，错误的是(　　)。
A 停车场采用的设计车型为5m长
B 平行式停车，车位尺寸为7m长
C 垂直式后退停车，车位尺寸为6m长
D 停车位的车轮挡距停车端线的距离为汽车后悬尺寸

解析：公安部、建设部1988年10月3日发布的《停车场规划设计规则》中表一有题中A项的规定，表二有题中B、C项的规定。

答案：D

2-16 (2009) 有关无障碍车位的叙述，错误的是(　　)。
A 应将通行方便、行走距离路线最短的停车位设为无障碍机动车停车位
B 无障碍停车位的一侧应设宽度不小于1.2m的轮椅通道与人行通道相连接
C 轮椅通道与人行通道地面有高差时应设宽度不小于1.2m坡道相连接

D 停车位的地面应涂有停车线、轮椅通道线和无障碍标志等

解析：见《无障碍规范》第 3.14.1、3.14.2 及 3.14.3 条，可知 A、B、D 正确。

答案：C

2-17（2009） 自行车采用垂直式停放时，下列有关停车带和通道宽度的叙述错误的是（　　）。

A 单排停车，停车带宽度为 2.0m　　B 双排停车，停车带宽度为 3.2m
C 两侧停车时通道宽度为 2.6m　　　D 一侧停车时通道宽度为 2.0m

解析：根据《车库规范》第 6.3.3 条表 6.3.3 可知，垂直停放、一侧停车时，通道宽度应为 1.5m；倾斜 45°一侧停放，应为 1.2m；故 D 项错误。

答案：D

2-18（2009） 有关总平面标注的叙述，错误的是（　　）。

A 应以含有屋面投影的平面作为总图平面
B 标高数字应以米为单位，注写到小数点以后第二位
C 室外地坪标高符号宜用涂黑的三角形表示
D 标高应注明绝对标高

解析：见《总图标准》第 2.3.1、2.5.2 条及《房屋建筑制图统一标准》第 10.8.2 条。

答案：A

2-19（2009） 选用下列何种材料进行场地铺装时，渗入地下的雨水量最大？

A 沥青路面　　　　　　　　　　B 大块石铺砌路面
C 碎石路面　　　　　　　　　　D 混凝土路面

解析：碎石路面的空隙比其他三种路面空隙都大，更易于雨水渗入地下。

答案：C

2-20（2009） 居住用地适宜坡度的最大值为（　　）。

A 5%　　　　　　　　　　　　　B 8%
C 15%　　　　　　　　　　　　 D 25%

解析：见《竖向规范》条文说明第 4.0.1 条表 2。

答案：D

2-21（2009） 当自然地形坡度大于下列何值时，居住区地面连接形式宜选用台地式？

A 3%　　　　　　　　　　　　　B 8%
C 15%　　　　　　　　　　　　 D 20%

解析：《统一标准》第 5.3.1 条第 1 款：当基地自然坡度小于 5% 时，宜采用平坡式布置方式；当大于 8% 时，宜采用台阶式布置方式，台地连接处应设挡墙或护坡；基地临近挡墙或护坡的地段，宜设置排水沟，且坡向排水沟的地面坡度不应小于 1%。故选项 B 正确。

答案：B

2-22（2009） 居住区绿地的适用坡度是（　　）。

A 0.2%～0.5%　　　　　　　　　B 0.3%～3%

C 0.5%~1.0%　　　　　　　　　D 0.5%~7%

解析：依据前版《居住区规范》表9.0.2，本题应选C；2018年版《居住区标准》则明确规定居住区的竖向规划设计应符合《竖向规范》的相关规定。

参见《竖向规范》条文说明表3，查表可知，栽植绿地的最小坡度为0.5%，最大坡度依地质。故本题无答案。

各种场地的地面排水坡度（%）　　　　　　　　表3

场地名称	最小坡度	最大坡度
停车场	0.3	3.0
运动场	0.3	0.5
儿童游戏场地	0.3	2.5
栽植绿地	0.5	依地质
草地	1.0	33

答案：无答案

2-23 （2009）居住区非机动车道路纵坡按3%要求设计时，最大的坡长限制是（　　）。

A 50m　　　　　　　　　　　　B 80m
C 100m　　　　　　　　　　　D 150m

解析：详见《居住区标准》第6章"道路"，2018年版《居住区标准》中对此未作规定。故本题无答案。

答案：无答案

2-24 （2009）平坡出入口的建筑物入口，其坡道的最大坡度应为下列何值？

A 1∶12　　　　　　　　　　　B 1∶16
C 1∶20　　　　　　　　　　　D 1∶50

解析：见《无障碍规范》第3.3.3条1款。

答案：C

2-25 （2009）下列关于地下工程管线敷设的说法，何项有误？

A 地下工程管线的走向宜与道路或建筑物主体相平行或垂直
B 工程管线应从建筑物向道路方向由浅至深敷设
C 工程管线布置应短捷，重力自流管不应转弯
D 管线与管线、管线与道路应减少交叉

解析：见《统一标准》第5.5.5条。

答案：C

2-26 （2009）有关工程管线布置时相互之间最小距离的叙述，错误的是（　　）。

A 电力电缆与给水管之间的最小水平净距比电信电缆与给水管之间的最小水平净距小
B 各类管线与明沟沟底的最小垂直净距相同
C 居住区给水管与排水管当管径大于200mm时，其间的最小水平净距应大于或等于1.5m
D 水平净距是指工程管线外壁（含保护层）之间或管线外壁与建（构）筑物外

边缘之间的水平距离；垂直净距是指工程管线外壁（含保护层）之间或工程管线外壁与建（构）筑物外边缘之间的垂直距离

解析：详见《管线规范》。查表4.1.9、表4.1.14可知选项B错误。

工程管线之间及其与建(构)筑物之间的最小水平净距(m)　　　　表 4.1.9

序号	管线及建(构)筑物名称			1 建(构)筑物	2 给水管线 d≤200mm	2 给水管线 d>200mm	3 污水、雨水管线	4 再生水管线	5 燃气管线 低压 B	5 燃气管线 中压 A	5 燃气管线 中压 B	5 燃气管线 次高压 A	5 燃气管线 次高压 B	6 直埋热力管线	7 电力管线 直埋	7 电力管线 保护管	8 通信管线 直埋	8 通信管线 管道通道	9 管沟	10 乔木	11 灌木	12 通信照明及≤10kV	12 高压铁塔基础边 ≤35kV	12 高压铁塔基础边 >35kV	13 道路侧石边缘	14 有轨电车钢轨	15 铁路钢轨(或坡脚)
1	建(构)筑物			—	1.0	3.0	2.5	1.0	0.7	1.0	1.5	5.0	13.5	3.0	0.6		1.0	1.5	0.5	—						1.5	2.0	5.0
2	给水管线	d≤200mm		1.0	—		1.0	0.5		0.5		1.0	1.5	1.5	0.5		1.0		1.5	1.5	1.0	0.5	3.0		1.5	2.0	5.0
2	给水管线	d>200mm		3.0		—	1.5																					
3	污水、雨水管线			2.5	1.0	1.5	—	0.5	1.0		1.2		1.5	2.0	1.5	0.5		1.0	1.5	1.5	1.5			1.5	1.5	2.0	5.0
4	再生水管线			1.0	0.5	0.5	0.5	—	0.5		1.0		1.5		1.5	0.5		1.0		1.0	0.5	3.0			1.5	2.0	5.0
5	燃气管线	低压	P<0.01MPa	0.7			1.0		—							0.5				1.0							
5	燃气管线	中压	B 0.01MPa<P≤0.2MPa	1.0		0.5		0.5						1.0	0.5	0.5	1.0		0.75					2.0	1.5
5	燃气管线	中压	A 0.2MPa<P≤0.4MPa	1.5			1.2												1.5							
5	燃气管线	次高压	B 0.4MPa<P≤0.8MPa	5.0	1.0		1.5	1.0	DN≤300mm 0.4 DN>300mm 0.5					1.5	1.0		1.0	2.0		1.0	1.0				2.0	5.0
5	燃气管线	次高压	A 0.8MPa<P≤1.6MPa	13.5	1.5		2.0	1.5						2.0	1.0		1.0	4.0		1.2		5.0	2.5			
6	直埋热力管线			3.0	1.5	1.5	1.0	1.0		1.0		1.5	2.0	—	2.0		1.0	1.5	1.5	1.0			(3.0 >330kV 5.0)	1.5	2.0	5.0
7	电力管线	直埋		0.6	0.5	0.5	0.5	0.5		0.5		1.0	2.0	2.0	0.25 0.1		≤35kV 0.5 ≥35kV 2.0		0.7			1.5	2.0	10.0 (非电气化 3.0)
7	电力管线	保护管										1.0			0.1 0.1									
8	通信管线	直埋		1.0						0.5		1.0	1.0	1.0	≤35kV 0.5 ≥35kV 2.0		1.0	1.0	1.0	0.5	2.5	1.5	2.0
8	通信管线	管道通道		1.5						1.0													
9	管沟			0.5	1.5	1.5	1.5	1.0	1.5		2.0	4.0	1.5	1.0		1.0		—	1.5	1.0		3.0	1.5	2.0	5.0
10	乔木				1.5		1.5			0.75			1.2	1.5		1.5					1.5			
11	灌木			1.0										1.0	0.7		1.0				0.5			
12	地上杆柱	通信照明及≤10kV			0.5	0.5	0.5			1.0			1.0		0.5		1.0					0.5			
12	地上杆柱	高压铁塔基础边	≤35kV	—	3.0		1.5	3.0		2.0			3.0 (>330kV 5.0)		2.0		3.0								
12	地上杆柱	高压铁塔基础边	>35kV							2.0			5.0		2.5								
13	道路侧石边缘			—	1.5	1.5	1.5	1.5		1.5		2.5	1.5	1.5		1.5	1.5	0.5	0.5		—		
14	有轨电车钢轨			2.0	2.0	2.0	2.0		2.0			2.0	2.0		2.0							
15	铁路钢轨(或坡脚)				5.0	5.0	5.0	5.0		5.0			10.0(非电气化 3.0)		2.0		5.0							

工程管线交叉时的最小垂直净距(m)　　　表 4.1.14

序号	管线名称		给水管线	污水、雨水管线	热力管线	燃气管线	通信管线		电力管线		再生水管线
							直埋	保护管及通道	直埋	保护管	
1	给水管线		0.15								
2	污水、雨水管线		0.40	0.15							
3	热力管线		0.15	0.15	0.15						
4	燃气管线		0.15	0.15	0.15	0.15					
5	通信管线	直埋	0.50	0.50	0.25	0.50	0.25	0.25			
		保护管、通道	0.15	0.15	0.25	0.15	0.25	0.25			
6	电力管线	直埋	0.50	0.50	0.50	0.50	0.50	0.50	0.50	0.25	
		保护管	0.25	0.25	0.25	0.15	0.25	0.25	0.25	0.25	
7	再生水管线		0.50	0.40	0.15	0.15	0.25	0.25	0.50	0.25	0.15
8	管沟		0.15	0.15	0.15	0.15	0.25	0.25	0.50	0.25	0.15
9	涵洞(基底)		0.15	0.15	0.15	0.15	0.25	0.25	0.50	0.25	0.15
10	电车(轨底)		1.00	1.00	1.00	1.00	1.00	1.00	1.00	1.00	1.00
11	铁路(轨底)		1.00	1.20	1.20	1.20	1.50	1.50	1.00	1.00	1.00

答案：B

2-27 (2009) 下列有关工程管线布置的叙述中，错误的是(　　)。

A　工程管线在交叉点的高程应根据排水管线的高程确定
B　各种管线之间的最小垂直净距在 0.15m 至 0.50m 之间
C　电力电缆与热力管之间的最小水平净距比电信电缆与热力管之间的最小水平净距大
D　电力电缆与电力电缆之间没有最小净距要求

解析：从《管线规范》第 4.1.13 条及表 4.1.14，可知题中 A、B 正确；从表 4.1.9 可知，题中 C 项正确。电力电缆与电力电缆之间，表 4.1.9 及表 4.1.14 对水平净距和垂直净距都有要求。

答案：D

2-28 (2009) 下列有关工程管线直埋敷设的叙述中，错误的是(　　)。

A　严寒或寒冷以外地区的工程管线应根据土壤性质和地面承受荷载的大小确定管线的覆土深度
B　管线直埋敷设的覆土深度，在严寒、寒冷地区应保证管道内介质不冻结
C　给水管在车行道下的最小覆土深度为 0.7m
D　10kV 以上直埋电力电缆管线在人行道下的覆土深度不应小于 0.7m

解析：见《管线规范》第 2.2.1 条、表 2.2.1 及表注，可知 A、B、C 正确。10kV 以上直埋电力电缆管线的覆土深度不论人行道、车行道下均不应小

于 1.0m。

答案：D

2-29 (2009) 有关埋地工程管线由浅入深的垂直排序，错误的是(　　)。

A 电信管线、热力管、给水管、雨水管
B 电力电缆、燃气管、雨水管、污水管
C 电信管线、燃气管、给水管、电力电缆
D 电力电缆、热力管、雨水管、污水管

解析：《管线规范》第 4.1.12 条：当工程管线交叉敷设时，管线自地表面向下的排列顺序宜为：通信、电力、燃气、热力、给水、再生水、雨水、污水。给水、再生水和排水管线应按自上而下的顺序敷设。故选项 C 错误。

答案：C

2-30 (2009) 下列有关各类地下工程管线与绿化之间关系的论述，错误的是(　　)。

A 地下管线不宜横穿公共绿地和庭院绿地
B 各类地下管线与乔木或灌木中心之间最小水平距离应为 0.5～1.5m
C 特殊情况可采用绿化树木根茎中心至地下管线外缘的最小距离控制
D 可根据实际情况采取安全措施后减少其最小水平净距

解析：参见《城市道路绿化规划与设计规范》CJJ 75-97 第 6.2.1 条、第 6.2.2 条可知选项 A、C、D 正确。查表 6.2.1 可知选项 B 错误。

树木与地下管线外缘最小水平距离　　　　表 6.2.1

管线名称	距乔木中心距离（m）	距灌木中心距离（m）
电力电缆	1.0	1.0
电信电缆（直埋）	1.0	1.0
电信电缆（管道）	1.5	1.0
给水管道	1.5	—
雨水管道	1.5	—
污水管道	1.5	—
燃气管道	1.2	1.2
热力管道	1.5	1.5
排水盲沟	1.0	—

答案：B

2-31 (2009) 当住宅室外水体无护栏保护措施时，在近岸 2m 范围内的水深最深不应超过下列何值？

A 0.5m　　　　B 1.0m　　　　C 1.2m　　　　D 1.5m

解析：见《住宅建筑规范》第 4.4.3 条。

答案：A

2-32 下列关于居住街坊内绿地的表述中，错误的是(　　)。

A 居住街坊内的绿地应结合住宅建筑布局设置集中绿地和宅旁绿地

B 居住街坊内集中绿地的规划建设，新区建设不应低于 $0.50m^2/$ 人，旧区改建不应低于 $0.35m^2/$ 人，且集中绿地的宽度不应小于 7m

C 满足当地植树绿化覆土要求的屋顶绿地可计入居住街坊内的绿地面积

D 居住街坊内集中绿地的规划建设应满足在标准的建筑日照阴影线范围之外的绿地面积不应少于 1/3

解析：《居住区标准》第 4.0.6 条和第 4.0.7 条：居住街坊内集中绿地的规划建设，应符合下列规定：

  1 新区建设不应低于 $0.50m^2/$ 人，旧区改建不应低于 $0.35m^2/$ 人；

  2 宽度不应小于 8m；

  3 在标准的建筑日照阴影线范围之外的绿地面积不应少于 1/3，其中应设置老年人、儿童活动场地。

  第 A.0.2 条第 1 款：满足当地植树绿化覆土要求的屋顶绿地可计入居住街坊内的绿地面积。

  由此可知选项 A、C、D 正确，选项 B 集中绿地的最小宽度错误，故应选 B。

答案：B

2-33 (2009) 有关道路侧石边缘与乔木或灌木的最小水平净距要求，正确的是（　　）。

A 与乔木中心 0.5m，与灌木中心 0.5m

B 与乔木中心 1.0m，与灌木中心 0.5m

C 与乔木中心 1.0m，与灌木中心 1.0m

D 与乔木中心 1.5m，与灌木中心 1.0m

解析：详见《管线规范》表 4.1.9（见题 2-26 解析），可知选项 A 正确。

答案：A

2-34 (2009) 有关开敞型和封闭型院落式组团绿地的下列描述，错误的是（　　）。

A 均应有不少于 1/3 的绿地面积在当地标准的建筑日照阴影线范围之外

B 均要便于设置儿童游戏设施和适于老年人、成人游憩活动而不干扰居民生活

C 在建筑围合部分条件相同的前提下，开敞型院落式组团绿地比封闭型院落式组团绿地要求的最小面积要大

D 开敞型院落式组团绿地至少应有一个面面向小区路或建筑控制线不小于 10m 宽的组团路

解析：2018 年版《居住区标准》对居住街坊内绿地的设置和面积的计算均与前版《居住区规范》变化较大。依据 2018 年版《居住区标准》，选项 A、B 正确，选项 C、D 未提及。故本题无答案。

答案：无答案

2-35 (2009) 某居住区内的绿地具备下列四项条件：

（1）一侧紧邻居住区道路并设有主要出入口；

（2）南北侧均为高层住宅，间距大于 1.5 倍标准日照间距且间距在 50m 以上；

（3）面积 $1000m^2$；

(4) 不少于 1/3 的绿地面积在标准的建筑日照阴影线范围之外。

则该绿地属于(　　)。

A 块状带状公共绿地
B 封闭型院落式组团绿地
C 开敞型院落式组团绿地
D 居住区小游园

解析：2018 年版《居住区标准》对居住街坊内绿地的设置和面积的计算均与前版《居住区规范》变化较大。故本题无答案。

答案：无答案

2-36 (2009) 下列关于总图（如题图所示）坐标网的表述中，正确的是(　　)。

A 网格通线表示测量坐标网
B 坐标网中宜用"X"代表东西方向轴线
C 测量坐标代号宜用"X、Y"表示
D 坐标网中宜用"B"代表南北方向轴线

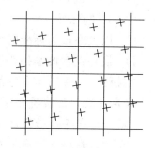

题 2-36 图

解析：见《总图标准》图 2.4.1 注及第 2.4.2 条，测量坐标网用交叉十字线表示，测量坐标网中"X"为南北方向轴线，坐标网中"B"为东西方向轴线。

答案：C

2-37 (2008) 在场地布置中，埋地生活饮用水储水池距离化粪池、污水处理构筑物、渗水井、垃圾堆放点等污染源的最小距离应为多少？

A 10m　　　B 15m　　　C 20m　　　D 25m

解析：《统一标准》第 8.1.2 条第 2 款：埋地生活饮用水贮水池周围 10.0m 以内，不得有化粪池、污水处理构筑物、渗水井、垃圾堆放点等污染源，周围 2.0m 以内不得有污水管和污染物。故选项 A 正确。

答案：A

2-38 (2008) 甲类防空地下室的战时主要出入口，当抗力等级为 6 级，地面建筑为砖混结构时，地面建筑的倒塌范围应按下列何者选择？

A 不考虑倒塌影响　　　　　　　B 建筑高度
C 0.5 倍建筑高度　　　　　　　D 5m

解析：见《人防地下室规范》第 3.3.3 条表 3.3.3。

答案：C

2-39 (2008) 防火间距应按相邻建筑物外墙的最近距离计算，下列表述何者正确？

A 当外墙有凸出的构件时，应从其凸出部分外缘算起
B 当外墙有凸出的燃烧构件时，应从其凸出部分外缘算起
C 当外墙有凸出的构件时，应从建筑物的外墙面算起
D 当外墙有凸出的燃烧构件时，应从其凸出部分内缘算起

解析：见《防火规范》附录 B 第 B.0.1 条。

答案：B

2-40 (2008) 相邻两座二级耐火等级的多层民用建筑，相邻外墙为不燃烧体且无外露的燃烧体屋檐，每面外墙上未设置防火保护措施的门窗洞口不正对开设，且面积之和小于等于该外墙面积的5%时，其防火间距至少应为多少？

A 3.5m B 4.0m C 4.5m D 6.0m

解析：见《防火规范》第5.2.2条表5.2.2注1。

答案：C

2-41 (2008) 关于住宅建筑的日照标准，下列说法何者不妥？

A 老年人住宅不应低于冬至日日照2h的标准
B 旧区改建的项目内新建住宅日照标准可酌情降低，但不应低于大寒日日照1h的标准
C 以大寒日为标准的城市，其有效日照时间带大寒日为9～15h
D 底层窗台面是指距室内地坪0.9m高的外墙位置

解析：《居住区标准》第4.0.9条：住宅建筑的间距应符合表4.0.9的规定。对特定情况，还应符合下列规定：

1 老年人居住建筑日照标准不应低于冬至日日照时数2h；

2 在原设计建筑外增加任何设施不应使相邻住宅原有日照标准降低，既有住宅建筑进行无障碍改造加装电梯除外；

3 旧区改建项目内新建住宅建筑日照标准不应低于大寒日日照时数1h。

表4.0.9的表注为：底层窗台面是指距室内地坪0.9m高的外墙位置。故选项A、B、D正确；选项C大寒日有效日照时间带应为8～16时，故选项C错误。

答案：C

2-42 (2008) 停车场的汽车宜分组停放，每组停车的数量不宜超过50辆，组与组之间的防火间距不应小于多少米？

A 6 B 7 C 9 D 13

解析：见《车库车场防火规范》第4.2.12条。

答案：A

2-43 (2008) 电影院基地选择应根据当地城镇建设总体规划，合理布置，并应符合规定。下列有关主要入口前道路通行宽度的规定哪条有错？

A 不应小于安全出口宽度总和 B 中型电影院不应小于8m
C 大型电影院不应小于20m D 特大型电影院不应小于25m

解析：《影院规范》第3.1.2条第2款规定：与中型电影院连接的道路宽度不宜小于12m。

答案：B

2-44 (2008) 民用建筑应根据城市规划条件和任务要求，按照建筑与环境的关系进行综合性的场地设计；场地设计的主要内容正确的是(　　)。

A 建筑布局、城市道路、绿化、竖向及工程管线等
B 建筑布局、道路、绿化、竖向及工程管线等
C 建筑布局、道路、市政绿化、竖向及工程管线等

D 建筑布局、道路、绿化、竖向及市政管线等

解析：依据《统一标准》第 5 章下设 5 节的题目可知，民用建筑场地设计包含建筑布局、道路与停车场、竖向、绿化和工程管线布置 5 个方面的内容。故选项 B 正确。

答案：B

2-45 （2008）根据《城市居住区规划设计规范》，Ⅱ、Ⅲ类气候区、小于 50 万人口的城市住宅建筑日照标准不应低于下列何值？

A 大寒日 2h　　　　　　　　B 冬至日 1h
C 大寒日 3h　　　　　　　　D 冬至日 2h

解析：参见《居住区标准》表 4.0.9，查表可知选项 C 正确。

住宅建筑日照标准　　　　　　　　　　　　　　　表 4.0.9

建筑气候区划	Ⅰ、Ⅱ、Ⅲ、Ⅶ气候区		Ⅳ气候区		Ⅴ、Ⅵ气候区
城区常住人口（万人）	≥50	<50	≥50	<50	无限定
日照标准日	大寒日			冬至日	
日照时数（h）	≥2	≥3		≥1	
有效日照时间带（当地真太阳时）	8时~16时			9时~15时	
计算起点	底层窗台面				

答案：C

2-46 （2008）按住宅建筑规范要求，在住宅室外通路上通行轮椅车的坡道宽度最小限值应为下列何值？

A 1.0m　　　B 1.2m　　　C 1.5m　　　D 2.0m

解析：见《无障碍规范》第 7.2.4 条表 7.2.4。

答案：C

2-47 （2008）住宅外部无障碍坡道，当高差为 0.9m 时，其坡道的坡度最大应为下列何项取值？

A 1∶10　　　B 1∶12　　　C 1∶16　　　D 1∶20

解析：见《无障碍规范》第 3.4.4 条表 3.4.4。

答案：C

2-48 （2008）关于无障碍设计中缘石坡道的设计要求，下列说法何者不妥？

A 宜优先选用全宽式单面坡缘石坡道
B 其坡面应平整、防滑
C 全宽式单面坡坡度应不大于 1∶20
D 坡宽应大于 0.9m

解析：见《无障碍规范》第 3.1.1 条 1、3 款及 3.1.2 条 1 款，可知题中 A、B、C 项正确。

答案：D

2-49 在处理住宅建筑与道路之间的关系时，住宅面向居住街坊内的附属道路有出入

口时，住宅至道路边缘最小距离应为下列何值？

A 2.0m B 2.5m C 3.0m D 5.0m

解析：《居住区标准》第6.0.5条：居住区道路边缘至建筑物、构筑物的最小距离，应符合表6.0.5的规定。查表可知选项B正确。

居住区道路边缘至建筑物、构筑物最小距离（m） 表6.0.5

与建、构筑物关系		城市道路	附属道路
建筑物面向道路	无出入口	3.0	2.0
	有出入口	5.0	2.5
建筑物山墙面向道路		2.0	1.5
围墙面向道路		1.5	1.5

答案：B

2-51 (2008) 居住区内小区级道路的路面宽度一般应为下列何值？

A 20m B 6～9m C 3～5m D 2.5m

解析：《居住区标准》第6.0.3条：居住区内各级城市道路——支路的红线宽度宜为14～20m；人行道宽度不应小于2.5m。第6.0.4条：居住街坊内附属道路——主要附属道路的路面宽度不应小于4.0m；其他附属道路的路面宽度不宜小于2.5m。因2018年版《居住区标准》与上一版《居住区规范》变化较大，故此题无答案。

答案：无答案

2-51 (2008) 建筑基地内道路应符合有关规定，下列说法何者不妥？

A 基地内应设道路与城市道路相连接，其连接处的车行路面应设限速设施，道路应能通达建筑物的安全出口

B 沿街建筑应设连通街道和内院的人行通道（可利用楼梯间），其间距不宜大于150m

C 道路改变方向时，路边绿化及建筑物不应影响行车的有效视距

D 基地内车流量较大时应设人行道路

解析：《统一标准》第5.2.1条：基地道路应符合下列规定。

1 基地道路与城市道路连接处的车行路面应设限速设施，道路应能通达建筑物的安全出口。故选项A正确。

2 沿街建筑应设连通街道和内院的人行通道，人行通道可利用楼梯间，其间距不宜大于80.0m。故选项B错误。

3 当道路改变方向时，路边绿化及建筑物不应影响行车有效视距。故选项C正确。

4 当基地内设有地下停车库时，车辆出入口应设置显著标志；标志设置高度不应影响人、车通行。

5 基地内宜设人行道路，大型、特大型交通、文化、娱乐、商业、体育、医院等建筑，居住人数大于5000人的居住区等车流量较大的场所应设人行道路。故选项D正确。

答案：B

2-52 （2008）公共建筑基地道路宽度应符合有关规定，下列说法何者有误？

A 单车道道路宽度不应小于4m，双车道道路宽度不应小于6m
B 人行道路宽度不应小于1.5m
C 利用道路边设停车位时，不应影响有效通行宽度
D 车行道路改变方向时，应满足车辆最小转弯半径要求

解析：《统一标准》第5.2.2条：基地道路设计应符合下列规定。

  1 单车道路宽不应小于4.0m，双车道路宽住宅区内不应小于6.0m，其他基地道路宽不应小于7.0m；故选项A正确。

  2 当道路边设停车位时，应加大道路宽度且不应影响车辆正常通行。故选项C正确。

  3 人行道路宽度不应小于1.5m，人行道在各路口、入口处的设计应符合现行国家标准《无障碍设计规范》GB 50763的相关规定。故选项B正确。

  4 道路转弯半径不应小于3.0m，消防车道应满足消防车最小转弯半径要求；故选项D正确。

  5 尽端式道路长度大于120.0m时，应在尽端设置不小于12.0m×12.0m的回车场地。

此题A、B、C、D四个选项的说法均正确，故此题无答案。

答案：无答案

2-53 （2008）汽车客运站的汽车进站口、出站口距公园、学校、托幼建筑及人员密集场所的主要出入口距离至少应为下列何值？

A 15m B 20m C 30m D 70m

解析：见《交通客运站建筑设计规范》JGJ/T 60—2012第4.0.4-3条。

答案：B

2-54 （2008）关于总图平面的标高注法，下列表述何者正确？

A 应以含±0.00标高的平面作为总图平面
B 总图中标注的标高应为相对标高，如标注绝对标高，则应注明绝对标高与相对标高的换算关系
C 应以含室内标高的平面作为总图平面
D 应以含屋面标高的平面作为总图平面

解析：见《总图标准》第2.5.1及2.5.2条。

答案：A

2-55 （2008）关于基地内步行道的坡度要求，下列说法何者错误？

A 基地步行道的纵坡至少不应小于0.2%
B 基地步行道的纵坡最多不应大于8%
C 多雪严寒地区纵坡最多不应大于4%
D 横坡应为0.2%~0.5%

解析：依据《统一标准》第5.3.2条第3款：基地内步行道的纵坡不应小于0.2%，且不应大于8%，积雪或冰冻地区不应大于4%；横坡应为1%~2%；

当大于极限坡度时，应设置为台阶步道。故选项A、B、C正确，选项D错误。
答案：D

2-56 (2008) 总图制图中，标注有关部位的标高时，下列表述何者不妥？

A 建筑物标注室内±0.00处的绝对标高，在一栋建筑物内宜标注一个±0.00标高，当有不同地坪标高时，以相对±0.00的数值标注
B 建筑物室外散水，标注建筑物四周转角或两对角的散水坡脚处的标高
C 道路标注路边最高点及最低点的标高
D 挡土墙标注墙顶和墙趾标高

解析：《总图标准》第2.5.3条中第1、2、5、6款，第5款规定：道路标注路面中心交点及变坡点的标高。
答案：C

2-57 (2008) 在居住区用地容积率控制指标中，是否计入地下层面积？

A 计入　　　　　　　　　　　B 按系数折减计入
C 不计入　　　　　　　　　　D 地下室储藏室面积计入

解析：《居住区标准》表4.0.1-1的表注：居住区用地容积率是生活圈内，住宅建筑及其配套设施地上建筑面积之和与居住区用地总面积的比值。故不应计入地下层面积，选项C正确。
答案：C

2-58 (2008) 建筑基地的高程应根据下列哪项确定？

A 相邻的城市道路高程　　　　B 基地现状的高程
C 建设单位的要求　　　　　　D 城市规划确定的控制高程

解析：《统一标准》第4.2.2条：建筑基地地面高程应符合下列规定：1 应依据详细规则确定的控制标高进行设计。故选项D正确。
答案：D

2-59 (2008) 住宅用地设计时，相邻台地间高差大于下列何项限值时，应在挡土墙顶或坡比值大于0.5的护坡顶加设安全防护设施？

A 0.45m　　　B 0.90m　　　C 1.05m　　　D 1.50m

解析：见《住宅建筑规范》第4.5.2条1。
答案：D

2-60 (2008) 下列关于基地地面排水原则的说法何项不妥？

A 基地内应有排除地面及路面雨水至城市排水系统的措施
B 基地内地势高于相邻城市道路高程者，可不考虑排除地面及路面雨水至城市排水系统的措施
C 采用车行道排泄地面雨水时，雨水口形式及数量应根据汇水面积、流量、道路纵坡等确定
D 单侧排水的道路及低洼易积水的地段，应采取排雨水时不影响交通和路面清洁的措施

解析：《统一标准》第5.3.3条：建筑基地地面排水应符合下列规定。
1 基地内应有排除地面及路面雨水至城市排水系统的措施，排水方式应根

据城市规划的要求确定。有条件的地区应充分利用场地空间设置绿色雨水设施，采取雨水回收利用措施。故选项 A 正确。

　　2　当采用车行道排泄地面雨水时，雨水口形式及数量应根据汇水面积、流量、道路纵坡等确定。故选项 C 正确。

　　3　单侧排水的道路及低洼易积水的地段，应采取排雨水时不影响交通和路面清洁的措施。故选项 D 正确。

　　故本题应选 B。

答案：B

2-61　(2008) 居住区的竖向规划应包括的内容中，下列说法何者不妥？

A　地形地貌的利用　　　　　　B　建筑物竖向高度及基础埋置深度
C　确定道路控制高程　　　　　D　地面排水规划

解析：《居住区标准》第3.0.9条：居住区的竖向规划设计应符合现行行业标准《城乡建设用地竖向规划规范》CJJ 83的有关规定。《竖向规范》第1.0.4条：城乡建设用地竖向规划应包括下列主要内容：

　　1　制定利用与改造地形的合理方案；

　　2　确定城乡建设用地规划地面形式、控制高程及坡度；

　　3　结合原始地形地貌和自然水系，合理规划排水分区，组织城乡建设用地的排水、土石方工程和防护工程；

　　4　提出有利于保护和改善城乡生态、低影响开发和环境景观的竖向规划要求；

　　5　提出城乡建设用地防灾和应急保障的竖向规划要求。

　　《竖向规范》的目录中包含竖向与用地布局及建筑布置，竖向与道路、广场，竖向与排水，竖向与防灾，土石方与防护工程，竖向与城乡环境景观。由此判断，选项 B 不属于竖向规划的内容。

答案：B

2-62　(2008) 在车行道下埋设燃气管道的最小深度应为(　　)。

A　0.5m　　　　B　0.6m　　　　C　0.7m　　　　D　0.8m

解析：见《管线规范》第2.2.1条表2.2.1。

答案：D

2-63　(2008) 对以下哪项地震烈度及气候区域的室外工程管线，《民用建筑设计通则》要求另需符合有关规范的规定？

A　七度以上的地震区、严寒地区　　B　六度以上的地震区、寒冷地区
C　八度以上的地震区、夏热冬冷地区 D　九度以上的地震区、炎热地区

解析：《统一标准》第5.5.8条：抗震设防烈度7度及以上地震区、多年冻土区、严寒地区、湿陷性黄土地区及膨胀土地区的室外工程管线，应符合国家现行有关标准的规定。故选项 A 正确。

答案：A

2-64　(2008) 与道路平行的工程管线不宜设于车行道下，当确有需要时，可将何种工程管线布置在车行道下？

A 埋深较大、翻修较多　　　　　B 埋深较大、翻修较少
C 埋深较小、翻修较多　　　　　D 埋深较小、翻修较少

解析：《统一标准》第5.5.6条：与道路平行的工程管线不宜设于车行道下；当确有需要时，可将埋深较大、翻修较少的工程管线布置在车行道下。故选项B正确。

答案：B

2-65　（2008）以下哪项不属于综合管沟的优点？
A 可以节省一次投资和维护费用
B 避免由于敷设和维修地下管线挖掘道路而对交通和居民出行造成影响和干扰，保持路容的完整和美观
C 降低了路面的翻修费用和工程管线的维修费用，增加了路面的完整性和工程管线的耐久性
D 由于综合管沟内工程管线布置紧凑合理，有效利用了道路下的空间，节约了城市用地

解析：《管线规范》"条文说明"第2.3.1条中第（1）、（2）、（4）款说明综合管沟有B、C、D项优点。综合管沟的缺点是一次性投资昂贵。

答案：A

2-66　（2008）居住区电信管道与建筑物基础间的距离宜取下列何值？
A 0.6m　　　　　B 1.0m　　　　　C 1.5m　　　　　D 2.0m

解析：详见《城市工程管线综合规划规范》GB 50289—2016 表4.1.9（见题2-26解析），查表可知选项C正确。

答案：C

2-67　（2008）工程管线的敷设一般宜采用何种敷设方式？
A 地上敷设　　　　　　　　　　B 地上架空敷设
C 地上、地下相结合敷设　　　　D 地下敷设

解析：《统一标准》第5.5.1条：工程管线宜在地下敷设；在地上架空敷设的工程管线及工程管线在地上设置的设施，必须满足消防车辆通行及扑救的要求，不得妨碍普通车辆、行人的正常活动，并应避免对建筑物、景观的影响。

第5.5.4条：在管线密集的地段，应根据其不同特性和要求综合布置，宜采用综合管廊布置方式。对安全、卫生、防干扰等有影响的工程管线不应共沟或靠近敷设。互有干扰的管线应设置在综合管廊的不同沟（室）内。故选项D正确。

答案：D

2-68　（2008）与市政管网衔接的工程管线，其竖向标高和平面位置均应采用下列何种系统？
A 黄海系高程系统和坐标系统
B 渤海系高程系统和坐标系统
C 黄海系高程系统、渤海系坐标系统

D 城市统一的高程系统和坐标系统

解析：《统一标准》第5.5.2条：与市政管网衔接的工程管线，其平面位置和竖向标高均应采用城市统一的坐标系统和高程系统。故选项D正确。

答案：D

2-69 (2008) 下列关于居住区内绿地面积计算的叙述中，哪一条是错误的？

A 对居住区级路算到红线

B 对小区路算到路边，当小区路设有人行便道时算到便道边

C 带状公共绿地面积计算的起止界同院落或组团绿地

D 对建筑物算到散水边，当采用暗埋散水（即绿化可铺到墙边）时算到墙边

解析：《居住区标准》第A.0.2条：居住街坊内绿地面积的计算方法应符合下列规定：

1 满足当地植树绿化覆土要求的屋顶绿地可计入绿地。绿地面积计算方法应符合所在城市绿地管理的有关规定。

2 当绿地边界与城市道路邻接时，应算至道路红线；当与居住街坊附属道路邻接时，应算至路面边缘；当与建筑物邻接时，应算至距房屋墙脚1.0m处；当与围墙、院墙邻接时，应算至墙脚。

3 当集中绿地与城市道路邻接时，应算至道路红线；当与居住街坊附属道路邻接时，应算至距路面边缘1.0m处；当与建筑物邻接时，应算至距房屋墙脚1.5m处。

因2018年版《居住区标准》与前版《居住区规范》变化较大，故此题无答案。

答案：无答案

2-70 (2008) 在住宅室外环境设计中，人工景观水体的补充水严禁使用下列哪种水？

A 江湖水　　　B 雨水　　　C 中水　　　D 自来水

解析：《城市绿地设计规范》GB 50420—2007第7.5.3条规定：人工景观水可用中水，但住宅室外环境水体，因居民涉水、戏水等缘故，不应使用中水，而应改用自来水。

答案：C

2-71 (2008) 场地设计中应保护自然生态环境，"古树"是指树龄至少为多少年以上的树木？

A 50年　　　B 100年　　　C 200年　　　D 300年

解析：见《城市绿地设计规范》GB 50420—2007第2.0.4条。

答案：B

2-72 (2008) 下列关于"名木"的解释何者是错误的？

A 珍贵、稀有的树木　　　　　B 具有重要历史价值的树木

C 80年以上的树木　　　　　D 具有纪念意义的树木

解析：见《城市绿地设计规范》GB 50420—2007第2.0.4条。

答案：C

2-73 (2008)（如题图所示）场地设计高程低于小区出入口城市道路控制标高，出入口局部设置反坡。设小区出入口控制标高为 a，则 b 点的标高应为下列何种取值范围？

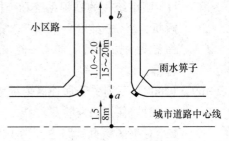

题 2-73 图　小区出入口道路设置反坡示意

A　$(a+0.15)\sim0.4\text{m}$
B　$0.15\sim0.4\text{m}$
C　$(a+0.015)\sim0.04\text{m}$
D　$0.015\sim0.04\text{m}$

解析：$15\text{m}\times1\%=0.15\text{m}$，$20\text{m}\times2\%=0.4\text{m}$，故 $b=(a+0.15)\sim0.4\text{m}$。
答案：A

2-74 (2008) 根据下图所示条件，在处理建筑物与挡土墙的相互关系时，最小间距 L_1、L_2 应为下列何值？

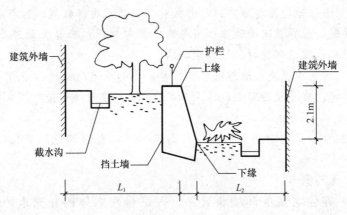

题 2-74 图

A　$L_1\geqslant2\text{m}$；$L_2\geqslant3\text{m}$
B　$L_1\geqslant3\text{m}$；$L_2\geqslant2\text{m}$
C　$L_1\geqslant4\text{m}$；$L_2\geqslant3\text{m}$
D　$L_1\geqslant3\text{m}$；$L_2\geqslant4\text{m}$

解析：见《住宅建筑规范》第 4.5.2 条 3。
答案：B

2-75 (2008) 按总图制图标准，题图图例表示的正确含义是(　)。

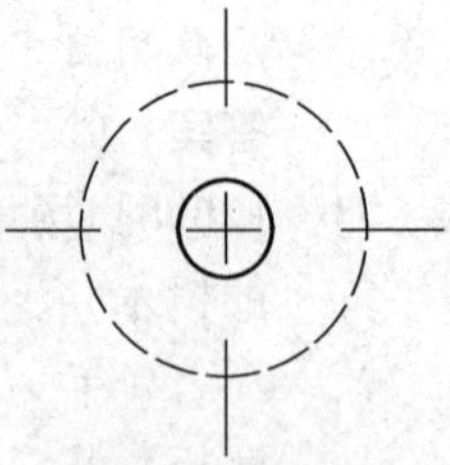

A　水池、坑槽 　　　B　水塔
C　烟囱 　　　　　　D　消火栓井

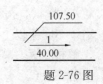

题 2-75 图

解析：见《总图标准》表 3.0.1-17。
答案：C

2-76 (2008) 题图为排水明沟图示，其中所表达的含义中，下列说法何者不妥？

A　"1"表示 1‰ 的沟底纵向坡度
B　"40.00"表示沟的总长度

题 2-76 图

C 箭头表示水流方向

D "107.50"表示沟底变坡点标高

解析：见《总图标准》表 3.0.1-36。

答案：B

2-77 (2007) 因各种原因消防车不能按规定靠近体育建筑物时，应采取措施满足对火灾扑救的需要。下列哪项是错误的？

A 消防车在平台下部空间靠近建筑主体

B 消防车直接开入建筑内部

C 消防车到达平台上部以接近建筑主体

D 平台上部设自动喷水灭火系统

解析：《体育建筑设计规范》JGJ 31—2003 第 3.0.5 条第 3 款中有 A、B、C 项要求，另规定平台上部设消火栓。

答案：D

2-78 (2007) 室外运动场地布置方向（以长轴为准）应为南北向；当不能满足要求时，可略偏南北向，其方位的确定需根据下列因素综合确定，以下哪项是错误的？

A 太阳高度角　　　　　　　　B 场地尺寸

C 与邻近建筑的关系　　　　　D 常年风向和风力

解析：根据《体育建筑设计规范》JGJ 31—2003 第 4.2.1 条，A、B、D 是确定因素。

答案：C

2-79 (2007) 防空地下室人员掩蔽工程应布置在人员居住、工作的适中位置，其最大的服务半径宜为下列哪项？

A 100m　　　　B 150m　　　　C 200m　　　　D 250m

解析：《人防地下室规范》第 3.1.2 条规定：人员掩蔽工程的服务半径不宜大于 200m。

答案：C

2-80 (2007) 当地面建筑为钢筋混凝土结构或钢结构，且外墙为钢筋混凝土结构时，核 5 级甲级防空地下室设计中的地面建筑倒塌范围，宜按下列何项确定？

A 建筑高度　　　　　　　　　B 0.5 倍建筑高度

C 不考虑倒塌影响　　　　　　D 5m

解析：详见《人防地下室规范》表 3.3.3 注 2 的规定。

答案：C

2-81 (2007) 停车场与相邻的一、二级耐火等级民用建筑之间的防火间距应为下列何值？

A 6m　　　　　B 8m　　　　　C 10m　　　　　D 12m

解析：《车库车场防火规范》表 4.2.1。

答案：A

2-82 (2007) 下列建筑物或构筑物，经当地城市规划行政主管部门的批准，可突出道路红线建筑的是（　　）。
A　化粪池
B　治安岗
C　有人行道的路面上空 2.50m 以上突出雨篷
D　在无人行道的路面上空 2.50m 以上突出空调机位

解析：根据《统一标准》第 4.3.1 条及第 4.3.2 条规定，A、C、D 项均不允许。第 4.3.4 条 B 项可以。

答案：B

2-83　(2007) 综合医院最少应设出入口（　　）。
A　一个　　　　B　两个　　　　C　三个　　　　D　四个

解析：《医院规范》第 4.4.2 条。

答案：B

2-84　(2007) 居住区内的支路，红线宽度不宜小于（　　）。
A　12m　　　　B　16m　　　　C　14m　　　　D　24m

解析：《居住区标准》第 6.0.3 条第 2 款：居住区内支路的红线宽度，宜为 14~20m。故选项 C 正确。

答案：C

2-85　(2007) 城市中专设的双向行驶的自行车道路，其最小宽度宜为（　　）。
A　2.6m　　　　B　3.0m　　　　C　3.5m　　　　D　4.0m

解析：参见《城市步行和自行车交通系统规划标准》GB/T 51439—2021 第 5.3.5 条，非机动车道和自行车专用道的最小宽度应符合表 5.3.5 的规定。查表可知自行车专用道的最小宽度为 3.5m。

答案：C

2-86　(2007) 居住区内的城市道路与其面向的有出入口建筑间的最小距离是（　　）。
A　1.5m　　　　B　3.0m　　　　C　5.0m　　　　D　6.0m

解析：详见《居住区标准》表 6.0.5，查表可知选项 C 正确。

居住区道路边缘至建筑物、构筑物最小距离（m）　　　表 6.0.5

与建、构筑物关系		城市道路	附属道路
建筑物面向道路	无出入口	3.0	2.0
	有出入口	5.0	2.5
建筑物山墙面向道路		2.0	1.5
围墙面向道路		1.5	1.5

答案：C

2-87　(2007) 居住区道路边缘至面向道路围墙的最小距离是（　　）。
A　0.5m　　　　B　1.0m　　　　C　1.5m　　　　D　3.0m

解析：详见《居住区标准》表 6.0.5（见题 2-86 的解析），故选项 C 正确。

答案：C

2-88 (2007) 居民停车场、库的布置应方便居民使用，最大的服务半径宜为（　　）。
　　A　120m　　　　B　150m　　　　C　180m　　　　D　200m
解析：详见《居住区标准》表C.0.3居住街坊配套规划建设控制要求：机动车停车场（库），根据所在城市规划有关规定配置，服务半径不宜大于150m。故选项B正确。
答案：B

2-89 (2007) 建筑基地应与道路红线相邻接，确定其连接部分最小宽度的因素不包括下列哪项？
　　A　基地使用性质　　　　　　　B　基地内总建筑面积
　　C　基地内总人数　　　　　　　D　基地的用地面积
解析：《统一标准》条文说明第4.2.1条：当建筑基地与城市或镇区道路红线不相邻接时，建筑基地应设置连接道路与城市或镇区道路相连，以保证建筑基地有必要的通道满足交通、疏散、消防等需要。该连接道路的最小宽度是以小型商场、幼儿园、小户型多层住宅等建筑的一般规模3000m²为界进行规定的。故选项A、B、C连接部分最小宽度的确认有关，而D与其无关。
答案：D

2-90 (2007) 为了便于组织地面排水，用地地块的规划高程至少比周边道路的最低路段高程高出（　　）。
　　A　0.1m　　　　B　0.2m　　　　C　0.3m　　　　D　0.4m
解析：《竖向规范》第6.0.2条2款。
答案：B

2-91 (2007) 根据城市用地的性质、功能，结合自然地形，所做的规划地面形式不包括以下哪项？
　　A　台地式　　　　B　平坡式　　　　C　混合式　　　　D　台阶式
解析：《竖向规范》第4.0.2条。
答案：A

2-92 (2007) 居住区竖向规划的内容不包括以下哪项？
　　A　绿化地带基土层及面层的处理　　B　地形地貌的利用
　　C　确定道路控制高程　　　　　　　D　地面排水规划
解析：参见题2-62的解析。
　　《竖向规范》的目录中包含竖向与用地布局及建筑布置，竖向与道路、广场，竖向与排水，竖向与防灾，土石方与防护工程，竖向与城乡环境景观。由此判断，选项A不属于竖向规划的内容。
答案：A

2-93 (2007) 高度大于2m的挡土墙和护坡的上缘与住宅间的水平距离不应小于（　　）。
　　A　1m　　　　B　3m　　　　C　5m　　　　D　8m
解析：《城建设用地竖向规划规范》第4.0.7条。
答案：B

2-94 (2007) 民用建筑建筑基地非机动车道的纵坡范围是（　　）。
　　A　0.2%～3%　　　B　2%～5%　　　C　5%～8%　　　D　8%～20%
解析：《统一标准》第5.3.2条第2款：基地内非机动车道的纵坡不应小于0.2%，最大纵坡不宜大于2.5%；困难时不应大于3.5%，当采用3.5%坡度时，其坡长不应大于150.0m；横坡宜为1%～2%。故选项A正确。
答案： A

2-95 (2007) 民用建筑建筑基地机动车道的纵坡为11%时，其坡长的最大允许值应为（　　）。
　　A　30m　　　　B　50m　　　　C　80m　　　　D　100m
解析：《统一标准》第5.3.2条第1款：基地内机动车道的纵坡不应小于0.3%，且不应大于8%，当采用8%坡度时，其坡长不应大于200.0m。当遇特殊困难，纵坡小于0.3%时，应采取有效的排水措施；个别特殊路段，坡度不应大于11%，其坡长不应大于100.0m，在积雪或冰冻地区不应大于6%，其坡长不应大于350.0m；横坡宜为1%～2%。故选项D正确。
答案： D

2-96 (2007) 下列关于地下管线与道路的叙述中何者错误？
　　A　管线的走向宜与道路或建筑主体相平行或垂直
　　B　管线应从道路向建筑物方向由浅至深敷设
　　C　管线与道路应减少交叉
　　D　与道路平行的工程管线不宜设于车行道下，当确有需要时，可将埋深较大、翻修较少的工程管线布置在车行道下
解析：《统一标准》第5.5.5条：地下工程管线的走向宜与道路或建筑主体相平行或垂直。工程管线应从建筑物向道路方向由浅至深敷设。干管宜布置在主要用户或支管较多的一侧，工程管线布置应短捷、转弯少，减少与道路、铁路、河道、沟渠及其他管线的交叉，困难条件下其交角不应小于45°。
　　第5.5.6条：与道路平行的工程管线不宜设于车行道下；当确有需要时，可将埋深较大、翻修较少的工程管线布置在车行道下。
　　故叙述错误的是选项B。
答案： B

2-97 (2007) 居住区内埋设的各类管线中，离建筑物最近的是（　　）。
　　A　给水管　　　　　　　　　　B　燃气管
　　C　污水管　　　　　　　　　　D　电力管线或电信管线
解析：《管线规范》第4.1.4条：工程管线在庭院内由建筑红线向外方向平行布置的顺序，应根据工程管线的性质和埋设深度确定，其布置次序宜为：电力、通信、污水、雨水、给水、燃气、热力、再生水。故选项D正确。
答案： D

2-98 (2007) 题图管线水平和垂直净距的标注中，何者是正确的？
　　A　Ⅰ、Ⅲ　　　　B　Ⅰ、Ⅳ　　　　C　Ⅱ、Ⅲ　　　　D　Ⅱ、Ⅳ
解析：《管线规范》第2.0.5条：水平净距是指工程管线外壁（含保护层）之间

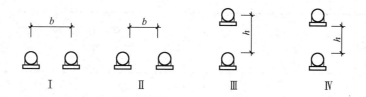

题 2-98 图

或管线外壁与建（构）筑物外边缘之间的水平距离。第 2.0.6 条：垂直净距是指工程管线外壁（含保护层）之间或工程管线外壁与建（构）筑物外边缘之间的垂直距离。故图Ⅱ、Ⅳ正确，本题应选 D。

答案：D

2-99 (2007) 绘制总平面图时，应以建筑哪层平面作为总图平面？

A 建筑地下层
B 含有±0.00 标高的平面
C 水平投影最大层平面
D 各层水平投影叠加形成的建筑最大轮廓平面

解析：《总图标准》第 2.5.1 条。

答案：B

2-100 (2007) 在总图制图标准中，如题图所示图例表示的含义何者正确？

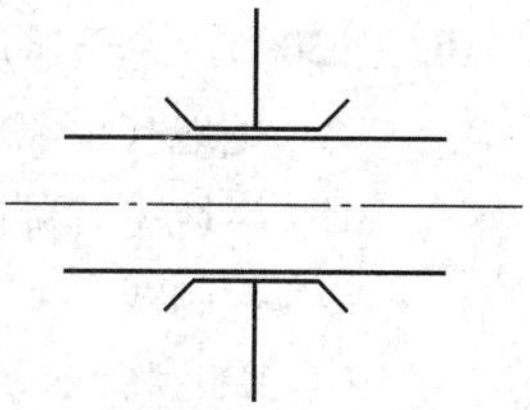

A 道路跨铁路　　　　　B 铁路跨道路
C 道路跨道路　　　　　D 铁路跨铁路

题 2-100 图

解析：《总图标准》表 3.0.2-64。

答案：A

2-101 (2006) 某住宅用地内（位于Ⅱ类建筑气候区），住宅按统一层数设计。如住宅建筑面积净密度控制指标为 1.5 万 m^2/hm^2，适于建造何种类型的住宅（地下层面积不计）？

A 低层　　　　B 多层　　　　C 中高层　　　　D 高层

解析：详见《居住区标准》表 4.0.2，查表可知选项 B 正确。

居住街坊用地与建筑控制指标　　表 4.0.2

建筑气候区划	住宅建筑平均层数类别	住宅用地容积率	建筑密度最大值（%）	绿地率最小值（%）	住宅建筑高度控制最大值（m）	人均住宅用地面积最大值（m²/人）
Ⅰ、Ⅶ	低层（1层～3层）	1.0	35	30	18	36
	多层Ⅰ类（4层～6层）	1.1～1.4	28	30	27	32
	多层Ⅱ类（7层～9层）	1.5～1.7	25	30	36	22
	高层Ⅰ类（10层～18层）	1.8～2.4	20	35	54	19
	高层Ⅱ类（19层～26层）	2.5～2.8	20	35	80	13

续表

建筑气候区划	住宅建筑平均层数类别	住宅用地容积率	建筑密度最大值（%）	绿地率最小值（%）	住宅建筑高度控制最大值（m）	人均住宅用地面积最大值（m²/人）
Ⅱ、Ⅵ	低层（1层~3层）	1.0~1.1	40	28	18	36
	多层Ⅰ类（4层~6层）	1.2~1.5	30	30	27	30
	多层Ⅱ类（7层~9层）	1.6~1.9	28	30	36	21
	高层Ⅰ类（10层~18层）	2.0~2.6	20	35	54	17
	高层Ⅱ类（19层~26层）	2.7~2.9	20	35	80	13
Ⅲ、Ⅳ、Ⅴ	低层（1层~3层）	1.0~1.2	43	25	18	36
	多层Ⅰ类（4层~6层）	1.3~1.6	32	30	27	27
	多层Ⅱ类（7层~9层）	1.7~2.1	30	30	36	20
	高层Ⅰ类（10层~18层）	2.2~2.8	22	35	54	16
	高层Ⅱ类（19层~26层）	2.9~3.1	22	35	80	12

答案：B

2-102 （2006）关于建筑基地，下列说法何者不妥？
A 基地与道路红线连接时，一般以道路红线为建筑控制线
B 当地主管部门可以在道路红线以内另定建筑控制线，建筑物的基底可超出建筑控制线
C 除有特殊规定者外，建筑物均不得超出建筑控制线建造
D 属于公益上有需要的建筑和临时性建筑，经当地主管部门批准，可突入道路红线建造

解析：《统一标准》第2.0.8条：建筑控制线是指规划行政主管部门在道路红线、建设用地边界内，另行划定的地面以上建（构）筑物主体不得超出的界线。故选项B错误。

第4.3.1条：除骑楼、建筑连接体、地铁相关设施及连接城市的管线、管沟、管廊等市政公共设施以外，建筑物及其附属的下列设施（略）不应突出道路红线或用地红线建造。

第4.3.4条：治安岗、公交候车亭，地铁、地下隧道、过街天桥等相关设施，以及临时性建（构）筑物等，当确有需要，且不影响交通及消防安全，应经当地规划行政主管部门批准，可突入道路红线建造。故选项A、C、D正确。

答案：B

2-103 （2006）《民用建筑设计通则》允许下列何者突入道路红线？
A 建筑物的台阶、平台、窗井　　B 地下建筑
C 建筑基础　　D 基地内连接城市的管线

解析：详见《统一标准》第4.3.1条。

答案：D

2-104 （2006）在何种气候区应重点解决住宅冬季的日照、防寒和保温问题？

A Ⅰ、Ⅱ气候区　　　　　　　　B Ⅳ、Ⅴ气候区
C Ⅱ、Ⅲ气候区　　　　　　　　D Ⅲ、Ⅳ气候区

解析：详见《统一标准》表3.3.1

答案：A

2-105 (2006) 在居住区规划设计中布置住宅间距时，下列哪个因素可不考虑？

A 住宅立面　　B 日照　　C 消防　　D 管线埋设

解析：《居住区标准》条文说明第4.0.8条：本标准明确了住宅建筑间距应综合考虑日照、采光、通风、防灾、管线埋设和视觉卫生等要求。其中，日照应满足本标准第4.0.9条的规定；消防应满足现行国家标准《建筑设计防火规范》GB 50016的有关规定；管线埋设应满足现行国家标准《城市工程管线综合规划规范》GB 50289的有关规定；同时还应通过规划布局和建筑设计满足视觉卫生的需求（一般情况下不宜低于18m），营造良好居住环境。

故选项A不是考虑因素。

答案：A

2-106 (2006) 电力电缆与电信管、缆宜远离，并按以下哪项原则布置？

A 电力电缆在道路西侧或南侧、电信电缆在道路东侧或北侧
B 电力电缆在道路西侧或北侧、电信电缆在道路东侧或南侧
C 电力电缆在道路东侧或北侧、电信电缆在道路西侧或南侧
D 电力电缆在道路东侧或南侧、电信电缆在道路西侧或北侧

解析：依据前版《居住区规范》第10.0.2.6条，本题应选D。

2018年版《居住区标准》明确规定居住区的工程管线规划设计应符合《管线规范》的有关规定。而《管线规范》无此规定。故本题无答案。

答案：无答案

2-107 居住区用地分几项？

A 三项：住宅用地（含宅间绿地）、配套设施用地（含公共绿地）、城市道路用地（含非公建配建的停车场）
B 四项：住宅用地、配套设施用地、城市道路用地、公共绿地
C 五项：住宅用地、配套设施用地、城市道路用地、停车场用地、公共绿地
D 六项：住宅用地、配套设施用地、城市道路用地、停车场用地、公共绿地、其他用地

解析：由《居住区标准》表4.0.1-1～表4.0.1-3可知，居住区用地包括住宅用地、配套设施用地、公共绿地和城市道路用地共四项。故选项B正确。

答案：B

2-108 (2006) 下列关于居住区内配置居民汽车（含通勤车）停车场、停车库的表述中，何者不符合规定？

A 居民汽车停车率不应小于10%
B 居住区内地面停车率（居住区内居民汽车的地面停车位数量与居住户数的比率）不宜超过10%
C 居民停车场、库的布置应方便居民，服务半径不宜大于500m

D 居民停车场、库的布置应留有必要的发展余地

解析：《居住区标准》第5.0.6条：居住区应配套设置居民机动车和非机动车停车场（库），并应符合下列规定：

  1 机动车停车应根据当地机动化发展水平、居住区所处区位、用地及公共交通条件综合确定，并应符合所在地城市规划的有关规定；

  2 地上停车位应优先考虑设置多层停车库或机械式停车设施，地面停车位数量不宜超过住宅总套数的10%；

  3 机动车停车场（库）应设置无障碍机动车位，并应为老年人、残疾人专用车等新型交通工具和辅助工具留有必要的发展余地；

  4 非机动车停车场（库）应设置在方便居民使用的位置；

  5 居住街坊应配置临时停车位；

  6 新建居住区配建机动车停车位应具备充电基础设施安装条件。

  同时，表C.0.3条规定：机动车停车场（库）的服务半径不宜大于150m。

  故选项C不符合规定。

答案：C

2-109 (2006) 居住区内尽端式道路的长度不宜大于多少米，并应在尽端设置面积不少于多少的回车场地？

  A 120m，12m×12m   B 100m，12m×12m

  C 80m，14m×14m   D 60m，14m×14m

解析：《居住区标准》条文说明第6.0.4条第1款：根据居住街坊内附属道路路面宽度和通行车辆类型的不同，居住街坊内的主要附属道路，应至少设置两个出入口，从而使其道路不会呈尽端式格局，保证居住街坊与城市有良好的交通联系，同时保证消防、救灾、疏散等车辆通达的需要。

  由于2018年版《居住区标准》对此做了较大修订，故本题无答案。

答案：无答案

2-110 (2006) 下列关于居住区内道路设置的表述，哪条不符合规范要求？

  A 小区内主要道路至少应有两个出入口

  B 居住区内主要道路至少应有两个方向与外围道路相连

  C 机动车道对外出入口间距不应大于150m

  D 沿街建筑物长度超过150m时，应设不小于4m×4m的消防车通道

解析：参见《居住区标准》第6章道路，由于2018年版《居住区标准》对此做了较大修订，故本题无答案。

答案：无答案

2-111 (2006) 某居住区的商业中心的营业面积为10000m²。按现行规范要求，至少应配（ ）个停车位（以小型汽车为标准）。

  A 30   B 35   C 40   D 45

解析：依据《居住区标准》表5.0.5，居住区内的商场，每100m²的建筑面积，至少应配建0.45个机动车停车位。故商场应配建$0.45\times\dfrac{10000}{100}=45$个机动车停车位。

故选项 D 正确。

答案：D

2-112 (2006) 高层民用建筑应设置消防车道，下列哪条不符合规定要求？

A 高层建筑的四周，应设环形消防车道

B 当设环形消防车道有困难时，应沿高层建筑一个长边或周边长度 1/4 且不小于一个长边长度设消防车道

C 供消防车取水的天然水源和消防水池，应设消防车道

D 尽头式消防车道应设回车道或回车场，回车场不宜小于 15m×15m

解析：《防火规范》第 7.1.2、7.1.7 及 7.1.9 条可知 A、C、D 项正确，第 7.1.2 条又规定：当设环形车道确有困难时，可沿建筑的两个长边设置消防车道。

答案：B

2-113 (2006) 下列居住区道路用地所含内容正确的是哪一条？

A 居住区道路、小区路、组团路及宅间小路

B 居住区道路、小区路、组团路及非公建配建的居民汽车地面停放场地

C 居住区道路、小区路、组团路

D 居住区道路、小区路、组团路、宅间小路及非公建配建的居民汽车地面停放场地

解析：参见《居住区标准》第 6 章道路，支路是居住区主要的道路类型；居住街坊内的道路类型有：主要附属道路和其他附属道路。由于 2018 年版《居住区标准》对此做了较大修订，故本题无答案。

答案：无答案

2-114 (2006) 下列居住区竖向规划设计应遵守的原则中何者不妥？

A 合理利用地形地貌，减少土方工程量

B 满足排水管线的埋设要求

C 密实性地面和广场适用坡度为 0.5%～8%

D 对外联系道路的高程应与城市道路标高相衔接

解析：《居住区标准》第 3.0.9：居住区的竖向规划设计应符合现行行业标准《竖向规范》的有关规定。

《竖向规范》第 3.0.2 条：城乡建设用地竖向规划应符合下列规定：

1 低影响开发的要求；

2 城乡道路、交通运输的技术要求和利用道路路面纵坡排除超标雨水的要求；

3 各项工程建设场地及工程管线敷设的高程要求；

4 建筑布置及景观塑造的要求；

5 城市排水防涝、防洪以及安全保护、水土保持的要求；

6 历史文化保护的要求；

7 周边地区的竖向衔接要求。

第 3.0.4 条：城乡建设用地竖向规划在满足各项用地功能要求的条件下，宜避免高填、深挖，减少土石方、建（构）筑物基础、防护工程等的工程量。

故选项A、B、D正确，选项C表述错误。

答案：C

2-115 (2006) 下列关于基地内步行道的设置要求的说法，何者不妥？

A 纵坡不应大于8‰

B 纵坡不应小于0.2‰

C 横坡应为0.3‰~8‰

D 基地内人流活动的主要地段，应设置无障碍人行道

解析：《统一标准》第5.3.2条第3款：基地内步行道的纵坡不应小于0.2‰，且不应大于8‰，积雪或冰冻地区不应大于4‰；横坡应为1‰~2‰；当大于极限坡度时，应设置为台阶步道。第4款：基地内人流活动的主要地段，应设置无障碍通道。故选项A、B、D正确，选项C横坡限值的表述错误。

答案：C

2-116 (2006) 下列关于建筑基地内机动车道的要求，何者不符合规定？

A 纵坡不应小于0.3‰

B 纵坡不应大于9‰

C 在个别路段坡度不应大于11‰，其长度不应大于100m

D 横坡宜为1‰~2‰

解析：《统一标准》第5.3.2条第1款：基地内机动车道的纵坡不应小于0.3‰，且不应大于8‰，当采用8‰坡度时，其坡长不应大于200.0m。当遇特殊困难纵坡小于0.3‰时，应采取有效的排水措施；个别特殊路段，坡度不应大于11‰，其坡长不应大于100.0m，在积雪或冰冻地区不应大于6‰，其坡长不应大于350.0m；横坡宜为1‰~2‰。故选项A、C、D正确，选项B错误。

答案：B

2-117 (2006) 下列关于建筑基地地面坡度的规定，何者正确？

A 应≥0.3‰，≤0.8‰   B 应≥3‰，≤5‰

C 应≥0.2‰，≤8‰   D 应≥2‰，≤6‰

解析：《统一标准》第5.3.1条第2款：基地地面坡度不宜小于0.2‰；当坡度小于0.2‰时，宜采用多坡向或特殊措施排水。

《竖向规范》第4.0.3条：用地自然坡度小于5‰时，宜规划为平坡式；用地自然坡度大于8‰时，宜规划为台阶式；用地自然坡度为5‰~8‰时，宜规划为混合式。

故此题无答案。

答案：无答案

2-118 (2006) 如题图为一平缓的建筑基地，室内外高差0.3m，道牙高0.15m，根据图中给定的条件，确定出建筑物室内地坪±0.000相对于绝对标高的数值为（　　）。

A 410.50   B 410.65

C 410.80   D 410.95

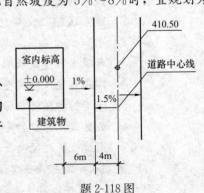

题2-118图

解析：室内±0.000的绝对标高：410.50+0.15+0.30＝410.95。

答案：D

2-119 (2006) 按《民用建筑设计通则》要求，下列建筑物底层地面应高出室外地面的说法中何者正确？

A 无要求，但要防止室外地面雨水回流　　B 0.15m
C 0.25m　　D 0.30m

解析：《统一标准》第5.3.3条：建筑物底层出入口处应采取措施防止室外地面雨水回流。故选项A正确。

答案：A

2-120 (2006) 在设计车行道排泄地面雨水时，雨水口形式和数量要考虑各种因素。下列哪项不是主要考虑的因素？

A 汇水面积　　B 道路级别　　C 流量　　D 道路纵坡

解析：《统一标准》第5.3.3条第2款：建筑基地地面排水，当采用车行道排泄地面雨水时，雨水口形式及数量应根据汇水面积、流量、道路纵坡等确定。故选项B不是主要考虑因素。

答案：B

2-121 (2006) 在某一较平坦的场地上进行竖向布置时，下列哪项是不必表示的内容？

A 注明建筑物的坐标、室内地坪标高和室外整平标高
B 注明道路的纵坡度、变坡点和交叉口处的坐标及标高
C 注明建筑物高度和地下室埋置深度
D 标出地面排水方向，一般用箭头表示

解析：竖向设计与建筑高度和地下室埋置深度无关。

答案：C

2-122 (2006) 题图所示土方量方格网边长为10m，其挖填土方量何者是正确的？

A 填25m³　　B 挖25m³
C 填12.5m³　　D 挖12.5m³

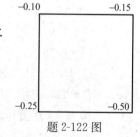

题2-122图

解析：四数平均乘以面积得25，负号是挖方。

答案：B

2-123 (2006) 建筑工程项目应包括绿化工程，哪项不符合其设计要求？

A 绿化的配置和布置方式应根据城市气候、土壤和环境功能等条件确定
B 应保护自然生态环境，并应对古树名木采取保护措施
C 不包括对垂直绿化和屋顶绿化的安排
D 应防止树木根系对地下管线缠绕及对地下建筑防水层的破坏

解析：详见《城市绿化规划建设指标的规定》。

答案：C

2-124 (2006) 在总体设计中，各类管线的垂直排序，由浅至深宜为下列何种顺序？

A 电力电缆、热力管、燃气管、电信管线、给水管、污水管

B 电信管线、热力管、给水管、燃气管、电力电缆、污水管
C 给水管、电力电缆、电信管线、热力管、燃气管、污水管
D 电信管线、热力管、电力电缆、燃气管、给水管、污水管

解析：《管线规范》第4.1.12条：当工程管线交叉敷设时，管线自地表面向下的排列顺序宜为：通信、电力、燃气、热力、给水、再生水、雨水、污水。给水、再生水和排水管线应按自上而下的顺序敷设。

本题如按前版《居住区规范》作答，应选D。而2018年版《居住区标准》则明确规定，居住区工程管线规划设计应符合现行《管线规范》的规定；则本题无答案。

答案：无答案

2-125 下列总体管线敷设时所遵循的原则何者是错误的？
A 宜采用地下敷设的方式
B 宜沿道路或主体建筑平行或垂直布置
C 工程管线布置应短捷、转弯少
D 管线之间及管线与道路之间不允许有交叉

解析：《统一标准》第5.5.1条：工程管线宜在地下敷设。第5.5.5条：地下工程管线的走向宜与道路或建筑主体相平行或垂直。工程管线应从建筑物向道路方向由浅至深敷设。干管宜布置在主要用户或支管较多的一侧，工程管线布置应短捷、转弯少，减少与道路、铁路、河道、沟渠及其他管线的交叉，困难条件下其交角不应小于45°。由此判断选项A、B、C正确，选项D错误。

答案：D

2-126 (2006) 题图表示某建筑用地内新建道路路口，图示含义与下列哪种说法不符？
A "R=6.00"表示道路转弯半径
B "107.50"为道路中心线交叉点设计标高
C "0.30%"表示道路的横向坡度
D "100.00"表示变坡点间距离

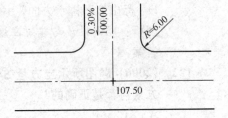

题2-126图

解析：《总图标准》表3.0.2-1，A、B、D项均正确，C项"0.30%"表示道路的纵向坡度。

答案：C

2-127 (2006) 总平面制图中规定的挡土墙图例是下列何者？

题2-127图

解析：详见《总图标准》表3.0.1-19。

答案：B

2-128 (2006) 在总图制图中,下列表示建筑物某点城市测量坐标的标注何者正确?

题 2-128 图

解析:详见《总图标准》表 3.0.1-28。

答案:C

2-129 (2005) 建筑控制线是建筑物何部位的控制线?
  A 基槽开挖范围   B 出挑范围
  C 基底位置   D 外侧轴线

解析:《统一标准》第 2.0.8 条:建筑控制线是指规划行政主管部门在道路红线、建设用地边界内,另行划定的地面以上建(构)筑物主体不得超出的界线。故本题无确切答案。

答案:无答案

2-130 (2005) 新建城市住宅小区的拆建比,以下哪种解释是正确的?
  A 拆除的原有建筑总面积与新建的建筑总面积的比值
  B 拆迁旧有建筑用地与新建建筑用地的比值
  C 拆除的原有建筑与新建建筑的建筑密度的比值
  D 城市建设中一年内拆迁总建筑面积与新建总建筑面积的比值

解析:依据前版《居住区规范》术语 2.0.33,本题应选 A;而 2018 年版《居住区标准》已将此条术语删除,故本题无答案。

答案:无答案

2-131 (2005) 在居住区内各项用地所占比例的平衡控制指标中,小区中的住宅用地应为(　　)。
  A 50%~60%   B 55%~65%
  C 70%~80%   D 75%~85%

解析:参见《居住区标准》表 4.0.1-1~表 4.0.1-3,在 15 分钟生活圈居住用地构成中,住宅用地占 48%~61%;在 10 分钟生活圈居住用地构成中,住宅用地占 60%~73%;在 5 分钟生活圈居住用地构成中,住宅用地占 69%~77%。

  依据前版《居住区规范》表 3.0.2,选项 B 正确。依据 2018 年版《居住区标准》,此题无答案。

答案:无答案

2-132 (2005) 根据《居住区规范》,Ⅳ类气候区、不小于 50 万人口的城市住宅建筑日照标准不应低于(　　)。
  A 大寒日日照 3 小时   B 冬至日日照 1 小时

  C 大寒日日照 2 小时   D 冬至日日照 2 小时

解析：参见《居住区标准》表 4.0.9（详见题 2-45 附表）。查表可知，选项 A 正确。

答案：A

2-133 （2005）Ⅲ、Ⅴ类气候区的多层住宅建筑净密度的最大值不应超过（　　）。

  A 25%   B 28%
  C 30%   D 32%

解析：依据前版《居住区规范》表 5.0.6-1，本题应选 C；而 2018 年版《居住区标准》已将住宅建筑净密度的控制指标取消，故本题无答案。

答案：无答案

2-134 居住区内的街道综合服务中心需配建自行车停车场，其每 100m² 建筑面积所需的车位数是（　　）个。

  A 3   B 4.5
  C 5   D 7.5

解析：详见《居住区标准》表 5.0.5。

答案：D

2-135 （2005）下列何种建筑突出物在一定的空间尺度内可以突出城市道路红线？

  A 雨篷   B 台阶
  C 基础   D 地下室

解析：《统一标准》第 4.3.1 条：除骑楼、建筑连接体、地铁相关设施及连接城市的管线、管沟、管廊等市政公共设施以外，建筑物及其附属的下列设施不应突出道路红线或用地红线建造：

  1 地下设施，应包括支护桩、地下连续墙、地下室底板及其基础、化粪池、各类水池、处理池、沉淀池等构筑物及其他附属设施等；

  2 地上设施，应包括门廊、连廊、阳台、室外楼梯、凸窗、空调机位、雨篷、挑檐、装饰构架、固定遮阳板、台阶、坡道、花池、围墙、平台、散水明沟、地下室进风及排风口、地下室出入口、集水井、采光井、烟囱等。

  依据前版《通则》第 4.2.1 和 4.2.2 条，本题应选 A；而依据 2019 年版《统一标准》第 4.3.1 条，选项 A、B、C、D 均不应突出于道路红线或用地红线建造（该条为必须严格执行的强制性条文），故本题无答案。

答案：无答案

2-136 （2005）在一栋板式高层住宅一侧，拟平行建一栋 5 层板式住宅，其侧面间距不宜小于（　　）。

  A 6m   B 7m
  C 9m   D 11m

解析：详见《住宅建筑规范》表 9.3.2。5 层住宅属于三级耐火等级建筑，查表可知其间距应为 11m。故选项 D 正确。

住宅建筑与相邻民用建筑之间的防火间距（m）　　表 9.3.2

建筑类别			10层及10层以上住宅或其他高层民用建筑		10层以下住宅或其他非高层民用建筑		
			高层建筑	裙房	耐火等级		
					一、二级	三级	四级
10层以下住宅	耐火等级	一、二级	9	6	6	7	9
		三级	11	7	7	8	10
		四级	14	9	9	10	12
10层及10层以上住宅			13	9	9	11	14

答案：D

2-137 （2005）在居住区用地容积率控制指标中，是否计入地下层面积？
A　计入　　　　　　　　　　　B　按系数折减计入
C　不计入　　　　　　　　　　D　地下室贮藏室面积计入

解析：《居住区标准》表 4.0.1-1 的表注：居住区用地容积率是生活圈内，住宅建筑及其配套设施地上建筑面积之和与居住区用地总面积的比值。故不应计入地下层面积，选项 C 正确。

答案：C

2-138 （2005）场地排水有明沟、暗沟两种形式，当采用明沟排水时，沟底坡度宜大于（　　）。
A　1‰　　　　B　2‰　　　　C　3‰　　　　D　4‰

解析：根据《建筑地面设计规范》GB 50037—2013 第 6.0.13 条，排水沟纵向坡度不宜小于 5‰，排水沟宜设盖板。

答案：无答案。

2-139 （2005）建筑物、构筑物、铁路、道路、管沟等应按规定标注其有关部位的标高，下面哪种说法是错误的？
A　建筑物室外散水，标注建筑物四周转角或两对角的散水坡脚处的标高
B　铁路标注轨道路基面中心点的标高
C　道路标注路面中心交点及变坡点标高
D　构筑物标注其有代表性的标高，并用文字注明标高所指的位置

解析：《总图标准》第 2.5.3 条，其中第 2、3、5 款有 A、C、D 项要求，第 4 款要求为：铁路标注轨顶标高。

答案：B

2-140 （2005）基地人行道的纵坡不应大于 8%，横坡宜为（　　）。
A　1.5%～2.5%　　　　　　　B　0.5%～1.5%
C　1%～2%　　　　　　　　　D　1%～2.5%

解析：《统一标准》第 5.3.2 条第 3 款：基地内步行道的纵坡不应小于 0.2%，且不应大于 8%，积雪或冰冻地区不应大于 4%；横坡应为 1%～2%；当大于极

115

限坡度时，应设置为台阶步道。故选项C正确。

答案：C

2-141 (2005) 山地地形根据其坡度的不同进行划分，缓坡地的坡度为（　　）。

A　3％以下　　　　　　　　　　B　3％～10％
C　10％～25％　　　　　　　　D　25％～50％

解析：详见《建筑设计资料集1》"场地设计"部分"设计条件/地形条件"中表2。

答案：B

2-142 (2005) 山区和丘陵地区的道路系统规划设计时，遵循以下哪条原则是错误的？

A　路网格式应因地制宜
B　车行与人行应合并以便简化道路系统
C　主要道路宜平缓
D　路面可酌情缩窄，但应安排必要的排水边沟和会车位

解析：依据前版《居住区规范》第8.0.4条，本题应选B；而2018年版《居住区标准》已取消此项规定，故本题无答案。

答案：无答案

2-143 (2005) 自然水系、水体的标高注法，不应标注哪项？

A　最高水位标高　　　　　　　B　最低水位标高
C　常年水位标高　　　　　　　D　常年水位标高和水底标高

解析：安全上线要求。

答案：D

2-144 (2005) 居住区内公共活动中心，应设置残疾人通道，其宽度最小值和纵坡最大值的设计应符合下面哪条规定？

A　2.5m，2.5％　　B　2m，2.5％　　C　2.5m，3％　　D　2m，3％

解析：依据前版《居住区规范》第8.0.5.4条，本题应选A；而2018年版《居住区标准》已取消此项规定，故本题无答案。

答案：无答案

2-145 (2005) 商业步行区附近应有相应规模的机动车和非机动车停车场或多层停车库，其距步行区进出口的距离，下列哪条是正确的？

A　不宜大于100m，并不得大于200m
B　不宜大于150m，并不得大于250m
C　不宜小于100m，并不得大于200m
D　不宜小于150m，并不得大于250m

解析：本题可参考《全国民用建筑工程设计技术措施》（2009年版）的相关规定。

　　5.2.3　商业步行区距城市次干路的距离不宜大于200m，步行出口距公共交通站的距离不宜大于100m。

　　5.2.4　商业步行区附近应有相应规模的机动车、非机动车停车场、库，其距步行区进出口距离不宜大于100m。

答案：A

2-146 (2005) 对于在车站、码头前的交通集散广场上，供旅客上下车的停车点离进出口的距离，下列哪个是正确的？

A 不宜大于 60m　　　　　　　　B 不宜大于 50m
C 不宜小于 60m　　　　　　　　D 不宜小于 50m

解析：参见《全国民用建筑工程设计技术措施》(2009 年版)第 5.1.3 条，交通集散广场，供旅客上、下车的停车点距离出入口不宜大于 50m，允许车辆短暂停留但不能长时间存放，机动车停车场应设置在集散广场外围。《城市综合交通体系规划标准》GB/T 51328—2018 第 9.1.2 条第 3 款：城市公共交通不同方式、不同线路之间的换乘距离不宜大于 200m，换乘时间宜控制在 10min 以内。

答案：B

2-147 (2005) 按《道路交通规划规范》，机动车公共停车场用地面积，宜按当量小汽车停车位数计算。机动车地面停车场每个车位用地面积和地下停车库每个车位建筑面积分别宜为（　　）。

A 25～30m²，30～35m²　　　　B 20～25m²，25～30m²
C 25～30m²，25～30m²　　　　D 20～25m²，30～35m²

解析：详见《城市停车规划规范》GB/T 51149—2016 下述规定：

　　5.1.4　地面机动车停车场标准车停放面积宜采用 25～30m²，地下机动车停车库与地上机动车停车楼标准车停放建筑面积宜采用 30～40m²，机械式机动车停车库标准车停放建筑面积宜采用 15～25m²。

　　5.1.5　非机动车单个停车位建筑面积宜采用 1.5～1.8m²。

答案：无

2-148 (2005) 住宅区道路可分为：居住区道路、小区路、组团路和宅间小路四级，其道路宽窄，以下哪项是正确的？

A 居住区道路：红线宽度不宜小于 18m
B 小区路：路面宽 4～7m
C 组团路：路面宽 3～5m
D 宅间小路：路面宽不宜小于 2m

解析：依据前版《居住区规范》第 8.0.2 条，本题应选 C；而在 2018 年版《居住区标准》中，居住区的道路系统主要包括城市支路和居住街坊内的主要附属道路、其他附属道路。

《居住区标准》第 6.0.3 条第 2 款：支路的红线宽度，宜为 14～20m。第 6.0.4 条第 1 款：主要附属道路至少应有两个车行出入口连接城市道路，其路面宽度不应小于 4.0m；其他附属道路的路面宽度不宜小于 2.5m。故本题无答案。

答案：无答案

2-149 (2005) 关于建筑总平面布置，以下哪条规定是正确的？

A 消防车用的通路宽度不应小于 4m
B 人行通路的宽度不应小于 1m
C 通路的间距不宜大于 180m

117

D 长度超过35m的尽端式车行路应设回车场

解析：A见《防火规范》第7.1.8条2款，B见《民建通则》第5.2.2条第2款，C见《防火规范》第7.1.1条，D见《居住区规范》第8.0.5.5条。

答案：A

2-150 (2005) 关于人行天桥、人行地道的坡道设计，以下哪条规定是错误的？

A 坡道的坡度不应大于1∶12

B 弧线形坡道的坡度，应以距弧线内缘0.25m处弧线的坡度进行计算

C 坡道的高度每升高1.5m时，应设深度不小于2m的中间平台

D 坡道的坡面应平整、防滑

解析：《无障碍规范》第4.4.2条有A、C、D项规定，另规定弧线形坡道的坡度，应以弧线内缘的坡度进行计算。

答案：B

2-151 (2005) 消防车道距高层建筑外墙宜大于（　　）。

A 3m   B 4m   C 5m   D 6m

解析：详见《防火规范》第7.1.8条4款。

答案：C

2-152 (2005) 停车场的汽车宜分组停放，每组停车的数量不宜超过50辆，组与组之间的防火间距不应小于（　　）。

A 6m   B 7m   C 9m   D 13m

解析：详见《车库车场防火规范》第4.2.10条。

答案：A

2-153 (2005) 以下是居住区内道路边缘至建筑物、构筑物的最小距离，哪条是错误的？

A 高层建筑面向小区道路无出入口时，距离为5m

B 多层建筑面向小区道路有出入口时，距离为5m

C 高层建筑面向组团道路无出入口时，距离为2m

D 多层建筑面向组团道路有出入口时，距离为2.5m

解析：依据前版《居住区规范》表8.0.5，本题应选A。而依据《居住区标准》表6.0.5，则本题无答案。

居住区道路边缘至建筑物、构筑物最小距离（m）　　　表6.0.5

与建、构筑物关系		城市道路	附属道路
建筑物面向道路	无出入口	3.0	2.0
	有出入口	5.0	2.5
建筑物山墙面向道路		2.0	1.5
围墙面向道路		1.5	1.5

答案：无答案

2-154 (2005) 小区道路上的雨水口宜每隔一定距离设置一个，下面哪组数据是正确的？

A 10～25m B 25～40m
C 35～50m D 40～55m

解析：详见《民用建筑技术措施》(给水排水专业)。

答案：B

2-155 (2005) 给水管网的布置要求供水安全可靠，投资节约，一般应遵循的原则中以下哪项有误？

A 按照城市规划布局布置管网，应考虑给水系统分期建设的可能，并需有充分发展的余地

B 管网布置必须保证供水安全可靠，不宜布置成环状

C 干管一般按规划道路布置，尽量避免在高级路面或重要道路下敷设

D 干管应尽可能布置在高地

解析：给水管网布置成环状，能够保证供水安全可靠，当局部管网发生故障时，断水范围可以减至最小，所以B项是错误的。

答案：B

2-156 (2005) 城市燃气管网布置应结合城市总体规划和有关专业规划进行，下述原则中哪条不正确？

A 管网规划布线应贯彻远近结合，以近期为主的方针，应提出分散建设的安排，以便于设计阶段开展工作

B 不应靠近用户，以保证安全

C 为确保供气可靠，一般各级管网应沿路布置

D 燃气管网应避免靠近高压电缆敷设，否则感应的电磁场对管道会造成严重腐蚀

解析：城市燃气管网应靠近用户。

答案：B

2-157 (2005) 居住区内公共绿地的总指标，根据居住人口规模，下面哪条是不正确的？

A 组团不少于 $0.5m^2/$人

B 小区不少于 $1m^2/$人

C 居住区不少于 $1.5m^2/$人

D 旧区改造不得低于相应指标的40%

解析：依据前版《居住区规范》第7.0.5条，本题应选D。而依据《居住区标准》表4.0.4，则本题无答案。

公共绿地控制指标 表4.0.4

类别	人均公共绿地面积 (m²/人)	居住区公园		备注
		最小规模 (hm²)	最小宽度 (m)	
十五分钟生活圈居住区	2.0	5.0	80	不含十分钟生活圈及以下级居住区的公共绿地指标

续表

类别	人均公共绿地面积（m²/人）	居住区公园		备注
		最小规模（hm²）	最小宽度（m）	
十分钟生活圈居住区	1.0	1.0	50	不含五分钟生活圈及以下级居住区的公共绿地指标
五分钟生活圈居住区	1.0	0.4	30	不含居住街坊的绿地指标

注：居住区公园中应设置10%～15%的体育活动场地。

答案：无答案

2-158 (2005) 改建建筑物屋顶上进行绿化设计，由于结构荷载的限制，除防护层要求外，土层厚度为**600mm**。下列哪组绿化植物适合于种植上述土层？

A 小灌木　草坪地被　草本花卉

B 小灌木　草坪地被　草本花卉　浅根乔木

C 小灌木　深根乔木　草本花卉

D 小灌木　草坪地被　大灌木　浅根乔木

解析：600mm厚土层，浅、深根乔木不宜种植。

答案：A

2-159 (2005) 一建筑物的外围需设计以行列式密植低矮的植物组成边界，要求地上植物的高度为**1.2~1.6m**，下列哪种类型最符合要求？

A 树墙　　　　B 高绿篱　　　　C 中绿篱　　　　D 矮绿篱

解析：高绿篱高度为1.2～1.6m。

答案：B

2-160 (2005) 图示一个大型电影院的总平面布置，其中符合规定的布置是：

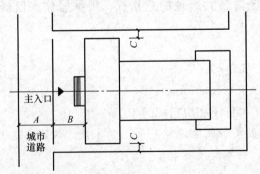

题 2-160 图

A $A \geq 20m$，$B \geq 10m$，$C \geq 3m$　　　　B $A \geq 15m$，$B \geq 12m$，$C \geq 3m$

C $A \geq 20m$，$B \geq 10m$，$C \geq 4m$　　　　D $A \geq 15m$，$B \geq 12m$，$C \geq 4m$

解析：详见《电影院建筑设计规范》第3.1.2-2条和第3.2.2条。

答案：C

2-161 (2005) 在总图中图例符号"▭"表示下列哪种设施?

A 积水坑　　　　B 配电箱　　　　C 消火栓　　　　D 雨水口

解析:详见《总图标准》表3.0.1-38。

答案:D

2-162 (2005) 图例"✳"在总图中示意哪种树木?

A 落叶阔叶灌木　　　　　　　　B 常绿针叶乔木
C 落叶针叶乔木　　　　　　　　D 常绿阔叶灌木

解析:详见《总图标准》表3.0.4-2。

答案:C

2-163 (2004) 某新建学校选址在城市道路一侧,其附近原有公共停车场,则学校的出入口距停车场出入口最小距离应为(　　)。

A 70m　　　　B 5m　　　　C 10m　　　　D 20m

解析:《统一标准》第4.2.4条第4款:建筑基地机动车出入口距公园、学校及有儿童、老年人、残疾人使用建筑的出入口最近边缘不应小于20.0m。故选项D正确。

答案:D

2-164 (2004) 某Ⅲ类气候区、人口少于50万的城市中,住宅建筑日照以何日为准测算?

A 冬至日　　　B 大寒日　　　C 冬至日和大寒日　　　D 小寒日

解析:参见《居住区标准》表4.0.9。

住宅建筑日照标准　　　　　　　　　　　　　　　表4.0.9

建筑气候区划	Ⅰ、Ⅱ、Ⅲ、Ⅳ气候区		Ⅳ气候区		Ⅴ、Ⅵ气候区
城区常住人口(万人)	≥50	<50	≥50	<50	无限定
日照标准日	大寒日			冬至日	
日照时数(h)	≥2	≥3		≥1	
有效日照时间带(当地真太阳时)	8时~16时			9时~15时	
计算起点	底层窗台面				

查表可知,Ⅲ类气候区、人口少于50万的城市,住宅建筑日照间距应以大寒日的日照时数为标准。故选项B正确。

答案:B

2-165 (2004) 依照有关规定,我国建筑气候区划分为多少个分区?

A 7个　　　　B 8个　　　　C 9个　　　　D 10个

解析:《统一标准》表3.3.1及建筑气候分区附录A将我国气候分为Ⅰ~Ⅶ区。

答案:A

2-166 (2004) 在一座总高度为15m的营业楼附近欲设一停车场,该楼耐火等级为二级,则该停车场距离此办公楼的防火间距至少为(　　)。

A 不限　　　　B 9m　　　　C 13m　　　　D 6m

解析:《车库车场防火规范》表4.2.1。

121

答案：D

2-167 (2004) 某城市建筑日照间距系数为1：1.5，在平地上南北向布置两栋住宅，已知住宅高度为18m，室内外高差为0.6m，一层窗台高0.9m，女儿墙高度为0.6m，则此两栋住宅的最小日照间距为（　　）。

A 23.85m　　　B 26.1m　　　C 24.75m　　　D 27m

解析：日照间距＝(18－0.6－0.9)×1.5＝24.75m，高18m中已包括女儿墙。

答案：C

2-168 (2004) 在选择建筑场地时，从抗震角度考虑，按照场地的地质、地形、地貌等特征，将其分为（　　）。

A 有利地段、不利地段、危险地段　　B Ⅰ、Ⅱ、Ⅲ、Ⅳ类场地
C 甲、乙、丙、丁类设防类别　　　　D 6、7、8、9度等设防烈度区

解析：见《抗震规范》第4.1.1条。

答案：A

2-169 (2004) 关于建筑基地的论述，以下何者是不正确的？

A 临时建筑经当地规划部门批准，可突入道路红线建造
B 基地地面宜高于城市道路路面
C 车流量较大的建筑基地应尽量靠近城市道路交叉口，以便于疏散
D 基地地面高程应按城市规划确定的控制标高设计

解析：《统一标准》第4.3.4条：治安岗、公交候车亭、地铁、地下隧道、过街天桥等相关设施，以及临时性建（构）筑物等，当确有需要，且不影响交通及消防安全，应经当地规划行政主管部门批准，可突入道路红线建造。故选项A正确。

《竖向规范》第6.0.2条第2款：建设用地的规划高程宜比周边道路的最低路段的地面高程或地面雨水收集点高出0.2m以上。故选项B正确。

第4.2.4条第1款：中等城市、大城市的主干路交叉口，自道路红线交叉点起沿线70.0m范围内不应设置机动车出入口。故选项C错误。

第4.2.2条第1款：应依据详细规则确定的控制标高进行设计。故选项D正确。

答案：C

2-170 (2004) 一城市居住区中的建筑组团，住宅沿南偏西16°方向平行布置，其日照间距折减系数为（L为当地正南向日照间距）（　　）。

A 0.8L　　　B 0.9L　　　C 0.95L　　　D 1.0L

解析：参见《居住区标准》条文说明表2，查表可知选项B正确。

不同方位日照间距折减换算系数　　　　表2

方位	0°～15°（含）	15°～30°（含）	30°～45°（含）	45°～60°（含）	>60°
折减系数值	1.00L	0.90L	0.80L	0.90L	0.95L

注：1 表中方位为正南向（0°）偏东、偏西的方位角。
　　2 L为当地正南向住宅的标准日照间距（m）。
　　3 本表指标仅适用于无其他日照遮挡的平行布置的条式住宅建筑。

答案：B

2-171 居住区用地构成比例的控制，一般采用用地平衡表的格式，其中参与平衡的用地为（　　）。

Ⅰ．住宅用地；Ⅱ．停车场地；Ⅲ．配套设施用地；Ⅳ．城市道路用地；Ⅴ．公共绿地；Ⅵ．广场用地

A　Ⅰ、Ⅲ、Ⅳ、Ⅴ　　　　　　　　B　Ⅰ、Ⅱ、Ⅲ、Ⅳ
C　Ⅰ、Ⅱ、Ⅴ、Ⅵ　　　　　　　　D　Ⅰ、Ⅲ、Ⅳ、Ⅵ

解析：参见《居住区标准》表4.0.1-1，居住区用地构成包括住宅用地、配套设施用地、公共绿地、城市道路用地，共4项。故选项A正确。

答案：A

2-172 (2004) 城市长条形自行车停车场宜分成15～20m长的段，每段应设一个出入口，其宽度为（　　）。

A　2m　　　　B　2.5m　　　　C　3m　　　　D　3.5m

解析：参见《全国民用建筑工程设计技术措施》（2009年版）第4.5.2条如下两款规定。

3　自行车停放宜分段设置，每段长度15～20m，每段应设一个出入口，其宽度不小于3.0m。

4　当车位数量在300辆以上时，其出入口不应少于2个，出入口净宽不宜小于2.0m。

答案：C

2-173 以下关于居住区配建停车场（库）的叙述，不正确的是（　　）。

A　商场、街道综合服务中心机动车停车场宜采用地下停车、停车楼或机械式停车设施

B　配建的机动车停车场（库）应具备公共充电设施安装条件

C　地面停车位数量不宜超过住宅总套数的15％

D　居住街坊应配置临时停车位

解析：《居住区标准》第5.0.5条第2款：商场、街道综合服务中心机动车停车场（库）宜采用地下停车、停车楼或机械式停车设施。第3款：配建的机动车停车场（库）应具备公共充电设施安装条件。故选项A、B正确。

第5.0.6条第2款：地上停车位应优先考虑设置多层停车库或机械式停车设施，地面停车位数量不宜超过住宅总套数的10％。第5款：居住街坊应配置临时停车位。故选项C错误，选项D正确。

答案：C

2-174 (2004) 某小区内设商场，面积1600m²，则至少应设多少辆自行车停车位？

A　120　　　　B　130　　　　C　140　　　　D　150

解析：《居住区标准》表5.0.5规定：每100m²营业面积应设7.5个自行车位，7.5/100×1600＝120个。

答案：A

2-175 (2004) 广场的规划坡度宜为（　　）。

A　0.3％～3.0％　　　　　　　　B　0.3％～2.5％

  C 0.3%~3.5%   D 0.3%~2.9%

解析：《竖向规范》第5.0.3条：广场竖向规划除满足自身功能要求外，尚应与相邻道路和建筑物相协调。广场规划坡度宜为0.3%~3%。地形困难时，可建成阶梯式广场。故选项A正确。

答案：A

2-176 (2004) 题图示某办公楼室外出入口剖面设计，下列哪个是错误的?

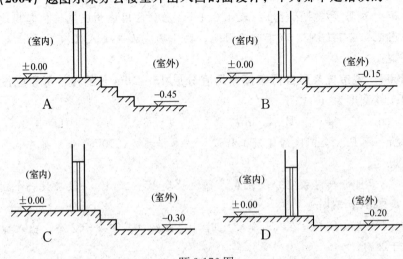

题2-176图

解析：《统一标准》第6.7.1-1条规定：公共建筑室内外台阶踏步高度不宜大于0.15m。

答案：D

2-177 (2004) 在进行场地竖向设计时，下面哪种概念是错误的?
  A 自然地形坡度大时宜采用台阶式
  B 自然地形坡度小时宜采用平坡式
  C 根据使用要求和地形特点可采用混合式
  D 选择台阶式或平坡式可根据情况定，无明确规定

解析：《竖向规范》第4.0.3条规定：用地自然坡度小于5%时，宜为平坡式；大于8%时，宜为台阶式；自然坡度为5%~8%时，宜规划为混合式。

答案：D

2-178 (2004) 竖向设计的程序，以下哪个是正确的?
  A 土方计算—地形设计—道路设计 B 地形设计—土方计算—道路设计
  C 道路设计—土方计算—地形设计 D 道路设计—地形设计—土方计算

解析：城市用地竖向规划设计程序，建房先根据市政道路标高修路变地形，后做土方计算。

答案：D

2-179 (2004) 居住区竖向规划应包括的内容，下列各项何者是正确的?
  A 道路控制高程，建筑物限高，绿化布置
  B 围墙及堡坎布置，地形地貌的利用，建筑物限高

C 地面排水规划，挖填方的位置，绿化布置

D 道路控制高程，地面排水规划，地形地貌的利用

解析：《居住区标准》第 3.0.9 条：居住区的竖向规划设计应符合现行行业标准《竖向规范》的有关规定。

《城乡建设用地竖向规划规范》CJJ 83—2016 的目录包含：竖向与用地布局及建筑布置，竖向与道路、广场，竖向与排水，竖向与防灾，土石方与防护工程，竖向与城乡环境景观。故居住区的竖向规划不包含建筑物限高和绿化布置；故选项 D 正确。

答案：D

2-180 （2004）题图中列出的四种场地供某居住区选用，何者较为经济合理？

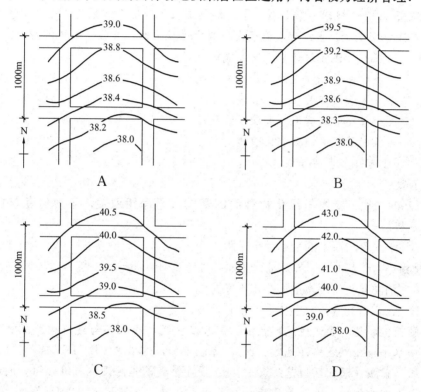

题 2-180 图

解析：《竖向规范》第 6.0.2 条：城乡建设用地竖向规划应满足地面排水的规划要求；地面自然排水坡度不宜小于 0.3%；小于 0.3% 时应采用多坡向或特殊措施排水。选项 A、B、C 的场地坡度均小于 0.3%，故不符合场地排水的需要。

答案：D

2-181 （2004）道路中心标高一般比地块的规划高程至少(　　)。

A 低 0.15m 以上　　　　　　　　B 低 0.20m 以上

C 高 0.15m 以上　　　　　　　　D 高 0.20m 以上

解析：见《竖向规范》第 6.0.2 条第 2 款。

答案：B

2-182 当管径小于或等于 200mm 时，地下给水管与排水管之间的净距为 1.0m；当管径大于 200mm 时，给水管与排水管之间的净距应为(　　)。

A 2.0m　　　　B 2.5m　　　　C 1.5m　　　　D 3.5m

解析：参见《城市工程管线综合规划规范》GB 50289—2016 表 4.1.9 工程管线之间及其与建（构）筑物之间的最小水平净距（m）（表格详见题 2-26）。查表可知，选项 C 正确。

答案：C

2-183 (2004) 地下管线之间遇到矛盾时，按下列原则处理何者有误？

A 临时管线避让永久管线　　　　B 小管线避让大管线
C 易弯曲管线避让不易弯曲管线　　D 重力自流管线避让压力管线

解析：《管线规划》第 3.0.7 条：编制工程管线综合规划时，应减少管线在道路交叉口处交叉。当工程管线竖向位置发生矛盾时，宜按下列规定处理：

1 压力管线宜避让重力流管线；

2 易弯曲管线宜避让不易弯曲管线；

3 分支管线宜避让主干管线；

4 小管径管线宜避让大管径管线；

5 临时管线宜避让永久管线。

故选项 D 表述错误。

答案：D

2-184 (2004) 地下管线与绿化树种间的最小水平净距取值，下列何者与规范规定不符？

A 给水管与灌木的最小水平净距 1.0m
B 热力管与乔木（至中心）的最小水平净距 1.5m
C 消防龙头与灌木的最小水平净距 2.5m
D 污水管与乔木（至中心）的最小水平净距 1.5m

解析：参见《管线规范》表 4.1.9 工程管线之间及其与建（构）筑物之间的最小水平净距（表格详见题 2-26）。查表可知，选项 A、B、D 正确。

前版《居住区规范》表 10.0.2-8 对管线或其他设施与绿化树种间的最小水平净距有规定；而《管线规范》表 4.1.9 对此未做规定（2018 年版《居住区标准》规定居住区的管线综合应符合《管线规范》的有关规定）。故选项 C 错误。

答案：C

2-185 关于新建各级生活圈居住区配套规划建设的公共绿地，下列表述不正确的是(　　)。

A 十分钟生活圈居住区公园的最小规模为 $1.0hm^2$
B 居住区公园中应设置 15%～20% 的体育活动场地
C 应集中设置具有一定规模且能开展休闲、体育活动的居住区公园
D 居住街坊内的绿地应结合住宅建筑布局设置集中绿地和宅旁绿地

解析：参见《居住区标准》表 4.0.4（表格详见题 2-157 解析）；查表可知选项 A 正确。由该表的表注——居住区公园中应设置 10%～15% 的体育活动场地。

可知选项 B 错误。

第 4.0.4 条：新建各级生活圈居住区应配套规划建设公共绿地，并应集中设置具有一定规模，且能开展休闲、体育活动的居住区公园。故选项 C 正确。

第 4.0.6 条：居住街坊内的绿地应结合住宅建筑布局设置集中绿地和宅旁绿地。故选项 D 正确。故表述不正确的是 B。

答案：B

2-186 (2004) 建筑基地内绿地率的计算，下列何者正确？

A　绿地率 = $\dfrac{\text{绿化覆盖面积}}{\text{用地面积}} \times 100\%$　　B　绿地率 = $\dfrac{\text{各类绿地面积之和}}{\text{总用地面积}} \times 100\%$

C　绿地率 = $\dfrac{\text{各类绿地面积之和}}{\text{绿化覆盖率}} \times 100\%$　　D　绿地率 = $\dfrac{\text{各类绿地面积之和}}{\text{建筑基地面积}} \times 100\%$

解析：《统一标准》GB 50352—2019 术语 2.0.11：在一定用地范围内，各类绿地总面积占该用地总面积的比率（％）。故选项 B 正确。

答案：B

2-187 关于居住街坊内集中绿地的规划建设，下列表述不正确的是(　　)。

A　新建居住街坊内的集中绿地，人均绿地面积不应低于 0.50m²/人

B　居住街坊内集中绿地的宽度不应小于 8m

C　在标准的建筑日照阴影线范围之外的绿地面积不应少于 1/3

D　旧区改建的集中绿地不应低于 0.45m²/人

解析：《居住区标准》第 4.0.7 条：居住街坊内集中绿地的规划建设，应符合下列规定：

1 新区建设不应低于 0.50m²/人，旧区改建不应低于 0.35m²/人；

2 宽度不应小于 8m；

3 在标准的建筑日照阴影线范围之外的绿地面积不应少于 1/3，其中应设置老年人、儿童活动场地。

故选项 D 的表述不正确。

答案：D

2-188 (2004) 题图中宅旁（宅间）绿地面积计算起止界，哪个正确？

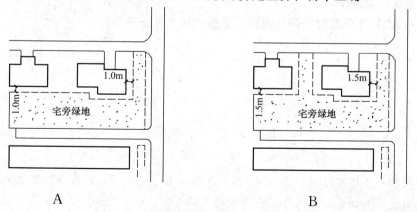

题 2-188 图（一）

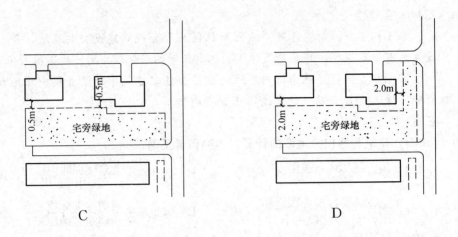

$$\text{C} \qquad\qquad\qquad \text{D}$$

题 2-188 图（二）

解析：依据前版《居住区规范》附图 A.0.2，本题应选 B。

而依据《居住区标准》附录 A 的条文说明图 3，本题无答案。

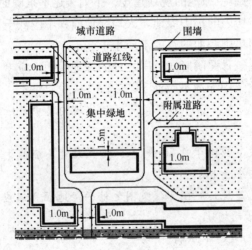

图 3　居住街坊内绿地及集中绿地的计算规则示意

答案：无答案

2-189 （2004）下列双坡平道牙道路断面图例哪个是正确的？

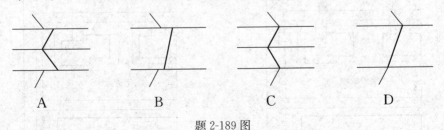

题 2-189 图

解析：《总图标准》表 3.0.2-2 及表 3.0.2-3，A、B 有路缘，为城市型道路双、单坡断面，D 为郊区型单坡路断面。

答案：C

128

2-190 (2004) 下列排水明沟图例哪个是正确的?

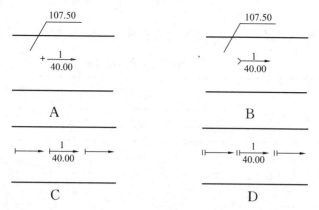

题 2-190 图

解析: 详见《总图标准》表 3.0.1-36。

答案: A

2-191 (2004) 道路涵管表示方法应为下列何种形式?

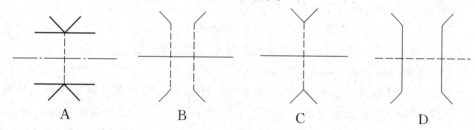

题 2-191 图

解析:《总图标准》表 3.0.2-47。

答案: A

2-192 (2004) 室外运动场地方位以长轴为准。某市（地处北纬 26°~35°）拟建体育中心,下列哪个足球场长轴方位是符合要求的?

    A 北偏东 10°　　　　　　　　B 北偏东 5°
    C 北偏西 10°　　　　　　　　D 北偏西 20°

解析:《体育建筑设计规范》JGJ 31—2003 表 4.2.7 规定,北纬 26°~35°,室外运动场长轴方位不宜超过北偏西 15°。

答案: C

2-193 关于风向频率玫瑰图的概念,下列哪一条是不正确的?

    A 各个方向吹风次数百分数值　　B 8 个或 16 个罗盘方位
    C 各个方向的最大风速　　　　　D 风向是从外面吹向中心的

解析: 风向频率玫瑰图,是根据某一地区多年平均统计的各个方向吹风次数的百分数值,按一定比例绘制的。一般多用 8 个或 16 个罗盘方位表示。玫瑰图上所表示的风的吹向,是指从外面吹向地区中心的。

答案: C

2-194 地面倾斜角为4°的场地，其1∶2000比例尺的地形图的基本等高距为( )m。
A 0.5　　　　　B 1　　　　　C 2　　　　　D 5

解析：地形图的等高距选择与比例尺和地面倾斜角有关，详见题2-194解表。

地形图的等高距（m）　　　　　题2-194解表

地面倾斜角	比例尺				备　注
	1∶500	1∶1000	1∶2000	1∶5000	
6°以下	0.5	0.5	1	2	等高距为0.5m时，特征点高程可注至cm，其余均至dm
6°~15°	0.5	1	2	5	
15°以上	1	1	2	5	

答案：B

2-195 下列关于等高线的说法，何者是错误的？
A 在同一条等高线上的各点标高都相同
B 在同一张地形图上，等高线间距是相同的
C 在同一张地形图上，等高线间距与地面坡度成反比
D 等高线可表示各种地貌

解析：在建筑总平面设计中，相邻两条等高线之间的水平距离叫等高线间距；相邻两条等高线的高差称为等高距；在同一张地形图上等高距是相同的，而等高线间距随着地形变化而变化；由于一张地形图上的等高距相等，故等高线间距与地面坡度成反比。即等高线间距越小，坡度越陡；反之等高线间距越大，则地面坡度越缓。

答案：B

2-196 某城市按1∶1.65的日照间距在平地上南北向布置两栋6层住宅。已知住宅高度为17.15m，室内外高差为0.15m，一层窗台高度为1.0m，试问此两栋住宅的最小日照间距为( )m。
A 24　　　　　B 24.5　　　　　C 25　　　　　D 26.4

解析：H（前栋住宅檐口至后栋住宅一层窗台的高度差）∶L（最小日照间距）＝1∶1.65，H＝17.15－0.15－1＝16m，L＝16×1.65＝26.4m。

答案：D

2-197 在拟建的场地分析中，说明场地排水状况很差的是( )项。
Ⅰ.没有暴雨排水系统；　　Ⅱ.比较平整；　　Ⅲ.有坚硬的地表层；
Ⅳ.地下水位高；　　Ⅴ.有排水沟
A Ⅰ、Ⅱ、Ⅳ　　　　　　　　　　　　B Ⅲ、Ⅳ、Ⅴ
C Ⅰ、Ⅲ、Ⅴ　　　　　　　　　　　　D Ⅰ、Ⅲ、Ⅳ

解析：场地没有暴雨排水系统，场地比较平整和场地的地下水位高都说明场地排水状况是很差的。而场地的地表层坚硬和有排水沟则说明场地的排水条件

很好。

答案：A

2-198 关于学校教学楼的间距规定中，下列哪一条是不妥的？

A　教学用房应有良好的自然通风

B　南向的普通教室冬至日底层满窗日照不应少于 2h

C　两排教室的长边相对时，其间距不应小于日照间距

D　教室的长边与运动场地的间距不应小于 25m

解析：《中小学规范》第 2.3.6 条，有 A、B、D 项规定，另规定两排教室的长边相对的，其间距不是完全由日照间距决定的，应考虑教室之间的噪声干扰、自然通风、视线干扰以及环境绿化等综合因素，其间距不应小于 25m。

答案：C

2-199 关于大中型商店建筑的选址与布置，下述的哪一条是不妥的？

A　基地宜选择在城市商业地区或主要道路的适宜位置

B　应有不少于两个面的出入口与城市道路相邻接

C　应有不小于 1/6 的周边总长度和建筑物不少于两个出入口与一边城市道路相邻接

D　大中型商店基地内，在建筑物背面或侧面应设置净宽度不小于 4m 的运输道路

解析：根据商业建筑基地要求，大中型商店建筑应有不少于两个面的出入口与城市道路相邻接或基地内应有不小于 1/6 的周边总长度和建筑物不少于两个出入口与一边城市道路相邻接。

答案：C

2-200 下列关于图书馆基地的要求，哪项是不妥的？

A　地点适中，交通方便，公共图书馆应符合当地城镇规划要求

B　环境安静，场地干燥，排水流畅

C　注意日照及自然通风条件，建设地段应尽可能使建筑物得到良好的朝向

D　中、小型图书馆应留有必要的发展余地，大型则不必要

解析：根据图书馆基地要求，图书馆基地应留有必要的扩建余地，以便发展，并没有将大型图书馆排除在外。

答案：D

2-201 档案馆共划分为（　　）个等级。

A　3　　　　　B　4　　　　　C　5　　　　　D　6

解析：按照我国的行政区划原则，档案馆可分特级、甲级、乙级和丙级 4 个等级，其中：

特级：适用于国家级档案馆

甲级：适用于省、直辖市、自治区档案馆

乙级：适用于省辖市（地）档案馆

丙级：适用于县（市）档案馆

答案：B

2-202　关于长途汽车客运站的布局，下列哪种说法是不妥的？
　　A　分区明确，避免旅客、车辆及行包流线的交叉
　　B　站前广场应明确划分车流、客流路线、停车区域、活动区域及服务区域
　　C　汽车进出站口应设置引道，并应满足驾驶员视线要求
　　D　汽车进出站口应与旅客保持密切联系，方便乘客上下车
　　解析：根据公路客运站总平面布置的要求，汽车进出站口应与旅客主要出入口或行人通道保持一定的安全距离，并应有隔离措施。
　　答案：D

2-203　下列有关多层车库的描述，哪条不妥？
　　A　因多层车库进出车辆频繁，库址应选在城市干道交叉口处
　　B　不宜靠近医院、学校、住宅建筑
　　C　应考虑一定的室外用地作停车、调车和修车用
　　D　多层车库体量大，设计时要考虑到与周围环境的协调和统一
　　解析：根据多层车库选点要求：多层车库进出车辆频繁，库址宜选在道路畅通、交通方便的地方，但须避免直接建在城市交通干道旁和主要道路交叉口处。多层车库是消防重点部门之一，并有噪声干扰，须按现行防火规范与周围建筑保持一定的消防距离和卫生间距，尤其不宜靠近医院、学校、住宅等建筑。
　　答案：A

2-204　根据广场的性质划分，城市广场可分为（　　）。
　　A　市政广场、纪念广场、交通广场、商业广场四类
　　B　市政广场、交通广场、商业广场、娱乐广场、集散广场五类
　　C　市政广场、交通广场、商业广场、娱乐广场、纪念广场、宗教广场、集散广场七类
　　D　市政广场、交通广场、商业广场、休息及娱乐广场、纪念广场、宗教广场六类
　　解析：根据《建筑设计资料集3》，关于城市广场分类提出：城市广场性质取决于它在城市中的位置与环境以及广场上主体建筑与主体标志物等的性质。并以主体建筑物、塔楼或雕塑作为构图中心。城市广场一般兼有多种功能。根据其性质分为市政广场、纪念广场、交通广场、商业广场、宗教广场、休息及娱乐广场六类。
　　答案：D

2-205　根据铁路客运站广场设计要求，下列何种说法不妥？
　　A　广场形态应与客运站用地形状相协调
　　B　人流、车流不得交叉，各种不同车流避免冲突
　　C　功能分区明确，停车场地要适当分隔
　　D　注意美化环境，方便旅客休息
　　解析：根据客运站站前广场设计要求：广场形态应与站房、人流、车流协调；与城市总体布局协调；满足城市规划要求。人流、车流不得交叉；各种不同车流避免冲突；过境交通不得穿越广场；广场内要选择恰当的人行活动平台，以

使广场空间与流线组织各得其所。注意美化环境，适当安排绿化，方便旅客休息。功能分区明确，停车场地要适当分隔；全面考虑发展问题，要充分利用地形条件和特点等。

答案：A

2-206 十五分钟生活圈居住区按居住区分级控制规模为( )住宅套数。

A 300~700　　　　　　　　　B 2000~4000
C 17000~32000　　　　　　　D 30000~50000

解析：依据《居住区标准》表3.0.4，选项C正确。

居住区分级控制规模　　　　　　　　　　　　表3.0.4

距离与规模	十五分钟生活圈居住区	十分钟生活圈居住区	五分钟生活圈居住区	居住街坊
步行距离（m）	800~1000	500	300	—
居住人口（人）	50000~100000	15000~25000	5000~12000	1000~3000
住宅数量（套）	17000~32000	5000~8000	1500~4000	300~1000

答案：C

2-207 托儿所、幼儿园的室外场地布置要求与下列何者无关？

A 应设置集中绿化用地
B 每班应设专用室外活动场地
C 平面布置应功能分区明确，活动室、寝室应有良好的采光和通风
D 应设全园共用的室外活动场地

解析：《托儿所、幼儿园建筑设计规范》JGJ 39—2016第3.2.3条1、2款及3.2.4条有A、B、D项规定。

答案：C

2-208 小学校的服务半径通常为( )m。

A 300~500　　　　　　　　　B 500~800
C 500~1000　　　　　　　　D 1000~1500

解析：根据《中小学规范》要求：小学校服务半径不宜大于500m，中学校服务半径不宜大于1000m。

答案：A

2-209 居住街坊内集中绿地的规划建设，新区建设不应低于( )，旧区改建不应低于( )。

A 0.30m²/人；0.20m²/人　　　　B 0.45m²/人；0.35m²/人
C 0.35m²/人；0.25m²/人　　　　D 0.50m²/人；0.35m²/人

解析：《居住区标准》第4.0.7条第1款：新区建设不应低于0.50m²/人，旧区改建不应低于0.35m²/人。故选项D正确。

答案：D

2-210 居住区内绿地分为( )类。

A 3　　　　　B 4　　　　　C 5　　　　　D 6

解析：依据《居住区标准》条文说明第4.0.4条、第4.0.6条，居住区绿地包括各级生活圈居住区应配套建设的公共绿地和居住街坊内的集中绿地、宅旁绿地。故选项A正确。

答案：A

2-211 居住区道路分为(　　)级。

A 2　　　　B 3　　　　C 4　　　　D 2或3

解析：依据前版《居住区规范》第8.0.2条，本题应选C。而依据《居住区标准》第6章"道路"，居住区内的道路系统包括城市支路和居住街坊内的主要附属道路和其他附属道路，共3级。故选项B正确。

答案：B

2-212 关于居住区道路规划设计的表述，下列哪项是正确的(　　)。

A 应遵循安全便捷、尺度适宜、步行优先的基本原则
B 应采取"小街区、密路网"的交通组织方式，路网密度不应小于6km/km²
C 道路断面形式应满足适宜步行及自行车骑行的要求，人行道宽度不应小于2.0m
D 支路应采取交通稳静化措施，适当控制机动车行驶速度

解析：《居住区标准》第6.0.1条：居住区内道路的规划设计应遵循安全便捷、尺度适宜、公交优先、步行友好的基本原则。故选项A错误。

第6.0.2条第1款：居住区应采取"小街区、密路网"的交通组织方式，路网密度不应小于8km/km²；城市道路间距不应超过300m，宜为150~250m，并应与居住街坊的布局相结合。故选项B错误。

第6.0.3条第3款、第4款：道路断面形式应满足适宜步行及自行车骑行的要求，人行道宽度不应小于2.5m；支路应采取交通稳静化措施，适当控制机动车行驶速度。故选项C错误，选项D正确。

答案：D

2-213 村镇道路是村镇规划范围内路面宽度在(　　)m以上道路的总称。

A 12　　　　B 7　　　　C 5　　　　D 3.5

解析：村镇道路是村镇规划范围内宽3.5m以上道路的总称。村镇道路分为四级，其车行道宽度分别是：一级道路14~20m；二级道路10~14m；三级道路6~7m；四级道路3.5m。

答案：D

2-214 (2004) 市区公交站点的最大服务半径是(　　)m。

A 300　　　　B 400　　　　C 800　　　　D 1000

解析：参见《城市综合交通体系规划标准》GB/T 51328—2018第9.2.2条：城市公共汽电车的车站服务区域，以300m半径计算，不应小于规划城市建设用地面积的50%；以500m半径计算，不应小于90%。

答案：无

2-215 行道树株距一般为(　　)m。

A 3~5　　　　　　　　　　B 4~6

C 5~7 D 6~8

解析：此题略有瑕疵，可参见《城市道路绿化规划与设计规范》CJJ 75—97 第 4.2.2 条：行道树定植株距，应以其树种壮年期冠幅为准，最小种植株距应为 4m。行道树树干中心至路缘石外侧最小距离宜为 0.75m。

注：《城市综合交通体系规划标准》GB/T 51328—2018 公告指出《城市道路绿化规划与设计规范》CJJ 75—97 的第 3.1 节和第 3.2 节废止。《城市道路工程设计规范》CJJ 37—2012（2016 年版）绿化与景观部分未提及行道树的株距。

答案：B

2-216 下列关于建筑总平面设计内容的说法，何者是不妥当的?

A 合理地进行用地范围内的建筑物、构筑物及其他工程设施相互间的平面布置

B 结合地形，合理进行用地范围内的竖向布置

C 合理组织用地内交通运输线路的布置

D 为协调室内管线敷设而进行的管线综合布置

解析：建筑总平面设计的内容共有五个方面：除题目中的 A、B、C 外，第 4 点是为协调室外管线敷设而进行的管线综合布置；第 5 点是绿化布置和环境保护。其中第 4 点不是"室内"两字。

答案：D

2-217 关于场地管线布置，下列哪项不正确?

A 地下管线布置，宜按管线敷设深度，自建筑物向道路由浅到深排列

B 地下管线的相互位置发生矛盾时，自流的管线应当让有压力的管线

C 管线宜与建筑物或道路平行布置

D 主干管线应布置在靠近主要用户较多的一侧

解析：根据在总平面设计中，管线敷设发生矛盾时的处理原则：临时性让永久性的；管径小的让管径大的；可以弯曲的让不可弯曲的；新设计的让原有的；一般情况下，有压力的管道让自流管道；施工工程量小的让工程量大的管道。

答案：B

2-218 城市用地分类采用大类、中类和小类三个层次的分类体系，下列哪一条划分是正确的?

A 10 大类、56 中类、79 小类

B 20 大类、50 中类、70 小类

C 8 大类、35 中类、42 小类

D 6 大类、40 中类、60 小类

解析：城市用地分类采用大类、中类和小类三个层次的分类体系，共分 8 大类、35 中类、42 小类。

答案：C

2-219 大中型建设项目场地选择的工作依据是（   ）。

A 上级批准的"可行性研究报告"

B 国家有关部门批准的"建设方案"

C 上级部门批准的"项目建议书"

D 当地规划部门核发的"建设用地规划许可证"

解析："城市规划管理法规"对建设项目选址的依据主要有经批准的项目建议书。

答案：C

2-220 大、中型建设项目场地选择的几个步骤，其具体的工作顺序，下列哪组正确？
Ⅰ．组建选址工作组；Ⅱ．实地踏勘，并收集有关资料；Ⅲ．取得选址的原始依据；Ⅳ．编制选址工作报告

A Ⅰ、Ⅱ、Ⅲ、Ⅳ
B Ⅰ、Ⅲ、Ⅱ、Ⅳ
C Ⅲ、Ⅰ、Ⅱ、Ⅳ
D Ⅲ、Ⅱ、Ⅰ、Ⅳ

解析：依据建设程序和建设项目可行性研究的相关法规文件，大、中型建设项目场地选择的工作步骤为：①取得原始资料；②建组；③踏勘；④编制报告。

答案：C

2-221 在有关场地选址报告的内容上，下列哪一条是不正确的？

A 场地选择的依据、建设地区概况以及选址过程要列入

B 选址标准要列入

C 各个场址方案的综合分析及结论要列入，但各个场址方案的主要技术条件的比较、基建费的比较和经营费的比较可不列入

D 当地领导部门对选址的意见和有关必需的协议文件、场址的区域位置图、总图等可作为附件列入

解析：《建筑设计资料集7》"厂址选择"部分"厂址选择方案的比较"中厂址技术经济比较要列入其内。

答案：C

2-222 在选择场址过程中，要收集气象资料，下列哪项资料可不收集？

A 严寒日日数

B 采暖期日数

C 冬季初冻和春季解冻的日期

D 梅雨季节的开始和终结日期

解析：《建筑设计资料集7》厂址选择基础资料收集提纲无梅雨季始终日要求。

答案：D

2-223 收集有关大气降水量的基础资料时，下列哪一条是不完整的？

A 当地采用的雨量计算公式

B 历年和逐月的平均、最大和最小降雨量

C 一昼夜最大强度降雨量

D 一次暴雨持续时间及其最大雨量以及连续最长降雨天数

解析：《建筑设计资料集7》厂址选择基础资料收集提纲中要求收集"一昼夜、一小时、十分钟的最大强度降雨量"，C项要求不完整。

答案：C

2-224 建设项目采用煤气作为能源燃料时，要收集有关资料，下列哪条是不必要的？

A 当地市政部门煤气供应点所能供应的煤气量、煤气压力、发热量及其化学分析

B 接管点至工程项目引入点的距离，以及接管点的坐标、标高、管径
C 冷凝水的排放系统
D 煤气的供应价格

解析：《建筑设计资料集7》采用煤气能源燃料时无冷凝水的排放系统要求。

答案：C

2-225 在各种比例尺的地形图中（地面倾角6°以下），下列等高线的等高距，哪条是正确的？

A 1：5000 的地形图中为 1m B 1：2000 的地形图中为 0.75m
C 1：1000 的地形图中为 0.5m D 1：500 的地形图中为 0.25m

解析：等高线等高距一般规定地面倾角6°以下，1：1000 的地形图中为 0.5m（见题 2-240 表）。

答案：C

2-226 在下列地形图中，O 点的标高值是（　　）m。
具体条件是：$x=25m$，$y=15m$，$z=10m$。

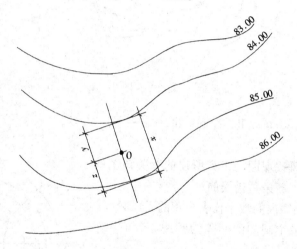

题 2-226 图

A 84.40 B 84.60
C 84.70 D 84.80

解析：$z：y=4：6$，故 84.60m 正确。

答案：B

2-227 在以等高线表示的地形图中（见题图），Ⅰ、Ⅱ、Ⅲ、Ⅳ所标志的地貌名称，哪一组是正确的？

题 2-227 表

	Ⅰ	Ⅱ	Ⅲ	Ⅳ
A	山顶	台地	山谷	山脊
B	山脊	山顶	台地	山谷
C	山顶	峡谷	台地	山谷
D	山顶	台地	山脊	山谷

题 2-227 图

解析：Ⅰ．山顶；Ⅱ．台地；Ⅲ．山脊；Ⅳ．山谷。
答案：D

2-228 题图为一风玫瑰图，下列所述的有关该图的某些含义，哪条是错误的？

A 中心圆圈内的数字代表全年的无风频率
B 图中每个圆圈的间隔为频率，数值以％表示
C 图示风向由外向内，吹向中心
D 图上各顶点和同心圆的交点即为该风向的风频

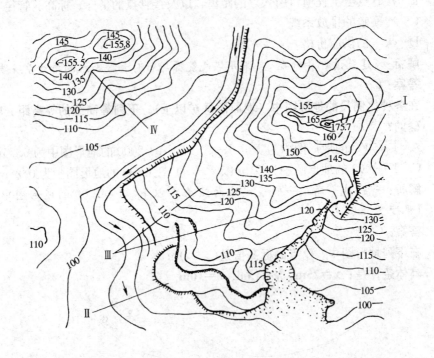

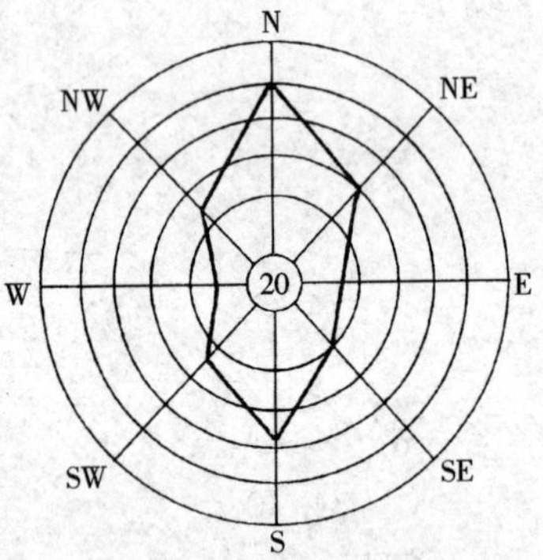

题 2-228 图

解析：八方位风频顶点连线为该风向风频。
答案：D

2-229 在同一地区的下列地段中，作用在同一形式高层建筑外围护结构上的风荷载，哪个地段最大？

A 海岸岸边
B 大城市近郊郊区
C 大城市远郊的小城镇
D 大城市具有密集高层建筑群的市中心

解析：海岸岸边风荷载值最大。
答案：A

2-230 当地基土的冻胀性类别为强冻胀土时，建在其上的不采暖房屋基础的最小埋深与冰冻深度的关系为（　　）。

A 与冰冻深度无关   B 浅于冰冻深度

C 等于冰冻深度   D 深于冰冻深度

解析：地基最小埋深应深于冰冻深度。

答案：D

2-231 下列有关地震基本烈度的论述，哪条是错误的？

A 指某一地区，地面房屋遭受一次地震影响的强弱程度

B 离震中愈远，地震烈度越小

C 指某一地区在今后一定时期内，在一般场地条件下可能遭受的最大烈度

D 地震烈度分为12度

解析：某一地区，地面房屋遭受一次地震影响的强弱程度是地震烈度，而不是地震基本烈度；因此答案A是错误的。

答案：A

2-232 中型建筑项目选址时，宜避开下列何种地基？

A 湿陷性黄土地基   B 膨胀土地基

C 岩溶（喀斯特）地基   D 山区不均匀地基

解析：山区不均匀地基，有滑坡隐患。

答案：D

2-233 在处于江湖、海潮等洪水威胁的城市中进行场址选择，下列防洪标准中，哪一个是错误的？

A 特别重要城市：洪水重现期≥200年

B 重要城市：洪水重现期 100～200 年

C 中等城市：洪水重现期 50～100 年

D 小城市：洪水重现期≥15 年

解析：《防洪标准》表 4.2.1 中城市的等级和防洪标准，小城市（一般城镇）重现期规定为 20～50 年。

答案：D

2-234 为预防洪水侵袭，下列措施哪个是不适宜的？

A 场址不应选在紧靠水坝坝址的下游一侧

B 场址不应选择在经常泛滥的江湖两侧，特别在洪水淹没线的范围以内

C 在坡地建筑物的高坡一侧，布设截洪沟

D 设计建筑物和构筑物的地坪标高，应高出计算洪水水位 0.50m

解析：场地地坪应高出洪水水位 0.50m。

答案：D

2-235 大中型建设项目用地处于下列四种地区时，哪个通常可不用避开？

A 地震烈度大于 9 度的地区

B 发育的岩溶（喀斯特）地区

C 一级膨胀性和较厚的三级湿陷性黄土地区

D 城市内的"热岛"区

解析：城市内的热岛区不用避开。

答案：D

2-236 关于托幼建筑的选址原则，下列哪个不妥当？
　　A　日照要充足，地界的南侧应无毗邻的高大的建筑物
　　B　应远离各种污染源，周围环境应无恶臭、有害气体、噪声的发生源
　　C　应避免在交通繁忙的街道两侧建设
　　D　托幼建筑宜邻近医院、共用绿地，并便于就近诊疗
解析：托幼选址应避开医院。
答案：D

2-237 下列关于选择居民区场址的论述，哪条是不适当的？
　　A　不占良田，尽量利用荒山、山坡和沼泽地
　　B　场地用地要充裕和卫生条件良好
　　C　对居民区有污染的工厂，应位于生活居民区污染系数的最小方位侧
　　D　尽量靠近城市，以利用城市已有的公共设施
解析：沼泽地不适居民区。
答案：A

2-238 在题图的城市总平面简图中，污水处理厂的位置，设在哪块地段较好？

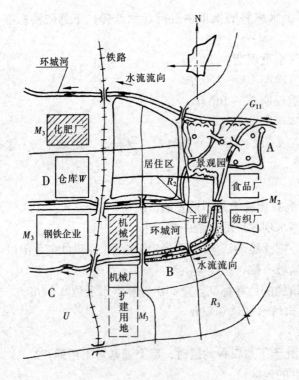

题 2-238 图

解析：污水处理厂选址于排水集中量大的低地，地理位置适中。
答案：D

2-239 在下面的几个地块中（见题图），高科技工业小区设置在哪个地块较为

适宜？

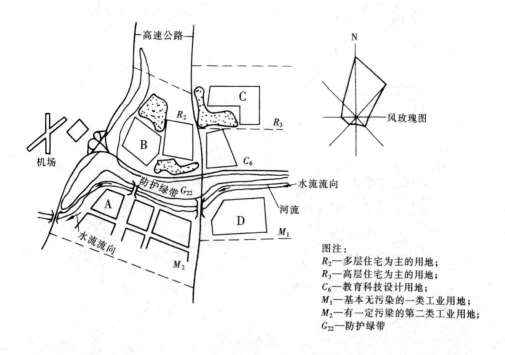

题 2-239 图

解析：高科技工业小区属基本无污染一类工业用地，且位于居住区下风口。
答案：D

2-241 在设计前期工作中，建设项目环境影响报告书（表），应由（　　）负责上报。
  A 当地环保部门
  B 环境评价部门
  C 设计单位
  D 建设单位
解析：环境影响报告由建设单位上报。
答案：D

2-241 下述有关场地设计的主要内容，何者关系最少？
  A 充分研究场地内建筑空间关系，并合理地布置平面
  B 合理进行竖向设计、管线综合、绿化布置与环境保护
  C 合理组织交通、停车及出入口
  D 合理方便施工，有利物资运输和采购建材
解析：与施工关系最少。
答案：D

2-242 四种场地的竖向设计的排水方式，其中哪种较为简洁，能简化设计，简化施工？
解析：随地势排水者简洁。
答案：C

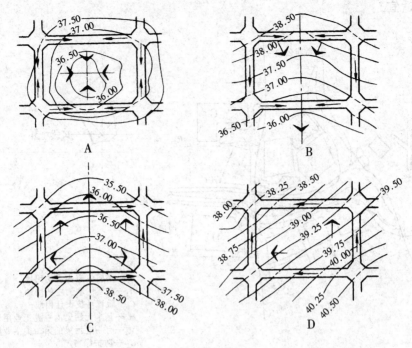

题 2-242 图

2-243 在建筑策划阶段,城市规划部门要提出规划条件,下列哪一项通常不提?
　　A　容积率　　　　　　　　B　建筑系数
　　C　建筑限高　　　　　　　D　建筑层数
　　解析:规划条件定建筑限高,可不提建筑层数。
　　答案:D

2-244 下列工业与民用建筑某些建筑技术经济指标的计算公式,哪条是不正确的?
　　A　容积率=总建筑面积/总用地面积
　　B　建筑系数=建筑物占地面积/总用地面积
　　C　绿化系数(绿化率)=绿化面积/总用地面积
　　D　单位综合指标,如医院:m^2/床;学校:m^2/每位学生
　　解析:工民建的技术经济指标计算公式,一般可不要单位综合指标。
　　答案:D

2-245 建设项目的抗震基本烈度,主要应根据(　　)规定采用。
　　A　建筑设计抗震规范
　　B　工程构筑物抗震设计规范
　　C　中国地震烈度表
　　D　中国地震烈度区划图
　　解析:抗震基本烈度以中国地震烈度区划图为准。
　　答案:D

2-246 在下列风玫瑰图风频的影响下,哪种用地配置和风频玫瑰图相吻合(见题图)?
　　解析:北风向干扰最少,比较合理。

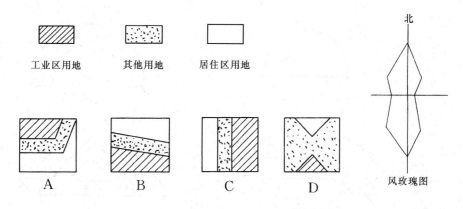

题 2-246 图

答案：C

2-247 某办公大厦的四个平面策划草图，其中哪个平面一年中接受的热负荷量最小？

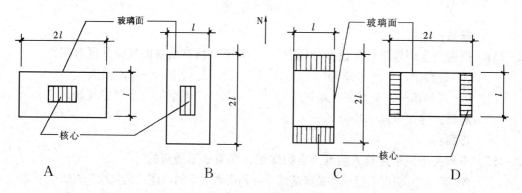

题 2-247 图

解析：玻璃面朝东、西、南最少者热负荷量小。

答案：D

2-248 现有一块场地，其尺寸为 **40m×50m**，规划部门规定其容积率为 **10**。如该地上建大楼一幢，有裙房 3 层和一座标准层平面面积为 **580m²** 的塔楼，如在该基地上不设广场，全部基地建满，则塔楼可建几层？（注：塔楼层数从地面算起）

　　A　25 层　　　　B　26 层　　　　C　27 层　　　　D　28 层

解析：场地 40m×50m＝2000m²；乘容积率为 20000m²。扣除三层裙房后剩余 14000m²；每层 580m²，标准层可达 24 层；故共建 27 层。

答案：C

2-249 十五分钟、十分钟生活圈居住区内公共设施的服务半径，下列哪个是正确的？

　　A　社区医院：不宜大于 800m　　　B　小学校：不宜大于 500m
　　C　初中：不宜大于 1500m　　　　　D　门诊：不应大于 800m

解析：依据《居住区标准》附录 C 表 C.0.1，查表可知选项 B 正确。

答案：B

2-250 按建筑设计防火规范，建筑物长度计算的平面简图，其中哪个是正确的？

解析：建筑中线长度合计。

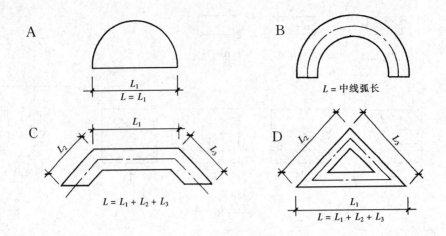

题 2-250 图
L—建筑物的总长度

答案：B

2-251 根据"全国建筑热工设计分区图"，下列哪个城市所属的气候分区有误？
    A 长春市——严寒地区   B 北京市——寒冷地区
    C 郑州市——夏热冬冷地区   D 广州市——夏热冬暖地区
解析：郑州市属寒冷地区。
答案：C

2-252 下列关于民用建筑人防地下室的叙述，哪条是不适当的？
    A 新建 10 层以上建筑须做深基础，可利用地下空间，建"满堂红"人防地下室
    B 规划确定的新建居住区、统建住宅和大型公共建筑应建人防地下室
    C 市区新建 9 层以下非深基础的民用建筑项目，总建筑面积超过 7000m^2 者，应修建人防地下室
    D 新建民用建筑人防地下室，一般按 4 级设防
解析：新建民用建筑人防地下室一般不按 4 级设防。
答案：D

2-253 下列有关公共建筑和城市交通道路相互关系的叙述，哪条是不正确的？
    A 公共建筑物的出入口不宜设置在主干道两侧
    B 在地震设防的城市中，干路两侧的高层建筑应由道路红线向后退 5～8m
    C 次干路两侧可设置公共建筑物的出入口，并可设置机动车和非机动车的停车场等设施
    D 市区建筑容积率大于 4 的地区（城市规模不大于 200 万人口的城市），其道路支路的密度应在 6～8km/km^2
解析：主干道为公共建筑修筑。
答案：A

2-254 下列建筑的设计使用年限，哪条是错误的？
    A 1 类设计使用年限   5 年   B 2 类设计使用年限   25 年

C 3类设计使用年限 50年　　　　　　D 4类设计使用年限 90年

解析：《统一标准》表3.2.1规定，4类耐久年限100年，所以D是错误的。

答案：D

2-255 拟建商业楼一座（见题图），建筑容积率为**1.6**，建筑密度为**40%**，限高**18m**，其可建最大建筑面积是（　　）m²。

A 2160　　　　B 2880
C 3600　　　　D 4320

解析：30m×60m×1.6m＝2880m² 允许建筑面积；30m×60m×40%＝720m² 允许基底面积；公建层高大，限高18m，约可建4层；拟建层高3.6m、3m，限高18m，建5、6层已不是公建。

答案：B

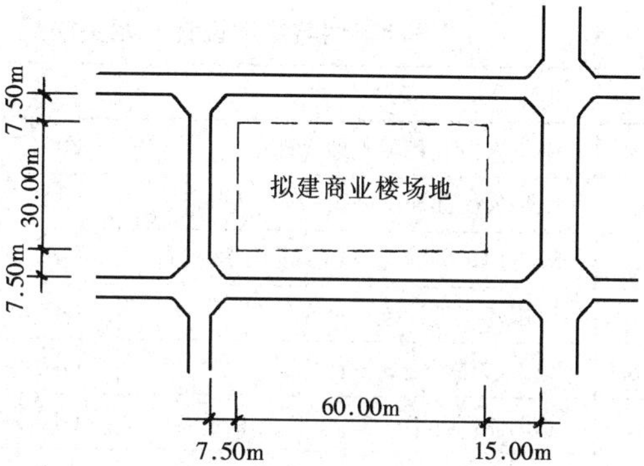

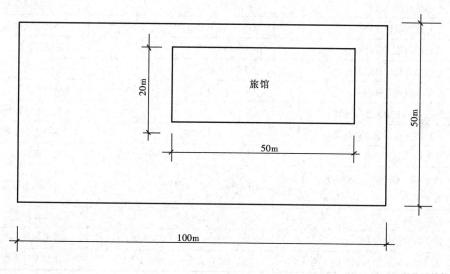

题 2-255 图

2-256 某旅馆（见题图）地下3层，地上10层，每层面积相同，则其建筑容积率应为（　　）。

题 2-256 图

A 2.4　　　B 2.0　　　C 1.0　　　D 0.5

解析：地上建筑总面积为 10×20m×50m＝10000m²，与总用地面积50m×100m＝5000m²之比，则建筑容积率为2（地下不计入）。

答案：B

2-257 某公司计划在市中心区一块**200m×180m**的基地上，建造一幢高层办公楼，规划部门规定建筑容积率为**8.5**，建筑覆盖率为**45%**。设办公楼每层面积相同。此幢建筑将可建约（　　）层。

A 22　　　　B 19　　　　C 16　　　　D 13

解析：总基地 200m×180m＝36000m²，容积率 8.5×基地 36000m²，可建总面积 306000m²，建筑覆盖率 45％×基地 36000m²＝底层面积＝标准层面积 16200m²。故可建约 19 层。

答案：B

"设计前期与场地设计"相关法规、标准与参考书的简称、全称对照表

序号	名称	编号	简称
1	中华人民共和国土地管理法	2004年8月28日国家主席28号令	《土地管理法》
2	中华人民共和国城市房地产管理法	2007年8月30日国家主席72号令	《房地产管理法》
3	城市用地分类与规划建设用地标准	GB 50137—2011	《城市用地标准》
4	民用建筑设计统一标准	GB 50352—2019	《统一标准》
5	城市居住区规划设计标准	GB 50180—2018	《居住区标准》
6	总图制图标准	GB/T 50103—2010	《总图标准》
7	住宅建筑规范	GB 50368—2005	《住宅建筑规范》
8	无障碍设计规范	GB 50763—2012	《无障碍规范》
9	城市工程管线综合规划规范	GB 50289—2016	《管线规范》
10	城乡建设用地竖向规划规范	CJJ 83—2016	《竖向规范》
11	中小学校设计规范	GB 50099—2011	《中小学规范》
12	办公建筑设计规范	JGJ/T 67—2019	《办公建筑规范》
13	综合医院建筑设计规范	GB 51039—2014	《医院规范》
14	电影院建筑设计规范	JGJ 58—2008	《影院规范》
15	车库建筑设计规范	JGJ 100—2015	《车库规范》
16	湿陷性黄土地区建筑标准	GB 50025—2018	《黄土地区建筑规范》
17	人民防空地下室设计规范	GB 50038—2005	《人防地下室规范》
18	建筑设计防火规范	GB 50016—2014（2018年版）	《防火规范》
19	汽车库、修车库、停车场设计防火规范	GB 50067—2014	《车库车场防火规范》
20	防洪标准	GB 50201—2014	《防洪标准》
21	建筑抗震设计规范	GB 50011—2010（2016年版）	《抗震规范》
22	建筑设计资料集（第3版）第*分册	《资料集》编委会，2017	《建筑设计资料集*》

注：《建筑设计资料集*》里面的"*"号代表分册号，从1至8，代表第1分册到第8分册。

三 建筑设计原理❶

(一) 公共建筑设计原理

3-1-1 (2010) 在进行建筑平面布置时,常用下列哪种手段来分析和确定空间关系?
Ⅰ.人流分析图;Ⅱ.平面网格图;Ⅲ.功能关系图;Ⅳ.结构布置图
A Ⅰ、Ⅳ　　　B Ⅱ、Ⅲ　　　C Ⅱ、Ⅳ　　　D Ⅰ、Ⅲ
解析:建筑平面布置时,人们常用人流分析图和功能关系图来分析和确定空间关系。
答案:D

3-1-2 (2010) 如题图所示的空间组织形式适用于(　　)。

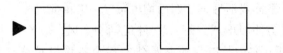

题 3-1-2 图

A 宿舍楼　　　B 教学楼　　　C 办公楼　　　D 候机楼
解析:这种具有固定流程关系的串联空间组织适用于民航机场候机楼,对于宿舍楼、教学楼、办公楼都不合适。
答案:D

3-1-3 (2010) 中小学、普通旅馆等一般公共建筑的主要楼梯多数采用(　　)。
A 一跑楼梯　　　B 双跑楼梯　　　C 三跑楼梯　　　D 剪刀楼梯
解析:一般公共建筑的主要楼梯多数采用双跑楼梯。
答案:B

3-1-4 (2010) 在我国进行天然光源画室建筑设计时,其采光口应(　　)。
A 朝东　　　　　　　　　B 朝南
C 朝西　　　　　　　　　D 朝北
解析:为避免阳光直接照射画面或写生对象,采光口应朝北。
答案:D

3-1-5 (2010) 作为大型观演性公共建筑,影剧院不同于体育馆的特点是(　　)。
A 观众环绕表演区观赏
B 有视线和声学方面的设计要求

---
❶ 本章及后面几套试题的提示中有些参考书引用次数较多,我们采用了简称,并在本章末列出了这些参考书的简称、全称对照表,供查阅。

C 围绕大型空间均匀布置服务性空间
D 按照门厅、观赏区、表演区的空间序列布局

解析：参见《公建设计原理》128页，通常以门厅、观赏区、表演区的空间序列布局。

答案：D

3-1-6 (2010) "内廊式"和"外廊式"两种走道类型的建筑布局，其共同特点是（　　）。

A 房间的朝向比较好　　　　　B 走道所占的面积比较小
C 走道提供充分的通风采光　　D 房间形成分隔性的空间组合

解析：参见《公建设计原理》114～115页，二者房间均形成分隔性的空间组合。

答案：D

3-1-7 (2010) 采用偏心核心筒的高层住宅，其优点是（　　）。

A 各向均衡对称、结构稳定性好
B 各个住宅单元均有良好朝向及景观
C 平面灵活性强、四面均可布置住宅单元
D 方便加开"凹槽"、改善核心部分通风、采光

解析：偏心核心筒的高层住宅各向不均衡对称，仅三面可以布置住宅单元，加开"凹槽"也并不比中央核心筒住宅更方便。它唯一的优点是易做到各个住宅单元均有良好朝向及景观。

答案：B

3-1-8 (2010) 纽约古根海姆美术馆展厅布置方式是（　　）。

A 多线式　　　B 簇团式　　　C 串联式　　　D 并联式

解析：纽约古根海姆美术馆展厅布置方式是串联式，展线布置在外围螺旋形坡道上。

答案：C

3-1-9 (2010) 在室内设计中，可采用一些措施，使得室内空间感觉上更宽敞一些。下述哪项措施没有这方面的作用？

A 适当降低就座时的视平线高度　　B 采用吸引人的装饰图案
C 采用浅色和冷灰色的色调　　　　D 增加空间的明亮度

解析：一般认为，采用吸引人的装饰图案会增强视觉刺激，容易引起视觉疲劳，因而并不能使得室内空间感觉上更宽敞一些。

答案：B

3-1-10 (2009) 提出"坚固、适用、美观"建筑三原则的是（　　）。

A 古希腊的维特鲁威　　　　　B 古罗马的维特鲁威
C《建筑十书》的作者亚里士多德　D《建筑四书》的作者阿尔伯蒂

解析：见《公建设计原理》第3页，第2版卷首语，古罗马的维特鲁威提出"坚固、适用、美观"建筑三原则。

答案：B

3-1-11 (2009)"凿户牖以为室，当其无，有室之用"出自(   )。
A 老子《道德经》　　　　　B 孔子《论语》
C 墨子《墨经》　　　　　　D 周文王《周易》

解析：出自老子《道德经》第十一章，被美国现代主义建筑大师赖特引用，以说明建筑实体与空间的辩证关系。我国不少建筑学院以此作为建筑空间理论的经典教材内容。

答案：A

3-1-12 (2009) 我国在公共建筑设计中，下列哪一种建筑与结构体系的选择是正确的？
A 一般低层中小型公共建筑常采用钢木结构体系
B 一般多层公共建筑常采用钢筋混凝土框架结构体系
C 古代或现代仿古的公共建筑常采用砖石结构体系
D 一般体育馆建筑常采用混合结构体系

解析：钢筋混凝土框架结构体系赋予建筑空间组合较大的灵活性，适用于空间比较复杂的公共建筑，参见《公建设计原理》第97页。

答案：B

3-1-13 (2009) 下列关于建筑疏散设计的陈述哪一项是正确的？
A 低层建筑考虑平面疏散，高层建筑考虑垂直疏散
B 疏散设计是指建筑物内部与外部交通联系的设计
C 疏散设计是以功能要求疏散作为出发点的
D 有大流量的人流集散主要依靠自动扶梯

解析：高层建筑也要考虑平面疏散；疏散设计既要考虑平时的功能要求，也要考虑紧急情况下的疏散；自动扶梯不能用作火灾时的紧急疏散口。

答案：B

3-1-14 (2009) 火车站和影剧院都有大量的人流集散，但二者最根本的不同之处在于(   )。
A 火车站人流集散具有连续性，影剧院人流集散具有集中性
B 火车站人流集散具有随机性，影剧院人流集散具有可预计性
C 火车站出入人流分别设出入口，影剧院出入人流共用出入口
D 火车站设大广场，影剧院设停车场

解析：见《公建设计原理》第49页，影剧院人流集散具有集中性，而火车站人流集散具有连续性。这是这两类建筑主要的不同之处。

答案：A

3-1-15 (2009) 题3-1-15图所示公共建筑群体组合的例子，从左到右分别是(   )。
A 堪培拉国家行政中心、多伦多市政厅
B 巴西利亚行政中心、蒙特利尔市政厅
C 巴西利亚行政中心、多伦多市政厅
D 堪培拉国家行政中心、蒙特利尔市政厅

解析：见《公建设计原理》第24~25页，从左到右分别是巴西利亚行政中心

题 3-1-15 图

和多伦多市政厅。

答案：C

3-1-16 （2009）超高层办公楼常采用塔式，主要原因在于（　　）。

A 垂直交通的要求　　　　　B 自然通风和采光上的需要
C 外观造型上的需要　　　　D 抵抗风荷载的要求

解析：参见《公建设计原理》第131页，风荷载是影响超高层建筑体形选择的主要因素，超高层办公楼采用塔式主要出于抵抗风荷载的要求。

答案：D

3-1-17 （2009）下列题图中三个展览馆的展览空间组合的类型，从左到右分别是（　　）。

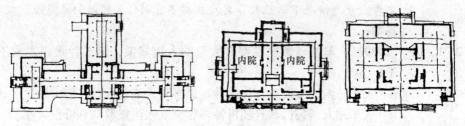

题 3-1-17 图

A 串联式，走道式，放射兼串联式
B 放射式，串联式，放射兼串联式
C 串联式，走道式，综合大厅式
D 放射式，串联式，走道式

解析：参见《公建设计原理》第122、123、124页。从左到右分别是放射式、串联式、放射兼串联式。

答案：B

3-1-18 （2009）题3-1-18图所示两个著名的高层建筑，从左到右分别是（　　）。

A 米兰的派瑞利大厦、纽约的利华大厦

题 3-1-18 图

  B 米兰的派瑞利大厦、纽约的西格拉姆大厦
  C 纽约的联合国大厦、纽约的利华大厦
  D 芝加哥钢铁公司大楼、纽约的西格拉姆大厦
  解析：参见《公建设计原理》第133、134页，从左到右分别是米兰的派瑞利大厦和纽约的利华大厦。
  答案：A

3-1-19 (2009) 关于走道式布局的陈述，下列哪一条是不确切的？
  A 走道式布局常用于有大量使用性质相同的小房间的公共建筑
  B 走道式布局主要用于低层的普通公共建筑
  C 走道式布局主要有外廊式和内廊式
  D 在内廊式布局中，常把楼梯间、卫生间布置在朝向较差的一侧
  解析：参见《公建设计原理》第114页，走道式布局方式的运用并不局限于低层的普通公共建筑，许多大型、高层公共建筑也多有应用。
  答案：B

3-1-20 (2009) 在进行建筑平面布置时，最常用下列哪种手段来分析和确定空间关系？
  Ⅰ．人流分析图；Ⅱ．平面网格图；Ⅲ．功能关系图；Ⅳ．结构布置图
  A Ⅰ、Ⅳ B Ⅱ、Ⅲ C Ⅱ、Ⅳ D Ⅰ、Ⅲ
  解析：见《公建设计原理》第47～49页，在进行公共建筑平面布置时，常用功能关系图和人流分析图两种手段。
  答案：D

3-1-21 (2009) 有集中空调的大型开敞式办公室室内设计中，下列哪种处理手法是适当的？
  A 适当降低吊顶高度，并做成吸声吊顶
  B 分隔个人办公区域的隔板高度应相当于人的身高（平均值）
  C 空调噪声要小于40dB（A），以保证办公室安静
  D 采用大面积发光顶棚的人工照明，以满足办公要求
  解析：在有集中空调的大型开敞式办公室室内设计中，适当降低吊顶高度，并做成吸声吊顶有利于空调节能和控制环境噪声。

答案：A

3-1-22 (2009) 在公共建筑设计中，若想要得到亲切、细腻的建筑空间尺度感觉，通常应采用下列哪一种手法？

A 增加建筑空间由近及远的层次　　B 加强建筑装饰和色彩处理
C 对大空间加以细分　　　　　　　D 增加和人体相关的建筑细部

解析：参见《公建设计原理》第68页，在公共建筑室内空间设计中，若想要得到亲切、细腻的建筑空间尺度感，可增加和人体相关的建筑细部。

答案：D

3-1-23 (2008) 在建筑空间围透关系的处理上，下列陈述中哪一个是不确切的？

A 中国传统住宅通常对外封闭，对内开敞
B 西方现代住宅通常对外开敞，对内封闭
C 巴塞罗那博览会德国馆被称为"流动空间"
D 埃及的孔斯神庙内部空间极为封闭，造成神秘气氛

解析：参见《建筑空间组合论》（第三版）第229页。

答案：B

3-1-24 (2008) 用"近""净""静""境（环境）"来表示设计要求的公共建筑是（　　）。

A 图书馆　　　　B 学校　　　　C 食堂　　　　D 医院

解析："近""净""静""境（环境）"的设计要求其实适用于多种公共建筑，只是医院在这些方面要求格外突出些。

答案：D

3-1-25 (2008) 下列关于建筑疏散设计的叙述，哪项是不对的？

A 疏散方式包括平面疏散和垂直疏散
B 人流疏散分为正常疏散和紧急疏散两种情况
C 疏散设计是以正常疏散作为出发点的
D 疏散设计应简洁、通畅、不迂回

解析：疏散设计应以紧急疏散作为出发点。

答案：C

3-1-26 (2008) 下列三个建筑平面分别是（　　）。

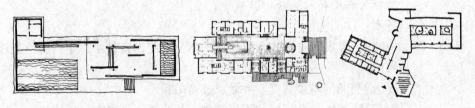

题 3-1-26 图

A 巴塞罗那博览会德国馆、柏林现代艺术馆、赫尔辛基博物馆
B 巴塞罗那博览会德国馆、墨西哥国立人类学博物馆、德国布莱梅福克博物馆

C 巴塞罗那博览会德国馆、纽约世界博览会巴西馆、赫尔辛基博物馆

D 纽约世界博览会巴西馆、巴塞罗那博览会德国馆、布鲁塞尔博览会芬兰馆

解析：参见《公建设计原理》第70、80页，巴塞罗那博览会德国馆、墨西哥国立人类学博物馆是两座空间设计极富特色的现代建筑作品，应当知道。

答案：B

3-1-27 (2008) 火车站和体育场人流集散的不同点主要在于(　　)。

　　A 火车站的人流量比体育场大

　　B 火车站是单面集散，体育场是四面集散

　　C 火车站是连续人流，体育场是集中人流

　　D 火车站是均匀人流，体育场是高峰人流

解析：参见《公建设计原理》第49页，体育场的人流疏散是集中性的，火车站的人流疏散是连续性的。

答案：C

3-1-28 (2008) 公共建筑中水平交通通道宽度的确定和下述哪个因素无关？

　　A 交通流的构成　　　　　　B 空间感觉

　　C 建筑性质　　　　　　　　D 建筑采光

解析：一般说来，公共建筑中水平交通通道宽度对于建筑采光没有影响。

答案：D

3-1-29 (2008) 公共建筑中自动扶梯为了保证方便和安全，其坡度通常(　　)。

　　A 为30°左右　　　　　　　B 为45°左右

　　C 取决于人流量　　　　　　D 取决于建筑层高

解析：参见《公建设计原理》第36页，公共建筑中自动扶梯的坡度通常为30°左右。

答案：A

3-1-30 (2008) 展览馆下列哪种空间组合易产生人流流线交叉？

　　A 串联式　　　　　　　　　B 串联兼通道式

　　C 放射式　　　　　　　　　D 综合大厅式

解析：综合大厅式的展览馆易产生人流流线交叉。

答案：D

3-1-31 (2008) 观演性建筑空间组合的基本特征是(　　)。

　　A 有升起的地面和空间的穿插

　　B 单层的观演空间和多层的服务性空间

　　C 有表演空间和与其相对的观看空间

　　D 由大型观演空间和围绕它的服务性空间组成

解析：参见《公建设计原理》第126页，观演性建筑空间组合的基本特征是由大型观演空间和围绕它的服务性空间组成。

答案：D

3-1-32 (2008) 在建筑空间组合上，高层公共建筑类型虽多，但常用的两种为(　　)。

A 板式和塔式 B 方形和圆形
C 咬合式和交错式 D 错落式和叠合式

解析：参见《公建设计原理》第 131 页，高层公共建筑常用的两种类型为板式和塔式。

答案：A

3-1-33 (2008) 美国建筑师波特曼设计的一些旅馆，其主要特点是(　　)。

A 设置了丰富的室内庭院和绿化
B 以客房来围成一个高大的中庭空间
C 有高大华丽的门厅
D 设置了室内水景观

解析：参见《建筑空间组合论》第 240 页，美国建筑师波特曼设计的一些旅馆建筑，其主要特点是以客房来围成一个高大的中庭空间。

答案：B

3-1-34 (2008) 在室内，可以用柱子来分隔空间。下图中有 5 种柱子的布置方式。符合空间组合构图一般原则的方式是(　　)。

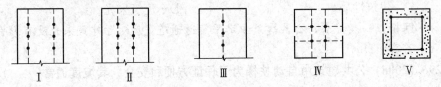

题 3-1-34 图

A Ⅰ、Ⅴ B Ⅰ、Ⅱ、Ⅳ、Ⅴ
C Ⅱ、Ⅳ D Ⅰ、Ⅲ、Ⅴ

解析：参见《建筑空间组合论》第 231～232 页，Ⅱ、Ⅲ、Ⅳ三种方式主从不分，欠统一、完整。

答案：A

3-1-35 (2008) 下述建筑师中，哪一个不是以生态建筑设计著名的？

A 哈桑·法赛 B 杨经文
C 托马斯·赫尔佐格 D 富兰克·盖里

解析：富兰克·盖里是著名的解构主义建筑师，他设计的日本"鱼餐馆"并不是真正意义上的"生态建筑"。

答案：D

3-1-36 (2007) "……最蹩脚的建筑师从一开始就比最灵巧的蜜蜂高明的地方，是他在用蜂蜡建筑蜂房前，已经在自己的头脑中把它建成了。"这段话出自何人之口？

A 达尔文 B 达·芬奇 C 马克思 D 黑格尔

解析：这段话出自马克思《资本论》。

答案：C

3-1-37 (2007) 公共建筑的坡道与楼梯在等宽的前提下，坡道所占的面积通常为楼梯的( )。

　　A 2倍　　　　　B 4倍　　　　　C 6倍　　　　　D 8倍

解析：见《公建设计原理》第36页。坡道坡度在1/8左右，而楼梯坡度在1/2左右，宽度相同，故坡道所占面积是楼梯的4倍。

答案：B

3-1-38 (2007) 以下哪类公共建筑不适合采用全空气式集中空调系统？

　　A 影剧院　　　B 体育馆　　　C 展览馆　　　D 宾馆客房

解析：参见《公建设计原理》第107页。全空气式集中空调在整体系统中不完全能满足各房间的局部要求，风量不易调整，运行费用过大。不适用于风量不大，服务面复杂，建筑空间分割较小，如宾馆之类的公共建筑。

答案：D

3-1-39 (2007) 在下列高层公共建筑实例中，把垂直交通和辅助房间集中起来放在一侧或两端以保障主要空间于突出位置的是( )。

　　A 美国纽约利华大楼　　　　　B 意大利米兰市派瑞利大楼
　　C 美国纽约联合国秘书处大厦　D 美国纽约世界贸易中心

解析：见《公建设计原理》第133页。有的高层公共建筑把垂直交通和辅助房间集中起来放在一侧或两端以保障主要空间于突出位置，如意大利米兰市派瑞利大楼。

答案：B

3-1-40 (2007) 民用建筑按功能分为两大类，下列哪项正确？

　　A 住宅与办公建筑　　　　　B 单体与群体
　　C 高层与低层建筑　　　　　D 居住与公共建筑

解析：参见《公建设计原理》第3页。民用建筑按功能分为居住与公共建筑两大类。

答案：D

3-1-41 (2006) "埏埴以为器，当其无，有器之用。凿户牖以为室，当其无，有室之用。故有之以为利，无之以为用"，这几句话精辟地论述了( )。

　　A 空间与使用的辩证关系　　　B 空间与实体的辩证关系
　　C 有和无的辩证关系　　　　　D 利益和功用的辩证关系

解析：参见《公建设计原理》第56页，这几句话精辟地论述了空间与实体的辩证关系。

答案：B

3-1-42 (2006) 在高层公共建筑中，双侧排列的电梯不宜超过( )。

　　A 2×2台　　　B 2×3台　　　C 2×4台　　　D 2×5台

解析：参见《公建设计原理》第36页，高层公共建筑中每组电梯不宜超过8部。

答案：C

3-1-43 (2006) 为了在设计中把握空间组合的规律性，公共建筑空间按使用性质可以划分为哪些部分？

A 主要使用部分、次要使用部分、交通联系部分
B 公共使用部分、半公共使用部分、半私密使用部分
C 室内空间、室外空间、半室内空间
D 公共空间、私密空间、共享空间

解析：见《公建设计原理》第26页，公共建筑空间的使用性质与组成类型虽然繁多，但概括起来，可以划分为主要使用部分、次要使用部分（或称辅助部分）和交通联系部分。

答案：A

3-1-44 (2006) 在以下公共建筑中，哪种类型最不宜使用自动扶梯组织人流疏散？

A 百货商店　　B 地铁车站　　C 大型医院　　D 航空港

解析：见《公建设计原理》第36页，大型医院最不宜使用自动扶梯组织人流疏散。

答案：C

3-1-45 (2006) 关于室内设计的下列叙述，哪项是正确的？

Ⅰ．室内设计的目的是营造一个舒适宜人、美观大方的室内空间环境
Ⅱ．室内设计需要考虑室内物理（声、光、热）环境的问题
Ⅲ．室内设计主要是装饰装修设计和艺术风格设计
Ⅳ．室内设计是针对有高级装修要求的建筑而言的

A Ⅰ、Ⅲ　　B Ⅰ、Ⅱ　　C Ⅱ、Ⅳ　　D Ⅱ、Ⅲ

解析：室内设计一般不考虑室内物理（声、光、热）环境的问题；另外，室内设计并不仅是针对有高级装修要求的建筑而言的。

答案：A

3-1-46 (2006) 在大的室内空间中，如果缺乏必要的细部处理，则会使人感到(　　)。

A 空间尺寸变小　　　　　　B 空间尺寸变大
C 空间变得宽敞　　　　　　D 空间尺度无影响

解析：见《公建设计原理》第65页，在大的建筑空间中，如果缺乏必要的细部处理，则会使人感到空间尺度变小。

答案：A

3-1-47 (2006) 以下哪一种室内灯具的发光效率最高？

A 嵌入式下射型白炽灯具　　B 乳白玻璃吸顶灯
C 有反射罩的直射型灯具　　D 开敞式荧光灯具

解析：就发光效率而言，白炽灯具较荧光灯具差；有反射罩的直射型灯具发光效率高于一般吸顶灯和开敞式灯具。

答案：C

3-1-48 (2006) 以下室内人工光源中，显色指数最低的是(　　)。

A 高压钠灯　　　　　　　　B 白炽灯
C 卤钨灯　　　　　　　　　D 日光色荧光灯

解析：显色指数是指物体用该光源照明和用标准光源（一般以太阳光做标准光源）照明时，其颜色符合程度的量度，也就是颜色逼真的程度。高压钠灯

的显色指数一般为40~60，白炽灯、卤钨灯、日光色荧光灯的显色指数分别是95~99、95~99、70~80。

答案：A

3-1-49 (2006) 室内照明方式与人的活动性质有密切关系。以下室内空间的规定照度平面哪一项是错误的？

A 办公室：距地0.75m的水平面
B 托儿所、幼儿园：距地0.4m的水平面
C 浴室、卫生间：地面
D 卧室：距地0.4m的水平面

解析：参见《建筑照明设计标准》GB 50034—2004第5.1.1条居住建筑照明标准值中，卧室的参考平面高度为0.75m。

答案：D

3-1-50 (2006) 在建筑面积相同的条件下，下列建筑平面形状的单位造价由低到高的顺序是(　　)。

A 正方形、矩形、工字形、L形　　B 矩形、正方形、L形、工字形
C 正方形、矩形、L形、工字形　　D 矩形、正方形、工字形、L形

解析：用类似建筑物的体形系数概念考量，外墙面积与建筑面积之比值越大越不经济。因此建筑平面形状的单位造价由低到高的顺序是：正方形、矩形、L形、工字形。

答案：C

3-1-51 (2005) 计成在《园冶》中指出造园要"巧于因借、精在体宜"，相当于室外空间环境设计原理中的(　　)。

A 改造环境　　B 利用环境　　C 创造环境　　D 配合环境

解析：参见《公建设计原理》第11页，利用环境的有利因素是室外空间环境设计原理的一个方面。

答案：B

3-1-52 (2005) 下列哪项不是公共建筑设计中要解决的核心功能问题？

A 空间组成　　B 功能分区　　C 交通组织　　D 空间形态

解析：参见《公建设计原理》第26页，功能分区、交通组织、空间组成是公共建筑设计中要解决的核心功能问题。

答案：D

3-1-53 (2006) 双内走廊的平面在公共建筑中常用于(　　)。

A 有许多不需要自然采光的黑房间的建筑
B 以减少体形系数的节能建筑
C 平面上功能分区复杂的建筑
D 具有空调系统的病房楼和办公楼

解析：双内走廊的平面在公共建筑中常用于有许多不需要自然采光的黑房间的建筑。

答案：A

3-1-54 (2005) 大型火车站和航站楼，到达旅客和出发旅客人流的布局通常采用（　　）。
　　A 分区布置，遵循右行规则，到达在左，出发在右
　　B 分层布置，到达在下，出发在上
　　C 分区布置，出发在中，到达在左右两侧
　　D 混合布置，进出在中，二层设候车（机）厅
　　解析：参见《公建设计原理》第47页，规模较大的交通建筑常把进出空间的两大流线分层布置，到达在下，出发在上。
　　答案：B

3-1-55 (2005) 高层办公楼常采用板式体形，而超高层办公楼常采用塔式体形，主要原因是（　　）。
　　A 自然通风和采光上的原因　　　B 垂直交通布置上的原因
　　C 结构上的原因　　　　　　　　D 外观上的原因
　　解析：参见《公建设计原理》第131页，主要是结构上的原因。板式和塔式相比，高而扁的板状不利于抵抗水平推力。
　　答案：C

3-1-56 (2005) 大型旅馆和图书馆显示出复杂综合的空间组合，其根本原因在于（　　）。
　　A 丰富多变的空间序列
　　B 高层客房、书库与低层裙房的组合
　　C 功能服务区与后勤工作区的组合
　　D 功能和人流的复杂性
　　解析：参见《公建设计原理》第141页，其根本原因在于功能和人流的复杂性。
　　答案：D

3-1-57 (2005) 高层和超高层建筑通常分为板式和塔式两种基本体形。下述四幢建筑：纽约联合国大厦、上海金茂大厦、芝加哥希尔斯大厦、米兰派瑞利大厦，分别是（　　）。
　　A 板式、塔式、塔式、板式　　　B 板式、塔式、板式、塔式
　　C 塔式、板式、塔式、塔式　　　D 塔式、塔式、板式、板式
　　解析：参见《公建设计原理》第五章第四节，纽约联合国大厦和米兰派瑞利大厦是板式，芝加哥希尔斯大厦和上海金茂大厦是塔式。
　　答案：A

3-1-58 (2005) 欧洲的园林有两大类：一类以几何构图为基础，一类为牧歌式的田园风光。这两类园林的代表性国家是（　　）。
　　A 意大利、荷兰　　　　　　　　B 意大利、西班牙
　　C 法国、意大利　　　　　　　　D 法国、英国
　　解析：法国是以几何构图为基础园林的代表性国家。英国园林则以牧歌式的田园风光为突出特点。

答案：D

3-1-59 (2004)密斯设计的西班牙巴塞罗那博览会德国馆的空间组织特征可以概括为（　）。

A 序列空间　　　B 流动空间　　　C "灰"空间　　　D 抽象空间

解析：参见《公建设计原理》第70页，西班牙巴塞罗那博览会德国馆的空间组织特征可以概括为流动空间。

答案：B

3-1-60 (2004)在室内设计中，以下关于"尺度"的说法哪一条是错误的？

A 人的尺度概念是由人体尺寸所决定的，不会随着时代进步而有所变化
B 建筑细部尺度对空间尺度有重要影响
C 人的视觉规律是分析建筑空间尺度的重要因素
D 建筑空间的尺度感可以通过视觉进行调整

解析：参见《公建设计原理》第66页，人的尺度概念常随着社会的发展与技术的进步而有所变化。

答案：A

3-1-61 (2004)在建筑空间组合中，采用建筑轴线的构图手法通常可使室内空间获得（　）。

A 节奏感　　　B 层次感　　　C 导向感　　　D 流动感

解析：参见《公建设计原理》第77页，强调导向的技法是多种多样的，但建筑轴线的构图技法，应是一个重要的手段。

答案：C

3-1-62 (2004)在建筑空间组合中以下哪一项不能达到布局紧凑、缩短通道的目的？

A 适当缩小开间，加大进深　　　B 利用走道尽端布置较大的房间
C 在走道尽端布置辅助楼梯　　　D 采用庭院式布局

解析：参见《公建设计原理》第31页，适当缩小开间，加大进深；利用走道尽端布置较大的房间；在走道尽端布置辅助楼梯等措施皆能达到布局紧凑、缩短通道的目的。

答案：D

3-1-63 (2004)以下关于室内人工照明的说法，哪一项是错误的？

A 目前人工照明的光源基本上有三种：白炽灯、荧光灯、碘钨灯
B 白炽灯和碘钨灯的光色偏冷，荧光灯的光色偏暖
C 一般荧光灯比白炽灯的发光效率高，耗电小，寿命长
D 白炽灯、碘钨灯的表面温度比荧光灯高

解析：参见《公建设计原理》第110页，白炽灯和碘钨灯的光色偏暖、荧光灯的光色偏冷。

答案：B

3-1-64 (2004)中国古代建筑室内用于分隔空间的固定木装修隔断称为（　）。

A 幕　　　B 屏　　　C 罩　　　D 帷

解析：参见《室内设计资料集》第170页，清式花罩。

答案：C

3-1-65 (2004) 建筑大师密斯设计的范思沃思住宅（Farnsworth House，1950）曾引发了法律纠纷，其主要原因是（　　）。
A 结构不合理造成浪费　　　　B 缺乏私密性
C 违反了消防规范　　　　　　D 不符合规划要求
解析：范斯沃斯住宅以大片的玻璃取代了阻隔视线的墙面，曾因缺乏私密性引发了法律纠纷。
答案：B

3-1-66 (2004) 公共建筑设计中常用的结构形式是以下哪项？
A 混合结构、框架结构、空间结构　　B 框架结构、框剪结构、框筒结构
C 砖石结构、混凝土结构、钢结构　　D 简支结构、悬索结构、张拉结构
解析：参见《公建设计原理》第94页，公共建筑设计中常用的结构形式是混合结构、框架结构、空间结构。
答案：A

3-1-67 (2004) 在超过多少层的公共建筑中，电梯的作用超过楼梯，成为主要的交通工具？
A 4　　　　B 6　　　　C 8　　　　D 10
解析：参见《公建设计原理》第36页，在超过8层的公共建筑中，电梯就成为主要的交通工具了。
答案：C

3-1-68 (2004) 在实际工作中，一般性公共建筑通常用以控制经济指标的是（　　）。
A 有效面积系数　　　　　　B 使用面积系数
C 建筑体积系数　　　　　　D 建筑面积
解析：参见《公建设计原理》第112页，在实际工作中，一般性公共建筑通常用使用面积系数以控制经济指标。
答案：B

3-1-69 (2004) 与电梯相比，对自动扶梯优点的描述，以下哪项是错误的？
A 随时上下，不必等候，能连续快速疏散大量人流
B 不需设机房和缓冲坑，占用空间少
C 运行时使人对环境景观获得视觉的动态享受
D 便于搬运大件物品，便于老年人或残障人员使用
解析：见《公建设计原理》第37页，自动扶梯对于年老体弱及携带大件物品者不够方便。
答案：D

3-1-70 (2004) 公共建筑空间组合中的通道宽度与长度，主要根据哪三项因素来确定？
A 功能需要、环境条件、施工技术　　B 通畅感、节奏感、导向感
C 建筑性质、耐火等级、防火规范　　D 功能需要、防火规定、空间感受
解析：参见《公建设计原理》第30页，公共建筑空间组合中的通道宽度与长度，主要根据功能需要、防火规定、空间感受来确定。

答案：D

3-1-71（2004）通用实验室标准单元的开间是由实验台的宽度、布置方式及间距决定的，实验台平行布置的标准单元，其开间不宜小于下列哪项？

A　7.50m　　　　B　7.20m　　　　C　6.60m　　　　D　6.00m

解析：见《建筑设计资料集4》"实验室"部分中实验室开间不宜小于3.0m的倍数。

答案：D

3-1-72（2003）"集散大量人流，疏散时间集中"，"可以考虑分区入场，分区疏散"，"出入口可以考虑合用"，"应采用平面与立体这两种方式组织疏散"。以上有关人流疏散的描述是针对下列哪一类建筑的？

A　影剧院　　　　B　会堂　　　　C　体育场（馆）　　D　火车站

解析：题中所述都是体育建筑人流疏散的特点。参见《公建设计原理》第47页。

答案：C

3-1-73（2003）关于建筑中空间序列（space sequence），以下论述中，哪一个不属于其范畴？

A　综合地运用对比、重复、过渡、引导等一系列空间处理手法，把建筑中各个空间组织成一个有序、有变化、统一完整的空间集群

B　建筑中各个空间具有不同的使用功能，人在其间生活工作需要在一系列空间中活动

C　人对建筑的观赏是一个有时间历程的运动过程，在这一点上建筑可以比拟于音乐

D　某一形式空间的重复或再现，不仅可以形成一定的韵律感，而且对于衬托主要空间和突出重点、高潮也是有利的

解析：参见《建筑空间组合论》第53页，空间的序列与节奏。题中B选项建筑功能和流线问题不属于空间序列范畴。

答案：B

3-1-74（2003）判断下图是什么建筑？

A　幼儿园　　　　　　　　B　疗养院
C　郊区联排住宅　　　　　D　度假旅馆（客房部）

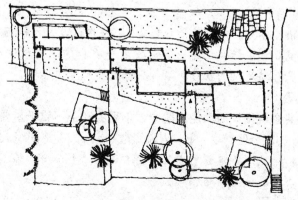

题 3-1-74 图

解析：详见《公建设计原理》第 46 页，瑞士巴塞尔幼儿园总体布局。

答案：A

3-1-75 (2003) 在公共建筑中。尽管空间的使用性质与组成类型是多种多样的，但可以概括为：

A 辅助使用部分、主要使用部分、设备空间部分
B 主要使用部分、辅助使用部分、交通联系部分
C 主要使用部分、交通联系部分、设备空间部分
D 过渡空间部分、主要空间部分、交通联系部分

解析：参见《公建设计原理》第 26 页，公共建筑的使用性质与组成类型虽然繁多，但概括起来，可以划分为主要使用部分、次要使用部分（或称辅助部分）和交通联系部分。

答案：B

3-1-76 (2003) 在处理公共建筑室外空间与周围环境的关系时．常常会引用"巧于因借，精在体宜"及"俗则摒之，嘉则收之"，这些话出自：

A 计成的《说园》　　　　　B 钱泳的《履园丛话》
C 计成的《园冶》　　　　　D 钱泳的《说园》

解析：参见《公共建筑设计原理》（第二版）第 11 页，远在 17 世纪我国著名的造园家计成在《园冶》一书中曾指出过，造园要"巧于因借．精在体宜"……

答案：C

3-1-77 (2003) 关于室内设计含义的陈述，下列哪一条较为准确和全面？

A 它包括装饰、家具、陈设等的设计和布置，以形成一定艺术风格的室内环境
B 对室内地面、墙壁、顶棚、门窗进行装修设计，对灯具、厨卫设备、家具、陈设等进行选择和布置，既考虑实用又考虑美观
C 它是由室内设计人员进行设计、装修公司进行施工，不同于建筑设计的一个新的专业领域
D 根据室内空间的使用性质和环境条件运用物质技术和艺术手段，以功能合理、舒适美观及符合人的生理、心理和审美要求为目的的建筑内部空间环境设计

解析：参见《建筑设计资料集1》室内设计是指根据建筑物的使用性质、所处环境和相应标准，运用物质技术手段和建筑美学原理，创造功能合理、舒适优美、满足人们物质和精神生活需要的室内环境。

答案：D

3-1-78 公共建筑设计的功能问题中，下列哪一条不属于重要的核心问题？

A 功能分区　　B 人流疏散　　C 空间组成　　D 通风采光

解析：见《公建设计原理》第 26 页，第二章。在公共建筑设计的功能问题中，通风采光问题相对次要。

答案：D

3-1-79 著名建筑大师密斯·凡·德·罗设计的巴塞罗那博览会德国馆,采用的是下列哪种空间组合形式?
A 走道式组合　　　　　　　B 串联式组合
C 单元式组合　　　　　　　D 自由灵活的空间组合
解析:巴塞罗那博览会德国馆以其内部空间自由灵活的分隔,开创了"流动空间"的概念,其空间组合采用了自由灵活的形式。
答案:D

3-1-80 美国纽约古根海姆美术馆的展厅空间布置采取的是下列哪一种形式?
A 多线式　　B 簇团式　　C 串联式　　D 并联式
解析:古根海姆美术馆的展厅空间布置应属典型的串联式。建筑师赖特将展厅空间布置成一个环绕中庭上下贯通的螺旋形。
答案:C

3-1-81 依《建筑空间组合论》的论述,房间的使用功能对其空间形式具有规定性,下列哪一种规定性不应列入?
A 大小和容量的规定性　　　B 结构形式的规定性
C 物理环境的规定性　　　　D 形状的规定性
解析:房间的使用功能在量、形、质三个方面对其空间形式具有规定性。一般并不对结构形式具有直接的规定性。
答案:B

3-1-82 下列哪一项不属于公共建筑交通联系部分的基本空间形式?
A 水平交通　　B 垂直交通　　C 枢纽交通　　D 对外交通
解析:见《公建设计原理》第29页,第二章第一节,对外交通不属于公共建筑交通联系部分的基本空间形式。
答案:D

3-1-83 下列哪一项不属于公共建筑中常用的垂直交通联系手段?
A 电梯　　B 自动扶梯　　C 楼梯　　D 爬梯
解析:见《公建设计原理》第31页,第二章第一节,爬梯显然不属于常用的垂直交通手段。
答案:D

3-1-84 公共建筑与其他类型的建筑相比,在下列哪个方面具有很大差别?
A 人流集散　　B 空间类型　　C 建筑功能　　D 建筑造型
解析:见《公建设计原理》第26页,第二章,公共建筑内的人流量大而集中,与其他类型的建筑相比具有很大差别。
答案:A

3-1-85 公共建筑的门厅设计一般应力求满足下列哪两项要求?
Ⅰ.合适的尺度感;Ⅱ.适度的开敞感;Ⅲ.明确的导向感;Ⅳ.适当的过渡感
A Ⅰ、Ⅱ　　B Ⅰ、Ⅲ　　C Ⅱ、Ⅲ　　D Ⅱ、Ⅳ
解析:见《公建设计原理》第38页,第二章第一节,公共建筑门厅设计中应重点解决尺度和导向两个问题。

答案：B

3-1-86 下列哪一类厅堂不需要布置耳光？
A 音乐厅　　　B 剧场　　　C 电影院　　　D 会堂
解析：电影放映不需耳光。
答案：C

3-1-87 公共建筑人流比较集中的部位，坡道的坡度需要平缓一些，通常为（　　）。
A 5％～10％　　B 6％～12％　　C 7％～14％　　D 8％～15％
解析：见《公建设计原理》第36页，公共建筑人流比较集中的部位，坡道的坡度通常为6％～12％。
答案：B

3-1-88 单股人流自动扶梯每小时运送人数为（　　）。
A 1000人左右　　　　　　　B 2000～3000人
C 5000～6000人　　　　　　D 8000人左右
解析：见《公建设计原理》第36页，单股人流自动扶梯每小时运送人数为5000～6000人。自动扶梯最适合用在人流量大而集中的场所。
答案：C

3-1-89 办公、学校、医院建筑适宜采用下列何种空间组合方式？
A 分隔性　　　B 连续性　　　C 高层性　　　D 综合性
解析：见《公建设计原理》第114页，多个使用空间之间的相互独立、隔离是这类建筑的特有要求，故宜采用分隔性的空间组合方式。
答案：A

3-1-90 博物馆、美术馆建筑适宜采用下列何种空间组合方式？
A 分隔性　　　B 连续性　　　C 观演性　　　D 综合性
解析：见《公建设计原理》第121页，博物馆、美术馆的参观路线应当连续，适宜采用连续性的空间组合方式。
答案：B

3-1-91 不适合采用走道式空间组合形式的建筑是（　　）。
A 学校　　　B 医院　　　C 展览馆　　　D 单身宿舍
解析：见《公建设计原理》第121页，展览馆空间要求有一定的连续性，不适合采用走道式空间组合形式。
答案：C

3-1-92 以下哪类公共建筑的疏散人流具有"连续性"的特征？
A 影剧院　　　B 会堂　　　C 体育馆　　　D 商场
解析：见《公建设计原理》第49页，公共建筑的疏散人流具有"连续性"的，如医院、商店、旅馆等。
答案：D

3-1-93 为了在设计中把握空间组合的规律性，公共建筑空间按使用性质可以划分为哪些部分？
A 主要使用部分、次要使用部分、交通联系部分

B 公共使用部分、半公共使用部分、半私密使用部分
C 室内空间、室外空间、半室内空间
D 公共空间、私密空间、共享空间

解析：见《公建设计原理》第 26 页，公共建筑空间的使用性质与组成类型虽然繁多，但概括起来，可以划分为主要使用部分、次要使用部分（或称辅助部分）和交通联系部分。

答案：A

3-1-94 框架结构的出现，为建筑设计提供许多有利条件，以下哪一项不是主要的？
A 大幅度地提高建筑层数　　B 提高建筑的经济性
C 增加建筑室内分割的灵活性　D 有利于建筑外形的可塑性

解析：框架结构与混合结构相比，虽然结构面积较小，但造价较高；在一般中小型建筑中应用，并不能提高建筑的经济性。

答案：B

（二）住宅设计原理

3-2-1（2010）如题图所示的跃廊式多层住宅，其主要优点是(　　)。

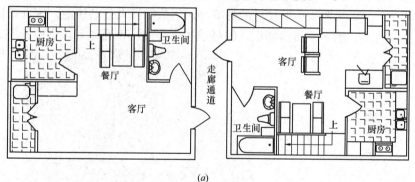

(a)

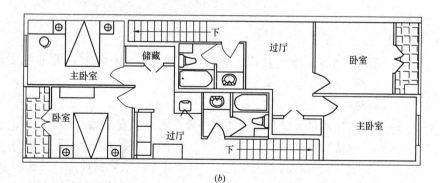

(b)

题 3-2-1 图
(a) 走廊层平面；(b) 上（下）标准层平面

A 有明厨明卫　　　　　　B 卧室日照良好
C 每户有两个朝向　　　　D 套内易形成穿堂风

165

解析：图示跃廊式多层住宅主要优点是每户有两个朝向。

答案：C

3-2-2 (2010) 制约住宅起居室开间大小的主要因素为(　　)。
A 观看电视的适当距离　　　B 坐在沙发上交谈的距离
C 沙发的大小尺度　　　　　D 沙发摆放方式

解析：参见《住宅设计原理》11页，起居室开间大小要考虑观看电视的适当距离。

答案：A

3-2-3 (2010) 住宅设计中的户型是根据什么划分的?
A 住户的家庭代际数　　　　B 住宅的房间构成
C 住户的家庭人口构成　　　D 住宅的居室数目和构成

解析：参见《住宅设计原理》3页，不同的家庭人口构成形成不同的住宅户型。

答案：C

3-2-4 (2010) 关于题图所示20世纪中叶著名住宅的陈述，哪项是正确的?
A 勒•柯布西耶设计的马赛公寓，跃层式，每两层有一公共内走廊
B 勒•柯布西耶设计的马赛公寓，跃层式，每三层有一公共内走廊
C 格罗皮乌斯设计的马赛公寓，低收入者公共住宅，内廊跃层式
D 勒•柯布西耶设计的昌迪加尔公寓，普通住宅，内廊跃层式

题 3-2-4 图

解析：参见《住宅设计原理》140页，从剖面图可以看出每三层有一公共内走廊。

答案：B

3-2-5 (2009) 人对居住环境的共同心理需求除了安全感、私密性外，还有(　　)。
A 灵活性、开敞性　　　　　B 领域感、封闭性
C 邻里交往、自然回归性　　D 宗教精神性、情趣和意境

解析：参见《住宅设计原理》第8页，人对居住环境的共同心理需求除了安全感、私密性外，还有邻里交往、自然回归性。

答案：C

3-2-6 (2009) 住宅户内功能分区是指(　　)。
A 将居住、工作和交通空间分区

B 将使用空间和辅助空间分区
C 实行"公私分区""动静分区""系统分区"
D 实行"生理分区""功能分区""内外分区"

解析：参见《住宅设计原理》第22页。住宅户内功能分区主要包括公私分区、动静分区和管道系统的洁污分区三部分概念。

答案：C

3-2-7 (2009) 适用于我国大部分地区住宅南向外窗的有效而简单的遮阳方式是（   ）。

A 水平式　　　　B 垂直式　　　　C 综合式　　　　D 挡板式

解析：参见《住宅设计原理》第178页，水平式是适用于我国大部分地区住宅南向外窗的有效而简单的遮阳方式。

答案：A

3-2-8 (2009) 各住户的日照和通风具有均好性，且便于规划道路与管网，方便施工。此种住宅组团布局方式是（   ）。

A 院落式　　　　B 周边式　　　　C 点群式　　　　D 行列式

解析：参见《住宅设计原理》第304页，行列式住宅组团布局方式使每户都能获得良好的日照和通风条件，且便于规划道路、管网，方便工业化施工。

答案：D

3-2-9 (2009) 点状住宅可设置内天井，以解决每层户数较多时所带来的采光与通风问题，还可用下列哪种方法较易获得类似效果？

A 平面凹凸布置　　　　　　　　B 加大开窗面积
C 跃层式户型设计　　　　　　　D 扩大房间面积

解析：见《住宅设计原理》第27页，利用平面凹凸可以争取一部分房间获得较好的采光或利于组织局部对角通风。

答案：A

3-2-10 (2009) 就住宅建筑经济和用地经济相关的因素进行分析，以下对住宅层数、层高与节地关系的论述哪项不准确？

A 建筑面积相同的平房与五层楼房相比占地大3倍左右
B 从建筑造价和节地角度讲，6层住宅是比较经济的
C 层高每降低10cm，可节地3%
D 建筑层数由5层增加到9层，可使居住面积密度提高35%

解析：按日照间距系数1.5简单推算，建筑面积相同的平房与五层楼房相比占地大1.23倍；如考虑6m防火间距，则占地大1.46倍。A的说法不准确。

答案：A

3-2-11 (2008) 2006年在住宅建设方面出台的所谓"90/70"政策是指（   ）。

A 城市新开工住房建设中，套型在90m²以下的住房面积必须达到70%以上
B 为低收入者提供的廉租房90%以上应该是面积70m²以下的住房
C 城市经济适用房的套型面积必须控制在70~90m²
D 城市经济适用房的套型面积不得超过90m²，廉租房不得超过70m²

解析：国务院有关部门在关于调整住房供应结构、稳定住房价格的文件中提出要求。自2006年6月1日起，凡新审批、新开工的商品住房建设，套型建筑面积90m²以下住房（含经济适用住房）面积所占比重，必须达到开发建设总面积的70%以上。

答案：A

3-2-12 (2008) 家庭人口结构中的"核心户"是指（   ）。

A 一对夫妻所组成的家庭
B 一对夫妻和其未婚子女所组成的家庭
C 一对夫妻和一对已婚子女所组成的家庭
D 一对夫妻和其父母及子女所组成的家庭

解析：见《住宅设计原理》第4页，"核心户"是指一对夫妻和其未婚子女所组成的家庭，这是最常见、最稳定的一种家庭人口结构。

答案：B

3-2-13 (2008) 为保证住宅室内空气质量（IAQ），考虑到生理健康、经济和社会等因素，每人平均居住容积至少为（   ）。

A 15m³   B 20m³   C 25m³   D 35m³

解析：见《住宅设计原理》第6页，根据我国预防医学中心环境监测站在1984～1985年组织的八城市调查和综合考虑经济、社会与环境效益，认为每人平均居住容积至少为25m³。

答案：C

3-2-14 (2008) 勒·柯布西耶设计的法国马赛公寓在住宅形式上属于（   ）。

A 内廊式住宅   B 内廊跃层式住宅
C 外廊跃层式住宅   D 外廊式住宅

解析：参见《住宅设计原理》第140页。法国马赛公寓在住宅形式上属于内廊跃层式住宅。

答案：B

3-2-15 (2008) 底层商店住宅具有一些优点也存在一些问题，下列叙述中哪一项是不确切的？

A 方便居民生活，但也带来干扰
B 能提高土地利用率，但使建筑结构和设备处理复杂
C 有利于房地产开发与销售，但不利于地下空间利用
D 可以繁荣城市商业，但不易满足商业大空间的要求

解析：参见《住宅设计原理》第195～196页，底层商店住宅存在的问题中并无不利于地下空间利用一条。

答案：C

3-2-16 (2008) 高层住宅与多层住宅的不同点有（   ）。

A 前者可以用钢结构，后者不可以用钢结构
B 前者有电梯，后者无电梯
C 两者户型不同

D 两者楼梯间设计不同

解析：有无电梯应当是高层住宅与多层住宅最明显的不同点。

答案：B

3-2-17 (2008) 提高住宅适应性和可变性是为了解决（　　）。

A 收入水准提高和住宅性能要求的矛盾

B 结构寿命较长而功能要求变化较快的矛盾

C 家庭人口增加和住宅面积固定的矛盾

D 住房政策变化和住宅性能要求的矛盾

解析：参见《住宅设计原理》第91页，提高住宅适应性和可变性主要是为了解决结构寿命较长而功能要求变化较快的矛盾。

答案：B

3-2-18 (2008) 工业化住宅设计的基本方法包括（　　）。

A 基本单元法、模块组合法、模数网格法

B 模数网格法、基本构件法、单元设计法

C 基本构件法、模数单元法、模块组合法

D 模数网格法、基本块组合法、模数构件法

解析：参见《住宅设计原理》第210页，工业化住宅设计的基本方法包括模数网格法、基本块组合法、模数构件法。

答案：D

3-2-19 (2008) 在城市居住小区周边适宜布置的对噪声不敏感的建筑是指以下哪项？

A 有空调设备的旅馆　　　　B 高层住宅

C 联排别墅　　　　　　　　D 多层板式住宅

解析：有空调设备的旅馆外窗可以经常关闭，并提高隔声性能，相对于各类住宅和别墅而言对噪声不大敏感。

答案：A

3-2-20 (2008) 住宅建筑设计中有的地区对通风与视觉的要求更甚于日照，其界限是（　　）。

A 低于北纬20°　B 低于北纬25°　C 低于北纬35°　D 低于北纬45°

解析：我国的建筑设计气候分区中的夏热冬暖地区大致在北纬25°以南，由于气候炎热，此地区的住宅建筑设计中对通风与视觉的要求更甚于日照。

答案：B

3-2-21 (2007) 我国政府提出的人类住区发展行动计划（1996～2010），其2010年的目标是（　　）。

A 城镇每户有一处住宅，人均使用面积16m²

B 城镇每户有一处使用功能基本齐全的住宅，人均使用面积20m²

C 城镇每户有一处使用功能基本齐全的住宅，基本达到人均一间住房

D 城镇每户有一处住宅，并有较好的居住环境

解析：我国政府2006年公布的《中华人民共和国人类住区发展报告》提出：到2010年，全国城镇每户居民都有一处使用功能基本齐全的住宅，人均使用

面积达到 18 平方米，基本达到人均一间住房，并有较好的居住环境；农村住宅的使用功能基本齐全，并具有较好的居住环境。

答案：C

3-2-22 (2007) 住宅设计时要考虑户型，户型是根据下列哪个因素划分的？
A 住户的家庭代际数　　　　　B 住宅的房间构成
C 住宅的居室数目和构成　　　D 住户的家庭人口构成

解析：参见《住宅设计原理》第3页，户型是根据住户的家庭人口构成的不同而划分的住户类型。

答案：D

3-2-23 (2007) 住宅作为物质实体，其物质老化期较长，而功能变化较快。解决两者矛盾的对策是（　　）。
A 适当降低结构寿命周期，以使两者匹配
B 提高住宅的适应性和可变性
C 按"全生命周期"概念设计
D 使住宅类型多样化

解析：见《住宅设计原理》第2页，应建立动态的设计概念，充分重视住宅的适应性和可变性。

答案：B

3-2-24 (2007) 在一般混合结构住宅中，层高每降低 100mm，造价可降低（　　）。
A 1%～3%　　B 5%～10%　　C 10%～12%　　D 12%～15%

解析：住宅层高降低100mm，墙体和管道材料省1/30，造价降低不到3%。

答案：A

3-2-25 (2007) 北京恩济里小区住宅群体空间的规划结构方式是（　　）。
A 成街、成坊的布置
B 居住小区—住宅组团两级结构
C 居住区—居住小区—住宅组团三级结构
D 混合结构

解析：参见《住宅设计原理》第301页，1980年代建成的北京恩济里小区使"居住小区—住宅组团"这一规划模式得以深化和发展。

答案：B

3-2-26 (2006) SAR 体系住宅又被称为（　　）。
A 支撑体住宅　　　　　　　B 填充体住宅
C 可分体住宅　　　　　　　D 灵活可变住宅

解析：见《住宅设计原理》第33页，SAR体系住宅又被称为支撑体住宅。

答案：A

3-2-27 (2006) 住宅分户墙必须满足（　　）。
A 分隔空间要求，坚固要求，耐火等级要求
B 承重要求，隔声要求，安全要求
C 坚固要求，隔声要求，耐火等级要求

D 承重要求，坚固要求，耐火等级要求

解析：住宅分户墙不一定是承重墙，可排除 B、D；而 A、C 答案的区别在于"分隔空间要求"与"隔声要求"，显然后者要求更为明确。

答案：C

3-2-28 (2006) 在我国，与"小康型"生活水平相对应的住宅套型模式是(　　)：

A 居室型　　　B 方厅型　　　C 起居型　　　D 表现型

解析：见《住宅设计原理》第 29 页，起居型套型模式与"小康型"生活水平相对应。

答案：C

3-2-29 (2006) 住宅设计的平面布局中，在面积不变的情况下，下列哪一项不利于节约用地？

A 采用大进深　　B 采用大开间　　C 增加建筑层数　　D 顶层北向退台

解析：见《住宅设计原理》第 332 页，采用大进深，增加建筑层数，顶层北向退台等，都是节约用地的有效措施；而"采用大开间"如果指的是加大每套住宅的平均面宽，则是不利于节约用地的。

答案：B

3-2-30 (2005) 住宅套型空间组织中的"B·LD"型是指(　　)。

A 卧室独立、客厅兼有用餐功能　　B 卧室、客厅、餐厅分设
C 卧室独立、客厅和餐厅联通　　D 睡眠、起居、用餐混合

解析：见《住宅设计原理》第 30 页，"B·LD"型是将睡眠独立，起居、用餐合一的住宅套型。

答案：A

3-2-31 (2005) 一对户口在石家庄的老年夫妇，退休后在北京与其女儿、女婿和一个 16 岁的外孙女住在一起，家中还有一个常住的保姆。其家庭人口构成的人口规模、户代际数、结构形式分别是(　　)。

A 5 人户、3 代户、联合户
B 6 人户、3 代户及其他、主干户及其他
C 3 人户、2 代户及其他、核心户及其他
D 5 人户、2 代户及其他、联合户

解析：见《住宅设计原理》第 3~4 页，其家庭人口构成状况为 6 人户、3 代户及其他、主干户及其他。

答案：B

3-2-32 (2005) 在 7~9 层的中高层住宅中，一梯两户板式住宅与塔式（点式）住宅相比，以下哪一条不是它的优点？

A 自然通风和采光，日照较好
B 户间干扰较少
C 具有"均好性"，每户的条件差异较小
D 可以节省电梯

解析：在 7~9 层的中高层住宅中，一梯两户板式住宅比一梯多户的塔式住宅

电梯需要量更大，所以不是它的优点。

答案：D

3-2-33 (2005) 在高层住宅中，设计有一户占两层的跃层住宅，如果把起居室设在上一层，把卧室设在下一层，这种布局有什么优点？

A 与众不同，"下楼睡觉"，有创意
B 可以减少电梯停靠层数
C 户内空间更加丰富
D 可以减少楼上楼下两户间的噪声干扰

解析：跃层住宅起居室设在上一层，卧室设在下一层，这种布局减少了楼上楼下户间的噪声干扰，是其主要优点。

答案：D

3-2-34 (2005) 我国住宅建筑的平面扩大模数网采用（　　）。

A 1m×1m　　B 3m×3m　　C 300mm×300mm　　D 6m×6m

解析：见《住宅设计原理》第210页，我国住宅建筑的平面扩大模数网采用3M，即300mm×300mm。

答案：C

3-2-35 (2005) 高层住宅与多层住宅的区别，下述哪一条不正确？

A 垂直交通方式不同　　　　B 结构体系不同
C 建筑标准高低不同　　　　D 防火规范等级不同

解析：高层住宅与多层住宅的区别一般并不在于建筑标准高低，而在垂直交通方式、结构体系、防火规范等级上有明显区别。

答案：C

3-2-36 (2005) 建筑工业化的主要特征是（　　）。

A 系统地组织设计和施工，施工过程和构配件生产的重复性，使用批量化生产的建筑构配件
B 构配件生产的预制化，施工作业的机械化
C 设计制图的数字化，构配件生产的预制化，施工作业的机械化
D 设计过程的数字化，预制构件的工厂化，施工作业的机械化

解析：见《住宅设计原理》第208页，建筑工业化的主要特征是系统地组织设计和施工，施工过程和构配件生产的重复性，使用批量化生产的建筑构配件。

答案：A

3-2-37 (2004) 就空间组织形式而言，住宅中起居室与各卧室和餐室、厨房的关系属于（　　）。

A 并列关系　　B 序列关系　　C 主从关系　　D 综合关系

解析：参见《住宅设计原理》第22页，住宅中起居室与各卧室和餐室、厨房的关系具有私密性序列关系。

答案：B

3-2-38 (2004) 将住宅的设计和建造分为支撑体和填充体两部分的设想，是由哪个国家的建筑师提出的，称为什么理论？

A 南斯拉夫 IMS　B 荷兰 SAR　　C 法国 SCOT　　D 英国 POE

解析：见《住宅设计原理》第33页，将住宅的设计和建造分为支撑体和填充体两部分的设想是由荷兰建筑师提出的，称为 SAR 理论。

答案：B

3-2-39 (2004) 在高层住宅中，电梯设置的各因素按其重要性排列，为以下哪项？

A 经济、方便、安全可靠　　　　B 方便、经济、安全可靠
C 安全可靠、经济、方便　　　　D 安全可靠、方便、经济

解析：见《住宅设计原理》第122页，在高层住宅中，电梯设置首先要做到安全可靠，其次是方便，再次是经济。

答案：D

3-2-40 (2004) 下列四种平面示意图中，哪一种对住宅隔绝电梯的机械噪声更为经济、有效？

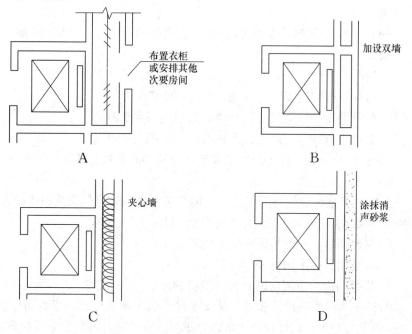

题 3-2-40 图

解析：参见《住宅设计原理》第123页，在高层住宅中，电梯井的隔声处理一般可以用浴、厕、壁橱、厨房等作为隔离空间来布置。

答案：A

3-2-41 (2003) 住宅空间的合理分室包括：

Ⅰ.功能分室；Ⅱ.生理分室；Ⅲ.行为分室

A Ⅰ、Ⅱ　　　B Ⅰ、Ⅲ　　　C Ⅱ、Ⅲ　　　D Ⅰ、Ⅱ、Ⅲ

解析：参见《住宅建筑设计原理》第27页：住宅空间的合理分室包括生理分室和功能分室两个方面。

答案：A

3-2-42 (2003) 集合住宅设计不当，造成住户间"对视"，即一户可以看到另一户的

居家生活，这个问题主要是：
A 私密性丧失（或不够）的问题　B 两户间距离太近的问题
C 噪声干扰的问题　　　　　　D 邻里交往的问题

解析：集合住宅住户间"对视"造成私密性丧失。

答案：A

3-2-43 (2003) 我国塔式高层住宅，T形、Y形、蝶形平面形式多用于何地区？而十字形、井字形、风车形平面形式多用于何地区？其主要的制约因素是：

A 北方，南方，日照　　　　　B 北方，南方，通风
C 沿海地区，内陆地区，经济　D 大城市，中小城市，结构技术

解析：参见《住宅建筑设计原理》第136页：我国北方大部分地区因需要较好的日照，经常采用T形、Y形、蝶形平面。而南方地区住宅日照问题比较次要，可采用十字形、井字形、风车形平面形式。

答案：A

3-2-44 (2003) 按照人体测量学的原理，在楼梯设计中，下列陈述哪一个是不合适的？

A 楼梯栏杆的安全高度按男性身高幅度的上限来考虑
B 楼梯踏步的高度按女性身高平均高度来考虑
C 栏杆间距的净空尺寸按女性身高平均高度来考虑
D 楼梯上方的净空高度按人体身高幅度的上限来考虑

解析：栏杆垂直杆件净距不应大于儿童头部的平均宽度，以防人身坠落。

答案：C

3-2-45 (2003) 工业化住宅方案设计中，解决多样化与规格化矛盾的基本方法是：

A 模数制、系列构件和灵活装配的方法
B 模数网络、模数构件和基本块组合的方法
C 模数制、标准构件和构件组合的方法
D 模数网络、系列构件和构件组合的方法

解析：《住宅建筑设计原理》第250页，利用模数网络、模数构件和基本块组合的方法是在工业化住宅方案设计中解决多样化与规格化矛盾的基本方法。

答案：B

3-2-46 下列关于住宅建筑的说法哪种不正确？

A 住宅建筑应提供不同的户型居住空间供各种不同的住户使用
B 住宅建筑应提供不同的套型居住空间供各种不同户型的住户使用
C 户型是根据住户家庭人口构成的不同而划分的住户类型
D 套型是指为满足不同户型住户的生活居住需要而设计的不同类型的成套居住空间

解析：见《住宅设计原理》第3页，应当把"套型"和"户型"两个概念区分开来。居住空间应当用套型来定义。

答案：A

3-2-47 家庭人口结构中的"主干户"是指(　　)。

A 一对夫妻和其未婚子女所组成的家庭
B 一对夫妻和一对已婚子女所组成的家庭
C 一对夫妻和多对已婚子女所组成的家庭
D 一对夫妻组成的家庭

解析：见《住宅设计原理》第4页，"主干户"是指一对夫妻和一对已婚子女所组成的家庭。

答案：B

3-2-48 家庭人口结构中的"联合户"是指(　　)。
A 一对夫妻和其未婚子女所组成的家庭
B 一对夫妻和一对已婚子女所组成的家庭
C 一对夫妻和多对已婚子女所组成的家庭
D 一对夫妻组成的家庭

解析：见《住宅设计原理》第4页，"联合户"一对夫妻和多对已婚子女所组成的家庭。

答案：C

3-2-49 在住宅套型的空间划分设计中，首先必须满足以下哪一种需要？
A 人的生理需要　　　　　　B 人的心理需要
C 人的活动需要　　　　　　D 环境质量需要

解析：见《住宅设计原理》第5页，人的生理需要是住宅套型设计首先要满足的。

答案：A

3-2-50 住宅套型的功能空间通常由三部分组成，下列哪项应除外？
A 居住空间　　B 厨卫空间　　C 交通空间　　D 储藏空间

解析：见《住宅设计原理》第9页，储藏空间已经不是住宅功能空间的必要部分，储藏功能可以由家具来提供。

答案：D

3-2-51 住宅空间的合理分室包括以下哪两方面？
Ⅰ．生理分室；Ⅱ．洁污分室；Ⅲ．功能分室；Ⅳ．内外分室
A Ⅰ、Ⅲ　　　B Ⅰ、Ⅳ　　　C Ⅱ、Ⅲ　　　D Ⅱ、Ⅳ

解析：见《住宅设计原理》第24页，按照不同年龄、性别和婚姻关系分室就寝，以及按不同功能分室使用就叫合理分室。

答案：A

3-2-52 按照《住宅建筑设计原理》，住宅户内功能分区，下列哪两项概念重复？
Ⅰ．公私分区；Ⅱ．静动分区；Ⅲ．洁污分区；Ⅳ．昼夜分区
A Ⅰ、Ⅲ　　　B Ⅰ、Ⅳ　　　C Ⅱ、Ⅲ　　　D Ⅱ、Ⅳ

解析：见《住宅设计原理》第24页，静动分区和昼夜分区的概念基本上是一回事。

答案：D

(三) 建筑构图原理

3-3-1 (2010) 采取"均衡"的构图手法，其目的是要使建筑造型产生哪种心理感受？
A 完整感　　　B 尺度感　　　C 安定感　　　D 节奏感
解析：参见《建筑空间组合论》194页。
答案：C

3-3-2 (2010) 从建筑起源看，影响建筑内部布局和外观形象最直接的因素是（　　）。
A 经济　　　B 文化　　　C 气候　　　D 技术
解析：参见《建筑空间组合论》第1页，原始人类为了避风雨、御寒暑和防止其他自然现象或野兽的侵袭，需要有一个赖以栖身的场所——空间，这就是建筑的起源。
答案：C

3-3-3 (2010) 关于室内装修的美观原则中，下列哪项错误？
A 注意室内空间的完整性　　　B 运用造型规律
C 充分发挥材料的特质　　　D 同一空间选材尽量多样
解析：同一空间选材过于多样不利于统一，不符合多样统一的形式美法则。
答案：D

3-3-4 (2010) 房间的使用功能对下列哪项不具有规定性？
A 空间大小和容量　　　B 空间形状
C 物理环境　　　D 结构形式
解析：参见《建筑空间组合论》14～15页，使用功能对于单一空间的量、形、质具有规定性，而与结构形式没有必然关系。
答案：D

3-3-5 (2009) 关于"黄金分割"，下面哪一项陈述是正确的（长方形的长为 a，宽为 b）？
A 古希腊的欧几里得提出，$b:a=0.618$
B 文艺复兴时期的帕拉第奥提出，$b:a=(a-b):(a+b)$
C 古罗马的《建筑十书》提出，$a:(a+b)=(a-b):b$
D 古希腊的毕达哥拉斯学派提出，$a:b=1.618$
解析：见《建筑空间组合论》39～40页，古希腊的毕达哥拉斯学派提出"黄金分割比"，认为最理想的长方形的长宽比是 $1.618:1$。
答案：D

3-3-6 (2009) "古希腊建筑的柱子相对粗壮，中国传统建筑的柱子相对细长"这句话，不能作为下列哪一项陈述的示例？
A 不能仅从形式本身来判别怎样的比例才能产生美的效果
B 古希腊崇尚人体美，中国传统是儒家思想主导

C 应当各自有合乎材料特性的比例关系

D 良好的比例一定要正确反映事物内部的逻辑性

解析：参见《建筑空间组合论》40页，古希腊建筑的柱子相对粗壮，中国传统建筑的柱子相对细长，有着各自合乎材料特性的比例关系。而与古希腊崇尚人体美，中国传统是儒家思想主导无关。

答案：B

3-3-7 (2009)"建筑构图"的含义是(　　)。

A 建筑的一种图式

B 色彩构成、平面构成、立体构成、空间构成的总和

C 建筑表现图画面的布局形式

D 建筑物各个部分的组合形式及其与整体之间的关系

解析：参见《建筑空间组合论》84～85页。无论1924年出版的《建筑构图原理》，还是1952年出版的《20世纪建筑的功能与形式》一书的《建筑构图原理》分册，书中讨论的"建筑构图"讲的都是建筑形式美的法则——也可以说是建筑物各个部分的组合形式及其与整体之间的协调关系。

答案：D

3-3-8 (2008)"人体模数图"（题图）出自何人？

A 达·芬奇

B 勒·柯布西耶

C 维特鲁威

D 博塔

解析：参见《建筑空间组合论》第211页，"人体模数图"出自勒·柯布西耶。

答案：B

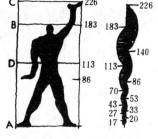

题 3-3-8 图

3-3-9 (2008)与绘画、雕塑不同，建筑艺术常常被比喻为音乐，这是因为(　　)。

A 与绘画和雕塑具有明确的含义不同，建筑和音乐给人的只是情感

B 绘画和雕塑的尺度相对于建筑要小得多

C 人们在建筑空间序列中欣赏和感受建筑艺术，是随时间展开的，和音乐相似

D 绘画和雕塑是具象的，建筑和音乐是抽象的

解析：参见《建筑空间组合论》第53、54页，人们在建筑空间序列中欣赏和感受建筑艺术，是随时间展开的，和音乐相似。

答案：C

3-3-10 (2008)天安门广场人民英雄纪念碑（题图左图）设计借鉴了颐和园的昆明湖碑（题图右图），从图片就可以看出人民英雄纪念碑要比昆明湖碑大得多，这表示该设计在如下哪个方面把握得很好？

A 建筑尺度　　B 建筑造型　　C 建筑细部　　D 建筑环境

解析：参见《建筑空间组合论》第41、42页，天安门广场人民英雄纪念碑的

题 3-3-10 图

设计在建筑尺度方面把握得很好,从而使人们能在视觉上感受到建筑物实际体量的高大。

答案:A

3-3-11 (2008) 韵律美的特征表现为( )。

A 条理性、重复性、连续性　　B 重复性、渐变性、对比性
C 条理性、连续性、均衡性　　D 重复性、交错性、动感性

解析:参见《建筑空间组合论》第 38 页。韵律美是一种以具有条理性、重复性和连续性为特征的美的形式。

答案:A

3-3-12 (2008) 建筑体形组合通常都遵循一些共同的原则,其最基本的一条是( )。

A 分合有序、和谐协调　　B 主从分明、有机结合
C 对比变化、多样统一　　D 主从分明、均衡稳定

解析:参见《建筑空间组合论》第 271 页。建筑体形组合通常都遵循一些共同的原则,这些原则中最基本的一条就是主从分明、有机结合。

答案:B

3-3-13 (2008) 西安大雁塔塔身构图手法属于( )。

A 连续的韵律　　B 渐变的韵律　　C 起伏的韵律　　D 交错的韵律

解析:参见《建筑空间组合论》第 208 页。西安大雁塔以大小与高度递减的圆券与出檐交替重复出现,既取得了渐变的韵律感又满足了结构稳定的要求。

答案:B

3-3-14 (2008) 下页题图为三个西方古典建筑局部立面,图面高度画成一样,实际大小是不一样的,按实际大小从大到小的排列应该是( )。

A Ⅰ、Ⅱ、Ⅲ　　B Ⅱ、Ⅰ、Ⅲ　　C Ⅲ、Ⅰ、Ⅱ　　D Ⅲ、Ⅱ、Ⅰ

解析:参见《建筑空间组合论》第 214 页。在西方古典建筑中,愈是高大的建筑其高度与开间的比例关系愈狭长,这是因为采用石结构的建筑两柱间距

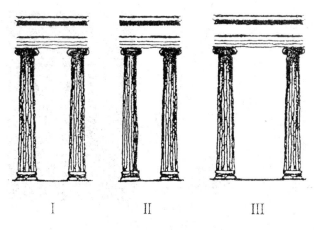

题 3-3-14 图

离受到过梁跨度的限制所致。

答案：B

3-3-15 （2007）下列所示两幅题图（从左到右）的作者分别是：
A 勒·柯布西耶、达·芬奇
B 勒·柯布西耶、米开朗琪罗
C 帕拉第奥、米开朗琪罗
D 阿尔伯蒂、达·芬奇

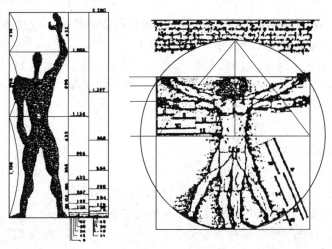

题 3-3-15 图

解析：左图是勒·柯布西耶的人体模数图，右图是达·芬奇的人体比例图。

答案：A

3-3-16 （2007）罗马圣彼得大教堂高 138m，清华大礼堂高 38m，但看上去（如下页题图所示），圣彼得大教堂好像没有那么高大。其原因在于两者的（　　）。
A 建筑性质不同
B 建筑构件和细部尺度不同
C 比例不同
D 观看视距不同

解析：两者的建筑构件和细部尺度不同。

答案：B

3-3-17 （2007）在古希腊建筑中，柱式象征人体的比例。下述哪两种希腊柱式分别象

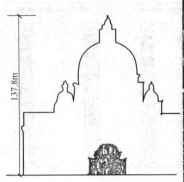

题 3-3-16 图

征男性和女性的人体比例？

A 塔什干、科林斯　　　　　　B 多立克、爱奥尼
C 多立克、塔什干　　　　　　D 塔什干、爱奥尼

解析：古希腊建筑中，多立克、爱奥尼两种柱式分别象征男性和女性的人体比例。

答案：B

3-3-18 (2006)"黄金比"的概念是将一线段分割成两部分，使其中小段与大段之比等于大段与整段之比，这个比值约为(　　)。

A 0.414　　　B 0.732　　　C 0.618　　　D 0.666

解析：参见《建筑空间组合论》第 40 页，"黄金比"的比值约为 0.618。

答案：C

3-3-19 (2006)"尺度"的含义是(　　)。

A 要素的真实尺寸的大小
B 人感觉上要素尺寸的大小
C 要素给人感觉上的大小印象与其真实大小的关系
D 要素给人感觉上各部分尺寸大小的关系

解析：参见《建筑空间组合论》第 41 页，"尺度"的含义是要素给人感觉上的大小印象与其真实大小的关系。

答案：C

3-3-20 (2006) 建筑构图的基本规律是(　　)。

A 主从对比　　B 多样统一　　C 韵律节奏　　D 空间序列

解析：参见《建筑空间组合论》第 31 页，建筑构图的基本规律是多样统一。

答案：B

3-3-21 (2006) 伊瑞克提翁庙的各个立面变化很大，体形复杂，但却构图完美。其所运用的主要构图原则是(　　)。

A 对比　　　　B 尺度　　　　C 比例　　　　D 均衡

解析：参见《建筑空间组合论》第 231 页，伊瑞克提翁庙平面三部分保持着对角线平行，亦即具有相同的比例关系。因而体形虽复杂，但却构图完美。

答案：C

3-3-22 (2006) 中国古代塔身的体形，运用相似的每层檐部与墙身的重复与变化，形成了( )。

A 连续的韵律　　B 渐变的韵律　　C 起伏的韵律　　D 交错的韵律

解析：参见《建筑空间组合论》第207～208页，中国古代塔身的体形具有渐变的韵律。

答案：B

3-3-23 (2006) 罗马圣彼得大教堂尺度上有问题，是指( )。

A 因为建筑物十分高大，人显得很小

B 宗教气氛强烈，有压抑感，人感到渺小

C 建筑物实际上十分高大，而看上去感觉没有那么高大

D 宗教气氛强烈，而现代人审美观念改变了

解析：参见《建筑空间组合论》第217页，罗马圣彼得大教堂建筑物实际上十分高大，而看上去感觉没有那么高大。

答案：C

3-3-24 (2006) 北京故宫建筑空间艺术处理上的三个"高潮"是( )。

A 天安门、太和殿、景山　　B 前门、天安门、太和殿

C 太和殿、中和殿、保和殿　　D 天安门、午门、太和殿

解析：参见《建筑空间组合论》第341页，北京故宫建筑空间艺术处理上的三个"高潮"是天安门、午门、太和殿。

答案：D

3-3-25 (2005) 题图中从左到右四种座椅分别是( )。

题 3-3-25 图

A 清式座椅、明式座椅、密斯·凡·德·罗设计的和勒·柯布西耶设计的座椅

B 明式座椅、清式座椅、密斯·凡·德·罗设计的和阿尔托设计的座椅

C 宋代座椅、明式座椅、勒·柯布西耶设计的和阿尔托设计的座椅

D 清式座椅、明式座椅、勒·柯布西耶设计的和密斯·凡·德·罗设计的座椅

解析：参见《室内设计资料集》第313～320页，图中从左到右四种座椅分别是清式座椅、明式座椅、密斯·凡·德·罗设计的和勒·柯布西耶设计的座椅。

答案：A

3-3-26 (2005) 长方形（长边为 a，短边为 b）"黄金分割"的比例关系是（   ）。
　　　A　$b：a=0.628$　　　　　　　　B　$b：a=(a-b)：b$
　　　C　$a：b=1.628$　　　　　　　　D　$b：a=(a-b)：(a+b)$
　　　解析：参见《建筑空间组合论》第 40 页，长方形"黄金分割"的比率是 1：1.618，也就是 $b：a=(a-b)：b$ 的比例关系。
　　　答案：B

3-3-27 (2005) 中国古代建筑群组合的手法大体上可分成两种，它们是（   ）。
　　　A　单中心布局、多中心布局　　　B　中轴对称布局、自由灵活布局
　　　C　对称布局、均衡布局　　　　　D　内向性布局、外向性布局
　　　解析：参见《建筑空间组合论》第 308 页，中国古代建筑群组合的手法大体上可分成中轴对称布局和自由灵活布局两种。
　　　答案：B

3-2-28 (2005) 建筑空间满足功能要求主要在于三个方面（   ）。
　　　A　居住要求、交往要求和审美要求
　　　B　合适的体量、合适的材料和合适的建造
　　　C　人的生理要求、人的心理要求和人的视觉要求
　　　D　合适的体量和大小、合适的形状和合适的环境条件
　　　解析：参见《建筑空间组合论》第 14 页，建筑空间满足功能要求主要在于合适的体量和大小、合适的形状和合适的环境条件三个方面。
　　　答案：D

3-3-29 (2004) 建筑构图中关于"均衡与稳定"的概念，下列哪种说法是错误的（   ）。
　　　A　凡是对称的形式都是均衡的
　　　B　凡是非对称的形式都不是均衡的
　　　C　均衡与稳定体现在各组成部分之间在重量感上的相互制约关系
　　　D　均衡与稳定的概念合乎力学原理
　　　解析：参见《建筑空间组合论》第 37 页，非对称的形式也可以是均衡的。
　　　答案：B

3-3-30 (2004) 对于一间 50 平方米的教室，以下哪一种平面尺寸更适合于教室的功能特点？
　　　A　7m×7m　　　　　　　　　　B　6m×8m
　　　C　5m×10m　　　　　　　　　 D　4m×12m
　　　解析：参见《建筑空间组合论》第 14 页，6m×8m 的平面尺寸能很好地满足教室视、听两方面要求。
　　　答案：B

3-3-31 (2004) 不适合采用走道式空间组合形式的建筑是（   ）。
　　　A　学校　　　B　医院　　　C　展览馆　　　D　单身宿舍
　　　解析：参见《建筑空间组合论》第 17、18 页，展览馆适合采用串联式空间组合形式。

答案：C

3-3-32 （2004）以下哪组建筑与相应构图手法的对应关系是正确的？

A　金字塔――――――对比
　　巴西国会大厦――――动态均衡
　　悉尼歌剧院――――――稳定
　　大雁塔――――――渐变韵律

B　金字塔――――――对比
　　巴西国会大厦――――动态均衡
　　悉尼歌剧院――――――稳定
　　大雁塔――――――渐变韵律

C　金字塔――――――对比
　　巴西国会大厦――――动态均衡
　　悉尼歌剧院――――――稳定
　　大雁塔――――――渐变韵律

D　金字塔――――――对比
　　巴西国会大厦――――动态均衡
　　悉尼歌剧院――――――稳定
　　大雁塔――――――渐变韵律

解析：参见《建筑空间组合论》第36~39页，金字塔—稳定，巴西国会大厦—对比，悉尼歌剧院—动态均衡，大雁塔—渐变韵律。

答案：D

3-3-33 （2004）关于建筑形式美的规律，以下哪种说法是错误的？

A　形式美的规律可以概括为"多样统一"
B　人们的审美观念是随时代发展而变化的
C　不同民族因各自文化传统不同，在对待建筑形式的处理上有各自的标准与尺度
D　形式美规律和审美观念是相同的范畴

解析：参见《建筑空间组合论》第31页，形式美规律和审美观念是两种不同的范畴。

答案：D

3-3-34 （2004）"积极空间（Positive Space）"和"消极空间（Negative Space）"的说法是哪位建筑师在其哪部著作中提出的？

A　布鲁诺·赛维《建筑空间论》
B　彭一刚《建筑空间组合论》
C　芦原义信《外部空间设计》
D　诺伯格·舒尔茨《存在·空间·秩序》

解析：芦原义信在《外部空间设计》一书中提出"积极空间"和"消极空间"这两个概念。

答案：C

3-3-35 （2003）梵蒂冈圣彼得大教堂高达138m，是个体量巨大的建筑物，但看上去并不显得那么巨大，其原因在于：

A　透视感造成的
B　要看到全貌，需离得很远
C　通常的建筑构件和建筑元素被同比放大
D　前面的广场太大，建筑物就显得小

解析：圣彼得大教堂立面设计将通常的建筑构件和建筑元素同比放大，远处

看去并不显得那么巨大。

答案：C

3-3-36 （2003）建筑起源于原始人类为了避风雨防野兽而造的：
A 房屋（building）　　　　B 遮蔽物（shelter）
C 空间（space）　　　　　D 洞穴（cave）

解析：参见《建筑空间组合论》第1页，原始人类为了避风雨……防止野兽的侵袭，需要有一个赖以栖身的场所——空间。

答案：C

3-3-37 建筑形式美的基本法则是（　　）。
A 多样统一　　B 对立统一　　C 矛盾统一　　D 协调统一

解析：见《建筑空间组合论》第31页，第四章，多样统一是公认的形式美的基本法则。

答案：A

3-3-38 西方古典建筑中运用柱式进行建筑比例设计，其模数单位是柱子的（　　）。
A 柱高　　　　B 柱头　　　　C 柱径　　　　D 基座高度

解析：见《建筑空间组合论》第211页，西方古典建筑柱式的模数单位是柱子的柱径。

答案：C

3-3-39 建筑构图的古典规则包括（　　）。
A 多立克、塔司干、爱奥尼、科林斯　　B 风格、形式、含义、装饰
C 形式、符号、模式、语法　　　　　　D 比例、尺度、对称、均衡、韵律等

解析：建筑构图的古典规则就是《建筑空间组合论》所说的"形式美的规律"，也就是：比例、尺度、对称、均衡、韵律等。

答案：D

3-3-40 建筑构图中，关于"对比与微差"的概念，下列哪种说法是错误的？
A 功能和技术必然会赋予建筑各种形式上的差异性
B 对比与微差是两个相互联系的概念
C 对比与微差是相对的概念
D 对比与微差不局限于同一性质的差异之间

解析：见《建筑空间组合论》第38页，第四章第四节，对比与微差概念讨论的正是同一性质的差异。

答案：D

3-3-41 下列建筑构图手法中，哪一种具有韵律感？
A 突变　　　　B 渐变　　　　C 不连续　　　　D 不重复

解析：见《建筑空间组合论》第四章第五节，突变、不连续、不重复的构图不可能形成韵律感。在上述四种建筑构图手法中，只有采用渐变的手法才能产生韵律感。

答案：B

3-3-42 下列哪一条说法符合建筑构图中关于"尺度"的概念？

A 建筑物整体或局部给人感觉上的大小印象和其实际大小的关系

B 建筑物整体与局部的协调关系

C 建筑物各组成部分之间的大小比例关系

D 建筑物整体在长、宽、高三个方向上的量度关系

解析：见《建筑空间组合论》第41页，第四章第六节，尺度问题处理不好，常常会使实际很大的建筑物看上去没有那么大，反之亦然。

答案：A

3-3-43 建筑构图中关于"比例"的说法，下列哪一条是错误的？

A 一切造型艺术都存在比例关系是否和谐的问题

B 功能对比例的影响不容忽视

C 客观上存在着任何条件下都美的比例

D 不同的民族文化传统往往形成独特的比例形式

解析：见《建筑空间组合论》第39页，第四章第六节，任何条件下都美的比例是不存在的。材料、结构、功能和不同民族的文化传统都会影响建筑构图的比例关系。

答案：C

（四）建筑色彩知识

3-4-1 （2010）关于配色，下列哪项陈述是正确的？

A 博物馆配色以展品和背景的色彩调和为好

B 黑色可将相邻色彩衬托得更加鲜艳

C 玻璃展柜前面的墙面宜用明亮的颜色

D 白色和金色是暖色，黑色和银色是冷色

解析：色彩感觉的对比现象说明，明度和彩度最低的黑色可以将相邻色彩的明度和彩度衬托得更高，因而更加鲜艳。

答案：B

3-4-2 （2010）下列关于色彩温度感，即所谓"冷""暖"感觉的说法中，错误的是（　）。

A 紫色比橙色暖　　　　　　B 青色比黄色冷

C 红色比黄色暖　　　　　　D 蓝色比绿色冷

解析：橙色属暖色系，紫色与橙色比较，则倾向于冷色系。选项A显然是错的。

答案：A

3-4-3 （2009）在较长时间看了红色的物体后看白色的墙面，会感到墙面带有（　）。

A 红色　　　B 橙色　　　C 灰色　　　D 绿色

解析：见《建筑设计资料集1》第27页"色彩的对比"：在注视甲色20~30秒后，迅速移视乙色时，感觉乙色带有甲色的补色。在较长时间看了红色的

物体后再看白色的墙面，会感到墙面带有绿色。

答案：D

3-4-4 (2009) 白色和黑色在色彩应用中具有特殊的作用。下列陈述中正确的是(　　)。

A 黑色可将相邻的色彩衬托得更加鲜艳
B 白色和其他色彩调和，会使其他色调变暖
C 任何色彩在白色背景下都会提高彩度
D 白色和金色是暖色，黑色和银色是冷色

解析：见《建筑设计资料集1》第27页"彩度的对比"：两个强弱不同的色彩并列时，强的更强，弱的更弱。黑色彩度最弱，故能将相邻的色彩衬托得更加鲜艳。

答案：A

3-4-5 (2008) 在较长时间看了黄色的墙面后看红色的物体，会感到物体带有(　　)。

A 紫色　　　　B 橙色　　　　C 黄色　　　　D 绿色

解析：参见《建筑设计资料集1》第43页"对比现象"：在注视甲色20～30秒后，迅速移视乙色时，感觉乙色带有甲色的补色。所以，在较长时间看了黄色的墙面后看红色的物体，会感到物体带有紫色。

答案：A

3-4-6 (2008) 当同一色彩面积增大时，在感觉上有什么变化？

A 彩度减弱、明度升高　　　　B 彩度减弱、明度降低
C 彩度增强、明度升高　　　　D 彩度增强、明度降低

解析：参见《建筑设计资料集1》第27页"色彩的对比"现象之一。当同一色彩面积增大时，在感觉上有彩度增强、明度升高的现象。因此在确定大面积色彩时，不能以小块面积色彩样板来决定。

答案：C

3-4-7 (2006) 以下关于色彩感觉的叙述中，哪一条是不正确的？

A 面积一样大的两种色彩，明度高而色浅的有放大的感觉，反之则有缩小的感觉
B 明度一样时，暖色感觉轻，冷色感觉重
C 明度高的暖色使人感到距离缩小，明度低的冷色使人感到距离增大
D 暖色使人兴奋，冷色使人沉静

解析：见《建筑设计资料集1》第31页"色彩的认知"中的"重量感"：彩度强的暖色感觉重，彩度弱的冷色感觉轻。

答案：B

3-4-8 (2006) 色彩的象征性多因地域、民族、宗教、文化、风俗而异。在我国古代，红、黄、蓝、白、黑分别象征(　　)。

A 火、土、水、金、木　　　　B 火、土、木、金、水
C 土、火、水、木、金　　　　D 土、火、金、木、水

解析：参见《建筑设计资料集1》第35页，"人文色彩地理学"。我国古代，红、黄、蓝、白、黑分别象征火、土、木、金、水。

答案：B

3-4-9（2006）我国目前常用的安全标志色彩中，红、蓝、黄、绿分别作为（　　）。

A 防火色、注意色、警戒色、通行色

B 防火色、醒目色、注意色、安全色

C 防火色、警戒色、醒目色、安全色

D 警戒色、防火色、醒目色、安全色

解析：根据《安全色》（2008）国家标准，红色传递禁止、停止、危险或提示消防设备、设施；蓝色传递必须遵守的指令性信息；黄色传递注意、警告的信息；绿色传递安全的提示性信息。综上分析，答案为A。

答案：A

3-4-10（2006）在观看红色墙面一段时间后，再看白色墙面，短时间内会感到白色墙面（　　）。

A 有红色感，这是视觉的"惰性效应"

B 有绿色感，这是视觉的"补色效应"

C 显得更白，这是视觉的"对比效应"

D 显得距离变近，这是因为红色有"扩张感"

解析：见《建筑设计资料集1》第27页，有绿色感，这是视觉的"补色效应"。

答案：B

3-4-11（2005）中国传统官式建筑的色彩处理强调（　　）。

A 对比　　　B 调和　　　C 瑰丽　　　D 淡雅

解析：据司马迁《史记·高帝本纪》记载：汉长安城规划与建筑的指导思想中即有"天子以四海为家，非壮丽无以重威"的概念。

答案：C

3-4-12（2004）下述关于建筑色彩的陈述，哪一项是错误的？

A 建筑物配色的彩度宜在4以内，小面积的彩度可以较高

B 较大的色彩面，若其彩度大于5则刺激感过强

C 彩度与面积大小无关，因此在确定大面积色彩时，可以小块面积的色彩样板来决定

D 一块色彩明度高于背景时，这块色彩有扩大感

解析：参见《建筑设计资料集1》第28页"色彩的调和与配色"，当色彩的面积增大时，在感觉上有彩度增强、明度升高的现象，因此在确定大面积色彩时，不能以小块面积色彩样板来决定。

答案：C

3-4-13（2004）以下关于颜色的感觉，哪一条是错误的？

A 明度高的暖色使人感到距离近，明度低的冷色使人感到距离远

B 紫色若与橙色放在一起，则紫色偏暖；若和蓝色放在一起，则紫色偏冷

C 明度一样时，暖色感觉重，冷色感觉轻

D 面积一样大的两种色彩，明度高而色浅的有放大的感觉，反之则有缩小的感觉

解析：见《建筑设计资料集1》第31页"色彩的温度感"，色彩的冷暖是相对的，如紫色与橙色并列时紫色就倾向于冷色，紫色与青色并列时就倾向于暖色。

答案：B

3-4-14 （2004）色光的三原色为（　　）。
A 红、黄、蓝三色　　　　　　B 红、黄、绿三色
C 红、绿、蓝三色　　　　　　D 红、橙、绿三色

解析：红、绿、蓝三色被称为光色的"三原色"，而红、黄、蓝三色被称为物色的"三原色"。

答案：C

3-4-15 下列哪一条不属于色彩的三种主要属性之一？
A 明度　　　　B 彩度　　　　C 冷暖度　　　　D 色相

解析：色相、明度和彩度是色彩的三要素。

答案：C

3-4-16 关于色彩温度感，即所谓"冷""暖"感觉的说法，下述哪一项是错误的？
A 紫色比橙色暖　　　　　　B 青色比黄色冷
C 红色比黄色暖　　　　　　D 蓝色比绿色冷

解析：橙色是暖色，而紫色含有蓝色的成分，所以偏冷。

答案：A

3-4-17 建筑设计中恰当地使用色彩，能给人以不同的感受，下列几种提法中哪一个是错误的？
A 同样大小的空间，冷色调较暖色调给人的感觉要小
B 同样距离，暖色较冷色给人以靠近感
C 为保持室内空间稳定感，房间的低处宜采用低明度色彩
D 冷色调给人以幽雅宁静的气氛

解析：冷色调给人以收缩、退后的感觉，相应的空间感觉便是扩大感。

答案：A

（五）建筑设计新概念

3-5-1 （2010）在室内设计中，下列哪项装饰手法可以使空间产生扩大感？
A 垂直划分墙面　　　　　　B 水平划分墙面
C 深色调地面　　　　　　　D 深色调顶面

解析：水平线条的装饰可增强视觉的横向感，因而产生空间扩大的错觉。

答案：B

3-5-2 （2010）目前使用的太阳能制冷技术尚存在的缺陷是（　　）。
A 环境气温越高制冷能力越弱　　　B 成本高于机械制冷
C 加剧城市热岛效应　　　　　　　D 所用工质破坏臭氧层

解析：目前使用的太阳能制冷技术的成本高于机械制冷。
答案：B

3-5-3 (2010) 节能建筑使用热反射玻璃，应当注意(　　)。
A 它的主要作用在冬季　　　　B 最好采用单层形式
C 比较适合于北方地区　　　　D 可能造成光污染
解析：热反射玻璃可能造成光污染。
答案：D

3-5-4 (2010) 相对常规建筑，生态建筑的主要特点是(　　)。
A 需要较大的环境容量和投资
B 使用中水存在环境污染隐患
C 尽量采用可再生能源
D 将建筑（建筑群、社区）视为一个整体生态系统
解析：有学者认为，生态建筑的主要特点就是将建筑看成一个整体的生态系统，通过组织建筑内外空间中的各种物态因素，使物质、能源在其内部有序地循环转换，从而获得一种高效、低耗、无废、无污、生态平衡的建筑环境。
答案：D

3-5-5 (2010) 下述四组能源中，哪一组全部是可再生能源？
A 太阳能、风能、天然气、沼气　　B 风能、太阳能、潮汐能、植物能
C 风能、太阳能、氢能、核能　　　D 核能、水电、天然气、太阳能
解析：风能、太阳能、潮汐能、植物能全部是可再生能源。
答案：B

3-5-6 (2010) 在建筑空间组织中，具有"滞留空间"属性的公共空间是(　　)。
A 学校建筑中的教室　　　　B 医院建筑中的诊室
C 办公建筑中的中庭　　　　D 观演建筑中的门厅
解析：某些针对人的行为与环境关系的研究提出的"滞留空间"，是一种具有休闲性质的公共空间。其往往是具有一定的围合度和归属感、视觉空间比较开阔、能引导人们驻足、聚集的场所。办公建筑中的中庭就具有此种属性。
答案：C

3-5-7 (2010) 下列关于开发利用太阳能的论述中，错误的是(　　)。
A 蕴藏量最大，取之不竭，用之不尽
B 覆盖面最广，任何地区都有开发利用价值
C 污染性最小
D 安全性最佳
解析：日照时数过低的地区不具备太阳能的开发利用价值。
答案：B

3-5-8 (2009) 近年来，我国建筑界和建设部重申的"建筑方针"是指(　　)。
A 实用、经济、美观　　　　B 安全、实用、绿色
C 节能、生态、环保　　　　D 安全、舒适、高效
解析：我国20世纪50年代制定的建筑方针是"实用、经济、在可能的条件

下注意美观",改革开放后重申时,去掉了"在可能的条件下注意"几个字。

答案:A

3-5-9 (2009) 国际建筑师协会(UIA)1999年在北京召开了第20届世界建筑师大会,大会的主题是( )。

 A 21世纪的人居环境   B 面向21世纪的建筑学
 C 走向可持续发展的世界 D 可持续发展的建筑学

解析:见《曙光》纪念集,第20届世界建筑师大会上吴良镛所作的主题报告题为《世纪之交展望建筑学的未来》,可见这次大会的主题是"面向21世纪的建筑学"。

答案:B

3-5-10 (2009) 室内铺地的刚性板(块)材的尺寸通常比室外的大,其原因在于( )。

 A 室内装修水准要比室外高
 B 室外空间比室内空间开敞
 C 室内外地面荷载和气候条件的不同
 D 室内外的施工水准不同

解析:室内铺地的刚性板(块)材所承受的地面荷载比室外的小,所处的环境气候条件也没有室外恶劣,因此尺寸可以比室外的大。

答案:C

3-5-11 (2009) 公共建筑室内,在不可能增加面积、扩大空间和减少人员的前提下,以下哪一种设计手法具有可以减少拥挤感的效果?

 A 提高室内照明的照度
 B 增加出入口的数量
 C 减少空间划分
 D 处于视平线上下的墙面不宜过分装饰

解析:参见《环境心理学》第94、258页,产生拥挤感的重要原因是"信息超载",处于视平线上下的墙面不作过分装饰是减少公共建筑室内拥挤感的方法之一。

答案:D

3-5-12 (2009) "可持续发展"(sustainable development)的含义是( )。

 A 在全世界范围内,使各个地区、各个国家、各个民族的经济和社会都得到发展
 B 节约能源,保护生态,发展经济
 C 在地球资源有限的条件下,保持世界经济持久发展
 D 既满足当代人的需要,又不对后代人满足其需要的能力构成危害的发展

解析:1987年,世界环境与发展委员会出版《我们共同的未来》报告,将可持续发展定义为:"既能满足当代人的需要,又不对后代人满足其需要的能力构成危害的发展。"

答案:D

3-5-13 (2009)"可持续发展"的国际纲领性文件《21世纪议程》发表于(   )。
  A 1987年联合国"环境与发展世界委员会"东京会议
  B 1992年在巴西里约热内卢召开的联合国"环境与发展"会议
  C 1997年联合国在京都通过《京都议定书》的同时
  D 1984年联合国"世界环境与发展委员会"(WCED)成立之时
  解析：1992年6月，联合国在里约热内卢召开的"环境与发展大会"，通过了以可持续发展为核心的《里约环境与发展宣言》《21世纪议程》等文件。
  答案：B

3-5-14 (2009)下列关于开发利用太阳能的论述中，何者是不妥的？
  A 蕴藏量最大，取之不竭，用之不尽
  B 覆盖面最广，任何地区都有开发利用价值
  C 污染性最小
  D 安全性最佳
  解析：日照时数过低的地区不具备太阳能的开发利用价值。
  答案：B

3-5-15 (2008)中国国家领导人参加了联合国"环境与发展"大会，此后中国政府发布了相应的文件是(   )。
  A 《中国21世纪议程》   B 《中国环境与发展宣言》
  C 《北京宣言——中国环境与发展》 D 《中国气候变化白皮书》
  解析：1992年联合国"环境与发展"大会后，中国政府在1994年3月发布了《中国21世纪议程》。
  答案：A

3-5-16 (2008)《环境与发展宣言》发布的时间和地点是(   )。
  A 1999年在中国北京   B 1996年在土耳其伊斯坦布尔
  C 1997年在日本京都   D 1992年在巴西里约热内卢
  解析：联合国"环境与发展"会议1992年在巴西里约热内卢召开，会上通过了《环境与发展宣言》。
  答案：D

3-5-17 (2008)内墙大理石墙面和木材饰面给人的感觉差异主要是因为(   )。
  A 两者的颜色不同   B 两者的质感不同
  C 两者的品位不同   D 两者的质量不同
  解析：内墙大理石墙面和木材饰面给人的感觉差异主要在于两者的质感不同。
  答案：B

3-5-18 (2008)在住宅室内设计时，为了增加居室的宽敞感，下述处理手法哪一项是没有效果的？
  A 适当减小家具的尺度
  B 采用浅色和冷灰色调
  C 对室内空间按功能进行划分
  D 削弱主景墙面的"图形"性质，增加其"底"(背景)的性质

解析：参见《环境心理学》第258页，适当减小家具的尺度，采用浅色和冷灰色调，削弱主景墙面的"图形"性质，增加其"底"（背景）的性质等手法都可以增加居室的宽敞感。而对室内空间按功能进行划分则达不到增加居室宽敞感的效果。

答案：C

3-5-19 (2008) 太阳能采暖建筑分为（　　）。
A 主动式和被动式　　　　B 吸热式和蓄热式
C 连续式和间歇式　　　　D 机械式和自然式

解析：见《生态可持续建筑》第44页，以供暖为主的太阳能建筑可以分为主动式系统和被动式系统两大类。

答案：A

3-5-20 (2007) "可持续发展"观念是何时首次提出的？
A 1972年世界人类环境会议　　B 1976年世界人居大会
C 1978年世界环境与发展大会　D 1989年世界环境与发展大会

解析：可持续发展的概念最先是1972年在斯德哥尔摩举行的联合国人类环境研讨会上正式讨论的。

答案：A

3-5-21 (2007) 近年来在北京由外国建筑师设计了：国家大剧院、奥运会主体育场和CCTV（中央电视台）大楼（见题图），他们分别是（　　）。
A 法国的安德鲁，德国的赫尔佐格，英国的福斯特
B 法国的佩罗，瑞士的赫尔佐格和德梅隆，荷兰的库哈斯
C 法国的安德鲁，荷兰的库哈斯，英国的福斯特
D 法国的安德鲁，瑞士的赫尔佐格和德梅隆，荷兰的库哈斯

解析：法国的安德鲁设计国家大剧院，瑞士的赫尔佐格和德梅隆设计奥运会主体育场，荷兰的库哈斯设计CCTV（中央电视台）大楼。

答案：D

题3-5-21图

3-5-22 (2007) 下述四组能源中，哪一组全部是可持续能源？

A 太阳能、天然气、水电　　　　B 风能、水电、植物能
C 风能、潮汐能、核能　　　　　D 沼气、天然气、氢能

解析：参见《生态可持续建筑》第25页，风能、潮汐能、核能是可持续能源。植物能、天然气是非可持续能源。

答案：C

3-5-23 (2007) 可持续能源的基本特征是(　　)。
A 安全、高效、永久性　　　　B 洁净、安全、永久性
C 安全、廉价、永久性　　　　D 洁净、安全、廉价

解析：参见《生态可持续建筑》第25页，可持续能源的基本特征是洁净、安全、永久性。

答案：B

3-5-24 (2007) 广义节能包括以下哪两个方面的含意？
Ⅰ．不用传统能源；Ⅱ．开发利用可持续能源；Ⅲ．控制建筑体形系数；Ⅳ．有效用能
A Ⅰ、Ⅱ　　　B Ⅱ、Ⅲ　　　C Ⅱ、Ⅳ　　　D Ⅰ、Ⅳ

解析：见《生态可持续建筑》第9页，广义节能含意包括开发利用可持续能源和有效用能。

答案：C

3-5-25 (2007) "零能"建筑即为(　　)。
A 不用常规能源的建筑　　　　B 能源损耗接近零的建筑
C 部分利用可再生能源的建筑　D 不用能源的建筑

解析：见《生态可持续建筑》第149页，"零能"建筑即为不用常规能源的建筑。

答案：A

3-5-26 (2007) 被动式（passive）太阳能建筑(　　)。
A 采用了太阳能热水器和（或）太阳能光电板
B 采用了太阳能制冷和供暖设备
C 直接利用太阳能改善室内热环境
D 不直接利用太阳能

解析：参见《生态可持续建筑》第45页，被动式太阳能采暖系统的特点是，建筑物的全部或一部既作为集热器，又作为储热器和散热器，既不要连接管道又不要水泵或风机。

答案：C

3-5-27 (2007) 在房间形状和大小不变的前提下，可以通过处理以增加宽敞感。以下哪一种处理手法达不到这方面的效果？
A 采用横向通长外窗　　　　　B 适当减小家具和陈设的尺度
C 采用色彩丰富的装饰　　　　D 降低就座时的视平线高度

解析：参见《环境心理学》第258页，采用横向通长外窗，适当减小家具和陈设的尺度，降低就座时的视平线高度均可以增加房间的宽敞感。而采用色

彩丰富的装饰则达不到增加房间宽敞感的效果。

答案：C

3-5-28 (2007) 公共建筑室内在不可能增加面积、扩大空间和减少人员的前提下，可以通过设计以减少人们的拥挤感。以下哪一种设计手法达不到这方面的效果？

A 适当进行空间分隔　　　　　　B 减少处于视平线上下的墙面装饰
C 提供人流组织多种选择的可能性　D 提高室内照明的照度

解析：参见《环境心理学》第263页，适当进行分隔，减少墙面装饰，对人流提供多种选择的可能性等措施可以减少人们的拥挤感。而提高室内照明照度对减少拥挤感的效果并不明显。

答案：D

3-5-29 (2006) 下列设计措施中哪一条对于控制建筑物体形系数是不利的？

A 平面空间尽量减少凹凸变化　　B 加大进深尺寸
C 减小建筑物体量　　　　　　　D 严寒地区采用东西向住宅

解析：参见《生态可持续建筑》第59页，建筑物体形系数是散热面积与建筑体积之比。体形系数越小越有利于节能，而减小建筑物体量则可能增大体形系数，所以是不利的。

答案：C

3-5-30 (2006) 建筑节能成效通常用节能率来衡量。节能率的含义是：

A 节能率 = $\dfrac{\text{最终产品有效含能量}}{\text{最初输入能量}} \times 100\%$

B 节能率 = $\dfrac{\text{原用能} - \text{改进后用能}}{\text{原用能}} \times 100\%$

C 节能率 = $\dfrac{\text{有效用能}}{\text{原用能}} \times 100\%$

D 节能率 = $\dfrac{\text{实测耗能}}{\text{设计耗能}} \times 100\%$

解析：见《生态可持续建筑》第9页，第2.2.2节。

答案：B

3-5-31 (2006) 下列材料的容积比热由大至小排列顺序正确的是（　　）。

A 水、砖、砂子、松木　　　　B 砖、砂子、松木、水
C 砂子、砖、水、松木　　　　D 松木、水、砂子、砖

解析：参见《生态可持续建筑》第105页，水的比热是常见建筑材料的5倍左右，其密度又比松木大，因此是建筑中贮太阳能的好材料。

答案：A

3-5-32 (2006) 以下关于"图底关系"的叙述中，哪一条是不正确的？

A 曾经有过体验的形体容易形成图形
B 较大的形比较小的形容易形成图形
C 异质的形比同质的形容易形成图形
D 对比的形较非对比的形容易形成图形

解析：见《环境心理学》第21页，图形是被包围的较小对象，背景是包围着

的较大对象。

答案：B

3-5-33 (2006)"在拥挤的公共汽车上，陌生人可以贴身而立，但在大街上会保持一定距离"，这段陈述用以说明（　　）。

A 在不同的环境条件下，人际距离可以不同

B 在不同的功能活动中，人际距离可以不同

C 在不同的人群中，人际距离可以不同

D 在不同的社会条件下，人际距离可以不同

解析：参见《环境心理学》第109页，这段陈述用以说明在不同的环境条件下，人际距离可以不同。

答案：A

3-5-34 (2006)建筑设计中的"环境—行为研究"，以研究下列哪一项为主？

A 安全　　B 适用　　C 经济　　D 美观

解析：参见《环境心理学》第221页，建筑设计中的"环境—行为研究"以研究适用为主。

答案：B

3-5-35 (2006)以下对形态的心理感受的叙述中，哪一条是不正确的？

A 同样的形，颜色越深，其感觉越重

B 同样的面积，圆形的感觉最大，正方形次之，三角形最小

C 弧状的形呈现受力状，产生力感

D 倾斜的形产生运动感

解析：同样的面积，三角形的感觉最大，正方形次之，圆形最小。

答案：B

3-5-36 (2006)视错觉是人们对形的错误判断，但运用得当会有助于建筑造型。以下哪个实例中成功地运用了视错觉原理？

A 古希腊帕提农神庙　　　　B 古埃及的金字塔

C 北京故宫的午门　　　　　D 纽约世界贸易中心双塔

解析：西方古代建筑史研究者认为，古希腊帕提农神庙的设计建造中成功地运用了视错觉原理进行立面造型的透视校正。

答案：A

3-5-37 (2005)1999年召开的以"21世纪的建筑"为主题的国际建筑师协会（UIA）大会通过的纲领性文件是（　　）。

A《北京宣言》　　　　　　B《21世纪宣言》

C《北京宪章》　　　　　　D《伊斯坦布尔宣言》

解析：1999年召开的国际建筑师协会（UIA）第20届大会通过的纲领性文件是《北京宪章》。

答案：C

3-5-38 (2005)1992年在巴西里约热内卢召开了联合国"环境与发展"大会，会议（　　）。

A 发表了《我们共同的未来》　　B 发表了《21世纪议程》
C 首次提出"可持续发展"的理念　D 发表了《人类环境宣言》

解析：1992年召开的联合国"环境与发展"大会，发表了《21世纪议程》。

答案：B

3-5-39 (2005) 下列哪一项不是被动式太阳能采暖系统的特点？
A 间接得热系统　　　　　　B 水墙
C 充气墙　　　　　　　　　D 毗连日光间

解析：见《生态可持续建筑》第45页，被动式太阳能采暖系统中，水墙和毗连日光间都属于间接得热系统；而充气墙则未见提到。

答案：C

3-5-40 (2005) 以下哪项不符合北方地区被动式太阳房平面布置原则？
A 应取正方、圆形，增大室内面积
B 按北冷南暖的温度分区布置房间
C 厅、房在南，厕、厨、走道、楼梯在北边
D 降低北侧层高，减少北面房间的开窗面积

解析：见《建筑设计资料集8》第258页"被动式太阳能技术"中"建筑外形设计"，按照尽量加大得热面，减少失热面的原则，北方地区被动式太阳房应选择东西轴长，南北轴短的平面形式。

答案：A

3-5-41 (2005) 下列关于建材的叙述，哪一项是不对的？
A 黏土砖就地取材是一种绿色建材　B 木材是可以再生的绿色建材
C 钢材是可以回收再利用的材料　　D 混凝土不是一种绿色建材

解析：烧结黏土砖因消耗大量土地资源而被国家列为禁止和限制使用的产品。

答案：A

3-5-42 (2005) 美国著名心理学家马斯洛在"需求层次论"中，将人类生活需求分成五个层次，下述哪一条不属于该五个层次中的内容？
A 生理需求、安全需求　　　B 生理需求、心理需求
C 交往需求、自我实现需求　D 自尊需求、自我实现需求

解析：马斯洛认为，人类的需求层次由低到高是：生理需求、安全需求、社交需求、尊重需求、自我实现需求。心理需求并非一个独立的层次，而是其中多数需求的统称。

答案：B

3-5-43 (2005) 令人不愉快的刺激所引起的紧张反应称为（　　）。
A 环境刺激　　B 应激　　C 绩效　　D 唤醒

解析：见《环境心理学》第68页，令人不愉快的刺激所引起的紧张反应称为应激。

答案：B

3-5-44 (2005) 以下哪一项不属于对建筑环境易识别性影响较大的因素？
A 强化建筑特点的可见性

B 建筑平面形状

C 建筑由内外熟悉的标志或提示的可见性

D 建筑不同区域间有助于定向和回想的区别程度

解析：见《环境心理学》第 243 页，对建筑环境易识别性影响较大的 4 项因素中不包括强化建筑特点的可见性一项。

答案：A

3-5-45 (2005) 在室内设计中，可采用一些措施，使得室内空间感觉上更宽敞一些。下述哪一项措施没有这方面的作用？

A 适当降低就座时的视平线高度

B 采用吸引人的装饰图案

C 采用浅色和冷灰色的色调

D 增加空间的明亮度

解析：参见《环境心理学》第 258 页，增加空间的明亮度，降低就座时的视平线高度，采用浅色和冷灰色的色调均可以增加房间的宽敞感。而采用吸引人的装饰图案则没有这方面的作用。

答案：B

3-5-46 (2005) 在面积、空间大小和人员数量确定的前提下，有一些设计对策可以减少室内环境的拥挤感。下述哪一种设计对策没有这方面的作用？

A 适当地进行分隔，提供一定秘密性的个体空间

B 减少视觉过载，如处在视平线上下的墙面不宜过多装饰

C 减少对人行为的限制，使人的行为具有较多的自由度

D 设置交往空间，增加人们交流的机会

解析：参见《环境心理学》第 263～265 页，适当进行分隔，减少视觉过载，对人流提供多种选择的可能性等措施可以减少人们的拥挤感；而设置交往空间，增加人们交流的机会似乎没有这方面的作用。

答案：D

3-5-47 (2004) 以下能源中哪一种属于可持续能源？

A 太阳能　　　　　　　　　B 液化石油气

C 煤炭　　　　　　　　　　D 石油

解析：参见《生态可持续建筑》第 9 页，太阳能属于可持续能源。

答案：A

3-5-48 (2004) 以下各种建筑平面中何者对节能最不利？

A 圆形　　　　　　　　　　B 正三角形

C 长宽比悬殊的矩形　　　　D 长宽比近似的矩形

解析：参见《生态可持续建筑》第 59 页，长宽比悬殊的矩形是耗能型平面形式。

答案：C

3-5-49 (2004) 以下哪一条不是掩土建筑的优点（与地面非掩土建筑相比）？

A 节能节地　　　　　　　　B 微气候稳定

C 自然通风、采光条件好　　　　　D 有利于阻止火灾蔓延

解析：见《生态可持续建筑》第110页，掩土建筑自然通风、采光条件差。

答案：C

3-5-50 (2004) 剧场中演员与观众的距离、办公室同事间商量工作时相互的距离分别属于(　　)。

A 社会距离、社会距离　　　　　B 社会距离、个人距离
C 公共距离、个人距离　　　　　D 公共距离、社会距离

解析：见《环境心理学》第110页，剧场中演员与观众的距离属于公共距离；办公室同事间商量工作时相互的距离属于社会距离。

答案：D

3-5-51 (2004) "可防卫空间"理论是由何人提出的？

A 简·雅各布斯　　　　　　　　B 厄斯金
C 纽曼　　　　　　　　　　　　D 克里斯托夫·亚历山大

解析：见《环境心理学》第212页，"可防卫空间"理论是由美国建筑师纽曼提出的。

答案：C

3-5-52 (2004) 环境心理学一般认为，人际距离中的"个人距离"大约是(　　)。

A 0～0.45m　　　　　　　　　　B 0.45～1.20m
C 1.20～3.60m　　　　　　　　 D 3.60～7.60m

解析：见《环境心理学》第109页，"个人距离"大约是0.45～1.20m。

答案：B

3-5-53 (2004) 下列减少窗眩光的措施中，哪一项是错误的？

A 作业区应减少或避免直射光
B 工作人员的视觉背景宜在窗口
C 采用室内外遮挡措施
D 窗周围的内墙面采用浅色饰面

解析：见《建筑设计资料集1》"建筑光环境"部分，以窗口为视觉背景将增强眩光。

答案：B

3-5-54 (2003) 在以下关于格式塔（Gestalt）心理学的叙述中，哪一条是完全正确的？

A 20世纪初兴起于德国，它强调知觉的整体性，即"有组织的整体"
B 1912年由德国人Gestalt创立，发展成为20世纪重要的心理学派，它强调知觉的整体性，其"图底关系""群化原则""单纯化原则"已被引用到现代建筑构图理论中
C 20世纪初兴起于美国，它强调知觉的整体性，即"有组织的整体"
D 20世纪初兴起于德国，发展成为20世纪重要的心理学派，它的生态知觉理论认为，知觉是一个有机的整体过程，知觉是集体对环境进化适应的结果

解析：参见《环境心理学》第 18 页，格式塔心理学诞生于 1912 年，兴起于德国，是现代西方心理学主要流派之一，后来在美国得到广泛传播与发展。格式塔心理学强调知觉的整体性。格式塔是德文"整体"的译音。

答案：A

3-5-55 （2003）下面哪个陈述最准确地表达 Architecture（建筑学）的含义？

A art and style of building B science and art of building
C art and style of building D design and construction of building

注：building—房屋；science—科学；design—设计；form—形式；art—艺术；construction—建造；function—功能；style—风格；and—和

解析：science and art of building—"建筑的科学和艺术"最准确地表达了 Architecture（建筑学）的含义。

答案：B

3-5-56 （2003）美国景观建筑师奥姆斯特德 1858 年创造了"景观建筑师"（landscape architect）一词，开创了"景观建筑学"（landscape architecture），他把传统园林学扩大到：

A 城市景观设计和大地景观规划
B 城市广场景观设计和国家公园规划
C 城市公园系统设计和区域范围景观规划
D 城市景观设计和城市绿地系统规划

解析："景观建筑学"把传统园林学扩大到城市景观设计和大地景观规划。

答案：A

3-5-57 （2003）为了确定室内热环境指标值，除提高采暖、空调设备能效以外，还有哪些措施是首先必须采取的？

A 增强建筑围护结构保温隔热性能 B 加强东、西、南面遮阳措施
C 限制东、西面对外开窗面积 D 减少窗墙面积比

解析：增强建筑围护结构保温隔热性能是必须首先采取的措施。

答案：A

3-5-58 （2003）生态建筑的宗旨，通常有三大主题，下列陈述中哪一个不属于这个宗旨？

A 节约资源、能源，减少污染，保护环境
B "以人为本"，满足人类的要求
C 创造健康、舒适的居住环境
D 与周围的生态环境相融合

解析："以人为本"，满足人类的要求的说法太笼统，不是生态建筑的宗旨。

答案：B

3-5-59 （2003）一般而言，以下哪一种窗的气密性较差？

A 推拉窗 B 中悬窗 C 平开窗 D 上悬窗

解析：一般而言，推拉窗的气密性较差。

答案：A

3-5-60 (2003) 下列关于城市热岛现象的叙述，哪一条是不对的？
　　A　城市上空的大气逆温层会加剧热岛现象
　　B　热岛现象一般白天比夜间严重
　　C　大量的地面硬质铺装会加剧热岛现象
　　D　地形条件会影响热岛现象
　　解析：城市热岛现象夜间比白天明显。
　　答案：B

3-5-61 (2003) 通常说的四大环境污染是指：
　　A　温室效应、淡水资源短缺、臭氧层破坏、物种绝灭
　　B　空气污染、水污染、固体废物（垃圾）、噪声
　　C　沙尘暴、污水排放、废气排放、氟利昂泄漏
　　D　放射性污染、电磁辐射污染、化学污染、光污染
　　解析：通常说的当代四大环境污染，是指人类负效行为导致的空气污染、水污染、固体废物（垃圾），噪声。
　　答案：B

3-5-62 广义"节能"的含义包括以下哪两个方面？
　　Ⅰ．节约传统能源；Ⅱ．开发利用可持续能源；Ⅲ．节约一切能源；Ⅳ．有效用能
　　A　Ⅰ、Ⅱ　　　B　Ⅱ、Ⅲ　　　C　Ⅱ、Ⅳ　　　D　Ⅲ、Ⅳ
　　解析：见《生态与可持续建筑》第9页，第2.2.2节：广义节能含义包括开发利用可持续能源和有效用能两方面。
　　答案：C

3-5-63 下列何者不是可持续能源的基本特征？
　　A　洁净　　　B　廉价　　　C　安全　　　D　永久性
　　解析：见《生态与可持续建筑》第25页，第5.1节：廉价不是可持续能源的基本特征。
　　答案：B

3-5-64 集热蓄热墙宜在下列哪两种条件下采用？
　　Ⅰ．采暖期连阴天少的地区；Ⅱ．采暖期连阴天多的地区；Ⅲ．主要在白天使用的房间；Ⅳ．主要在夜间使用的房间
　　A　Ⅰ、Ⅲ　　　B　Ⅱ、Ⅳ　　　C　Ⅰ、Ⅳ　　　D　Ⅱ、Ⅲ
　　解析：见《建筑设计资料集8》第257页，集热方式的选择：采暖期连阴天多的地区和主要在夜间使用的房间宜采用集热蓄热墙。
　　答案：B

3-5-65 太阳能建筑的得热面和失热面按朝向区分，以下何者正确？
　　A　仅南墙面为得热面，东、西、北墙面均为失热面
　　B　南墙面和东南墙面为得热面，西、北墙面为失热面
　　C　南、东、西墙面为得热面，仅北墙面为失热面
　　D　各朝向墙面均为得热面

解析：见《建筑设计资料集8》第258页"太阳能建筑"部分的"建筑外形设计"。被动式太阳房通常主要将南墙面作为集热面来集取热量，而将东、西墙面作为纯失热面。

答案：A

3-5-66 太阳能建筑中蓄热体选用原则，下列哪一项不正确？

　　A　容积比热大　　　　　　　B　热稳定性好
　　C　容易吸热和放热　　　　　D　耐久性好

解析：见《建筑设计资料集8》第261页，集热蓄热墙。一般要求蓄热体的化学性能较稳定，而对热稳定性并无要求；潜热类蓄热材料正是利用其相变时吸热或放热的特殊性能来实现蓄热的。

答案：B

3-5-67 以下关于被动式太阳能采暖系统的叙述，哪一项是不正确的？

　　A　被动系统中建筑物既作为集热器，又作为储热器和散热器
　　B　被动系统常用水泵或风机作为储热物质的循环动力
　　C　被动系统不需要连接管道
　　D　被动系统又可分为间接得热和直接得热系统

解析：见《生态可持续建筑》第45页，被动系统不用水泵或风机。

答案：B

3-5-68 关于减少窗扇缝隙失热的途径，以下哪一项是错误的？

　　A　加装密封条
　　B　减小玻璃面积，增加窗扇数
　　C　选用不易变形的材料作为窗框扇材料
　　D　及时维修

解析：减小玻璃面积、增加窗扇数使缝隙增多，对减少窗扇缝隙失热不利。

答案：B

3-5-69 要求冬季保温的建筑物应符合以下规定，其中哪条是错误的？

　　A　建筑物宜设在避风、向阳地段，主要房间应有较多日照时间
　　B　建筑物的外表面积与其包围的体积之比取较大值
　　C　严寒、寒冷地区不宜设置开敞的楼梯间和外廊，出入口宜设门斗
　　D　窗户面积不宜过大，并应减少窗户的缝隙长度，加强窗户的密闭性

解析：建筑物的外表面积与其包围的体积之比就是建筑物的体形系数，取值越大，冬季保温越差。

答案：B

3-5-70 以下哪项不属于美国城市规划师凯文·林奇提出的"认知地图"概念的基本要素？

　　A　意象　　　　B　路径　　　　C　区域　　　　D　节点

解析：见《环境心理学》第33页，第三章第一节。按凯文·林奇的说法，意象不是"认知地图"的基本要素。

答案：A

3-5-71 环境心理学一般认为,人际距离中的"密切距离"为( )。
  A 0~0.45m   B 0.45~1.20m   C 1.20~3.60m   D 3.60~7.60m

解析:见《环境心理学》第109页,第六章第一节:人际距离中的"密切距离"为0~0.45m。

答案:A

3-5-72 建筑设计中的"环境—行为研究",以研究下列哪一项为主?
  A 功能   B 空间   C 视觉   D 心理

解析:见《环境心理学》第211页,第十一章第一节:"环境—行为研究"以研究功能为主。

答案:A

《建筑设计原理》相关参考书的简称、全称对照表

序号	书　名	作　者	简　称
1	公共建筑设计原理（第二版）	张文忠主编	《公建设计原理》
2	住宅建筑设计原理（第二版）	朱昌廉主编	《住宅设计原理》
3	建筑空间组合论（第二版）	彭一刚	《建筑空间组合论》
4	生态与可持续建筑	夏云、夏葵、施燕	《生态可持续建筑》
5	环境心理学	林玉莲、胡正凡	《环境心理学》
6	建筑设计资料集（第3版）第＊分册	《资料集》编委会	《建筑设计资料集＊》

注:《建筑设计资料集》里面的"＊"号代表分册号,共1~8分册。

四 中国古代建筑史

(一) 中国古代建筑的发展历程

4-1-1 (2010) 目前我国已知最早、最典型的农耕聚落遗址是( )。
A 陕西临潼姜寨仰韶文化遗址　　B 浙江余姚河姆渡遗址
C 陕西岐山凤雏村遗址　　　　　D 西安半坡村遗址

(注：此题2008年考过)

解析：参见《中国建筑史》（第七版）第87页，仰韶时期的氏族已过着以农业为主的定居生活，村落多建于近河的台地上。临潼姜寨是最典型的农耕聚落，且年代早于西安半坡村。余姚河姆渡遗址早于仰韶文化，距今六七千年。近年《中国建筑史》提出"……这就是最初的聚落……其中距今约7000~9000年左右的湖南澧县彭头山遗址、河南郑州裴李岗遗址、河北武安磁山遗址、浙江桐乡罗家角遗址、余姚河姆渡遗址以及最近发现的河南舞阳贾湖遗址等，是目前中国境内所知最早和最具典型性的农耕遗址。"

答案：B

考点：古代建筑和农耕遗址源头。

4-1-2 (2009) 有关中国古代城市中的"里坊制"，下列陈述中哪一项是正确的？
A 里坊制的确立开始于汉代，以东汉都城洛阳为代表
B 里坊制的鼎盛时期以唐长安为代表，严格的里坊管理持续到唐末
C 北宋都城汴梁打破了里坊制，开始了开放式的城市布局
D 元大都方格网布局的街道和"胡同"是里坊制的延续

解析：参见《中国建筑史》（第七版）第42页，里坊制延续到宋初，宋都城汴梁是由州治扩建而来的，面积小，建筑密度大，逐步发展。由于商业发达，城中到处临街开设商店、酒楼、医铺、药铺等，里坊制在这里被彻底废除，开始了开放式的城市布局。

答案：C

考点：里坊制。

4-1-3 (2009) 颐和园内的谐趣园是模仿下列哪一座园林建造的？
A 狮子林　　　　　　　　　　B 瘦西湖
C 寄畅园　　　　　　　　　　D 网师园

(注：2004年、2005年、2007年均考过与此题类似的题)

解析：参见《中国建筑史》（第七版）第204页，寄畅园位于无锡西郊惠山东麓，始建于明代。园内主要部分的水池自成一景，知鱼槛亭将池一分为二，

若断若续。颐和园中的谐趣园也是以水池为中心，周围环布轩榭亭廊，形成一幽静水院，有知鱼乐桥。与无锡寄畅园引用同一典故，仿无锡寄畅园意境。

答案：C

考点：中国园林与风景建设。

4-1-4 (2008) 我国古代宫殿建筑发展大致经过以下四个阶段，唐大明宫属于哪个阶段？

A 茅茨土阶 B 高台宫室
C 前殿后苑 D 前朝后寝

解析：参见《中国建筑史》（第七版）第117页，茅茨土阶是宫殿的原始阶段，高台榭、美宫室是春秋战国时宫殿的特色。唐代大明宫属于前殿与宫苑结合的阶段。前朝后寝是自商周以来就存在的制度，但历代多有变化，直至明初复古，才有前朝后寝的形制。

答案：C

考点：宫殿建筑与发展历程。

4-1-5 (2007)《孟子》中说："下者为巢，上者营窟。"其中"下"的意思是（　　）。

A 下等，低级的
B 低处，低洼地
C 房屋的基础
D 下等人，贫民

解析：参见《中国建筑史》（第七版）第1章第17页，语出《孟子·滕文公》，意思是地势低下的地方构木为巢，以避群害，地势高的地方开挖洞窟。

答案：B

考点：干阑式建筑与穴居。

4-1-6 (2007) 以下关于明代家具和清代家具的描述哪一条是正确的？

A 明代家具多用曲线，清代家具多用直线
B 明代家具简洁不过多装饰，清代家具较华丽注重装饰
C 明代家具常用紫檀木，清代家具常用黄花梨
D 明代家具体现汉族审美，清代家具体现满族审美

解析：参见《中国建筑史》（第七版）第44、292页，明代家具用材合理，达到结构与造型的统一，雕饰多集中于一些辅助构件上，不过多装饰。清代家具较华丽，装饰雕刻大量增多。

答案：B

考点：明代、清代家具特征比较。

4-1-7 (2007) 中国古代室内家具基本上废弃了席坐时代的低矮尺度，普遍因垂足坐姿而采用高桌椅，室内空间也相应提高。这一变化发生在（　　）。

A 汉代 B 唐代
C 宋代 D 元代

解析：参见《中国建筑史》（第七版）第44、291页，垂足而坐的方式，从东汉末年经两晋、南北朝到宋，终于改变了我国自古以来的跪坐习惯。桌、椅、

凳等家具尺度高，室内空间相应提高。

答案：C

考点：古代家具发展。

4-1-8 （2007）如题图所示三个中国古代城市，分别是哪个朝代的哪个城市？

A 唐朝长安、元朝大都、东晋南朝建康

B 汉朝长安、明朝北京、南宋临安

C 唐朝长安、元朝大都、明朝南京

D 唐朝洛阳、明朝北京、南宋临安

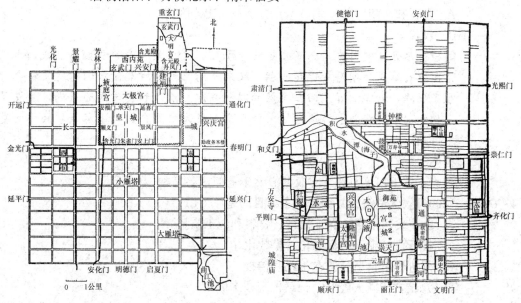

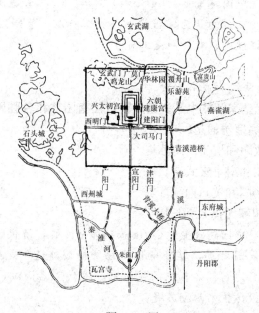

题 4-1-8 图

解析：上图左参见《中国建筑史》（第七版）第64~65页；上图右参见第72页，下图参见第66页，汉长安城是"斗城"，平面不是矩形；明北京城增加了外城，平面为品字形；题4-1-8图的最下面一张图是南朝建康，此城在陈朝灭亡时被隋军平荡成耕地；明南京城中有较多水面和山丘，布局自由。答案中凡是有明朝北京、明朝南京、汉朝长安的均属错误。

答案：A

考点：古代都城建设比较。

4-1-9 **(2007)** 中国自然式山水风景园林的奠基时期是（　　）。

A 东晋和南朝　　　　　　　B 隋唐
C 汉代　　　　　　　　　　D 唐宋

解析：参见《中国建筑史》（第七版）第193、194页可知，中国自然式山水风景园林的奠基时期是东晋和南朝，汉末至南北朝的战乱使人们对现实社会产生了厌恶，返璞归真、回归自然的思想兴起。清谈和玄学成为风尚，激发了人们倾心于自然山水的热情。东晋和南朝成为中国自然式山水风景园林的奠基时期。

答案：A

考点：中国园林与风景建设的自然审美倾向孕育期。

4-1-10 **(2006)** 《营造法式》编修的主要目的是（　　）。

A 防止贪污浪费，保证设计、材料和施工质量
B 推行设计施工的标准化、模数化
C 促进传统营造技艺在工匠间传授
D 总结古代匠人经验，记载传统技术成就

解析：参见《中国建筑史》（第七版）第44页，《营造法式》是王安石推行政治改革的产物，目的是为掌握设计与施工标准，节制国家财政开支，防止贪污浪费，保证设计、材料和施工质量。

答案：A

考点：《营造法式》成书背景。

4-1-11 **(2005)** 清代皇家园林中某些景点模仿江南园林和名胜风景，其中颐和园中的谐趣园和长堤模仿的是（　　）。

A 苏州拙政园和杭州西湖苏堤
B 扬州何园和南京玄武湖长堤
C 无锡寄畅园和杭州西湖苏堤
D 南京瞻园和无锡太湖长堤

解析：参见《中国建筑史》（第七版）第204页，清代颐和园中的谐趣园——因感念祖宗蒙阴之恩，乾隆命仿无锡寄畅园建造，是康熙下江南驻跸之所；颐和园，原名清漪园，其中的昆明湖，清代又名西湖，取义杭州西湖——颐和园长堤即模仿杭州西湖苏堤。

答案：C

考点：清代皇家园林与江南园林的模仿典故。

4-1-12 （2005）在唐以前的前期与之后的后期，中国古代园林的不同点在于（   ）。
　　A　前期疏朗质朴有田园气息，后期繁密精致追求诗情画意
　　B　前期呈北方的粗犷，后期显南方的雅致
　　C　前期受道教的影响，后期受佛教的影响
　　D　前期受老庄哲学影响深，后期受禅宗思想影响深
　　解析：参见《中国建筑史》（第七版）第197页，唐以前的前期，中国古代园林比较朴野，常具有农、林、渔相结合的田庄气息，审美比较质朴粗放；唐以后的后期，诗情画意的发展推动造园风格趋于精美。中国古代园林既受儒家影响，也受道家影响，儒、道二学在中国是相互补充的。
　　答案：A
　　考点：唐代园林特点。

4-1-13 （2005）中国唐宋以后的园林和日本庭园风格迥然各异，其原因在于（   ）。
　　A　前者受道教思想影响较深，后者受佛教思想影响较深
　　B　前者受儒家思想影响较深，后者受佛教禅宗思想影响较深
　　C　前者受文人诗画影响较多，后者受老庄哲学思想影响较多
　　D　前者崇尚人工，后者崇尚自然
　　解析：参见《中国建筑史》（第七版）第197页，中国园林受儒家思想影响较深，而日本园林在唐宋以后受佛教禅宗思想影响较深，因而唐宋以后的中国园林与日本庭园风格迥然各异。
　　答案：B
　　考点：中国园林对日本造园的影响。

4-1-14 （2005）图中从左到右四种座椅分别是（   ）。

题4-1-14图

　　A　清式座椅、明式座椅、密斯·凡·德·罗设计的和勒·柯布西耶设计的座椅
　　B　明式座椅、清式座椅、密斯·凡·德·罗设计的和阿尔托设计的座椅
　　C　宋代座椅、明式座椅、勒·柯布西耶设计的和阿尔托设计的座椅
　　D　清式座椅、明式座椅、勒·柯布西耶设计的和密斯·凡·德·罗设计的座椅
　　解析：参见《中国建筑史》（第七版）第292、426页，明式家具结构与造型统一，符合力学原则，形成优美的轮廓。
　　答案：A
　　考点：中外家具经典。

4-1-15 （2004）经过两晋、南北朝到唐朝，斗栱式样渐趋于统一，作为梁枋比例的基本尺度是什么？后来匠师们将这种基本尺度逐渐发展为周密的模数制，就是

宋《营造法式》所称的什么?

A 坐斗斗口宽度、材
B 栱的宽度、材
C 栱的高度、材
D 栱的高度、间

解析：参见《中国建筑史》(第七版) 第 274 页"……其中提到的'材''栔'，都是宋代建筑中的计量单位。"宋《营造法式》大木作用材之制，材分八等，各有定度；各以材高发为十五分，以十分为其厚，以六分为栔，斗栱各件之比例，均以此材栔分为度量单位。

答案：C

考点：《营造法式》中的"材"的概念与应用。

4-1-16 (2003) 下列三个中国古代城市平面图分别是：

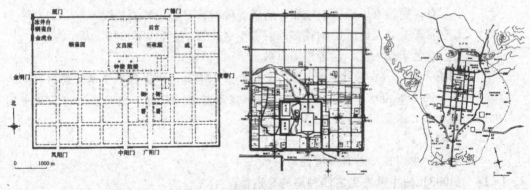

题 4-1-16 图

A 唐洛阳城、元大都、宋汴梁城　　B 曹魏邺城、元大都、南朝建康城
C 唐洛阳城、明北京城、宋汴梁城　　D 曹魏邺城、明北京城、南朝建康城

解析：参见第七版《中国建筑史》(建工版) 图 2-2 曹魏邺城平面推想图 (第 56 页)；图 2-11 元大都平面复原想象图 (第 72 页)；图 2-6 南朝建康平面推想图 (第 66 页)。

答案：B

考点：古代都城图示比较。

4-1-17 浙江余姚河姆渡遗址的建筑结构形式属于(　　)。

A 抬梁式　　B 干阑式　　C 穿斗式　　D 井干式

解析：参见《中国建筑史》(第七版) 第 17 页，浙江余姚河姆渡文化遗址中的建筑是一处长约 23m，进深 8m 的采用榫卯技术的一座干阑式建筑，距今约 6000～7000 年，是此种类型房屋的已知的首例。

答案：B

考点：良渚文化的建筑特点——干阑式与榫卯。

4-1-18 西安半坡村遗址中的建筑结构形式属于(　　)。

A 抬梁式　　B 穿斗式　　C 木骨泥墙式　　D 井干式

解析：参见《中国建筑史》（第七版）第17页及本辅导教材第263页，西安半坡村遗址中的建筑平面有方形与圆形两种，墙体采用木骨架上扎结枝条再涂泥的做法。属母系氏族社会的仰韶文化时期，距今约5000年。

答案：C

考点：半坡遗址中仰韶文化建筑形制：木骨泥墙。

4-1-19 被称为"中国第一四合院"的最早的四合院建筑遗址是（　　）。

　　A　河南偃师二里头宫殿遗址　　　　B　浙江余姚河姆渡遗址
　　C　临潼姜寨遗址　　　　　　　　　D　陕西岐山凤雏村遗址

解析：参见《中国建筑史》（第七版）第23～24页及本辅导教材第264页，在周原考古中发现一座西周建筑遗址，是一座严整的四合院式建筑。由两进院落组成，前堂为六开间，前堂与后室间有廊相接，规模不大，可能是宗庙，为我国已发现的最早的四合院建筑遗址。

答案：D

考点：四合院。

4-1-20 我国建筑屋面上使用瓦始于（　　）。

　　A　西周　　　　B　秦　　　　C　汉　　　　D　明

解析：参见《中国建筑史》（第七版）第24页，瓦的发明是西周在建筑上的突出成就。在凤雏西周早期的遗址中发现瓦，但数量较少，可能只用于脊部及檐部。

答案：A

考点：西周建筑发展。

4-1-21 我国从哪一朝代开始就修筑长城？

　　A　春秋　　　　B　战国　　　　C　秦　　　　D　汉

解析：参见《中国建筑史》（第七版）第30页："长城起源于战国时诸侯间相互攻战自卫"，各自在形势险要处修长城。答案选B。秦始皇于公元前214年将原来的秦、赵、燕等国北部边境的长城加以连缀，成为西起临洮，东至辽东的万里长城。

答案：B

考点：长城。

4-1-22 我国哪几个朝代宫殿建筑采用"东西堂"制？

　　A　隋、唐、五代　　　　　　　　B　汉、南北朝（北周除外）
　　C　北周、隋、唐　　　　　　　　D　宋、辽、金

解析：参见《中国建筑史》（第七版）第118页"……但汉、晋、南北朝都在正殿两侧设东西厢或东西堂，……"周制"三朝五门"的宫殿制度为中国建筑的正统，但秦、汉、魏、晋、南北朝（北周除外）均未遵从。隋代则恢复三朝五门的周制，隋代五门为承天门、太极门、朱明门、两仪门、甘露门，三朝为外朝承天门，中朝太极殿，内朝两仪殿。

答案：B

考点：宫殿建筑发展。

4-1-23 下列三大石窟寺按开凿年代排列正确的是(　　)。
A 甘肃敦煌石窟、大同云冈石窟、洛阳龙门石窟
B 大同云冈石窟、洛阳龙门石窟、甘肃敦煌石窟
C 甘肃敦煌石窟、洛阳龙门石窟、大同云冈石窟
D 洛阳龙门石窟、甘肃敦煌石窟、大同云冈石窟

解析：参见《中国建筑史》(第七版)第35页，甘肃敦煌石窟开凿于公元353年或366年。大同云冈石窟开凿于公元453年。洛阳龙门石窟开凿于公元500年前后。

答案：A

考点：佛教建筑石窟寺艺术。

4-1-24 我国琉璃使用于屋面始于(　　)。
A 汉代　　　　B 南北朝　　　　C 隋　　　　D 唐

解析：参见《中国建筑史》(第七版)第43页"……唐时琉璃瓦也较北魏时增多了……"，第287页"……汉墓出土的明器已涂黄、绿釉。琉璃瓦正式用于建筑屋面是南北朝，……"。琉璃在汉代用于剑匣、窗扉、屏风等。公元5世纪中叶北魏平城宫殿开始使用琉璃瓦。

答案：B

考点：琉璃瓦。

4-1-25 世界上最早的一座敞肩拱桥是(　　)。
A 法国泰克河上的赛兰特桥　　　B 汴梁的虹桥
C 河北赵县的安济桥　　　　　　D 北京的卢沟桥

解析：法国的赛特兰桥建于14世纪，虹桥及卢沟桥都不是敞肩拱桥，赵县安济桥建于隋代。参见《中国建筑史》(第七版)第38页"……它是世界上最早出现的敞肩拱桥(或称空腹拱桥)。……"

答案：C

考点：赵州桥。

4-1-26 清代太和殿与唐代大明宫麟德殿体量之比为(　　)。
A 二者大小相近　　　　　　B 为麟德殿的2倍
C 为麟德殿的3倍　　　　　D 只相当麟德殿的1/3

解析：参见《中国建筑史》(第七版)第39页，唐代大明宫麟德殿面阔11间，进深17间，面积约为5000m²。清代太和殿虽然面阔也是11间，但进深只相当麟德殿的1/3。

答案：D

考点：唐代大明宫。

4-1-27 唐代建筑的特征是(　　)。
A 斗栱大而数量少，出檐深远，雄健有力
B 斗栱多而密，屋顶陡翘
C 运用多色彩画，绚丽华贵
D 结构复杂，用料硕大，坚固而稳定

解析：参见《中国建筑史》（第七版）第277页，唐代建筑气魄雄伟，明朗健壮，色调简洁，屋顶坡度平缓，结构有机，无烦琐装饰。

答案：A

考点：唐代斗栱特征。

4-1-28 我国对木构建筑正式采用统一模数制的朝代是(　　)。

  A　汉　　　　　　B　唐　　　　　　C　宋　　　　　　D　明

解析：参见《中国建筑史》（第七版）第39、44页，宋《营造法式》中规定以"材"为造屋的标准，材分八等，按屋宇的大小及主次量屋用材。材一经选定，木构架各部件的尺寸都随之而定，设计施工均方便，工料估算有统一标准。这种办法在唐代虽已有所运用，但作为政府的规范正式公布则为宋代。

答案：C

考点：《营造法式》。

4-1-29 在宫殿中采用工字殿始于(　　)。

  A　唐　　　　　　B　宋　　　　　　C　元　　　　　　D　明

解析：参见《中国建筑史》（第七版）第89页，工字形殿在唐代称"轴心舍"，用于衙署。宋代开始在宫殿中采用工字形殿。

答案：B

考点：住宅建筑中的"工字殿"。

4-1-30 宋代东京汴梁城的特点是(　　)。

  A　里坊制度　　　　　　　　　　B　面积与唐长安城相同
  C　大内居于城的正中　　　　　　D　沿街设肆，里坊制破坏

解析：参见《中国建筑史》（第七版）第89页，宋代都城汴梁原为汴州治所在，州城的规模不足以容纳国家政权机构及庞大的军队以及由此引起的商业、手工业的兴起。虽经多次扩大，但仍不足。传统的里坊制度被彻底破除，代之而起的是布满商肆的繁华街市。是中国城市发展史上的一大变革。

答案：D

考点：宋代城市开放街巷制度。

4-1-31 宋代的砖石塔比唐代的砖塔在结构上的进步表现在(　　)。

  A　宋塔比唐塔高

  B　宋塔有塔心柱

  C　宋塔贴面砖

  D　宋塔用多边形平面，双层塔壁，石蹬道

解析：参见《中国建筑史》（第七版）第44页，唐塔多为方形平面，单层塔壁，用木楼板及木梯，对结构刚性及防火均不利。宋塔用双层塔壁，石蹬道，加强了刚性及防火能力。宋塔用多边形平面，对抗风压及耐碰损也有好处，且可增大登临眺望时的视野。

答案：D

考点：塔的形制特点。

4-1-32 御街千步廊制度是哪一朝代宫殿建筑的新发展？

A 唐代　　　　　B 宋代　　　　　C 元代　　　　　D 明代

解析：参见《中国建筑史》（第七版）第124页，御街千步廊制度是宋代宫殿的创造性发展。后来元、明、清的宫殿前都设千步廊、金水桥，就是宋的影响。

答案：B

考点：宫殿建筑"三朝"制度。

4-1-33 我国的无梁殿最早出现于（　　　）。

A 汉代　　　　　B 唐代　　　　　C 五代　　　　　D 明代

解析：参见《中国建筑史》（第七版）第49页，明代制砖业规模扩大，质量提高，砖墙普及。各地的城墙与长城也都用砖砌筑。随着砖的发展，出现了全部用砖拱砌成的无梁殿。最著名的实例是南京灵谷寺的"无量殿"。无梁殿具有耐火的特点，常用作佛寺的藏经楼、皇室的档案库等。

答案：D

考点：无梁殿历史。

4-1-34 明代北京城的城址与元大都及金中都的关系是（　　　）。

A 在金中都城址上加以扩大　　　　B 在元大都城址上略向南移并加大

C 在元大都之东另建新城　　　　　D 与元大都完全一致

解析：参见《中国建筑史》（第七版）第73页，明代北京城是利用元大都原有城市改建的。放弃了大都北面约五里的不发达地区，南面向南移出一里左右。于嘉靖三十二年加筑外城，由南侧开始，中途收头，形成北京城特有的凸形轮廓。

答案：B

考点：北京元、明、清城市格局演变。

4-1-35 用砖甃筑万里长城的是（　　　）。

A 秦代　　　　　B 汉代　　　　　C 隋代　　　　　D 明代

解析：参见《中国建筑史》（第七版）第30页"……现在所留砖筑长城系明代遗物。"明代国策中的"高筑墙，广积粮……"使制砖工业规模扩大，产量、质量提高，砖墙普及。各地的城墙多用砖甃砌。另参见《中国建筑史》（第七版）第49页"由于明代大量应用空斗墙，从而节省了用砖量，推动了砖的普及。……各地的城墙和北疆的边墙——长城也都用砖包砌筑。"万里长城的砖甃也为明代所为。

答案：D

考点：明代制砖业的发展现象。

4-1-36 纵观中国古代建筑体系从奴隶社会到封建社会末期变化的程度可以说是（　　　）。

A 变化剧烈　　　　　　　　　　　B 常有突变

C 具有很大的稳定性　　　　　　　D 无变化

解析：参见《中国建筑史》（第七版）第2页，中国古代建筑受地理条件的局限——大海、沙漠、高山的阻隔，在古代交通不发达的情况下，很少受到外来影响。即使有外来建筑形式传入，也很快被融为中国自己的东西。因此，可以说中国古代建筑体系是具有很大的稳定性的。

答案：C

考点：中国古代建筑"多元一体"的发展特征。

4-1-37 中国古建筑作为一个独特体系到何时基本形成？

A 唐　　　　B 汉　　　　C 南北朝　　　　D 宋

解析：参见《中国建筑史》（第七版）第31页，汉代是中国古代建筑发展的第一个高潮，建筑上的许多基本特征，如：木构架体系、院落式布局等均已呈现，中国古建筑的独特体系已然基本形成。

答案：B

考点：汉代建筑的历史地位与发展特点。

4-1-38 中国古建筑体系完全成熟的阶段是哪一代？

A 汉　　　　B 唐　　　　C 宋　　　　D 明

解析：参见《中国建筑史》（第七版）第37页，从唐代遗留到今天的陵墓、木构殿堂、石窟寺、塔幢及城市宫殿遗址来看，不论是总体布局，还是个体造型，无不是气概雄伟、具有高度的艺术与技术水平、雕塑与壁画极为精美，显示出唐代建筑是中国古建筑发展的一个高峰，表明中国古建筑到了唐代，已发展到了成熟阶段。

答案：B

考点：唐代建筑的发展特点。

4-1-39 中国古建筑发生较大转变的时代是（　　）。

A 唐　　　　B 宋　　　　C 元　　　　D 清

解析：参见《中国建筑史》（第七版）第42~46页可知，宋朝是中国封建社会发生较大转变的时期，由于商业、手工业的发展，城市结构与布局有了根本的变化，科学技术进步，建筑发生了较大变化。建筑的体量与屋顶的组合很复杂，装修与色彩有很大发展，影响了以后元明清三朝的建筑。

答案：B

考点：宋代建筑的发展特点。

4-1-40 下列哪一组中有未被列入世界文化遗产的？

A 平遥古城、武当山古建筑群、颐和园、莫高窟

B 丽江古城、青城山都江堰、承德避暑山庄及周围寺庙、天坛

C 明清故宫、秦始皇陵、长城、大足石刻

D 古都北京、庐山风景名胜区、苏州古典园林、云冈石窟

解析：参见《中国建筑史》（第七版）第553页，北京的故都风貌改变较大，未被列入世界文化遗产。

答案：D

考点：世界遗产名录。

4-1-41 中国自然山水园林体系发展源远流长，其成为一种艺术是在哪一时代形成的？

A 秦汉　　　　B 魏晋南北朝　　　　C 隋唐　　　　D 宋

解析：参见《中国建筑史》（第七版）第192页，秦汉及以前，帝王贵族的园林是以畋猎、娱乐为主的场所。魏晋南北朝时期，社会动乱，礼教的约束日益减弱，玄学风行，清谈之风大盛，人们追求返璞归真，寄情山水，对自然美的发掘和追求成为造园艺术的推动力，园林成为一种真正的艺术。

答案：B

考点：中国园林与风景建设的自然审美倾向孕育期。

4-1-42 我国用松柏树作为纪念祭祀场所的绿化树种见于文字制度始于何代？
A 秦　　　　B 汉　　　　C 唐　　　　D 明

解析：参见《中国建筑史》（第七版）第137页"曲阜孔庙自鲁哀公十年因宅立庙以后，……至明代基本形成现有规模。……院中遍植柏树。"第142页"……明代陵墓继承唐宋而又有创新，……遍植松柏都是传统旧法。"我国用松柏作为纪念祭祀场所的绿化树种传统久远，但见于文字制度，则始于唐代。唐代例于陵区植柏树，文献称为"柏城"。

答案：C

考点：陵寝制度。

4-1-43 历史上北京建城最早始于何时？
A 周武王　　　B 汉武帝　　　C 隋文帝　　　D 元世祖

解析：参见《中国建筑史》（第七版）第71页，琉璃河出土周代礼器的铭文证明：北京建城应为周武王十一年（公元前1045年为中国周史专家赵光贤验证。日本天文学家新诚氏据哈雷彗星活动周期推算为公元前1066年）。

答案：A

考点：北京城市史。

4-1-44 我国砌筑砖墙自何时才普遍使用石灰砂浆？
A 汉　　　　B 唐　　　　C 宋　　　　D 元

解析：参见《中国建筑史》（第七版）第283页，我国古代砌砖一般无砂浆或用黏土胶结。仅有少数汉墓用石灰胶结。一般来说，宋以前用黄泥浆，至宋石灰砂浆才逐渐普及。

答案：C

考点：宋代建筑发展特征。

4-1-45 瓦子是什么？
A 明代的小型瓦窑　　　　B 元代的马厩
C 宋代都市中的娱乐场所　　D 清代的商肆

解析：参见《中国建筑史》（第七版）第58页，北宋汴梁及南宋的临安都有一种集中的娱乐场所，称为瓦子或瓦肆、瓦舍、瓦市，其中包括各种技艺的演出，如：小唱、杂剧、散乐、影戏等。因属简易临时建筑，故冠以瓦字。

答案：C

考点：观演建筑。

4-1-46 日本的平城京、平安京是仿中国哪座都城而建造的？
A 宋代汴梁　　　　　　　B 曹魏邺城

    C 北魏洛阳   D 唐代长安

  解析：参见《中国建筑史》（第七版）第39页，唐长安城的规划影响了日本的平城京（今奈良）、平安京（今京都）。这两座城市的布局与唐长安城相似，只是规模小些，如平城京的面积仅为唐长安城的1/4。

  答案：D

  考点：都城建设。

4-1-47 《平江府图碑》刻的是哪一朝代、哪座城市的总平面图？

    A 唐代扬州   B 南朝建康

    C 北宋桂林   D 南宋苏州

  解析：参见《中国建筑史》（第七版）第83～85页，苏州宋称平江府，《平江府图碑》是南宋平江太守李寿鹏于绍定二年（1229年）所作。该图碑相当准确地表现了南宋时苏州城的平面布局，是研究城市历史的重要资料。

  答案：D

  考点：苏州城市建设史。

4-1-48 唐长安城街道上的行道树用的是哪种树？

    A 槐   B 柳   C 榆   D 松

  解析：参见《中国建筑史》（第七版）第58页，唐长安城街道两侧种的是槐树，排列成行，当时人称为"槐衙"。

  答案：A

  考点：唐长安城城市绿化。

4-1-49 河南洛阳的龙门石窟始凿于哪一朝代？

    A 唐   B 隋   C 北魏   D 五代

  解析：参见《中国建筑史》（第七版）第35页，在北魏孝文帝太和十八年迁都洛阳后即开始在伊水两岸的龙门山修造石窟。以后各代直至北宋陆续经营，以唐代窟较著名，但开始开凿始于北魏。

  答案：C

  考点：佛教石窟寺历史。

4-1-50 中国用砖的历史始于何时？

    A 西周   B 春秋   C 秦   D 汉

  解析：参见《中国建筑史》（第七版）第25页，从陕西凤翔秦国都城雍城遗址中出土了36cm×14cm×6cm的青色的砖以及质地坚硬有花纹的空心砖，说明中国早在春秋时期已经开始了用砖的历史。

  答案：B

  考点：西周建筑特点。

4-1-51 下列我国已发现的古代文化遗址分别位于哪一省？

  偃师二里头宫殿遗址、殷墟遗址、凤雏村西周建筑遗址、河姆渡村建筑遗址、盘龙城商代宫殿遗址

    A 陕西 河南 河南 湖北 浙江

    B 河南 陕西 湖北 河南 浙江

C 河南 湖北 浙江 陕西 河南
D 河南 河南 陕西 浙江 湖北

解析：参见《中国建筑史》（第七版）第18～26页、第553页，偃师二里头宫殿遗址位于河南省，反映我国早期廊院面貌。殷墟位于河南安阳，是晚商的都城。凤雏村西周建筑遗址位于陕西省岐山，是一座严整的四合院。盘龙城遗址位于湖北黄陂县（现已改为武汉市黄陂区），是商代的一处宫殿遗址。河姆渡村遗址位于浙江余姚，是已知最早采用榫卯技术的干阑式建筑，距今已有六七千年。

答案：D

考点：中国六七千年前农耕遗址。

4-1-52 被评为"工巧无遗力，所谓穷奢极侈者"是哪一朝代的宫殿？
A 唐长安大明宫   B 南朝陈建康宫殿
C 金中都宫殿   D 元大都宫殿

解析：参见《中国建筑史》（第七版）第46页，金朝统治者追求奢侈，宫殿建筑的装饰与色彩极为富丽。南宋使臣范成大在他的《揽辔录》中，有此评语。

答案：C

考点："木妖"的历史典故。

4-1-53 "凡立国都，非于大山之下，必于广川之上，高毋近旱而水用足，下毋近水而沟防省"出自哪部著作？
A 《黄帝宅经》   B 《营造法式》
C 《管子》   D 《周礼·考工记》

解析：参见《中国建筑史》（第七版）第234页，成书于战国时期的《管子》一书中，有许多关于城市建设的言论，被后人称为"因势论"，与"择中论"相反。

答案：C

考点：城市规划"因势论"。

4-1-54 "渭水贯都，以象天汉"描述的是哪座城市？
A 秦咸阳   B 汉长安
C 唐长安   D 宋汴梁

解析：参见《中国建筑史》（第七版）第30页，秦始皇运用天体观念，规划其国都咸阳，以横贯咸阳的渭水象征天上的银河。

答案：A

考点：汉长安城文献释义。

4-1-55 "车毂击、人肩摩"是形容战国时哪一国的国都的繁荣形象？
A 赵国邯郸   B 齐国临淄
C 楚国鄢郢   D 魏国大梁

解析：参见《中国建筑史》（第七版）第28页，《战国策·齐策一》载："临淄之中七万户……临淄之途，车毂击、人肩摩。"

答案：B

考点：春秋战国城市商业文献记载。

4-1-56 "千丈之城，万家之邑相望也"是描述哪一个历史时期城市的发展？

A 宋代 B 唐代
C 战国 D 明代

解析：参见《中国建筑史》（第七版）第54页，此句话出自《战国策·赵策》。从春秋末期到战国中叶，随着封建土地所有制的确立和手工业商业的发展，出现了城市建设的高潮，城市日趋繁荣，规模日益扩大。

答案：C

考点：战国城市文献释义。

4-1-57 下列各项中哪一项不是明代家具的特点？

A 发挥材料性能 B 榫卯精密
C 构件断面较小 D 雕饰华丽

解析：参见《中国建筑史》（第七版）第50页，明代进口一些东南亚地区的质地坚硬、强度高、色泽优美的木材，如花梨、紫檀、红木等。在制作家具时，可采用较小的构件断面，做工精密，用材合理，发挥材料性能。雕饰仅施用于一些辅助构件上，取得重点装饰的效果，不追求华丽。

答案：D

考点：明代家具特点。

4-1-58 "样房""算房"出现于何时？

A 东汉 B 唐
C 明 D 清

解析：参见《中国建筑史》（第七版）第52页，清代建筑设计机构分"样房"及"算房"，样房负责图样设计，算房负责编制施工预算，分工明确。当时著名的有"样式雷"和"算房刘"。

答案：D

考点：清代内务府职能与建筑部门。

4-1-59 清代"样房"所做的"烫样"是什么？

A 图纸 B 设计手册
C 工具 D 模型

解析：参见《中国建筑史》（第七版）第52页，清代样房做建筑设计除绘制各种比例尺的图样外，还用硬纸等材料按比例制作模型，称为烫样。并用黄纸标签把房室的关键尺寸贴在烫样上，烫样不仅能表现房屋的外部形式，还能表现出内部的结构情况，对进一步研究建筑设计很有帮助。

答案：D

考点：样式雷成就。

4-1-60 中国古代明堂建筑的功能很多，下列哪一项不属于明堂的功能？

A 朝会、祭祀 B 庆赏选士
C 养老、教学 D 宗教礼拜

解析：参见《中国建筑史》（第七版）第129页，明堂是中国古代帝王宣明政教的地方，功能很多，但无宗教活动。

答案：D

考点：坛庙建筑与"明堂"演变历史沿革。

4-1-61 "斗城"是哪一座都城的别称？

  A 周镐京   B 秦咸阳
  C 汉长安   D 唐长安

解析：参见《中国建筑史》（第七版）第229页，《三辅黄图》——汉长安故城："城南为南斗形，北为北斗形，至今人称汉京城为斗城。"

答案：C

考点：汉长安城文献释义。

4-1-62 陕西临潼姜寨村落遗址属于何种文化时期？

  A 龙山文化   B 仰韶文化
  C 良渚文化   D 红山文化

解析：参见《中国建筑史》（第七版）第19页，仰韶文化是黄河中游原始社会晚期文化，过去曾称"彩陶文化"。姜寨与西安半坡村遗址均属仰韶文化时期的遗存，是年代最早的典型的农耕聚落遗址。

答案：B

考点：仰韶文化。

4-1-63 《洛阳伽蓝记》主要描写的是何时的洛阳？

  A 东周洛邑   B 东汉洛阳
  C 北魏洛阳   D 唐洛阳

解析：参见《中国建筑史》（第七版）第35、第62页，《洛阳伽蓝记》的作者杨衒之是北魏时人，武定五年至北魏故都洛阳，值丧乱之后，见城郭崩毁，宫室倾覆，寺观庙塔多成废墟，因抚拾旧闻，追求故迹，写成《洛阳伽蓝记》。追述北魏盛时洛阳城内外伽蓝（梵语佛寺）的兴隆情况，并述及北魏洛阳城市风貌。

答案：C

考点：《洛阳伽蓝记》。

4-1-64 《三辅黄图》主要记载的是哪座城市？

  A 明清北京   B 汉长安
  C 隋唐长安   D 曹魏邺城

解析：参见《中国建筑史》（第七版）第229页注释⑤《三辅黄图》"……城南为南斗形，北为北斗形，至今人呼汉京城为斗城是也"。《三辅黄图》一书，作者不详，书中记载了汉时长安古迹，对宫殿范围记载颇详。"黄图"说明此书原本是一部都市图记，后因原书佚，后人辑佚，有文无图。

答案：B

考点：汉长安城文献释义。

4-1-65 明清北京紫禁城是按照以下哪项规则设计建造的？

A 《园冶》 B 《清工部工程做法则例》
C 《营造法式》 D 周礼三朝五门制度

解析：参见《中国建筑史》（第七版）第118页，明清北京紫禁城的主要建筑基本上是附会《礼记》《考工记》及封建传统的礼制来布置的。太和、中和、保和三殿附会"三朝"制度，大清门到太和门五座门附会"五门"制度。

答案：D

考点：宫殿建筑形制发展沿革。

4-1-66 春秋时为吴王阖闾"相土尝水"选择城址（今苏州）的是(   )。

A 周公 B 范蠡
C 郭璞 D 伍子胥

解析：参见《中国建筑史》（第七版）第11页，周公营建洛邑；范蠡建越城；郭璞是东晋《葬书》的作者。

答案：D

考点：苏州城市历史沿革。

4-1-67 风水对基址选择讲究的"汭"位是指(   )。

A 河边 B 河湾内侧
C 河流下游 D 河流上游

解析：参见《中国建筑史》（第七版）第12页，"汭"是指免受冲蚀的河湾内侧地。

答案：B

考点："风水"一解。

（二）中国古代建筑的特征

4-2-1 (2010) 以其独特的不规则布局在中国古代城市建设史上占有重要地位的城市是(   )。

A 汉长安 B 明南京 C 明清北京 D 宋东京

解析：参见《中国建筑史》（第七版）第76页，明南京……以其独特的不规则城市布局而在中国都城建设史上占有重要地位。故本题应选B。

答案：B

考点：汉长安、明南京城市规划特点。

4-2-2 (2010) 我国古代在建城选址上的首要原则是(   )。

A 具备"天人合一"的理想景观模式
B 具备交通优势
C 具备良好的防卫性
D 具备方便的用水及防涝条件

解析：参见《中国建筑史》（第七版）第58页，古人在建城选址时，历代都重视解决水源问题，因为城市用水对于一个几十万至100万以上人口的都城来说，是极为重要的。关于城市的排水问题，历代实践和记载也体现其建设的重要性，如清世袭承揽沟渠疏浚的董姓承包商"沟董"，即绘有北京内城沟渠图。

答案：D

考点：古代城市规划的选纸要素。

4-2-3 (2010) 山西襄汾丁村的道路系统有许多支路采取"丁"字形，这种布局出于什么考虑？

A 讲究"五音姓利"　　　　B 设置"对景景观"
C 形成"向阳人家"　　　　D 以示"不泄风水"

解析：参见《中国建筑史》（第七版）第115页，山西明清风貌襄汾丁村"丁"字形支路的布局主要是出于风水的考虑，即"不泄风水"。

答案：D

考点：古代"风水"观念与案例：丁林（山西襄汾）。

4-2-4 (2009) 对于清式建筑做法，下列哪一项是错误的？

A 使用斗栱的大木大式建筑又称殿式建筑
B 一般民房只能用大木小式
C 建筑尺度以斗口作为衡量标准
D 小木作包括屋顶铺瓦和脊饰工程

解析：A、B、C三项正确，属于清式建筑做法，参见《中国建筑史》（第七版）第313页，D选项为瓦作，是错误项。小木作指大木构件以外的非承重的木构件的设计、制作和安装工作，包括：门、窗、槅扇、栏杆、天花、藻井等。屋顶铺瓦和脊饰工程不属于小木作。

答案：D

考点：大、小木作的概念与分工，即"建筑设计与施工"及"装修"。

4-2-5 (2009) 下列有关中国传统民居住宅结构类型的陈述，哪一项是不确切的？

A 北方多用木构抬梁式，以北京四合院正房为代表
B 南方多用木构穿斗式，如皖南徽州民居住宅
C 砖墙承重式主要分布于山西、河北、河南、陕西
D 广西和贵州的壮族、侗族民居住宅常用干阑式

解析：参见《中国建筑史》（第七版）第94页，皖南徽州民居住宅为抬梁、穿斗混合式，因此B项不确切。具体说，南方民居住宅，如在皖南徽州、江浙等地，多用抬梁与穿斗混合式。山墙边贴用穿斗式，明间则改用大梁联系前后柱。

答案：B

考点：古代住宅建筑的构筑类型与区域性。

4-2-6 (2009) 唐宋至明清，中国园林在东晋和南朝的基础上进一步发展，主要表现在（　　）。

A 规模扩大，普及民间，形式多样，建筑增多
B 理景的普及化，园林功能生活化，造园要素密集化，造园手法精致化
C 从帝王园囿转向私家园林，从田庄气息转向"诗情画意"，从"阡陌纵横"

转向"堂馆亭阁",从儒家思想转向道家思想

D 理园情趣诗意化,园林功能生活化,造园要素自然化,造园手法简约化

解析:参见《中国建筑史》(第七版)第194~196页四个标题。东晋和南朝是我国自然式山水风景园林的奠基时期,也是由物质认知转向美学认知的关键时期。唐宋至明清则是在此基础上的进一步继承与发展,主要表现在理景的普及化、园林功能生活化、造园要素密集化、造园手法精致化四个方面。

答案:B

考点:中国园林与风景建设的自然审美观孕育期。

4-2-7 (2009) 清代帝苑的构成要素有(   )。

A 宫室建筑和园囿建筑两个部分

B 自然的山水和人工的建筑两个部分

C 山林、湖泊、建筑三个部分

D 居住与朝见的宫室和供游乐的园林两个部分

解析:参见《中国建筑史》(第七版)第197页,清代的帝苑一般有两大部分:一部分是居住和朝见的宫室,另一部分是供游乐的园林。宫室部分占据前面的位置,园林部分位于后面。

答案:D

考点:宫殿建筑的形制特点。

4-2-8 (2008) 按清代工部《工程作法》规定,大木小式建筑的面阔尺度由下列哪项来确定?

A 斗口尺寸　　　　　　　B 斗栱尺度

C 檐柱高度　　　　　　　D 明间面阔及檐柱径

解析:参见《中国建筑史》(第七版)第274页,大木小式建筑不用斗栱,与斗口尺寸及斗栱尺寸无关。明间面阔视基地条件及业主愿望而定;柱径一尺,柱高一丈,二者关系固定。所以应选D。

答案:D

考点:清营造"法式作法"之"大木小式",或"清式营造则例"之"柱经法"。

4-2-9 (2008) 清代园林兴盛,其中避暑山庄的风格特征是(   )。

A 中轴对称的离宫别馆　　B 集民间园林之大成

C 皇家气派宏大　　　　　D 红墙黄瓦,金碧辉煌

解析:参见《中国建筑史》(第七版)第202页"……模仿江南名胜方面有其独到之处。"避暑山庄虽是宫室殿宇,但都用卷棚屋顶、素筒板瓦,不施琉璃,风格淡雅。园中仿建江南美景名楼,还有一些休息游观性建筑和庙宇,真可谓集民间园林之大成。

答案:B

考点:"避暑山庄"的民间园林风貌特质。

4-2-10 (2008)《园冶》一书的作者是(   )。

A 李渔　　　　B 计成　　　　C 张涟　　　　D 戈裕良

(注：此题2004年考过)

解析：参见《中国建筑史》（第七版）第205页，计成，明末清初江南苏州一带造园匠人，字无否，著作为中国古代最为系统的园林著作《园冶》一书，又名《园牧》——视其为园艺教科书的日本国将其翻译为《夺天工》，《（名园巧式）木经全书》（或《木经全书》）、《名园巧式夺天工》等汉刻本或抄本。至清末重新被国人发现，复又引入中国。李渔为计成同一时期戏剧艺术家，尤擅叠石，活跃于明江南和北京地区，著有含有家具、起居内容的戏剧理论著作《闲情偶寄》（又名《一家言》等，其人又名李笠翁）；李诚，北宋《营造法式》主持编纂者；李春，隋朝造石桥匠人，刻名记载于赵州安济桥桥拱下。

答案：B

考点：《园冶》。

4-2-11 (2007) 清代帝苑的构成一般有两大部分，两者分别是（　　）。

A 庙宇和园林　　　　B 山形和水系
C 宫室和园林　　　　D 林木和叠石

解析：参见《中国建筑史》（第七版）第198页"……清代帝苑的内涵一般有两大部分：一部分是居住和朝见的宫室；另一部分是供游乐的园林……"。

答案：C

考点：宫殿建筑的形制特点。

4-2-12 (2007) 下列中国古代建筑的屋顶形式中哪一种等级最低？

A 悬山　　　　　　　B 歇山
C 庑殿　　　　　　　D 硬山

解析：参见《中国建筑史》（第七版）第125页，见"屋顶则按重檐、庑殿、歇山、攒尖、悬山、硬山的等级次序使用。"中国古代建筑屋顶形式中，以屋檐层数相同情况比较，等级最低的是硬山。

答案：D

考点：古代屋顶形制的等级意识。

4-2-13 (2006) 在中国古代木构建筑中，"减柱""移柱"的做法最常见于（　　）。

A 宋代　　　　　　　B 元代
C 明代　　　　　　　D 清代

解析：参见《中国建筑史》（第七版）第47页，中国古代木构建筑中，元朝时期出于建筑大空间使用的要求，因此大量建筑的结构被改动。减柱和移柱的做法使用频繁，从某种程度上破坏了结构的整体性，因此后面的朝代，这两种做法即日趋消失。

答案：B

考点：金、元建筑特征。

4-2-14 (2006) 中国古代木构建筑中，斗栱的结构机能开始减弱的现象出现于（　　）。

A 宋代　　　　　　　B 元代

C 明代 D 清代

(注：此题2004年考过)

解析：参见《中国建筑史》（第七版）第274页，中国古代木构建筑中，斗栱的结构机能开始减弱的现象是在元代，这是通过实物考察得出的结论。例如，昂在宋朝之前，通过斜向支撑，作为受力构件出现，而在元代开始向水平向构件发展。1934年《清式营造则例》一书中，林徽因女士在前言部分对此一斗栱机能演变过程有所论述。

答案：B

考点：元代建筑特征。

4-2-15（2005）中国古代建筑群组合的手法大体上可分成两种，它们分别是（　　）。

A 单中心布局和多中心布局　　B 中轴对称布局和自由灵活布局
C 对称布局和均衡布局　　　　D 内向性布局和外向性布局

解析：参见《中国建筑史》（第七版）第9页，中国古代建筑群组合在重大建筑都是采取中轴线对称布局，次要部分则采取自由灵活布局，例如宫殿、佛寺等无不如此。

答案：B

考点：古代建筑群特征。

4-2-16（2004）与唐宋建筑相比，明清官式建筑在建筑艺术方面发生很大变化，以下哪一项不属于上述变化？

A 斗栱缩小，出檐深度减少
B 柱子细长，柱的升起、侧脚和卷杀不再采用
C 装饰走向过分烦琐
D 梁的断面由5：4改为3：2的比例

解析：参见《中国建筑史》（第七版）第259、275页所述"柱（升）起……明、清也少使用。""侧脚……到明清则已大多不用。故B项不属于唐宋之后明清官式建筑变化。与唐宋建筑相比，明清官式建筑的斗栱受墙体做法影响，从土坯或夯土做法转向砖石墙体构造，因此斗栱的结构作用减弱，不再需要出挑深远，斗栱亦不再需要雄大，以避免雨水对墙体的侵蚀；随之，斗栱的装饰性凸显，尤其清朝时期，巴洛克风格的装饰情趣上扬，因此明清时期官式建筑装饰相对显得过分烦琐；梁的断面尺寸据数据调研，由5：4转向3：2。故本题选项A、C、D正确。

明清时期，柱子相对唐宋细长，但是柱子的升起、侧脚依然使用，如紫禁城、北海等宫苑建筑。卷杀在柱头部分仍然运用，但已经不是很明显，柱子外观主要以收分为主。故选项B错误。

答案：B

考点：明、清官式建筑特征。

4-2-17（2004）哪座塔属于金刚宝座塔类型？

A 西安荐福寺塔　　　　B 登封法王寺塔
C 济南神通寺四门塔　　D 北京大正觉寺塔

解析：参见《中国建筑史》(第七版) 第186页，北京大正觉寺塔，又名五塔寺，其金刚宝座塔为明朝成化年间建成。金刚宝座塔形制特点是五层高台砖石底座上，有一主四辅五座塔，象征佛祖在世界行走的经历。西安荐福寺塔、登封法王寺塔均为密檐方塔；济南神通寺四门塔为单层塔，即亭阁式塔，源于印度佛祖灵骨塔窣堵坡（stupa）塔形。

答案：D

考点：塔的形制特征。

4-2-18 (2004) "虽由人作，宛自天开"出自（　　）。

A 《园冶》　　　　　　B 《说园》
C 《江南园林志》　　　D 《营造法式》

解析：参见《中国建筑史》(第七版) 第205页，"计成……著成《园冶》一书，是我国古代最系统的园林艺术论著。"第230页引："虽由人作，宛若天开。" "虽由人作，宛自天开"出自明朝出版的中国古代最为系统的园林理论《园冶》，此书又名《园牧》，日本人以《夺天工》为名刊行，奉为日本园林艺术的教科书。作者为明末清初吴江（今苏州）造园名家计成。

答案：A

考点：《园冶》。

4-2-19 (2004) 许多殿宇柱子排列灵活，往往与屋架不作对称的联系，而是用大内额，在内额上排屋架，形成减柱、移柱的做法。以上叙述是哪个朝代建筑的突出特点？

A 宋　　　　　　　　B 元
C 明　　　　　　　　D 清

解析：金代的佛光寺文殊殿将内柱减少至无可再减，属于特殊之罕例。元代采用大内额，在其上排屋架，形成减柱、移柱的做法，较为突出、普遍。

答案：B

考点：金、元建筑特征。

4-2-20 (2003) "匠人营国，方九里，旁三门，国中九经九纬，经涂九轨，面朝后市，左祖右社，市朝一夫"的中国古代城市规划思想，是在什么文献中提出来的？

A 《吕氏春秋》　　　　B 《营造法式》
C 《管子》　　　　　　D 《周礼·考工记》

解析：参见《中国建筑史》(第七版) 第55页，"匠人营国……市朝一夫"引自《周礼·考工记》，其典籍记载了封建社会时期都城规划等制度学说，对理解古代城市规划实践有一定借鉴价值。

答案：D

考点：《周礼·考工记》。

4-2-21 由唐至清斗栱的尺度、疏密程度的变化是（　　）。

A 由大到小到密　　　　B 由大到小到疏
C 由小到大到疏　　　　D 由小到大到密

解析：参见《中国建筑史》（第七版）第277页"……唐代柱头铺作的雄大，……辽、金继承了唐、宋的形制……元代起斗栱尺度渐小，真昂不多。明、清时斗栱尺度更小"。斗栱原是具有结构功能的构件，大而疏朗。逐渐趋于显示建筑物品位的装饰性构件，变成小而密集。

答案：A

考点：古代建筑构造演变：斗栱。

4-2-22 唐代木构中普拍枋与阑额的关系是（　　）。

A 宽于阑额　　　　　　　B 等于阑额
C 窄于阑额　　　　　　　D 无普拍枋

解析：参见《中国建筑史》（第七版）第157页，唐代木构以佛光寺等为代表"……无普拍枋。"参见第276页，"平板枋（宋称普拍枋）……最早形象见于陕西西安兴教寺唐玄奘塔，宋、辽使用渐多，开始的断面形状和阑额一样，后来逐渐变高变窄，至明、清，其宽度已窄于额枋。"唐代木构从五台山佛光寺东大殿看，阑额之上尚未有普拍枋这个构件。宋代开始有普拍枋，它与阑额的关系是：由宽于阑额逐渐等于阑额而后窄于阑额，至明、清时代则称为平板枋。

答案：D

考点：唐代斗栱特征。

4-2-23 宋代木构的模数是（　　）。

A 斗口　　　　　　　　　B 柱高
C 材　　　　　　　　　　D 斗栱尺度

解析：参见《中国建筑史》（第七版）第258页，《营造法式》中规定造屋之制"以材为祖"，材分八等，按屋宇的大小主次而选用哪一等材，材一经选定，木构架各部件的尺寸都可以随之规定，材、契、分是宋代木构的模数。

答案：C

考点：宋代《营造法式》"材"的概念。

4-2-24 清式大式木作以（　　）为标准确定各部大木构件尺寸。

A 材　　　　　　　　　　B 斗口
C 柱高　　　　　　　　　D 斗栱尺寸

解析：参见《中国建筑史》（第七版）第275页，清代大木大式建筑又称殿式，指宫殿、庙宇、府邸中的主要殿堂，以斗口为标准，确定各部大木构件的尺寸。

答案：B

考点：清代"斗口制"概念。

4-2-25 清代的木构建筑斗栱高与柱高之比约为（　　）。

A 1:2　　　　　　　　　B 1:3
C 1:4　　　　　　　　　D 1:5～1:6

解析：参见《中国建筑史》（第七版）第303页，随着斗栱从"结构构件"演化为"装饰构件"，逐渐变小，与柱高之比由唐代的1:2逐渐演变为清代的

1∶5~1∶6。

答案：D

考点：清代官式住宅建筑斗栱的特点。

4-2-26 清代皇家园林中的"三山五园"指的是哪五园？
A 颐和园、万春园、圆明园、静明园、静宜园
B 清漪园、长春园、畅春园、静明园、静宜园
C 畅春园、静明园、静宜园、清漪园、圆明园
D 畅春园、圆明园、颐和园、长春园、万春园

解析：参见《中国建筑史》（第七版）第197~198页，"香山行宫，静明园、畅春园，……'赐园'圆明园、颐和园。"其中香山行宫即静宜园，颐和园即乾隆兴建清漪园。三山见图6-1香山、万寿山、玉泉山。可知，清代的圆明园包括了长春园与万春园，凡出现长春园、万春园的条目都是不正确的。

答案：C

考点："三山五园"。

4-2-27 沧浪亭、豫园、瞻园、个园分别位于（　　）。
A 苏州、上海、扬州、南京　　B 南京、上海、苏州、扬州
C 扬州、上海、南京、苏州　　D 苏州、上海、南京、扬州

解析：参见《中国建筑史》（第七版）第195页"上海县……所建豫园"第553页，苏州古典园林、第555页南京、扬州；第215页扬州个园。沧浪亭是苏州历史最久的园林，以复廊漏窗山林景色见长。豫园是上海名园。瞻园位于南京，曾经刘敦桢先生修缮，也很著名。个园是扬州名园，以"竹"命名。

答案：D

考点：江南名园。

4-2-28 槅扇的抹头的数量变化的规律是（　　）。
A 由少变多　　B 由多变少
C 没变化　　　D 变化无规律

解析：参见《中国建筑史》（第七版）第289页所述，槅扇的抹头数早期少，如山西寿圣寺的唐代砖雕槅扇门仅三抹头。宋、金一般为四抹头，明、清则五、六抹头的常见，变化是由少变多，是有规律的。

答案：A

考点：小木作。

4-2-29 雀替用在什么部位，起什么作用？
A 张于屋檐下的竹丝网，以防雀鸟筑巢
B 是垂脊上仙人走兽凤的别名，用于加固
C 用于梁枋彩画，丰富画面
D 用于梁或阑额与柱交接处，主要起装饰作用

解析：参见《中国建筑史》（第七版）第276页，可知，雀替也称托木、插角，宋代称绰幕枋，清代始称雀替，是位于柱与梁或阑额的交接处的木构件，其作用与替木相似，可增强梁端的抗剪力，减小梁或阑额的跨度，后来逐渐

演化为主要起装饰作用的构件了。

答案：D

考点：古代建筑的详部演变。

4-2-30 下列哪一座伊斯兰教寺院的建筑处理手法基本上已是中国传统形式？

A 西安华觉巷东大寺　　　　B 广州怀圣寺
C 泉州清净寺　　　　　　　D 杭州真教寺

解析：参见《中国建筑史》（第七版）第173页，广州怀圣寺高耸的光塔、泉州清净寺葱形尖拱、清净寺及杭州真教寺礼拜殿的球形穹隆顶等都保持了明显的外来建筑形式。只有西安华觉巷东大寺基本上是中国传统的木结构。

答案：A

考点：伊斯兰教建筑的汉化问题。

4-2-31 作为中国古代木构架建筑显著特点之一的斗栱，在何时已经普遍使用？

A 东汉　　　　　　　　　　B 南北朝
C 隋　　　　　　　　　　　D 唐

解析：参见《中国建筑史》（第七版）第277页，从现在考古所得的东汉画像砖、明器和石阙上可以看到各种斗栱的形象，虽然形式很不统一，但已经表现了普遍使用的迹象。

答案：A

考点：斗栱的特征与详部演变。

（三）中国建筑历史知识

4-3-1 (2010) 我国古代宫殿建筑的发展过程大致分为四个阶段，处于第三阶段的是（　　）。

A 盛行高台宫室　　　　　　B 雄伟前殿与宫苑相结合
C 纵向布置"三朝"　　　　　D 严格对称的庭院组合

解析：参见《中国建筑史》（第七版）第117～118页四个标题。中国宫殿建筑四个阶段发展顺序依次是："茅茨土阶"的原始阶段、盛行高台宫室的阶段、宏伟的前殿和宫苑相结合的阶段以及纵向布置"三朝"的阶段。

答案：B

考点：宫殿建筑历史沿革。

4-3-2 (2010) 古代帝陵建筑中开启曲折自然神道之先河的是（　　）。

A 唐乾陵　　　　　　　　　B 宋永昭陵
C 明孝陵　　　　　　　　　D 明十三陵

解析：参见《中国建筑史》（第七版）第148页，古代帝陵中，开启曲折自然神道之先河的是明太祖南京钟山孝陵。

答案：C

考点：陵寝建筑历史沿革。

4-3-3 (2010) 位于日喀则西一百公里的萨迦南寺采用了城堡建筑形式，与西藏其他寺院形式不一致，其主要原因是（　　）。
A 教义影响　　　　　　　　B 政治及防御影响
C 地理环境影响　　　　　　D 区域文化影响

解析：参见《中国建筑史》（第七版）第166页，作为寺庙和萨迦政权都城，萨迦南寺的政治和防御影响，形成其城堡状建筑形式。该寺为西藏佛教萨迦派之祖寺，位于日喀则市西南约168公里本波山下重曲河南岸，与已毁之萨迦北寺相对。南寺建于公元1268年，据藏文史料记载，首先建设的是主体建筑底层、内城城墙及角楼，其余建筑1295年才全部落成。

答案：B

考点：宗教建筑。

4-3-4 (2010) 我国目前已知最早的八边形平面的塔是属于哪个时期？
A 北魏　　　　　　　　　　B 隋
C 唐　　　　　　　　　　　D 五代

解析：参见《中国建筑史》（第七版）第183页，目前已知最早的八边形平面的塔是唐代的河南登封净藏禅师塔。

答案：C

考点：塔的形制。

4-3-5 (2010) 高台式楼阁中用于登临眺望的结构层称为（　　）。
A 平坐　　　　　　　　　　B 方城明楼
C 天宫楼阁　　　　　　　　D 勾阑

解析：参见《中国建筑史》（第七版）第543页，"古建筑名词解释"中"平座"。高台式楼阁用斗栱、枋子、铺板等挑出，以利登临眺望，此结构层称为平座。方城明楼为陵墓地宫上的碑亭、马道等建筑形制。天宫楼阁为内檐装修中藻井的高级做法，排列宫室木样类建筑模型等于升起的天花之中，模拟神话世界情境。勾阑，即栏杆；栏板、勾片栏杆、寻杖栏杆，或鹅颈椅、飞来椅、美人靠、吴王靠等对应地方和时代营造方式的称谓。

答案：A

考点：塔的形制。

4-3-6 (2010) 我国传统住宅采用砖墙承重构筑类型的主要分布地，不包括（　　）。
A 山西　　　　　　　　　　B 陕西
C 河南　　　　　　　　　　D 皖南

解析：参见《中国建筑史》（第七版）第94页，我国传统住宅采用砖墙承重构筑类型的省份为山西、河北、陕西、河南等为主要分布地。

答案：D

考点：住宅建筑构筑类型。

4-3-7 (2010) 北京四合院中划分内外院空间的建筑要素是（　　）。
A 夹道　　　　　　　　　　B 照壁
C 抄手游廊　　　　　　　　D 垂花门

解析：参见《中国建筑史》（第七版）第100页"垂花门"。北京四合院中划分内外院空间的建筑要素是垂花门,俗称"二门"。

答案:D

考点:四合院。

4-3-8 (2010) 江南民居为打破正房屋脊平直的形态,主要采用下列哪种做法?

A 增加脊饰　　　　　　　B 端部起翘
C 中部突起　　　　　　　D 分段处理

解析:江南民居注重屋脊脊饰,为了打破正房屋脊平直的状态,采用分3段处理的方式,脊端部轻巧起翘,即升起做法。

答案:B

考点:江南民居特点。

4-3-9 (2010) 客家土楼选址注重风水,其主入口不能朝(　　)。

A 东　　　　　　　　　　B 南
C 西　　　　　　　　　　D 北

解析:参见《中国建筑史》(第七版)第105页,客家土楼按照其祖源北方习俗,建筑一般坐北朝南,按照地方风水说,"……禁忌、避煞……"建筑基址可以朝东、朝西,但是不能朝北。

答案:D

考点:土楼。

4-3-10 (2010) 以祠堂为中心、中轴对称且具有单元式住宅特征的民居是(　　)。

A 北京四合院　　　　　　B 新疆阿以旺
C 福建客家土楼　　　　　D 徽州民居

解析:参见《中国建筑史》(第七版)第103页,根据《中国建筑史》等所述,福建客家土楼,基本居住模式以集成式住宅的形制形成单元式住宅聚落特征,祠堂位于其民居建筑群体的中心点。无论圆、方、弧形楼等,均保持北方四合院的传统格局形制,均中轴对称。北京四合院、徽州民居、新疆阿以旺不符合本题上述三项共性特征。

答案:C

考点:住宅建筑平面布局。

4-3-11 (2010) 下列关于窑洞住宅描述错误的是(　　)。

A 经济适用　　　　　　　B 少占农田
C 施工周期短　　　　　　D 防火隔声

解析:参见《中国建筑史》(第七版)第107页,相对于木结构、砖石结构等,窑洞"施工周期较长"。

答案:C

考点:窑洞。

4-3-12 (2010) 颐和园内的谐趣园是模仿下列哪一座园林建造的?

A 狮子林　　　　　　　　B 瘦西湖
C 寄畅园　　　　　　　　D 网师园

解析:参见《中国建筑史》(第七版)第204页,2009年也有此题。乾隆感蒙荫之念，特派人写仿祖父康熙下江南无锡驻跸处"寄畅园"至清漪园，即颐和园中营建。

答案：C

考点：谐趣园。

4-3-13 (2010) 我国自然山水风景园林的奠基时期是(　　)。

　　A　秦朝　　　　　　　　　B　东晋与南朝
　　C　隋朝　　　　　　　　　D　唐朝

解析：参见《中国建筑史》（第七版）第36、193、194页可以看出（本题2007年考过一次）。我国自然山水风景园林的奠基时期是东晋与南朝。对隋、唐时期的园林兴盛有直接影响。秦朝园林则带有神话皇权及朴野自然的大型狩猎园囿阶段的建设特点。

答案：B

考点：中国园林与风景建设的自然审美观孕育期。

4-3-14 (2010) 拥有巴洛克风格建筑的中国园林是(　　)。

　　A　颐和园　　　　　　　　B　避暑山庄
　　C　圆明园　　　　　　　　D　拙政园

解析：参见《中国建筑史》（第七版）第198、204页，圆明园"……内有巴洛克式宫殿、喷泉和规则式植物布置……"及"……有白石砌筑的石舫——清晏舫。"中国园林圆明园西洋楼一带建筑等，拥有巴洛克建筑的风格特点。

答案：C或A

考点：清代皇家园林的巴洛克元素。

4-3-15 (2010) 唐宋以后的园林日趋世俗化，其根本原因是受到哪种思想的影响较多？

　　A　佛教　　　　　　　　　B　道家
　　C　儒家　　　　　　　　　D　风水

解析：参见《中国建筑史》（第七版）第197页，唐宋以后的园林日趋世俗化，根本原因是受到儒家入世思想的影响，以对照道家的出世思想。

答案：C

考点：唐代园林意匠。

4-3-16 (2010) "巧于因借，全天逸人"是对我国利用自然山水来创造风景的基本概括，下列哪项实例最精彩地运用了"因"的手法？

　　A　嘉兴南湖　　　　　　　B　杭州西湖
　　C　扬州瘦西湖　　　　　　D　南京莫愁湖

解析：参见《中国建筑史》（第七版）第218页，"巧于因借，全天逸人"是对理景中利用自然山水来创造风景的手法的基本概括。至于"因"城邑治水之功，加以美化，使之成为市民就近休憩之所，更是十分成功的办法，杭州西湖就是其中最精彩的例子。

答案：B

考点：园林借景。

4-3-17 (2010)江南乡村村头理景最具代表性的实例是(　　)。

A　江苏吴县东山村　　　　B　安徽歙县棠樾村
C　安徽歙县唐模村　　　　D　江西婺源理坑村

解析：参见《中国建筑史》（第七版）第226页，在本题选项中，江南乡村村头理景最具代表性的实例是安徽歙县唐模村。依据《中国建筑史》第六章园林与风景建设结尾所述："唐模是江南村头理景最具代表性的遗例之一，它的内容多样，人工构筑与自然地形结合得非常巧妙，创造出了一种私家园林所不具备的田园风光之美"。

答案：C

考点：江南村落村头理景。

4-3-18 (2010)明清时期中国古典园林总平面特征可概括描述为(　　)。

A　"太极图"结构　　　　B　"长卷式"景观
C　"天人合一"观念体现　　D　"院落空间"为基础的空间秩序

解析：参见《中国建筑史》（第七版）第246页"拓扑"释义。通过"同构"和"拓扑"关系分析，明清时期中国古典园林总平面特征可概括描述为"太极图"结构。"……它形象地蕴含了向心、互否、互含三种关系。我们甚至可以发现若干著名园林的总平面与太极图同构。"

答案：A

考点：明清园林意匠。

4-3-19 (2009)题4-3-19图所示3种中国传统建筑的屋顶，从左到右分别是(　　)。

题4-3-19图

A　盆顶，平顶，卷棚　　　　B　盆顶，盝顶，歇山
C　盔顶，盝顶，卷棚　　　　D　盔顶，盝顶，歇山

解析：参见《中国建筑史》（第七版）第8页"图0-6 中国古代建筑屋顶组合举例（刘敦桢《中国古代建筑史》）"，首先认定没有"盆顶"一词，A、B可排除。题4-3-1图中最右面一张图既是歇山顶，又是卷棚屋面。歇山更重要，所以选D。

答案：D

考点：中国古代屋顶类型。

4-3-20 (2009)关于中国传统木结构中"移柱造"和"减柱造"做法，下列陈述中哪一项是正确的？

A　"移柱造"和"减柱造"在一个建筑中不同时使用
B　唐、宋、辽、金建筑中常有应用

C 山西五台山佛光寺文殊殿采用了"减柱造"
D 这些做法在元、明还在使用

解析：参见《中国建筑史》（第七版）第47页"减柱法"第261页"文殊殿"。五台山佛光寺文殊殿面阔七间，进深四间八椽，单檐悬山顶。平面中减柱甚多，仅前檐次间缝二柱及后檐明间缝二柱保留。

答案：C

考点：金、元建筑特征。

4-3-21 （2009）关于中国传统木结构中"侧脚"的做法，下列陈述中哪一项是错误的？

A 是指外檐柱和两侧山墙柱向内稍有倾斜
B 在宋、元时采用
C 在宋《工部工程做法》中加以规定
D 在明、清已大多不用

解析：参见《中国建筑史》（第七版）第275页"侧脚"。《工部工程做法》是清代的。应为宋《营造法式》。

答案：C

考点：侧脚做法。

4-3-22 （2009）中国传统乡村聚落的两大特征是（　　）。

A 使用当地材料、适应当地气候
B 农耕生产的生活方式、自给自足的经济形态
C 以适应地缘展开生活方式，以家族的血缘关系为生存纽带
D 以风水选址、以伦理组织

解析：参见《中国建筑史》（第七版）第87页，由于中国古代农业社会发展的延续性，一直存有早期聚落的两大特征：第一，以适应地缘（如当地的地理、气候、风土等）展开生活方式；第二，以家族的血缘关系为生存纽带。

答案：C

考点：乡村聚落。

4-3-23 （2009）"碉楼"主要分布在哪些地区？是什么民族的住宅？

A 川藏地区；羌族、藏族
B 云贵地区；苗族、彝族
C 青藏地区；蒙古族、藏族
D 川滇地区；藏族、彝族

解析：参见《中国建筑史》（第七版）第94页，我国西南地区的羌、藏民族土筑石砌的住房俗称碉房，这种形式的住宅有的附有碉楼。碉房主要分布在川藏地区，是羌族、藏族的住宅。另在广东开平还有一种碉楼，已定为世界文化遗产。

答案：A

考点：碉楼。

4-3-24 （2009）下列有关窑洞的陈述，哪一项是不确切的？

A 窑洞主要有两种：靠崖窑和下沉窑
B 下沉窑是平地挖坑成院，坑（院）壁上掏窑
C 窑洞冬暖夏凉，但也有潮湿、通风不好的缺点
D 窑洞住宅以天然土起拱为特征，主要分布于豫西、晋中、陕北、陇东，新疆吐鲁番一带也有分布

解析：参见《中国建筑史》（第七版）第 105~106 页，窑洞是利用黄土壁立不倒的特性而挖掘的拱形穴居式住宅。不是以天然土起拱的，是挖掘出的洞穴。

答案：D

考点：窑洞。

4-3-25 （2009）题 4-3-25 图所示的民居建筑，从左到右分别位于(   )。

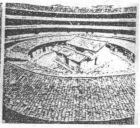

题 4-3-25 图

A 陕西、云南、广东　　　　B 山西、广西、福建
C 河北、湖南、福建　　　　D 河南、四川、广东

解析：参见《中国建筑史》（第七版）第 91、92、95 页，三图中右图为福建大土楼，故 A、D 可排除；中图为广西程阳桥，则左图为山西大院的砖墙无疑，故正确答案是 B（注：此题在 2007 年考过）。

答案：B

考点：中国古代住宅建筑类型。

4-3-26 （2009）题 4-3-26 图所示的民居建筑，从左到右分别位于(   )。

题 4-3-26 图

A 陕西、浙江、四川　　　　B 山西、安徽、四川
C 陕西、江西、云南　　　　D 河南、安徽、云南

解析：参见《中国建筑史》（第七版）第106、110、555页，左图为地坑窑可以锁定河南，此题在2007年考过。右图为云南丽江民居常见的照片，那么中间一张就可以肯定是安徽宏村住宅了。

答案：D

考点：中国古代住宅建筑类型。

4-3-27 (2009)"阿以旺"是哪一种建筑的地方称谓？
   A 土木结构、平屋顶、带外廊的维吾尔族住宅
   B 西北草原少数民族的毡包
   C 分布于新疆北部哈萨克族木结构住宅
   D 新疆地区定居的蒙古族平屋顶住宅

解析：参见《中国建筑史》（第七版）第97、498页，"阿以旺"是新疆维吾尔族常见的一种住宅，土木结构、平屋顶、带外廊。所谓"阿以旺"是指带天窗的夏室。

答案：A

考点："阿以旺"住宅。

4-3-28 (2009)中国特有的山水审美观以及它的外化成果——山水诗、山水散文、山水画、山水园林诞生于哪个时期？
   A 西汉   B 汉末至南北朝
   C 隋唐   D 唐宋

解析：参见《中国建筑史》（第七版）第193页，汉末至南北朝，人们经过了战乱痛苦，回归自然的思想兴起。道家思想大行其道，清谈和玄学成为风尚。追求个性的觉醒，从物欲的享受提高到精神领略阶段，激发了倾心自然山水的热情。山水诗、画、园林、散文是中国特有的审美观的外化成果。

答案：B

考点：中国园林与风景建设的自然审美观孕育期。

4-3-29 (2009)中国历史上曾出现过不少有作为的工官，较为突出的有李诫、宇文恺、蒯祥，这三个人所在的朝代分别是(　　)。
   A 唐朝、宋朝、清朝   B 隋朝、宋朝、明朝
   C 宋朝、隋朝、明朝   D 宋朝、唐朝、元朝
(注：此题2007年、2008年均考过)

解析：参见《中国建筑史》（第七版）第15页，李诫是北宋哲宗、徽宗两朝宫廷主管皇家建筑的官员，前后在将作监任职13年，主持修建工程多项，所编写的《营造法式》一书是一本极为珍贵的术书。宇文恺在隋朝任将作大匠等高官，曾主持规划修建了隋大兴城和洛阳城，多次监造大型土木工程，曾考证"明堂"，并著有《明堂图说》等书。蒯祥是明代著名的能工巧匠，明代修建北京宫殿、苑囿、寺庙、陵寝均由他参与设计营建，官至工部侍郎。

答案：C

考点：古代工官制度。

4-3-30 (2008) 中国古建筑先农坛、贡院、国子监分别属于哪一建筑类型?

A 礼制、政权、教育　　B 礼制、宗教、教育
C 宗教、教育、教育　　D 宗教、园林、礼制

解析：参见《中国建筑史》(第七版)第15页，先农坛是皇帝祭祀农神的坛，属于礼制建筑。贡院是科举取士的考场，属于政权建筑。国子监是最高学府，是教育建筑。三类建筑均与宗教及园林无关。

答案：A

考点：坛庙建筑。

4-3-31 (2008) 山西五台佛光寺大殿的平面形式为(　　)。

A 单槽　　　　　　　　B 双槽
C 金厢斗底槽　　　　　D 副阶周匝

解析：参见《中国建筑史》(第七版)第157页，五台山佛光寺大殿平面柱网由内外二圈柱组成，属于宋《营造法式》中"金厢斗底槽"的做法。

答案：C

考点：佛光寺平面特点。

4-3-32 (2008) 以下哪个建筑采用了"分心槽"的平面划分方式?

A 晋祠圣母殿　　　　　B 山西应县木塔
C 唐大明宫麟德殿　　　D 蓟县独乐寺山门

解析：参见《中国建筑史》(第七版)第161页，独乐寺山门面阔三间，进深二间，有中柱一列，符合宋《营造法式》所谓"分心槽"的平面划分方式。

答案：D

考点：分心槽。

4-3-33 (2008) 下列对我国传统住宅构筑类型描述错误的是(　　)。

A 北京四合院住宅采用木拱架　　B 皖南住宅采用抬梁、穿斗混合式
C 山西住宅多采用砖墙承重　　　D 河南巩义市有下沉式窑洞

解析：参见《中国建筑史》(第七版)第92页，北京四合院住宅采用抬梁而不是木拱架。

答案：A

考点：传统住宅构筑类型。

4-3-34 (2008) 北京四合院是以下列哪种建筑手段划分内外院空间的?

A 夹道　　　　　　　　B 照壁
C 抄手游廊　　　　　　D 垂花门

解析：参见《中国建筑史》(第七版)第100页，北京四合院住宅一般在外院与内宅之间设一道隔墙，中间开一门，常用垂花门形式。

答案：D

考点：四合院。

4-3-35 (2008) "三坊一照壁"和"四合五天井"是哪个地方和民族的住宅布局?

A 湖南土家族　　　　　B 贵州侗族
C 广西壮族　　　　　　D 云南白族

(注：此题2007年考过)

解析：参见《中国建筑史》（第七版）第92页，"三坊一照壁""四合五天井"是云南白族的住宅布局形式。广西、贵州等地壮族、侗族少数民族的住宅采用竹、木构干阑式。

答案：D

考点：云南白族建筑。

4-3-36 (2008) 中国园林中含有巴洛克风格建筑的是（　　）。

A 颐和园　　　　　　　　B 避暑山庄
C 圆明园　　　　　　　　D 拙政园

解析：参见《中国建筑史》（第七版）第198页，乾隆时期是清代园林兴作的极盛期，他将江南名园仿建于圆明园。在园的东侧建长春园，园中建一欧式园林，内有巴洛克式宫殿、喷泉和修剪造型的植物配置。颐和园光绪年重建清晏舫也是巴洛克风格。

答案：C 或 A

考点：清代皇家园林的巴洛克元素。

4-3-37 (2007) 我国木构建筑的结构体系主要有两种，它们是（　　）。

A 干阑式和梁柱式　　　　B 梁架式和斗栱式
C 穿斗式和抬梁式　　　　D 干阑式和斗栱式

解析：参见《中国建筑史》（第七版）第92页，中国古代木构架有抬梁、穿斗、井干三种不同形式。干阑式属于抬梁式或穿斗式；斗栱式不成为体系。

答案：C

考点：木构架类型。

4-3-38 (2007) 太和殿是清朝皇宫中等级最高的建筑物，下述对它的描述哪一条是正确的？

A 和玺彩画，汉白玉台基，大理石铺地
B 重檐庑殿，十一开间，和玺彩画
C 重檐庑殿，三层台基，我国现存最大的木构建筑
D 面阔十三开间，进深五间，三层台基

解析：参见《中国建筑史》（第七版）第123页，见"太和殿"；第267页，见"……上面再放……'金砖'。"第297页，"图9-1（太和殿梁架图）"。太和殿是"金砖"铺地，太和殿不是我国现存最大的木构建筑，太和殿面阔十一开间。

答案：B

考点：太和殿。

4-3-39 (2007) 中国古代楼阁式塔中未使用"副阶周匝"的是（　　）。

A 山西应县佛宫寺释迦塔　　B 江苏苏州虎丘云岩寺塔
C 江苏南京报恩寺琉璃塔　　D 福建泉州开元寺仁寿塔

解析：参见《中国建筑史》（第七版）第178、179、181页可知，应县佛宫寺释迦塔（即"应县木塔"）檐柱外设有"副阶周匝"；江苏虎丘云岩寺塔与报

恩寺塔也曾建"副阶周匝"。福建泉州开元寺仁寿塔，塔身全部用大石条砌成，较粗壮，未施"副阶周匝"。

答案：D

考点：副阶周匝。

4-3-40 (2007) 以下哪一座塔全部用砖石砌造，但塔的外形完全模仿楼阁式木塔？

A 苏州报恩寺塔　　　　　　B 杭州六和塔
C 苏州虎丘云岩寺塔　　　　D 北京天宁寺塔

解析：参见《中国建筑史》（第七版）第180页"……在我国仿木的楼阁式砖石塔中，用双层塔壁的以此塔为最早。"其中"此塔"即虎丘云岩寺塔，位于苏州。苏州报恩寺塔，俗称北寺塔，共九层，高71.85米，平面为八角形，木外廊、砖塔身。

答案：A

考点：塔的形制。

4-3-41 (2007) 以下哪座建筑是元朝道教建筑的典型？

A 山西永乐宫三清殿　　　　B 河北正定隆兴寺大慈阁
C 天津蓟县独乐寺观音阁　　D 山西太原晋祠圣母殿

解析：参见《中国建筑史》（第七版）第172页及第501页，河北正定隆兴寺大慈阁、天津蓟县独乐寺观音阁均为佛教建筑，太原晋祠圣母殿是一组带有园林风味的祠庙建筑，且年代早于元代（北宋天圣年间重建）。山西永乐宫三清殿是元代建筑中的精品，三清殿的壁画构图宏伟，题材丰富，且供奉道教三圣，为典型道教建筑。

答案：A

考点：元代道教建筑。

4-3-42 (2007) 为适应当地特殊地理自然环境而采用密梁大楼层的中国民居是（　　）。

A 新疆"阿以旺"　　　　　　B 云南"一颗印"
C 徽州民居　　　　　　　　D 青藏碉楼

解析：参见《中国建筑史》（第七版）第94页"碉楼"。我国西南地区的藏、羌等民族土筑石砌的住房俗称碉楼，采用密梁木楼层。

答案：D

考点：碉楼。

4-3-43 (2007) 位于河南巩义市的"康百万庄园"是我国黄土地区规模最大的（　　）。

A 锢窑住宅建筑群　　　　　B 台窑住宅建筑群
C 靠崖窑住宅建筑群　　　　D 地坑窑住宅建筑群

解析：参见《中国建筑史》（第七版）第105页，即根据国家级"九五"重点教材上说它是我国黄土地区规模最大的靠崖窑住宅群。标准答案选的是C，窑群中有锢窑73孔，靠崖窑16孔。

答案：C

考点：窑洞。

4-3-44 (2007) 皖南、江浙、江西一带民居，为使明间空间开敞、庄重，结构上采取（　　）。

A 抬梁与井干混合式　　　　B 抬梁与穿斗混合式
C 抬梁与举架混合式　　　　D 抬梁与干阑混合式

解析：参见《中国建筑史》（第七版）第94页，"抬梁与穿斗混合式"。皖南、江浙、江西一带民居多采用穿斗式结构，但因穿斗式柱的落地，致使空间不够开敞、庄重，故多于明间采用抬梁与穿斗混合式。

答案：B

考点：传统住宅构筑类型。

4-3-45 (2007) 圆明园西洋楼景区是由谁委托来华的哪位传教士设计建造的？

A 康熙皇帝，郎世宁　　　　B 雍正皇帝，南怀仁
C 乾隆皇帝，蒋友仁　　　　D 嘉庆皇帝，王志诚

（注：此题2003年考过）

解析：参见《中国建筑史》（第七版）第198页，"圆明园""巴洛克"。圆明园原为雍正的赐园，胤禛继位后作了扩建，并将离宫迁入。乾隆时增建景点题为圆明园四十景，约在乾隆三十七年（1772年），在长春园北端，命在宫中供职的传教士蒋友仁等设计，监造了欧洲巴洛克式的宫殿组群。

答案：C

考点：清代皇家园林意匠。

4-3-46 (2007) 我国现存最古老的木构建筑是（　　）。

A 山西五台山南禅寺大殿
B 山西五台山佛光寺大殿
C 陕西西安市唐大明宫麟德殿
D 天津蓟县独乐寺观音阁

解析：参见《中国建筑史》（第七版）第156页"佛光寺"，因会昌五年变法，佛教建筑在唐朝受到一次大规模的损毁。其中就有山西五台山佛光寺建筑群整体。但是由于地处偏僻，五台山南禅寺大殿建筑被此次灭法活动遗漏，因此保留了会昌变法之前唐代建筑及其特征。而重建的佛光寺东大殿是会昌灭法后唐代建筑风貌的体现。唐代大明宫麟德殿现存为基础遗址，地上木构部分及其信息消失无存。蓟县独乐寺观音阁为辽代所建。

答案：A

考点：唐代木构建筑实例。

4-3-47 (2007)《工部工程做法》和《营造法式》两书分别成书于（　　）。

A 清朝、宋朝　　　　B 宋朝、清朝
C 唐朝、宋朝　　　　D 明朝、唐朝

解析：参见《中国建筑史》（第七版）第258、296、402页"《工程做法》"（清《工部工程做法》及"宋《营造法式》"）。《营造法式》成书于北宋王安石变法过程；《工部工程做法》指的是清朝雍正十二年（1734年）颁布的《工部工程做法则例》。其中主要对27种重要的建筑类型进行了具体论述。

答案：A

考点：《营造法式》。

4-3-48 (2007) 承德"外八庙"中模仿布达拉宫修建的喇嘛教寺院是（　　）。

A 普佑寺　　　　　　　　B 普乐寺
C 普陀宗乘庙　　　　　　D 须弥福寿庙

解析：参见《中国建筑史》（第七版）第169页，"……这组建筑在局部模仿了布达拉宫，……"指的是普陀宗乘庙，即承德俗称的"外八庙"之一。承德外八庙中除溥仁寺、殊像寺外，都含有喇嘛教的元素，其中，明确仿造布达拉宫的建筑是"普陀宗乘庙"，须弥福寿庙仿日喀则扎什伦布寺。

答案：C

考点：皇家园林与寺观园林。

4-3-49 (2007) 题4-3-49图的建筑从左到右分别是哪些地方的民居？

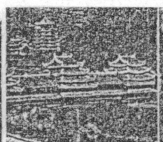

题 4-3-49 图

A 福建、广西、江苏　　　　B 江西、广西、浙江
C 福建、云南、安徽　　　　D 广东、湖南、江苏

解析：参见《中国建筑史》（第七版）第95、2、93页，则左图是福建南部圆楼，中图为广西侗寨风雨桥鼓楼，右图为江苏周庄等地水巷。

答案：A

考点：住宅建筑与桥梁建筑。

4-3-50 (2007) 题4-3-50图的建筑从左到右分别是哪些地方的民居？

题 4-3-50 图

A 辽宁、江西、四川　　　　B 山西、广西、浙江
C 山西、安徽、云南　　　　D 河北、湖南、四川

解析：参见《中国建筑史》(第七版)第94、111、55页，则左图为山西祁县乔家大院，中图为安徽黟县村落，右图为云南丽江古城街景。

答案：C

考点：中国古代住宅建筑类型。

4-3-51 (2007) 在典型的北京四合院中，厨房与厕所通常布置在（　　）。

A 正房　　　　　　　　　B 厢房
C 耳房或后罩房　　　　　D 倒座

解析：参见《中国建筑史》(第七版)第100页可知，在典型的四合院中，厨房通常放在入口一侧，如门楼两侧的倒座房位置。厕所则放置在不显眼的位置，如夹道和风水"兑"位等处；也有一说，厕所布置于四合院的东西厢房耳室，即厢耳房。

答案：D

考点：四合院。

4-3-52 (2007) 明清私家园林著名的有：拙政园、寄畅园、个园、留园，它们分别在哪个城市？

A 苏州、苏州、扬州、常州　　　B 苏州、无锡、扬州、苏州
C 无锡、常州、苏州、扬州　　　D 苏州、无锡、扬州、常州

解析：参见《中国建筑史》(第七版)第212、206、210、215页，可知明清名园对应城市，即拙政园坐落苏州城内东北，寄畅园为无锡名园，个园在扬州，留园建于苏州阊门外。

答案：B

考点：江南名园。

4-3-53 (2006) 乡间依山建造的典型藏族住宅一般以三层较多，三层的使用功能分别是（　　）。

A 底层牲畜房与草料房，二层卧室、厨房、储藏室、三层为经堂、晒台等
B 底层为经堂，二层为厨房、储藏，三层为卧室、厕所
C 底层为厨房、储藏，二层为卧室、厕所，三层为经堂、晒台
D 底层牲畜房、草料房、厨房、厕所，二层为卧室，三层为经堂、晒台

(注：2005年考过与此题相似的题)

解析：参见《中国建筑史》(第七版)第107页所述可知，典型藏族住宅"碉楼"中，经堂要放在最高一层，二层为卧室、厨房等，底层牲畜房、草料房等。

答案：A

考点：碉楼。

4-3-54 (2006) 以下对闽南土楼住宅的叙述中，哪一条是正确的？

A 土楼只有方形和圆形两种平面形式
B 土楼的建造主要是为了防止械斗侵袭

C 土楼底层结构为砖石，上部各层为夯土，坚如堡垒
D 圆形土楼的中心为水池，供消防之用

解析：参见《中国建筑史》（第七版）第103页所述，土楼又名围楼等。土楼平面有方形、圆形、弧形楼、椭圆形、三角形、五边形和五凤楼等；土楼底层墙体部分为石砌，墙体用夯土版筑，建筑整体为土木、砖木混合及木构架完成；闽南圆楼中心有水池、祠堂等多种功能形式。因此A、C、D答案都不确切。答案B，反映了土楼建造主要是为了防止械斗侵袭，是客家文化保护族裔生存形成的壁垒。根据《中国建筑史》（第七版）所述，这些建筑整体分布不同、形式和做法上也有所区别，是客家在"土客械斗"迁居后图存稳定和发展的历史条件下产生的。

答案：B
考点：土楼。

4-3-55 (2006) 北京故宫建筑空间艺术处理上的三个"高潮"是(　　)。
A 天安门、太和殿、景山　　　B 前门、天安门、太和殿
C 太和殿、中和殿、保和殿　　D 天安门、午门、太和殿

解析：参见《中国建筑史》（第七版）第124页及课外教材，对于北京故宫的概念有一种是从大清门到景山，属故宫范围；另一种是从午门至神武门，是紫禁城的前后门。按国家级"九五"重点教材《中国建筑史》的论述，三个高潮是D；而按前一种概念，答案则应是A。

答案：A
考点：故宫。

4-3-56 (2006) 世界上最早出现的敞肩拱桥河北赵县安济桥建造于(　　)。
A 隋代　　　　　　　　　　　B 唐代
C 宋代　　　　　　　　　　　D 元代

解析：参见《中国建筑史》（第七版）第38页所述，河北赵县安济桥建造于隋代，是隋匠李春所建，是世界上最早出现的敞肩拱桥。

答案：A
考点：隋代桥梁建筑。

4-3-57 (2006) 天津蓟县独乐寺山门采用的结构、空间样式为(　　)。
A 金厢斗底槽　　　　　　　　B 副阶周匝
C 单槽　　　　　　　　　　　D 分心槽

解析：参见《中国建筑史》（第七版）第161页所述，独乐寺山门面阔三间，进深二间四椽，平面有中柱一列，如宋《营造法式》所谓的"分心槽"式样。

答案：D
考点：分心槽。

4-3-58 (2006) 在我国黄土地区建造的各种窑洞式与拱券式住宅中，在地面上用砖、石、土坯等建造一层或二层的拱券式房屋，称为(　　)。
A 靠崖窑　　　　　　　　　　B 坑窑
C 锢窑　　　　　　　　　　　D 天井窑

解析：参见《中国建筑史》（第七版）第106页所述，我国黄土地区建造的各种窑洞式住宅多为挖土为穴加以处理的"减法建筑"，只有锢窑是用砖、石、土坯等发券在地面以上建造。

答案：C

考点：窑洞。

4-3-59 （2006）在北京的四合院中，"倒座"通常用作（　　）。
A 客房、仆人住所、厕所　　　B 厨房、杂用间、仆人住所
C 客房、书塾、厨房、仆人住所　D 客房、书塾、杂用间、仆人住所

解析：参见《中国建筑史》（第七版）第100页所述，正规的北京四合院厨房多位于东部，厕所则放在不显眼的位置，而且多是简易的房子，答案中有厨、厕的都不正确。

答案：D

考点：四合院。

4-3-60 （2006）被当地人称为"一颗印"的住宅是指（　　）。
A 闽南土楼住宅中的"方楼"　B 徽州明代住宅
C 云南高原住宅　　　　　　　D 傣族干阑式住宅

解析：参见《中国建筑史》（第七版）第98页可知，住宅平面呈矩形，四侧房屋在角部相互连接，在云南称"一颗印"，在湖南称印子房。

答案：C

考点：云南茶马古道"一颗印"式住宅。

4-3-61 （2006）苏州寒碧庄是清嘉庆三年在明徐氏东园的废基上重建的。光绪二年起又增建东、北、西三部分，改名为（　　）。
A 留园　　　B 拙政园　　　C 网师园　　　D 怡园

解析：参见《中国建筑史》（第七版）第210页，留园在苏州阊门外，原为明朝徐泰时的东园，清嘉庆年间归刘恕所有，改造后称寒碧庄，光绪初年，归官僚富豪盛康，增添建筑，改名留园。

答案：A

考点：苏州留园。

4-3-62 （2006）远香堂、枇杷园、见山楼等建筑及景物位于（　　）。
A 留园　　　B 拙政园　　　C 圆明园　　　D 承德避暑山庄

解析：参见《中国建筑史》（第七版）第212页，拙政园位于苏州城内东北部，始建于明代正德年间，后来经过多次改建。远香堂、枇杷园、见山楼等建筑是拙政园中历史最久、最著名的建筑。

答案：B

考点：苏州拙政园。

4-3-63 （2006）以下哪项所示的地名是与退思园、兰亭、个园、檀干园四座园林的所在地点相对应的？
A 江苏扬州、安徽歙县、浙江绍兴、江苏吴江
B 浙江绍兴、江苏扬州、江苏吴江、安徽歙县

C 安徽歙县、江苏吴江、浙江绍兴、江苏扬州
D 江苏吴江、浙江绍兴、江苏扬州、安徽歙县

解析：参见《中国建筑史》（第七版）第213、222、215、224页，依次为：退思园在江苏吴江，兰亭在浙江绍兴，个园在江苏扬州，檀干园在安徽歙县。

答案：D

考点：江南名园。

4-3-64 (2005)《营造法式》《清式营造则例》《工部工程做法》三本书分别成书于( )。

A 宋朝、清朝、清朝　　　　B 宋朝、民国、清朝
C 宋朝、清朝、明朝　　　　D 唐朝、清朝、宋朝

解析：参见《中国建筑史》（第七版）第402页对三本书的界定，具体如下：《营造法式》为宋将作少监李诫所作，由此确立"材分制"的模数制度。《工部工程做法》成书于清雍正十二年（1734年），以"斗口"为模数。《清式营造则例》，梁思成1934年则以《工部工程做法》为蓝本。

答案：B

考点：《营造法式》《清式营造则例》及《工部工程做法》。

4-3-65 (2005) 中国传统木结构建筑工程中的"大木作"和"小木作"是指( )。

A "结构"与"装修"　　　　B "大料"和"小料"
C "粗加工"与"精加工"　　D "领班"与"工匠"

解析：参见《中国建筑史》（第七版）第267页可知，大木作为木构建筑中的主要承重部分，如柱、梁、枋、檩、斗栱，清式大木作分为大木大式（殿式建筑，高级）和大木小式（次要建筑）。小木作：门、槅扇、支摘窗等，泛指装修。

答案：A

考点：大、小木作的区别。

4-3-66 (2005) 应县佛宫寺塔、北京妙应寺塔和蓟县独乐寺观音阁的建造朝代分别是( )。

A 辽、元、辽　　　　B 宋、辽、金
C 宋、清、辽　　　　D 辽、元、金

解析：参见《中国建筑史》（第七版）第178、183、161页可知，应县佛宫寺塔建于辽代，蓟县独乐寺观音阁建于辽代，北京妙应寺塔建于元代，此三座建筑没有建于宋、金和清代的。

答案：A

考点：佛教建筑。

4-3-67 (2005) 题4-3-67图从左到右屋顶形式的称谓分别是( )。

A 八角、歇山、四角、庑殿　　B 攒尖、悬山、庑殿、大殿
C 八角、悬山、大殿、庑殿　　D 攒尖、歇山、盝顶、庑殿

解析：参见《中国建筑史》（第七版）第7页"图0-5（a）"及第8页"图0-5（b）"，即"中国古代单体建筑屋顶式样（刘敦桢《中国古代建筑史》）"；另见

题 4-3-67 图

第 284~285 页释义，中式建筑屋顶多条屋脊集中于一点的叫攒尖，四角攒尖、八角攒尖可以，但不能单叫四角、八角。最尊贵的屋顶叫庑殿顶，不叫大殿。图中未见悬山顶。

答案：D

考点：古代屋顶形制。

4-3-68 (2005) 关于"移柱造"和"减柱造"，下述哪项说法是正确的？

A 被明、清建筑所采用

B 在五台山佛光寺大殿中采用了"移柱造"

C 在五台山佛光寺文殊殿采用了"减柱造"

D 未在辽金建筑中发现此种做法

解析：参见《中国建筑史》（第七版）第 276 页可知，五台山佛光寺大殿采用的柱网为金厢斗底槽，未见减柱、移柱；在辽代建筑中已有减柱、移柱做法，而以五台山佛光寺文殊殿的"减柱造"最为典型；明、清建筑中不再采用。

答案：C

考点：金、元建筑特征。

4-3-69 (2005) 新中国成立后，1950 年梁思成和陈占祥提出的"梁陈方案"是指（　）。

A 天安门扩建和人民英雄纪念碑的规划设计方案

B 反对拆除北京的城墙

C 在北京旧城之外另建新的行政中心

D 北京旧城规划和保护方案

解析：参见《中国建筑史》（第七版）第 456 页所述"梁陈方案"，新中国成立后，北京成立都市计划委员会，着手研究首都的城市规划。梁思成和陈占祥提出在北京的西郊，离开旧城，新建行政中心的方案。他们认为一则可以保护历史文化环境的完整性，再则用地受到的限制少，便于创造现代化的都城。

答案：C

考点：梁陈方案。

4-3-70 (2005) 北京四合院比起山西和陕西（关中地区）四合院建筑，在院落的空间处理上要（　）。

A 狭窄一些　　B 宽阔一些　　C 深远一些　　D 紧凑一些

解析：参见《中国建筑史》（第七版）第 99 页，北京四合院在院落的空间处理上比山西及陕西关中地区的四合院要宽阔一些；山西、陕西地理位置比北京靠西偏南，院子狭长有利于减弱西晒。
答案：B
考点：四合院与晋、陕窄院比较。

4-3-71 (2005) 云南的傣族民居、白族民居和藏族民居各自适应什么样的气候形态？
A 亚热带气候、夏热冬暖气候、夏热冬冷气候
B 湿热气候、云贵温和气候、干寒气候
C 亚热带气候、云贵温和气候、高寒气候
D 热带雨林气候、夏热冬暖气候、高寒气候

解析：参见《中国建筑史》（第七版）第93页"竹木干阑、建筑"可知，云南傣族居住地为亚热带气候，白族居住地属云贵温和气候，藏族居住地属高寒气候，他们各自的民居分别适应当地的气候。
答案：C
考点：中国古代住宅建筑类型。

4-3-72 (2005) 福建土楼民居的外墙很厚，其作用主要是为了（　　）。
A 保温与隔热   B 坚固与隔热
C 保温与防卫   D 防卫与墙体稳定

解析：参见《中国建筑史》（第七版）第103页所述，福建土楼民居的外墙极厚，工程做法十分牢固，主要是为了防卫和墙体稳定。旧社会时，当地常有械斗发生，厚土墙不易被攻破。
答案：D
考点：土楼。

4-3-73 (2005) 中国木结构干阑式建筑最早见于（　　）。
A 云南的傣族地区   B 广西的侗族地区
C 湖南的湘西地区   D 浙江的余姚地区

解析：参见《中国建筑史》（第七版）第17页所述"浙江余姚河姆渡村发现的建筑遗址……已发掘的部分是……木构架建筑遗址，推测是……干阑式建筑"在浙江余姚河姆渡村发现一处采用榫卯技术的干阑式建筑，距今约六七千年。
答案：D
考点：干阑式。

4-3-74 (2005)《营造法式》中规定了"材分八等"，并将上、下栱间的距离称为"契"，下述哪项说法是正确的？
A "材"的高度为15分，宽度为10分，加上"契"，谓之"足材"，高21分
B "材"的高度为10分，宽度为6分，加上"契"，高15分
C "材"的高度为15分，宽度为10分，"契"高9分，宽为6分
D "材"的高度为10分，宽度为5分，"契"高6分，宽为3分

解析：参见《中国建筑史》（第七版）第278页，1材+1契=1足材，共高21分，分是材高的1/15，材宽的1/10。
答案：A
考点：《营造法式》中"材"的概念与应用。

4-3-75 (2005) 关于斗栱的下列陈述中哪一句是正确的?

A 斗栱是中国古代建筑的特征

B 斗栱的主要作用是装饰性构件

C 清代官式建筑中的"大式"建筑是指采用了斗栱的建筑

D 斗栱用材是以斗口宽度为标准

解析：依据《中国建筑史》（第七版）第 0.1 节第 2 页，中国古代建筑的特征是木架建筑作为一种主流建筑类型被长期、广泛采用，而斗栱则是中国木架建筑的特有构件。故选项 A 错误。

在唐宋以前，斗栱的结构作用十分明显，布置疏朗、用料硕大；明清以后，斗栱的装饰作用加强，排列丛密、用料变小。故选项 B 不准确。

依据第 8.2.2 节可知，即参见《中国建筑史》（第七版）第 277 页，宋代建筑及栱、昂等构件的用材以"材""栔"为计量标准；清式建筑则以坐斗的斗口宽度作为计量标准。故选项 D 不准确。

依据第 9.1.9 节可知，使用斗栱的大木大式建筑有时又称为殿式建筑，一般用于宫殿、官署、庙宇。故选项 C 正确。

答案：C

考点：斗栱。

4-3-76 (2005) 题 4-3-76 图中的民居，从左到右，依次是在下述哪些地区？

题 4-3-76 图

A 皖南、广西侗族地区、福建、山西

B 皖南、贵州苗族地区、福建、山西

C 云南大理地区、广西侗族地区、福建、山西

D 皖南、广西侗族地区、湘西土家族地区、北京旧城

解析：参见《中国建筑史》（第七版）第 92、2、103、115 页（依题目图序，从左对右）可知图中分别为：安徽徽派民居水塘、侗族村寨风雨桥和鼓楼、福建圆形土楼"楼包厝"、山西祁县大院民居街巷式空间图片是从左至右拍摄的内容，此题与 2007、2009 年考题基本一致，为住宅识图题。

答案：A

考点：住宅建筑与桥梁建筑。

4-3-77 (2004) 福建南部的客家土楼住宅各层空间的使用功能分别为（　　）。

A 底层畜圈、储粮；二层厨房、公共活动；三、四层住房

B 底层厨房、畜圈；二层、三层为住房；顶层储粮
C 底层为祠堂、公共活动、厨房、畜圈；二层以上为住房
D 底层厨房、畜圈、杂用；二层储粮；上两层为住房

解析：参见《中国建筑史》（第七版）第103页可知，福建南部的客家土楼主要分为方楼和圆楼两种典型形式，以永定地区的圆楼"承启楼"为例，其建筑为四层、两层和单层建筑形成同心圆平面，一层建筑主要为祖堂、客厅、厨房、畜圈、门厅等，二层为仓储，二层以上为卧室；方楼代表"遗经楼"由五层天井院与单层天井院组合形成，一层建筑功能为学校、祖堂、门厅、仓库等，二层以上为卧室。综合上述两个实例，福建南部客家土楼各层空间的使用功能分别是：底层为祠堂、公共活动、厨房、畜圈；二层以上为住房。A选项接近圆楼"承启楼"，B、D选项和"遗经楼"情况比较接近。C选项比较概括地描述了永定一带土楼的综合特征。

答案：C

考点：土楼。

4-3-78 (2004) "一颗印"住宅是分布于哪一省的最普遍的传统民居形式？

A 四川　　　B 福建　　　C 云南　　　D 浙江

解析：参见《中国建筑史》（第七版）第98页，"一颗印"住宅，多见于云南昆明及其周边地区，由于其平面与立面具有印章的特点，因此得名。湖南地区也有类似的民居类型。

答案：C

考点：云南茶马古道"一颗印"式住宅。

4-3-79 (2004) "石库门"通常是指（　　）。

A 石质的仓库大门　　　　　　B 东汉时的石构墓室的门
C 一种旧式里弄住宅　　　　　D 贵州黔中、西部布依族典型民居

解析：参见《中国建筑史》（第七版）第355页所述"石库门"可知，"石库门"是近代上海为代表的城市地区发展出来的带天井庭院里弄住宅的统称，具有近代城市化时期中西合璧的折中主义建筑特征。石库门从功能上不是仓储、陵墓之属。布依族建筑主要是在屋顶用天然石料加工的板材进行瓦面处理，居住形式主要为干阑系列独栋木构架吊脚楼。

答案：C

考点：近代"石库门"。

4-3-80 (2004) 明朝时期，江南私家园林大量修建，下述哪组园林全是明朝始建的？

A 留园、网师园、瞻园　　　　B 拙政园、寄畅园、豫园
C 沧浪亭、怡园、网师园　　　D 狮子林、寄畅园、艺圃

解析：参见《中国建筑史》（第七版）第195页，题目所写豫园；拙政园；第208页为题目所写无锡寄畅园。具体分析为：沧浪亭始建年代为五代，宋代名为"沧浪亭"；网师园始建于南宋，原名"万卷堂"，明代续建改建，清乾隆年更名为"网师园"；苏州与倪瓒相关的狮子林始建时期为元代佛教园林；无锡明寄畅园、明松江直隶府（上海）豫园、苏州留园（明寒碧庄）、艺圃（明

初醉颖堂、城市山林)、明拙政园、明金陵(南京)徐达西圃,清乾隆赐名"瞻园"等均为明朝始建;怡园建于清代。其中沧浪亭、拙政园、留园、狮子林、豫园等在近现代时期亦有一定程度改建扩建,功能上或作学校、医院和美术馆等。

答案:B

考点:江南名园。

4-3-81 (2004) 以下江南名园中哪一座不在苏州?
A 沧浪亭　　　B 个园　　　C 网师园　　　D 狮子林

解析:参见《中国建筑史》(第七版)第215页,个园位于扬州。沧浪亭、网师园、狮子林为苏州名园。

答案:B

考点:江南名园。

4-3-82 (2004) 新疆维吾尔族民居称"阿以旺"式,"阿以旺"是指民居中的(　　)。
A 大门　　　B 壁龛　　　C 中庭　　　D 卧室

解析:参见《中国建筑史》(第七版)第97、498页,所谓"阿以旺"是指新疆地区带有天窗的中庭,天窗高出屋面40~80cm,中庭称夏室,供起居、会客之用。

答案:C

考点:"阿以旺"。

4-3-83 (2004) 中国古代建筑室内用于分隔空间的固定木装修隔断称为(　　)。
A 幕　　　B 屏　　　C 罩　　　D 帷

解析:参见《中国建筑史》(第七版)第289、291页,幕与帷一般是纺织物制成的;屏是可移动的,只有罩属于分隔空间的固定木装修隔断,如落地罩、栏杆罩等。

答案:C

考点:罩。

4-3-84 (2004) 福建客家圆楼与广西侗寨干阑两种南方民居的共同特点是(　　)。
A 可防卫性强　　　　　　B 采用井干式结构
C 底层不住人　　　　　　D 采用木结构

解析:参见《中国建筑史》(第七版)第103、93页可知,侗寨干阑防卫性不强;两者均不是井干式结构;福建客家圆楼底层虽多用作厨房,但是从功能上说是可以住人的;只有两者均属木结构为共同特点。

答案:D

考点:土楼与干阑式。

4-3-85 (2004) 哪组古代建筑全部属于礼制(坛庙)建筑类型?
A 天坛、孔庙、国子监　　　B 社稷坛、太庙、中岳庙
C 先农坛、孔庙、晋祠　　　D 地坛、皇史宬、三苏祠

解析:参见《中国建筑史》(第七版)第13页"……(3)礼制建筑……'先农坛''家庙''孔庙'……"国子监是学校,中岳庙是神庙,皇史宬是档案

库；这三项不属于礼制建筑类型。

答案：C

考点：坛庙建筑。

4-3-86 (2004)"垂花门"是以下哪种民居中的重要组成部分？

A 北京四合院　　　　　　B 徽州明代住宅
C 苏州住宅　　　　　　　D 蒙古包

解析：参见《中国建筑史》(第七版)第100页"花门"，垂花门是北京四合院住宅中通向内宅的入口，位置显要、装修华丽，是北京四合院的重要组成部分。

答案：A

考点：四合院。

4-3-87 (2004)四川山地住宅中，遇地形甚陡或不便修筑台阶形地基时，则依自然地形布柱作为房基。这种住宅被称为(　　)。

A "一颗印"　　B "吊脚楼"　　C "碉房"　　D "干阑式"

解析：参见《中国建筑史》(第七版)第2页"注释①"，"一颗印""碉房"均是有完整房基的；"吊脚楼"则是大部分有地基，局部设柱支撑；只有"干阑式"建筑是全部以柱为房基的。

答案：D

考点：干阑式。

4-3-88 (2004)在福建永定县客家住宅"承启楼"中，外环房屋高4层，其功能分别是(　　)。

A 底层饲养牲畜，二层储藏，三层厨房、杂用间，四层住人
B 底层饲养牲畜、储藏，二层厨房及杂用间，三层住人，四层用于公共活动
C 底层作厨房及杂用间，二层储藏粮食，三层以上住人
D 底层储藏间，二层厨房及杂用间，三层以上住人

解析：参见《中国建筑史》(第七版)第103页，福建客家大土楼都是把厨房放在底层，承启楼在二层储粮，三层及以上住人。

答案：C

考点：土楼。

4-3-89 (2003)以下哪一种民居与其所在地是不相吻合的？

A 福建——围楼式　　　　　B 浙江——一颗印式
C 陕西——窑洞式　　　　　D 北京——四合院式

解析：参见《中国建筑史》(第七版)第98页，一颗印式住宅分布于云南昆明、大理、普洱、墨江、建水、昭通、沾益等地的高原地区住宅，因平面形如印章而得名，主要由正房及两侧厢房及入口围墙构成三合院式布局。外墙有夯土、土坯砖及"空斗砖"，即外砖内土（金包银）做法。

答案：B

考点：中国古代住宅建筑类型。

4-3-90 (2003)川西藏族民居往往建成三层，其第一至第三层各层的功能分别是：

249

A 居室、佛堂、仓库　　　　　B 客舍、居室、佛堂
C 佛堂、居室、客舍　　　　　D 畜舍、居室、佛堂

解析： 参见《中国建筑史》（第七版）第107~109页可以分析，川西藏族民居大多受到藏传佛教及西南山地影响，乡间依山建造的藏族住宅多以三层为典型形制，底层是牲畜房与草料房；二层为卧室、厨房与储藏室；三层布置经堂、晒台。

答案： D

考点： 藏族住宅特点。

4-3-91 (2003) 题4-3-91图中的民居分别处于哪个地区：

题4-3-91图

A 华南、华北、华东　　　　　B 西南、西北、华南
C 西南、华北、华东　　　　　D 华南、西北、华东

解析： 参见《中国建筑史》（第七版）第92、94、93页，（与题目图序一致）可知，题目从图左至右边，分别是四川广安典型川斗民居、山西乔家大院、浙江水乡。

答案： C

考点： 中国古代住宅建筑类型。

4-3-92 (2003) 题4-3-92图中的民居分别处于哪个地区：

题4-3-92图

A 河北、陕西、安徽、四川　　　B 山西、陕西、安徽、云南
C 陕西、河南、浙江、四川　　　D 山西、陕西、浙江、云南

解析： 按图片顺序参见《中国建筑史》（第七版）第105、106、112、98可识图：从图左至右边，分别是山西窄院、陕西窑洞、徽派民居及云南一颗印风貌民居。

答案： B

考点： 中国古代住宅建筑类型。

4-3-93 (2003) 下列哪一座建筑不是宋代建筑遗构？

A 山西太原晋祠圣母殿 B 河北正定隆兴寺转轮藏殿
C 浙江宁波保国寺大殿 D 山西大同华严寺薄伽教藏殿

解析：参见《中国建筑史》（第七版）第136"晋祠"、第158"隆兴寺"第272"保国寺"、第288页"华严下寺薄伽教藏殿"可知：太原晋祠圣母殿、河北正定隆兴寺转轮藏殿及浙江宁波保国寺大殿据记载为北宋遗构。山西大同华严寺薄伽教藏殿为辽代建筑。

答案：D

考点：宋、辽、金建筑。

4-3-94 （2003）以下哪一座园林名称与其建造地点是不相吻合的？

A 豫园——上海 B 留园——苏州
C 瞻园——扬州 D 寄畅园——无锡

解析：参见《中国建筑史》（第七版）第195页"豫园"、第210页"留园"、第208页"寄畅园"可知，江南名园：寄畅园（明，无锡）；留园、拙政园、网师园、环秀山庄（以上苏州）；个园、小盘古（以上扬州）；瞻园（南京）。

答案：C

考点：江南名园。

4-3-95 （2003）在中国传统家具中，哪个朝代的家具公认水平最高？

A 清朝 B 明朝 C 宋朝 D 唐朝

解析：参见《中国建筑史》（第七版）第50页评述："明代的家具是闻名于世界的……直到清乾隆时广州家具兴起为止，这种明式家具一直是我国家具的代表。"

答案：B

考点：明清家具。

4-3-96 （2003）我国现存唐、宋、辽、金木构大殿中规模最大的是哪一座？

A 山西大同善化寺大殿 B 河北正定隆兴寺摩尼殿
C 辽宁义县奉国寺大殿 D 山西大同华严寺上寺大殿

解析：参见《中国建筑史》（第七版）第162、161、294、276页依次为A、B、C、D选项，分析可知，山西大同华严寺上寺大雄宝殿与辽宁义县奉国寺大雄宝殿均为九开间、五进深，但前者面积为1559m^2，后者为1210m^2。另外两个殿均为七开间、五进深，规模较小。

答案：D

考点：佛教建筑。

4-3-97 （2003）我国现存年代最早的木构楼阁是哪一座？

A 曲阜孔庙奎文阁 B 大同善化寺普贤阁
C 天津蓟县独乐寺观音阁 D 承德普宁寺大乘阁

解析：参见《中国建筑史》（第七版）第282页可知，孔庙奎文阁始建于宋天禧二年（1018年），明弘治十七年重建（1504年），善化寺普贤阁建于辽代（1154年），蓟县独乐寺观音阁建于辽（984年），承德普宁寺建于清代。

答案：C

考点：坛庙建筑。

4-3-98 (2003) 风火山墙常见于哪一带的民居？其功能是什么？
A 两广与贵州，美观　　　　B 陕西与甘肃，防风
C 福建与江浙，防火　　　　D 四川与云南，防盗

解析：参见《中国建筑史》（第七版）第311页可知，风火山墙也写作封火山墙，是将山墙砌得高出屋面，封住木构件，起到隔断火源的作用，此种做法流行于南方地区。

答案：C

考点：风火山墙。

4-3-99 (2003) 鼓楼与风雨桥是我国哪个民族民居所必有的建筑？
A 苗族　　　B 侗族　　　C 傣族　　　D 瑶族

解析：参见《中国建筑史》（第七版）第2页、配套光盘"住宅与聚落"图216"黎平廊桥"，风雨桥原名风水桥，是一种造型华丽的廊桥。鼓楼是一种高层木构点式的楼，楼前有广场，是侗族民间建筑的特有形式，是侗族人民日常生活必需的场所。

答案：B

考点：侗族建筑。

4-3-100 (2003) 北京妙应寺白塔是由何人设计的？
A 尼泊尔人阿尼哥　　　　B 意大利传教士利玛窦
C 元大都规划者刘秉忠　　D 元代国师八思巴

解析：参见《中国建筑史》（第七版）第183页可知，北京妙应寺白塔位于西城区阜成门内，建于元朝至元八年（1271年），是尼泊尔著名工匠阿尼哥的作品。塔高约53m，塔体白色，外观甚为壮伟。

答案：A

考点：塔的形制。

4-3-101 (2003) 中国古代著名工匠、《木经》的作者喻皓设计建造的木塔是（　　）。
A 山西应县木塔　　　　B 开封开宝寺塔
C 洛阳永宁寺塔　　　　D 泉州开元寺塔

解析：参见《中国建筑史》（第七版）第264页可知，喻皓，北宋初建筑家，擅长营造，尤善建塔。在建造开封开宝寺塔时，先做模型，然后施工，历时八年。开封地处平原，多西北风，建造时他使塔身略向西北倾斜，以抵抗主要风力。

答案：B

考点：塔的形制。

4-3-102 (2003) 在20世纪初时，中国现代建筑教育的先驱者杨廷宝、梁思成等就读于美国哪所大学？该大学沿用了什么建筑教育传统？
A 耶鲁大学建筑学院，德国包豪斯
B 哈佛大学研究生院，法国巴黎美术学院
C 麻省理工学院，德国包豪斯

D 宾夕法尼亚大学建筑系，法国巴黎美术学院

解析：参见《中国建筑史》（第七版）第400～401页，1671年巴黎成立国立高等美术学校，后成立建筑学院，其第一任教授弗·勃隆台是法国古典主义建筑的代表人物。该校"学院派"教学体系被美国宾夕法尼亚大学沿用。

答案：D

考点：近代建筑发展时期的建筑思潮。

4-3-103 (2003) 中国的颐和园与日本桂离宫花园都体现了古代哪种园林思想？

A 中国宫廷式　　　　　　　　B 日本枯山水式
C 中国一池三山式　　　　　　D 日本洄游式

解析：参见《中国建筑史》（第七版）第121、199、203页可知，"一池三山"指的是中国古代山水园池中置岛的造园手法与园林布局，这种手法对日本园林也产生了较大的影响。

答案：C

考点：皇家园林意匠。

4-3-104 汉长安城的位置与隋唐长安城的关系是（　　）。

A 与隋唐长安城在同一位置　　B 在隋唐长安城的东北
C 在隋唐长安城的西北　　　　D 即明代西安城的位置

解析：参见《中国建筑史》（第七版）第67页可知，隋文帝杨坚鉴以汉长安为战场，残破凋零，且宫殿与民居杂处，不便于民，更加上水质苦涩，不宜饮用，遂于汉长安城的东南选了一块"川原秀丽，卉物滋阜"之地建了新都"大兴"城。唐代沿用了隋的城市布局，改名长安城。

答案：C

考点：汉长安。

4-3-105 历代帝王陵墓中"因山为穴"的是（　　）。

A 明代　　　B 唐代　　　C 宋代　　　D 元代

解析：参见《中国建筑史》（第七版）第142页，唐代及明代都是"因山为陵"，但开凿自然山穴为唐代特点，具体说唐代陵墓形制分两类：一类建于原上，沿袭秦汉以来"封土为陵"的做法，另一类仿魏晋和南朝"依山为陵"的做法。唐代的18座陵墓中16座均利用天然山丘凿穴为陵墓，其中以唐高宗李治与武则天合葬的乾陵最具代表性。

答案：B

考点：陵寝建筑。

4-3-106 现存古建筑中哪座大殿脊槫下仅用叉手而不用侏儒柱？

A 独乐寺观音阁　　　　　　　B 隆兴寺摩尼殿
C 佛光寺东大殿　　　　　　　D 晋祠圣母殿

解析：参见《中国建筑史》（第七版）第158页可知，佛光寺东大殿在脊槫下仅用叉手，是现存古建筑中使用这种做法的孤例。从南禅寺大殿修缮过程中了解，该殿在屋顶瓦拆除后，侏儒柱脱落而下，说明是后加上去的。唐代木构架中用叉手而不用侏儒柱可能是通用做法。由此可推论唐代匠人已了解三

角形为稳定结构。

答案： C

考点：《营造法式》概念"叉手"。

4-3-107 下列哪组建筑运用了"金厢斗底槽"及斜撑增强了建筑的刚性？

A 佛光寺东大殿、隆兴寺摩尼殿
B 应县佛宫寺释迦塔、佛光寺东大殿
C 蓟县独乐寺观音阁、苏州虎丘塔
D 应县佛宫寺释迦塔、蓟县独乐寺观音阁

解析： 参见《中国建筑史》（第七版）第282、261页可知，山西应县佛宫寺释迦塔与天津蓟县独乐寺观音阁平面柱网均为金厢斗底槽式，且二者均为有暗层的高层木构建筑，在暗层中均于梁、柱间施加斜向支撑，大大改善了建筑的刚性与抗震能力。

答案： D

考点： 金厢斗底槽。

4-3-108 五台山佛光寺文殊殿平面柱网的特点是（　　）。

A 副阶周匝　　B 金厢斗底槽　　C 减柱造　　D 双槽

解析： 参见《中国建筑史》（第七版）第276页可知，山西五台山佛光寺文殊殿为金代建筑，平面七开间四进深，而内柱只用两根，称"减柱法"或"减柱造"。

答案： C

考点： 金、元建筑特征。

4-3-109 宋代建筑方面的重要术书是（　　）。

A 《营造法原》　B 《营造法式》　C 《鲁班正式》　D 《园冶》

解析： 参见《中国建筑史》（第七版）第44页等可知，宋代建筑方面重要的术书是宋崇宁二年（公元1103年）颁布的《营造法式》，它是一部极有价值的术书，包括"看样、目录、制度、功限、料例、图样"等36卷，作者为将作监李诫。

答案： B

考点：《营造法式》。

4-3-110 在主体建筑外加一圈围廊的做法在《营造法式》中称作（　　）。

A 回廊　　B 檐廊　　C 抄手游廊　　D 副阶周匝

解析： 参见《中国建筑史》（第七版）第276页可知，在建筑主体以外另加一圈回廊的做法，在《营造法式》中称为"副阶周匝"，这种做法最早在商代建筑中已经出现，一般应用于较隆重的建筑，如大殿、塔等。

答案： D

考点： 副阶周匝。

4-3-111 《营造法式》中规定的"侧脚"指的是（　　）。

A 山墙向内侧倾斜　　　　　　B 外檐柱向内倾斜
C 檐柱由当心间向两端逐间升高　　D 即"移柱法"

解析：参见《中国建筑史》（第七版）第275页可知，为了使建筑有较好的稳定性，《营造法式》中规定外檐柱在前后檐向内倾斜柱高的10/1000，两山的外檐柱向内倾斜8/1000，角柱则向两个方向均倾斜。

答案：B

考点：侧脚。

4-3-112 下列哪一组全是宋塔？

A 开封祐国寺塔、长安兴教寺塔、北京天宁寺塔
B 泉州开元寺塔、定县开元寺塔、开封祐国寺塔
C 苏州报恩寺塔、泉州开元寺塔、应县佛宫寺塔
D 定县开元寺料敌塔、正定开元寺塔、西安荐福寺塔

解析：参见《中国建筑史》（第七版）第45页提及宋代砖石建筑代表分别有"福建泉州开元寺东西两座石塔、河北定县开元寺料敌塔、河南开封祐国寺塔"。另可知长安兴教寺塔为唐塔，北京天宁寺塔为辽塔，应县佛宫寺塔为辽塔，西安荐福寺塔为唐塔，每组中凡有一塔不是宋塔者即可排除。

答案：B

考点：塔的形制。

4-3-113 下列哪一组建筑全是元代的？

A 妙应寺塔、永乐宫三清殿、正定隆兴寺摩尼殿、居庸关云台
B 永乐宫三清殿、广胜寺大殿、登封观星台、妙应寺塔
C 妙应寺塔、晋祠圣母殿、永乐宫三清殿、登封观星台
D 广胜寺大殿、居庸关云台、妙应寺塔、卢沟桥

解析：参见《中国建筑史》（第七版）第47页，正定隆兴寺摩尼殿为宋构，晋祠圣母殿为宋构，卢沟桥为金代的，一组中凡有不是元构的即可排除。

答案：B

考点：元代建筑特征。

4-3-114 干阑式民居主要分布在我国的（　　）。

A 西北沙漠地带　　　　　　B 东南沿海地带
C 东北地区　　　　　　　　D 西南地区

解析：参见《中国建筑史》（第七版）第93页可知，云南傣族民居的竹楼，广西壮族民居的麻栏，海南黎族的船形屋等，均属底层架空，人居楼上的干阑式建筑。

答案：D

考点：干阑式。

4-3-115 垂花门与抄手游廊是哪地民居常有的建筑？

A 山西民居　　B 福建土楼　　C 徽州民居　　D 北京四合院

解析：参见《中国建筑史》（第七版）第100页可知，北京四合院常采用垂花门作为内宅与外部的分界，造型华丽醒目。内院常以抄手游廊连接各房，可以遮阳、避雨雪，且廊的宜人尺度又可增加居住建筑的气氛。

答案：D

考点：四合院。

4-3-116 "三堂两横"是哪地民居平面布局方式？

A 云南一颗印 B 江南"四水归堂"
C 福建五凤楼 D 徽州民居

解析：参见《中国建筑史》（第七版）第98页可知，福建永定的坎市、龙岩、适中一带的五凤楼式土楼的平面组合是由前厅、大厅、中厅三座堂和横屋、横楼各一对的两横组成，俗称五凤楼。

答案：C

考点：土楼。

4-3-117 "三间四耳"是哪地民居的布局方式？

A 山西民居 B 江南"四水归堂"
C 云南一颗印 D 北京四合院

解析：参见《中国建筑史》（第七版）第101、208可知，云南"一颗印"式民居厢房称为耳房，三间四耳即正房三间，厢房东西各两间。"三间四耳"是云南一颗印民居的常见布局形式。

答案：C

考点：云南茶马古道"一颗印"式住宅。

4-3-118 避弄、船厅是哪地民居中常有的？

A 北京四合院 B 云南一颗印 C 苏州住宅 D 山西大院

解析：参见《中国建筑史》（第七版）第162、208页叙述的"避弄"与"船厅"，即苏州住宅前后各进之间可以不通过正中厅房，而由侧面甬道行走，称避弄。花厅如做成由短边作出入口，形象似舫的，则称船厅。

答案：C

考点：苏州住宅。

4-3-119 "五山屏风墙""观音兜"是什么构件？

A 园林中的墙 B 院墙、围墙
C 室内分隔墙 D 高出屋面的山墙造型

解析：参见《中国建筑史》（第七版）第311页可知，将房屋的山墙砌得高出屋面，以避免火灾延伸的墙称封火墙，为了美观常做成阶梯形、观音兜形、屏风山墙。江南及华南常见。

答案：D

考点：风火山墙。

4-3-120 窑洞式民居分布于哪一带？

A 东北地区 B 河南、山西、陕西
C 内蒙古地区 D 河北、山东

解析：参见《中国建筑史》（第七版）第96页可知，窑洞式住宅系利用土力学的特性挖掘成筒拱形而成，只适于黄土层深厚的地区。

答案：B

考点：窑洞。

4-3-121 圆形大土楼住宅分布在哪些地方？
A 江西南部　　　　　　　　　B 福建南部龙岩、上杭、永定一带
C 广东东部沿海一带　　　　　D 福建北部福安一带
解析：参见《中国建筑史》（第七版）第95页可知，这种聚族而居的堡垒式住宅是源于客家人迁徙至此为防卫械斗侵袭而采取的办法。江西的土围子多为方形的。
答案：B
考点：土楼。

4-3-122 中国建筑屋顶形式中最重要的4种按尊卑排列为（　　）。
A 歇山顶、硬山顶、悬山顶、庑殿顶
B 庑殿顶、硬山顶、悬山顶、歇山顶
C 庑殿顶、歇山顶、悬山顶、硬山顶
D 歇山顶、庑殿顶、悬山顶、硬山顶
解析：参见《中国建筑史》（第七版）第125页"……屋顶则按重檐、庑殿、歇山、攒尖、悬山、硬山的等级次序……"中国古代建筑屋顶以庑殿顶等级最高，其次为歇山顶，再次为悬山顶，硬山顶为最低。攒尖顶可高可低。重檐比单檐等级高。
答案：C
考点：中国古代屋顶形制的等级。

4-3-123 天坛中祭天的建筑是哪一座？
A 祈年殿　　　　B 圜丘　　　　C 皇穹宇　　　　D 斋宫
解析：参见《中国建筑史》（第七版）第133页即周礼规定，冬至日祭天，奏乐于地上之圜丘，圜丘是祭天之所，是一切祭祀中最高的一级。皇穹宇是存放"昊天上帝"牌位之处。
答案：B
考点：坛庙建筑。

4-3-124 下列建筑中哪一种不属于宗教建筑？
A 塔　　　　B 石窟　　　　C 道观　　　　D 祠堂
解析：参见《中国建筑史》（第七版）第131页可知，D选项为解答，即宗教建筑不包括祠祀类建筑。
答案：D
考点：宗教建筑。

4-3-125 宋代石刻中哪一类相当于线刻？
A 压地隐起华　　B 减地平钑　　C 剔地起突　　D 素平
解析：参见《中国建筑史》（第七版）第295页，即宋代对雕刻按其起伏高低分为剔地起突（高浮雕）、压地隐起华（浅浮雕）、减地平钑（线刻）、素平四种。
答案：B
考点：《营造法式》。

4-3-126 清式彩画的等级次序由尊至卑是( )。
A 和玺、旋子、苏式
B 旋子、和玺、苏式
C 苏式、旋子、和玺
D 和玺、苏式、旋子

解析：参见《中国建筑史》（第七版）第316~318页可知，清式彩画以和玺为最尊贵，用于宫殿的主殿；旋子次之；苏式彩画用于居住园林等建筑。

答案：A

考点：清式彩画。

4-3-127 "天子以四海为家，非令（宫室）壮丽，无以重威"这句话是谁的语言？
A 李斯对秦始皇说的
B 宇文恺对隋文帝说的
C 萧何对汉高祖说的
D 和珅对乾隆说的

解析：参见《中国建筑史》（第七版）第254页"天子以四海为宅者，非壮丽无以重威。"汉高祖令萧何建未央宫，宫成，十分壮观。高祖怒斥萧何，萧何说了上述的话，表明建筑形象有威慑力量。

答案：C

考点：宫殿建筑发展特征。

4-3-128 《营造法式》中殿堂布局分为"金厢斗底槽""单槽""分心槽"，其较典型实例依次为( )。
A 五台山佛光寺东大殿、应县木塔、太原晋祠
B 蓟县独乐寺山门、应县木塔、太原晋祠
C 五台山佛光寺东大殿、蓟县独乐寺山门、应县木塔
D 五台山佛光寺东大殿、太原晋祠、蓟县独乐寺山门

解析：参见《中国建筑史》（第七版）第156、136~137、161页，即可知：五台山佛光寺东大殿的平面柱网由内外两圈柱组成，这种形式在宋《营造法式》中称为"金厢斗底槽"。太原晋祠木柱分布属"单槽"。蓟县独乐寺山门的平面有中柱一列，属宋《营造法式》中所谓的"分心槽"。

答案：D

考点：《营造法式》。

4-3-129 南方少数民族地区常用的"干阑"式住房，其主要特征是( )。
A 多层楼房
B 底层架空，人居楼上
C 有宽大的晒台
D 全用竹材建造

解析：参见《中国建筑史》（第七版）第2、93页、配套光盘"住宅与聚落"图226~236傣族竹楼可知：干阑一词，出自《旧唐书·南蛮传》，"山有毒草及虺蝮蛇，人并楼居，登梯而上，号为'干阑'"。干阑的主要特征即是居住层是用支柱架离地面的，需登梯而上。有宽大的晒台和全用竹材建造是云南傣族竹楼独有的特征。

答案：B

考点：干阑式。

4-3-130 铺首是什么？

A 屋脊端部的首要加固部件   B 门饰（门环）
C 商业的店面   D 床头的装饰

解析：参见《中国建筑史》（第七版）第291页可知，铺首即是拉门或叩门用的门环，多为铜或铁制。

答案：B

考点：铺首。

4-3-131 下列哪一座殿前建有"飞梁鱼沼"？

A 正定隆兴寺摩尼殿   B 芮城永乐宫三清殿
C 太原晋祠圣母殿   D 承德普陀宗乘之庙

解析：参见《中国建筑史》（第七版）第136页"鱼沼"及图4-27"飞梁"可知：太原晋祠圣母殿前有一方形水池（即鱼沼），池上架设一座十字形桥梁，它的结构是在水池中立石柱，柱上置斗栱梁木，覆以地砖，称为飞梁。这种巨梁的结构形式是我国已知的唯一的一处现存实例。

答案：C

考点：飞梁鱼沼。

4-3-132 著名的《大雁塔门楣石刻》描画的是什么形象？

A 一座楼阁式的唐塔   B 一座唐代佛殿
C 一幅帝后礼佛图   D 一幅佛本生故事

解析：参见《中国建筑史》（第七版）第40页所述，即《大雁塔门楣石刻》描绘的是一座唐代的佛殿，清楚地表现出平缓的坡屋顶、脊端鸱尾、檐下斗栱、莲瓣柱础等唐代木构建筑的形象。在重要的唐代木构建筑佛光寺东大殿未被发现之前，这幅石刻是唐代木构建筑可见的唯一形象，备受中国建筑史研究者的重视。

答案：B

考点：唐代木构建筑特征。

4-3-133 河北赵县大石桥（安济桥）的建造匠人是谁？

A 鲁班   B 宇文恺   C 李春   D 阳城延

解析：参见《中国建筑史》（第七版）第38页，在唐代人张嘉贞所写的《石桥铭序》中称安济桥是隋匠李春所造（见《全唐文》）。

答案：C

考点：隋代桥梁建筑。

4-3-134 明代北京天坛的大祀殿（相当清代的祈年殿）为三重檐的殿，上、中、下各为什么颜色？

A 上青、中绿、下黄   B 上绿、中青、下黄
C 上黄、中青、下绿   D 上青、中黄、下绿

解析：参见《中国建筑史》（第七版）第133页。明代北京天坛大祀殿三重檐上层为青色象征天，中层为黄色象征地，下层为绿色象征万物。

答案：D

考点：坛庙建筑。

4-3-135 "瘦西湖"是哪个城市的著名风景游览地?
A 苏州　　　B 杭州　　　C 扬州　　　D 绍兴
解析:参见《中国建筑史》(第七版)第195页。清乾隆帝六下江南,各地官员豪富为邀宠而大建行宫与园林,因而运河沿岸掀起造园热潮,扬州的盐商们营造了瘦西湖沿线的十里楼台,形成了水上连续展开的园林带。
答案:C
考点:中国园林与风景建设。

4-3-136 唐朝诗人白居易著文记述过的"草堂"位于何处?
A 四川成都　　B 江西九江　　C 浙江杭州　　D 江苏苏州
解析:参见《中国建筑史》(第七版)第194页。唐诗人白居易被贬官为江州司马时,在江西九江庐山北麓遗爱寺之南,面对香炉峰建有草堂,曾写《匡庐草堂记》一文,对草堂的建筑本身及环境作了生动细致的描写,对今人了解唐代民居建筑极有价值。
答案:B
考点:华夏建筑意匠。

4-3-137 中国自己开办的近代建筑教学的学府最早的是哪一处?
A 东北大学　　　　　　　　B 南京中央大学
C 大连"满洲"工业学校　　D 苏州工业专门学校
解析:参见《中国建筑史》(第七版)第391页。中国人自己开办的近代建筑教学的是1923年苏州工业专门学校创立的"建筑科",创办人是柳士英。大连"满洲"工业学校建筑科虽然创建于1911年,比苏州工专早12年,但这所学校是日本人创办的。
答案:D
考点:近代建筑教育与学术发展。

4-3-138 在中国首先提倡"体形环境设计"教学思想的人是(　　)。
A 杨廷宝　　B 柳士英　　C 梁思成　　D 吴良镛
解析:参见《中国建筑史》(第七版)第402"梁思成"。梁思成在创办清华大学建筑系之初(1946年)曾在美国考察建筑教育,访问过数位现代建筑大师,对当时国际建筑学术界建筑理论的发展动向有所了解,意识到建筑不能独善其身,必须注意到环境,应培养造就具有体形环境规划的人才,在他创办的清华大学建筑系中,设立了市镇规划专业,体现了这个教学思想。
答案:C
考点:梁思成。

4-3-139 我国建筑师在近代前期采用的建筑设计创作方法基本上属于什么主义?
A 古典主义　　B 殖民地式　　C 现代主义　　D 折中主义
解析:参见《中国建筑史》(第七版)第393页所述,20世纪20年代之前,折中主义在欧美建筑潮流中占有相当重要的地位。当时我国建筑师们基本上接受的是学院派的建筑教育,采用的是折中主义的创作方法。
答案:D

考点：近代建筑教育与学术发展。

4-3-140 现代派建筑理论何时导入我国？

A 20世纪30年代 B 抗日战争胜利之后
C 新中国成立之后 D 改革开放以来

解析：参见《中国建筑史》（第七版）第425页，20世纪30年代，现代建筑思潮从西欧向世界各地迅速传播，中国建筑界也开始介绍国外现代建筑活动，导入现代派的建筑理论。国内建筑刊物详细报道了1933年芝加哥"百年进步博览会"上各国展馆和陈列的建筑设计，广州《新建筑》杂志明确提出"反对现存因袭的建筑样式，创造出适合于机能性目的的新建筑"的宗旨。

答案：A

考点：近代建筑教育与学术发展。

4-3-141 中国建筑师尝试"中国固有形式"的建筑创作始自下列哪座建筑？

A 南京金陵大学北大楼 B 北京辅仁大学教学楼
C 北京燕京大学 D 南京中山陵

解析：参见《中国建筑史》（第七版）第414页可知，采用"中国固有形式"的建筑创作，开始的年代较早，但是外国建筑师仿效中国的建筑形式而建造的。中国建筑师有意识地采用中国固有形式而创作的建筑首例应属吕彦直设计的南京中山陵。他吸取了中国帝陵布局的特点，结合山峦地形，创造出一处形式既新颖又具中国韵味的建筑。

答案：D

考点：吕彦直。

4-3-142 《营造法式》的作者是( )。

A 李春 B 喻皓 C 李诫 D 宇文恺

提示：参见《中国建筑史》（第七版）第44、15页可知，《营造法式》的作者是李诫。李诫是宋代哲宗、徽宗时的将作监少监。他以丰富的实践经验查考群书，并集中了工匠的智慧写出此书。宋《营造法式》是中国古代最重要的一部建筑术书。

答案：C

考点：《营造法式》。

4-3-143 下列各塔分别属于哪种类型？

佛官寺释迦塔 大正觉寺塔 嵩山嵩岳寺塔 会善寺净藏禅师塔 妙应寺塔

A 楼阁式 密檐式 单层塔 覆钵式 金刚宝座式
B 密檐式 楼阁式 覆钵式 金刚宝座式 单层塔
C 楼阁式 金刚宝座式 密檐式 单层塔 覆钵式
D 密檐式 楼阁式 金刚宝座式 覆钵式 单层塔

提示：参见《中国建筑史》（第七版）第260页"图7-38中国宝塔立面图"：楼阁式塔为仿楼阁式，每层塔身是完整的一层。密檐式塔是底层特别高，以上诸层密檐相接。单层塔只一层塔身。覆钵式塔最接近窣堵坡（stupa）式样。金刚宝座式塔是在一个石砌台座上建5座小塔，中间塔的较大。

答案：C

考点：塔的形制。

4-3-144 无锡寄畅园的知鱼槛与北京颐和园的知鱼桥的园林景观意境，是出自何人著作中的典故？

A 老子　　　　B 孔子　　　　C 庄子　　　　D 孟子

解析：参见《中国建筑史》（第七版）第193页《庄子·齐物论》；第199页"……在北海东岸和北岸还有濠濮涧……"可知，《庄子·秋水》篇中有庄子与惠子游于濠梁之上的对话。庄子曰："儵鱼出游从容，是鱼之乐也。"惠子曰："子非鱼，安知鱼之乐？"庄子曰："子非我，安知我不知鱼之乐？！"

答案：C

考点：江南文人园意匠。

4-3-145 我国历史上第一座分区明确、交通方便、外轮廓方正的都城是哪一座？

A 汉长安城　　B 唐长安城　　C 元大都　　D 曹魏邺城

解析：参见《中国建筑史》（第七版）第56页"曹魏邺城平面推想图"，曹魏邺城将宫室、苑囿、官署置于城的北部，住宅位于城的南部，分区明确、交通便利、外形方正。后来南北朝和隋唐的都城规划都是在这一基础上发展起来的。

答案：D

考点：古代城市建设。

4-3-146 我国历史上最高的木构建筑是哪一座？

A 北魏洛阳永宁寺塔　　　　B 唐武则天明堂
C 辽山西应县木塔　　　　　D 辽蓟县独乐寺观音阁

解析：参见《中国建筑史》（第七版）第35页"永宁寺塔"，永宁寺塔高40丈（133.33m），武则天明堂高86m，应县木塔高67.31m，独乐寺观音阁高23m。

答案：A

考点：应县木塔。

4-3-147 传统建筑中的"贡院"是作什么用的？

A 陈放贡品处　　　　　　B 接待进贡人居住
C 科举考场　　　　　　　D 演出场所

解析：参见《中国建筑史》（第七版）第14页可知，贡院是科举时代考试贡士之所，始设于唐开元二十四年。

答案：C

考点：建筑类型——政权建筑及其附属设施。

4-3-148《清式营造则例》一书的作者是哪一位？

A 清工部　　　B 朱启钤　　　C 梁思成　　　D 样式雷

解析：参见《中国建筑史》（第七版）第462页所述，《清式营造则例》是梁思成对清代建筑研究成果的一部分，于1934年成书出版。是中国建筑史界及古建修缮的一部"文法课本"。

答案：C

考点：梁思成。

4-3-149 中国古代木构架建筑中的"卷杀"做法是用在（　　）上的。

A 枋　　　　B 梁　　　　C 斗栱　　　　D 屋脊

解析：参见《中国建筑史》（第七版）第545、5页可知，卷杀用在栱（斗栱栱瓣）、梁、柱上，用在建筑（搭）外轮廓上。即：所谓"卷杀"，就是将栱端切削成柔美而有弹性的外形，其轮廓由折线或曲线构成。

答案：B或C

考点：卷杀。

4-3-150 题4-3-150图中的民居，从左到右，依次是在下述哪些地区的民居？

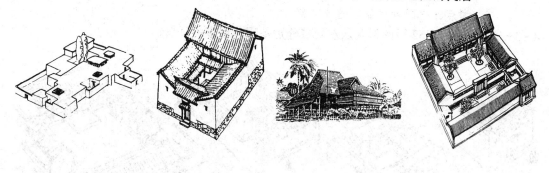

题4-3-150图

A 新疆阿以旺　　云南一颗印　　云南傣族竹楼　　北京四合院
B 云南一颗印　　云南傣族竹楼　　新疆阿以旺　　北京四合院
C 新疆阿以旺　　北京四合院　　云南一颗印　　云南傣族竹楼
D 新疆阿以旺　　云南傣族竹楼　　云南一颗印　　北京四合院

解析：参见《中国建筑史》（第七版）第97、98、2、99页及配套光盘"住宅与聚落"图226等。阿以旺的平面纵向伸展，冬室和夏室的天窗是显著的特点；一颗印平面呈矩形，四面房屋在角部是互相连接的；傣族竹楼的居住层离地较高，底层可作牲畜棚等杂用，屋顶类似"歇山"式，当地俗称为"孔明帽"；北京四合院的四面房屋互不相接，在角处拉开空地。

答案：A

考点：中国古代住宅建筑类型。

4-3-151 题4-3-151图的建筑从左到右分别是哪些地方的民居？

题4-3-151图

A 四川阿坝藏族碉房　　云南井干式民居　　福建大土楼　　云南景颇族干阑

B 福建大土楼　云南井干式民居　云南景颇族干阑　四川阿坝藏族碉房
C 福建大土楼　云南景颇族干阑　四川阿坝藏族碉房　云南井干式民居
D 福建大土楼　云南景颇族干阑　云南井干式民居　四川阿坝藏族碉房

解析： 参见《中国建筑史》（第七版）第103、2、93、94页及配套光盘"住宅与聚落"图225等。福建大土楼有圆形的、矩形的，形象易于辨认；云南景颇族的干阑，居住层距地面很近，只起隔潮作用，屋顶为无脊的两坡草顶；井干式民居是用长木杆组成的井干壁体建成的，主要建在林区；碉房是在川藏等地区，地形高低变化较多的山地修建的，墙体多用石材，平屋顶，有晒台，常为适应地形而有错层等做法，底层不适于居住。

答案： D

考点： 中国古代住宅建筑类型。

4-3-152 题4-3-152图的建筑从左到右分别是哪些地方的民居？

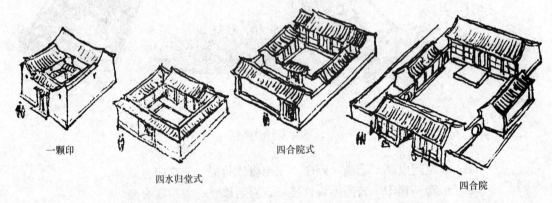

题4-3-152图

A 江南　华北　东北　西南　　　　B 西南　江南　华北　东北
C 江南　西南　东北　华北　　　　D 西南　华北　江南　东北

解析： 参见《中国建筑史》（第七版）第98、92、99、9页文字、图可知：一颗印式住宅，四面房屋在转角处相连是其特点，存在于我国西南部，如云南等地。四水归堂式住宅的特点是四面房屋的屋顶高低交错，使雨水均排向共同的庭院，这种住宅广泛分布在我国的江南，如江苏、浙江等地。北京四合院住宅四面的房屋各自独立，庭院较前两者宽大，大门开在东南隅。东北大院房屋的间数不受限制，厢房与正房拉开距离以多接受阳光，大门开在中轴线上，骡马大车可以拉进庭院。

答案： B

考点： 中国古代住宅建筑类型。

（四）历史文化遗产保护

4-4-1 (2009) 下列哪一组全部属于我国入选的世界文化遗产？
A 平遥古城、丽江古城、周庄同里江南古镇群、安徽宏村古民居

B 龙门石窟、麦积山石窟、云冈石窟、敦煌石窟
C 苏州园林、颐和园、圆明园、承德避暑山庄
D 北京故宫、拉萨布达拉宫、福建土楼、大足石刻

解析：参见《中国建筑史》（第七版）第553页或本辅导教材（第十七版）第229页"中国世界遗产名录表"。熟记中国列入《世界遗产名录》的项目，注意区分开文化遗产、自然遗产、文化自然双重遗产和自然景观。特别注意那些名声很大或是"热门"的旅游景点而未列入世界文化遗产名录的项目，如A中的周庄同里江南古镇群，B中的麦积山石窟，C中的圆明园等。

答案：D

考点：中国"世界遗产名录"。

4-4-2（2009）下列哪一组全部属于我国入选的世界自然遗产？

A 黄山、三江并流、华山
B 中国南方喀斯特、武夷山、三清山
C 黄龙、峨眉山、庐山
D 长白山、武当山、九寨沟

解析：参见《中国建筑史》（第七版）第553～554页或参考本辅导教材（第十七版）第299页"中国世界遗产名录表"，华山、庐山和长白山没有入选自然遗产。

答案：B

考点：中国"世界遗产名录"。

4-4-3（2008）我国获得世界自然与文化遗产保护的佛教名山是（　　）。

A 山西五台山　　B 四川峨眉山　　C 安徽九华山　　D 浙江普陀山

解析：参见《中国建筑史》（第七版）第553～554页或本辅导教材（第十七版）第299页"中国世界遗产名录表"，四川峨眉山—乐山风景名胜区是1996年列入《世界遗产名录》的。峨眉山是著名的旅游胜地和佛教名山，是集自然风光与佛教文化于一体的国家级山岳型风景名胜区。

答案：B

考点：中国"世界遗产名录"。

4-4-4（2008）下列哪座城市是以其独特的不规则城市布局在中国都市建设史上占有重要地位的？

A 唐长安　　　B 明南京　　　C 明清北京　　　D 宋东京

解析：参见《中国建筑史》（第七版）第76页，唐长安是以规整的棋盘式布局著称的。宋东京和明清北京城都有矩形的城墙，街道平直，城市布局规则。只有明南京以独特的不规则城市布局在中国都城建设史上占有重要地位。

答案：B

考点：明南京。

4-4-5（2008）《清明上河图》描绘的是哪个朝代和城市的景象？

A 唐朝长安（西安）　　　　　B 北宋汴梁（开封）
C 北宋金陵（南京）　　　　　D 南宋临安（杭州）

(注：此题 2007 年考过）

解析：参见《中国建筑史》（第七版）第 44 页：《清明上河图》为宋代画家张择端所绘，描绘的是北宋汴梁城（今开封城）内汴河虹桥一带的市面繁荣景象。

答案：B

考点：宋汴梁。

4-4-6 (2008) 2005 年 10 月由建设部和国家质检总局联合发布并实施了下列哪个规范？
  A 历史古迹园林保护规划规范 B 历史文物建筑修复规范
  C 历史文化街区保护规划规范 D 历史文化名城保护规划规范

解析：参见本辅导教材（十七版）第 299 页"中国世界遗产名录表"。由建设部和国家质检总局于 2005 年发布并实施的规范是《历史文化名城保护规划规范》GB 50357—2005。

答案：D

考点：历史文化名城。

4-4-7 (2006) 以下哪项不是于 1982 年我国第一批公布的历史文化名城？
  A 承德 B 平遥 C 曲阜 D 大同

解析：参见《中国建筑史》（第七版）第 555 页可知，1986 年我国第二批历史文化名城中公布平遥等为历史文化名城。

答案：B

考点：历史文化名城。

4-4-8 (2006) 我国历史文化遗产保护体系的三个层次是（　　）。
  A 单体文物、历史文化保护区、历史文化名城
  B 单体文物、群体文物、整体文物
  C 国家级文物、省级文物、市级文物
  D 保护文物、保留文物、修复文物

解析：参见《中国建筑史》（第七版）第 464 页可知，我国历史文化遗产保护体系的三个层次是各级文物保护单位、历史文化保护区、历史文化名城。

答案：A

考点：历史文化名城。

4-4-9 (2005) 作为近代中国最重要的建筑学术研究团体，中国营造学社（　　）。
  A 成立于 1930 年，社长是朱启钤
  B 社长是朱启钤，以研究中国近代建筑为宗旨
  C 社长是梁思成，作了大量的中国建筑的调查
  D 社长是刘敦桢，他与梁思成先生一起，以研究中国古建筑为宗旨

解析：参见《中国建筑史》（第七版）第 396 页可知，近代中国建筑学术研究团体，中国营造学社的社长是朱启钤。梁思成和刘敦桢均为其中成员，分别任法式部和文献部主任。

答案：A

考点：朱启铃。

4-4-10 （2005）文化遗产保护最重要的原则是（   ）。

  A 再现性   B 坚固性   C 真实性   D 审美性

解析：参见《威尼斯宪章》，保持文化遗产的原真性是最首要的原则。

答案：C

考点：文化遗产保护的真实性原则。

4-4-11 （2005）20世纪80年代在中国建成的北京香山饭店、曲阜阙里宾舍和北京菊儿胡同新四合院的设计人分别是（   ）。

  A 贝聿铭、齐康、吴良镛   B 戴念慈、吴良镛、关肇邺

  C 贝聿铭、戴念慈、吴良镛   D 戴念慈、齐康、吴良镛

解析：参见《中国建筑史》（第七版）第482、485、397页可知，香山饭店的设计人是贝聿铭，曲阜阙里宾舍的设计人是戴念慈，北京菊儿胡同四合院的设计人是吴良镛。

答案：C

考点：中国现代建筑大师及其代表作品。

4-4-12 （2005）历史文化遗产是一种（   ）。

  A 可持续发展的资源   B 可循环利用的资源

  C 不可利用的资源   D 不可再生的资源

解析：参见联合国教科文组织1972年颁布的《保护世界文化与自然遗产公约》等指出"……历史文化遗产是不可再生、不可替代的宝贵资源，……"历史文化遗产是不可再生的资源，一旦损坏了，重修或重建都失去了它原有的价值。

答案：D

考点：历史文化遗产是不可再生的资源。

4-4-13 （2004）目前我国的历史文化名城分为（   ）。

  A 国家级与省级二级   B 国际级、国家级和省级三级

  C 重点保护和一般保护二级   D 整体保护和局部保护二级

解析：参见《中国建筑史》（第七版）第465页，目前我国的历史文化名城分为国家级和省级二级。

答案：A

考点：历史文化名城。

4-4-14 （2003）国际建筑师协会（UIA）1999年北京召开了第20届世界建筑师大会。大会通过了由吴良镛起草撰写的纲领性文件：

  A 北京宣言   B 面向21世纪的建筑学

  C 北京之路   D 北京宪章

解析：参见《中国建筑史》（第七版）第508页，UIA即国际建筑师协会第20届世界建筑师大会，1999年5月在北京亚运村北京国际会议中心开幕，会议通过吴良镛起草撰写的纲领性文件《北京宪章》。

答案：D

考点：现代中国建筑教育与学术发展。

4-4-15 （2003）国际建筑师协会（UIA）1999年在北京召开了第20届世界建筑师大会。大会的主题是：

A 21世纪的人居环境　　　　　　B 面向21世纪的建筑教育
C 走向可持续发展的世界　　　　D 可持续发展的建筑学

解析：参见《中国建筑史》（第七版）第508页，1999年UIA世界建筑师大会的议题是"面向21世纪的建筑教育"。吴良镛在中国人民大会堂做了同主题报告。大会论文集（中英文）也以此为题，由中国建筑工业出版社出版。

答案：B

考点：现代中国建筑教育与学术发展。

4-4-16 （2003）《中华人民共和国文物保护法》颁布于：

A 1968年　　　B 1982年　　　C 1990年　　　D 1992年

解析：参见《中华人民共和国文物保护法》。该法1982年11月19日于第五届全国人民代表大会常务委员会第二十五次会议通过，最新一次修订为2013年6月29日。

答案：B

考点：《中华人民共和国文物保护法》。

4-4-17 （2003）我国历史文化遗产保护经历了哪三个阶段的发展过程？

A 文物保护、文物建筑保护、历史文化名城
B 文物保护、文物建筑保护、历史文化保护区
C 文物保护单位、历史文化名城、历史文化保护区
D 文物保护单位、历史文化保护区、历史文化名城

解析：参见《中国建筑史》（第七版）第464页，我国历史文化遗产保护经历了文物保护单位、历史文化保护区、历史文化名城三个阶段的发展过程。

答案：D

考点：历史文化名城。

4-4-18 （2003）下列哪一处还未列入联合国世界文化遗产？

A 四川九寨沟　　　　　　　　B 湖南武陵源
C 广西漓江山水　　　　　　　D 福建武夷山

解析：参见《中国建筑史》（第七版）第553~554页。目前，除四川九寨沟、湖南武陵源及福建武夷山外，广西漓江山水未列入世界遗产名录。

答案：C

考点：中国"世界遗产名录"。

4-4-19 （2003）梁思成提出的文物建筑维修的原则是：

A 古为今用　　　B 整旧如新　　　C 修旧如旧　　　D 复原重建

解析：参见《中国建筑史》（第七版）第402页，"修旧如旧"的文字，即"……他提出的'整旧如旧'等主张，……"。梁思成曾经风趣地用补牙的比喻形容他对文物建筑维修原则的意见。即"修旧如旧"的确如梁先生所说，

补牙要与原来的牙色贴近，当时的观念就是这样提出的。当然后期国内的修缮原则在20世纪80年代后随着《雅典宪章》《威尼斯宪章》等引入后有一些发展变化，即"可识别性"等造成"修旧如新"等原则。当然这是造成很多实践经验比较丰富的建筑师容易混淆答案的一个原因。

答案：C

考点：梁思成与现代中国建筑及城市规划学。

4-4-20 （2003）下列哪一处还未列入联合国世界文化遗产？

A 湖北武当山古建筑群   B 山西平遥古城
C 新疆楼兰古城   D 重庆大足石刻

解析：参见《中国建筑史》（第七版）第553～554页，武当山古建筑群于1994年12月列入世界文化遗产，平遥古城于1997年12月列入世界文化遗产，大足石刻于1998年12月列入世界文化遗产；楼兰古城尚未列入。

答案：C

考点：中国"世界遗产名录"。

4-4-21 我国考古发现最早的廊院式建筑是（ ）。

A 河南偃师二里头宫殿遗址   B 浙江余姚河姆渡遗址
C 西安半坡村遗址   D 西周，陕西岐山凤雏村遗址

解析：参见《中国建筑史》（第七版）第21页，河南偃师二里头可能是成汤的都城西亳的宫殿遗址。是一座东西约108m、南北约100m、残高约80m的夯土台。台上为一八开间的殿堂，周围以回廊环绕，南面有门的遗址，是我国已发现的最早的木构架夯土建筑和廊院式建筑的实例。

答案：A

考点：夏、商、周建筑发展特征。

4-4-22 中国营造学社的创始人是（ ）。

A 梁思成、刘敦桢   B 单士元   C 朱启钤   D 罗哲文

解析：参见《中国建筑史》（第七版）第396页可知，中国营造学社是中国近代最重要的建筑学术研究团体。学社成立于1930年，创办人朱启钤，任社长。1931年、1932年梁思成、刘敦桢相继入社，分任学社法式部和文献部主任。单士元任编纂。抗日战争时期学社内迁昆明和四川南溪县李庄，罗哲文在李庄加入了学社。

答案：C

考点：近代建筑师发展时期的梁思成。

4-4-23 骑楼是什么建筑？

A 供骑射的楼房   B 过街楼
C 底层沿街为廊道的楼房   D 廊棚

解析：参见《中国建筑史》（第七版）第363页"骑楼"，即我国南方多雨而日晒强烈的城镇，如广州、台山等地，沿街互相毗连的楼房的底层，常将门窗装修退进去一些，形成一条可以通行的廊道，有利于遮阳避雨及商业购物等，这种建筑形式是由南洋及西方传入的。

答案：C

考点：近代东南沿海商业街。

4-4-24 全国规模最大的孔庙是哪一座？

A 曲阜孔庙　　　B 浙江衢州孔庙　　C 北京孔庙　　　D 南京夫子庙

解析：参见《中国建筑史》（第七版）第137页可知，孔庙遍及全国，但其中规模最大的仍属孔子故乡所在地的曲阜孔庙。曲阜孔庙南北600m，东西145m。大成殿九开间，为重檐歇山顶，黄琉璃瓦屋面，其规制仅次于最高级别的殿堂，规模相当于北京故宫保和殿。

答案：A

考点：坛庙建筑。

4-4-25 "虎踞龙盘"、"四塞为固"、"挈裘之势"、"天下之中"描述四座古都，其顺序为（　　）。

A 长安　南京　洛阳　北京　　　B 南京　长安　北京　洛阳
C 洛阳　北京　长安　南京　　　D 北京　洛阳　南京　长安

解析：参见《中国建筑史》（第七版）第237页《金陵胜迹志》中的"虎踞龙盘"。中国古代城市选址，注重山川形胜。虎踞龙盘指南京，四塞为固指长安，挈裘之势指北京，天下之中指洛阳。

答案：B

考点：古代城市建设。

4-4-26 下列哪一项文物建筑维修的原则是梁思成先生提倡的？

A 古为今用　　　B 整修一新　　　C 修旧如旧　　　D 复原重建

解析：参见《中国建筑史》（第七版）第402页所述"……'整旧如旧'……"，由梁思成提出。新中国成立初期，针对北京城市的建筑，梁先生认为应该保护历史文化，在旧城周围建设新的行政、生活中心。对文物建筑维修也应修旧如旧，保持原有风貌。这也是大多数西方国家对文物建筑保护所采取的原则。

答案：C

考点：现代中国城市规划。

五 外国建筑史[1]

(一) 古代埃及建筑

5-1-1 (2008) 下列哪组建筑能代表古埃及陵墓建筑演变的顺序?
    A 昭塞尔金字塔　吉萨金字塔　曼都赫特普二世墓
    B 吉萨金字塔　玛斯塔巴墓　哈特什帕苏墓
    C 玛斯塔巴墓　吉萨金字塔　曼都赫特普二世墓
    D 玛斯塔巴墓　吉萨金字塔　哈特什帕苏墓

解析： 根据《外国建筑史》第8～15页，玛斯塔巴，在阿拉伯语中是"板凳"的意思，其墓主体模仿古埃及早期的民居，为长方体，四边棱线向上起收分，顶部略呈拱形，现被认为是埃及多层阶梯形金字塔的单元雏形。此后，以方锥体为主要外形特征的金字塔成为埃及陵墓发展重要的形制，其中，具有代表性意义的吉萨金字塔群以体形雄伟著称。从埃及陵墓空间的发展来说，位于帝王谷陵墓的因山为陵的形制，是从以金字塔为象征的外部空间手法走向内部空间气氛塑造的结果。女法老哈特什帕苏等建在帝王谷的陵墓，特在祭祀厅室外顶部淘汰金字塔部分，建筑师为珊缪。因此从古埃及陵墓建筑演变顺序上，我们可知此题答案为D。

答案： D

考点： 古代埃及金字塔的演化。

5-1-2 (2007) 题5-1-2图从左至右分别是(　　)。

题 5-1-2 图

    A 秘鲁马丘比丘金字塔和埃及的昭塞尔金字塔
    B 墨西哥玛雅遗址金字塔和埃及的昭塞尔金字塔
    C 墨西哥玛雅遗址金字塔和中东的巴比伦遗址

---

[1] 本章解析中《外国建筑史》第四版和《外国近现代建筑史》第二版引用较多，为避免繁琐，不再注明第几版。

D 秘鲁马丘比丘金字塔和中东的巴比伦遗址

解析：根据《外国建筑史》第38页，左图为古代美洲奇钦·伊查的卡斯蒂略金字塔庙。位于另一座重要建筑"战士庙"南侧，高约24米，可能是多尔台克人在11世纪初打败玛雅人后修建的，是多尔台克文化和玛雅文化交融的产物。根据《外国建筑史》第9页，右图为古埃及的昭塞尔阶梯状金字塔。故应选B。

答案：B

考点：美洲印第安的玛雅建筑、古代埃及金字塔的演化。

5-1-3 (2004) 古埃及新王国时期的代表性建筑类型是（　　）。

　　A 金字塔　　　B 贵族府邸　　　C 皇帝陵墓　　　D 太阳神庙

解析：根据《外国建筑史》第15页，古埃及随着奴隶制的发展，皇帝专制制度逐渐强化。到新王国时期，适应专制制度的宗教形成，皇帝同太阳神结合起来，被认为是太阳神的化身，皇帝崇拜代替了自然神的崇拜，太阳神庙代替了与原始拜物教相关联的陵墓，成为新王国时期的代表性建筑类型。故应选D。

答案：D

考点：古代埃及太阳神庙。

5-1-4 下列古埃及的金字塔式陵墓中最早的是哪座？

　　A 昭塞尔金字塔　　　　　B 胡夫金字塔
　　C 哈夫拉金字塔　　　　　D 孟卡拉金字塔

解析：根据《外国建筑史》第8～13页，古埃及金字塔式陵墓是由玛斯塔巴式发展起来，经过阶梯式而发展到方锥形金字塔。昭塞尔金字塔是建于第三王朝时萨卡拉的阶梯状金字塔式陵墓，早于其他方锥形金字塔，是古埃及现存的金字塔陵墓中最早的。故应选A。

答案：A

考点：古代埃及金字塔的演化。

（二）古代西亚建筑

5-2-1 (2010) "百柱殿"是下列哪个建筑群中的大殿建筑？

　　A 萨艮二世王宫（Palace of Sargon Ⅱ）

　　B 帕赛玻里斯王宫（Palace of Persepolis）

　　C 卢浮宫（The Louvre）

　　D 凡尔赛宫（Palais de Versailles）

解析：根据《外国建筑史》第28～30页，波斯帝国的大流士皇帝一世在苏萨建造帕赛玻里斯宫。宫中有两座仪典性的方形大厅，后面一座叫"百柱殿"，因有100根石柱而得名。故应选B。

答案：B

考点：古代西亚帕赛玻里斯。

5-2-2 (2003) 根据古代欧洲历史书籍记载，以下哪项是古代世界的七大奇迹之一？
　　　A 巴比伦空中花园　　　　B 埃及金字塔
　　　C 希腊雅典卫城　　　　　D 罗马万神庙
　　解析：世界七大奇迹是指古代西方人眼中的已知世界上的七处宏伟的人造景观。最早提出世界七大奇迹的说法的是公元前3世纪的旅行家昂蒂帕克，还有一种说法是由公元前2世纪的拜占庭科学家斐罗提出的。世界古代七大奇迹分别指埃及吉萨金字塔、奥林匹亚宙斯巨像、罗德岛太阳神巨像、巴比伦空中花园、阿尔忒弥斯神庙、摩索拉斯陵墓、亚历山大灯塔。选项中只有A是古代世界七大奇迹。
　　答案：A
　　考点：古代世界七大奇迹。

5-2-3 古代西亚人建造的山岳台是作什么用的？
　　　A 崇拜天体　　B 崇拜山岳　　C 观测星象　　D （A+B+C）
　　解析：根据《外国建筑史》第23页，古代西亚人认为山岳支承着天地，是人与神之间的交通之路；同时因对天体的崇拜也筑以高台；此外为农业生产也需观测星象。所以这种多层高台建筑是与几种需要相适应的。故应选D。
　　答案：D
　　考点：古代西亚山岳台。

5-2-4 号称世界七大奇迹之一的空中花园建于何处？
　　　A 伊朗　　　　B 巴比伦　　　　C 印度　　　　D 埃及
　　解析：新巴比伦王国时，国王尼布甲尼撒二世为其王妃而修建的。位于新巴比伦城北端西侧宫殿建筑群遗址处，据考证建于公元前6世纪，毁于公元前3世纪。古希腊历史学家曾对它有所描述，并列为古代七大奇迹之一。故应选B。
　　答案：B
　　考点：古代世界七大奇迹。

5-2-5 公元前6世纪，巴比伦城的重要建筑主要采用何种装饰材料？
　　　A 琉璃砖贴面　B 木、石雕刻　C 彩色涂料　　D 石片、贝壳
　　解析：根据《外国建筑史》第25页，两河流域下游的古代建筑，由于缺乏良好的木材和石材，产生了以土为原料的夯土、土坯、砖墙建筑体系，并发展出保护墙面免受侵蚀的饰面技术。在生产砖的过程中发明了琉璃，逐渐成为最重要的饰面材料，并传播到其他地区。巴比伦城的重要建筑物都大量使用琉璃砖贴面，并形成了一套成熟的做法。故应选A。
　　答案：A
　　考点：古代西亚饰面技术。

（三）古代希腊建筑

5-3-1 (2010) 下列关于古希腊建筑的描述，错误的是(　　)。

A 柱式基本上决定了庙宇的面貌　　B 大型庙宇都是围廊式形制
C 柱式限用于庙宇等公共建筑中　　D 叠柱式源于古希腊

解析：根据《外国建筑史》第48页，古希腊早期庙宇用木构架和土坯建造，为保护墙面常沿边搭一圈棚子遮雨，从而形成柱廊。在漫长的建筑活动中，对柱廊的艺术形式不断探索，对柱子各组成部分的形式、比例进行艺术加工和提炼，逐渐形成一套固定的做法，以后被罗马人称为"柱式"。柱式体现了古希腊人追求完美的创造精神。在希腊的庙宇、公共建筑、住宅、纪念碑等建筑中普遍使用柱式，并不是仅限于庙宇等公共建筑中。所以C是错误的。

答案：C

考点：古代希腊柱式。

5-3-2 (2009) 古希腊建筑形成的柱式有(　　)。

A 爱奥尼、多立克两种
B 多立克、爱奥尼、科林斯三种
C 多立克、塔司干、爱奥尼三种
D 多立克、塔司干、爱奥尼、科林斯四种

解析：根据《外国建筑史》第42～48页，古希腊时期的柱式为多立克、爱奥尼和科林新三种，B项符合。塔司干柱式为古罗马时期产生的，因此本题A、C、D应排除。

答案：B

考点：古代希腊柱式。

5-3-3 柱式通常由以下哪几部分组成？

Ⅰ. 柱子；　Ⅱ. 柱础；　Ⅲ. 柱身；　Ⅳ. 柱头；　Ⅴ. 檐部

A Ⅰ、Ⅱ、Ⅳ　B Ⅱ、Ⅲ、Ⅳ　C Ⅱ、Ⅲ、Ⅴ　D Ⅰ、Ⅴ

解析：根据《外国建筑史》第43页，柱式由柱子和其承受的上部水平构件檐部组成，而柱子则由柱头、柱身、柱础所组成。故应选D。

答案：D

考点：古代希腊柱式。

5-3-4 (2009) 题5-3-4图中的建筑是(　　)。

A 迈锡尼卫城狮门
B 泰伦卫城山门
C 埃德府神庙大门
D 新巴比伦城的伊什达城门

解析：本题为图片选择题。根据《外国建筑史》第36页，图中建筑为迈锡尼狮门，特征为两只狮子拱卫多立克柱式的三角楔形门楣石。B、C、D选项在形制、时代特征和材质图案形式上与图片不符。故应选A。

题5-3-4图

答案：A

考点：爱琴文化建筑迈锡尼。

5-3-5 (2008) 下列关于古希腊建筑的描述，错误的是(   )。
A 柱式基本上决定了庙宇的面貌　　B 大型庙宇都是围廊式形制
C 柱式仅运用于庙宇等公共建筑中　D 叠柱式源于古希腊

解析：根据《外国建筑史》第48页，在本题选项上，A、B、D选项均与古希腊建筑形制发展特点相符合，而C项中关于古希腊柱式作用的阐述，应不仅适用于庙宇、公共建筑，也用于住宅、纪念碑等。因此C项不符。

答案：C

考点：古代希腊柱式。

5-3-6 (2006) 以下柱式中哪一个不是古希腊时期创造的？
A 多立克式（Doric）　　　　　　B 科林斯式（Corinth）
C 塔司干式（Tuscan）　　　　　D 爱奥尼式（Ionic）

(注：此题2004年考过)

解析：根据《外国建筑史》第42~48页，古希腊柱式在"古典时期"主要是多立克柱式和爱奥尼柱式。稍晚又产生科林斯柱式。所以希腊时期为三大柱式。而塔司干柱式则是古罗马人创造的一种较简单的柱式。故应选C。

答案：C

考点：古代希腊柱式。

5-3-7 (2005) 帕提农神庙是(   )。
A 罗马城中的一座神庙　　　　　B 雅典城中的一座神庙
C 古罗马供奉诸神的神庙　　　　D 古罗马供奉太阳神的神庙

解析：根据《外国建筑史》第52页，帕提农神庙是雅典卫城建筑群的中心建筑，是雅典守护神雅典娜的庙。它代表着古希腊多立克柱式的最高成就。故应选B。

答案：B

考点：古代希腊雅典卫城。

5-3-8 (2005) 题5-3-8图中古建筑，从左到右，它们所在的国家分别是(   )。

题 5-3-8 图

A 墨西哥、印度、伊朗、秘鲁　　B 英国、柬埔寨、希腊、秘鲁
C 英国、印度、希腊、墨西哥　　D 秘鲁、印度、伊朗、墨西哥

解析：图中自左到右分别是：英国索尔兹伯里的石环（stonehenge）、印度桑契的大窣堵波（Great Stupa）、希腊迈锡尼的狮子门、墨西哥的玛雅建筑。故应选C。

答案：C

275

考点：印度建筑，爱琴文化迈锡尼，美洲印第安玛雅建筑。

5-3-9 (2003) 帕提农神庙山花下的水平檐口：
A 平直度很高，反映了古希腊精确的施工水平
B 中间微微拱起，预留了将来沉降的余量
C 中间微微拱起，利用透视规律，使其观看起来显得更加高大
D 中间微微下垂，利用透视规律，使其观看起来显得更加高大

解析：根据《外国建筑史》第54页，帕提农神庙的额枋与台阶上沿都呈中央隆起的曲线，在短边隆起7cm，在长边隆起11cm，这些精致细微的处理使庙宇显得更加稳定，更加丰满有生气。故应选C。

答案：C

考点：古代希腊雅典卫城。

5-3-10 克诺索斯宫（米诺斯宫）是在哪一时期的建筑？
A 古波斯　　　B 古亚述　　　C 古克里特　　　D 古希腊

解析：根据《外国建筑史》第33页，在古希腊文化产生之前，曾出现过以克里特和迈锡尼为中心的古代爱琴文明。克里特岛上的克诺索斯国王王宫（即米诺斯宫）规模很大，以一长方形院子为中心，地势高差很大。该宫殿建筑布局杂乱，但其西部仪典部分已显示出轴线纵深布局的手法。建筑开敞，富有装饰。故应选C。

答案：C

考点：爱琴文化克里特。

5-3-11 帕提农神庙是古典建筑的代表性作品，它是采用什么柱式的建筑？
A 爱奥尼、多立克两种
B 多立克、爱奥尼、科林斯三种
C 多立克、塔司干、爱奥尼三种
D 多立克、塔司干、爱奥尼、科林斯四种

解析：根据《外国建筑史》第53页，帕提农神庙是为歌颂战胜波斯入侵者的胜利而建。其外围是列柱围廊式，采用了多立克柱式，并被誉为典范。其内部正殿是双层多立克叠柱式，而西部的国库则有四根爱奥尼式柱子。故应选A。

答案：A

考点：古代希腊雅典卫城。

5-3-12 雅典卫城的主题建筑物是（　　）。
A 帕提农神庙　　　　　　　B 雅典娜·帕提农铜像
C 卫城山门　　　　　　　　D 胜利神庙

解析：根据《外国建筑史》第52页，卫城原是奴隶主统治者的驻地。雅典奴隶主民主政体时期，雅典卫城成为国家的宗教、政治、文化中心，自希腊各城邦联合战胜波斯入侵后，具有国家的象征。卫城的主题建筑就是祭祀雅典保护神雅典娜的庙宇——帕提农神庙。故应选A。

答案：A

考点：古代希腊雅典卫城。

5-3-13 伊瑞克提翁神庙是希腊盛期哪一种柱式的代表?
A 塔斯干柱式　　　　　　　B 多立克柱式
C 爱奥尼柱式　　　　　　　D 科林斯柱式

解析：根据《外国建筑史》第55页，伊瑞克提翁是传统的雅典人的始祖。神庙根据地形和需要，采用不对称构图，体形富有变化，主要立面采用爱奥尼柱式柱廊，成为古典盛期爱奥尼柱式的代表。故应选C。

答案：C

考点：古代希腊雅典卫城。

5-3-14 雅典卫城中有女像柱廊的是哪座建筑?
A 帕提农神庙　　　　　　　B 伊瑞克提翁神庙
C 卫城山门　　　　　　　　D 胜利神庙

解析：根据《外国建筑史》第55页，伊瑞克提翁神庙南立面是一大片封闭的石墙，为使从帕提农神庙西北角走来的仪典队伍有良好的视觉效果，在石墙西端建了一个面阔三间，进深两间，六个端庄娴雅的女郎雕像作柱子的柱廊，与石墙形成强烈的对比。故应选B。

答案：B

考点：古代希腊雅典卫城。

5-3-15 古希腊建筑主要有哪两种柱式?
A 多立克、塔斯干　　　　　B 塔斯干、科林斯
C 多立克、爱奥尼　　　　　D 爱奥尼、科林斯

解析：根据《外国建筑史》第43页，古希腊建筑主要有两种柱式：一是产生于小亚细亚先进共和城邦的爱奥尼式，一是意大利西西里一带寡头城邦里的多立克柱式。另外在晚期希腊形成独特风格的科林斯柱式除柱头由忍冬草叶片组成外，其柱式的其他部分都与爱奥尼柱式相同，故一般不列入古希腊的主要柱式。故应选C。

答案：C

考点：古代希腊柱式。

5-3-16 雅典的奖杯亭是哪种柱式的代表作?
A 多立克柱式　　　　　　　B 爱奥尼柱式
C 早期科林斯柱式　　　　　D 组合柱式

解析：根据《外国建筑史》第61页，希腊晚期出现集中式建筑的新形制，其代表之一就是雅典的奖杯亭。这个实心亭的外壁均布有6根科林斯柱子，是早期科林斯柱式的代表作。故应选C。

答案：C

考点：古代希腊晚期集中式纪念性建筑。

5-3-17 希腊晚期出现的莫索列姆陵墓代表了（　　）的建筑形制。
A 券柱式　　　B 巨柱式　　　C 叠柱式　　　D 集中式

解析：根据《外国建筑史》第61页，前三种都是古罗马时期建筑构图形式。莫索列姆陵墓和奖杯亭都是希腊晚期随着个人纪念物的产生而创造出的一种

集中向上发展的多层构图，以取得崇高雄伟感，成为建造纪念性建筑物的一种构图手法，为后世所采用。故应选D。

答案：D

考点：古代希腊晚期集中式纪念性建筑。

（四）古代罗马建筑

5-4-1 (2010) 肋架拱发源于下列那个时期？
  A 古希腊 B 古罗马 C 拜占庭 D 文艺复兴

（注：此题2003年考过）

解析：根据《外国建筑史》第69页，古罗马晚期，奴隶数量减少，希望用更高明的技术来减轻结构重量，节约石材。拱券结构在新的生产关系推动下，产生新的做法，即把拱顶区分为承重部分和围护部分，从而大大减轻拱顶重量，并把荷载集中到券上，以摆脱承重墙。这种肋架拱的创造有重大意义。故应选B。

答案：B

考点：古罗马拱券技术。

5-4-2 (2010) 欧洲流行的纪念柱的早期代表是（ ）。
  A 雅典娜铜像柱   B 图拉真纪功柱
  C 古埃及方尖碑   D 拿破仑纪功柱

解析：根据《外国建筑史》第79页，古罗马皇帝图拉真统一了罗马全境，是罗马最强有力的皇帝之一。在他修建的罗马最宏大的广场中，位于纵横轴线交叉点的一个院子里立着一根总高达35.27米的纪功柱。柱子采用罗马多立克柱式，柱头上立着图拉真的全身像。之后欧洲流行这种以单根柱子做纪念柱的做法。故应选B。

答案：B

考点：古罗马广场演变。

5-4-3 (2009) 题5-4-3图所示是（ ）。

题 5-4-3 图

A 罗马哈德良离宫花园 　　B 巴黎凡尔赛宫花园
C 意大利庞贝城花园 　　D 法国枫丹白露花园

解析：图片题，根据《外国建筑史》第91页，照片上为罗马哈德良离宫花园。B、C、D三项均不符。故应选A。

答案：A

考点：古罗马宫殿。

5-4-4 （2008）欧洲流行的纪念柱的早期代表是（　　）。

A 雅典娜铜像柱 　　B 图拉真纪功柱
C 图拉真骑马铜像柱 　　D 拿破仑纪功柱

解析：根据《外国建筑史》第79页，欧洲流行的纪念柱，即纪功柱是源于古罗马时期战争胜利的广场建筑形式之一，图拉真胜利纪念柱 traiano colonna 建设于公元107年，为纪念图拉真皇帝战胜罗马尼亚地区而建，总高30m，柱顶为其站姿像。因此，A、D项在地域和时间上不符合此选择项，C选项即骑马铜像柱不符。

答案：B

考点：古罗马广场演变。

5-4-5 （2006）罗马帝国广场群中，最宏大的广场是（　　）。

A 罗曼努姆广场（Forum of Romanum）
B 恺撒广场（Forum of Caesar）
C 奥古斯都广场（Forum of Augustus）
D 图拉真广场（Forum of Trajan）

解析：根据《外国建筑史》第78页，以上四个广场中，罗曼努姆广场是共和时期的代表，长约115m，宽约57m。恺撒广场建于共和末期，长约160m，宽约75m。奥古斯都广场位于恺撒广场之旁，长约120m，宽约83m。图拉真广场是罗马帝国最宏大的广场，不仅轴线对称，在近300m的深度里布置广场与建筑的交替组合。仅在入门后的广场就长120m，宽90m，之后是横向长120m，宽60m的巴西利卡，之后又有24m×16m的院子，再之后又是围廊式大院子。故应选D。

答案：D

考点：古罗马广场演变。

5-4-6 （2005）古罗马维特鲁威《建筑十书》提出的建筑原则是（　　）。

A 坚固、适用、美观 　　B 功能、技术、艺术
C 适用、经济、美观 　　D 适用、经济、安全、美观

（注：此题2003年考过）

解析：根据《外国建筑史》第74页，古罗马军事工程师维特鲁威写的《建筑十书》提出的建筑设计原则："一切建筑物都应当恰如其分地考虑到坚固耐久、便利实用、美丽悦目。"故应选A。

答案：A

考点：古罗马维特鲁威与《建筑十书》。

5-4-7 (2005) 穹隆屋顶和半圆拱券是下述哪种古代建筑的重要特征？

A 希腊建筑　　　　　　B 罗马建筑
C 哥特建筑　　　　　　D 巴洛克建筑

解析：根据《外国建筑史》第67页，券拱技术是罗马对欧洲建筑的巨大贡献，在券拱技术的基础上产生了穹隆屋顶结构形式。罗马建筑典型的布局方法、空间组合、艺术形式和风格都与其有密切关系。而希腊建筑主要是梁柱体系，哥特建筑的拱券不是半圆形；巴洛克建筑则为追求新奇采用一些非理性做法。故应选B。

答案：B

考点：古罗马券拱技术。

5-4-8 (2004) 古罗马军事工程师维特鲁威的著名著作是（　　）。

A《论建筑》　　　　　　B《建筑四书》
C《建筑十书》　　　　　D《建筑七灯》

解析：根据《外国建筑史》第73页，维特鲁威在公元前20年完成了《建筑十书》。其他三本书是文艺复兴时期的著作。《建筑十书》是欧洲建筑师的基本教材，在世界建筑学术史上的地位独一无二。故应选C。

答案：C

考点：古罗马维特鲁威与《建筑十书》。

5-4-9 (2003) 古代罗马人为爱神维纳斯建造神庙时使用的是：

A 爱奥尼柱式　　　　　B 科林斯柱式
C 爱立克柱式　　　　　D 组合型柱式

解析：维纳斯神庙其柱头如满盛卷草的花篮，可判断古代罗马人为爱神维纳斯建造神庙时使用的是科林斯柱式。故应选B。

答案：B

考点：古罗马柱式的发展。

5-4-10 古罗马时期最杰出的穹顶建筑实例是（　　）。

A 阿维奴斯浴场　　　　B 万神庙
C 罗马神庙　　　　　　D 卡拉卡拉浴场

解析：根据《外国建筑史》第85页，罗马的万神庙，又名潘泰翁，其穹顶直径为43m，其底部厚度达6.2m，顶部中央开有8.9m直径的圆洞，是罗马穹顶技术的最高代表。故应选B。

答案：B

考点：古罗马庙宇。

5-4-11 古罗马大型公共建筑的主要结构体系是（　　）。

A 梁柱系统　　　　　　B 拱券系统
C 砖石系统　　　　　　D 框架系统

解析：根据《外国建筑史》第67页，古罗马大型公共建筑的室内空间宽阔、高大，其布局方式、空间组合、艺术形式等都是与采用拱券结构系统有密切关系。故应选B。

答案：B

考点：古罗马拱券技术。

5-4-12 罗马五种柱式中，哪一种柱式是罗马人自己创造的？

A 塔司干　　　B 多立克　　　C 爱奥尼　　　D 科林斯

解析：根据《外国建筑史》第71页，古罗马全面继承了希腊建筑中的柱式，除将希腊柱式加以简化外，还将爱奥尼和科林斯两种柱式组合在一起为混合柱式。只有塔司干柱式是古罗马人在伊特鲁里亚时期就创造出的柱式。故应选A。

答案：A

考点：古罗马柱式的发展。

5-4-13 古罗马帝国时期最大的广场是（　　）。

A 恺撒广场　　　　　　　　B 奥古斯都广场
C 图拉真广场　　　　　　　D 庞贝中心广场

解析：根据《外国建筑史》第78页，图拉真是古罗马最强有力的皇帝之一。在奥古斯都广场北面建造了一个组合式大广场，包括大小不同、形状不同的几个广场，在一个近300m的深度里，采用轴线对称、多层纵深布局，达到皇帝崇拜的目的。故应选C。

答案：C

考点：古罗马广场演变。

5-4-14 罗马的单拱门式凯旋门的代表是（　　）。

A 雄狮凯旋门　　　　　　　B 替都斯凯旋门
C 赛维鲁斯凯旋门　　　　　D 君士坦丁凯旋门

解析：根据《外国建筑史》第75页，罗马的凯旋门造型具有纪念性，其中著名的替都斯凯旋门是单拱式凯旋门。雄狮凯旋门虽然也是单拱门式，但它不是罗马时期建造的，而是18世纪在巴黎建造的。其他两个虽是罗马时期建造的，但属于三拱门式凯旋门。故应选B。

答案：B

考点：古罗马凯旋门。

5-4-15 在罗马大斗兽场的立面处理中，下部三层采用了不同的柱式构图，由下向上依次为（　　）。

A 多立克、塔司干、爱奥尼　　B 塔司干、爱奥尼、科林斯
C 爱奥尼、科林斯、塔司干　　D 科林斯、爱奥尼、塔司干

解析：根据《外国建筑史》第72页，在罗马五种柱式中每种柱式表现出不同特点。塔司干柱式较简单，也较有力；爱奥尼柱式则显得轻巧、优美；而科林斯柱式则更为轻巧华丽。所以在罗马大斗兽场的立面处理中，下部三层采用这三种柱式，自下而上的柱式构图造成视觉上重量的依次递减，既稳定又活泼。故应选B。

答案：B

考点：古罗马柱式的发展。

（五）拜占庭建筑

5-5-1 （2009） 有关拜占庭建筑的穹顶技术，下列哪一项陈述是正确的？
  A 拜占庭建筑的穹顶技术来自古罗马的穹顶技术
  B 拜占庭建筑解决了在方形平面上使用穹顶的结构和建筑形式的问题
  C 拜占庭建筑的穹顶结构包括帆拱、飞扶壁、穹顶
  D 西欧中世纪早期教堂的十字拱和骨架券来自于拜占庭的穹顶技术

解析：根据《外国建筑史》第97页，B项是帆拱定义。拜占庭的穹顶技术，结合帆拱，与哥特风格建筑的肋拱有关，因此A项不符；飞扶壁是哥特建筑的特征，所以C项也不符；D项的十字拱技术来自古罗马时期建筑的影响，骨架券则是哥特建筑的特点，故D项不符。

答案：B
考点：拜占庭建筑的穹顶与帆拱。

5-5-2 （2008） 拜占庭建筑富于装饰的根本原因是（　　）。
  A 皇权的影响　　　　　　　B 受伊斯兰建筑的影响
  C 结构的解放　　　　　　　D 与砌筑材料相关

解析：根据《外国建筑史》第100页，拜占庭中心地区的主要建筑材料是砌块，砌在厚厚的灰浆层上，有的厚墙常用罗马混凝土或陶罐砌筑穹顶，以减轻重量。因此内、外部都需用大面积装饰，从而形成其建筑富于装饰的特点。所以它与砌筑材料等因素密切相关。故应选D。

答案：D
考点：拜占庭建筑的装饰艺术。

5-5-3 （2007） 拜占庭建筑中解决圆形穹顶与方形平面间过渡性的结构部分称为（　　）。
  A 筒形拱　　　B 十字拱　　　C 骨架券　　　D 帆拱
  （注：此题2006年考过）

解析：根据《外国建筑史》第97~98页，拜占庭建筑中为解决圆形穹顶与方形平面的过渡，借鉴了巴勒斯坦的传统，在4个柱墩上沿方形平面的4边发券，以方形平面对角线为直径砌筑穹顶，但在4边发券顶水平切割，余下的球面三角形部分称为帆拱，解决了方形平面上使用穹顶的结构和建筑形式问题。故应选D。

答案：D
考点：拜占庭建筑的穹顶与帆拱。

5-5-4 （2005） 题5-5-4图中的古建筑，从左到右，其所在国家或地区分别是（　　）。
  A 秘鲁、意大利西西里、伊朗、埃及
  B 伊朗、希腊克里特、土耳其、埃及
  C 伊朗、希腊克里特、伊拉克、埃及
  D 印度、意大利西西里、土耳其、伊朗

题 5-5-4 图

解析：图中古建筑从左到右分别是：波斯帝国（伊朗）帕赛玻里斯宫殿、爱琴文化（希腊）克里特岛的克诺索斯宫殿、土耳其伊斯坦堡的圣索菲亚大教堂、古埃及神庙。故应选 B。

答案：B

考点：古代西亚帕赛波里斯，爱琴文化克里特，拜占庭圣索菲亚大教堂，古埃及太阳神庙。

5-5-5 （2004）**拜占庭建筑最光辉的代表作品是**(　　)。
A　圣保罗大教堂　　　　　B　圣彼得大教堂
C　圣索菲亚大教堂　　　　D　圣马可教堂

解析：根据《外国建筑史》第 101 页，拜占庭建筑最光辉的代表是伊斯坦布尔的圣索菲亚大教堂，它是东正教的中心教堂，是皇帝举行重要仪典的地方。它是造在一座老的巴西利卡式教堂的基础上。圣马可教堂虽是拜占庭建式，但非最辉煌的代表。故应选 C。

答案：C

考点：拜占庭建筑的圣索菲亚大教堂。

5-5-6 （2003）伊斯坦布尔的圣索菲亚大教堂是一座：
A　建造于 10 世纪的伊斯兰建筑
B　建造于 6 世纪的拜占庭建筑
C　建造于古罗马时期的古典主义建筑
D　建造于中世纪的哥特式建筑

解析：根据《外国建筑史》第 101 页，拜占庭建筑最辉煌的代表是首都君士坦丁堡的圣索菲亚大教堂。建造于公元 532～537 年，建筑师 Anthemius of Tralles，Isidore of Miletus，均为小亚细亚人。故应选 B。

答案：B

考点：拜占庭建筑的圣索菲亚大教堂。

5-5-7 拜占庭建筑的教堂格局大致有三种，下列何者除外？
A　巴西利卡式　　　　　　B　集中式
C　十字式　　　　　　　　D　列柱围廊式

解析：根据《外国建筑史》第 99 页，列柱围廊式是产生于古希腊庙宇的最庄重的一种形制，罗马帝国时也采用。拜占庭属东正教，其教堂形制早期采用巴西利卡式，后来主要采用等臂的希腊十字式，集中式成为东正教教堂的主要形制，不采用列柱围廊式。故应选 D。

答案：D

考点：拜占庭建筑的集中形制。

5-5-8 帆拱是何种建筑风格的主要成就？

A 古罗马建筑　　　　　　　B 拜占庭建筑
C 罗马风建筑　　　　　　　D 文艺复兴建筑

解析：根据《外国建筑史》第97页，在方形平面上覆盖圆形的穹顶，需要解决方与圆两种不同几何形的连接问题。拜占庭建筑创造出的帆拱技术解决了方形平面上使用穹顶的结构和建筑造型难题，使集中式形制的建筑得以顺利地发展。故应选B。

答案：B

考点：拜占庭建筑的穹顶与帆拱。

（六）西欧中世纪建筑

5-6-1 (2010) 巴黎圣母院（Notre Dame, Paris）的平面形制是(　　)。

A 巴西利卡式　　　　　　　B 集中式
C 拉丁十字式　　　　　　　D 希腊十字式

解析：根据《外国建筑史》第123页，欧洲早期基督教教堂多继承了罗马巴西利卡形式，由于后来宗教仪式日趋复杂，且圣品人增多，于是建造者又在祭坛前增建了一道横厅，形成了拉丁十字形平面。巴黎圣母院的平面形制就是拉丁十字式。故应选C。

答案：C

考点：西欧中世纪哥特教堂。

5-6-2 (2008) 哥特式基督教堂建筑的主要结构特征是(　　)。

A 钟塔与圆拱门　　　　　　B 尖拱券与飞扶壁
C 圆拱券与飞扶壁　　　　　D 玫瑰花窗与彩色玻璃

(注：此题2003年考过)

解析：根据《外国建筑史》第116～117页，哥特式教堂的主要结构特征有尖拱券和飞扶壁，因此应选B项。其他选项中涉及的圆拱为古罗马建筑主要特征，因此A、C项不符。从装饰构造特征上，玫瑰花窗和彩色玻璃也是哥特式教堂的主要艺术手法，但与题目所问的主要结构特征不符。

答案：B

考点：西欧中世纪哥特教堂。

5-6-3 (2007) 中世纪西欧天主教堂最正统的空间形制是(　　)。

A 巴西利卡式　　　　　　　B 集中式
C 拉丁十字式　　　　　　　D 希腊十字式

解析：根据《外国建筑史》第107页，中世纪西欧天主教堂早期采用罗马的巴西利卡式，其内部疏朗、宽敞，便于教徒聚会。后来由于宗教仪式日趋复杂，神职人员增多，就在祭坛前增建一道横向空间，形成了一个十字形平面，像一个十字架，被称为拉丁十字式，又被认为是耶稣基督殉难的十字架的象征，因此为西欧天主教作为最正统的教堂形制。故应选C。

答案：C

考点：西欧中世纪教堂演进。

5-6-4 (2004) 以下关于哥特式教堂结构特点的叙述，哪一条是不正确的？

A 使用骨架券作为拱顶的承重构件

B 使用飞券抵抗拱顶的侧推力

C 使用两圆心的尖券和尖拱

D 使用帆拱解决在方形平面上使用穹顶所造成的形式上的承接过渡问题

解析：根据《外国建筑史》第116～117页，使用帆拱是拜占庭建筑中解决方形平面上使用穹顶的重要技术创造，而不是哥特式教堂结构的特点。故应选D。

答案：D

考点：西欧中世纪哥特教堂。

5-6-5 (2003) 欧洲中世纪哥特式教堂首先开始建造于：

A 意大利　　　　　　　　B 法国

C 英国　　　　　　　　　D 德国

解析：根据《外国建筑史》第113页，罗曼建筑的进一步发展，就是12～15世纪西欧主要以法国的城市主教堂为代表的哥特式建筑。故应选B。

答案：B

考点：西欧中世纪哥特教堂。

5-6-6 以下何种结构形式非罗马风建筑创造？

A 帆拱　　　B 扶壁　　　C 肋骨拱　　　D 束柱

解析：根据《外国建筑史》第97～98页，帆拱是拜占庭建筑为解决穹顶与方形平面之间的过渡问题而创造出的结构方式，不是罗马风建筑的创造。故应选A。

答案：A

考点：西欧中世纪教堂演进。

5-6-7 哥特建筑结构的成就主要是采用了以下什么系统？

A 拱券系统　　　　　　　B 骨架券系统

C 石结构系统　　　　　　D 穹隆系统

解析：根据《外国建筑史》第116页，中世纪的教堂建筑结构经过罗马风时期工匠们不断地摸索与改进，不断完善，终于在哥特建筑时期创造出骨架券系统，即把散见于罗马风教堂中的十字拱、骨架券、二圆心尖拱等做法和利用飞扶壁支承拱顶推力的种种做法，加以发展，成为一套完整的框架式的骨架券结构系统，达到极高的成就，并成为哥特建筑艺术的有机组成部分。故应选B。

答案：B

考点：西欧中世纪哥特教堂。

5-6-8 著名的巴黎圣母院是哪一时期建筑的典型实例?
A 罗马风　　B 哥特　　C 文艺复兴　　D 拜占庭
解析：根据《外国建筑史》第123页，中世纪西欧的教堂建筑经过早期基督教时期、罗马风时期发展到哥特式，达到成熟。巴黎圣母院就是法兰西早期哥特式教堂建筑的典型代表。故应选B。
答案：B
考点：西欧中世纪哥特教堂。

5-6-9 意大利威尼斯总督府是哪个时期的建筑?
A 古罗马　　B 文艺复兴　　C 拜占庭　　D 中世纪
解析：根据《外国建筑史》第133页，意大利威尼斯是中世纪时期的海上贸易中心之一，其总督府始建于9世纪，特别是战胜热那亚和土耳其后，于14~15世纪修建其主要立面，成为欧洲中世纪最美的建筑之一。故应选D。
答案：D
考点：意大利的中世纪建筑。

5-6-10 下列哪一说法是正确的?
A 飞扶壁是拜占庭建筑在结构上的一大创造
B 罗马建筑与罗马风建筑是同一时期不同地点的同一风格的建筑
C 古典建筑仅指古典文化时期的建筑
D 哥特建筑与拜占庭建筑是同一时期不同地点的同一风格的建筑
解析：根据《外国建筑史》第32页，古代希腊盛期和古代罗马盛期都产生了高度繁荣的文化，被统称为古典文化。所以这一时期的希腊罗马建筑也被统称为古典建筑。其他选项均有错误，故应选C。
答案：C
考点：西欧中世纪哥特教堂，拜占庭建筑的穹顶与帆拱，西欧中世纪教堂演进。

（七）中古伊斯兰建筑

5-7-1 (2010) 下列对伊斯兰建筑特点的描述，错误的是(　　)。
A 清真寺的形制与住宅形制完全不同
B 大面积的表面装饰且题材和手法一样
C 普遍使用拱券结构且拱券的样式富有装饰性
D 都设有塔且顶上有小亭
解析：根据《外国建筑史》第303页，阿拉伯人本来是游牧民族，没有自己的建筑传统。信奉伊斯兰教后，他们向外扩张时，汲取各地文化并将其与自身风俗习惯逐渐融合，形成自己的特点。因此，伊斯兰教世界各建筑类型也具有某些共同点，如清真寺和住宅形制大致相似等。故应选A。
答案：A
考点：伊斯兰教世界建筑特征。

5-7-2 （2009）题 5-7-2 图所示的两座建筑从左到右是（　　）。

题 5-7-2 图

A 印度贵霜王朝修建的泰姬陵，阿拉伯人在摩洛哥建的阿尔罕布拉宫
B 在印度建的伊斯兰风格建筑，在伊朗建的波斯风格建筑
C 印度莫卧儿王朝建的伊斯兰风格建筑，摩尔人在西班牙建的伊斯兰风格建筑
D 亚利安人在印度建的陵墓，阿拉伯人在西班牙建的宫殿

解析：本题为图片选择题，左边一幅根据《外国建筑史》第 346 页，为印度莫卧儿王朝兴建的泰姬陵；右边一幅根据该书 138 页，为西班牙阿尔罕布拉宫的石榴院，中央的水庭象征天堂，其建筑为典型的伊斯兰风格。因此本题选 C。

答案：C

考点：西班牙中世纪伊斯兰建筑，印度的伊斯兰建筑。

5-7-3 （2007）印度的泰姬陵（题 5-7-3 图）是一座（　　）。

题 5-7-3 图

A 蒙古人统治下的莫卧儿王朝修建的伊斯兰风格的建筑

B 亚利安人统治下的莫卧儿王朝修建的伊斯兰风格的建筑
C 印度人统治下的莫卧儿王朝修建的印度教建筑
D 亚利安人统治下的贵霜王朝修建的印度教建筑

解析：根据《外国建筑史》第343页，11世纪土耳其人、波斯人和阿富汗人在印度北部建立伊斯兰国家，但到16世纪信仰伊斯兰教的蒙古人建立了莫卧儿王朝之后，印度的建筑才发生根本性变化，融入伊斯兰世界的建筑中去。泰姬陵是沙杰罕称帝后三年，1631年妻子去世后修建，至1653年完工。故应选A。

答案：A

考点：印度的伊斯兰建筑。

题5-7-4图

5-7-4 (2007) 题5-7-4图所示的建筑是(　　)。
A 阿拉伯人在摩洛哥建的伊斯兰建筑
B 波斯人在伊朗建的波斯建筑
C 摩尔人在西班牙建的伊斯兰建筑
D 亚利安人在印度建的印度教建筑

解析：根据《外国建筑史》第138页，8世纪初信奉伊斯兰教的摩尔人占领伊比利亚半岛，促进了东西方文化的交流。10世纪以后，西班牙天主教徒逐步驱除摩尔人。图示的建筑是西班牙格兰纳达阿尔罕布拉宫，这是伊斯兰世界中保存比较好的一座宫殿。故应选C。

答案：C

考点：西班牙中世纪伊斯兰建筑。

5-7-5 (2006) 在西班牙格兰纳达的阿尔罕布拉宫中，有两个著名的院子。其中比较奢华、供后妃们居住的院子是(　　)。
A 石榴院　　　B 大理石院　　　C 狮子院　　　D 水晶院

解析：根据《外国建筑史》第137页，西班牙格兰纳达的阿尔罕布拉宫中有两个相互垂直布置的长方形院子。其中东西向的院子叫狮子院，院内有一圈柱廊。柱廊东西两端有凸出的厦子，院子的纵横两轴线有水渠，其相交处设有雕12头雄狮的圆形水池，院子由此得名。此院是后妃们的住处。故应选C。

答案：C

考点：西班牙中世纪伊斯兰建筑。

5-7-6 (2005) 泰姬·玛哈尔是一座(　　)。
A 印度的印度教建筑　　　B 伊朗的伊斯兰建筑
C 印度的伊斯兰建筑　　　D 印度的佛教建筑

解析：根据《外国建筑史》第343页，印度古代产生了婆罗门教和佛教、印度教，并产生相应的宗教建筑。15世纪末，伊斯兰教统一了印度大部分地区，印度文化开始穆斯林化，建筑也因引入了中亚的伊斯兰建筑而发生很大变化。

泰姬·玛哈尔（Tâj Mahal）是沙杰罕皇帝为爱妃蒙泰姬（Mumtaji）建造的陵墓。它是印度伊斯兰建筑的杰出代表，也是世界建筑史中最美丽的建筑之一。故应选C。

答案：C

考点：印度伊斯兰建筑。

5-7-7 （2003）印度的泰姬·马哈尔陵是哪种风格的建筑？

A 印度教　　　B 婆罗门教　　　C 伊斯兰教　　　D 佛教

解析：根据《外国建筑史》第343页，印度很早就创立了婆罗门教，后又产生了佛教。形成封建制度后，婆罗门教又排斥了佛教并转化为印度教。12世纪以后伊斯兰教徒在印度大部分地区建立政权。建筑也脱离原有传统而伊斯兰化。著名的泰姬·马哈尔虽是一座王后的陵墓，但可说是伊斯兰建筑经验的结晶。故应选C。

答案：C

考点：印度伊斯兰建筑。

5-7-8 西亚早期清真寺的主要形制是（　　）。

A 围柱式　　　B 希腊十字式　　　C 前柱廊式　　　D 巴西利卡式

解析：根据《外国建筑史》第304页，阿拉伯人原是游牧民族，没有自己的建筑传统。他们在大马士革建立第一王朝，就用当地原有的巴西利卡式基督教堂作清真寺，但使用方法加以改变以适应伊斯兰教仪式的要求。故应选D。

答案：D

考点：西亚早期清真寺。

5-7-9 中亚地区伊斯兰教纪念性建筑的代表性建筑形制是（　　）。

A 集中式　　　B 巴西利卡式　　　C 围柱式　　　D 拉丁十字式

解析：根据《外国建筑史》第308页，中亚地区是东西方商贸交通要道，该地区先后建立了几个中央集权的强国，其重要活动是为王朝创造宏伟的纪念性建筑，主要是继承了波斯萨珊王朝的遗产，即在方形的空间上砌筑穹顶，形成高耸的集中式形制。故应选A。

答案：A

考点：中亚和伊朗的纪念性建筑。

5-7-10 中世纪西班牙建造了一座最大的清真寺，是（　　）。

A 圣石清真寺　　　　　　　B 伊本·土伦清真寺
C 科尔多瓦大清真寺　　　　D 盖拉温大清真寺

解析：根据《外国建筑史》第135页，科尔多瓦大清真寺大殿东西126m，南北112m，室内有18排柱子，每排36棵柱子。它是经过几个世纪陆续修建而成。其西侧的南部建于公元785～787年；其北侧是公元848年扩建的，最北端是公元961～966年扩建的；而西侧部分则是公元987年扩建的。是伊斯兰世界最大的清真寺之一。故应选C。

答案：C

考点：西班牙中世纪伊斯兰建筑。

5-7-11 耶路撒冷市最著名的伊斯兰教建筑是（　　）。
A 盖拉温大清真寺　　　　B 圣石清真寺
C 伊本·土伦清真寺　　　 D 苏里曼清真寺

解析：根据《外国建筑史》第305页，圣石清真寺，又叫圣岩寺、奥马尔礼拜寺，这里对伊斯兰教有重要的宗教意义。相传穆罕默德在此岩石处升天，故于7世纪在此建礼拜寺，平面呈八角形，并以中央大穹顶覆盖在圣石之上，周围环以回廊，成为耶路撒冷市最早最著名的伊斯兰教建筑。故应选B。

答案：B

考点：西亚早期清真寺。

5-7-12 阿尔罕布拉宫是西欧中世纪时期颇具特色的建筑群，它建于何处，属哪种艺术风格？
A 法国，古典主义　　　　B 西班牙，伊斯兰
C 意大利，巴洛克　　　　D 印度，伊斯兰

解析：根据《外国建筑史》第137页，信奉伊斯兰教的摩尔人于8世纪初占领了伊比利亚半岛，建立倭马亚王朝，也带来了西亚建筑的影响。格拉纳达在倭马亚王朝灭亡后逐渐发展起来，并成为一个小王国的首都。10世纪以后伊比利亚半岛的伊斯兰国家分裂，被西班牙天主教徒逐个消灭。13世纪时只剩下格拉纳达这个小王国。其宫殿，阿尔罕布拉宫（建于13~14世纪）体现出优雅、精致而忧郁的气质，成为伊斯兰世俗建筑中的一座著名宫殿建筑。故应选B。

答案：B

考点：西班牙中世纪伊斯兰建筑。

（八）文艺复兴建筑与巴洛克建筑

5-8-1 （2010）下列哪一项属于典型的意大利式西方古典主义园林的特点？
A 有明确的轴线贯穿　　　B 花圃建筑都对称布置
C 主要路径构成几何图形　D 整体布局为多层台地式

解析：根据《外国建筑史》第193页，意大利古典主义园林特点是多层台地式。有明确的轴线，主要路径是直的，几何交叉点上有小广场，点缀着柱廊、喷泉等，园内泉水在台地边缘形成不大的悬瀑。故应选D。

答案：D

考点：意大利的巴洛克建筑府邸与别墅。

5-8-2 （2009）意大利文艺复兴时期出现了许多卓越的城市广场，最有代表性的是（　　）。
A 恺撒广场　B 奥台斯广场　C 圣马可广场　D 圣彼得广场

解析：根据《外国建筑史》第173页，文艺复兴时期最具代表性的广场是圣马可广场，有着"欧洲最漂亮的客厅"的美誉。同时期的广场还有佛罗伦萨安农齐阿广场、罗马市政广场等。本题A、B、D选项均不符合题意，故应

选 C。

答案：C

考点：意大利文艺复兴广场建筑群。

5-8-3 (2009) 如题 5-8-3 图所示的两座建筑，从左至右分别是（　　）。

题 5-8-3 图

A 帕拉第奥设计的罗马的坦比哀多，伯拉孟特设计的维晋察的圆厅别墅
B 伯拉孟特设计的佛罗伦萨的坦比哀多，帕拉第奥设计的凡尔赛的圆厅别墅
C 米开朗琪罗设计的罗马的坦比哀多，帕拉第奥设计的佛罗伦萨的圆厅别墅
D 伯拉孟特设计的罗马的坦比哀多，帕拉第奥设计的维晋察的圆厅别墅

解析：图片题，根据《外国建筑史》第153、166页，两幅图分别是文艺复兴时期建成、集中式构图的坦比哀多和圆厅别墅；建筑地点分别在传说中的耶稣基督的门徒圣彼得在罗马的殉难处和维晋察。因此B、C两项不符。坦比哀多为伯拉孟特设计，圆厅别墅设计者是帕拉第奥，故A项不符。故应选D。

答案：D

考点：意大利文艺复兴的建筑师。

5-8-4 (2009)《论建筑》（1485年）、《建筑四书》（1570年）的作者分别是（　　）。
　　A 阿尔伯蒂、帕拉第奥　　　B 帕拉第奥、阿尔伯蒂
　　C 维尼奥拉、帕拉第奥　　　D 帕拉第奥、维尼奥拉

解析：根据《外国建筑史》第175页，《论建筑》和《建筑四书》作者是阿尔伯蒂和帕拉第奥。维尼奥拉曾经写过《五种柱式规范》，在时代上，与帕拉第奥相近。因此本题B、C、D选项不符，故应选A。

答案：A

考点：意大利文艺复兴的活跃理论。

5-8-5 (2007) 佛罗伦萨主教堂的穹顶是由谁主持设计的？
　　A 阿尔伯蒂　　B 米开朗琪罗　　C 帕拉第奥　　D 伯鲁乃列斯基
（注：此题2003年考过）

解析：根据《外国建筑史》第145页，佛罗伦萨主教堂是13世纪为纪念平民行会斗争胜利而开始修建的大主教堂，但巨大的穹顶难度很大。15世纪时政府当局邀请多国建筑师征集方案，最终，出身于行会工匠、精通多种行业的

伯鲁乃列斯基被委任设计并督建完成。故应选D。

答案：D

考点：意大利文艺复兴佛罗伦萨教堂穹顶。

5-8-6 (2007) 圆厅别墅（Villa Rotonda）的设计者是(　　)。
　　A 伯拉孟特　　B 维尼奥拉　　C 米开朗琪罗　　D 帕拉第奥

解析：根据《外国建筑史》第165页，帕拉第奥是意大利晚期文艺复兴时期的重要建筑师，对后世欧洲各国都有很大的影响。帕拉第奥曾设计过大量中型府邸。他设计的庄园府邸中最著名的是维晋察的圆厅别墅，它的比例和谐、构图严谨，成为体现古典主义建筑构图原则的实例之一。故应选D。

答案：D

考点：意大利文艺复兴的建筑师。

5-8-7 (2007) 罗马圣彼得大教堂前的广场的设计者是(　　)。
　　A 米开朗琪罗　　B 波罗米尼　　C 封丹纳　　D 伯尼尼

解析：根据《外国建筑史》第191页，圣彼得大教堂前的广场是由横向椭圆形广场和梯形广场组合而成的，广场被柱廊包围，柱子密密层层，光影变化剧烈，其设计构思是巴洛克式的，设计人是巴洛克建筑大师伯尼尼。故应选D。

答案：D

考点：意大利的巴洛克建筑城市广场。

5-8-8 (2007) 罗马的坦比哀多（Tempietto）是盛期文艺复兴建筑纪念性风格的典型代表，其设计者是(　　)。
　　A 阿尔伯蒂　　B 伯拉孟特　　C 维尼奥拉　　D 帕拉第奥

解析：根据《外国建筑史》第153页，罗马的坦比哀多是意大利文艺复兴盛期著名建筑师伯拉孟特（Bramanto）设计的。这是一座集中式的圆形建筑，在西欧是前所未有的创新，对后世有很大影响。故应选B。

答案：B

考点：意大利文艺复兴的建筑师。

5-8-9 (2006) 巴洛克建筑大师波洛米尼说过，他只效法三位老师，这就是(　　)。
　　A 阿尔伯蒂、伯拉孟特、米开朗琪罗
　　B 自然、古代、艺术
　　C 伯鲁乃列斯基、达·芬奇、米开朗琪罗
　　D 自然、古代、米开朗琪罗

解析：根据《外国建筑史》第196页，17世纪的意大利巴洛克建筑现象十分复杂，毁誉交加。其建筑主要特征之一是标新立异、追求新奇，是文艺复兴晚期手法主义的发展。米开朗琪罗的雕塑与绘画充满热情，在赋予建筑强有力的体量和光影对比，获得刚健挺拔精神的同时，不肯被固有规律所束缚，被手法主义者当作榜样。因此巴洛克建筑大师波洛米尼说，他只效法三位老师，这就是自然、古代和米开朗琪罗。故应选D。

答案：D

考点：意大利的巴洛克建筑的历史背景。

5-8-10 (2006) 17世纪初年，在米开朗琪罗设计的圣彼得大教堂正立面之前又加了一段三跨的巴西利卡式大厅的建筑师是(   )。

　　A 维尼奥拉　　B 伯拉孟特　　C 玛丹纳　　D 伯尼尼

解析：根据《外国建筑史》第184页，圣彼得大教堂的建造经历了曲折的过程，反映了进步的人文主义思想同天主教会的反动进行的斗争。斗争的焦点在于教堂采用的形制上。米开朗琪罗抛弃了拉丁十字形制，基本上恢复了伯拉孟特设计的集中式形制。17世纪初年，在耶稣会压力下，教皇命令建筑师玛丹纳拆除已动工的米开朗琪罗设计的圣彼得大教堂正立面，在原来的集中式希腊十字式之前又加了一段三跨的巴西利卡式大厅，使大教堂遭到损害。故应选C。

答案：C

考点：意大利文艺复兴圣彼得大教堂和它的建造过程。

5-8-11 (2005) 罗马圣彼得大教堂高达130多米，但看上去却感觉没有那么巨大，其原因是(   )。

　　A 比例问题　　B 形式问题　　C 尺度问题　　D 视距问题

解析：根据《外国建筑史》第184页，圣彼得大教堂的建造，历经百余年，人文主义者和教会进行了尖锐的斗争，17世纪初，圣彼得大教堂的外部形体和内部空间的完整性都受到严重破坏。由于尺度过大，没有充分发挥巨大高度的艺术效果。故应选C。

答案：C

考点：意大利文艺复兴圣彼得大教堂和它的建造过程。

5-8-12 (2004) 盛期文艺复兴建筑的纪念性风格的典型代表是罗马的坦比哀多（Tempietto），设计人是(   )。

　　A 维尼奥拉　　B 伯拉孟特　　C 伯鲁乃列斯基　　D 帕拉第奥

解析：根据《外国建筑史》第153页，罗马的坦比哀多是一座集中式圆形小庙，但其体积感、完整性和多立克柱式的运用，显得雄健刚劲。它以高踞于鼓座之上的穹顶统率整体的集中式形制，被称为"经典"性作品，对后世影响很大。其设计人是伯拉孟特，一个出身于平民的画家，后为教会的御用建筑师。故应选B。

答案：B

考点：意大利文艺复兴的建筑师。

5-8-13 (2004) 16世纪下半叶，意大利文艺复兴晚期建筑中出现了形式主义的潮流。一种倾向是泥古不化，教条主义地崇拜古代；另一种倾向是追求新颖尖巧。后一种倾向被称为(   )。

　　A 唯美主义　　B 手法主义　　C 装饰主义　　D 浪漫主义

解析：根据《外国建筑史》第154~155页，16世纪下半叶，随着意大利经济的衰退，封建势力进一步巩固，文艺复兴到了晚期。在此情况下，建筑中出现了形式主义潮流。其中一种倾向由于爱好新异的手法被称为"手法主义"。

故应选 B。
答案：B
考点：意大利文艺复兴演进的两种倾向。

5-8-14 （2003）如题 5-8-14 图所示的三幅图分别是（　）。

题 5-8-14 图

A　圣彼得广场、佛罗伦萨圣马可广场、华盛顿城市主轴线
B　佛罗伦萨主教堂、罗马圣彼得广场、华盛顿城市主轴线
C　华盛顿国会大厦、威尼斯圣彼得广场、澳大利亚悉尼城市主轴线
D　梵蒂冈圣彼得广场、威尼斯圣马可广场、澳大利亚堪培拉城市主轴线

解析：根据《外国建筑史》第 191、174 页，左图为文艺复兴末期梵蒂冈圣彼得广场；中图为文艺复兴时期的威尼斯圣马可广场；右图为澳大利亚堪培拉城市主轴线。故应选 D。
答案：D
考点：意大利文艺复兴广场建筑群。

5-8-15 （2003）以下哪项是文艺复兴时期兴起的别墅式花园：
A　法国几何式园林　　　　　B　英国自然式园林
C　意大利台地式园林　　　　D　德国古典式园林

解析：根据《外国建筑史》第 193 页，意大利文艺复兴时期以园林为主的花园别墅大为流行。布局是传统式的，多台地式。有明确的轴线、花圃、林木、台阶、房屋都对称布置。故应选 C。
答案：C
考点：意大利巴洛克建筑府邸与别墅。

5-8-16 意大利文艺复兴早期的建筑奠基人及其主要代表作品是（　）。
A　阿尔伯蒂　圣佛朗采斯哥教堂　　B　伯鲁乃列斯基　佛罗伦萨主教堂
C　伯拉孟特　梵蒂冈宫　　　　　　D　米开朗琪罗　美狄奇府邸

解析：根据《外国建筑史》第 145 页，伯鲁乃列斯基是意大利文艺复兴早期的建筑奠基人，他在多方面都有建树。他设计并主持施工完成的佛罗伦萨主教堂大穹顶，体现着新时代的进取精神。故应选 B。
答案：B
考点：意大利文艺复兴佛罗伦萨教堂穹顶。

5-8-17 起源于古罗马，在意大利文艺复兴时期比较经常地使用，但直到法国古典主义时期才被当作主要构图手段的是（　）。

A 券柱式　　　B 叠柱式　　　C 巨柱式　　　D 三段式

解析：根据《外国建筑史》第72、216页，古典主义建筑追求构图简洁，几何性强，轴线明确，主次有序。比起叠柱式来，巨柱式减少了划分和重复，既能简化构图又能有变化，并且统一完整。所以法国古典主义建筑把巨柱式当作构图的主要手段，并形成了一套程式。故应选C。

答案：C

考点：古罗马柱式发展、意大利文艺复兴演进、法国古典主义建筑成就和影响。

5-8-18 意大利文艺复兴时期最著名的建筑——圣彼得大教堂最初是谁设计和领导施工的?

A 阿尔伯蒂　　B 帕拉第奥　　C 伯拉孟特　　D 米开朗琪罗

解析：根据《外国建筑史》第181页，圣彼得大教堂是意大利文艺复兴最杰出的代表，世界最大的天主教堂。许多著名的建筑师参与设计与施工，历时120年建成。16世纪初教廷决定改建中世纪初建的旧圣彼得教堂，经过竞赛，伯拉孟特所做的希腊十字方案被选中，并在他的主持下，于1506年按他的设计施工。故应选C。

答案：C

考点：意大利文艺复兴圣彼得大教堂和它的建造过程。

5-8-19 帕拉第奥母题指的是(　　)。

A 一种平面形式　　　　　　B 一种装饰风格
C 一种屋顶形式　　　　　　D 一种券柱式构图方式

解析：根据《外国建筑史》第165页，意大利文艺复兴晚期，著名建筑师帕拉第奥受命对中世纪哥特式大厅进行改造时，在外围加了一圈两层的券柱式围廊。由于原有结构开间不适合传统券柱式的比例，他大胆创新，在原有的柱间里采用两套尺度的处理，成为一种新的券柱式构图方式，以后常被使用，并被称为帕拉第奥母题。故应选D。

答案：D

考点：意大利文艺复兴的建筑师。

5-8-20 对巴洛克建筑的褒贬差别之大，胜过任何其他建筑潮流，请问下列形容词中哪一个适合描述这一潮流?

Ⅰ．新奇的；　Ⅱ．合理的；　Ⅲ．典雅的；　Ⅳ．动态的

A Ⅱ、Ⅳ　　　B Ⅰ、Ⅳ　　　C Ⅰ、Ⅲ　　　D Ⅱ、Ⅲ

解析：根据《外国建筑史》第186页，巴洛克建筑是17世纪在意大利出现的一种建筑风格，其目的是在教堂中制造神秘迷惘气氛的同时，炫耀教廷的富有和珠光宝气；在建筑形式上开间变化不规则，建筑空间与形体产生动感，追求新奇的表现；有时采用非理性的组合，甚至违反构造逻辑；打破建筑、雕刻与绘画的界限，相互渗透；追求光影变化并堆砌装饰等。所以，它是有意制造新奇、动态的建筑潮流。故应选B。

答案：B

考点：意大利的巴洛克建筑特征。

5-8-21 著名的巴洛克建筑为（   ）。

  A　罗马耶稣会教堂　　　　　B　巴黎恩瓦利德教堂

  C　罗马圣彼得大教堂　　　　D　巴黎苏俾士府邸

解析：根据《外国建筑史》第186页，早期的巴洛克教堂形制需遵守特仑特宗教会议的决定，并以罗马的耶稣会教堂为蓝本。其他三个实例都不属巴洛克建筑，故应选A。

答案：A

考点：意大利的巴洛克建筑教堂。

5-8-22 以下哪一座府邸是早期文艺复兴府邸的典型作品？

  A　麦西米府邸　　　　　　　B　美狄奇—吕卡第府邸

  C　潘道菲尼府邸　　　　　　D　法尔尼斯府邸

解析：根据《外国建筑史》第149～150页，府邸建筑是意大利早期文艺复兴时期的重要建筑类型。这些府邸平面多是四合院、3层；正立面为矩形，按柱式比例处理；窗子一律大小，排列整齐；顶部以水平挑出的檐口结束。完全不同于中世纪建筑那样自由活泼。由建筑师米开罗佐设计的美狄奇—吕卡第府邸就是这种早期文艺复兴府邸的典型作品。故应选B。

答案：B

考点：意大利文艺复兴演进过程的府邸。

5-8-23 下列何者是巴洛克式广场？

  A　罗马卡比多广场　　　　　B　巴黎旺道姆广场

  C　巴黎协和广场　　　　　　D　罗马圣彼得主教堂前广场

解析：根据《外国建筑史》第190～191页，意大利巴洛克时期建造了一些开敞式广场。罗马圣彼得大教堂前广场是著名巴洛克建筑师伯尼尼设计的，是由梯形广场和椭圆形组合而成，是巴洛克式广场的代表。故应选D。

答案：D

考点：意大利的巴洛克建筑城市广场。

5-8-24 《建筑五柱式》一书的作者是（   ）。

  A　维特鲁威　　B　帕拉第奥　　C　维尼奥拉　　D　阿尔伯蒂

解析：根据《外国建筑史》第175页，意大利文艺复兴时期，建筑创作繁荣，建筑理论也很活跃，并有建筑专著出版，后来成为欧洲建筑教科书。维尼奥拉在1562年发表了《建筑五柱式》一书。故应选C。

答案：C

考点：意大利文艺复兴的活跃理论。

（九）法国古典主义建筑与洛可可风格

5-9-1 (2010) 第一个完全的古典主义教堂是（   ）。

  A　罗马圣彼得大教堂（S. Peter's Basilica）

B 罗马圣卡罗教堂（San Carlo alle Quattro Fontane）
C 巴黎恩瓦立德新教堂（Dôme des Invalides）
D 伦敦圣保罗大教堂（S. Paul's Cathedral）

解析：根据《外国建筑史》第214页，法国古典主义建筑大师于阿·孟莎（1646~1708年）设计的恩瓦立德新教堂（1680~1706年）是第一个完全的古典主义教堂建筑，也是17世纪最完整的古典主义纪念物之一。该教堂是为纪念"为君主流血牺牲"的人，它采用正方式的希腊十字平面和集中式体形，鼓座高举，穹顶饱满，全高105m；外貌简洁、几何性强，庄严而和谐，并成为该地区的构图中心。故应选C。

答案：C

考点：法国古典主义建筑绝对君权的纪念碑。

5-9-2 (2006) 凡尔赛宫之东，以大理石院为中心有三条林荫大道笔直地辐射出去，中央一条通向巴黎市区，其他两条通向另外两座离宫。这种格局借鉴了（ ）。

A 古埃及的萨艮王宫　　　　B 古希腊德尔斐的阿波罗圣地
C 罗马的市政广场　　　　　D 罗马的波波洛广场

解析：根据《外国建筑史》第213页，17世纪封丹纳做改建罗马的规划时，他开辟了三条笔直的道路通向罗马城北门（波波洛），为了造成由此可通向全罗马的幻觉，把广场设计成三条放射形大道的出发点，椭圆形广场中央、轴线交点上安放了方尖碑，作为三条放射路的对景。三条放射形大道之间有一对形式相似的教堂。这种体现中央集权的广场形式被服务于王权的凡尔赛宫前广场所借鉴。故应选D。

答案：D

考点：法国古典主义建筑绝对君权的纪念碑。

5-9-3 (2006) 起源于古罗马，在意大利文艺复兴时期比较经常地使用，但只有到法国古典主义时期才被当作主要构图手段的是（ ）。

A 券柱式　　B 叠柱式　　C 巨柱式　　D "三段式"

解析：根据《外国建筑史》第216页，古罗马匠师们为了解决柱式同罗马建筑巨大体量之间的矛盾，发展了希腊柱式。如为解决多层建筑物使用柱式，一是用叠柱式，二是用巨柱式。即一个柱式贯穿二层或三层，并因此形成建筑立面的垂直式划分。法国古典主义时期建筑，特别是大型纪念性建筑物，追求壮丽形象，所以多用巨柱式，它比叠柱式减少了划分和重复，又使构图有变化，并且完整统一。故应选C。

答案：C

考点：古罗马柱式发展、意大利文艺复兴演进、法国古典主义建筑成就和影响。

5-9-4 (2005) 如题5-9-4图所示西洋古典柱式的名称，从左到右依次是（ ）。

A 多立克、塔司干、爱奥尼、科林斯
B 塔司干、多立克、爱奥尼、科林斯

C 多立克、帕斯卡、雅典娜、奥林斯
D 多立克、塔司干、爱奥尼、奥林斯

解析：西洋古典柱式是在古代希腊、罗马柱式基础上，经文艺复兴时期进行"规范"运用。古典柱式由基座、柱子、檐部所组成。但不同柱式各组成部分又各不相同，如柱子又分柱础、柱身、柱头三部分，其各自又可细分，并有不同细部特点。檐部则由额枋、檐壁和檐口组成，其作用、高度、细部线脚又不相同。根据不同柱式的综合特点而判定。故应选A。

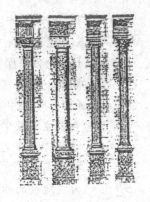

题5-9-4图

答案：A

考点：法国古典主义的根据和理论。

5-9-5 (2005) 西方古典建筑中运用柱式进行建筑比例设计，其模数单位是柱子的( )。

A 柱高　　　B 柱头　　　C 柱径　　　D 基座高度

解析：西方古典建筑中运用柱式进行建筑设计时，其模数单位是柱子的柱径，如古希腊多立克柱式开间比较小，其比例为1.2～1.5个柱底径，爱奥尼柱式的开间比较宽，为2个柱底径左右。故应选C。

答案：C

考点：法国古典主义的根据和理论。

5-9-6 (2005) 建筑构图的古典规则包括( )。

A 多立克、塔司干、爱奥尼、科林斯
B 风格、形式、含义、装饰
C 形式、符号、模式、语法
D 比例、尺度、对称、均衡、韵律等

解析：A的内容为古典柱式，B、C涉及建筑设计中的诸多要素和概念。D是从古典建筑优秀实例和创作经验中提炼、归纳出的建筑构图规则，或称之为建筑构图美学法则。故应选D。

答案：D

考点：法国古典主义的根据和理论。

5-9-7 (2004) "洛可可"建筑风格是继何者之后出现的？

A 意大利文艺复兴建筑　　　B 法国古典主义建筑
C 英国先浪漫主义建筑　　　D 英国后浪漫主义建筑

解析：根据《外国建筑史》第217页，17世纪末18世纪初法国专制政体出现危机，贵族和资产阶级上层在巴黎营造私宅，追求享乐，严肃的古典主义建筑风格被充满脂粉气的洛可可艺术风格所代替。故应选B。

答案：B

考点：法国君权衰退和洛可可。

5-9-8 (2003) 法国巴黎的凡尔赛宫宫殿建筑是以下哪种风格的建筑？

A 文艺复兴　　　B 巴洛克　　　C 古典主义　　　D 洛可可

解析：根据《外国建筑史》第210～214页，法国古典主义时期绝对君权最重要的纪念碑是巴黎西南23km的凡尔赛宫，它不仅是君主的宫殿，还是国家的中心。故应选C。

答案：C

考点：法国古典主义建筑绝对君权的纪念碑。

5-9-9 （2003）通常所称学院派的建筑教育体系是指(　　)。

A 巴黎美术学院体系　　　　　B 包豪斯体系
C 雅典学院体系　　　　　　　D 莫斯科建筑学院体系

解析：19世纪西方建筑界占主导地位的建筑潮流是复古主义建筑和折中主义建筑。复古主义者认为历史上某几个时期如古希腊和古罗马的建筑形式和风格是不可超越的永恒的典范，谁要建造优美的建筑，就必须以那些历史上的建筑为蓝本，模拟仿效。在复古主义和折中主义建筑潮流影响下，建筑师对实用功能和结构技术不甚重视，在他们的心目中，万般皆下品，唯有艺术高。这种建筑思想的主导方面是唯美主义。当时的大本营是巴黎美术学院。巴黎美术学院体系也称布扎体系（Beaux-Arts），建筑界的教育体系之一。大概在法王路易十四（1643年5月14日～1715年9月1日在位）时期形成。因此，这样的建筑潮流又被称为学院派建筑。故应选A。

答案：A

考点：法国古典主义建筑成就和影响。

5-9-10 欧洲古典主义时期建筑的代表作品是(　　)。

A 巴黎圣母院　　　　　　　　B 威尼斯总督宫
C 佛罗伦萨主教堂　　　　　　D 巴黎卢浮宫东立面

解析：根据《外国建筑史》第209页，巴黎卢浮宫是法国古老的王宫，原是四合院式，后屡经改建与扩建。其东立面由法国建筑师按古典主义原则设计并建成一个完整体现古典主义原则的作品，成为法国古典主义建筑的代表。故应选D。

答案：D

考点：法国古典主义建筑绝对君权的纪念碑。

5-9-11 下列哪一条是法国古典主义的建筑风格特征？

A 追求合乎理性的稳定感，半圆形券，厚实墙，水平向厚檐
B 尖券，尖塔，垂直向上的束柱，飞扶壁
C 强调中轴线对称，提倡富于统一性和稳定感的横三段和纵三段的构图手段
D 采用波浪形曲线与曲面，断折的檐部与山花，柱子疏密排列

解析：根据《外国建筑史》第210页，法国古典主义建筑崇尚古典柱式，在总体布局建筑平面与立面造型中强调轴线对称、主从关系、突出中心、讲究对称，把比例尊为建筑造型中的决定因素，提倡富于统一性与稳定感的横三段和纵三段的构图手法。故应选C。

答案：C

考点：法国古典主义建筑绝对君权的纪念碑。

5-9-12 欧洲最早的建筑学院是何时开始设立的？
　　A　文艺复兴盛期　　　　　　B　文艺复兴晚期
　　C　法国古典主义时期　　　　D　法国资产阶级革命时期

解析：根据《外国建筑史》第216页，法王路易十四时，为强化君王权力，严格封建等级制度，运用一切可以运用的东西来颂扬君王，培养为君王服务的文艺侍从，1655年设立了皇家绘画与雕刻学院，1671年设立了建筑学院等。这是欧洲最早的建筑学院，建筑学院院士只能为国王工作，不得为他人服务。故应选C。

答案：C

考点：法国古典主义建筑成就和影响。

5-9-13 第一个把法国古典主义的原则灌注到园林艺术中去的是（　　）。
　　A　凡尔赛宫　　　　　　　　B　孚·勒·维贡府邸
　　C　枫丹白露宫　　　　　　　D　卢浮宫

解析：根据《外国建筑史》第211页，古典主义的原则强调构图中的主从关系，突出轴线，讲求对称。第一个把古典主义原则运用到园林艺术中的是在巴黎郊外的孚·勒·维贡府邸，设计者是造园家勒诺特。故应选B。

答案：B

考点：法国古典主义建筑绝对君权的纪念碑。

5-9-14 法国凡尔赛宫的花园设计与建造主要是采用什么形式？
　　A　自然风致园式　　B　几何式　　C　仿中国园林式　　D　混合式

解析：根据《外国建筑史》第211页，法国古典主义者不欣赏自然的美，他们致力于普遍的、可以说得清的艺术规则，而纯粹的几何结构和数字关系就是这种绝对的规则，所以凡尔赛宫花园的设计采用几何式。故应选B。

答案：B

考点：法国古典主义建筑绝对君权的纪念碑。

5-9-15 法国凡尔赛宫的花园被称为（　　）的杰出代表。
　　A　法国文艺复兴时期园林　　B　法国巴洛克风格园林
　　C　法国古典主义园林　　　　D　法国现代主义园林

解析：根据《外国建筑史》第211~214页，凡尔赛宫在巴黎西南郊，17世纪60年代起，法王路易十四命园林艺术家勒诺特负责兴建大花园，把古典主义原则灌注到园林艺术中，其东西中轴长达3km，并设有横向轴线，把各种草地、花畦、水池、建筑等组织起来，组成不同的几何形，成为法国古典主义园林的杰出代表。故应选C。

答案：C

考点：法国古典主义建筑绝对君权的纪念碑。

5-9-16 洛可可风格是（　　）世纪产生于（　　）的一种室内装饰风格。
　　A　17，罗马　　B　18，巴黎　　C　16，佛罗伦萨　　D　19，柏林

解析：根据《外国建筑史》第217页，18世纪以后，法国专制政体出现危机，

贵族的沙龙对当时的文化艺术发生重要影响。建筑方面，巴黎精致的府邸代替宫殿和教堂而成为主导。正是在这些府邸建筑中形成了洛可可风格。故应选 B。

答案：B

考点：法国君权衰退和洛可可。

（十）资产阶级革命至 19 世纪上半叶的西方建筑

5-10-1 以下哪座建筑不属于 18 世纪古典复兴建筑风格？

  A 圣卡罗教堂　　　　　　B 巴黎星形广场凯旋门
  C 巴黎歌剧院　　　　　　D 美国国会大厦

解析：根据《外国建筑史》第 188 页，古典复兴建筑是指 18 世纪 60 年代～19 世纪末在欧美盛行的古典建筑形式。圣卡罗教堂是波洛米尼设计的晚期巴洛克式教堂的代表作，不属于古典复兴建筑风格。

答案：A

考点：意大利的巴洛克建筑、资产阶级革命至 19 世纪上半叶古典复兴。

5-10-2 （2010）下列哪座建筑是集仿主义（Eclecticism）的代表作？

  A 美国国会大厦（Capitol of the United States）
  B 柏林勃兰登堡门（Brandenburg Gate）
  C 英国国会大厦（Houses of Parliament）
  D 巴黎歌剧院（Paris Opéra House）

解析：根据《外国近现代建筑史》第 298 页，集仿主义又称折中主义，是 19 世纪上半叶兴起的一种创作思潮。在 19 世纪至 20 世纪初在欧美盛极一时。巴黎歌剧院是法兰西第二帝国的重要纪念物。其立面是巴洛克风格，并掺杂了烦琐的洛可可饰物，是折中主义的代表作，对欧美各国的折中主义建筑有很大影响。故应选 D。

答案：D

考点：资产阶级革命至 19 世纪上半叶折中主义。

5-10-3 （2008）下列哪座建筑是折中主义的代表作？

  A 美国国会大厦　　　　　　B 柏林勃兰登堡门
  C 英国国会大厦　　　　　　D 巴黎歌剧院

解析：根据《外国近现代建筑史》第 298 页，巴黎歌剧院是近代重要的折中主义建筑代表作，因此选 D。这座建筑的主要特点是，立面仿卢浮宫东廊特征，属于古典主义构图，但其间又融入大量巴洛克式的装饰。美国国会大厦、柏林勃兰登堡门和英国国会大厦分别是近现代罗马复兴、希腊复兴和后浪漫主义，即哥特复兴的代表作品，故 A、B、C 选项不符。

答案：D

考点：资产阶级革命至 19 世纪上半叶折中主义。

5-10-4 （2003）位于英国伦敦郊区的丘园是一座受哪种园林类型影响的何种形式的

花园：
A 法国古典主义，宫廷式　　　B 阿拉伯传统，伊斯兰式
C 意大利，文艺复兴式　　　　D 中国传统，风景式

解析：根据《外国近现代建筑史》第276页，18世纪下半叶，先浪漫主义时期，英国最重要的建筑师之一，曾任皇家建筑师的钱伯斯年轻时两次经商到过广东。1757年出版著作《中国建筑家具、服装和器物设计》介绍中国园林。1757～1763年间钱伯斯为皇家设计了中国式丘园，其中建造了一些中国式的小建筑物和一座塔。故应选D。

答案：D

考点：资产阶级革命至19世纪上半叶浪漫主义。

5-10-5 (2003) 作为建筑工业化体系建造思想的先驱作品，现代建筑史上的里程碑是(　　)。

A 帕克斯顿设计的"水晶宫"

B 格罗皮乌斯设计的包豪斯校舍

C 埃菲尔设计的埃菲尔铁塔

D "芝加哥学派"设计的早期高层建筑

解析：根据《外国近现代建筑史》第19页，1851年建造的伦敦"水晶宫"展览馆开辟了建筑形式与预制装配技术的新纪元，只应用了铁、木、玻璃三种材料。施工花不到九个月的时间，是建筑工程的奇迹，设计人帕克斯顿。故应选A。

答案：A

考点：资产阶级革命至19世纪上半叶新材料、新技术与新类型。

5-10-6 浪漫主义建筑最著名的作品是(　　)。

A 美国国会大厅　　　　　　　B 英国国会大厦
C 柏林宫廷剧院　　　　　　　D 巴黎歌剧院

解析：根据《外国近现代建筑史》第99页，浪漫主义始源于18世纪下半叶的英国。其早期表现为模仿中世纪寨堡和异国情调，后期浪漫主义建筑常以哥特风格出现。英国国会大厦就是最著名的浪漫主义建筑，它采用的是亨利第五时期的哥特垂直式。故应选B。

答案：B

考点：资产阶级革命至19世纪上半叶浪漫主义。

5-10-7 中国古典园林在18世纪中叶之后陆续介绍到欧洲各国，一些国家也兴建了中国式园林，最先是在欧洲(　　)传播流行的。

A 英国　　　B 法国　　　C 瑞士　　　D 葡萄牙

解析：根据《外国近现代建筑史》第275页，18世纪英国浪漫主义建筑的一种表现就是向往"东方情调"，英国皇家建筑师钱伯斯曾到过中国，他特别推崇中国的建筑与园林艺术，并曾设计了中国式的花园，其中建有一些中国式小建筑和塔。在其影响下，中国式园林在英国一度流行，后又传到法国等地。故应选A。

答案：A

考点：资产阶级革命至19世纪上半叶浪漫主义。

5-10-8 伦敦"水晶宫"展览馆开辟了建筑形式的新纪元，它的设计者是(　　)。

A　孟莎　　　　B　列杜　　　　C　布雷　　　　D　帕克斯顿

解析：根据《外国近现代建筑史》第18页，1851年英国举办世界博览会时，由于使用要求特殊和建造工期紧迫，选中了帕克斯顿的方案。这座总面积74000m² 的建筑，由于采用铁架与玻璃为材料和预制装配化的方法，总共不到九个月就建造成功。不仅建筑形象前所未见，被命名为"水晶宫"，其建造速度也是空前未有的。故应选D。

答案：D

考点：资产阶级革命至19世纪上半叶新材料、新技术与新类型。

5-10-9 提出"田园城市"规划理论的人是(　　)。

A　奥思曼　　　B　欧文　　　　C　霍华德　　　D　戛涅

解析：根据《外国近现代建筑史》第24～25页，工业革命后欧美城市发展出现种种矛盾，为缓和和解决这些矛盾出现一些有益的探索。"田园城市"就是英国社会活动家霍华德提出的规划理论。故应选C。

答案：C

考点：资产阶级革命至19世纪上半叶面对城市矛盾的探索。

（十一）19世纪下半叶至20世纪初的西方建筑

5-11-1 （2010）以其浪漫主义的想象力和奇特的建筑形象，在西方国家备受推崇的20世纪初的建筑师及其代表作是(　　)。

A　韦布（Philip Webb），红屋（Red House）

B　高迪（Antonio Gaudi），米拉公寓（Casa Mila）

C　门德尔松（Erich Mendelsohn），爱因斯坦天文台（Einstein Tower）

D　路斯（Adolf Loos），斯坦纳住宅（Steiner House）

解析：根据《外国近现代建筑史》第35页，在19世纪80年代开始的新艺术运动（Art Nouveau）中，西班牙建筑师高迪在建筑艺术形式探新中，以浪漫主义的幻想极力使塑性的艺术形式渗透到三度的建筑空间去，还吸取了伊斯兰建筑的韵味，结合自然的形式，独创了自己具有隐喻性的塑性造型。西班牙巴塞罗那的米拉公寓是典型的例子。故应选B。

答案：B

考点：新艺术运动。

5-11-2 （2010）建筑探新运动的先驱人物贝伦斯（Peter Behrens）是哪个设计流派或组织的代表人物？

A　工艺美术运动（Art and Crafts Movement）

B　维也纳分离派（Vienna's Secession）

C　构成主义派（Constructivism）

D 德意志制造联盟（Deutscher Werkbund）

解析： 根据《外国近现代建筑史》第 50 页，1907 年由艺术家、企业家、技术人员等组成的全德国性的"德意志制造联盟"，其目的是提高工业制品的质量，以求达到国际水平，并支持德国在建筑领域的创新。其中的著名建筑师们认为建筑必须和工业结合。贝伦斯以工业建筑为基地来发展真正符合功能与结构特征的建筑。故应选 D。

答案： D

考点： 德意志制造联盟。

5-11-3 （2009）题 5-11-3 图所示建筑是（　　　）。

A "新艺术运动"创始人之一费尔德设计的魏玛艺术学校
B 德国建筑师格罗皮乌斯设计的魏玛艺术学校
C "新艺术运动"代表人物高迪设计的巴塞罗那艺术学院
D 英国建筑师麦金托什设计的格拉斯哥艺术学校

解析： 根据《外国近现代建筑史》第 35 页，照片中的建筑是英国"格拉斯哥学派"代表人物麦金托什设计的格拉斯哥艺术学校图书馆。A、B、C 三项均不符。故应选 D。

题 5-11-3 图

答案： D

考点： 新艺术运动。

5-11-4 （2008）以下哪位建筑师不属于"维也纳分离派"？

A 奥尔布里希　　B 麦金托什　　C 瓦格纳　　D 霍夫曼

解析： 根据《外国近现代建筑史》第 35～36 页，奥尔布里希、瓦格纳和霍夫曼三人均为维也纳学派中成立的"分离派"的代表人物，瓦格纳为维也纳学派的代表人物。麦金托什是英国近代格拉斯哥学派的代表人物。故应选 B。

答案： B

考点： 19 世纪下半叶至 20 世纪初奥地利的探索。

5-11-5 （2008）建筑探新运动的先驱人物贝伦斯是哪个设计流派的代表人物？

A 工艺美术运动　　　　　　B 维也纳学派
C 国际构成主义派　　　　　D 德意志制造联盟

解析： 根据《外国近现代建筑史》第 50 页，工艺美术运动起源于英国，以拉斯金和莫里斯为代表人物，还有如设计田园式"红屋"的魏布等。维也纳学派产生自奥地利，以瓦格纳为代表人物。国际构成主义派产生于俄国，以塔特林设计的第三国际纪念碑为代表作品。故 A，B，C 选项均不符。贝伦斯是德意志制造联盟的代表人物，故应选 D。

答案： D

考点： 德意志制造联盟。

5-11-6 （2005）"形式追随功能（Form follows function）"的口号是由谁提出的？

A 格罗皮乌斯 B 路易斯·沙利文
C 勒·柯布西耶 D 路易斯·康

解析：根据《外国近现代建筑史》第42页，美国芝加哥学派的沙利文认为世界上一切事物都是"形式永远追随功能，这是规律"，"哪里功能不变，形式就不变"，这个口号为功能主义建筑设计思想开辟了道路。故应选B。

答案：B

考点：美国芝加哥学派。

5-11-7 (2005) 20世纪的"草原式住宅"是指(　　)。

A 芬兰建筑师阿尔托设计的一种住宅
B 建在郊区的庄园以追求草原牧歌式的生活
C 美国建筑师赖特设计的建在芝加哥地区的一种住宅
D 美国建筑师沙利文设计的建在大湖地区的一种草原别墅

解析：根据《外国近现代建筑史》第43页，20世纪初的"草原式住宅"（Prairie House）是指美国建筑师赖特在美国中部地区地方农舍自由布局基础上，融合了浪漫主义的想象力创造的富于田园诗意的住宅。其特点是在布局上与大自然结合使建筑与环境融为一体。故应选C。

答案：C

考点：19世纪下半叶至20世纪初赖特的草原住宅。

5-11-8 被称为第一座真正的"现代建筑"的作品是(　　)。

A 包豪斯校舍 B 德国通用电气公司透平机车间
C 德意志制造联盟展览会办公楼 D 芝加哥百货公司大楼

解析：根据《外国近现代建筑史》第51页，20世纪初在德国成立的德意志制造联盟是新思潮的推动下成立的一个由企业家、艺术家、技术人员等组成的组织。其中的许多建筑师认识到建筑必须与工业相结合。彼得·贝伦斯以工业建筑为基地来发展符合功能要求和结构特征的建筑新形式。他在柏林为德国通用电气公司设计的透平机制造车间为探求新建筑起了一定的示范作用，被西方称为第一座真正的"现代建筑"。故应选B。

答案：B

考点：德意志制造联盟。

5-11-9 (2004) 最先提出"形式随从功能"（Form Follows Function）的口号，并为"功能主义"的建筑设计思想开辟了道路的建筑师是(　　)。

A 路易斯·康(Louis Kahn)
B 路易斯·沙利文(Louis H. Sullivan)
C 小沙里宁(E. Saarinen)
D 勒·柯布西耶(Le Corbusier)

解析：根据《外国近现代建筑史》第42页，19世纪70年代美国的芝加哥学派是现代建筑在美国的奠基者。芝加哥学派的得力支柱和理论家路易斯·沙利文最先提出"形式随从功能"的口号。故应选B。

答案：B

考点：美国芝加哥学派。

5-11-10 西班牙巴塞罗那的米拉公寓是由（　　）设计的。
A 莫里斯　　　　　　　　B 凡·德·费尔德
C 高迪　　　　　　　　　D 贝伦斯
解析：根据《外国近现代建筑史》第35页，西班牙建筑师高迪在建筑创作中以浪漫的幻想力使塑性艺术渗透到建筑中，结合自然的形式，创造出其独特的塑性建筑。巴塞罗那的米拉公寓就是他创作的典型实例。故应选C。
答案：C
考点：新艺术运动。

5-11-11 "装饰就是罪恶"的口号是由（　　）提出的。
A 瓦格纳　　B 霍夫曼　　C 贝尔拉格　　D 路斯
解析：根据《外国近现代建筑史》第37页，维也纳建筑师阿·路斯主张建筑应以实用为主，认为建筑"不是依靠装饰而是以形体自身之美为美"，反对在建筑中使用装饰，在批判"为艺术而艺术"的倾向时，甚至提出了"装饰就是罪恶"的口号。故应选D。
答案：D
考点：19世纪下半叶至20世纪初奥地利的探索。

5-11-12 芝加哥学派得力支柱沙利文的代表作品是（　　）。
A 卡匹托大厦　　　　　　B 马葵特大厦
C 蒙纳诺克大厦　　　　　D 芝加哥百货公司
解析：根据《外国近现代建筑史》第42页，芝加哥学派是现代建筑在美国的奠基者，沙利文提出了"形式追随功能"的口号，芝加哥百货公司大厦就是他的代表作品。故应选D。
答案：D
考点：美国芝加哥学派。

5-11-13 美国现代建筑的奠基者——"芝加哥学派"为美国现代建筑的发展开辟了道路，并培养出一大批著名建筑师，其创始人是（　　）。
A 詹尼　　　　　　　　　B 伯纳姆
C 赖特　　　　　　　　　D 沙利文
解析：根据《外国近现代建筑史》第39页，19世纪70年代美国兴起的芝加哥学派在高层建筑的设计与建造技术方面作出了重要贡献，学派的创始人是工程师詹尼（1832～1907年）。故应选A。
答案：A
考点：美国芝加哥学派。

（十二）两次世界大战之间——现代主义建筑形成与发展时期

5-12-1 （2009）对下述赖特设计的建筑按年代的先后排序（　　）。
Ⅰ．流水别墅；Ⅱ．古根海姆博物馆；Ⅲ．罗比住宅；Ⅳ．西塔里埃森

| A Ⅰ、Ⅲ、Ⅱ、Ⅳ | B Ⅰ、Ⅲ、Ⅳ、Ⅱ |
| C Ⅲ、Ⅰ、Ⅳ、Ⅱ | D Ⅲ、Ⅳ、Ⅰ、Ⅱ |

解析：根据《外国近现代建筑史》第45、87、89、90页，20世纪初，赖特在芝加哥城郊的森林地区或湖滨建造了富有田园诗意的"草原式住宅"。罗比住宅是在草原式住宅的基础上设计的城市住宅的一例（1908年）。1936年在宾夕法尼亚州匹兹堡市郊区，为匹兹堡百货公司老板考夫曼设计的别墅，位于地形起伏、林木繁盛的风景地，一条溪水、瀑布的上方，构思巧妙，而被称为"流水别墅"。1938年起，赖特在亚利桑那州斯科茨代尔附近沙漠上修建了一处冬季使用的总部，称为"西塔里埃森"。1959年建成的古根海姆博物馆则是赖特为纽约设计的唯一建筑，具有十分强烈的个性和可识别性。故应选C。

答案：C

考点：19世纪下半叶至20世纪初赖特的草原住宅，两次世界大战之间赖特的有机建筑。

5-12-2 (2008) 下列关于勒·柯布西耶设计风格变化的描述，正确的是(　　)。
A 由现代派风格到粗野派风格　　B 由现代派风格到抽象派风格
C 由现代派风格到浪漫派风格　　D 由浪漫派风格到粗野派风格

解析：勒·柯布西耶的建筑创作，早期主要特征属于简洁粗犷的国际式建筑，即现代派风格，也被称为粗野主义风格；后期转入具有象征意义的抽象派风格。故应选B。

答案：B

考点：19世纪下半叶至20世纪初的勒·柯布西耶，两次世界大战之间的勒·柯布西耶。

5-12-3 (2007) 题5-12-3图所示的建筑是(　　)。

题5-12-3图

A 风格派的乌得勒支住宅　　B 分离派的斯坦纳住宅
C 现代派的图根德哈特住宅　　D 有机派的罗伯茨住宅

解析：根据《外国近现代建筑史》第60页，第一次世界大战之后，工业和科学技术的发展及社会生活方式的变化要求建筑师改革设计方法，创造新型建筑。建筑师中主张革新的人提出各种见解和设想。其中出现的风格派（De stijl）与构成主义（Constractivism）坚持运用建筑的基本构成要素来进行建筑造型创作。其中最能代表风格派特征的建筑就是图片所示的里特维尔德设计的荷兰乌得勒支（Ufrecht）的一所住宅。故应选 A。

答案：A

考点："一战"后风格派。

5-12-4 （2007）题 5-12-4 图所示两座建筑，从上至下分别是(　　)。

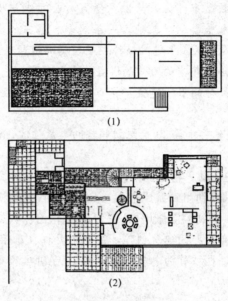

题 5-12-4 图

A 赖特设计的流水别墅和密斯·凡·德·罗设计的范斯沃斯住宅
B 密斯·凡·德·罗设计的巴塞罗那博览会德国馆和勒·柯布西耶设计的萨伏伊别墅
C 密斯·凡·德·罗设计的巴塞罗那博览会德国馆和图根德哈特住宅
D 格罗皮乌斯设计的巴塞罗那博览会德国馆和勒·柯布西耶设计的萨伏伊别墅

解析：根据《外国近现代建筑史》第 84~85 页，图（1）为密斯·凡·德·罗 1929 年设计了巴塞罗那世界博览会德国馆。图（2）为 1930 年设计的一位捷克银行家的住宅即图根德哈特住宅。这两所建筑都体现出密斯在 1928 年提出的"少就是多"（Less is More）的建筑处理原则。两者都以其灵活多变的空间布局、新颖的体形构图和简洁的细部处理而著称于世。故应选 C。

答案：C

考点：两次世界大战之间的密斯·凡·德·罗。

5-12-5 （2006）"现代建筑不是老树上的分枝，而是从根上长出来的新株"，这一观点由谁提出的？

A S·吉迪恩（Sigfried Giedion）
B W·格罗皮乌斯（Walter Gropius）
C 勒·柯布西耶（Le Corbusier）

D 布鲁诺·赛维（Bruno Zevi）

（注：此题 2004 年考过）

解析：根据《外国近现代建筑史》第 73 页，为了创造符合现代社会要求的新建筑，格罗皮乌斯同建筑界的复古主义思潮进行论战。他在《全面建筑观》中提出了这一观点。故应选 B。

答案：B

考点：两次世界大战之间的格罗皮乌斯。

5-12-6 (2005)"少就是多"是现代主义建筑的一个口号，最先由谁提出？

A 勒·柯布西耶　　　　　　B 格罗皮乌斯
C 尼迈耶　　　　　　　　　D 密斯·凡·德·罗

解析：根据《外国近现代建筑史》第 84 页，"少就是多"（Less is More）是由密斯·凡·德·罗在 1928 年提出的一项建筑处理原则。故应选 D。

答案：D

考点：两次世界大战之间的密斯·凡·德·罗。

5-12-7 (2005) 密斯·凡·德·罗设计的巴塞罗那博览会德国馆，体现了现代建筑室内空间设计的典型手法是(　　)。

A 灵活多变的空间划分和不断变化的空间导向
B 不相交的墙面和通透的玻璃
C 室内外空间连通和地面标高的变化
D 简单的几何形状和丰富的空间变化

解析：同题 5-12-4 解析，故应选 A。

答案：A

考点：两次世界大战之间的密斯·凡·德·罗。

5-12-8 (2004) 体现勒·柯布西耶新建筑五个特点的代表作品是(　　)。

A 巴黎瑞士学生宿舍　　　　B 马赛公寓
C 朗香教堂　　　　　　　　D 萨伏伊别墅

解析：根据《外国近现代建筑史》第 77 页，1926 年勒·柯布西耶就自己的住宅设计提出了"新建筑五个特点"。在 20 世纪 20 年代设计了一些不同于传统风格的住宅建筑。1928 年设计、1930 年建成的位于巴黎附近的萨伏伊别墅是其新建筑五个特点的代表作品。故应选 D。

答案：D

考点：两次世界大战之间的勒·柯布西耶。

5-12-9 (2004) 以下关于包豪斯校舍建筑设计特点的叙述哪一条是不正确的？

A 把建筑的实用功能作为建筑设计的出发点
B 采用灵活的不规则的构图手法
C 按照现代建筑材料和结构的特点，运用建筑本身的要素取得艺术效果
D 采用预制装配式的施工方法

解析：根据《外国近现代建筑史》第 68～77 页，格罗皮乌斯主张用建筑工业化解决住房问题，早在 1910 年他就建议建立用工业化方法供应住房的机构。

但在1925年建成的包豪斯校舍，由于客观条件限制，并没有采用预制装配式的施工方法。故应选D。

答案：D

考点：两次世界大战之间的格罗皮乌斯。

5-12-10 (2004) 关于包豪斯校舍的建筑设计特点，以下哪项是错误的？

A 先决定建筑总的外观体形，再把建筑的各个部分安排进去，体现了由外向内的设计思想
B 采用灵活的不规则的构图手法
C 按照现代建筑材料和结构的特点，运用建筑本身的要素取得艺术效果
D 造价低廉

解析：根据《外国近现代建筑史》第68～71页，包豪斯校舍的建筑设计特点，首先是把建筑的实用功能作为建筑设计的出发点。所以A项是错误的。

答案：A

考点：两次世界大战之间的格罗皮乌斯。

5-12-11 (2004) "建造方法的工业化是当前建筑师和营造商的关键问题，一旦在这方面取得成功，我们的社会、经济、技术甚至艺术问题都会容易解决……形式不是我们工作的目的，它只是结果。"这段话出自何人之口？

A 勒·柯布西耶　　　　　　B 安藤忠雄
C 梁思成　　　　　　　　　D 密斯·凡·德·罗

解析：根据《外国近现代建筑史》第82页，第一次世界大战结束后，西欧社会由于政治、经济动荡，生活资料严重匮乏，特别是公共住房极度紧张。现代建筑派建筑师们认为要解决住房问题，必须走建筑工业化的道路，积极探求新的建筑原则和手法，其中，密斯特别重视建筑结构和建造方法的革新。故应选D。

答案：D

考点：两次世界大战之间的密斯·凡·德·罗。

5-12-12 (2003) 哪位现代建筑师提出"少就是多"的口号并熟练运用哪些建材（　　）。

A 格罗皮乌斯，混凝土，钢材
B 密斯·凡·德·罗，玻璃、钢材
C 勒·柯布西耶，混凝土、玻璃
D 弗·赖特，砖石、混凝土

解析：根据《外国近现代建筑史》第84页，1982年，密斯曾提出了"少就是多"的建筑处理原则。1919～1921年密斯关于钢和玻璃摩天大楼的憧憬得以实现，并使得他的钢和玻璃建筑在空间布局、形体比例结构布置甚至节点处理等方面，均达到严谨、精确以致精美的程度。故应选B。

答案：B

考点：两次世界大战之间的密斯·凡·德·罗。

5-12-13 爱因斯坦天文台是（　　）的建筑。

A 未来派　　　B 风格派　　　C 表现派　　　D 构成派

解析：根据《外国近现代建筑史》第58页，第一次世界大战后出现的一些建筑流派中，表现派认为艺术就是表现个人的主观感受和体验，德国建筑师门德尔松设计的爱因斯坦天文台就是这一流派的代表作。故应选C。

答案：C

考点："一战"后表现主义派。

5-12-14 第一次世界大战后进行建筑探新的"风格派"的典型建筑是（　　）。

A 荷兰的乌得勒支住宅　　　　B 德国的爱因斯坦天文台
C 维也纳的斯坦纳住宅　　　　D 阿姆斯特丹证券交易所

解析：根据《外国近现代建筑史》第60页，"风格派"有时又被称为"新造型主义派"，认为最好的艺术就是基本几何要素的组合和构图。建筑师里特维德（Rietveld）设计的在荷兰乌得勒支的施罗德住宅就是由点、线、面要素构成的建筑，在造型和构图方面进行了有价值的探索。故应选A。

答案：A

考点："一战"后表现主义派。

5-12-15 "住房是居住的机器"是（　　）说的。

A 贝伦斯　　B 格罗皮乌斯　　C 勒·柯布西耶　　D 密斯

解析：根据《外国近现代建筑史》第76页，著名的现代主义建筑运动建筑师勒·柯布西耶在1923年出版了《走向新建筑》。中心思想是否定因循守旧的建筑观，主张创造新时代的新建筑。他歌颂现代工业的成就，认为"机器本身包含着促使选择它的经济因素"，并给住宅提出新的概念："住房是居住的机器"。即"房屋机器——大规模生产房屋"的概念。故应选C。

答案：C

考点：两次世界大战之间的勒·柯布西耶。

5-12-16 勒·柯布西耶的建筑设计哲学思想是（　　）。

A 功能主义　　　　　　　B 结构主义
C 浪漫主义　　　　　　　D 理性主义＋浪漫主义

解析：勒·柯布西耶是20世纪前半期最重要的四大建筑师之一。他在一生的建筑创作中大胆探索，不断创新，推动着建筑设计的革新运动。他的前期创作包含较多的理性主义和现实主义成分，而后期作品则带有浓厚的浪漫主义倾向。故应选D。

答案：D

考点：两次世界大战之间的勒·柯布西耶，"二战"后的勒·柯布西耶。

5-12-17 1923年出版的建筑论著《走向新建筑》一书是著名建筑师（　　）的著述。

A 赖特　　　　　　　　　B 勒·柯布西耶
C 沙利文　　　　　　　　D 丹下健三

解析：根据《外国近现代建筑史》第75页，勒·柯布西耶是20世纪最重要的建筑师之一。他自1920年起在他参编的《新精神》杂志上连续发表鼓吹新建筑的文章。1923年他把文章汇集出版，书名为《走向新建筑》，里面言语激奋，批评19世纪以来的复古和折中主义建筑风格，激烈主张创造新时代的新建筑。提出"我们应该认识到历史上的样式对我们来说已不复存在，一个属于我们自己时代的样式已经兴起，这就是革命"。故应选 B。

答案：B

考点：两次世界大战之间的勒·柯布西耶。

5-12-18 "密斯风格"的主要表现是( )。

 A 底层架空设独立支柱

 B 横向长窗

 C 运用钢和玻璃为专一手段

 D 建筑外表是裸露的混凝土，不加修饰

解析：根据《外国近现代建筑史》第86页，作为现代主义的四大建筑师之一的密斯·凡·德·罗早年即积极探求新的建筑原则和建筑手法。他长年专注于探索钢框架结构和玻璃这两种材料及相应建筑手段在建筑设计中应用的可能。尤其注重发挥钢和玻璃在建筑艺术造型中的特性和表现力，以致形成所谓的"密斯风格"。故应选 C。

答案：C

考点：两次世界大战之间的密斯·凡·德·罗。

5-12-19 密斯的建筑设计追求的是( )。

 A 结构精美 B 典雅 C 抽象象征 D 功能主义

解析：根据《外国近现代建筑史》第85～86页，密斯一直探讨所谓结构逻辑性，即结构的合理运用及其忠实表现。第二次世界大战后更为专一地发展了结构就是一切的观点。他认为"结构体系是建筑的基本要素，它的工艺比个人天才、比房屋的功能更能决定建筑的形式"。所以结构精美是他追求的目标。故应选 A。

答案：A

考点：两次世界大战之间的密斯·凡·德·罗。

5-12-20 以下哪些建筑是赖特设计的?

 Ⅰ.流水别墅；Ⅱ.朗香教堂；Ⅲ.悉尼歌剧院；Ⅳ.古根海姆博物馆

 A Ⅰ、Ⅱ B Ⅱ、Ⅲ C Ⅲ、Ⅳ D Ⅰ、Ⅳ

解析：根据《外国近现代建筑史》第88、90页，流水别墅是赖特1936年设计的。古根海姆博物馆是他为纽约设计的唯一建筑，建成时他已去世。两座建筑用地条件大不相同，前者位于地形起伏、林木繁盛的风景区里，后者坐落在纽约第五号大街上，地段面积仅50m×70m，处于高楼大厦之间。但作者以他独特的构思，设计出了令世人赞叹的建筑。故应选 D。

答案：D

考点：两次世界大战之间的赖特和有机建筑。

5-12-21 对下述密斯·凡·德·罗设计的建筑按年代的先后排序( )。

 Ⅰ.图根德哈特住宅；Ⅱ.范斯沃斯住宅；Ⅲ.西格拉姆大厦；Ⅳ.柏林新国家美术馆

 A Ⅰ、Ⅱ、Ⅲ、Ⅳ   B Ⅰ、Ⅲ、Ⅱ、Ⅳ

C　Ⅱ、Ⅰ、Ⅳ、Ⅲ　　　　　　D　Ⅳ、Ⅰ、Ⅲ、Ⅱ

解析：根据《外国近现代建筑史》第 84、260、262、264 页，1930 年密斯·凡·德·罗把他在巴塞罗那展览馆中的建筑手法运用于一个捷克银行家的住宅中，建成了图根德哈特住宅，形成类似的"流动空间"。1950 年建成的范斯沃斯住宅，其结构构件被精简到极限。1958 年建成的西格拉姆大厦是座形式规整、玻璃幕墙摩天楼，体现了他的"玻璃建筑重要的在于反射"的预言。1968 年建成的柏林新国家美术馆是密斯生前最后的作品。是他讲求技术精美、"少就是多"理论的体现。故应选 A。

答案：A

考点：两次世界大战之间的密斯·凡·德·罗，"二战"后讲究技术精美的倾向。

5-12-22　赖特的建筑设计哲学思想是(　　)。

A　理性主义＋浪漫主义　　　B　有机建筑论
C　形式追随功能　　　　　　D　功能服从于形式

解析：根据《外国近现代建筑史》第 92~93 页，美国现代建筑大师赖特的建筑思想和欧洲新建筑运动的代表人物们有明显的差别，他把自己的建筑叫作有机建筑。他认为："有机是表示内在的、哲学意义上的整体性。而自然界是有机的，房屋应当像植物一样，是地面上一个基本的和谐的要素，从属于自然，从地里长出来。"故应选 B。

答案：B

考点：两次世界大战之间的赖特和有机建筑。

5-12-23　CIAM 的准确含义是(　　)。

A　国际建筑师协会　　　　　B　国际现代建筑协会
C　国际规划师协会　　　　　D　现代建筑师协会

解析：根据《外国近现代建筑史》第 64 页，是国际现代建筑协会（Congrés Internationaux d'Architecture Modern）的简称。1928 年在瑞士成立。故应选 B。

答案：B

考点：两次世界大战之间现代建筑派诞生。

5-12-24　1933 年雅典会议制定的《雅典宪章》是一个(　　)。

A　建筑设计大纲　　　　　　B　城市规划大纲
C　风景园林设计大纲　　　　D　环境设计大纲

解析：根据《外国近现代建筑史》第 233 页，1933 年国际现代建筑协会在雅典开会，专门研究现代城市建设问题，指出现代城市应解决好居住、工作、游憩、交通四大功能，应该科学地制定城市总体规划，并提出了一个城市规划大纲，即《雅典宪章》。故应选 B。

答案：B

考点：两次世界大战之间现代建筑派诞生。

5-12-25　在(　　)文献中提出了城市规划的目的是解决居住、工作、游憩与交通四大活动协调发展问题。

A 《马丘比丘宪章》 B 《明日的城市》
C 《建筑十书》 D 《雅典宪章》

解析：根据《外国近现代建筑史》第233页，1933年国际现代建筑协会第四次会议通过的《雅典宪章》提出了城市规划的目的是解决居住、工作、游憩与交通四大活动协调发展问题。故应选D。

答案：D

考点：两次世界大战之间现代建筑派诞生。

（十三）第二次世界大战后40～70年代的建筑思潮——现代建筑派的普及与发展

5-13-1 (2010) 巴黎蓬皮杜文化艺术中心（Le Centre Nationale d'Art et de Culture Georges Pompidou）是属于哪个思潮的代表作品？

A 粗野主义倾向（Brutalism）
B 讲求技术精美倾向（Perfection of Technique）
C 典雅主义倾向（Formalism）
D 注重高度工业技术倾向（High-Tech）

解析：根据《外国近现代建筑史》第282页，1976年在巴黎建成的蓬皮杜文化艺术中心建筑不仅暴露其钢结构，连设备管道等也都外露。打破了一般认为文化建筑应有典雅外形的概念，成为注重高度工业技术倾向的代表作品。故应选D。

答案：D

考点："二战"后注重高度工业技术的倾向。

5-13-2 (2010) 位于班加罗尔的印度管理学院（Indian Institute of Management, Bangalore）是下列哪位建筑师的作品？

A 柯里亚（C. Correa） B 多西（B. Doshi）
C 里瓦尔（R. Rewal） D 伊斯兰姆（M. Islam）

解析：根据《外国近现代建筑史》第305页，多西是印度本国培养但深受西方影响的建筑师、城市规划师与建筑教育家。他受印北莫卧尔王朝时的大清真寺与印南印度教大寺庙的影响，在班加罗尔印度管理学院主楼的空间布局中表述了他对印度建筑的理解。故应选B。

答案：B

考点："二战"后对地域性与现代性结合的探索。

5-13-3 (2009) 第二次世界大战之后，现代主义建筑中有"典雅主义"（Formalism）流派，下述哪组建筑全部属于"典雅主义"？

A 斯通设计的美国驻印度大使馆，雅马萨奇设计的麦克拉格纪念会议中心，约翰逊等设计的纽约林肯文化中心
B 约翰逊设计的谢尔登艺术纪念馆，斯通设计的布鲁塞尔世界博览会美国馆，雅马萨奇设计的圣路易斯机场候机楼

C 赖特设计的纽约古根海姆美术馆，雅马萨奇设计的纽约世界贸易中心，约翰逊设计的纽约美国电话电报总部大楼

D 约翰逊等设计的纽约林肯文化中心，雅马萨奇设计的西雅图世界博览会科学馆，迈耶设计的亚特兰大海尔艺术博物馆

解析：根据《外国近现代建筑史》第265～271页，作为主要流行于美国的建筑流派，典雅主义也被称为新古典主义、新帕拉第奥主义或新复古主义。雅马萨奇（即日裔建筑师山崎实）、斯通和约翰逊均属于此风格的代表建筑师。A、B项中的建筑均为三人的代表作品，B项中雅马萨奇创作的圣路易斯机场候机楼属于交叉拱形大跨度建筑工业化体系。C项中赖特的古根海姆博物馆属于追求个性和象征风格的作品，约翰逊设计的电话电报公司总部大楼为后现代主义作品；D项中迈耶设计的亚特兰大海尔艺术博物馆属于白色派作品。故选项B、C、D不符。

答案：A

考点："二战"后典雅主义倾向。

5-13-4 (2009) 对下述密斯·凡·德·罗设计的建筑按年代的先后排序（　　）。

Ⅰ．图根德哈特住宅；Ⅱ．范斯沃斯住宅；Ⅲ．西格拉姆大厦；Ⅳ．柏林新国家美术馆

A Ⅰ、Ⅱ、Ⅲ、Ⅳ   B Ⅰ、Ⅲ、Ⅱ、Ⅳ
C Ⅱ、Ⅰ、Ⅳ、Ⅲ   D Ⅳ、Ⅰ、Ⅲ、Ⅱ

解析：根据《外国近现代建筑史》第84、260、262、264页，题中四建筑的建造年代依次为：图根德哈特住宅，1930年；范斯沃斯住宅，1950年；西格拉姆大厦，1958年；柏林新国家美术馆，1968年。顺序同A选项。

答案：A

考点：两次世界大战之间的密斯·凡·德·罗，"二战"后讲究技术精美的倾向。

5-13-5 (2009) 题5-13-5图中的三座建筑，从左至右，其设计者分别为（　　）。

题5-13-5图

A 密斯·凡·德·罗、密斯·凡·德·罗、密斯·凡·德·罗
B 格罗皮乌斯、密斯·凡·德·罗、勒·柯布西耶
C 格罗皮乌斯、密斯·凡·德·罗、密斯·凡·德·罗
D 勒·柯布西耶、格罗皮乌斯、密斯·凡·德·罗

解析：根据《外国近现代建筑史》第84、83、260页，从左至右，三幅图分

别是图根德哈特住宅、西班牙巴塞罗那世界博览会德国馆和范斯沃斯住宅，建筑师均为密斯·凡·德·罗。故应选 A。

答案：A

考点：两次世界大战之间的密斯·凡·德·罗，"二战"后讲究技术精美的倾向。

5-13-6 (2009) 下列哪一组全部属于"高技派"（Hi-Tech）建筑？

A 罗杰斯设计的巴黎蓬皮杜艺术与文化中心，皮亚诺设计的新喀里多尼亚芝柏文化中心，福斯特设计的香港赤蜡角新机场候机楼

B 罗杰斯设计的伦敦劳埃德保险公司大厦，福斯特设计的法兰克福商业银行，佩里设计的吉隆坡双塔大厦

C 贝聿铭设计的波士顿汉考克大厦，格瑞姆肖设计的塞维利亚世博会英国馆，哈迪德设计的东京札幌餐厅

D 福斯特设计的香港汇丰银行，努维尔设计的巴黎阿拉伯世界研究中心，皮亚诺设计的大阪关西机场候机楼

解析：根据《外国近现代建筑史》第271~283页，A项中皮亚诺设计的新喀里多尼亚芝柏文化中心为新地域主义作品；B项中吉隆坡双塔大厦是新地域主义；C项中汉考克大厦为追求个性与象征倾向作品，哈迪德的东京札幌餐厅被认为是后现代解构主义作品。故 A、B、C 三项不符。

答案：D

考点："二战"后注重高度工业技术的倾向。

5-13-7 (2008) 第二次世界大战后，20世纪40~60年代，讲求技术精美倾向的建筑思潮的代表作品是(　　)。

A 纽约林肯文化中心　　B 西格拉姆大厦
C 布鲁塞尔博览会美国馆　　D 美国在新德里的大使馆

解析：根据《外国近现代建筑史》第259~265页，纽约林肯文化中心、布鲁塞尔博览会美国馆和美国在新德里的大使馆均为典雅主义倾向的代表作。西格拉姆大厦的作者是密斯，其建筑作品以技术精美著称，故应选B。

答案：B

考点："二战"后讲究技术精美倾向。

5-13-8 (2006) "当技术实现了它的真正使命，它就升华为艺术"，这句话出自哪位建筑师？

A 赖特（Frank Lloyd Wright）
B W·格罗皮乌斯（Walter Gropius）
C 密斯·凡·德·罗（Mies Van der Rohe）
D 勒·柯布西耶（Le Corbusier）

解析：根据《外国近现代建筑史》第260页，密斯·凡·德·罗在第二次世界大战后继续发展他认为的结构技术就是一切的观点，他在伊利诺伊工学院的讲话中，论述了这句关于技术与艺术关系的话。故应选C。

答案：C

考点："二战"后讲究技术精美倾向。

5-13-9 (2003) 下列著名公寓与设计者的对应关系哪一个是错误的?
A 马赛公寓——勒·柯布西耶
B 干城章嘉公寓——杨经文
C 芝加哥湖滨公寓——密斯·凡·德·罗
D 米拉公寓——高迪

解析：根据《外国近现代建筑史》第303页，印度孟买的干城章嘉公寓建筑设计师是查尔斯·柯里亚。A、C、D建筑与建筑师对应关系都是对的，故应选B。

答案：B

考点："二战"后对地域性与现代性结合的探索。

5-13-10 (2008) 班加罗尔的印度管理学院是下列哪位建筑师的作品?
A C·柯里亚   B B·多西
C R·里瓦尔   D M·伊斯兰姆

解析：根据《外国近现代建筑史》第306页，印度建筑师B·多西是勒·柯布西耶的学生，班加罗尔的印度管理学院为其作品。故应选B。

答案：B

考点："二战"后对地域性与现代性结合的探索。

5-13-11 (2007) 20世纪50年代，出现了"粗野主义"和"典雅主义"，下述哪一组建筑分别是这两种主义的代表作?
A 朗香教堂、哈佛大学研究生中心
B 巴西利亚议会大厦、麦格拉格纪念会议中心
C 马塞公寓、伊利诺伊工学院建筑系馆
D 印度昌迪加尔议会大厦、新德里美国驻印度大使馆

解析：根据《外国近现代建筑史》第250~259页及265~271页，印度昌迪加尔议会大厦是20世纪50年代初印度旁遮普邦在昌迪加尔地方新建的邦首府行政中心的一座政府建筑。勒·柯布西耶为昌迪加尔做了城市规划和其中的几座政府建筑。其中议会大厦的入口和会堂的高大通风仓体以及混凝土的直接表现，体现了"粗野主义"风貌。而美国建筑师斯通设计的美国驻新德里大使馆致力于运用传统美学法则来使用现代材料与结构，产生外观端庄与典雅的风貌。故应选D。

答案：D

考点："二战"后粗野主义倾向，"二战"后典雅主义倾向。

5-13-12 (2006) 认为"设计的关键在于灵感，灵感产生形式，形式启发设计"的建筑师是(　　)。
A 贝聿铭   B 路易斯·康（Louis Kahn）
C 伍重（Jorn Utzon） D 夏隆（Hans Scharoun）

解析：根据《外国近现代建筑史》第318页，路易斯·康认为设计的关键在于灵感，灵感产生形式，形式启发设计。他所谓的灵感指对任务的了解，即只有了解不同任务的区别，才会有灵感，才会联系到形式，才会启发设计。

故应选 B。

答案：B

考点："二战"后讲求个性与象征的倾向。

5-13-13 (2006) 以下哪个言论出自挪威建筑历史与建筑评论家诺伯格·舒尔茨？

A "伟大的建筑从来都是一个人的单独构思"

B "我喜欢抓住一个想法，戏弄之，直至最后成为一个诗意的环境"

C "建筑首先是精神上的蔽所，其次才是身躯的蔽所"

D "建筑是不能共同设计的，要么是他的作品，要么是我的作品"

解析：根据《外国近现代建筑史》第310页，20世纪60年代设计中的讲求个性与象征倾向，是要使房屋和场所都要具有不同于他人的个性和特征，使人一见难忘。根据挪威建筑历史与建筑评论家诺伯格·舒尔茨的观点，这是为了人们的精神需要，因为"建筑首先是精神上的蔽所，其次才是身体的蔽所"。故应选 C。

答案：C

考点："二战"后讲求个性与象征的倾向。

5-13-14 (2006) 建筑电讯派（Archigram）建筑师库克（P. Cook）于1964年提出了一种未来城市的方案设想，称为(   )。

A 海上城市   B 海底城市
C 插入式城市   D 仿生城市

解析：根据《外国近现代建筑史》第177页，20世纪60年代出现了许多企图以"高度工业技术"来挽救城市危机和改造城市与建筑的设想。其中英国由库克的阿基格拉姆小组提出了插入式城市设想方案。故应选 C。

答案：C

考点："二战"后的城市规划。

5-13-15 (2005) 巴黎蓬皮杜文化中心是一座什么风格流派的建筑作品？

A 结构主义   B 解构主义
C 高技派   D 极简主义

解析：根据《外国近现代建筑史》第282~283页，1976年巴黎建成的蓬皮杜文化中心引起轰动，被认为是注重高度工业技术倾向的代表作之一。故应选 C。

答案：C

考点："二战"后注重高度工业技术的倾向。

5-13-16 (2005) 第二次世界大战后，建筑设计的主要思潮有"理性主义"（Rationalism）、"粗野主义"（Brutalism）和"典雅主义"（Formalism）。下述哪一组建筑对应着三种思潮？

A 柏林新国家美术馆、伦敦国家剧院、莱斯特大学工程馆

B 芝加哥湖滨公寓、耶鲁大学建筑与艺术系馆、纽约林肯文化中心

C 哈佛大学研究生中心、昌迪加尔法院、美国驻印度大使馆

D 何塞·昆西学校、山梨文化会馆、布鲁塞尔博览会美国馆

解析：根据《外国近现代建筑史》第240～259页及265～271页，哈佛大学研究生中心是由格罗皮乌斯和他的学生组成的TAC（协和建筑师事务所）设计，属"理性主义"进行充实与提高倾向的作品。昌迪加尔法院是勒·柯布西耶的"粗野主义"倾向作品。美国驻印度大使馆是斯通设计的"典雅主义"倾向的作品。故应选C。

答案：C

考点："二战"后对理性主义进行充实与提高的倾向、粗野主义倾向、典雅主义倾向。

5-13-17 (2005) 下述哪一组建筑全部是由勒·柯布西耶设计的？

A 包豪斯校舍、马赛公寓、萨伏伊别墅
B 萨伏伊别墅、朗香教堂、昌迪加尔议会大厦
C 法古斯工厂、朗香教堂、马赛公寓
D 米拉公寓、萨伏伊别墅、昌迪加尔法院

解析：根据《外国近现代建筑史》第76、253、315页，萨伏伊别墅、朗香教堂、昌迪加尔议会大厦是勒·柯布西耶设计的。故应选B。

答案：B

考点：两次世界大战之间的勒·柯布西耶，"二战"后的勒·柯布西耶。

5-13-18 (2004) "建筑师在接受一个有所要求的关于空间的任务前，先要考虑灵感。他应自问：一样东西能使自己杰出于其他东西的关键在于什么？当他感到其中的区别时，他就同形式联系上了，形式启发了设计。"这段话出自谁之口？

A 阿尔瓦·阿尔托　　　　　B 路易斯·康
C 密斯·凡·德·罗　　　　D 贝聿铭

解析：根据《外国近现代建筑史》第318页，20世纪60年代盛行讲求个性与象征的设计倾向。这种倾向认为设计首先来自"灵感"，来自形式上的与众不同。这段话就是出自积极主张建筑要有强烈个性和能够明确象征的路易斯·康之口。故应选B。

答案：B

考点："二战"后讲求个性与象征的倾向。

5-13-19 (2004) "粗野主义"的名称最初是由哪个国家的哪位建筑师提出的？

A 法国　勒·柯布西耶　　　B 美国　鲁道夫
C 英国　史密森夫妇　　　　D 日本　丹下健三

解析：根据《外国近现代建筑史》第250页，该名称是由英国一对第三代现代派建筑师史密森夫妇于1954年提出的。他们把自己较粗犷的建筑风格同当时政府机关所支持的四平八稳的风格相比，把自己称为"粗野主义"。故应选C。

答案：C

考点："二战"后粗野主义倾向。

5-13-20 (2003) 巴黎拉德方斯新区实现了现代哪位建筑大师的规划和构思？

A 贝聿铭　　　　　　　　　B 尼迈耶

C 密斯·凡·德·罗　　　　　　D 勒·柯布西耶

解析：根据《外国近现代建筑史》第158～160页，拉德方斯区交通系统行人与车流彻底分开，互不干扰，商业和住宅建筑以一个巨大的广场相连，而地下则是道路、火车、停车场和地铁站的交通网络。这实现了勒·柯布西耶在光辉城市中的构思，如高层建筑，立体交叉等。故应选D。

答案：D

考点："二战"后的城市规划。

5-13-21 (2003) 如题5-13-21图所示，下列三座建筑分别是（　　）。

题5-13-21图

A 加拿大多伦多市政厅、墨西哥国会大厦、巴黎联合国教科文组织大厦
B 加拿大多伦多市政厅、巴西利亚国会大厦、纽约联合国总部
C 日本大阪市政厅、墨西哥国会大厦、巴黎联合国教科文组织大厦
D 日本大阪市政厅、巴西利亚国会大厦、纽约联合国总部

解析：根据《外国近现代建筑史》第186、146、183页，左图：加拿大多伦多市政厅；中图：巴西利亚国会大厦；右图：纽约联合国总部。故应选B。

答案：B

考点："二战"后的城市规划。

5-13-22 (2003) 下述几个高层建筑与其设计者的对应关系，哪一个是错误的？
A 纽约世界贸易中心——雅马萨奇
B 米兰皮瑞利大厦——奈尔维
C 芝加哥汉考克大厦——SOM事务所
D 纽约西格拉姆大厦——约翰逊

解析：根据《外国近现代建筑史》第262页，纽约西格拉姆大厦是密斯·凡·德·罗设计。A、B、C选项中，高层建筑与建筑师的对应关系都是对的，故应选D。

答案：D

考点："二战"后讲求技术精美的倾向。

5-13-23 (2003) 如题5-13-23图所示的建筑是哪类建筑？
A 交通建筑　　B 展览建筑　　C 体育建筑　　D 观演建筑

解析：根据《外国近现代建筑史》第204页，世界上最大的壳体1958～1959年在巴黎西郊建成的国家工业与技术中心陈列大厅，是分段预制的双曲双层薄壳，两层混凝土壳体的总共厚度只有12cm。故应选B。

答案：B

题 5-13-23 图

考点："二战"后的大跨度建筑。

5-13-24 (2003) 建于英国伦敦银行区的劳埃德保险公司大楼，与哪座建筑一样，是属于何种流派的建筑？
   A 纽约西格拉姆大厦，现代主义
   B 美国电话电报公司大楼，后现代主义
   C 巴黎蓬皮杜艺术与文化中心，高技派
   D 法兰克福商业银行总部大厦，生态

解析：根据《外国近现代建筑史》第271～283页及402～413页，建筑师罗杰斯设计的英国伦敦银行区的劳埃德保险公司大楼，代表了新时期高技派建筑逐渐走向对技术自身美感的表现。巴黎蓬皮杜艺术与文化中心是罗杰斯与皮亚诺共同设计的，是高技派建筑的重要代表作。故应选C。

答案：C

考点："二战"后注重高度工业技术的倾向，现代主义之后高技派的新发展。

5-13-25 建筑大师密斯设计的范斯沃斯住宅（1950年）曾引发了法律纠纷，其主要原因是（　　）。
   A 结构不合理造成浪费　　B 缺乏私密性
   C 违反了消防规范　　　　D 不符合规划要求

解析：根据《外国近现代建筑史》第260～261页，范斯沃斯住宅是用8根工字钢柱夹持一片地板和屋顶板，四面是大玻璃，中央一个小封闭空间是厕所、浴室等设备。此外无固定分割，女主人的生活起居活动都在四周敞通的空间里，缺乏私密性，引起业主很大不满而引发法律纠纷。故应选B。

答案：B

考点："二战"后讲求技术精美倾向。

5-13-26 巴黎蓬皮杜文化艺术中心的设计者是（　　）。
   A 皮亚诺与罗杰斯　　　　B 沙里宁父子
   C 斯东与哈里逊　　　　　D 斯特林与戈文

解析：根据《外国近现代建筑史》第282页，1976年在巴黎建成的蓬皮杜文化艺术中心是由皮亚诺和罗杰斯设计的。该建筑包括现代艺术博物馆、公共情报图书馆、工业设计中心和音乐与声乐研究所四部分。故应选A。

答案：A

考点:"二战"后注重高度工业技术的倾向。

5-13-27 前纽约世界贸易中心的设计人是( )。
A SOM　　　B 贝聿铭　　　C 雅马萨奇　　　D 约翰逊

解析:根据《外国近现代建筑史》第270页,前纽约世界贸易中心是美籍日裔建筑师雅马萨奇设计的,其立面底部的处理类似哥特式尖券。故应选C。

答案:C

考点:"二战"后典雅主义倾向。

5-13-28 以下何者不是"典雅主义"的代表人物?
A 约翰逊　　　B 斯东　　　C 密斯　　　D 雅马萨奇

解析:根据《外国近现代建筑史》第259～271页,密斯是主张并发展了他的"结构就是一切"的观点,不属于"典雅主义",而是属于讲求技术精美的代表人物。A、B、D建筑师都属于"典雅主义"代表人物,故应选C。

答案:C

考点:"二战"后典雅主义倾向。

5-13-29 下列哪一座建筑不属于"粗野主义"的作品?
A 马赛公寓　　　　　　　B 昌迪加尔行政中心
C 山梨文化馆　　　　　　D 仓敷市厅舍

解析:根据《外国近现代建筑史》第281页,丹下健三设计的山梨文化馆体现了他的以"新型的工业技术革命为特征"的建筑。他把各种服务设施设计成垂直向上的圆形交通塔,把各种房间设计成抽屉似地架在圆塔的托架上。体现其新陈代谢派的观点和用高新技术解决问题的倾向,而不属"粗野主义"。故应选C。

答案:C

考点:"二战"后粗野主义倾向与勒·柯布西耶,"二战"后注重高度工业技术的倾向。

5-13-30 新陈代谢论是( )提出的。
A 前川国男　　　B 丹下健三　　　C 矶崎新　　　D 槙文彦

解析:根据《外国近现代建筑史》第281页,作为日本被称为新陈代谢派成员的丹下健三强调事物的生长、变化与衰亡,极力主张采用最新的技术来解决建筑中的问题。故应选B。

答案:B

考点:"二战"后注重高度工业技术的倾向。

5-13-31 阿尔瓦·阿尔托的建筑设计强调的是( )。
A 理性主义+浪漫主义　　　B 地方性+人情化
C 民族特点　　　　　　　　D 用新技术表现传统形式

解析:根据《外国近现代建筑史》第284页,阿尔瓦·阿尔托原是欧洲现代派建筑师中的一位成员,他在两次世界大战之间的作品(维堡市图书馆和帕米欧肺病疗养院)曾被列入"现代主义"典型作品。20世纪中期他表现出强烈的人情化与地方性的倾向。故应选B。

答案：B

考点："二战"后讲求人情化与地域性的倾向。

5-13-32 设计悉尼歌剧院的建筑师是( )。

  A 斯特林 B 福斯特 C 罗杰斯 D 伍重

解析：根据《外国近现代建筑史》第323页，悉尼歌剧院的设计者是丹麦建筑师伍重，该建筑属于追求个性与象征的典型作品。故应选D。

答案：D

考点："二战"后讲求个性与象征的倾向。

5-13-33 20世纪六七十年代世界各国对城市规划和建设都非常重视，法国在巴黎西郊自1965年起规划建设了一个著名的新区——高层贸易办公区，它的名称是( )。

  A 拉德方斯新区   B 魏林比区

  C 考文垂商业区   D 林巴恩商业街

解析：根据《外国近现代建筑史》第158～159页，二战后巴黎为限制市中心发展，制定了把工厂、办公楼搬到郊区及周围的巴黎改建规划，其中一个著名的新区就是位于巴黎西郊的拉德方斯新区。故应选A。

答案：A

考点："二战"后的城市规划。

5-13-34 华盛顿国家美术馆东馆建筑属于( )。

  A 几何性构图   B 具体的象征

  C 抽象的象征   D 隐喻主义

解析：根据《外国近现代建筑史》第312～313页，华盛顿国家美术馆东馆的平面主要由两个三角形（等边三角形和直角三角形）组成，这是从解决建筑与城市规划、邻近原有建筑与环境的关系中产生的，被认为是属于成功运用几何形构图的实例之一。故应选A。

答案：A

考点："二战"后讲求个性与象征的倾向。

5-13-35 下面哪一项不是贝聿铭的作品？

  A 华盛顿国家美术馆东馆 B 香港中国银行

  C 美国波特兰市政大厦   D 北京香山饭店

解析：根据《外国近现代建筑史》第341页，美国波特兰市政大厦是由格雷夫斯设计，被认为是后现代主义的代表作品之一，不是贝聿铭的作品。选项A、B、D建筑都是贝聿铭的作品，故应选C。

答案：C

考点："二战"后讲求个性与象征的倾向，现代主义之后的后现代主义。

5-13-36 (2010)下列哪位建筑师所设计的哪幢建筑被誉为第一座生态型高层塔楼？

  A 福斯特（Norman Forster），法兰克福商业银行（Commercial bank, Frankfurt）

  B 杨经文（Ken Yeang），马来西亚MBF大厦（MBF Tower, Malaysia）

C 柯里亚（C. Correa），干城章嘉公寓（Kanchanjunga Apartment，India）

D 鲁道夫（P. Rudolph），雅加达达摩拉办公楼（Dharmala Office Building，Jakarta）

解析：鲁道夫设计的雅加达达摩拉办公楼建于1990年；杨经文设计的马来西亚MBF大厦建于1994年；福斯特设计的法兰克福商业银行建于1994～1996年。而柯里亚设计的干城章嘉公寓主要表现出对地域性与现代性的结合。前三者都属于生态型高层塔楼。根据《外国近现代建筑史》第197页，因福斯特设计的法兰克福商业银行采用了螺旋上升的室外花园平台和整体机械辅助式的自然通风塔而被誉为第一座生态型高层塔楼。故应选A。

答案：A

考点："二战"后的高层建筑。

（十四）现代主义之后的建筑思潮

5-14-1（2010）使设计者获得1989年度建筑普利茨克奖的建筑是（　　）。

A 侯赛因—多西画廊（Husain-Doshi Gufa）

B 哥伦布会议中心（Columbus Convention Center）

C 毕尔巴鄂古根汉姆博物馆（Guggenheim Museum，Bilbao）

D 拉维莱特音乐城（Cite de la Musique，Paris）

解析：根据《外国近现代建筑史》第387页，解构主义思潮代表人物、美国建筑师F·盖里在20世纪90年代的作品显现出鲜明的动感。毕尔巴鄂古根汉姆博物馆建筑由曲面块体组合而成。其建筑形式改变了以往建筑艺术语言的固有表达，因此获得1989年度的建筑普利茨克奖。故应选C。

答案：C

考点：现代主义之后的解构主义。

5-14-2（2009）如题5-14-2图所示的两座建筑，从左至右分别为（　　）。

题5-14-2图

A 贝聿铭设计的华盛顿国家美术馆，迈耶设计的亚特兰大海尔艺术博物馆

B 华盛顿国家美术馆东馆、洛杉矶盖蒂中心

C 一个简约主义的建筑，一个"白色派"的建筑

D 迈耶设计的亚特兰大海尔艺术博物馆、洛杉矶格蒂中心

解析：根据《外国近现代建筑史》第313、393页，左图为贝聿铭设计的华盛顿国家美术馆东馆，是讲求个性与象征倾向的作品；右图为迈耶设计的洛杉矶盖蒂中心，是白色派建筑，被称为当代的哈德良离宫。A、C、D项不符，故应选B。

答案：B

考点："二战"后讲求个性与象征的倾向，现代主义之后的新现代。

5-14-3 （2009）如题5-14-3图所示建筑为(　　)。

A 荷兰OMA事务所设计的华盛顿大屠杀纪念馆

B 艾森曼设计的柏林犹太人博物馆

C 艾森曼设计的辛辛那提大学设计与艺术中心

D 里勃斯金设计的柏林犹太人博物馆

题5-14-3图

解析：根据《外国近现代建筑史》第379页，图片上布满裂隙的建筑为里勃斯金设计的柏林犹太人博物馆，建筑平面为曲尺形，为解构主义代表作。A、B、C三项不符，故应选D。

答案：D

考点：现代主义之后的解构主义。

5-14-4 （2009）如题5-14-4图所示，两座建筑从左到右分别是(　　)。

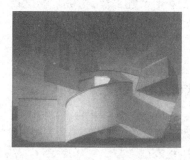 

题5-14-4图

A 盖里设计的德国维特拉家具设计博物馆，哈迪德设计的法国拉维莱特消防站

B 盖里设计的西班牙毕尔巴鄂古根汉姆博物馆，哈迪德设计的香港山顶俱乐部

C 盖里设计的德国维特拉家具设计博物馆，哈迪德设计的德国维特拉消防站

D 盖里设计的西班牙毕尔巴鄂古根汉姆博物馆，哈迪德设计的德国维特拉消防站

解析：根据《外国近现代建筑史》第385、381页，两座建筑从左至右分别为解构主义建筑师弗兰克·盖里与扎哈·哈迪德的作品。左为1987~1988年德国维特拉家具设计博物馆，右为1993年哈迪德设计的德国维特拉消防站。A、

B、D 选项不符，故应选 C。

答案： C

考点： 现代主义之后的解构主义。

5-14-5 （2007）题 5-14-5 图显示的是 1972 年 7 月 15 日一组现代主义建筑被炸毁拆除。这个事件被后现代建筑理论家詹克斯宣布为现代主义建筑的"死亡"。这组被炸毁的建筑是（　　）。

题 5-14-5 图

A 美国雷特本的试验住宅　　B 英国哈罗新城的试验住宅
C 美国圣路易斯的社区住宅　　D 芬兰赫尔辛基的社区住宅

解析： 1972 年 7 月 15 日下午 3 点 32 分位于美国密苏里州圣路易斯城的帕鲁伊特—伊戈（Pruitt-Igoe）居住区被炸毁拆除。1951 年该设计曾获得美国建筑师学会（AIA）奖。故应选 C。

答案： C

考点： 现代主义之后的后现代主义。

5-14-6 （2007）建筑师斯特恩将后现代建筑的特征总结为（　　）。

A 文脉主义、引喻主义、历史主义
B 文脉主义、折中主义、地域主义
C 文脉主义、装饰主义、历史主义
D 文脉主义、引喻主义、装饰主义

（注：此题 2004 年、2006 年考过）

解析： 根据《外国近现代建筑史》第 346 页，西方建筑界在 20 世纪 60 年代以后开始出现了所谓后现代主义思潮与实践。建筑师斯特恩将后现代建筑的特征总结为"文脉主义"（Contextualism）、"引喻主义"（Allusionism）、"装饰主义"（Ornamentalism）。故应选 D。

答案： D

考点： 现代主义之后的后现代主义。

5-14-7 （2007）"批判的地域主义"（Critical Regionalism）的学说是由谁提出的？

A C·诺伯格·舒尔茨　　B K·弗兰姆普敦
C A·阿尔托　　D L·巴拉干

解析：根据《外国近现代建筑史》第368页，20世纪80年代K•弗兰姆普敦发表了"批判的地域主义"学说，总结了"批判地域主义"倾向的七个特征。它使新地域主义的倾向区别于19世纪浪漫地域主义。故应选B。

答案：B

考点：现代主义之后的新地域主义。

5-14-8 (2003) 下述几个现代建筑思潮的英文译称，哪一个是不合适的：

  A Brutalism——粗野主义   B Formalism——典雅主义
  C Functionalism——功能主义   D Rationalism——地区主义

解析：Rationalism是理性主义。地域主义是Regionalism。A、B、C英文译称都正确，故应选D。

答案：D

考点：现代主义之后的新地域主义。

5-14-9 (2007) 下述哪两本书是罗伯特•文丘里所著？

  A 《后现代建筑语言》、《向拉斯维加斯学习》
  B 《建筑的复杂性与矛盾性》、《向拉斯维加斯学习》
  C 《后现代建筑语言》、《建筑的复杂性与矛盾性》
  D 《建筑的意义》、《后现代建筑语言》

解析：根据《外国近现代建筑史》第336、339页，罗伯特•文丘里于1966年发表的《建筑的复杂性与矛盾性》是最早对现代主义建筑公开宣战的建筑理论著作。1972年发表《向拉斯维加斯学习》进一步发展了他的理论学说，成为后现代主义建筑的重要著作。故应选B。

答案：B

考点：现代主义之后的后现代主义。

5-14-10 (2007) 以下哪位建筑师不属于"纽约五"的成员？

  A P•埃森曼   B M•格雷夫斯
  C F•盖里   D J•海杜克

解析：根据《外国近现代建筑史》第389页，"纽约五"指1969年在纽约现代艺术博物馆举办的一个介绍当时并非很有名气的5位建筑师的作品展。因其作品为独立式住宅，并具有共同特征：简单的几何形，类似勒•柯布西耶早期的建筑风格。1972年出版了介绍其作品及评论文章的书《五位建筑师》，因此他们又被称"纽约五"。但F•盖里并不在其中。另两位建筑师是R•迈耶和C•格瓦斯梅。F•盖里是解构主义思潮中的代表性建筑师之一。故应选C。

答案：C

考点：现代主义之后的新现代。

5-14-11 (2008) 下列哪个建筑不是福斯特设计的？

  A 法兰克福商业银行大厦   B 柏林国会大厦改建
  C 伦敦劳埃德大厦   D 香港汇丰银行大厦

解析：根据《外国近现代建筑史》第404页，伦敦劳埃德保险大厦为高技派建筑师理查德·罗杰斯设计。因此A、B、D三项不符，故应选C。

答案： C

考点： 现代主义之后高技派的新发展。

5-14-12 (2003)《建筑的复杂性与矛盾性》一书是代表哪种思潮的哪位建筑师的理论著作？

A 高技派，罗杰斯　　　　　B 现代主义，路易斯·康
C 解构主义，彼得·艾森曼　　D 后现代主义，文丘里

解析： 根据《外国近现代建筑史》第336页，美国建筑师文丘里1966年发表《建筑的复杂性与矛盾性》一书，是最早对现代建筑公开宣战的理论著作，文丘里也因此成为后现代主义思潮的核心人物。故应选D。

答案： D

考点： 现代主义之后的后现代主义。

5-14-13 (2003) 俄亥俄州立大学维克斯纳视觉艺术中心是由哪位建筑师设计的？他属于哪种流派的建筑？

A 贝聿铭，现代主义　　　　B 艾森曼，解构主义
C 文丘里，后现代主义　　　D 柯里亚，地方主义

解析： 根据《外国近现代建筑史》第374页，美国建筑师艾森曼在不断发展自己充满哲理的建筑理论与实践过程中，成了解构主义思潮中颇具哲学意味的风云人物。艾森曼80年代引起广泛关注的作品是俄亥俄州立大学维克斯纳视觉艺术中心。故应选B。

答案： B

考点： 现代主义之后的解构主义。

5-14-14 纽约AT&T大厦的设计人是（　　）。

A 贝聿铭　　B 约翰逊　　C 格雷夫斯　　D 艾森曼

解析： 根据《外国近现代建筑史》第341页，纽约电话电报公司总部大厦是由约翰逊设计。约翰逊原是具有明显密斯风格的建筑师。20世纪50年代转变为"非密斯派"。1984年建成的AT&T大厦就是离开密斯式玻璃幕墙形式并带有模仿欧洲文艺复兴建筑的形式元素的建筑。故应选B。

答案： B

考点： 现代主义之后的后现代主义。

5-14-15 《建筑的复杂性与矛盾性》的作者是（　　）。

A 文丘里　　B 穆尔　　C 斯特恩　　D 詹克斯

解析： 根据《外国近现代建筑史》第336页，《建筑的复杂性与矛盾性》是后现代主义代表人物罗伯特·文丘里1957年在宾夕法尼亚大学讲课后出版的一本有关后现代主义的重要著作。故应选A。

答案： A

考点： 现代主义之后的后现代主义。

5-14-16 意大利广场的圣约瑟喷泉的设计者是（　　）。

A 理查德·迈耶　　　　　B 格雷夫斯

  C　文丘里　　　　　　　　　D　查理斯·穆尔

解析：根据《外国近现代建筑史》第339页，意大利广场的圣约瑟喷泉是由美国后现代主义的代表人物查理斯·穆尔设计的。这是一个后现代主义建筑群和广场设计的例子。广场位于美国新奥尔良市，1979年建成。故应选D。

答案：D

考点：现代主义之后的后现代主义。

5-14-17 隐喻主义思想是（　　）思潮的产物。
  A　后现代主义　　　　　　　B　晚期现代主义
  C　解构主义　　　　　　　　D　新理性主义

解析：根据《外国近现代建筑史》第346页，隐喻与象征是建筑艺术中固有的一个特点，自古有之。但现代主义建筑根据当时的建筑发展状况，特别强调建筑的使用功能应是建筑设计的首要因素。而斯特恩把隐喻主义（Allusionism）作为后现代主义思潮的主要特征而加以强调。故应选A。

答案：A

考点：现代主义之后的后现代主义。

5-14-18 后现代主义的主要哲学思想是（　　）。
  A　强调应用传统形式　　　　B　强调应用地区性形式
  C　主张二元论　　　　　　　D　主张表达高技术

解析：根据《外国近现代建筑史》第336页，后现代主义的主要代表人物R·文丘里认为建筑师不应抱"非此即彼"的态度，而应将彼此对立的东西都包容下来。明确宣布"赞同二元论"的哲学思想。在建筑中可以采用片断、断裂、二元并置等处理手法。故应选C。

答案：C

考点：现代主义之后的后现代主义。

5-14-19 被认为是解构主义思潮的重要作品之一的拉维莱特公园的设计人是（　　）。
  A　格雷夫斯　　B　屈米　　C　埃森曼　　D　矶崎新

解析：根据《外国近现代建筑史》第371页，1982年为纪念法国大革命200周年的巴黎十大工程之一的拉维莱特公园举行国际设计竞赛，法国的B·屈米夺标。公园设计采用"点"、"线"、"面"三个系统的叠合。故应选B。

答案：B

考点：现代主义之后的解构主义。

5-14-20 美国俄亥俄州立大学的韦克斯纳视觉艺术中心建筑的设计人是（　　）。
  A　屈米　　B　哈迪德　　C　格雷夫斯　　D　埃森曼

解析：根据《外国近现代建筑史》第374页，该建筑也被认为是解构主义的代表作之一，是埃森曼在20世纪80年代的作品。也有人认为是文脉主义作品或后现代主义作品，他本人则强调是从场地本身发展出来的。故应选D。

答案：D

考点：现代主义之后的解构主义。

5-14-21 下列哪一座建筑是F·盖里设计的？

A 毕尔巴鄂古根海姆博物馆　　B 山顶俱乐部
C 哥伦布会议中心　　　　　　D 福斯特住宅

解析：根据《外国近现代建筑史》第 386 页，F·盖里在 20 世纪 90 年代设计的古根海姆博物馆位于西班牙北部毕尔巴鄂市。其形象独特，与以往的建筑艺术语言大不相同，被认为是解构主义建筑的代表作之一。故应选 A。

答案：A

考点：现代主义之后的解构主义。

5-14-22　20 世纪末在西南太平洋新喀里多尼亚首府努美阿为纪念卡纳克独立运动领导人而建成的吉巴欧文化中心，被称为哪种设计倾向？

A 新理性主义　　　　　　　　B 简约的设计倾向
C 新现代　　　　　　　　　　D 新地域主义

解析：根据《外国近现代建筑史》第 366~367 页，新地域主义是一种形式多样的建筑实践倾向，其共同的思想基础和努力目标是创造适应和表征地方精神的当代建筑。它关注从当地自然条件、传统习俗、地方文脉中去思考建筑的生成条件，使建筑获得场所感和归属感。吉巴欧文化中心由意大利建筑师皮亚诺设计。故应选 D。

答案：D

考点：现代主义之后的新地域主义。

5-14-23　(2005) 下列建筑大师与其作品的表述中何者是不对的？

A 贝聿铭设计了：巴黎卢浮宫扩建工程、波士顿肯尼迪图书馆
B 路易斯·康设计了：费城理查德医学研究楼、孟加拉国议会大厦
C 伦佐·皮阿诺设计了：日本关西机场航站楼、新喀里多尼亚吉芭欧文化中心
D 诺曼·福斯特设计了：伦敦劳埃德大厦、法兰克福商业银行大厦

解析：根据《外国近现代建筑史》第 404 页，伦敦劳埃德大厦设计人是罗杰斯。A、B、C 建筑大师与作品对应都是正确的，故应选 D。

答案：D

考点：现代主义之后高技派的新发展。

(十五) 历史文化遗产保护

5-15-1　(2010) 开启欧洲历史文化古城保护——古城新发展区与文物古迹保护区分开的通用做法的实例是（　　）。

A 佛罗伦萨安农齐阿广场（Plazza Annunziata）
B 罗马卡比多山市政广场（Piazza del Campidoglio）
C 威尼斯圣马可广场（Piazza San Marco）
D 罗马纳沃那广场（Piazza Navona）

解析：卡比多山冈位于古罗马市中心，其东南侧是古罗马罗曼努姆广场群，文艺复兴时期米开朗琪罗改建卡比多广场时，为了保护古罗马时期的遗迹，

把市政广场面向西北,背对旧区,将城市的发展引向新区。古城的新发展区和文物古迹保护区被分开,这成为后来欧洲历史文化古城保护的通用做法。故应选B。

答案:B

考点:古城新发展区与文物古迹保护区分开的实例。

5-15-2 (2010) 关于保护古迹园林的国际宪章是( )。

A 《威尼斯宪章》 B 《华盛顿宪章》
C 《佛罗伦萨宪章》 D 《北京宪章》

解析:国际古迹遗址理事会与国际历史园林委员会于1981年5月21日在佛罗伦萨召开会议,决定起草一份以该城市命名的历史园林保护宪章。本宪章即由该委员会起草,并由国际古迹遗址理事会,于1982年12月15日登记,作为涉及有关具体领域的《威尼斯宪章》的附件。故应选C。

答案:C

考点:《佛罗伦萨宪章》。

5-15-3 (2009) 下列哪一个国际文件不是主要涉及文化遗产保护的?

A 《华盛顿宪章》(1987年) B 《内罗毕建议》(1976年)
C 《里约宣言》(1992年)   D 《威尼斯宪章》(1964年)

解析:《里约宣言》又被称作生物多样性宣言,不是主要涉及文化遗产保护的。而《华盛顿宪章》、《内罗毕建议》和《威尼斯宪章》均符合文化遗产国际文件的属性。故应选C。

答案:C

考点:《里约宣言》。

5-15-4 (2008) 为了保护古代遗迹,将古城新发展区与文物古迹保护区分开的实例是( )。

A 佛罗伦萨安农齐阿广场 B 罗马卡比多山市政广场
C 威尼斯圣马可广场   D 罗马纳沃那广场

解析:罗马市政广场在古罗马的罗曼奴姆广场的西北侧,为了保护古迹,米开朗琪罗把市政广场面向西北,背对旧城区,把城市发展引向新区,把古城新发展区和文物古迹保护区分开。这成为后来欧洲文化历史古城保护的通用办法。故应选B。

答案:B

考点:古城新发展区与文物古迹保护区分开的实例。

5-15-5 (2008) "ICOMOS"的含义是( )。

A 国际景观建筑师联盟   B 国际工业遗产保护协会
C 文物建筑与历史地段国际会议 D 联合国教科文组织

解析:ICOMOS的含义是"文物建筑与历史地段国际会议"。其他A、B、D三项分别为:国际景观建筑师联盟IFLA,国际工业遗产保护协会TICCIH,联合国教科文组织UNESCO。故应选C。

答案:C

考点：文物建筑与历史地段国际会议。

5-15-6 (2007) 补足文物建筑缺失的部分，必须保持整体的和谐一致，但在同时又必须使补足的部分跟原来的部分有明显的区别。这一原则出自（　　）。
A 《华盛顿宪章》　　　　　B 《佛罗伦萨宪章》
C 《威尼斯宪章》　　　　　D 《蒙特利尔宣言》
解析：上述原则出自《威尼斯宪章》中有关修复古建筑的部分，以防止补足部分使原有的艺术和历史见证失去真实性。故应选C。
答案：C
考点：《威尼斯宪章》。

5-15-7 (2006) 国际历史文化遗产保护中，关于保护文物建筑的第一个国际宪章是（　　）。
A 《雅典宪章》　　　　　　B 《华盛顿宪章》
C 《内罗毕宪章》　　　　　D 《威尼斯宪章》
解析：1964年联合国教科文组织在威尼斯召开第二届历史古迹建筑师及技术国际会议上，通过了著名的《国际古迹保护与修复宪章》即《威尼斯宪章》。这是国际历史文化遗产保护发展中，关于保护文物建筑的第一个国际宪章。故应选D。
答案：D
考点：《威尼斯宪章》。

5-15-8 (2004) 针对保护文物建筑及历史地段而制定的著名文献是（　　）。
A 《马丘比丘宪章》　　　　B 《华沙宣言》
C 《伊斯坦布尔宣言》　　　D 《威尼斯宪章》
解析：《威尼斯宪章》(1964年) 是一部保护历史文物建筑及历史地段的国际宪章，它提出历史文物建筑的概念不仅包括个别的建筑物，而且包括能够见证某种文明发展的城市或乡村环境。故应选D。
答案：D
考点：《威尼斯宪章》。

5-15-9 (2004) 为保持文物建筑的历史可读性和历史真实性，修复中任何增添部分都必须跟原有部分有所区别。这一原则是在以下哪项中确定的？
A 《雅典宪章》　　　　　　B 《内罗毕建议》
C 《华盛顿宪章》　　　　　D 《威尼斯宪章》
解析：《威尼斯宪章》第九项规定："修复必须尊重原始资料和确凿的文献，任何一点不可避免的增添部分都必须跟原有部分明显地区别开来……"故应选D。
答案：D
考点：《威尼斯宪章》。

5-15-10 《威尼斯宪章》中规定哪些内容属于被保护的历史文物建筑？
A 个别杰出的建筑物
B 能够见证某种文明发展的城乡环境

C 能够见证某种历史事件的城乡环境

D 上述三项全包括在内

解析：《威尼斯宪章》第一章中规定"历史文物建筑的概念，不仅包括个别的建筑作品，而且包括能够见证某种文明、某种有意义的发展或某种历史事件的城市或乡村环境"。故应选 D。

答案：D

考点：《威尼斯宪章》。

5-15-11 对《雅典宪章》过分强调功能分区的做法提出批评和否定的重要文献是（　　）。

A 《威尼斯宪章》　　　　　　　B 《城市——它的发展、衰败与未来》

C 《马丘比丘宪章》　　　　　　D 《北京宪章》

解析：发表于1977年的《马丘比丘宪章》对《雅典宪章》作了历史的评价，并根据新的情况修正发展了《雅典宪章》的思想与原则。故应选 C。

答案：C

考点：《马丘比丘宪章》。

六 城市规划基础知识

（一）城市与城市规划理论

6-1-1 (2009)《周礼·考工记》体现我国古代城市规划思想是（　　）。
A 以管子为代表的自然至上理念
B 崇尚商品经济和世俗生活的规划思想
C 道家"天人合一"的理念
D 以儒家为代表的维护礼制、皇权至上的理念

解析：《周礼·考工记》记述了关于周朝王城建设的制度，是按封建等级而规定城市用地、道路宽度、城门数目、城墙高度的差别。其城市布局为皇城居中，社会等级分明。其城市规划思想，体现了以儒家为代表的维护礼制、皇权至上的理念。

答案：D

6-1-2 (2009) 1933年国际现代建筑协会（CIAM）发表了《雅典宪章》，该宪章最核心的城市规划思想是（　　）。
A 城市历史保护　　　　　B 田园城市
C 城市功能分区　　　　　D 城市设计的研究

（注：此题2007年考过）

解析：《雅典宪章》首先提出城市规划的目的是解决居住、工作、游憩与交通四大活动的正常进行，城市规划的核心是解决好城市功能分区。

答案：C

6-1-3 (2009) 下列哪项不属于"可持续发展"概念的要求？
A 生态的可持续性
B 充分利用优质地下资源
C 社会、文化、经济领域的可持续性
D 其核心是发展

解析："可持续发展"的概念是指"既能满足当代人的需要，又不对子孙后代满足其需要的能力构成危害的发展"。

答案：B

6-1-4 (2008) 在我国古代开始出现城市雏形的安阳殷墟，是属于哪个朝代的？

---

❶ 本章及后面几套试题的提示中《城市居住区规划设计标准》GB 50180—2018和《城市用地分类与规划建设用地标准》GB 50137—2011引用次数较多，我们分别采用了简称《居住区标准》和《城市用地标准》。

A 夏　　　　　　B 商　　　　　　C 周　　　　　　D 秦

解析： 商代开始出现了我国的城市雏形。商代早期建的河南偃师商城，中期建设的位于今天郑州的商城和安阳的殷墟。

答案： B

6-1-5 （2008）在春秋战国时期，伍子胥提出"相土尝水、象天法地"的规划思想，他主持建造的阖闾城是哪国的国都？

A 吴国　　　　　B 燕国　　　　　C 赵国　　　　　D 鲁国

解析： 战国时代，伍子胥提出"相土尝水，象天法地"的规划思想，并主持规划建造了吴国国都阖闾城。他充分考虑了江南水乡特点，水网密布，交通便利，排水通畅，展示了水乡城市规划的高超技巧。

答案： A

6-1-6 （2008）我国从哪个朝代逐渐废除了里坊制而代之以开放的街巷制？

A 汉朝　　　　　B 南北朝　　　　C 宋朝　　　　　D 元朝

（注：2006 年考过类似的题）

解析： 宋代时，由于商品经济的发展，在开封城中开始出现了开放的街巷制，延绵千年的里坊制度逐渐被废除，这是中国古代城市规划思想的重要发展。

答案： C

6-1-7 （2008）关于 20 世纪前期国外发展的卫星城镇，以下叙述哪项有误？

A 从发展过程划分为卧城、半独立卫星城及全独立新城三种模式

B 其规模由小变大

C 新城可提供多种就业机会，有完整的公共文化生活服务设施

D 新城的代表为二战前建设的瑞典的魏林比（Vallinby）

解析： 在瑞典首都斯德哥尔摩附近建立的卫星城市魏林比（Vallinby）是半独立的，对母城有较大的依赖性。

答案： D

6-1-8 （2008）以下哪项不属于《马丘比丘宪章》对城市规划所提的观点？

A 以小汽车作为城市的主要交通工具，据以制定交通量

B 在发展交通与能源危机之间取得平衡

C 不应为追求城市功能分区，而忽视城市的有机组织

D 努力创造综合的多功能的生活环境

解析：《马丘比丘宪章》认为《雅典宪章》提出的某些原则是正确的，但也指出，把小汽车作为主要交通工具和制定交通流量的依据的政策，应改为使私人车辆服从于公共客运系统的发展，要注意在发展交通与"能源危机"之间取得平衡。

答案： A

6-1-9 （2008）关于环境保护的可持续发展的基本要点，以下哪项有错误？

A 环境保护是发展的组成部分

B 环境质量是发展水平和发展质量的根本标志

C 环境权利和环境义务是互相对立的

D 环境是主题，只有发展才能克服环境危机

解析：环境权利和环境义务是一致的、统一的。

答案：C

6-1-10 （2007）对大城市过分膨胀带来的弊病提出有机疏散思想理论的是（   ）。
A 伊利尔·沙里宁　　　　　　　　B 霍尔·爱华德
C 阿尔瓦·阿尔托　　　　　　　　D 丹下健三

解析：为解决城市膨胀而产生的"城市病"，伊利尔·沙里宁在1934年出版的《城市——它的发展、衰败与未来》一书中提出了有机疏散理论。

答案：A

6-1-11 （2007）比较勒·柯布西耶与赖特两人的城市规划理论，他们的共性是（   ）。
A 向高层发展　　　　　　　　　　B 反对大城市
C 大量的绿化空间　　　　　　　　D 增加人口密度

解析：勒·柯布西耶写了《明日的城市》一书，主张减少市中心的建筑密度、增加人口密度，建筑向高层发展，增加道路宽度及两旁的空地、绿地；赖特发表的"广亩城"，提出反集中的空间分散的规划理论，他认为大都市将死亡，美国人将走向乡村。对比两人的规划理论，他们的共性，即都有大量的绿化空间。

答案：C

6-1-12 （2007）1999年第20届国际建协（UIA）在北京召开，大会的主题是（   ）。
A 可持续发展的建筑　　　　　　　B 生态节能建筑
C 城市化的建筑　　　　　　　　　D 面向21世纪的建筑学

解析：1999年第20届国际建协（UIA）在北京召开，大会的主题是"面向21世纪的建筑学"。

答案：D

6-1-13 （2006）"筑城以卫君，造郭以守民"是战国时期列国都城普遍采用的布局模式。其中"郭"的意思是（   ）。
A 城墙　　　　B 护城河　　　　C 内城　　　　D 外城

解析：战国时期形成了大小套城的都城布局模式，即城市居民居住在称之为"郭"的大城，统治者居住在称之为"王城"的小城。大城即为外城。

答案：D

6-1-14 （2006）以城市广场为中心，以方格网道路系统为骨架的城市布局模式最早出自于（   ）。
A 古希腊的希波丹姆（Hippodamns）
B 古罗马的维特鲁威（Vitruvius）
C 《周礼·考工记》
D 19世纪的西特（Camillo Sitte）

解析：公元前500年的古希腊城邦时期，在城市建设中有希波丹姆模式，提出了方格形的道路系统和广场设在城市中心等建设原则。

答案：A

6-1-15 (2006)"因天材，就地利，故城郭不必中规矩，道路不必中准绳"的思想见于（　　）。

A 《周礼》　　　B 《商君书》　　　C 《管子》　　　D 《墨子》

解析：《管子》立正篇记载："因天材，就地利，故城郭不必中规矩，道路不必中准绳。"

答案：C

6-1-16 (2007) 对城市可持续性发展的理解，不全面的是（　　）。

A 对资源合理利用、少用不可再生资源、高效低耗是持续性发展，而非掠夺性发展

B 中心内容是生态的可持续性发展，不涉及社会、文化等领域

C 要从全局、长远的观点考虑发展，只顾眼前短期局部效益可能得不偿失，是饮鸩止渴

D 减少对自然界的污染和遗留废弃物

解析：可持续性发展的核心内容是资源环境保护与经济社会发展要兼顾。提出了控制人口增长，保护自然基础，开发再生资源三大途径。这些措施都要涉及社会、文化等领域。

答案：B

6-1-17 (2006)"可持续发展"(Sustainable Development)的观念第一次在国际社会正式提出是在（　　）。

A 罗马俱乐部《增长的极限》

B 1972 年联合国在斯德哥尔摩召开的人类环境会议通过的《人类环境宣言》

C 1976 年人居大会（Habitat）

D 1978 年联合国环境与发展大会

解析：1978 年联合国环境与发展大会第一次在国际社会正式提出"可持续的发展"的观念。1987 年世界环境与发展委员会向联合国提出了题为《我们共同的未来》的报告，对可持续发展的内涵作了界定和详尽的立论阐述。

答案：D

6-1-18 (2006)"只有一个地球"的口号第一次提出于（　　）。

A 英国经济学家马尔萨斯（T. R. Malthus）的《人口原理》

B 1972 年联合国在斯德哥尔摩召开的人类环境会议通过的《人类环境宣言》

C 1976 年人居大会（Habitat）

D 1992 年第二次环境与发展大会通过的《环境与发展宣言》和《全球 21 世纪议程》

解析：1972 年联合国在斯德哥尔摩召开的人类环境会议通过的《人类环境宣言》，第一次提出"只有一个地球"的口号。

答案：B

6-1-19 (2006) 城市居住区规划中"邻里单位"(Neighborhood)规模的确定和控制决定于（　　）。

A 小学的设置　　　　　　　　B 商业中心的设置
C 机动车道的设置　　　　　　D 公共绿地的设置

解析：在城市居住区规划中，首先考虑的是幼儿上学不要穿越交通道路，"邻里单位"内要设置小学，以此决定并控制"邻里单位"的规模。

答案：A

6-1-20 （2006）发达国家大致在20世纪70年代相继完成了城市化进程，步入后城市化阶段，其标志是(　　)。

A 城市化水平达到100%
B 城市化水平达到90%或以上
C 城市化水平达到70%或以上
D 城市化水平达到50%或以上

解析：据世界范围统计，1980年19个发达国家的城市化水平达到了76%。

答案：C

6-1-21 （2005）下述元大都城市布局的特点和理论，哪项不对？

A 受儒家社会等级和秩序思想的影响
B 反映"天人合一"的规划思想
C 表现院落组群要分清主次尊卑的意图
D 是大小套城的模式，"筑城以卫君，造郭以守民"的意念

解析：元大都是按照《周礼·考工记》规划建设的都城，是中国封建社会后期的都城代表，其城市空间布局深受儒家社会等级和秩序思想的影响。而不是反映"天人合一"的规划思想。

答案：B

6-1-22 （2005）我国春秋战国时代，在城市规划的思想发展史上有一本从思想上完全打破了周礼单一模式束缚的名著是(　　)。

A 《墨子》　　　B 《孙子兵法》　　　C 《管子》　　　D 《商君书》

解析：《管子》立正篇："凡立国都，非于大山之下，必于广川之上，高勿近阜而水用足，低勿近水而沟防省。因天材，就地利，故城郭不必中规矩，道路不必中准绳。"从思想上完全打破了周礼单一模式的束缚。

答案：C

6-1-23 （2005）20世纪前叶现代建筑运动中关于城市规划主张的叙述，以下哪项有误？

A 勒·柯布西耶1925年发表《城市规划设计》提出空间集中理论
B 伊利尔·沙里宁在1934年发表《广亩城市：一个新的社区规划》提出反集中的空间分散规划理论
C 两主张标志着现代建筑运动向学院派及古典主义的冲击扩展到了城市规划领域
D 两理论的共同点是在规划中有大量的绿化空间，重视电话、汽车等新技术对城市的影响

解析：赖特在1935年发表《广亩城市：一个新的社区规划》提出反对集中，

主张空间分散的规划理论，而不是伊利尔·沙里宁发表的。

答案：B

6-1-24 （2005）马丘比丘宪章的主张是（　　）。

Ⅰ．把小汽车作为城市的主要交通工具

Ⅱ．要注意发展交通与"能源危机"之间应取得的平衡

Ⅲ．城市规划在于综合生活、工作、休憩、交通四项基本功能，并采取城市功能分区法

Ⅳ．提出生活环境与自然环境的和谐问题

A　Ⅰ、Ⅲ　　　　B　Ⅱ、Ⅳ　　　　C　Ⅱ、Ⅲ　　　　D　Ⅰ、Ⅳ

解析：《马丘比丘宪章》提出：要使私人车辆服从公共客运系统的发展，要在发展交通与"能源危机"之间取得平衡。提出生活环境与自然环境的和谐问题。

答案：B

6-1-25 （2004）"匠人营国，方九里，旁三门，国中九经九纬，经涂九轨，左祖右社，前朝后市，市朝一夫。"这段文字出自（　　）。

A　《营造法式》　　　　　　　　B　《营造法源》
C　《道德经》　　　　　　　　　D　《周礼·考工记》

解析：《周礼·考工记》记述了周代王城建设的空间布局："匠人营国，方九里，旁三门，国中九经九纬，经涂九轨，左祖右社，前朝后市，市朝一夫。"

答案：D

6-1-26 （2004）对《雅典宪章》过分强调功能分区的做法提出批评和否定的重要文献是（　　）。

A　《威尼斯宪章》

B　《城市——它的发展、衰败与未来》

C　《马丘比丘宪章》

D　《北京宪章》

解析：《马丘比丘宪章》认为：《雅典宪章》过分强调城市规划追求功能分区的办法，忽略了城市中人与人之间多方面的联系，而应创造一个综合的、多功能的生活环境。

答案：C

6-1-27 （2004）19世纪末奥地利建筑师卡米罗·西特（Camillo Sitte）的著作《建筑城市的艺术》总结了以下哪项经验？

A　古罗马城市设计　　　　　　　B　中世纪城市设计
C　文艺复兴城市设计　　　　　　D　巴洛克时期城市设计

解析：卡米罗·西特的著作《建筑城市的艺术》，是关于中世纪城市景观的描述。

答案：B

6-1-28 城市是人类第几次劳动大分工的产物？

A　一　　　　　B　二　　　　　C　三　　　　　D　四

解析：城市是生产发展和人类第二次劳动大分工的产物。
答案：B

6-1-29 城市的产生、发展和建设受（　　）、经济、文化、科学技术等多种因素影响。
A 政治　　　　B 政府　　　　C 社会　　　　D 地理环境
解析：受社会、经济、文化、科学技术等多种因素影响。原句见《城市规划原理》❶ 第一章第二节。
答案：C

6-1-30 《周礼·考工记》成书于哪个时期？记述了关于哪个朝代王城建设的制度？
A 战国时期，秦代　　　　　　B 春秋战国，周代
C 汉朝，长安　　　　　　　　D 隋代，洛阳
解析：成书于春秋战国之际。记述了周代王城建设的制度。原句见《城市规划原理》第二章第一节。
答案：B

6-1-31 西方古代在城市建设中提出了（　　）设在城中心的建设原则。
A 宫城　　　　B 广场　　　　C 市政厅　　　　D 花园
解析：公元前500年的古希腊城邦时期，提出了方格形的道路系统和广场设在城中心等建设原则。见《城市规划原理》，公元前500年的古希腊城邦时期，提出了以城市广场为中心，道路系统为骨架的希波丹姆模式。
答案：B

6-1-32 1898年英国人霍华德提出了什么理论？
A 卫星城市　　　B 田园城市　　　C 广亩城市　　　D 现代城市
解析：1898年英国人霍华德提出田园城市理论。他提倡社会改革，用城乡一体的新社会结构形态来控制城市膨胀，对人口密度、城市经济、城市绿化提出了见解。
答案：B

6-1-33 （　　）年国际现代建筑协会（CIAM）在（　　）开会，制定了"城市规划大纲"，后称为《雅典宪章》。
A 1978，利马　　B 1933，雅典　　C 1946，雅典　　D 1952，雅典
解析：1933年国际现代建筑协会（CIAM）在雅典开会，制定了"城市规划大纲"，后称为《雅典宪章》，大纲首次提出城市规划的目的是解决居住、工作、游憩与交通四大活动功能的正常运行。
答案：B

6-1-34 我国的《城乡规划法》于（　　）年10月的第十届（　　）第三十次会议通过？
A 1955，全国人大　　　　　　B 1989，全国政协
C 2007，全国人大常委会　　　D 1989，国务院
解析：2007年10月第十届全国人民代表大会常务委员第三十次会议通过了《中华人民共和国城乡规划法》，用法律形式肯定了城市规划在国家建设中的

---

❶ 该《城市规划原理》为中国建筑工业出版社出版的第四版，后简称《城市规划原理》。

地位和作用。

答案：C

6-1-35 中国古代城市规划建设中，由街坊制代替里坊制是从哪代都城开始的？

A 北魏洛阳　　B 隋唐长安　　C 隋唐洛阳　　D 北宋汴梁

解析：唐及以前的都城采用"里坊制"，把居民关在里坊的围墙之内，实行夜禁。宋代工商业的大发展要求突破这种封建统治的桎梏，宋都汴梁是由一个州治扩建而成的，无法适应这种形势，拆除坊墙，里坊制度被破坏，代之以沿街设市肆，巷内建住房的街坊制度。

答案：D

（二）城市规划的工作内容和方法

6-2-1 （2007）编制城市规划一般分为以下哪两个阶段？

A 总体规划与分区规划　　B 总体规划与城市设计
C 分区规划与详细规划　　D 总体规划与详细规则

解析：《中华人民共和国城乡规划法》（2019修正）第一章第二条：本法所称城乡规划，包括城镇体系规划、城市规划、镇规划、乡规划和村庄规划。城市规划、镇规划分为总体规划和详细规划。详细规划分为控制性详细规划和修建性详细规划。

答案：D

6-2-2 （2004）以下各项中哪一项不属于控制性详细规划编制的内容？

A 确定规划范围内各类不同使用性质用地的界线
B 规定各类用地内适建、不适建的建筑类型、建筑高度、密度、容积率、绿地率等指标
C 规定交通出入口方位、停车位、建筑退线要求
D 估算工程量、拆迁量和总造价，分析投资效益

解析：见《城市规划编制办法》（建设部令第146号）第四章第四节第四十三条：修建性详细规划应当包括下列内容：

（一）建设条件分析及综合技术经济论证。

（二）建筑、道路和绿地等的空间布局和景观规划设计，布置总平面图。

（三）对住宅、医院、学校和托幼等建筑进行日照分析。

（四）根据交通影响分析，提出交通组织方案和设计。

（五）市政工程管线规划设计和管线综合。

（六）竖向规划设计。

（七）估算工程量、拆迁量和总造价，分析投资效益。

答案：D

6-2-3 城市规划的任务是根据一定时期经济社会的发展目标，确定城市（　　）和发展方向。

A 建设方针　　B 艺术布局　　C 性质、规模　　D 交通、组织

解析：确定城市性质、规模和发展方向。
答案：C

6-2-4 城乡规划应包括下列分项规划，其中哪项有误？
A 城乡体系规划　　B 城市规划　　C 乡规划　　D 村庄规划
解析：《中华人民共和国城乡规划法》第一章第二条中提到本法所称城乡规划，包括城镇体系规划、城市规划、镇规划、乡规划和村庄规划。其中不包括A项城乡体系规划，A项有误，故答案选A。
答案：A

6-2-5 修建性详细规划内容不包含下列哪一项？
A 工程管线规划设计　　　　　　B 景观规划设计
C 容积率控制指标　　　　　　　D 道路系统规划设计
解析：《城乡规划编制办法》第四十三条，对修建性详细规划的内容要求如下。
(1) 建设条件分析及综合技术经济论证。
(2) 建筑、道路和绿地等的空间布局和景观规划设计，布置总平面图。
(3) 对住宅、医院、学校和托幼等建筑进行日照分析。
(4) 根据交通影响分析，提出交通组织方案和设计方案。
(5) 市政工程管线规划设计和管线综合。
(6) 竖向规划设计。
(7) 估算工程量、拆迁量和总造价，分析投资效益。
C项容积率控制指标不符，故答案选C。
答案：C

(三) 城市性质与城市人口

6-3-1 (2009) 确定城市性质的主要依据和方法中，下列哪项错误？
A 综合分析城市的主导因素及其特点
B 明确其主要职能及发展方向
C 定性分析与定量分析相结合
D 以城市的"共性"作为城市的性质
解析：城市性质是由城市形成与发展的主导基本因素的特点所决定的，而非由城市的"共性"所决定。
答案：D

6-3-2 (2005) 对城市发展规模与环境容量关系的论述，错误的是(　　)。
A 规模太小导致规模效益差，造成城市基础设施、社会服务、择业、生产及生活等方面的发展受限制
B 规模太大导致人与自然疏远、交通拥堵、居住与工作距离过远，使得管理运行的成本提高
C 城市发展与城市建设投资之间是一个线性函数关系

D 城市合理规模的"门槛理论"是客观存在的

解析： 门槛理论又称为临界分析（Threshold analysis），由20世纪50年代波兰人B·马利兹提出：对于在城市成长过程中某些限制其发展的极限或障碍的研究。理论中，这种极限称为发展的临界。可分为实体上的，指由自然环境造成的；技术上的，指与基础设施系统有关的；结构上的，指城市中某些部分（如市中心）需要重建。该方法力图通过造价的比较，和对城市扩充的各种可能途径所造成的人口数量的比较，找出最经济的途径来克服一系列极限因素。其基本思想就是城市的建设是跳跃式的而非简单的函数关系。

答案： C

6-3-3 下列哪一项不是城市人口变化的主要表现？

A 自然增长率 B 机械增长率
C 人口平均增长率 D 人口死亡率

解析： 人口死亡率是反映市民的健康指标。

答案： D

（四）城 市 用 地

6-4-1 在城市用地条件分析中，地质条件不包括下列哪一项？

A 水文地质 B 冲沟
C 地震 D 矿藏

解析： 地质条件包括建筑地基、滑坡与崩塌、冲沟、地震、矿藏等，不包括水文地质。

答案： A

6-4-2 居住建筑用地适用坡度范围是指下列哪一项？

A 0.5%～2% B 0.2%～25%
C 0.3%～0.6% D 0.3%～0.8%

解析：《城市用地竖向规划规范》CJJ 83—2016 中第4.0.4条和《城市规划原理》第十一章第二节均为 0.2%～25%。

城市主要建设用地适宜规划坡度 表4.0.4

用地名称	最小坡度（%）	最大坡度（%）
工业用地	0.2	10
仓储用地	0.2	10
铁路用地	0	2
港口用地	0.2	5
城市道路用地	0.2	8
居住用地	0.2	25
公共设施用地	0.2	20
其他		

答案： B

6-4-3 城市建设用地划分为( )大类。
A 4　　　　　　B 8　　　　　　C 43　　　　　　D 78

解析：《城市用地标准》规定，城市建设用地按使用性质划分为8大类、35中类、42小类三个类别。8大类是居住、公共管理与公共服务设施、商业服务业、工业、物流仓储、道路与交通、公用设施、绿地与广场用地。

答案：B

6-4-4 下列哪一项不属于城市建设用地8大类之一？
A 居住用地　　　　　　　　　　B 绿地与广场
C 道路与交通用地　　　　　　　D 文化设施用地

解析：见《城市用地标准》第2.02条，城市建设用地分为8大类：R—居住用地，A—公共管理与公共服务用地，S—道路与交通设施用地，U—公用设施用地，W—物流仓储用地，B—商业服务业设施用地，M—工业用地，G—绿地与广场用地。

答案：D

6-4-5 从使用性质分，依新国标规定城市公用设施用地分为几类？
A 4中类　　　　B 10中类　　　　C 46中类　　　　D 73中类

解析：见《城市用地标准》续表四，公用设施用地分为四中类：U1—供应设施用地，U2—环境设施用地，U3—安全设施用地，U9—其他公用设施用地。

答案：A

6-4-6 根据《城市用地分类与规划建设用地标准》的规定，居住用地、商业服务业设施用地、道路与交通设施用地和绿地与广场用地分别用以下哪四个代码表示？
A R、E、D、G　　B J、G、D、L　　C R、P、T、G　　D R、B、S、G

解析：《城市用地标准》规定，居住用地、商业服务业设施用地、道路与交通用地和绿地与广场用地分别用R、B、S、G四个代码表示。

答案：D

6-4-7 下列哪项表述，不符合《城市用地分类与规划建设用地标准》的规定？
A 规划人均城市建设用地指标65~115m²/人，共分七级
B 城市建设用地应包括水域和其他用地
C 在计算建设用地标准时，人口数以常住人口数为准
D 城市的居住用地应占总建设用地的25%~40%

解析：同6-4-4题解析。

答案：B

6-4-8 根据新国标，城乡用地类别代码H、E分别代表什么用地？
A 城市建设用地和医疗用地　　　B 村庄建设用地和港口用地
C 建设用地和非建设用地　　　　D 镇建设用地和农业用地

解析：《城市用地标准》规定，H代表建设用地，E代表非建设用地。

答案：C

6-4-9 根据新国标，城市建设用地代码B和U分别代表什么用地？

A 居住用地和物流仓储用地
B 公用设施用地和工业用地
C 商业服务业用地和机场用地
D 商业服务业设施用地和公用设施用地

解析：《城市用地标准》规定 B 代表商业服务业设施用地，U 代表公用设施用地。

答案：D

6-4-10 新城市用地分类，哪项表述是正确的?
A 用地分类包括城乡用地分类和城市建设用地分类两部分
B 城乡用地分为城镇用地和乡村用地两大类
C 城乡用地不包括城市建设用地
D 区域公用设施用地分属于城市建设用地

解析：《城市用地标准》规定，用地分类包括城乡用地分类和城市建设用地分类两部分。

答案：A

6-4-11 根据新国标，在城市建设用地面积标准中，下列哪一项是错的?
A 人均居住用地面积指标为 18～22m²/人
B 人均公共管理与公共服务设施用地面积不应小于 5.5m²/人
C 道路与交通设施用地面积不应小于 12m²/人
D 绿地与广场用地面积不应小于 10m²/人

解析：《城市用地标准》规定：规划人均居住用地面积指标在Ⅰ、Ⅱ、Ⅵ、Ⅶ气候区为 28～38m²/人，在Ⅲ、Ⅳ、Ⅴ气候区为 23～36m²/人。

答案：A

6-4-12 根据新国标，规划城市建设用地结构中，哪项指标是错的?
A 居住用地占城市建设用地的 25%～40%
B 工业用地占城市建设用地的 15%～30%
C 道路与交通设施用地占 10%～25%
D 绿地与广场用地占 20%～25%

解析：《城市用地标准》规定：绿地与广场用地占城市建设用地的 10%～15%。

答案：D

（五）城市的组成要素及规划布局

6-5-1 城市规划中工业布局的基本要求，不含下列哪一项?
A 建设用地的综合要求　　　　B 交通运输要求
C 防止工业对城市环境污染的要求　D 工程地质条件要求

解析：工程地质条件是具体建筑工程必须考虑的条件，但不是城市工业布局的基本要求。

答案：D

6-5-2 如题 6-5-2 图所示,哪一个机场的位置在城市规划布局中最好?

A a　　　　　　B b
C c　　　　　　D d

解析:机场的位置应在城市沿主导风向的两侧为宜。

答案:D

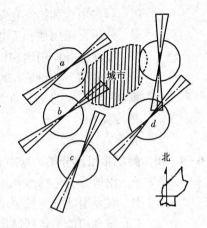

题 6-5-2 图

6-5-3 下面哪项内容不是居住用地选择的必要因素?

A 有良好的自然条件
B 与工业保持环保距离,靠近就业区
C 符合居民生活行为规律的设施
D 依托现有城区,充分利用原有设施

解析:符合居民生活行为规律,是居住用地的规划组织原则,不是选址原则。

答案:C

6-5-4 下列哪一项不属于城市公共设施的规划要求内容?

A 公共设施项目要成套配置
B 公建分布要结合城市交通组织
C 公建布置要考虑城市景观组织要求
D 公建布置要靠近绿地

解析:依据《城市规划原理》第381页,公共设施规划要求如下。

(1) 公共设施项目要合理配置。
(2) 各类公共设施要按照与居民生活的密切程度确定合理的服务半径。
(3) 公共设施的分布要结合城市交通组织来考虑。
(4) 根据公共设施本身的特点及其对环境的要求进行布置。
(5) 公共设施布置要考虑城市景观组织的要求。
(6) 公共设施的分布要考虑合理的建设时序。
(7) 公共设施的布置要充分利用城市原有基础。

以上要求中不包括D选项,故答案选D。

答案:D

6-5-5 居住用地的选择原则,下列哪项是错的?

A 有良好的自然条件　　　　　　B 要远离工业区
C 用地数量与形态要适当集中布置　　D 依托现有城区,充分利用原有设施

解析:依据本辅导教材第380页内容,居住用地的选择原则如下。

(1) 有良好的自然条件。
(2) 与工业保持环保距离,靠近就业区。
(3) 用地数量与形态要适当集中布置。
(4) 依托现有城区,充分利用原有设施。

以上要求中不包括B选项,故答案选B。

答案：B

6-5-6 根据新国标，下列哪一项设施不含在公共管理与公共服务设施分类中？

A 行政办公设施 B 商业服务业设施
C 中小学设施 D 医院设施

解析：根据《城市用地标准》，公共管理与公共服务设施分类中包含行政办公用地、文化设施用地、教育科研用地、体育用地、医疗卫生用地、社会福利设施用地、文物古迹用地、外事用地、宗教设施用地9类，不包含商业服务设施，故答案选B。

答案：B

（六）城市总体布局

6-6-1（2009）城市景观规划与下列哪项无关？

A 地理位置 B 自然地形
C 城市工程设施 D 城市人口结构

解析：城市景观与自然环境（包括地理位置、自然地形）、历史条件、工程设施有密切关系；与城市人口结构无关。

答案：D

6-6-2（2008）以下哪一项不属于城市景观的基本特性？

A 复合性 B 历时性 C 文化性 D 地方性

解析：城市景观的特性为：①人工性与复合性；②地域性与文化性；③功能性与结构性；④秩序性与层次性；⑤复杂性与密集性；⑥可识别性与识别方式的多样性。

答案：B

6-6-3（2008）对城市景观规划的叙述，以下哪项错误？

A 使自然景观与人工景观协调配合

B 满足人们的公共活动要求，建立宜人的场所

C 以创造具有地方特色与时代特色的空间为目的

D 一般工作程序是：城市规划—建筑设计—工程施工—景观规划设计施工

解析：建筑是景观的重要组成部分，在完成景观规划设计后再工程施工，更有利于景观设计质量。

答案：D

6-6-4（2006）在平原地区的城市景观设计中，以下哪项不属于常用的手法？

A 平原地势平坦，为避免布局单调乏味，应挖土筑池、堆土叠山、增强三度空间感

B 高层、低层建筑配置得当，广场干道的比例适宜，使城市获得丰富轮廓线

C 艺术性较强的建筑群，布置在面南背北地段上，作为广场、干道的对景

D 加强绿化，使城市景观丰富，天然色彩多样，增加生动活泼的气氛

解析：在平原地区为了避免城市布局单调在绿化地段有时可适当挖低补高，积水

成池，堆土成山，增强三度空间感。古代皇家园林采用，但不属于常用手法。

答案：A

6-6-5 （2004）在城市道路系统规划中，城市干道的恰当间距是多少？

A 250～500m　　B 500～800m　C 800～1200m　　D 600～1000m

解析：见《城市规划原理》第十五章第三节"一般认为干道恰当的间距为600～1000m，相应的干道网密度为2～3km/km²"。

答案：D

6-6-6 （2004）下列绿地中哪一项不属于城市公共绿地？

A 全市及区级综合性公园　　　　B 儿童公园
C 街道广场绿地　　　　　　　　D 风景游览区绿地

解析：根据《城市绿地分类标准》CJJT 85—2017，城市公共绿地包括市级及区级公园、儿童公园、动物园、植物园、街道广场绿地等，风景游览区绿地属于区域绿地，不属于城市公共绿地，故答案选D。

答案：D

6-6-7 在城市总体布局中下列哪一项不是城市用地功能组织的规划要求？

A 功能明确，重点安排城市主要用地　B 规划结构清晰，内外交通便捷
C 点、面结合，城乡统一安排　　　　D 城市设施经济合理

解析：城市用地功能组织的规划主要为五点：（1）点面结合，城乡统一安排；（2）功能明确，重点安排城市工业用地；（3）兼顾旧区改造与新区的发展需要；（4）规划结构清晰，内外交通便捷；（5）各阶段配合协调，留有发展余地。

答案：D

6-6-8 城市道路分为主干道、次干道、城市支路，一般干道间距为（　　），道路网密度为（　　）。

A 1000～1500m，4～5km/km²　　B 800～1200m，3～4km/km²
C 600～1000m，2～3km/km²　　　D 500～800m，1～2km/km²

解析：同6-6-5题解析，城市干道间距一般为600～1000m，道路网密度为2～3km/km²。

答案：C

6-6-9 下列哪些内容是正确的？

Ⅰ．一条机动车道宽度为3m；Ⅱ．一条机动车道宽度为3.5m；Ⅲ．一条快车道宽度为3.5～4m；Ⅳ．一条快车道宽度为3.75～4m

A Ⅰ、Ⅲ　　　B Ⅱ、Ⅳ　　　C Ⅰ、Ⅳ　　　D Ⅱ、Ⅲ

解析：《城市道路工程设计规范》CJJ 37—2012中规定：一条机动车道宽度为3.25～3.5m，一条快车道宽度为3.75～4m。

答案：B

6-6-10 植物园属于城市绿地分类中的哪一类？

A 公园绿地　　B 专用绿地　　C 街坊庭院绿地　　D 街道绿地

解析：根据《城市绿地分类标准》CJJT 85—2017中规定：公园绿地是城市向公众开放的、以游憩为主要功能的绿地。公园绿地分为4中类6小类：①综

合公园；②社区公园；③专类公园（含动物园、植物园、历史名园、遗址公园、游乐公园、其他专类公园）；④游园。故答案选C。

答案：A

6-6-11 城市总体艺术布局是根据下列哪几项内容来确定基本构思的？

Ⅰ．城市性质；Ⅱ．山水条件；Ⅲ．城市用地总体规划；Ⅳ．历史文物

A Ⅰ、Ⅲ　　B Ⅰ、Ⅱ　　C Ⅱ、Ⅲ　　D Ⅱ、Ⅳ

解析：城市总体艺术布局是根据城市的性质、规模、现状条件、城市用地总体规划，形成城市建设艺术布局的基本构思。

答案：A

6-6-12 下列城市景观规划设计原则中，（　　）是不确切的。

A 美学原则　　B 时代原则　　C 大众原则　　D 景观特色原则

解析：城市景观设计原则应为：（1）适用经济原则；（2）美学原则；（3）时代原则；（4）大众原则；（5）地方特色原则；（6）生态原则；（7）整体原则。

答案：D

（七）城市公用设施规划

6-7-1 管线埋设要远离建筑物，下列哪一项排列次序有误？

A 建筑物—电信—热力　　B 建筑物—给水—雨水

C 建筑物—污水—煤气　　D 建筑物—电力—热力

解析：可燃、易爆、埋深大的管线要远离建筑物。管线排列次序是电力、电信、煤气、热力、给水、雨水、污水。

答案：C

6-7-2 在管线工程初步设计综合阶段的工作内容中，下列哪一项是错误的？

A 编制管线工程初步设计综合图　　B 交叉点管线标高图

C 道路横断面示意图　　D 修订道路横断面图

解析：见《城市规划原理》第十七章第六节，道路横断面示意图是规划阶段的工作内容。

答案：C

6-7-3 在城市防洪标准中，下列哪一项有误？

A 大城市应按200年一遇洪水位定标准

B 工业中心城市按100年一遇洪水位定标准

C 重要城镇按100年一遇洪水位定标准

D 一般城镇按20～50年一遇洪水位定标准

解析：见《城市防洪工程设计规范》GB/T 50805—2012第2.1条中规定：大城市100年一遇洪水位标准，200年一遇洪水特大值校核。

答案：A

6-7-4 在坡度大于（　　）时，建筑物宜采用台地式布置。

A 15%　　B 10%　　C 8%　　D 6%

解析：见《城市用地竖向规划规范》CJJ 83—2016 第 4.02 条中规定：用地自然坡度大于 8%时，宜采用台地式（台阶式）布置。

答案：C

6-7-5 防灾规划的重点是生命系统的防灾措施，（　　）是生命线系统的核心。

　　A　交通运输　　B　水供应　　C　电力供应　　D　信息情报

解析：电力供应是生命线系统的核心。

答案：C

6-7-6 下列城市建设工程的技术政策中，哪项不确切？

　　A　统一管理、保护和全面利用水资源

　　B　改变燃料结构，大力发展干净能源

　　C　改善城市道路、交通及邮电设施

　　D　贯彻可持续发展政策，改善生态环境

解析：可持续发展政策和改善生态环境不是城市建设工程的技术政策。

答案：D

6-7-7 水厂的选址，下列哪一项表述不正确？

　　A　水厂用地，宜选在接近用水区

　　B　井群应布置在城市下游

　　C　井管之间要保持一定间距

　　D　根据城市布局，可选一个或几个水源

解析：《城市规划原理》第 17 章第 1 节中规定：井群应按地下水流向布置在城市上游，B 项描述不符，故答案选 B。

答案：B

6-7-8 城市排水工程，下列哪一项内容表述有误？

　　A　把雨水及时排除

　　B　利用污水、废水可灌溉农业

　　C　把污水、废水集中处理，卫生达标后再排放到水体中

　　D　污水可综合利用

解析：污水、废水必须经过处理，卫生达标后才能利用。

答案：B

6-7-9 题 6-7-9 图为排水系统布置形式之一，请问这是哪一种布置形式？

　　A　截流布置

　　B　扇形布置

　　C　分区布置

　　D　分散布置

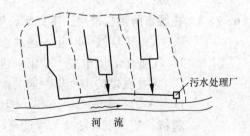

题 6-7-9 图

解析：四种布置方式见题解图（a）截流布置；（b）扇形布置；（c）分区布置；（d）分散布置。故答案选 A。

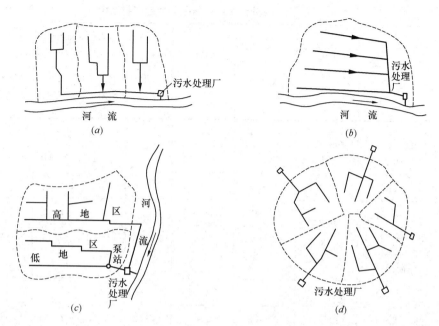

题 6-7-9 解图

答案： A

6-7-10 请问高压走廊宽度应大于电杆高多少为宜？

A 大于电杆高 1 倍　　　B 大于电杆高 2 倍
C 大于电杆高 3 倍　　　D 大于电杆高 4 倍

解析： 详见《城市电力规划规范》GB/T 50293—2014 第 7.6.3 条：高压走廊的宽度应大于两倍电杆高。

答案： B

6-7-11 燃气厂、储气站的选址，下列表述中哪一项是错的？

A 应位于交通便利地段
B 应位于经济安全地段
C 应位于用户附近地段
D 应位于对环境无污染地段

解析： 应远离用户，确保用户安全。

答案： C

（八）居 住 区 规 划

6-8-1 (2009) 城市居住区用地中约占 50% 的用地项目是（　　）。

A 公共服务设施用地　　　B 住宅用地
C 道路用地　　　　　　　D 公共绿地

解析：《居住区标准》中表 4.0.1-1～表 4.0.1-3 规定的居住区用地控制指标：住宅用地占居住区用地的 48%～77%；故选项 B 正确。

十五分钟生活圈居住区用地控制指标   表4.0.1-1

建筑气候区划	住宅建筑平均层数类别	人均居住区用地面积（m²/人）	居住区用地容积率	居住区用地构成（%）				
				住宅用地	配套设施用地	公共绿地	城市道路用地	合计
Ⅰ、Ⅶ	多层Ⅰ类（4层~6层）	40~54	0.8~1.0	58~61	12~16	7~11	15~20	100
Ⅱ、Ⅵ		38~51	0.8~1.0					
Ⅲ、Ⅳ、Ⅴ		37~48	0.9~1.1					
Ⅰ、Ⅶ	多层Ⅱ类（7层~9层）	35~42	1.0~1.1	52~58	13~20	9~13	15~20	100
Ⅱ、Ⅵ		33~41	1.0~1.2					
Ⅲ、Ⅳ、Ⅴ		31~39	1.1~1.3					
Ⅰ、Ⅶ	高层Ⅰ类（10层~18层）	28~38	1.1~1.4	48~52	16~23	11~16	15~20	100
Ⅱ、Ⅵ		27~36	1.2~1.4					
Ⅲ、Ⅳ、Ⅴ		26~34	1.2~1.5					

十分钟生活圈居住区用地控制指标   表4.0.1-2

建筑气候区划	住宅建筑平均层数类别	人均居住区用地面积（m²/人）	居住区用地容积率	居住区用地构成（%）				
				住宅用地	配套设施用地	公共绿地	城市道路用地	合计
Ⅰ、Ⅶ	低层（1层~3层）	49~51	0.8~0.9	71~73	5~8	4~5	15~20	100
Ⅱ、Ⅵ		45~51	0.8~0.9					
Ⅲ、Ⅳ、Ⅴ		42~51	0.8~0.9					
Ⅰ、Ⅶ	多层Ⅰ类（4层~6层）	35~47	0.8~1.1	68~70	8~9	4~6	15~20	100
Ⅱ、Ⅵ		33~44	0.9~1.1					
Ⅲ、Ⅳ、Ⅴ		32~41	0.9~1.2					
Ⅰ、Ⅶ	多层Ⅱ类（7层~9层）	30~35	1.1~1.2	64~67	9~12	6~8	15~20	100
Ⅱ、Ⅵ		28~33	1.2~1.3					
Ⅲ、Ⅳ、Ⅴ		26~32	1.2~1.4					
Ⅰ、Ⅶ	高层Ⅰ类（10层~18层）	23~31	1.2~1.6	60~64	12~14	7~10	15~20	100
Ⅱ、Ⅵ		22~28	1.3~1.7					
Ⅲ、Ⅳ、Ⅴ		21~27	1.4~1.8					

五分钟生活圈居住区用地控制指标　　表 4.0.1-3

建筑气候区划	住宅建筑平均层数类别	人均居住区用地面积（m²/人）	居住区用地容积率	居住区用地构成（%）				
				住宅用地	配套设施用地	公共绿地	城市道路用地	合计
Ⅰ、Ⅶ	低层 （1层～ 3层）	46～47	0.7～0.8	76～77	3～4	2～3	15～20	100
Ⅱ、Ⅵ		43～47	0.8～0.9					
Ⅲ、Ⅳ、Ⅴ		39～47	0.8～0.9					
Ⅰ、Ⅶ	多层Ⅰ类 （4层～ 6层）	32～43	0.8～1.1	74～76	4～5	2～3	15～20	100
Ⅱ、Ⅵ		31～40	0.9～1.2					
Ⅲ、Ⅳ、Ⅴ		29～37	1.0～1.2					
Ⅰ、Ⅶ	多层Ⅱ类 （7层～ 9层）	28～31	1.2～1.3	72～74	5～6	3～4	15～20	100
Ⅱ、Ⅵ		25～29	1.2～1.4					
Ⅲ、Ⅳ、Ⅴ		23～28	1.3～1.6					
Ⅰ、Ⅶ	高层Ⅰ类 （10层～ 18层）	20～27	1.4～1.8	69～72	6～8	4～5	15～20	100
Ⅱ、Ⅵ		19～25	1.5～1.9					
Ⅲ、Ⅳ、Ⅴ		18～23	1.6～2.0					

答案：B

6-8-2（2009）住宅群体空间组合中，下列哪项在比例尺度上容易失调？

A 简单重复的单体排列

B 建筑高度与院落进深的比例为1：5

C 高层住宅紧邻住宅院落

D 道路的宽度为两侧建筑物高度的3倍

解析：根据《城市规划原理》第十八章第三节：一般认为建筑高度与院落进深的比例在1：3左右为宜。故选项B正确。

答案：B

6-8-3（2009）我国居住区公共服务设施定额指标一般沿用（　　）。

A 千户指标　　　　　　　　B 千人指标

C 民用建筑综合指标　　　　D 服务设施配套指标

解析：居住区公共服务设施定额指标一般由国家统一制定，其定额指标包括建筑面积和用地面积两方面。《居住区标准》GB 50180—2018 第5.0.3条：

配套设施用地及建筑面积控制指标，应按照居住区分级对应的居住人口规模进行控制，并应符合表5.0.3的规定。表5.0.3配套设施控制指标中规定了定额指标为（m²/千人）。故选项B正确。

配套设施控制指标（m²/千人） 表5.0.3

类别		十五分钟生活圈居住区		十分钟生活圈居住区		五分钟生活圈居住区		居住街坊	
		用地面积	建筑面积	用地面积	建筑面积	用地面积	建筑面积	用地面积	建筑面积
总指标		1600~2910	1450~1830	1980~2660	1050~1270	1710~2210	1070~1820	50~150	80~90
其中	公共管理与公共服务设施 A类	1250~2360	1130~1380	1890~2340	730~810	—	—	—	—
	交通场站设施 S类	—	—	70~80	—	—	—	—	—
	商业服务业设施 B类	350~550	320~450	20~240	320~460	—	—	—	—
	社区服务设施 R12、R22、R32	—	—	—	—	1710~2210	1070~1820	—	—
	便民服务设施 R11、R21、R31	—	—	—	—	—	—	50~150	80~90

答案：B

6-8-4 （2009）居住区中小学的规划布置原则中，下列哪项不当？
A 由于占地大、建筑密度低，可作为住宅组群之间空间分隔的手段
B 小学生就近上学，不应穿越人多车杂地段
C 学校出入口尽可能接近教学楼出入口
D 中小学的布置宜在主要道路地段

解析：《居住区标准》中表C.0.1及条文说明5.0.4第1—(1)中规定：中、小学设施选址应避开城市干道交叉口等交通繁忙的路段，学校选址应考虑车流、人流交通的合理组织，减少学校与周边城市交通的相互干扰。

十五分钟生活圈居住区、十分钟生活圈居住区配套设施规划建设控制要求 表 C.0.1

类别	设施名称	单项规模 建筑面积 (m²)	单项规模 用地面积 (m²)	服务内容	设 置 要 求
公共管理与公共服务设施	初中*	—	—	满足12周岁～18周岁青少年入学要求	（1）选址应避开城市干道交叉口等交通繁忙路段； （2）服务半径不宜大于1000m； （3）学校规模应根据适龄青少年人口确定，且不宜超过36班； （4）鼓励教学区和运动场地相对独立设置，并向社会错时开放运动场地
公共管理与公共服务设施	小学*	—	—	满足6周岁～12周岁儿童入学要求	（1）选址应避开城市干道交叉口等交通繁忙路段； （2）服务半径不宜大于500m；学生上下学穿越城市道路时，应有相应的安全措施； （3）学校规模应根据适龄儿童人口确定，且不宜超过36班； （4）应设不低于200m环形跑道和60m直跑道的运动场，并配置符合标准的球类场地； （5）鼓励教学区和运动场地相对独立设置，并向社会错时开放运动场地

注：加 * 的配套设施，其建筑面积与用地面积规模应满足国家相关规划及标准规范的有关规定。

条文说明第5.0.4条：本条是居住区配套设施的配置标准和设置规定。
十五分钟生活圈居住区、十分钟生活圈居住区配套设施
（1）教育设施
初中、小学的建筑面积规模与用地规模应符合国家现行有关标准的规定。中、小学设施宜选址于安全、方便、环境适宜的地段，同时宜与绿地、文化活动中心等设施相邻。本标准提出选址应避开城市干道交叉口等交通繁忙的路段，学校选址应考虑车流、人流交通的合理组织，减少学校与周边城市交通的相互干扰。承担城市应急避难场所的学校，应坚持节约资源、合理利用、平灾结合的基本原则并符合相关国家标准的有关规定。学校体育场地是城市

体育设施的重要组成部分，合理利用学校体育设施是节约与合理利用土地资源的有效措施，应鼓励学校体育设施向周边居民错时开放。故选项 D 正确。

答案：D

6-8-5 (2009) 在确定住宅用地界线时，下列哪项原则是正确的？

A 以居住区内部道路红线为界

B 宅前宅后小路属公共绿地

C 与公共服务设施相邻时，以道路红线为界

D 当公共服务设施在住宅建筑底层时，将其底层及周围用地计入住宅用地

解析：B 项宅前宅后小路属于住宅用地；C 项住宅用地与公共服务设施相邻的，以公共服务设施为界；D 项当公共服务设施在住宅建筑底层时，将其建筑基底及建筑物四周用地按住宅和公共服务设施项目各占该幢建筑总面积的比例分摊，并分别计入住宅用地或公共服务设施用地内。故答案选 A。

答案：A

6-8-6 (2008) 关于住宅层数变化对规划产生的影响，以下哪项不正确？

A 9 层住宅建筑造价和用地都较经济

B 5 层住宅为单层住宅占地的 1/3

C 3~5 层住宅，每提高一层每公顷可增加建筑面积 1000m²

D 高层住宅层数越高，一般造价也越高

解析：国内外很多专家的经验认为，6 层住宅无论从建筑造价和节约用地来看都比较经济，故得到了广泛采用。

答案：A

6-8-7 (2008) 按我国的实践经验，十五分钟生活圈居住区合理的人口规模是（　　）。

A 2万~4万　B 3万~5万　C 4万~7万　D 5万~10万

解析：《居住区标准》中，表 3.0.4 中规定的居住区分级控制规模，十五分钟生活圈居住区合理的人口规模是 5万~10万；故选项 D 正确。

居住区分级控制规模　　　　　　　　表 3.0.4

距离与规模	十五分钟生活圈居住区	十分钟生活圈居住区	五分钟生活圈居住区	居住街坊
步行距离（m）	800~1000	500	300	—
居住人口（人）	50000~100000	15000~25000	5000~12000	1000~3000
住宅数量（套）	17000~32000	5000~8000	1500~4000	300~1000

答案：D

6-8-8 (2007) 住宅小区的路面宽度应控制在（　　）。

A 5~8m　B 2.5~4m　C 7~9m　D 7.5~9m

解析：据《居住区标准》第 6.0.4 条，居住街坊内附属道路的规划设计应满足消防、救护、搬家等车辆的通达要求，并应符合下列规定：1 主要附属道路至少应有两个车行出入口连接城市道路，其路面宽度不应小于 4.0m；其他附

属道路的路面宽度不宜小于2.5m。故选项B正确。

答案：B

6-8-9 (2007) 居住区的分级控制规模一般以下列哪项为标准？

A 步行距离　　B 用地规模　　C 建筑规模　　D 投资规模

解析：《居住区标准》第3.0.4条规定居住区按照居民在合理的步行距离内满足基本生活需求的原则，可分为十五分钟生活圈居住区、十分钟生活圈居住区、五分钟生活圈居住区及居住街坊四级，其分级控制规模应符合表3.0.4的规定。条文说明第3.0.4条：本标准的修订以居民能够在步行范围内满足基本生活需求为基本划分原则，对居住区分级控制规模进行了调整。故选项A正确。

答案：A

6-8-10 (2007) 居住建筑日照标准的确定因素中，以下哪一条不符合规定？

A 所处地理纬度

B 所处气候特征

C 所处城市规模大小

D 以冬至日为日照标准日（Ⅱ类地区）

解析：由《居住区标准》条文说明第4.0.9条表1可知城市所处的地理纬度是居住建筑日照标准的确定因素，因此A选项不符合题意；

由表4.0.9可知居住建筑日照标准确定因素与气候区（所处气候特征），城区常住人口（所处城市规模大小）相关，因此B、C选项不符合题意；

又Ⅱ类气候区日照标准日以大寒日为准，D选项符合题意。故选项D正确。

全国主要城市不同日照标准的间距系数　　表1

序号	城市名称	纬度（北纬）	冬至日		大寒日		
			正午影长率	日照1h	正午影长率	日照1h	日照2h	日照3h
1	漠河	53°00′	4.14	3.88	3.33	3.11	3.21	3.33
2	齐齐哈尔	47°20′	2.86	2.68	2.43	2.27	2.32	2.43
3	哈尔滨	45°45′	2.63	2.46	2.25	2.10	2.15	2.24
4	长春	43°54′	2.39	2.24	2.07	1.93	1.97	2.06

住宅建筑日照标准　　表4.0.9

建筑气候区划	Ⅰ、Ⅱ、Ⅲ、Ⅶ气候区		Ⅳ气候区		Ⅴ、Ⅵ气候区
城区常住人口（万人）	≥50	<50	≥50	<50	无限定
日照标准日	大寒日				冬至日
日照时数（h）	≥2		≥3		≥1
有效日照时间带（当地真太阳时）	8时~16时				9时~15时
计算起点	底层窗台面				

答案：D

6-8-11 (2007) 十五分钟生活圈居住区、十分钟生活圈居住区、五分钟生活圈居住区及居住街坊的人口规模应分别控制在下列何范围？

A 8万～10万，2万～3万，0.5万～1万，0.3万～0.5万
B 5万～8万，1万～2万，0.3万～0.5万，0.1万～0.3万
C 5万～10万，1.5万～2.5万，0.5万～1.2万，0.1万～0.3万
D 2万～3万，0.3万～1万，0.05万～0.1万，0.03万～0.1万

解析：由《居住区标准》表3.0.4可知，十五分钟生活圈居住区、十分钟生活圈居住区、五分钟生活圈居住区及居住街坊的人口规模应分别控制在5万～10万，1.5万～2.5万，0.5万～1.2万，0.1万～0.3万。故选项C正确。

居住区分级控制规模　　　　　　　　　　表3.0.4

距离与规模	十五分钟生活圈居住区	十分钟生活圈居住区	五分钟生活圈居住区	居住街坊
步行距离（m）	800～1000	500	300	—
居住人口（人）	50000～100000	15000～25000	5000～12000	1000～3000
住宅数量（套）	17000～32000	5000～8000	1500～4000	300～1000

答案：C

6-8-12 (2006) 以下对居住区绿地规划基本要求的叙述中，哪一条是不正确的？

A 集中与分散相结合
B 重点与一般相结合
C 点、线、面相结合
D 尽可能避开劣地、坡地、洼地进行绿化

解析：《居住区标准》7.0.4第5条规定适宜绿化的用地均应进行绿化，并可采用立体绿化的方式丰富景观层次、增加环境绿量。
故选项D正确。

答案：D

6-8-13 (2005) 图示山地住宅建筑类型，其中类型名称不准确的是(　　)。

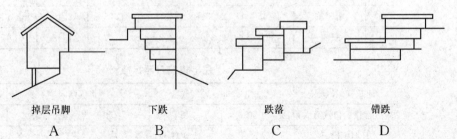

掉层吊脚　　　　下跌　　　　跌落　　　　错跌
　A　　　　　　　B　　　　　C　　　　　D

解析：根据《城市规划原理》第十八章第三节图18-3-1，B图是山地住宅的附岩方式的处理手法，而不是下跌方式。故应选B。

答案：B

6-8-14 (2004) 居住区组团绿地的设置，应满足有不少于以下哪项的绿地面积在标准

的建筑日照阴影线范围之外的要求?

A 1/2   B 1/3   C 2/3   D 1/4

解析：《居住区标准》第4.0.7条第3款规定：在标准的建筑日照阴影线范围之外的绿地面积不应少于1/3，其中应设置老年人、儿童活动场地。故选项B正确。

答案：B

6-8-15 居住区用地组成中，下列哪一项有误？

A 住宅用地   B 配套设施用地
C 城市道路用地   D 居住区集中绿地

解析：依据《居住区标准》术语第2.0.6条，居住区用地是指城市居住区的住宅用地、配套设施用地、公共绿地以及城市道路用地的总称；而居住区集中绿地仅是公共绿地的一部分。故选项D正确。

答案：D

6-8-16 十五分钟生活圈居住区级配套公建的合理服务半径为( )？

A ≤1000m   B ≤500m   C ≤300m   D ≤100m

解析：《居住区标准》条文说明第5.0.2条规定了居住区配套设施的设置要求。其中第5条：十五分钟生活圈居住区对应的居住人口规模为50000～100000人，应配套满足日常生活需要的一套完整的服务设施，其服务半径不宜大于1000m；第6条：十分钟生活圈居住区对应的居住人口规模为15000～25000人，其配建设施是对十五分钟生活圈居住区配套设施的必要补充，服务半径不宜大于500m；第7条：五分钟生活圈居住区对应居住人口规模为5000～12000人，其配套设施的服务半径不宜大于300m。故选项A正确。

答案：A

6-8-17 公共绿地的规划布置中，十分钟生活圈居住区公园面积1hm² 左右，绿地面积为( )m²/人。

A 2.5   B 1.5   C 1   D 0.5

解析：《居住区标准》表4.0.4中规定的公共绿地控制指标，十分钟生活圈居住区人均公共绿地面积为1.0m²/人。故选项C正确。

公共绿地控制指标   表4.0.4

类别	人均公共绿地面积（m²/人）	居住区公园		备注
		最小规模（hm²）	最小宽度（m）	
十五分钟生活圈居住区	2.0	5.0	80	不含十分钟生活圈及以下级居住区的公共绿地指标
十分钟生活圈居住区	1.0	1.0	50	不含五分钟生活圈及以下级居住区的公共绿地指标
五分钟生活圈居住区	1.0	0.4	30	不含居住街坊的绿地指标

答案：C

6-8-18 住宅建筑面积毛密度的计算方式是（　　）。

A $\dfrac{住宅建筑基底总面积}{住宅用地面积}$ （m²/hm²）　　B $\dfrac{住宅总建筑面积}{住宅用地面积}$ （m²/hm²）

C $\dfrac{住宅总建筑面积}{居住区用地面积}$ （m²/hm²）　　D $\dfrac{居住区总建筑面积}{居住区用地面积}$ （m²/hm²）

解析：住宅建筑面积毛密度＝住宅总建筑面积和居住用地面积的比值；住宅建筑面积净密度＝住宅总建筑面积和住宅用地面积的比值。故选项 C 正确。

答案：C

6-8-19 居住建筑日照标准的确定因素，以下哪一条不符合规定？

A Ⅰ、Ⅱ、Ⅲ、Ⅶ气候区人口≥50 万人城市，日照时数≥2h

B Ⅰ、Ⅱ、Ⅲ、Ⅶ气候区人口≥50 万人城市，有效日照时间带 8～16h

C 日照时间计算起点是底层窗台面

D 以冬至日为日照标准日（Ⅱ类地区）

解析：由《居住区标准》表 4.0.9 可知，不同气候区日照时数大于等于 1 小时，因此 A 选项符合题意；有效日照时间带 8～16 时和 9～15 时，因此 B 选项符合题意；日照时间计算起点为底层窗台面，C 选项符合题意；又Ⅱ类气候区日照标准日以大寒日为准，D 选项不符合题意。故本题选 D。

住宅建筑日照标准　　表 4.0.9

建筑气候区划	Ⅰ、Ⅱ、Ⅲ、Ⅶ气候区		Ⅳ气候区		Ⅴ、Ⅵ气候区
城区常住人口（万人）	≥50	<50	≥50	<50	无限定
日照标准日	大寒日			冬至日	
城区常住人口（万人）	≥50	<50	≥50	<50	无限定
日照时数（h）	≥2		≥3		≥1
有效日照时间带（当地真太阳时）	8时～16时			9时～15时	
计算起点	底层窗台面				

答案：D

（九）城市公共活动中心建筑群规划

6-9-1　(2009) 城市中心的位置选择中，下列哪项原则不准确？

A 利用原有基础和历史上形成的中心地段

B 中心应处在服务范围的几何中心

C 为减少人口过于集中，应在各分区设置分区中心

D 各级中心需具备良好的交通条件

解析：各级、各类城市中心都是为居民服务的，其位置应选在被服务的居民能便捷到达的地段。但是，往往受自然条件、原有道路等条件制约，并不一

定都处在服务范围的几何中心。

答案：B

6-9-2 (2008) 在城市景观规划中,要使广场及周边建筑整体场景完整落入观赏者眼中,理想的视角是( )。

　　A　10°　　　　B　14°　　　　C　18°　　　　D　22°

解析：吉伯德在《城镇设计》一书中阐述："当视角为30°时,倾向于去看建筑物的整个立面图,以及它的细部。18°角时,倾向于去看建筑与周围物体的关系。"

答案：C

6-9-3 城市公共活动中心的交通组织,下列哪项是错误的？

　　A　在城市公共活动中心范围内,必须以公交为主

　　B　疏解与中心活动无关的车行交通

　　C　中心区四周布置足够的停车设施

　　D　发展立交,设天桥、隧道,人车分开

解析：公共活动中心的交通组织,在活动中心范围内的交通应是以步行为主,为接纳和疏散人流,必须有便捷的公交联系。

答案：A

6-9-4 城市广场是市民的活动中心,具有集合、交通集散、游览休息、( )等功能。

　　A　历史纪念　　B　商业贸易　　C　文艺宣传　　D　社会发展

解析：依本辅导教材1分册第六章第十节中描述城市广场是市民的活动中心,具有集会、交通集散、游览休息、商业贸易等功能。

答案：B

（十）城市规划的实施

6-10-1 建设用地管理的步骤是,用地单位持国家批准的有关文件,向城市规划行政主管部门申请,经( )行政主管部门审核批准并核发建设用地规划许可证后,建设单位向土地管理部门办理国有土地使用证。

　　A　城乡农业　　B　城市计划　　C　城市建设　　D　城市规划

解析：见《中华人民共和国城乡规划法》2019年修正第三十七条：经城市规划行政主管部审核批准后,核发建设用地规划许可证。

答案：D

6-10-2 为确保建设工程能按规划许可证的规定组织施工,城市规划行政主管部门应派专人到现场验线检查、( ),对违法占地和违章建筑,随时进行检查,及时予以处理。

　　A　噪声扰民　　B　违章施工　　C　竣工验收　　D　环保检查

解析：为确保建设工程能按规划许可证的规定组织施工,城市规划行政主管部门应派专人到现场验线检查、竣工验收,对违法占地和违章建筑随时进行检查,及时予以处理。

答案：C

（十一）城 市 设 计

6-11-1 (2009) 把城市设计理论归纳成为路径、边界、场地、节点、标志物五元素的学者是( )。
A 伊利尔·沙里宁　　　　B 埃蒙德·培根
C 凯文·林奇　　　　　　D 克里斯托夫·亚历山大
（注：此题2007年考过）
解析：根据《城市规划原理》第36页，凯文·林奇在他的《城市意象》一书中说，构成人们心理的城市印象的基本成分有五种，即路径、边界、场地、节点、标志物五元素。
答案：C

6-11-2 (2008) 城市设计实践始于( )。
A 20世纪初　　B 19世纪　　C 14世纪　　D 公元纪元之初
解析：现代城市规划和城市设计始于20世纪20年代的现代建筑运动。1933年国际现代建筑会议制定的《雅典宪章》奠定了现代城市规划和城市设计的理论基础。
答案：A

6-11-3 (2008) 以下哪项不属于城市设计的内容？
A 土地利用　　　　　　　　B 交通停车系统
C 建筑立面装饰细部构造　　D 开敞空间的环境设计
解析：根据《城市规划原理》第558页，城市设计的内容包括土地利用，交通和停车系统、建筑的体量和形式及开敞空间的环境设计。
答案：C

6-11-4 (2007) 以下哪项不属于城市设计的类型？
A 城市总体空间设计
B 城市标志性建筑的方案设计
C 城市干道和主要商业街的空间设计
D 城市园林绿地设计
解析：见《城市规划原理》第558页，根据设计对象的用地范围和功能特征，城市设计可以分为下列类型：（1）城市总体空间设计；（2）城市开发区设计；（3）城市中心设计；（4）城市广场设计；（5）城市干道和商业街设计；（6）城市居住设计；（7）城市园林绿地设计；（8）城市地下空间设计；（9）城市旧区保护与更新设计；（10）大学校园及科技研究园设计；（11）博览中心设计；（12）建设项目的细部空间设计。
答案：B

6-11-5 (2007) 城市设计的重点是( )。
A 功能设计　　　　　　B 景观设计
C 建筑造型设计　　　　D 城市空间形体与环境规划

解析：根据《城市规划原理》第555页，城市设计的重点是对城市空间形体与环境的规划设计。

答案：D

6-11-6 (2006)"城市规划是两维空间，城市设计是按三维空间的要求考虑建筑及空间"，这种观点出自于( )。

A 美国的凯文·林奇（K. Lynch）
B 芬兰的沙里宁（E. Saarinen）
C 英国的吉伯特（F. Gibberd）
D 中国的梁思成

解析：根据《城市规划原理》第555页，芬兰建筑师沙里宁认为："城市规划是两维空间，城市设计是按三维空间的要求考虑建筑及空间。"

答案：B

6-11-7 (2005)对城市设计的理解错误的是( )。

A 城市设计不同于城市规划及建筑设计，它是针对空间环境的艺术，不涉及使用功能和工程技术问题
B 是对城市的物质要素，如地形、水体、房屋、道路、广场等方面进行的综合设计
C 通过城市设计，对城市建设出现的体形空间环境的不良情况，从总体到项目设计加以引导协调解决
D 目的是为市民创造亲切美好的人工和自然结合的城市生活空间环境

解析：根据《城市规划原理》第19章第1节城市设计是对城市各种物质要素，诸如地形、水体、房屋、道路、广场及绿地等进行综合设计，包括使用功能、工程技术及空间环境的艺术处理。

答案：A

6-11-8 (2005)对以下几人的城市设计观点的介绍，哪项是不准确的？

A 建筑师十人组（或称十次小组）"TEAM10"提出城市与城市所有的因素是动态的，在不断变化
B 雅各布斯（J. Jacobs）认为，城市是一个完整的、错综和交织的物体，受到许多因素的影响和制约。提出街道、特别是步行道是城市中具最高生命力的器官
C 亚历山大（C. Alexander）认为城市应该是"树形"结构，因树形结构内充满着复杂多样的联系和具有人性
D 培根（E. N. Bacon）系统论述了城市设计的理论、原则和历史发展过程，并强调城市设计必须和规划管理密切结合

解析：见亚历山大《城市并非树形》，亚历山大认为半网络结构内充满着复杂多样的联系和具有人性，将城市作为一个多因素相互交织的半网络结构比作为树形结构的认识更接近于城市的实际。

答案：C

6-11-9 (2005)下列有关城市设计的概念中哪项不正确？

A 城市设计与城市规划的目的、性质、工作方法相同
B 城市设计是从整体出发,综合考虑功能环境而进行的体形环境的三维空间设计
C 城市设计综合考虑体形空间功能的艺术处理和美学原则,目的是提高城市生态环境、景观形象的艺术品质和人的生活质量
D 城市设计是塑造城市的过程,是一项综合性、长期渐进的城市行政管理过程

解析:根据《城市规划原理》第557页,城市规划是以城市社会发展需要来确定性质和土地利用为主要内容的二维空间的规划工作;城市设计是以城市空间形体环境为主要内容的三维空间的规划设计工作。

答案:A

6-11-10 (2004) 以下关于城市设计的说法,哪个是最恰当的?
A 城市设计是20世纪80年代诞生于中国的新兴学科
B 城市设计与城市规划的不同在于其目的是为了美化城市环境
C 城市设计要贯穿于城市规划的全过程
D 城市设计是20世纪末对城市规划的一种别称

解析:根据《城市规划原理》第19章第1节,城市设计是以城市空间形体环境为主要内容的三维空间的规划设计工作,应贯穿于城市规划的全过程。

答案:C

6-11-11 (2004) 凯文·林奇概括出的城市意向五要素是( )。
A 轴线、街道、广场、水面、绿化   B 居住、休憩、工作、交通、交往
C 色彩、形状、比例、尺度、秩序   D 道路、边界、场地、节点、标志

解析:根据《城市规划原理》第36页,凯文、林奇在《城市意象》一书中说:"构成人们心理的城市印象的基本成分有五种,即路径、边界、场地、节点、标志物五元素。"

答案:D

6-11-12 根据我国现行的城市规划和建筑设计体制,城市设计的重点应是研究城市( )环境的规划工作,本质上是城市的三维空间规划。
A 功能组织   B 建筑形象   C 空间形体   D 人文艺术

解析:根据《城市规划原理》第555页,城市设计是城市的空间形体环境规划设计工作。

答案:C

6-11-13 城市总体规划阶段的城市设计是研究城市总体空间形体环境的布局工作;在修建性详细规划阶段的城市设计是研究( )的具体项目的空间形体环境的定位工作。
A 分区内   B 特定地段   C 重点地区   D 建设区

解析:修建性详细规划的城市设计是研究特定地段的具体项目的空间形体环境的定位工作。

答案:B

6-11-14 下列各项中，哪项内容不是城市设计的基本原则？
A 以人为本、与自然亲和　　　B 历史延续的原则
C 方便舒适的原则　　　　　　D 个性表现的原则

解析：依据本辅导教材1分册第六章第十一节"城市设计"章节，城市设计的原则如下：（1）人为主体的原则；（2）历史延续的原则；（3）个性表现原则；（4）视觉和谐原则；（5）使用功能与艺术思想统一的原则。其中不包括C选项，故答案选C。

答案：C

6-11-15 城市设计的五个重点区位是：边缘、（　　）、路径、场地、标志物。
A 重要地段　　B 重要工程　　C 节点　　D 城市广场

解析：凯文·林奇在《城市意象》一书中将城市设计理论归纳为路径、边界、场地、节点和标志物五元素。节点是城市设计五个重点区位之一。

答案：C

（十二）城乡规划法规和技术规范

6-12-1 (2009) 下列哪项表述与城乡规划法的相应规定不符？
A 城乡规划包括城镇体系规划、城市规划、镇规划
B 城乡规划包括城镇体系规划、城市规划、镇规划、乡规划、村庄规划
C 城市规划、镇规划分为总体规划和详细规划
D 详细规划分为控制性详细规划和修建性详细规划

解析：《中华人民共和国城乡规划法》（后简称《城乡规划法》）第二条规定，城乡规划包括城镇体系规划、城市规划和镇规划、乡规划和村庄规划。城市规划、镇规划分为总体规划和详细规划。详细规划分为控制性详细规划和修建性详细规划。

答案：A

6-12-2 (2009) 城乡规划报送前，组织编制机关应当依法将城乡规划草案予以公告，公告的时间不得少于（　　）。
A 15日　　　B 15个工作日　　C 30日　　D 30个工作日

解析：《城乡规划法》第二十六条规定："城乡规划报送审批前，组织编制机关应当依法将城乡规划草案予以公告"，"公告的时间不得少于三十日"。

答案：C

6-12-3 制定《城乡规划法》是为了（　　）。
A 加快农村城市化　　　　　B 加强农村规划设计工作
C 落实三农政策　　　　　　D 加强城乡规划管理

解析：《城乡规划法》总则第一条，为了加强城乡规划管理，协调城乡空间布局，改善人居环境，促进经济社会全面协调可持续发展，制定本法。

答案：D

6-12-4 制定和实施城乡规划，应当遵循的原则，下列中哪条不正确？

  A 社会公正、公平   B 城乡统筹、合理布局
  C 节约土地、集约发展   D 先规划后建设

解析：根据《城乡规划法》第四条，制定和实施城乡规划，应遵循城乡统筹、合理布局、节约土地、集约发展和先规划后建设的原则。

答案：A

6-12-5 城乡规划的制定，下列中的哪条规定是错的？
  A 国务院组织编制全国城镇体系规划
  B 省、自治区人民政府组织编制省域城镇体系规划
  C 城市人民政府组织编制城市总体规划
  D 城、镇总体规划由城、镇人民政府组织编制

解析：从《城乡规划法》第十三条～十五条可知B、C、D项正确。根据《城乡规划法》第二章城乡规划的制定 第十二条：国务院城乡规划主管部门会同国务院有关部门组织编制全国城镇体系规划，用于指导省域城镇体系规划、城市总体规划的编制。全国城镇体系规划由国务院城乡规划主管部门报国务院审批。

答案：A

6-12-6 根据《中华人民共和国土地管理法》规定，下列哪一说法有误？
  A 城市市区土地属于国家所有，即全民所有
  B 农村和城市郊区的土地，属于农民集体所有
  C 宅基地和自留地、自留山，属于农民集体所有
  D 土地使用权可以依法转让

解析：根据《中华人民共和国土地管理法》第二章土地的所有权和使用权 第八条：城市市区的土地属于国家所有。农村和城市郊区的土地，除由法律规定属于国家所有的以外，属于农民集体所有；宅基地和自留地、自留山，属于农民集体所有。第九条：国有土地和农民集体所有的土地，可以依法确定给单位或者个人使用。

答案：B

6-12-7 下列哪种说法不符合《城市国有土地使用权出让转让规划管理办法》？
  A 城市国有土地使用权出让前，应当制定控制性详细规划
  B 规划设计条件及附图，出让方和受让方不得擅自变更
  C 受让方如需改变原规划设计条件，必须通过国土局批准
  D 城市土地分等定级，应根据城市各地段的现状和规划要求等因素确定

解析：根据《城市国有土地使用权出让转让规划管理办法》第七条：城市国有土地使用权出让、转让合同必须附具规划设计条件及附图。规划设计条件及附图，出让方和受让方不得擅自变更。在出让、转让过程中确需变更的，必须经城市规划行政主管部门批准。

答案：C

6-12-8 下列哪一种说法不符合《中华人民共和国环境保护法》的规定？
  A 地方各级政府应当对本辖区的环境质量负责
  B 污染环境的项目，一律不得进行建设

C 新建工业企业，应当采取资源利用率高、污染物排放量少的设备和工艺

D 建设项目中防治污染的设施，必须与主体工程同时设计、同时施工、同时投产使用

解析：从《中华人民共和国环境保护法》第三十八条可知 A 项正确，从四十条、四十一条可知 C、D 项正确。建设污染环境的项目，必须遵守国家有关建设项目环境保护管理的规定，并不是一律不得进行建设。

答案：B

6-12-9 根据《中华人民共和国文物保护法》的规定，下列哪一项的表述有误？

A 具有使用价值的工艺品，受国家保护

B 具有历史价值的石刻，受国家保护

C 具有艺术价值的文物，受国家保护

D 具有科学价值的文物，受国家保护

解析：依《中华人民共和国文物保护法》第一章总则 第二条：在中华人民共和国境内，下列文物受国家保护：（一）具有历史、艺术、科学价值的古文化遗址、古墓葬、古建筑、石窟寺和石刻、壁画；（二）与重大历史事件、革命运动或者著名人物有关的以及具有重要纪念意义、教育意义或者史料价值的近代现代重要史迹、实物、代表性建筑；（三）历史上各时代珍贵的艺术品、工艺美术品；（四）历史上各时代重要的文献资料以及具有历史、艺术、科学价值的手稿和图书资料等；（五）反映历史上各时代、各民族社会制度、社会生产、社会生活的代表性实物。文物认定的标准和办法由国务院文物行政部门制定，并报国务院批准。具有科学价值的古脊椎动物化石和古人类化石同文物一样受国家保护。不包括具有使用价值的工艺品。

答案：A

6-12-10 下列哪项内容不符合"城市紫线、黄线、蓝线管理办法"？

A 城市紫线是指城市规划确定的铁路用地的控制线

B 城市绿线是指城市各类绿地范围的控制线

C 城市蓝线是指城市规划确定的江河、湖、渠和湿地等城市地表水体保护和控制的地域界线

D 城市黄线是指城市规划确定的基础设施用地的控制线

解析：城市紫线是对城市历史文化街区和历史建筑保护的控制线。

答案：A

6-12-11 下列哪一项内容不符合《镇规划标准》？

A 根据产业发展和生活提高的要求，确定中心村和基层村

B 镇区和村庄的规划规模按人口数量划分为大、中、小型三级

C 大型村庄多于 600 人，大型镇区多于 30000 人

D 镇用地按照土地使用的主要性质划分为 9 大类

解析：根据《镇规划标准》第 3.1.3 条，镇区和村庄的规划规模应按人口数量分为特大、大、中、小型四级。

答案：B

七 建筑设计标准、规范[1]

(一) 民用建筑等级划分及设计深度规定

7-1-1 (2010) 在初步设计文件中不列入总指标的是( )。

A 土石方工程量　　B 总概算　　C 总用地面积　　D 总建筑面积

解析：按《设计文件深度规定》第3.2.4条规定，总指标包括：1 总用地面积、总建筑面积；2 其他有关的技术经济指标。土石方工程量是施工图阶段的内容。

答案：A

7-1-2 (2010) 建筑专业在施工图阶段专业设计文件不包含( )。

A 设计说明　　B 计算书　　C 设计图纸　　D 建筑渲染图

解析：按《设计文件深度规定》第4.3.1条规定，在施工图设计阶段，建筑专业设计文件应包括图纸目录、设计说明、设计图纸、计算书，没有包括渲染图。

答案：D

7-1-3 (2009) 下列工程项目中，属于Ⅱ级复杂程度的建筑是( )。

A 高度大于50m的公共建筑工程

B 防护级别为四级及以下、建筑面积小于10000m^2的人防工程

C 高标准的建筑环境设计和室外工程

D 20层以上的居住建筑

解析：依据国家计委、建设部2002年起施行的《工程勘察设计收费标准》第7.3.1条的规定，建筑、人防工程按复杂程度分为Ⅰ、Ⅱ、Ⅲ三级。防护级别为四级及以下，同时建筑面积小于10000m^2的人防工程属于Ⅱ级复杂程度。

答案：B

7-1-4 (2009) 下列关于平面图的施工图深度的规定中，不正确的是( )。

A 当工程设计内容简单时，竖向布置图可与总平面图合并

B 建筑首层平面图上需画出指北针

C 特殊工艺要求的土建配合尺寸须画在建筑平面图上

D 如是对称平面，对称部分的尺寸及轴线号可以省略

解析：见《文件深度规定》第4.3.4条第21款，图纸的省略：如系对称平

---

[1] 本章及后面几套试题的提示中一些规范、标准引用次数较多，我们采用了简称，并在本章末列出了这些规范、标准的简称、全称对照表，供查阅。

面，对称部分的内部尺寸可省略，对称轴部位用对称符号表示，但轴线号不得省略。

答案：D

7-1-5 （2008）以下哪项不符合剖面图的深度要求？

A 应剖在层数不同、内外空间比较复杂的部位
B 应准确清楚表示剖到的主要结构和建筑构造部件
C 剖切位看到的相关部分可省略
D 标示各层楼地面标高

解析：见《文件深度规定》第3.4.3条，初步设计的建筑剖面图应准确、清楚地绘示出剖到或看到的各相关部分内容。

答案：C

7-1-6 （2008）不同比例的平面图、剖面图，其抹灰层、楼地面及屋面的面层线、材料图例的省略画法，以下哪项有误？

A 比例大于1∶50，画出抹灰层、面层线及材料图例
B 比例小于1∶50，可不画抹灰层，但画出面层线
C 比例为1∶100～1∶200，可简化图例，可不画面层线
D 比例小于1∶200，可不画材料图例及剖面图的面层线

解析：见《建筑制图标准》第4.4.4条，不同比例的平面图、剖面图，其抹灰层、楼地面、材料图例的省略画法，比例为1∶100～1∶200的平面图、剖面图可画简化的材料图例，但剖面图宜画出楼地面、屋面的面层线。（此题按2010年标准改编）

答案：C

7-1-7 （2007）方案设计要求提供(　　)。

Ⅰ．设计说明与技术经济指标；Ⅱ．总平面与建筑设计图；Ⅲ．设计要求的透视图或模型；Ⅳ．结构计算书

A Ⅰ、Ⅱ、Ⅲ　　　　　　　　B Ⅱ、Ⅲ、Ⅳ
C Ⅰ、Ⅲ、Ⅳ　　　　　　　　D Ⅰ、Ⅱ、Ⅳ

解析：见《设计深度规定》第2.1.1条，方案设计不要求提供结构计算书。

答案：A

7-1-8 （2007）以下哪项不在初步设计文件范围内？

A 耐火等级　　　　　　　　　B 抗震设防烈度
C 概算分析表　　　　　　　　D 装修详图

解析：见《设计深度规定》第3.1.1条，初步设计文件不包括装修详图。

答案：D

7-1-9 （2006）以下哪项不符合方案设计文件的编制深度要求？

A 设计说明书、包括各专业设计说明
B 总平面图以及建筑设计图纸
C 投资概算
D 设计委托或合同中规定的鸟瞰图

解析：见《设计深度规定》第2.1.1条，方案设计文件应包括：设计说明书，包括各专业设计说明；总平面图以及建筑设计图纸；设计委托或设计合同中规定的透视图等。不包括投资概算。

答案：C

7-1-10 (2006) 以下哪项不是初步设计文件在审批时需确定的问题？
A 有关城市规划、红线等需协调的问题
B 总建筑面积存在的问题
C 设计选用标准方面的问题
D 设计合同

解析：见《设计深度规定》第3.2.5条，初步设计文件提请在设计审批时须解决或确定的主要问题包括：有关城市规划、红线等须协调的问题，总建筑面积存在的问题，设计选用标准方面的问题。不包括设计合同的问题。

答案：D

7-1-11 (2006) 初步设计文件中，下列哪一项面积指标可不列入主要技术经济指标表？
A 建筑基底总面积　　　　　B 道路广场总面积
C 绿地总面积　　　　　　　D 建筑总使用面积

解析：见《设计深度规定》第3.3.2.6条，初步设计文件总平面部分的主要技术经济指标表内容应包括：建筑基底总面积、道路广场总面积、绿地总面积等。不包括建筑总使用面积。

答案：D

7-1-12 (2006) 下列哪项不属于初步设计文件建筑图纸应有的组成部分？
A 平面图　　　　　　　　　B 立面图
C 透视图　　　　　　　　　D 紧邻原有建筑的局部平立剖面图

解析：见《设计深度规定》第3.4.3条，初步设计文件建筑图纸应有平面图、立面图、剖面图，对于贴邻的原有建筑，应绘出其局部的平、立、剖面。透视图不属于初步设计文件建筑图纸应有的组成部分。

答案：C

7-1-13 (2006) 按《房屋建筑制图统一标准》规定，下列哪个图例表示石材？

A　　　　　　　　　　　　B

C　　　　　　　　　　　　D

解析：见《房屋建筑制图统一标准》GB/T 50001—2010 表9.2.1。

答案：B

7-1-14 (2006) 按《建筑制图标准》规定，在同一张图纸上绘制多于一层的平面图时，各层平面图宜按层数由低向高的顺序(　　)。
A 从左至右或从上至下布置　　B 从左至右或从下至上布置

C 从右至左或从上至下布置 　　　　D 从右至左或从下至上布置

解析：见《建筑制图标准》第4.1.2条，在同一张图纸上绘制多于一层的平面图时，各层平面图宜按层数由低向高的顺序从左至右或从下至上布置。

答案：B

7-1-15 （2006）在实际运用中，建筑方案的评价标准和方法，一般不包括下列哪一项？

A 系数法 　　　　　　　　　　　B 评分法
C 加权评分法 　　　　　　　　　D 层次分析法

解析：在实际运用中，建筑方案的评价标准和方法，一般不包括层次分析法。

答案：D

7-1-16 （2005）以下哪项是初步设计的平面图中要求标明的内容？

Ⅰ．平面图标明总尺寸、轴线、轴线编号定位尺寸、门窗洞尺寸、墙厚、壁柱宽深尺寸

Ⅱ．以幕墙为围护结构，应表明幕墙与主体结构的连接细部大样及各部尺寸

Ⅲ．表示水池、卫生器具等与设备专业有关的设备位置

Ⅳ．防火分区、防火分区分隔位置和面积，宜单独成图

A Ⅰ、Ⅱ 　　　　　　　　　　　B Ⅰ、Ⅲ
C Ⅱ、Ⅲ 　　　　　　　　　　　D Ⅲ、Ⅳ

解析：见《设计深度规定》第3.4.3条，平面图不需要表示门窗洞尺寸、墙厚、壁柱宽深尺寸；当围护结构为幕墙时，只需标明幕墙与主体结构的定位关系，不必表示连接细部大样及各部尺寸。

答案：D

7-1-17 （2005）下列民用建筑初步设计文件编制的说法中哪项不正确？

A 设计说明书包括总说明、各专业设计说明

B 要求附有地质详勘资料

C 有关专业的设计图纸、主要设备材料表，可单独成册或附在说明书中

D 工程概算书分别含单项工程概算书、单项工程综合概算书及建设项目总概算书

解析：见《设计深度规定》第3.1.1条，初步设计文件中应有设计说明书，包括设计总说明、各专业设计说明；有关专业的设计图纸；主要设备或材料表；工程概算书等。不要求附有地质详勘资料。

答案：B

7-1-18 （2004）基本模数是模数协调中选用的基本尺寸单位，其数值和符号是哪项？

A 300mm，m 　　　　　　　　B 100mm，M
C 200mm，M 　　　　　　　　D 3000mm，M

解析：见《建筑模数协调标准》GB/T 50002—2013第2.0.2、第3.1.1条，基本模数的数值应为100mm，其符号为M，1M等于100mm。

答案：B

7-1-19 （2006）以下哪项不属于施工图设计必须交付的设计文件？

A 合同所要求的各专业设计图纸　　　　B 图纸总封面
C 工程预算书　　　　　　　　　　　　D 各专业计算书

解析：见《设计深度规定》第4.1.1条，施工图设计必须交付的设计文件包括合同要求所涉及的所有专业的设计图纸、图纸总封面、合同要求的工程预算书等内容。各专业计算书不属于必须交付的设计文件，但应按本规定相关条款的要求编制并归档保存。（本题按2008版规定改编）

答案：D

7-1-20 （2005）以下哪项不符合施工图设计深度的要求？
A 剖面图中表示剖切到或可见的重要结构和建筑构造部件
B 其他装修可见的内容不需表示
C 内部院落或看不到的局部立面，可在相关剖面图上表示，若未表示完全，则要单独绘出
D 对紧邻的原有建筑，应绘出其局部平、立、剖面并索引新老建筑结合处的详图号

解析：见《设计深度规定》第4.3.6条，剖面图应表示剖切到或可见的主要结构和建筑构造部件及其他装修等可见的内容。（此题按2008年版规定改编）

答案：B

7-1-21 （2005）按建筑工程设计文件编制深度规定，以下对施工图设计的要求哪项有误？
A 较复杂或较高级的民用建筑的装修，应另行委托室内装修设计
B 凡属二次装修的部分，可列出装修做法表而不进行室内施工图设计
C 对采用新技术、新材料的做法说明及对特殊建筑造型和必要的建筑构造的说明
D 门窗表及门窗性能、用料、颜色、玻璃、五金件等的设计要求

解析：见《设计深度规定》第4.3.3条，凡属二次装修的部分，可不列装修做法表和进行室内施工图设计。（此题按2008年版规定改编）

答案：B

7-1-22 （2004）按《工程设计资质标准》的建设项目规模划分规定，以下哪项不正确？
A 10～20层住宅为中型
B 高度<18m的一般公共建筑为小型
C 单体建筑面积20000m² 以上的为大型
D 单体建筑面积≤5000m² 为小型

解析：见《工程设计资质标准》（2007年修订本）附件3-21-1，高度<24m的一般公共建筑为小型。（此题按2007年版规定改编）

答案：B

7-1-23 （2003）在民用建筑设计劳动定额中，以下哪项为确定建筑类别的主要依据？
A 使用性质　　　　　　　　　　　　　B 工程造价
C 火灾危险性　　　　　　　　　　　　D 复杂程度

解析：在《民用建筑设计劳动定额》中，工程造价是确定建筑类别的主要依据。
答案：B

7-1-24 (2003) 下列在民用建筑设计劳动定额中，哪项属于一类建筑？
A 单体建筑面积 8 万 m^2、投资 2 亿元以上的公共建筑
B 32 层高级公寓
C 地下工程总建筑面积 1 万 m^2 的建筑
D 高度不超过 100m 的 28 层高级旅馆

解析：按建设部 2000 版《民用建筑设计劳动定额》，地下工程总建筑面积 1 万～5 万 m^2 及附建式人防建筑属于一类建筑。
答案：C

7-1-25 民用建筑工程的设计应分为哪几个设计阶段？
A 方案设计、初步设计、施工图设计三阶段
B 方案设计、扩初设计、施工图设计三阶段
C 初步设计、施工图设计两阶段
D 扩初设计、施工图设计两阶段

解析：见《文件深度规定》第 1.0.4 条，民用建筑工程一般应分为方案设计、初步设计和施工图设计三个阶段。
答案：A

7-1-26 下列内容中的哪一项不是初步设计文件的应有组成部分？
A 主要设备及材料表　　　　B 设计说明书
C 设计图纸　　　　　　　　D 工程预算书

解析：见《文件深度规定》第 3.1.1 条，初步设计文件不包括工程预算书。
答案：D

7-1-27 施工图设计文件除设计说明和设计图纸外，还包括(　　)。
A 工程估算　　　　　　　　B 工程概算
C 工程预算　　　　　　　　D 工程决算

解析：见《文件深度规定》第 4.1.1 条第 2 款，应包括合同要求的工程预算书。
答案：C

7-1-28 在建筑技术经济评价中，下列哪一项不应计入建筑面积？
A 封闭阳台　　　　　　　　B 突出墙面的壁柱
C 层高 2.3m 的设备层　　　 D 独立柱的雨篷

解析：见《建筑工程建筑面积计算规范》GB/T 50353—2005 3.0.24.6，不计算建筑面积的范围：勒脚、附墙柱、垛等。
答案：B

(二) 民用建筑设计统一标准

7-2-1 (2010) 按照《民用建筑设计统一标准》的规定，厨房的通风开口有效面积不应低于该房间地板面积的(　　)。

A 1/10，并不得小于0.60m²   B 1/10，并不得小于0.50m²
C 1/9，并不得小于0.50m²   D 1/9，并不得小于0.45m²

解析：见《统一标准》第7.2.2条第2款，厨房的通风开口有效面积不应小于该房间地板面积的1/10，并不得小于0.60m²。故本题应选A。

答案：A

7-2-2 (2010) 按照《民用建筑设计通则》的规定，栏杆底部的可踏面的准确含义是(　　)。

A 宽度大于0.22m，且高度低于0.45m的可踏部位
B 宽度大于或等于0.22m，且高度低于或等于0.45m的可踏部位
C 宽度大于或等于0.22m，且高度低于0.45m的可踏部位
D 宽度大于0.22m，且高度低于或等于0.45m的可踏部位

解析：见《统一标准》第6.7.3条第3款，栏杆高度应从所在楼地面或屋面至栏杆扶手顶面垂直高度计算，当底面有宽度大于或等于0.22m，且高度低于或等于0.45m的可踏部位时，应从可踏部位顶面起算。故本题应选B。

答案：B

7-2-3 (2009) 下列厕所、盥洗室的布置何者不符合规范要求？

A 住宅厕所布置在门厅上方
B 酒店客房厕所的下方为餐厅包间的厕所
C 本套住宅内，起居室上层布置厕所
D 商场餐厅上层布置盥洗室，且非同层排水

解析：《统一标准》第6.6.1-2条规定，在餐厅、医疗用房等有较高卫生要求用房的直接上层，应避免布置厕所、卫生间、盥洗室、浴室等有水房间，否则应采取同层排水和严格的防水措施；除本套住宅外，住宅卫生间不应布置在下层住户的卧室、起居室、厨房和餐厅的直接上层。故本题应选D。

答案：D

7-2-4 (2009) 按设计使用年限分类，"易于替换结构构件的建筑"的使用年限是(　　)。

A 5年   B 10年   C 15年   D 25年

解析：依据《统一标准》表3.2.1，易于替换结构构件的建筑的使用年限是25年。故本题应选D。

设计使用年限分类　　　　　　　　表3.2.1

类别	设计使用年限（年）	示例
1	5	临时性建筑
2	25	易于替换结构构件的建筑
3	50	普通建筑和构筑物
4	100	纪念性建筑和特别重要的建筑

答案：D

7-2-5 (2008) 在公共建筑楼梯设计中,下列陈述哪一项是不合适的?

A 楼梯栏杆的高度按男子人体身高幅度上限来考虑

B 楼梯踏步的高度按女子人体平均身高来考虑

C 楼梯栏杆间距净空按人体平均身高来考虑

D 楼梯上方的净空按人体身高幅度上限来考虑

解析:参见《统一标准》条文说明第 6.8.9 条,楼梯段及平台围合成的空间为楼梯井。为了保护少年儿童生命安全,中小学校、幼儿同等少年儿童专用活动场所的楼梯,其梯井净宽大于 0.20m(少儿胸背厚度),必须采取防止少年儿童坠落措施,防止其在楼梯扶手上做滑梯游戏,产生坠落事故跌落楼梯井底。楼梯栏杆应采用不易攀登的构造和花饰;杆件或花饰的镂空处净距不得大于 0.11m,楼梯扶手上应加装防止少年儿童溜滑的设施。少年儿童活动频繁的其他公共场所也应参照执行。故本题应选 C。

答案:C

7-2-6 (2008) 民用建筑的通风要求,下列叙述何者有误?

A 生活、工作房间的通风开口有效面积不应小于该房间地板面积的 1/20

B 厨房的通风开口有效面积不应小于该房间地板面积的 1/10,并不得小于 0.60m²

C 自然通风道的位置应设于窗户或进风口相对的一面

D 厨房、卫生间的门不宜设百叶或留缝隙以防污染其他用房

解析:《统一标准》第 7.2.2 条第 1 款:生活、工作的房间的通风开口有效面积不应小于该房间地面面积的 1/20;选项 A 错误。

第 7.2.2 条第 2 款:厨房的通风开口有效面积不应小于该房间地板面积的 1/10,并不得小于 0.6m²;选项 B 错误。

未找到选项 C 的相关规定,C 选项无解。

第 7.2.4 条:厨房、卫生间的门的下方应设进风固定百叶或留进风缝隙。选项 D 正确。故本题应选 D。

答案:D

7-2-7 (2008) 建筑室内楼梯的安全措施以下哪项错误?

A 扶手高度自踏步内侧量起不宜小于 0.90m

B 靠楼梯井一侧水平扶手长度超过 0.50m 时,其高度不应小于 1.05m

C 幼儿园的梯井宽大于 0.20m 时,必须采取防止儿童攀滑的措施

D 幼儿园当用垂直杆件做栏杆时,其杆件净距不应大于 0.11m

解析:《统一标准》第 6.8.8 条:室内楼梯扶手高度自踏步前缘线量起不宜小于 0.9m。故本题应选 A。

答案:A

7-2-8 (2007) 下列设计规定中,哪一条不正确?

A 托儿所、幼儿园主要生活用房应获得冬至日 2h 的日照

B 老年人、残疾人卧室、起居室应获得冬至日 2h 的日照

C 医院、疗养院、病室、中小学教室半数以上的房间应获得 2h 的日照

D 住宅每套至少有一个居住空间获得日照

解析：新版《民用建筑设计统一标准》取消了建筑和场地日照标准的相关条文，建筑和场地日照标准在现行国家标准《城市居住区规划设计标准》GB 50180中有明确规定，住宅、宿舍、托儿所、幼儿园、宿舍、老年人居住建筑、医院病房楼等建筑类型也有相关的日照标准。

《托儿所、幼儿园建筑设计规范》JGJ 39—2016 第3.2.8条：托儿所、幼儿园的活动室、寝室及具有相同功能的区域，冬至日底层满窗日照不应小于3h。故选项A正确。

《城市居住区规划设计标准》GB 50180—2018 第4.0.9条第1款：老年人居住建筑日照标准不应低于冬至日日照时数2h；故选项B错误。

《综合医院建筑设计规范》GB 51039—2014 第5.1.7条：50%以上的病房日照应符合现行国家标准《民用建筑设计通则》GB 50352的有关规定；故C选项无解。

《住宅设计规范》GB 50096—2011 第7.1.1条：每套住宅应至少有一个居住空间能获得冬季日照；故选项D错误。故本题应选A。

答案：A

7-2-9 (2007) 厕所、卫生间可以直接布置在下列哪类用房的上层？

A 餐厅、厨房　　　　　　　　B 医药，医疗房
C 变配电房　　　　　　　　　D 本套住宅的卧室

解析：《统一标准》第6.6.1条：在餐厅、医疗用房等有较高卫生要求用房的直接上层，应避免布置厕所、卫生间、盥洗室、浴室等有水房间，否则应采取同层排水和严格的防水措施；除本套住宅外，住宅卫生间不应布置在下层住户的卧室、起居室、厨房和餐厅的直接上层。故本题应选D。

答案：D

7-2-10 (2007) 下列建筑的哪一个采光系数 C_{min} 是错误的？

A 教室、实验室 $C_{min}=2$　　　　B 住宅厅、卧、书房 $C_{min}=1$
C 办公室、阅览室 $C_{min}=1$　　　D 走廊、楼梯间 $C_{min}=0.5$

解析：《统一标准》第7.1.1条：建筑中主要功能房间的采光计算应符合现行国家标准《建筑采光设计标准》GB 50033的规定。故此题无答案。

答案：无答案

7-2-11 (2007) 下列民用建筑各类用房的允许噪声级中，哪项是错误的？

A 住宅卧室 $A=40\sim50dB$　　　B 学校教室 $A\leqslant55dB$
C 医院病房 $A=40\sim50dB$　　　D 旅馆客房 $A=35\sim55dB$

解析：《统一标准》第7.4.1条：民用建筑各类主要功能房间的室内允许噪声级，应符合现行国家标准《民用建筑隔声设计规范》GB 50118的规定。故此题无答案。

答案：无答案

7-2-12 (2007) 下列防护栏杆哪条不符合规范要求？

A 临空高度在24m以下时不应低于1.05m

B 临空高度在24m及24m以上时不应低于1.10m
C 住宅、托幼建筑、中小学校建筑栏杆必须防止儿童攀登
D 栏杆离楼面或屋面0.1m高度内应留空

解析：《统一标准》第6.7.3条第2款：当临空高度在24.0m以下时，栏杆高度不应低于1.05m；当临空高度在24.0m及以上时，栏杆高度不应低于1.1m。选项A、B正确。

第6.7.4条：住宅、托儿所、幼儿园、中小学及其他少年儿童专用活动场所的栏杆必须采取防止攀爬的构造。选项C正确。

第6.7.3条第4款：公共场所栏杆离地面0.1m高度范围内不宜留空。选项D错误。故本题应选D。

答案：D

7-2-13 (2007) 在有人行道的路面上空，下列哪个措施是不符合规范的？
A 2.5m以上突出凸窗、窗扇、窗罩、空调机位，突出深度不大于0.5m
B 2.5m以上突出活动遮阳，突出深度不大于3m
C 3m以上突出雨棚、挑檐，突出深度不大于3m
D 5m以上突出雨棚、挑檐，突出深度不大于3m

解析：见《统一标准》第4.3.2条：在人行道上空：

1）2.5m以下，不应突出凸窗、窗扇、窗罩等建筑构件；2.5m及以上突出凸窗、窗扇、窗罩时，其深度不应大于0.6m。故选项A正确。

2）2.5m以下，不应突出活动遮阳；2.5m及以上突出活动遮阳时，其宽度不应大于人行道宽度减1.0m，并不应大于3.0m。故选项B错误。

3）3.0m以下，不应突出雨篷、挑檐；3.0m及以上突出雨篷、挑檐时，其突出的深度不应大于2.0m。故选项C、D正确。故本题应选B。

答案：B

7-2-14 (2007) 托幼建筑、中小学建筑楼梯设计，下列哪一条是错误的？
A 梯井宽度大于0.2m，采取防止儿童攀滑措施和不易攀登构造
B 采用垂直栏杆杆件时，垂直杆件间距不大于0.20m
C 踏步宽高尺寸为0.26m×0.15m
D 踏步应采取防滑措施

解析：见《统一标准》第6.8.9条规定托儿所、幼儿园、中小学校及其他少年儿童专用活动场所，当楼梯井净宽大于0.2m时，必须采取防止少年儿童坠落的措施。选项A错误。

第6.7.4条规定住宅、托儿所、幼儿园、中小学及其他少年儿童专用活动场所的栏杆必须采取防止攀爬的构造。当采用垂直杆件做栏杆时，其杆件净间距不应大于0.11m。选项B正确。

表6.8.10规定：托儿所幼儿园楼梯踏步的宽度不得小于0.26m，高度不得大于0.13m；小学楼梯踏步的宽度不得小于0.26m，高度不得大于0.15m；2. 各类中学楼梯踏步的宽度不得小于0.28m，高度不得大于0.16m。选项C正确。

楼梯踏步最小宽度和最大高度（m） 表 6.8.10

楼梯类别		最小宽度	最大高度
住宅楼梯	住宅公共楼梯	0.260	0.175
	住宅套内楼梯	0.220	0.200
宿舍楼梯	小学宿舍楼梯	0.260	0.150
	其他宿舍楼梯	0.270	0.165
老年人建筑楼梯	住宅建筑楼梯	0.300	0.150
	公共建筑楼梯	0.320	0.130
托儿所、幼儿园楼梯		0.260	0.130
小学校楼梯		0.260	0.150
人员密集且竖向交通繁忙的建筑和大、中学校楼梯		0.280	0.165
其他建筑楼梯		0.260	0.175
超高层建筑核心筒内楼梯		0.250	0.180
检修及内部服务楼梯		0.220	0.200

《统一标准》第 6.8.13 条，踏步应采取防滑措施。选项 D 错误。故本题选 A、D。

答案：A、D

7-2-15 (2006) 医院、疗养院至少有多少以上的病房和疗养室，应能获得冬至日不少于 2 小时的日照时间？

A 1/2　　　　　B 1/3　　　　　C 1/4　　　　　D 2/5

解析：新版《民用建筑设计统一标准》取消了建筑和场地日照标准的相关条文，建筑和场地日照标准在现行国家标准《城市居住区规划设计标准》GB 50180 中有明确规定，住宅、宿舍、托儿所、幼儿园、宿舍、老年人居住建筑、医院病房楼等类型建筑设计规范中也有相关日照标准。《医院规范》第 5.1.7 中规定 50% 以上的病房日照应符合现行国家标准《民用建筑设计通则》GB 50352 的有关规定。故此题无答案。

答案：无答案

7-2-16 (2006)《民用建筑设计通则》规定，室内楼梯靠楼梯井一侧水平扶手超过 0.5m 长时，其高度不应小于（　　）。

A 0.90m　　　　B 1.00m　　　　C 1.05m　　　　D 1.10m

解析：见《统一标准》第 6.8.8 条规定，楼梯水平栏杆或栏板长度大于 0.5m 时，其高度不应小于 1.05m。故本题应选 C。

答案：C

7-2-17 (2005) 按《民用建筑设计通则》中卫生设备布置间距的规定，以下哪项不符合规范要求？

A 靠侧墙的洗脸盆水嘴距墙面净距不小于 0.55m
B 并列小便器的中心距离不小于 0.7m
C 双侧并列洗脸盆外沿之间的净距不小于 1.80m

D 浴盆长边至对面墙面的净距不小于0.80m

解析：见《统一标准》第6.6.5条第1款规定，洗手盆或盥洗槽水嘴中心与侧墙面净距不应小于0.55m；居住建筑洗手盆水嘴中心与侧墙面净距不应小于0.35m。选项A正确；

第6.6.5-5条规定，并列小便器的中心距离不应小于0.7m，小便器之间宜加隔板，小便器中心距侧墙或隔板的距离不应小于0.35m，小便器上方宜设置搁物台。选项B正确；

第6.6.5-5条规定，双侧并列洗手盆或盥洗槽外沿之间的净距不应小于1.8m。选项C正确。

第6.6.5-9条规定，浴盆长边至对面墙面的净距不应小于0.65m；无障碍盆浴间短边净宽度不应小于2.0m，并应在浴盆一端设置方便进入和使用的坐台，其深度不应小于0.4m。选项D错误。

故本题应选D。

答案：D

7-2-18 (2005) 按《民用建筑设计通则》中有关建筑物天然采光的规定，以下哪项不符合规范要求？

A 各类用房除必须计算采光系数的最低值外，还应按单项建筑设计规范规定的窗地比确定窗口面积
B 离地高度在0.60m以下的采光口不计入有效采光面积
C 采光口上有宽度超过1.00m以上的遮挡物时，其有效采光面积按70%计
D 水平天窗采光口的有效采光面积，按其采光口面积的2.5倍计算

解析：见《统一标准》第7.1.3条第1款规定，侧面采光时，民用建筑采光口离地面高度0.75m以下的部分不应计入有效采光面积。故本题应选B。

答案：B

7-2-19 (2005) 按《民用建筑设计通则》规定，下列建筑物各类主要用房允许噪声级及隔声标准哪项有误？

A 学校一般教室，室内允许噪声级（A声级）≤50dB
B 学校有特殊安静要求的房间，室内允许噪声级（A声级）≤40dB
C 楼板的空气声计权隔声量（dB）不应小于50dB
D 楼板的计权标准化撞击声压级（dB）不应大于75dB

解析：《统一标准》第7.4.1条规定，民用建筑各类主要功能房间的室内允许噪声级、围护结构（外墙、隔墙、楼板和门窗）的空气声隔声标准以及楼板的撞击声隔声标准，应符合现行国家标准《民用建筑隔声设计规范》GB 50118的规定。此题无答案。

答案：无答案

7-2-20 (2005) 按《民用建筑设计通则》的规定，在住宅的哪些房间内可不设置自然通风道或通风换气设施？

A 严寒地区的居住用房　　　　B 寒冷地区的厨房
C 无外窗的浴室　　　　　　　D 无外窗的厕所

解析：见《统一标准》第7.2.3条规定，严寒地区居住建筑中的厨房、厕所、卫生间应设自然通风道或通风换气设施，选项A错误；第7.2.6条规定，无外窗的浴室、厕所、卫生间应设机械通风换气设施，选项C、D错误；因此，寒冷低区的厨房可不设置自然通风道或通风换气设施。故本题应选B。

答案：B

7-2-21 (2005) 按《民用建筑设计通则》规定，下列电梯候梯厅深度的表述中哪项不正确？(B 为轿厢深度，B^* 为电梯群中最大轿厢深度)

A 住宅电梯多台单侧布置≥B^*
B 乘客电梯多台双侧布置≥相对电梯 B 之和
C 乘客电梯 4 台单侧布置≥2.40m
D 病房电梯多台双侧布置≥相对电梯 B^* 之和

解析：见《统一标准》表6.9.1条规定，乘客电梯多台双侧布置≥相对电梯 B^* 之和。故本题应选B。

候梯厅深度   表6.9.1

电梯类别	布置方式	候梯厅深度
住宅电梯	单台	≥B，且≥1.5m
	多台单侧排列	≥B_{max}，且≥1.8m
	多台双侧排列	≥相对电梯 B_{max} 之和，且<3.5m
公共建筑电梯	单台	≥1.5B，且≥1.8m
	多台单侧排列	≥1.5B_{max}，且≥2.0m；当电梯群为 4 台时≥2.4m
	多台双侧排列	≥相对电梯 B_{max} 之和，且<4.5m
病床电梯	单台	≥1.5B
	多台单侧排列	≥1.5B_{max}
	多台双侧排列	≥相对电梯 B_{max} 之和

答案：B

7-2-22 (2005) 下列供日常交通用楼梯的规定中哪项有误？

A 楼梯净宽不应少于两股人流，每股人流宽为 0.55m＋(0～0.15) m
B 楼梯应至少于一侧设扶手，梯段净宽达三股人流时应两侧设扶手，达四股人流时宜加设中间扶手
C 商场楼梯踏步最小宽度 0.26m，最大高度 0.17m
D 无中柱弧形楼梯离内侧扶手 0.25m 处的踏步宽度不应小于 0.22m

解析：《统一标准》第6.8.3规定，梯段净宽除应符合现行国家标准《建筑设计防火规范》GB 50016及国家现行相关专用建筑设计标准的规定外，供日常主要交通用的楼梯的梯段净宽应根据建筑物使用特征，按每股人流宽度为0.55m＋(0～0.15)m的人流股数确定，并不应少于两股人流。(0～0.15)m为人流在行进中人体的摆幅，公共建筑人流众多的场所应取上限值。选项A错误；

第6.8.7规定楼梯应至少于一侧设扶手，梯段净宽达三股人流时应两侧设扶手，达四股人流时宜加设中间扶手。选项B错误；

表第6.8.10条规定，人员密集且竖向交通繁忙的建筑楼梯踏步最小宽度0.28m，最大高度0.165m。故选项C正确。

楼梯踏步最小宽度和最大高度（m） 表6.8.10

小学校楼梯	0.260	0.150
人员密集且竖向交通繁忙的建筑和大、中学校楼梯	0.280	0.165
其他建筑楼梯	0.260	0.175
超高层建筑核心筒内楼梯	0.250	0.180
检修及内部服务楼梯	0.220	0.200

表第6.8.10条注规定：螺旋楼梯和扇形踏步离内侧扶手中心0.250m处的踏步宽度不应小于0.220m。选项D错误。故本题应选C。

答案：C

7-2-23 （2004）不计入有效采光面积的采光口离地高度及采光口上部有宽度超过1.0m的外廊时，有效采光口面积为采光口的百分数值是（　　）。

A　0.6m、60%　　　　　　B　0.4m、70%
C　0.5m、65%　　　　　　D　0.8m、70%

解析：此题依据《统一标准》无答案。

答案：无答案

7-2-24 （2004）公共建筑电梯布置，下列哪种说法是错误的（B为轿厢深度，B^*为电梯群中最大轿厢深度）？

A　乘客电梯多台双侧排列时，候梯厅深度应大于相对电梯B^*之和，应小于4.50m

B　乘客电梯单台布置时，候梯厅深度应大于等于$1.5B$

C　乘客电梯多台单侧布置时，候梯厅深度应大于$1.5B^*$，且当电梯群为4台时还应大于等于3.00m

D　病床电梯多台单侧排列时，候梯厅深度应大于等于$1.5B^*$

解析：见《统一标准》表6.9.1条规定，公共建筑电梯多台单侧排列布置且当电梯群为4台时，候梯厅深度应≥2.4m。故本题应选C。

候梯厅深度 表6.9.1

电梯类别	布置方式	候梯厅深度
住宅电梯	单台	≥B，且≥1.5m
	多台单侧排列	≥B_{max}，且≥1.8m
	多台双侧排列	≥相对电梯B_{max}之和，且<3.5m
公共建筑电梯	单台	≥$1.5B$，且≥1.8m
	多台单侧排列	≥$1.5B_{max}$，且≥2.0m 当电梯群为4台时应≥2.4m
	多台双侧排列	≥相对电梯B_{max}之和，且<4.5m
病床电梯	单台	≥$1.5B$
	多台单侧排列	≥$1.5B_{max}$
	多台双侧排列	≥相对电梯B_{max}之和

答案：C

7-2-25 （2004）严寒地区楼梯间与入口处应采取以下哪种措施？

A 采暖、加门斗　　　　　　　B 保温、加门斗
C 封闭、双层门　　　　　　　D 内保温、门帘

解析：见《统一标准》第7.3.3-4条规定，严寒及寒冷地区的建筑物不应设置开敞的楼梯间和外廊；严寒地区出入口应设门斗或采取其他防寒措施，寒冷地区出入口宜设门斗或采取其他防寒措施。故本题应选B。

答案：B

7-2-26 (2004) 中小学南向的普通教室冬至日底层满窗日照时间不应小于(　　)。

A 4.0h　　　　B 3.0h　　　　C 2.5h　　　　D 2.0h

解析：新版《民用建筑设计统一标准》取消了建筑和场地日照标准的相关条文，建筑和场地日照标准在现行国家标准《城市居住区规划设计标准》GB 50180中有明确规定，住宅、宿舍、托儿所、幼儿园、宿舍、老年人居住建筑、医院病房楼等类型建筑设计规范中也有相关日照标准。《中小学规范》第4.3.3条规定，普通教室冬至日满窗日照不应少于2h。故本题应选D。

答案：D

7-2-27 (2003) 下列安全防护叙述中，哪条不符合规定要求？

A 室内楼梯扶手高度自踏步前缘线量起不宜小于0.90m。靠楼梯井一侧水平扶手长度超过0.50m时，其高度不应小于1.05m。
B 临空高度在24m以下时，栏杆高度不应低于1.05m
C 临空高度在24m及24m以上（包括中高层住宅）时，栏杆高度不应低于1.10m
D 栏杆离屋面0.10m高度内应留空

解析：见《统一标准》第6.8.8条规定，室内楼梯扶手高度自踏步前缘线量起不宜小于0.9m。楼梯水平栏杆或栏板长度大于0.5m时，其高度不应小于1.05m。选项A错误；

6.7.3-2 当临空高度在24.0m以下时，栏杆高度不应低于1.05m；当临空高度在24.0m及以上时，栏杆高度不应低于1.1m。上人屋面和交通、商业、旅馆、医院、学校等建筑临开敞中庭的栏杆高度不应小于1.2m。选项B、C错误；

6.7.3-4 公共场所栏杆离地面0.1m高度范围内不宜留空。选项D正确。故本题应选D。

答案：D

7-2-28 (2003) 下列楼梯梯段设计中，哪条不符合规范？

A 楼梯最小净宽以不应少于两股人流标准计算
B 每个梯段的踏步一般不应超过18级，最少不应小于3级
C 楼梯平台上部及下部和楼梯净高不应小于2000mm
D 有儿童经常使用楼梯的梯井净宽大于200mm时，必须采取安全措施

解析：《统一标准》第6.8.3规定，梯段净宽除应符合现行国家标准《建筑设计防火规范》GB 50016及国家现行相关专用建筑设计标准的规定外，供日常主要交通用的楼梯的梯段净宽应根据建筑物使用特征，按每股人流宽度为

0.55m＋（0～0.15)m 的人流股数确定，并不应少于两股人流。选项 A 错误；

6.8.5 每个梯段的踏步级数不应少于3级，且不应超过18级。选项 B 错误；

6.8.6 条规定，楼梯平台上部及下部过道处的净高不应小于2.0m，梯段净高不应小于2.2m。选项 C 正确；

6.8.9 条规定托儿所、幼儿园、中小学校及其他少年儿童专用活动场所，当楼梯井净宽大于0.2m时，必须采取防止少年儿童坠落的措施。选项 D 错误。故本题应选C。

答案：C

7-2-29 (2003) 下列居住建筑设计要求中，哪条与规范不符？

A 外窗窗台距楼、地面净高低于0.90m 时，应有防护设施

B 底层外窗和阳台门，下沿低于2.00m且紧邻走廊或共用上人屋面上的窗和门，应采取防卫措施

C 住宅户门的门洞最小尺寸为 1.00m×2.10m

D 住宅户门应采用安全防卫门

解析：见《住宅设计规范》第6.11.6条第4款规定，居住建筑临空外窗的窗台距楼地面净高不得低于0.9m，否则应设置防护设施，防护设施的高度由地面起算不应低于0.9m；选项 A 错误；

5.8.3 条规定，底层外窗和阳台门、下沿低于2.00m 且紧邻走廊或共用上人屋面上的窗和门，应采取防卫措施。选项 B 错误；

5.8.7 条规定，住宅户门的门洞最小尺寸为 1.00m×2.00m。选项 C 正确；

5.8.5 条规定，户门应采用具备防盗、隔声功能的防护门。向外开启的户门不应妨碍公共交通及相邻户门开启。选项 D 错误。故本题应选C。

答案：C

7-2-30 (2003) 当室内坡道水平投影长度超过多少时，宜设休息平台？

A 10m　　　　B 12m　　　　C 15m　　　　D 18m

解析：见《统一标准》第6.7.2条第2款规定，当室内坡道水平投影长度超过15.0m时，宜设休息平台。故本题应选C。

答案：C

7-2-31 (2003) 下列哪类允许突入道路红线(　　)。

A 建筑物台阶、平台、窗斗

B 地下建筑及建筑基础

C 除基地内连接城市的管线以外的其他地下管线

D 雨篷、挑檐、阳台等悬挑建筑构件（悬挑尺寸另有规定）

解析：见《统一标准》第4.3.1 除骑楼、建筑连接体、地铁相关设施及连接城市的管线、管沟、管廊等市政公共设施以外，建筑物及其附属的下列设施不应突出道路红线或用地红线建造。故选项 C 错误。

1) 地下设施，应包括支护桩、地下连续墙、地下室底板及其基础、化粪

池、各类水池、处理池、沉淀池等构筑物及其他附属设施等，故选项 B 错误；

2) 地上设施，应包括门廊、连廊、阳台、室外楼梯、凸窗、空调机位、雨篷、挑檐、装饰构架、固定遮阳板、台阶、坡道、花池、围墙、平台、散水明沟、地下室进风及排风口、地下室出入口、集水井、采光井、烟囱等。故选项 A、D 错误。故本题无正确答案。

答案：无答案

7-2-32 (2003) 居住建筑室内通风设计中，下列哪条不符合规定？
A 居住用房的通风开口面积不应小于该房间地板面积的 1/20
B 厨房的通风开口面积不应小于其地板面积的 1/10，并不得小于 $0.8m^2$
C 严寒地区无直接自然通风的浴室、厕所，应设自然通风道
D 自然通风道的位置应设于窗户或进风口的一面

解析：见《统一标准》第 7.2.2-1 条规定，生活、工作的房间的通风开口有效面积不应小于该房间地面面积的 1/20；选项 A 错误；

第 7.2.2 条第 2 款规定，厨房的通风开口有效面积不应小于该房间地板面积的 1/10，并不得小于 $0.6m^2$；选项 B 正确；

第 7.2.3 条规定，严寒地区居住建筑中的厨房、厕所、卫生间应设自然通风道或通风换气设施。选项 C 错误；

未找到选项 D 的相关规定，D 选项无解；故本题应选 B。

答案：B

7-2-33 下列因素中的哪一条不是影响建筑日照条件的因素？
A 建筑基地的地理纬度　　　　B 建筑基地的地理经度
C 日照间距系数　　　　　　　D 冬季太阳的高度角和方位角

解析：建筑物所处地理位置的经度与日照条件无关。故本题应选 B。

答案：B

7-2-34 在公共建筑中，以下哪一种竖向交通方式不能作为防火疏散之用？
A 封闭楼梯　　B 室外楼梯　　C 自动扶梯　　D 防烟楼梯

解析：见《统一标准》第 6.9.2 条第 1 款规定，自动扶梯和自动人行道不应作为安全出口。故本题应选 C。

答案：C

7-2-35 民用建筑按功能分为两大类，下列哪项正确？
A 住宅与办公建筑　　　　B 单体与群体
C 高层与低层建筑　　　　D 居住与公共建筑

解析：见《统一标准》第 3.1.1 条规定，民用建筑按使用功能可分为居住建筑和公共建筑两大类。故本题应选 D。

答案：D

7-2-36 下列何类用房可在地下一层或半地下室中布置？
A 托儿所、幼儿园　　　　B 居住建筑的居室
C 歌舞厅、娱乐厅、游乐场　　D 老人、残疾人生活用房

解析：《防火规范》第 5.4.4 规定，托儿所、幼儿园的儿童用房和儿童游乐厅

等儿童活动场所宜设置在独立的建筑内，且不应设置在地下或半地下；选项A错误；

《住宅设计规范》中第6.9.1条规定卧室、起居室（厅）、厨房不应布置在地下室；当布置在半地下室时，必须对采光、通风、日照、防潮、排水及安全防护采取措施，并不得降低各项指标要求。选项B部分错误；

《防火规范》条文说明第5.4.9规定，歌舞厅、录像厅、夜总会、卡拉OK厅（含具有卡拉OK功能的餐厅）、游艺厅（含电子游艺厅）、桑拿浴室（不包括洗浴部分）、网吧等歌舞娱乐放映游艺场所（不含剧场、电影院）不应布置在地下二层及以下楼层；选项C正确；

《防火规范》第5.4.4B规定，当老年人照料设施中的老年人公共活动用房、康复与医疗用房设置在地下、半地下时，应设置在地下一层，每间用房的建筑面积不应大于200m² 且使用人数不应大于30人。选项D错误；故本题应选C。

答案：C

7-2-37 建筑楼梯每个梯段的踏步数规定是(　　)。
A 一般不应超过20级，也不应少于3级
B 一般不应超过18级，也不应少于2级
C 一般不应超过18级，也不应少于3级
D 一般不应超过20级，也不应少于2级

解析：见《统一标准》第6.8.5条规定，每个梯段的踏步级数不应少于3级，且不应超过18级。故本题应选C。

答案：C

7-2-38 公共建筑楼梯梯段最小净宽和净空高度为(　　)。
A 宽1.0m，高2.0m　　　　　B 宽1.1m，高2.2m
C 宽1.0m，高2.2m　　　　　D 宽1.1m，高2.0m

解析：见《统一标准》第6.8.3条和第6.8.6条规定，1.1m是两股人流通行的最小宽度；2.2m是考虑人行时登上一步踏步后仍能保证通行的高度。故本题应选B。

答案：B

7-2-39 二级踏步不允许出现在以下哪一种部位？
A 室外台阶　　　　B 室内台阶　　　C 楼梯梯段　　　D 爬梯

解析：见《统一标准》第6.8.5条规定，每个梯段的踏步级数不应少于3级，且不应超过18级。故本题应选C。

答案：C

7-2-40 下列关于电梯、自动扶梯安全出口的叙述，哪一个是正确的？
A 电梯可以计作安全出口，自动扶梯不可以计作安全出口
B 电梯不可以计作安全出口，自动扶梯可以计作安全出口
C 电梯和自动扶梯均可以计作安全出口
D 电梯和自动扶梯均不可以计作安全出口

解析：见《统一标准》第6.9.1-1条和6.9.2-1条规定，电梯和自动电梯均不可以计作安全出口。故本题应选D。

答案：D

7-2-41 多台轿厢深度为1.8m的电梯双侧排列，候梯厅不兼作走道时，其深度应为（　　）。

A 不小于1.8m
B 不小于2.7m
C 大于或等于3.6m并小于4.5m
D 不小于4.5m

解析：见《统一标准》表6.9.1。故本题应选C。

候梯厅深度　　　　　　表6.9.1

电梯类别	布置方式	候梯厅深度
住宅电梯	单台	$\geq B$，且$\geq 1.5m$
住宅电梯	多台单侧排列	$\geq B_{max}$，且$\geq 1.8m$
住宅电梯	多台双侧排列	$\geq$相对电梯B_{max}之和，且$<3.5m$
公共建筑电梯	单台	$\geq 1.5B$，且$\geq 1.8m$
公共建筑电梯	多台单侧排列	$\geq 1.5B_{max}$，且$\geq 2.0m$ 当电梯群为4台时应$\geq 2.4m$
公共建筑电梯	多台双侧排列	$\geq$相对电梯B_{max}之和，且$<4.5m$
病床电梯	单台	$\geq 1.5B$
病床电梯	多台单侧排列	$\geq 1.5B_{max}$
病床电梯	多台双侧排列	$\geq$相对电梯B_{max}之和

答案：C

7-2-42 一般平屋面的最小坡度为（　　）。

A 0　　B 1∶100　　C 1∶50　　D 1∶20

解析：见《统一标准》表6.14.2。故本题应选C。

屋面的排水坡度　　　　　　表6.14.2

屋面类别		屋面排水坡度（%）
平层面	防水卷材屋面	≥ 2、<5
瓦屋面	块瓦	≥ 30
瓦屋面	波形瓦	≥ 20
瓦屋面	沥青瓦	≥ 20
金属屋面	压型金属板、金属夹芯板	≥ 5
金属屋面	单层防水卷材金属屋面	≥ 2
种植屋面	种植屋面	≥ 2、<50
采光屋面	玻璃采光顶	≥ 5

答案：C

7-2-43 民用建筑的阳台、外廊的防护栏杆高度，下列哪条正确？

A 不小于0.90m
B 不小于1.00m

C 不小于1.05m D 宜超过1.20m

解析：见《统一标准》第6.7.3条规定，当临空高度在24.0m以下时，栏杆高度不应低于1.05m；当临空高度在24.0m及以上时，栏杆高度不应低于1.1m。

故本题无正确选项。

答案：无答案

7-2-44 有关电梯的设置方式，下列哪一项要求是不必要的？

A 电梯不应在转角处贴邻布置　　B 单侧排列的电梯不应超过4台
C 双侧排列的电梯不应超过8台　　D 双侧排列的电梯数量应相等

解析：见《统一标准》第6.9.1条第4款规定，电梯的设置，单侧排列时不宜超过4台。双侧排列时不宜超过2排×4台。选项B、C错误。

第6.9.1-8条规定，电梯不应在转角处贴邻布置，且电梯井不宜被楼梯环绕设置。选项A错误。

规范中没有"双侧排列的电梯数量应相等"的规定。故本题应选D。

答案：D

7-2-45 大型公共建筑主入口，采用下列哪一种特殊门时，邻近可不设普通门？

A 旋转门　　B 电动门　　C 地弹簧门　　D 大型门

解析：见《统一标准》第6.11.9-4条规定，推拉门、旋转门、电动门、卷帘门、吊门、折叠门不应作为疏散门；因此地弹簧门属于可以满足紧急疏散要求的普通门。故本题应选C。

答案：C

7-2-46 以下关于防护栏杆的安全规定，哪一条与规范不符？

A 应能承受规定的水平荷载

B 高度不应小于1m

C 离楼面0.1m高度内不应留空

D 有儿童活动的场所，应采用不易攀登的构造

解析：见《统一标准》第6.7.3条规定，当临空高度在24.0m以下时，栏杆高度不应低于1.05m；当临空高度在24.0m及以上时，栏杆高度不应低于1.1m。故本题应选B。

答案：B

7-2-47 建筑物中公共的厕所、盥洗室、浴室和餐厅、厨房、食品库房、变配电间等房间的布置关系上，下述哪条是正确的？

A 二者不应贴邻布置　　B 前者不应布置在后者的直接上层
C 前者不应布置在后者的直接下层　　D 二者关系没有限制性的规定

解析：见《统一标准》第6.9.1条规定，在食品加工与贮存、医药及其原材料生产与贮存、生活供水、电气、档案、文物等有严格卫生、安全要求房间的直接上层，不应布置厕所、卫生间、盥洗室、浴室等有水房间；在餐厅、医疗用房等有较高卫生要求用房的直接上层，应避免布置厕所、卫生间、盥洗室、浴室等有水房间。故本题应选B。

答案：B

7-2-48 托幼园所的主要生活用房,冬至日的日照时数标准是( )。
A 1　　　　　B 2　　　　　C 3　　　　　D 4
解析:《托、幼规范》第3.2.8条规定,托儿所、幼儿园的活动室、寝室及具有相同功能的区域,冬至日底层满窗日照不应小于3h。儿童使用的居室日照标准应大大高于普通居室的标准。故本题应选C。
答案:C

7-2-49 老年人住宅的居室要求获得冬至日满窗日照不少于( )。
A 2.0h　　　　B 2.5h　　　　C 3.0h　　　　D 3.5h
解析:新版《民用建筑设计统一标准》取消了建筑和场地日照标准的相关条文,建筑和场地日照标准在现行国家标准《城市居住区规划设计标准》GB 50180中第4.0.9条:老年人居住建筑日照标准不应低于冬至日日照时数2h。故本题应选A。
答案:A

7-2-50 关于门的设置规定,以下哪一条不正确?
A 外门应开启方便、坚固耐用
B 双面弹簧门在可视高度部分不应安装透明玻璃
C 手动开启的大门扇应有制动装置
D 门扇开足时不应影响走道及楼梯平台的疏散宽度
解析:见《统一标准》第6.11.9条:门的设置应符合下列规定:
　　1 门应开启方便、坚固耐用。选项A错误;
　　2 手动开启的大门扇应有制动装置,推拉门应有防脱轨的措施。选项C错误;
　　3 双面弹簧门应在可视高度部分装透明安全玻璃。选项B正确;
　　……
　　5 开向疏散走道及楼梯间的门扇开足后,不应影响走道及楼梯平台的疏散宽度。选项C错误。故本题应选B。
答案:B

7-2-51 下列哪种屋面仅适用于我国南方?
A 坡屋面　　　B 保温屋面　　C 通风屋面　　D 平屋面
解析:通风屋面可有效地隔离夏季太阳辐射热却不能保温,故仅适用于南方。故本题应选C。
答案:C

7-2-52 天窗设置的技术要求,以下哪两条是必要的?
Ⅰ.应有防阳光直射的措施;Ⅱ.应采用防破碎的透光材料或安全网;Ⅲ.应有防冷凝水产生或引泄冷凝水的措施;Ⅳ.应有自动排烟设施
A Ⅰ、Ⅲ　　　B Ⅱ、Ⅳ　　　C Ⅰ、Ⅳ　　　D Ⅱ、Ⅲ
解析:见《统一标准》第6.11.8条规定,天窗的设置应符合下列规定:
　　1 天窗应采用防破碎伤人的透光材料;
　　2 天窗应有防冷凝水产生或引泄冷凝水的措施,多雪地区应考虑积雪对天窗的影响；

3 天窗应设置方便开启清洗、维修的设施。故本题应选D。

答案：D

（三）各类型民用建筑设计规范

7-3-1 （2010）电影院设计要求入场口与散场口(　　)。

A 分开设置　　　B 集中设置　　　C 合并设置　　　D 选择设置

解析：《影院规范》第4.1.5条规定，观众厅人流组织应合理，保证观众的有序入场及疏散，观众入场人流和疏散人流不得有交叉，所以应分开设置。

答案：A

7-3-2 （2010）按照现行《办公建筑设计规范》的规定，下列与规范不符的是(　　)。

A 办公室应有与室外空气直接对流的窗户、洞口，当有困难时，应设置机械通风设施

B 采用自然通风的办公室，其通风开口面积不应小于房间地板面积的1/20

C 设有全空调的办公建筑不应设置吸烟室

D 办公室应进行合理的日照控制和利用，避免直射阳光引起的眩光

解析：见《办公建筑规范》第6.2.5条，设有全空调的办公建筑宜设吸烟室。

答案：C

7-3-3 （2010）医院洁净手术部内与室内空气直接接触的外露材料不得使用(　　)。

A 石材与防水涂料　　　　　　B 木材与石膏

C 墙砖与地砖　　　　　　　　D 水磨石与装配式金属壁板

解析：根据《医院洁净手术部建筑技术规范》GB 50333—2013第7.3.7条规定，洁净手术部内与室内空气直接接触的外露材料不得使用木材和石膏。

答案：B

7-3-4 （2010）某栋每层层高为2.70m的7层住宅楼，其室内外高差为0.50m，则其第七层阳台栏杆净高不应低于(　　)。

A 1.20m　　　B 1.10m　　　C 1.05m　　　D 1.00m

解析：根据《住宅设计规范》第5.6.3条规定，阳台栏板或栏杆净高，六层及六层以下不应低于1.05m；七层及七层以上不应低于1.10m。

答案：B

7-3-5 （2010）按照《宿舍建筑设计规范》的规定，宿舍安全出口门设置正确的是(　　)。

A 不应设置门槛，其净宽不应小于1.40m

B 可设置门槛，其净宽不应小于1.40m

C 不应设置门槛，其净宽不应小于1.20m

D 可设置门槛，其净宽不应小于1.20m

解析：见《宿舍规范》第5.2.5条规定，宿舍建筑的安全出口不应设置门槛，

其净宽不应小于1.40m。
答案：A

7-3-6 (2010)《住宅设计规范》中，套内使用面积包括(　　)。
A 卧室、起居室、餐厅等的使用面积总和，不包括厨房、卫生间、过厅、过道、前室、储藏间、壁柜的使用面积
B 卧室、起居室、餐厅、厨房、卫生间等的使用面积总和，不包括过厅、过道、前室、储藏间、壁柜的使用面积
C 卧室、起居室、餐厅、厨房、卫生间、过厅、过道、前室等的使用面积总和。不包括储藏间、壁柜的使用面积
D 卧室、起居室、餐厅、厨房、卫生间、过厅、过道、前室、储藏间、壁柜等的使用面积总和

解析：见《住宅设计规范》第4.0.3条第1款，套内使用面积应包括卧室、起居室（厅）、餐厅、厨房、卫生间、过厅、过道、贮藏室、壁柜等使用面积的总和。
答案：D

7-3-7 (2009) 根据《人民防空地下室设计规范》要求，下列何种管道可穿过人防围护结构？
A 雨水管，公称直径150mm　　B 生活污水管，公称直径150mm
C 消防水管，公称直径100mm　　D 给水管，公称直径160mm

解析：《人防地下室规范》第3.1.6条规定，穿过人防围护结构的管道应符合下列规定：1. 与防空地下室无关的管道不宜穿过人防围护结构；上部建筑的生活污水管、雨水管、燃气管不得进入防空地下室；2. 穿过防空地下室顶板、临空墙和门框墙的管道，其公称直径不宜大于150mm。
答案：C

7-3-8 (2009) 防空地下室上部建筑层数为九层，按规范规定人员掩蔽工程每个防护单元的建筑面积应(　　)。
A ≤2000m²　　B ≤1500m²　　C ≤1200m²　　D ≤1000m²

解析：《人防地下室规范》第3.2.6条规定，上部建筑层数为九层的防空地下室人员掩蔽工程每个防护单元的建筑面积应≤2000m²。
答案：A

7-3-9 (2009) 防空地下室战时人员出入口通道，按规范规定最小净宽和最小净高分别应为(　　)。
A 1.80m，2.50m　　B 1.50m，2.20m
C 1.30m，2.10m　　D 1.20m，2.00m

解析：《人防地下室规范》第3.3.5条规定，防空地下室战时人员出入口通道最小净宽和最小净高分别应为1.50m、2.20m。
答案：B

7-3-10 (2009) 防空地下室一等人员掩蔽所主要出入口的人防门数量应为(　　)。
A 防护密闭门2道，密闭门1道

B 防护密闭门1道，密闭门1道
C 防护密闭门2道，密闭门2道
D 防护密闭门1道，密闭门2道

解析：《人防地下室规范》第3.3.6条规定，防空地下室一等人员掩蔽所主要出入口的人防门数量应为防护密闭门1道，密闭门2道。

答案：D

7-3-11 (2009) 通至防空地下室的电梯必须设置在防空地下室的哪个部位？

A 防护密闭区外　　　　　　　　B 掩蔽区外
C 密闭通道内　　　　　　　　　D 防毒通道内

解析：《人防地下室规范》第3.3.26条规定，当电梯通至地下室时，电梯必须设置在防空地下室的防护密闭区以外。

答案：A

7-3-12 (2009) 防空地下室的装修，下列何者不符合规范要求？

A 防空地下室设置吊顶时，应采用轻质龙骨，饰面板材方便拆卸
B 防空地下室顶板应抹灰
C 防毒通道的地面和墙面应平整光洁
D 滤毒室、扩散室地面和墙面应易于清洗

解析：《人防地下室规范》第3.9.3条规定，防空地下室的顶板不应抹灰。

答案：B

7-3-13 (2009) 七层及七层以上住宅的阳台栏杆净高和防护栏杆的垂直杆件间净距分别为(　　)。

A ≮1.05m，≯0.10m　　　　　B ≮1.10m，≯0.11m
C ≮0.90m，≯0.15m　　　　　D ≮1.00m，≯0.10m

解析：见《住宅设计规范》第5.6.2条，阳台栏杆的垂直杆件间净距不应大于0.11m；又5.6.3条规定，阳台栏板或栏杆净高，六层及六层以下不应低于1.05m，七层及七层以上不应低于1.10m。

答案：B

7-3-14 (2009) 下列住宅公共出入口，不符合规范规定的是(　　)。

A 单元式住宅每个单元有公共出入口
B 住宅和底层商店不能共用一个出入口
C 塔式住宅均应有两个出入口
D 位于外廊下部的住宅公共出入口，采取了防止物体坠落伤人的安全措施

解析：见《住宅建筑规范》第9.5.1条，10层以下的住宅建筑，当住宅单元任一层的建筑面积大于$650m^2$，或任一套房的户门至安全出口的距离大于15m时，该住宅单元每层的安全出口不应少于2个；否则可以只设一个出入口。

答案：C

7-3-15 (2009) 按电影院建筑设计规范要求，下列何者不正确？

A 当电影院建在综合功能的建筑物内时，应形成独立的防火分区
B 面积大于$100m^2$的地下观众厅应设置机械排烟设施

C 观众厅疏散门不应设置门槛

D 观众厅疏散门严禁采用卷帘门

解析：《影院规范》第6.1.9条规定，面积大于100m² 的地上观众厅和面积大于50m² 的地下观众厅应设置机械排烟设施。

答案：B

7-3-16 (2009) 电影院建筑的观众厅外设有防滑措施的疏散走道坡度应(　　)。

A ≯1：6　　　B ≯1：8　　　C ≯1：10　　　D ≯1：12

解析：《影院规范》第6.2.4条规定，观众厅外的疏散走道室内坡道坡度不应大于1：8，并应有防滑措施。

答案：B

7-3-17 (2009) 电影院观众厅隔声门的隔声量应(　　)。

A ≮25dB　　　B ≮30dB　　　C ≮35dB　　　D ≮40dB

解析：《影院规范》第5.3.6条规定，观众厅隔声门的隔声量不应小于35dB。

答案：C

7-3-18 (2009) 办公建筑电梯最少设置数量取决于(　　)。

A 建筑高度　　B 建筑面积　　C 建筑投资　　D 建筑布局

解析：《办公建筑规范》第4.1.4条规定，电梯数量应满足使用要求，按办公建筑面积每5000m² 至少设置1台。

答案：B

7-3-19 (2009) 一类办公建筑办公室净高为(　　)。

A ≮2.60m　　B ≮2.70m　　C ≮2.90m　　D ≮3.00m

解析：《办公建筑规范》第4.1.11条规定，一类办公建筑办公室的净高不应低于2.70m。

答案：B

7-3-20 (2009) 公寓式办公楼的厨房应为(　　)。

A 无直接采光有机械通风时使用燃气的厨房

B 有直接采光和自然通风时使用燃气的厨房

C 不靠外墙电炊式厨房

D 与普通住宅要求完全相同的厨房

解析：《办公建筑规范》第4.2.3条第3款规定，使用燃气的公寓式办公楼的厨房应有直接采光和自然通风。

答案：B

7-3-21 (2009) 办公建筑的开放式、半开放式办公室，其室内任何一点至最近安全出口的直线距离应(　　)。

A ≯40m　　　B ≯30m　　　C ≯25m　　　D ≯20m

解析：《办公建筑规范》第5.0.2条规定，办公建筑的开放式、半开放式办公室，其室内任何一点至最近的安全出口的直线距离不应超过30m。

答案：B

7-3-22 (2009) 办公建筑的公用厕所距离最远工作点应(　　)。

A ≥30m　　　　B ≥40m　　　　C ≥50m　　　　D ≥60m

解析：《办公建筑规范》第4.3.6条规定，公用厕所距离最远工作点不应大于50m。

答案：C

7-3-23 (2009)住宅卧室、起居室利用坡屋顶内空间，应做到(　　)。

A 1/4面积的室内净高≮2.10m　　　　B 1/3面积的室内净高≮2.10m
C 1/2面积的室内净高≮2.10m　　　　D 1/2面积的室内净高≮2.00m

解析：见《住宅设计规范》第5.5.3条，利用坡屋顶内空间作卧室、起居室（厅）时，至少有1/2使用面积的室内净高不应低于2.10m。

答案：C

7-3-24 (2009)住宅节地评定指标中，哪项说法与评定技术标准有悖？

A 地面停车率不宜超过10%
B 容积率的合理性
C 户均面宽值不大于户均面积值的1/8
D 采用箱式变压器代替建筑式配电室

解析：见《住宅性能标准》附录C住宅经济性能评定指标第C35条，户均面宽值不大于户均面积值的1/10。

答案：C

7-3-25 (2009)在建筑造型评定中，下列哪项是评分定级的主要因素？

A 外立面简洁，具有现代风格
B 建筑造型设计不得在采光、通风、视线干扰、节能等方面影响和损害住宅使用功能
C 对空调室外机作有效的造型处理
D 防盗网均应设在窗的室内一侧

解析：见《住宅性能标准》条文说明第5.3.2条，要求建筑形式美观、新颖，具有现代居住建筑风格，能体现地方气候特点和建筑文化传统。

答案：A

7-3-26 (2009)住宅性能认定的申请与评定中，正确的做法是(　　)。

A 评审工作包括设计审查、中期检查、终审三个环节
B 评审专家可参加本人或本单位设计、建造住宅的评审工作
C 住宅性能评定原则上以户型为对象
D 终审在项目竣工前，并作为竣工条件之一

解析：见《住宅性能标准》第3.0.3条，评审工作包括设计审查、中期检查、终审三个环节。

答案：A

7-3-27 (2009)下列哪项不是影响住宅间距的主要因素？

A 采光通风　　　B 小区停车　　　C 视觉卫生　　　D 管线埋设

解析：《住宅建筑规范》第4.1.1条规定，住宅间距应以满足日照要求为基础，综合考虑采光、通风、消防、防灾、管线埋设、视觉卫生等要求确定。

故小区停车不是影响住宅间距的主要因素。

答案：B

7-3-28 （2008）根据现行《人民防空地下室设计规范》的规定，防空地下室系指在房屋中室内地平面低于室外地平面的高度（　　）。

A 超过该房间净高 2/3 的地下室
B 超过该房间净高 1/3 的地下室
C 超过该房间层高 1/2 的地下室
D 超过该房间净高 1/2 的地下室

解析：《人防地下室规范》第2.1.4条解释，防空地下室系指在房屋中室内地平面低于室外地平面的高度超过该房间净高 1/2 的地下室。

答案：D

7-3-29 （2008）装有钢结构人防门的核6级甲类防空地下室，其室内出入口不宜采用下列哪一图示？

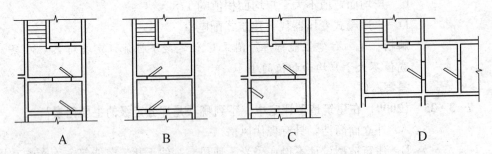

A　　　　　B　　　　　C　　　　　D

解析：见《人防地下室规范》第3.3.14条，装有钢结构人防门的核6级甲类防空地下室的室内出入口不宜采用无拐弯形式。其实图A与B同样属于无拐弯形式，故此题出得可能有问题。

答案：A

7-3-30 （2008）根据现行《人民防空地下室设计规范》的规定，人防人员掩蔽工程战时阶梯式出入口的踏步高和宽的限值何者正确？

A 踏步高不宜大于 200mm，宽不宜小于 240mm
B 踏步高不宜大于 180mm，宽不宜小于 250mm
C 踏步高不宜大于 175mm，宽不宜小于 260mm
D 踏步高不宜大于 170mm，宽不宜小于 280mm

解析：《人防地下室规范》第3.3.9条规定，人员掩蔽工程的战时阶梯式出入口的踏步高不宜大于0.18m，宽不宜小于0.25m。

答案：B

7-3-31 （2008）按照现行《办公建筑设计规范》的规定，下列叙述何者有误？

A 办公室应有与室外空气直接对流的窗户、洞口，当有困难时，应设置机械通风设施
B 采用自然通风的办公室，其通风开口面积不应小于房间地板面积的 1/20
C 设有全空调的办公建筑不应设置吸烟室

D 办公室应进行合理的日照控制和利用,避免直射阳光引起的眩光

解析:《办公建筑规范》第6.2.5条规定,设有全空调的办公建筑宜设吸烟室。

答案:C

7-3-32 (2008) 医院洁净手术部内与室内空气直接接触的外露材料不得使用(　　)。

A 石材与防水涂料　　　　　　B 贴面砖与地砖
C 木材与石膏　　　　　　　　D 水磨石与装配式金属壁板

解析:《医院洁净手术部建筑技术规范》GB 50333—2013 第7.3.7条规定,洁净手术部内与室内空气直接接触的外露材料不得使用木材和石膏。

答案:C

7-3-33 (2008) 某住宅区内设置一座无护栏的景观水体,按照现行《住宅建筑规范》的规定,该无护栏景观水体近岸2m范围内的水深不应大于(　　)。

A 0.4m　　　　B 0.5m　　　　C 0.6m　　　　D 0.8m

解析:《住宅建筑规范》第4.4.3条规定,无护栏的人工景观水体近岸2m范围内水深不应大于0.5m。

答案:B

7-3-34 (2008) 下列关于比赛用游泳池的有关规定,符合现行《体育建筑设计规范》规定的是(　　)。

A 游泳池的池壁及池岸应防滑,池岸和池身的阴阳交角均应按弧形处理
B 游泳池的池壁及池岸应防滑,池岸和池身的阳角应按弧形处理
C 游泳池的池岸应防滑,池岸和池身的阴阳交角均应按弧形处理
D 游泳池的池岸应防滑,池岸和池身的阳角应按弧形处理

解析:《体育建筑设计规范》JGJ 31—2003 第7.2.2条规定,比赛用游泳池池壁及池岸应防滑,池岸、池身的阴阳交角均应按弧形处理。

答案:A

7-3-35 (2008) 按照现行《宿舍建筑设计规范》的要求,下列关于宿舍采取的节能措施不正确的是(　　)。

A 夏热冬暖地区宿舍居室的东西向外窗应采取遮阳措施
B 夏热冬冷地区宿舍居室的东西向外窗应采取遮阳措施
C 寒冷地区宿舍居室的西向外窗不应采取遮阳措施
D 严寒地区宿舍不应设置开敞的楼梯间和外廊

解析:《宿舍规范》第6.3.3条规定,寒冷地区居室的西向外窗宜采取建筑外遮阳措施。

答案:C

7-3-36 (2008) 按照现行《城市公共厕所设计标准》的规定,独立式公共厕所按建筑类别应分为(　　)。

A 二类　　　　B 三类　　　　C 四类　　　　D 五类

解析:《公厕标准》第3.1.5条规定,独立式公共厕所按建筑类别应分为三类(一类、二类、三类)。

答案：B

7-3-37 (2008) 办公建筑物的走道内若有高差时应设坡道，下列设计方法哪项符合《办公建筑设计规范》的规定？
A 高差不足两级踏步时，其坡度不宜大于1∶10
B 高差不足两级踏步时，其坡度不宜大于1∶8
C 高差不足三级踏步时，其坡度不宜大于1∶10
D 高差不足三级踏步时，其坡度不宜大于1∶8
解析：《办公建筑规范》第4.1.9条第2款规定，办公建筑的走道高差不足两级踏步时不应设置台阶，应设坡道，其坡度不宜大于1∶8。
答案：B

7-3-38 (2008) 按照现行《特殊教育学校建筑设计规范》的规定，对于特殊教育学校的普通教室设计，下列不正确的是(　　)。
A 各种类型学校的普通教室应采用双人课桌椅
B 盲学校的课桌椅可面向黑板成排成行地布置
C 弱智学校的课桌椅可面向黑板成排成行地布置
D 聋学校的课桌椅应布置成面向黑板的圆弧形
解析：《特教建筑规范》第4.2.1条规定，各种类型学校的普通教室应采用单人课桌椅。
答案：A

7-3-39 (2008) 建筑技术经济评价中，下列叙述何者有误？
A 使用面积系数大者为优　　　B 平均每户面宽以大者为优
C 建筑功能指标值越大越好　　D 社会劳动消耗指标值越小越好
解析：见《住宅技术经济标准》第3.1.6条，平均每户面宽以小者为优。每户面宽大者用地不经济。
答案：B

7-3-40 (2008) 对住宅性能评审工作的描述，以下哪项错误？
A 评审工作包括设计审查、中期检查、终审三个环节
B 设计审查在施工设计完成后进行
C 中期检查在主体结构施工阶段进行
D 终审在项目竣工后进行
解析：见《住宅性能标准》第3.0.3条，设计审查在初步设计完成后进行。
答案：B

7-3-41 (2008) 以下不符合有关住宅性能评定技术标准的是(　　)。
A 申请性能评定的住宅必须符合国家现行有关强制性标准
B 标准仅适用于城市新建住宅
C 该标准统一了住宅性能评定指标与评定方法
D 住宅性能分成适用性能、环境性能、经济性能、安全性能和持久性能五个方面
解析：见《住宅性能标准》第1.0.3条，本标准适用于城镇新建和改建住宅

的性能评审和认定。

答案：B

7-3-42 (2008) 按住宅性能评定技术标准评定得分所划分的级别，以下哪项错误？
A 划分为A、B两个级别
B A级住宅为执行国家标准且性能好者
C B级住宅为执行国家现行强制性标准但性能达不到A级者
D A级按照得分由高到低细分为1A、2A、3A、4A四级

解析：见《住宅性能标准》第1.0.5条，住宅性能按照评定得分划分为A、B两个级别，其中A级住宅为执行了国家现行标准且性能好的住宅；B级住宅为执行了国家现行强制性标准但性能达不到A级的住宅。A级住宅按照得分由低到高又细分为1A、2A、3A三级。

答案：D

7-3-43 (2008) 根据现行中小学建筑规范的规定，下列叙述何者有误？
A 美术教室的墙面及顶棚应为白色
B 除音乐教室外，各类教室的门均宜设置上亮窗
C 教学用房及教学辅助用房的窗玻璃应满足教学要求，不得采用彩色玻璃
D 教室光线应自学生座位的左侧射入，当教室南向为外廊，北向为教室时，南向窗亦可为主要采光面

解析：见《中小学规范》第9.2.2条，教室为南向外廊式布局时，应以北向窗为主要采光面。

答案：D

7-3-44 (2008) 按住宅性能评定技术标准规定，应选取各主要住宅套型审查，每个套型抽查一套，要求各主要套型总面积之和不少于总住宅建筑面积的（　　）。
A 50%　　　　B 60%　　　　C 70%　　　　D 80%

解析：见《住宅性能标准》第4.2.2条，单元平面布局的评定方法为：选取各主要住宅套型进行审查，主要套型总建筑面积之和不少于总住宅建筑面积的80%，每个套型抽查一套。

答案：D

7-3-45 (2007) 按住户入口楼面距室外设计地面高度超过多少米时必须设电梯？
A 15m　　　　B 16m　　　　C 17m　　　　D 18m

解析：见《住宅设计规范》第6.4.1条第1款，七层及七层以上住宅或住户入口层楼面距室外设计地面的高度超过16m时必须设置电梯。

答案：B

7-3-46 (2007) 住宅坡屋顶顶板下表面与楼面间净高为下列多少时，不计入建筑面积？
A <1.5m　　　　B <1.4m　　　　C <1.3m　　　　D <1.2m

解析：见《住宅设计规范》第4.0.3条第5款，利用坡屋顶内的空间时，屋面板下表面与楼板地面的净高低于1.20m的空间不应计算使用面积；又按《建筑工程建筑面积计算规范》GB/T 50353—2005，利用坡屋顶内空间时净

高不足1.20m的部位不应计算建筑面积。

答案：D

7-3-47 (2007) 决定住宅间距的主要因素中，以下哪条不考虑？

A 日照、通风　　B 消防、抗震　　C 地质、水文　　D 视线干扰

解析：见《住宅建筑规范》第4.1.1条，住宅间距，应以满足日照要求为基础，综合考虑采光、通风、消防、防灾、管线埋设、视觉卫生等要求确定。

答案：C

7-3-48 (2007) 教学楼设计中，下列哪项不符合规范要求？

A 南向教室冬至日底层满窗日照不小于2h
B 二楼教学楼教室的长边相对，其间距不应小于25m
C 教室的长边与运动场地的间距不应小于25m
D 教学楼与铁路的距离不应小于250m

解析：见《中小学规范》第4.1.6条，学校主要教学用房设置窗户的外墙与铁路路轨的距离不应小于300m。

答案：D

7-3-49 (2007) 图书馆设计中，下列哪条不作为文献资料的防护规定？

A 保温、隔热、防水、防潮、防火、防尘、防污染
B 防虫、防鼠、防磁、防静电、防紫外线照射
C 防微振、防爆、防辐射
D 温度湿度控制、安全防范、自动监控、自动报警

解析：见《图书馆规范》第5.1.1条，文献资料防护内容应包括围护结构保温、隔热、温度和湿度要求、防水、防潮、防尘、防有害气体、防阳光直射和紫外线照射、防磁、防静电、防虫、防鼠、消毒和安全防范等。不包括防微振、防爆、防辐射。

答案：C

7-3-50 (2007) 医院设计中，下列哪条不符合规范要求？

A 四层及四层以上的门诊楼、病房楼应设电梯且不少于两台
B 病房楼较高时或者有污物排除要求时，应设污物梯
C 供病人使用的电梯和污物梯应采用病床梯
D 三层及三层以下无电梯病房楼、急诊室均应设坡道

解析：见《医院规范》第3.1.4条，当病房楼高度超过24m时，应设污物梯。

答案：B

7-3-51 (2007) 下列人防地下室人员掩蔽工程战时出入口、通道和楼梯宽度要求中哪项错误？

A 门洞净宽之和应按掩蔽人数每100人不小于0.30m计算
B 两相邻防护单元共用出入口总宽应按两掩蔽入口通过总人数每100人不小于0.30m计算
C 出入口通道和楼梯的净宽不应小于该门洞的宽度
D 每樘门的通过人数不应超过400人

解析：《人防地下室规范》第3.3.8条规定，人员掩蔽工程战时出入口的门洞净宽之和，应按掩蔽人数每100人不小于0.30m计算确定。每樘门的通过人数不应超过700人，出入口通道和楼梯的净宽不应小于该门洞的净宽。两相邻防护单元共用的出入口通道和楼梯的净宽，应按两掩蔽入口通过总人数的每100人不小于0.30m计算确定。

答案：D

7-3-52 (2007) 对于各种管道穿过人防地下室的说法，以下哪项错误？

A 与人防地下室无关的管道不宜穿过人防围护结构

B 无关管道是指防空地下室在战时不使用的管道，而平时可使用

C 上部建筑的生活污水管、雨水管、燃气管不得进入防空地下室

D 必须进入防空地下室的管道及其穿过人防围护结构，均应采取防护密闭措施

解析：《人防地下室规范》第3.1.6条注：无关管道系指防空地下室在战时及平时均不使用的管道。

答案：B

7-3-53 (2007) 防空地下室室内净高的规定，以下哪项错误？

A 地坪至梁底和管底不得小于2.00m

B 人防汽车库除一般要求外还应大于等于车高加0.20m

C 地坪至结构板底面不宜小于2.40m

D 专业队装备掩蔽部地坪至梁底和管底不小于2.40m

解析：《人防地下室规范》第3.2.1条，防空地下室的室内地平面至梁底和管底的净高不得小于2.00m，其中专业队装备掩蔽部和人防汽车库的室内地平面至梁底和管底的净高还应大于等于车高加0.20m。防空地下室的室内地平面至顶板的结构板底面的净高不宜小于2.40m（专业队装备掩蔽部和人防汽车库除外）。

答案：D

7-3-54 (2007) 以下防空地下室的类别及抗力等级的描述中哪项不全面？

A 甲类人防地下室必须满足其预定的战时对核武器、常规武器和生化武器的各项防护要求

B 乙类人防地下室必须满足其预定的战时对常规武器和生化武器的各项防护要求

C 防常规武器抗力级别为常5级、常6级

D 防核武器的抗力级别为核4级、核4B级、核6级和核6B级

解析：《人防地下室规范》第1.0.2条第2款规定，防核武器抗力级别为核4级、核4B级、核5级、核6级和核6B级。

答案：D

7-3-55 (2006)《住宅设计规范》规定的住宅各直接采光房间的窗地比最小值为（　　）。

A 卧室、起居室、厨房1/7，楼梯间1/12

B 卧室、起居室 1/7，厨房、楼梯间 1/12
C 卧室 1/7，起居室 1/10，厨房 1/12，楼梯间 1/15
D 卧室 1/7，起居室 1/5，厨房 1/10，楼梯间不限

解析：见《住宅设计规范》第 7.1.5 条，卧室、起居室（厅）、厨房的采光窗洞口的窗地面积比不应低于 1/7。第 7.1.6 条，当楼梯间设置采光窗时，采光窗洞口的窗地面积比不应低于 1/12。

答案：A

7-3-56 (2006) 一户人家占用两层或部分两层的空间，并通过专用楼梯联系。这种住宅称为(　　)。

　　A 多层住宅　　　B 跃层住宅　　　C 复式住宅　　　D 独立式住宅

解析：见《住宅设计规范》第 2.0.16 条，跃层住宅系指套内空间跨越两个楼层且设有套内楼梯的住宅。

答案：B

7-3-57 (2006) 住宅坡屋顶下的阁楼空间作为卧室用途时，在空间上应保证(　　)。

　　A 阁楼至少有 1/2 的使用面积的室内净高不应低于 2.10m
　　B 阁楼至少有 2/3 的使用面积的室内净高不应低于 2.10m
　　C 阁楼的平均净高不小于 1.80m
　　D 阁楼屋面的坡度不宜大于 45°

解析：见《住宅设计规范》第 5.5.3 条，利用坡屋顶内空间作卧室、起居室（厅）时，至少有 1/2 的使用面积的室内净高不应低于 2.10m（本题按 2011 年版规范作了改编）。

答案：A

7-3-58 (2006)《住宅设计规范》规定在什么情况下，住宅必须设置电梯？

　　A 6 层及以上或住户入口层楼面距离室外设计地面的高度在 14m 以上
　　B 7 层及以上或住户入口层楼面距离首层地面的高度在 16m 以上
　　C 7 层及以上或住户入口层楼面距离室外设计地面的高度在 16m 以上
　　D 8 层及以上或住户入口层楼面距离室外设计地面的高度在 18m 以上

解析：见《住宅设计规范》第 6.4.1 条，七层及七层以上住宅或住户入口层楼面距室外设计地面的高度超过 16m 时必须设置电梯。

答案：C

7-3-59 (2006)《住宅设计规范》规定在什么情况下，高层住宅每幢楼至少需要设置两部电梯？

　　A 12 层及以上　　　　　　　　B 15 层及以上
　　C 18 层及以上　　　　　　　　D 24m 及以上

（注：此题 2004 年考过）

解析：见《住宅设计规范》第 6.4.2 条，十二层及十二层以上的住宅，每栋楼设置电梯不应少于两台，其中应设置一台可容纳担架的电梯。

答案：A

7-3-60 (2006)《住宅设计规范》中规定，楼梯梯段净宽不应小于 **1.10m**，六层及六

层以下住宅,一边设有栏杆的梯段净宽不应小于( )。

A 0.90m　　　　B 1.00m　　　　C 1.05m　　　　D 1.10m

解析：按《住宅设计规范》第6.3.1条,不超过六层的住宅,一边设有栏杆的梯段净宽不应小于1.00m。

答案：B

7-3-61 (2006)住宅评价方法中,定量标准的分值为"0～4"分,下列哪一项有误?

A "0"分为淘汰标准,有两项指标出现"0"分即被淘汰不再参加评比

B "1"分为基本标准,表示指标达到最低合格标准

C "2""3"分表示使用功能递增的分值

D "4"分为创新标准,表示指标所反映的内容有独到之处

解析：见《住宅技术经济标准》第4.1.3条,定量标准中"0"分为淘汰标准,有一项指标出现"0"分,方案即被淘汰,不再参加评比。

答案：A

7-3-62 (2006)住宅建筑技术经济评价的对比条件不包括下列哪项内容?

A 建筑功能的可比性（建筑面积标准、住宅类型、建筑层数等）

B 消耗费用的可比性（建造阶段和使用阶段两部分的费用）

C 价格的可比性（采用同一价格水平计算）

D 艺术与景观的可比性（同一时间地点）

解析：见《住宅技术经济标准》第1.0.3条,评价项目的对比条件包括建筑功能的可比性、消耗费用的可比性和价格的可比性三方面,不考虑艺术与景观的可比性。

答案：D

7-3-63 (2006)按《综合医院建筑设计规范》的规定：X线治疗室的防护门和"迷路"的净宽应分别不小于( )。

A 0.90m和1.00m　　　　　　　B 1.00m和1.10m

C 1.10m和1.20m　　　　　　　D 1.20m和1.20m

解析：见《医院规范》第3.7.2条,X线治疗室的防护门和"迷路"的净宽不应小于1.2m。

答案：D

7-3-64 (2006)按《宿舍建筑设计规范》规定,宿舍居室的层高在采用单层床和双层床时,符合要求的层高是( )。

A 2.7m；3.0m　　　　　　　　B 2.7m；3.3m

C 2.8m；3.0m　　　　　　　　D 2.8m；3.6m

解析：见《宿舍规范》第4.4.1条,居室在采用单层床时,层高不宜低于2.80m；在采用双层床或高架床时,层高不宜低于3.60m（本题按2017年版规范改编）。

答案：D

7-3-65 (2006)按《铁路旅客车站建筑设计规范》的规定,旅客站台在站台全长范围内,应设置明显且耐久的安全标记,标记距站台面边缘( )。

A 0.80m　　　　B 0.90m　　　　C 1.00m　　　　D 1.20m

解析：见《铁路旅客车站建筑设计规范》GB 50226—2007 第 7.1.4 条第 3 款，在站台全长范围内，距站台边缘 1m 处的站台面上应设置明显且耐久的安全标。

答案：C

7-3-66 (2006) 汽车客运站的建筑等级，根据年平均日旅客发送量分为几级？

A 三级　　　　B 四级　　　　C 五级　　　　D 六级

解析：见《交通客运站建筑设计规范》JGJ/T 60—2012 第 3.0.3 条，汽车客运站的建筑等级应根据车站的年平均日旅客发送量划分为五级。

答案：C

7-3-67 (2005) 住宅的技术经济评估中平均每套良好朝向的卧室的规定，以下哪项不符？

A 南向是良好朝向

B 东南向是良好朝向

C 西南向是次良好朝向，计算时乘 0.8 降低系数

D 东向是次好朝向，计算时乘 0.6 降低系数

解析：见《住宅技术经济标准》第 3.1.3 条，良好朝向是指南向和东南向；东向为次好朝向，计算时乘 0.6 降低系数。

答案：C

7-3-68 (2005) 对住宅建筑技术经济评价的主要特点中有错的是（　　）。

A 以建筑功能效果与社会劳动消耗之比来衡量住宅建筑技术经济效果

B 对定量指标与定性指标分别进行评价

C 不能定量的项目按定性考虑

D 为消除定性指标定量化的主观因素的影响而采用评分法

解析：按现行《住宅技术经济标准》对住宅建筑技术经济评价时，对定量指标与定性指标统一进行综合评价，而并非分别进行评价。

答案：B

7-3-69 (2005) 按《住宅建筑技术经济评价标准》对方案和工程项目进行评价，其对比条件及适用范围的要求哪项错误？

A 建筑面积标准、住宅类型、建筑层数等功能条件基本相同

B 建造阶段和使用阶段两部分消耗费用具可比性

C 采用同一的价格水平进行计算，消除人为的变动因素

D 本标准适用于城镇的多层、低层住宅，中高层及高层住宅不得参照使用

解析：见《住宅技术经济标准》第 1.0.2 条，本标准适用于城镇和工矿区的多层、低层住宅建筑方案设计评价和工程评价。中高层、高层住宅评价可参照执行。

答案：D

7-3-70 (2005) 住宅建筑技术经济评价标准的定量指标正确的是（　　）。

A 平均每户面宽以小者为优，该指标系指住宅底层两山墙外皮间的长度被首层或标准层套数除，在一般情况下，适用于条式住宅

B 住宅隔声效果考虑分户墙隔声及楼板撞击声隔声
C 在方案阶段造价指标以设计概算为依据,而住宅工程评价以实际决算为准
D 房屋经常使用费包括维修费、管理费、税金和保险费

解析:见《住宅技术经济标准》第3.1.11条,房屋经常使用费包括管理、维修、税金、资金利息、保险、能耗等费用。

答案:D

7-3-71 (2005) 住宅建筑技术经济评价标准中对功能的认识哪项有错?

A 重视建筑功能评价,利于改进设计、提高质量
B 防止片面追求功能效果而不受经济约束,使设计方案失去使用推广的可行性
C 同一性质的建筑产品,因功能是相同的,故差别不大,与其他工业产品相似
D 避免过分强调造价和节约,使产品处于低功能、高能耗的状态

解析:《住宅技术经济标准》提出的意义就在于评定住宅功能效果的高低差异。

答案:C

7-3-72 (2005) 对中小学校建筑设计的安全措施,以下哪项不当?

A 每间教学用房的疏散门均不应少于2个
B 每樘疏散门的通行净宽度不应小于0.90m
C 疏散楼梯不得采用螺旋楼梯和扇形踏步
D 走道必须设台阶时,应设于明显及有天然采光处,踏步不应少于二级,不宜用扇形踏步

解析:见《中小学规范》第8.6.2条,中小学校的建筑物内,当走道有高差变化应设置台阶时,台阶处应有天然采光或照明,踏步级数不得少于3级,并不得采用扇形踏步(本题按2011年版规范改编)。

答案:D

7-3-73 (2005) 以下中小学校化学实验室的建筑安全措施中何者是正确的?

Ⅰ. 排风扇应设在外墙上部靠顶棚处
Ⅱ. 室内应设一个事故急救冲洗水嘴
Ⅲ. 外墙至少应设置1个机械排风扇
Ⅳ. 药品室的药品柜内应设通风装置

A Ⅰ、Ⅲ   B Ⅱ、Ⅳ   C Ⅱ、Ⅲ   D Ⅲ、Ⅳ

解析:见《中小学规范》第5.3.9条,化学实验室的外墙至少应设置2个机械排风扇,排风扇下沿应在距楼地面以上0.10~0.15m高度处(本题按2011年版规范改编)。

答案:B

7-3-74 (2005) 《饮食建筑设计规范》规定了餐饮业厨房的设计要求,以下哪项不当?

A 副食粗加工宜分设肉禽、水产的工作台和清洗池
B 冷食制作间的入口处应设有前室

C 冷荤成品要在单间内拼配,在入口处设有洗手设备的前室
D 垂直运输食梯应分生熟

解析:见《饮食建筑规范》第3.3.3条,冷食制作间的入口处应设有通过式消毒设施,而不是前室。

答案:B

7-3-75 (2005) 按《饮食建筑设计规范》规定,保证餐厅环境条件舒适的要求是( )。

A 大餐厅的净高不低于2.90m
B 大餐厅异形棚顶的最低处不低于2.30m.
C 天然采光时,窗地比不小于1/8
D 自然通风时,通风开口面积不小于地面面积的1/16

解析:见《饮食建筑规范》第3.2.1条,大餐厅的净高不应低于3.00m;异形顶棚的大餐厅和饮食厅最低处不应低于2.40m;第3.2.3条,天然采光时,窗洞口面积不宜小于该厅地面面积的1/6。自然通风时,通风开口面积不应小于该厅地面面积的1/16。

答案:D

7-3-76 (2005) 按《饮食建筑设计规范》规定,相关房间正确的通风要求是( )。

A 一级餐馆的餐厅宜设空调并用集中空调系统,夏季22~25℃
B 炎热地区的二级餐馆宜设空调系统,夏季24~26℃
C 一级饮食店宜设空调系统,夏季24~26℃
D 厨房加热间的补风量宜为排风量的50%,房间负压值不应大于5Pa

解析:见《饮食建筑规范》第4.2.2条,一级餐馆的餐厅宜设空调并用集中空调系统,夏季24~26℃;炎热地区的二级餐馆宜设空调系统,夏季25~28℃;一级饮食店宜设空调系统,夏季24~26℃;厨房和饮食制作间的热加工间,其补风量宜为排风量的70%左右,房间负压值不应大于5Pa。

答案:C

7-3-77 (2005) 防空地下室的室内装修要求是( )。

Ⅰ.顶板必须用水泥砂浆抹灰,并掺适量防水剂
Ⅱ.墙面抹灰应掺加麻刀、纸筋等防开裂材料
Ⅲ.会议室宜采取隔声和吸声措施,通风机室应采取隔声和吸声措施
Ⅳ.设置地漏的房间和通道,地面坡度不应小于0.5%,坡向地漏

A Ⅰ、Ⅱ   B Ⅰ、Ⅲ   C Ⅱ、Ⅳ   D Ⅲ、Ⅳ

解析:见《人防地下室规范》第3.9.3条,防空地下室的顶板不应抹灰;室内装修材料应满足防腐要求,故不宜采用麻刀、纸筋等抹灰掺加材料。

答案:D

7-3-78 (2005) 无法设置室外出入口的6级人防地下室,允许以室内出入口按室外出入口使用的下列各项条件中,哪项不正确?

A 上部地面建筑为钢筋混凝土结构

B 首层楼梯间直通室外地面
C 首层楼梯间直通室外的门洞外侧上方,应有挑出长度不小于1.0m的防倒塌挑檐
D 通往地下室的首层梯段上端与室外的距离不大于3m

解析:见《人防地下室规范》第3.3.2条,无法设置室外出入口的6级人防地下室,允许以室内出入口按室外出入口使用的条件是,首层楼梯间直通室外地面,且其通往地下室的梯段上端至室外的距离不大于2.00m。

答案: D

7-3-79 (2005) 对甲类防空地下室战时主要出入口的室外出入口通道出地面段的规定,以下哪项不正确?

A 当出地面段设置在地面建筑倒塌范围以外,且因平时使用需要设置口部建筑时,宜采用单层轻型建筑
B 当出地面段设置在地面建筑倒塌范围以内,核5级、核6级、核6B级的甲类防空地下室,平时设有口部建筑时,按防倒塌棚架设计
C 当出地面段设置在地面建筑倒塌范围以内,平时不宜设置口部建筑的,其通道出地面段的上方可采用装配式防倒塌棚架,临战时构筑
D 通道出地面段设置在地面建筑倒塌范围之内,当地面建筑外墙为壁式框架结构时,敞开段上方不必设防倒塌棚架

解析:见《人防地下室规范》第3.3.4条,当出地面段设置在地面建筑倒塌范围以内时应设防倒塌棚架。

答案: D

7-3-80 (2004) 防空地下室与生产、储存易燃易爆物品厂房、库房的距离及与有害液体、重毒气体的贮罐距离为( )。

A ≮50m,≮100m B ≮50m,≮120m
C ≮30m,≮80m   D ≮60m,≮120m

解析:《人防地下室规范》第3.1.3条规定,防空地下室距生产、储存易燃易爆物品厂房、库房的距离不应小于50m;距有害液体、重毒气体的贮罐不应小于100m。

答案: A

7-3-81 (2004) 住宅户内采用螺旋式楼梯,一般要求梯级在距内侧何值处的宽度不小于( )。

A 200mm,250mm B 250mm,220mm
C 220mm,250mm D 220mm,220mm

解析:见《住宅设计规范》第5.7.4条,套内楼梯的扇形踏步转角距扶手中心0.25m处,宽度不应小于0.22m。

答案: B

7-3-82 (2004) 住宅厨房与卫生间的门如不设固定百叶,应留有一定进风措施,门下距地留出的缝隙不小于( )。

A 20mm B 35mm C 10mm D 30mm

解析：见《住宅设计规范》第5.8.6条，厨房和卫生间的门应在下部设置有效截面积不小于0.02m² 的固定百叶，也可距地面留出不小于30mm的缝隙。

答案：D

7-3-83 （2004）六层及六层以下住宅与七层及七层以上住宅的上人屋面临空处栏杆净高分别不应低于(　　)。

A　1.10m、1.20m　　　　　　　　B　1.05m、1.20m
C　1.10m、1.10m　　　　　　　　D　1.05m、1.10m

解析：见《住宅设计规范》第6.1.3条，外廊、内天井及上人屋面等临空处的栏杆净高，六层及六层以下不应低于1.05m，七层及七层以上不应低于1.10m（此题按2011年版规范改编）。

答案：D

7-3-84 （2004）哪项不符合剧场内部的设计要求？

A　座席地坪高于前面横走道0.50m时应设栏杆
B　栏杆应坚固，其水平荷载不应小于1kN/m
C　楼座前排栏杆不应遮挡视线，实心部分不应高于0.40m
D　池座首排座位排距以外与乐池栏杆净距不小于1.00m

解析：见《剧场规范》第5.3.7条，楼座前排栏杆和楼层包厢栏杆高度不应遮挡视线，不应大于0.85m，并应采取措施保证人身安全，下部实心部分不得低于0.40m。

答案：C

7-3-85 （2004）办公建筑几层以上应设电梯以及建筑高度超过多少米的办公建筑应分区分层停靠？

A　七层及七层以上，100m　　　　B　五层及五层以上，100m
C　四层及四层以上，75m　　　　　D　六层及六层以上，75m

解析：见《办公建筑规范》第4.1.3条，五层及五层以上办公建筑应设电梯；4.1.4条，超高层办公建筑的乘客电梯应分层分区停靠。（《民建通则》规定，建筑高度大于100m的民用建筑为超高层建筑。本题按2005年版规范改编）

答案：B

7-3-86 （2004）一类重要办公室及二类普通办公室的室内净高分别不得低于(　　)。

A　2.80m、2.40m　　　　　　　　B　2.80m、2.10m
C　2.60m、2.10m　　　　　　　　D　2.70m、2.60m

解析：见《办公建筑规范》第4.1.11条，根据办公建筑分类，办公室的净高应满足：一类办公建筑不应低于2.70m，二类办公建筑不应低于2.60m，三类办公建筑不应低于2.50m（本题按2006年版规范改编）。

答案：D

7-3-87 （2004）防空地下室二等人员掩蔽所的战时主要出入口应设(　　)。

A　一道防毒通道和简易洗消间　　　B　二道防毒通道和洗消间
C　一道密闭通道和简易洗消间　　　D　只设一道密闭通道

解析：《人防地下室规范》第3.3.20条规定，防空地下室二等人员掩蔽所的战时主要出入口应设一道防毒通道和简易洗消间（本题按2005年版规范改编）。

答案：A

7-3-88 (2004) 上部建筑为砌体结构的核5级甲类防空地下室，其顶板底面高出室外地面的高度不得大于哪项，并应在临战时覆土？

A 1.0m　　　　B 0.8m　　　　C 0.5m　　　　D 0.3m

解析：《人防地下室规范》第3.2.15条规定，上部建筑为砌体结构的甲类防空地下室，其顶板底面可高出室外地平面。当地具有取土条件的核5级甲类防空地下室，其顶板底面高出室外地平面的高度不得大于0.50m，并应在临战时在高出室外地平面的外墙外侧覆土。（本题按2005年版规范改编）

答案：C

7-3-89 (2004) 人防有效面积是指能供人员、设备使用的面积，其值为（　　）。

A 防空地下室建筑面积扣除口部房间和通道的面积

B 为防空地下室建筑面积与结构面积之差

C 建筑面积扣除口部房间、通道面积和结构面积

D 建筑面积扣除通风、供电、给水排水等专业房间的面积

解析：见《人防地下室规范》第2.1.45条，人防有效面积是指能供人员、设备使用的面积，其值为防空地下室建筑面积与结构面积之差。

答案：B

7-3-90 (2003) 按下列方法计算住宅的技术经济指标，哪条不符合规定？

A 跃层住宅中的套内楼梯应按自然层数的使用面积总和计入套内使用面积

B 烟囱、通风道、管井等均不应计入套内使用面积

C 套型总建筑面积计算，当外墙设外保温层时，应按保温层外表面计算

D 坡屋顶内的使用面积不列入套内使用面积中

解析：此题按现行规范修改。《住宅设计规范》4.0.3.6，坡屋顶内的使用面积应列入套内使用面积中。

答案：D

7-3-91 (2003) 住宅功能使用空间计算中，不包括下列哪项面积？

A 过厅　　　　B 过道　　　　C 壁柜　　　　D 烟囱

解析：《住宅设计规范》第4.0.3条第3款，烟囱、通风道、管井等均不应计入套内使用面积。

答案：D

7-3-92 中小学建筑楼梯设计，下列哪一条是错误的？

A 梯井宽度大于0.11m，应采取有效的安全防护措施

B 杆件或花饰的镂空处净距不得大于0.11m

C 踏步宽高尺寸为0.26m×0.15m

D 楼梯扶手上应加装防止学生溜滑的设施

解析：见《中小学规范》第8.7.3条，各类中学楼梯踏步的宽度不得小于0.28m，高度不得大于0.16m（本题按2011年版规范改编）。

答案：C

7-3-93 住宅公共出入口位于阳台、外廊及开敞楼梯平台的下部时,应采取以下何种措施?

  A 加大伸出长度以突出入口形象
  B 阳台、外廊等必须设置有组织排水
  C 设置雨罩等防止物体坠落伤人的安全措施
  D 阳台、外廊应采用实体栏板,放置花盆处必须采取防坠落措施

解析:见《住宅设计规范》第6.5.2条,位于阳台、外廊及开敞楼梯平台下部的公共出入口,应采取防止物体坠落伤人的安全措施。

答案:C

7-3-94 住宅设计一般以下列何者为单位进行?

  A 户型   B 套型   C 房型   D 标准层

解析:见《住宅设计规范》第5.1.1条,住宅应按套型设计,每套住宅应设卧室、起居室(厅)、厨房和卫生间等基本功能空间。

答案:B

7-3-95 关于住宅层高的规定,以下哪一条是正确的?

  A 应等于2.8m   B 不宜大于2.8m
  C 不应小于2.8m   D 没有明确规定

解析:见《住宅设计规范》第5.5.1条,住宅层高宜为2.8m。

答案:B

7-3-96 住宅起居室、卧室和厨房应有直接采光,且窗地面积比不应小于( )。

  A 1/5   B 1/6   C 1/7   D 1/8

解析:见《住宅设计规范》第7.1.5条,卧室、起居室(厅)、厨房的采光窗洞口的窗地面积比不应低于1/7。

答案:C

7-3-97 住宅厨房的空间净宽应当符合以下哪两个条件?

  Ⅰ. 单面布置设备时不小于1.5m;Ⅱ. 单面布置设备时不小于1.4m;Ⅲ. 双面布置设备时设备间净距不小于0.9m;Ⅳ. 双面布置设备时不小于1.7m

  A Ⅰ、Ⅲ   B Ⅰ、Ⅳ   C Ⅱ、Ⅲ   D Ⅱ、Ⅳ

解析:见《住宅设计规范》第5.3.5条,单排布置设备的厨房净宽不应小于1.5m;双排布置设备的厨房其两排设备之间的净距不应小于0.9m。

答案:A

7-3-98 住宅户内通往起居室、卧室的过道净宽不应小于( )。

  A 0.9m   B 1.0m   C 1.1m   D 1.2m

解析:见《住宅设计规范》第5.7.1条,通向卧室、起居室(厅)的过道净宽不应小于1.00m。

答案:B

7-3-99 住宅户内楼梯,一面临空时梯段净宽不应小于( )。

  A 0.75m   B 0.8m   C 0.9m   D 1.0m

解析:见《住宅设计规范》第5.7.3条,套内楼梯当一边临空时,梯段净宽

不应小于0.75m。

答案：A

7-3-100 住宅套内楼梯，当两面为墙时梯段净宽不应小于（　　）。

　　A　0.75m　　　　B　0.8m　　　　C　0.9m　　　　D　1.0m

　　解析：见《住宅设计规范》第5.7.3条，套内楼梯当两侧有墙时，梯段墙面之间净宽不应小于0.9m，并应在其中一侧墙面设置扶手。

　　答案：C

7-3-101 采用自然通风的厨房，通风开口面积不小于0.6m²，其与该房间地板面积之比不小于（　　）。

　　A　1/7　　　　B　1/10　　　　C　1/12　　　　D　1/20

　　解析：见《住宅设计规范》第7.2.4条第2款，厨房的直接自然通风开口面积不应小于该房间地板面积的1/10，并不得小于0.60m²。

　　答案：B

7-3-102 我国现行《住宅设计规范》要求，住宅设计除满足一般居住使用要求外，根据需要尚应满足下述哪两种人的特殊使用要求？

　　Ⅰ．儿童；Ⅱ．老年人；Ⅲ．残疾人；Ⅳ．病人

　　A　Ⅰ、Ⅲ　　　　B　Ⅰ、Ⅳ　　　　C　Ⅱ、Ⅲ　　　　D　Ⅱ、Ⅳ

　　解析：见《住宅设计规范》第3.0.3条，住宅设计应以人为本，除应满足一般居住使用要求外，尚应根据需要满足老年人、残疾人等特殊群体的使用要求。

　　答案：C

7-3-103 起居室内布置家具的墙面长度应大于（　　）。

　　A　2.4m　　　　B　2.7m　　　　C　3.0m　　　　D　3.3m

　　解析：见《住宅设计规范》第5.2.3条，起居室（厅）内布置家具的墙面长度宜大于3.0m。

　　答案：C

7-3-104 卧室、起居室的室内净高不应低于（　　）。

　　A　2.1m　　　　B　2.2m　　　　C　2.4m　　　　D　2.7m

　　解析：见《住宅设计规范》第5.5.2条，卧室、起居室（厅）的室内净高不应低于2.4m。

　　答案：C

7-3-105 下列公共设施中，哪些不应布置在住宅底层？

　　Ⅰ．托幼园所；Ⅱ．石油化工商店；Ⅲ．商业网点；Ⅳ．歌厅

　　A　Ⅰ、Ⅱ　　　　B　Ⅰ、Ⅲ　　　　C　Ⅱ、Ⅲ　　　　D　Ⅱ、Ⅳ

　　解析：见《住宅设计规范》第6.10.1条，住宅建筑内严禁布置存放和使用甲、乙类火灾危险性物品的商店、车间和仓库，以及产生噪声、振动和污染环境卫生的商店、车间和娱乐设施。

　　答案：D

7-3-106 住宅电梯的布置原则，以下哪一条有误？

A 7层以上必须设置电梯
B 12层以上每栋楼电梯不应少于两台
C 不应与卧室、起居室紧邻布置
D 候梯厅深度不得小于轿厢深度

解析：见《住宅设计规范》第6.4.6条，候梯厅深度不应小于多台电梯中最大轿箱的深度，且不应小于1.5m。

答案：D

7-3-107 下列哪种说法不符合住宅套内使用面积计算规定？
A 外墙内保温所占面积不应计入使用面积
B 烟道、风道、管道井面积应当计入使用面积
C 壁柜面积应当计入使用面积
D 阳台面积不应当计入使用面积

解析：见《住宅设计规范》第4.0.3条第3款，烟道、风道、管井等均不应计入套内使用面积。

答案：B

7-3-108 以下关于住宅公用楼梯设计的叙述，何者是不准确的？
A 楼梯踏步宽不应小于0.26m，踏步高度不应大于0.175m
B 楼梯梯段宽度不应小于1.00m，休息平台宽度不应小于梯段宽度
C 楼梯扶手高度不应小于0.90m，楼梯水平段栏杆长度大于0.50m时，其扶手高度不应小于1.05m
D 楼梯栏杆垂直杆件间净空不应大于0.11m

解析：根据《住宅设计规范》第6.3.3条，楼梯平台净宽不应小于楼梯梯段净宽，且不得小于1.20m。

答案：B

7-3-109 住宅户门的门洞最小尺寸为（   ）。
A 1.00m×2.10m　　　　　　　B 0.90m×2.00m
C 1.00m×2.00m　　　　　　　D 0.90m×2.10m

解析：见《住宅设计规范》第5.8.7条，住宅户门的门洞最小尺寸为1.00m×2.00m。

答案：C

7-3-110 住宅公共楼梯的踏步宽度不应小于（   ）。
A 300mm　　　　B 280mm　　　　C 260mm　　　　D 220mm

解析：见《住宅设计规范》第6.3.2条，楼梯踏步宽度不应小于0.26m。

答案：C

7-3-111 跃层住宅是指（   ）。
A 每两层有一个电梯出口的高层住宅
B 每两层中有一层为外廊式住宅，另一层为单元式住宅
C 套内空间跨越两楼层及以上的住宅
D 两层联排式住宅，每户都有自己的小楼梯进到上层用房

解析：见《住宅设计规范》第 2.0.16 条，跃层住宅是指套内空间跨越两个楼层且设有套内楼梯的住宅。

答案：C

7-3-112 寒冷、夏热冬冷和夏热冬暖地区的住宅，哪一朝向应采取遮阳措施?

　　A 东　　　　　B 西　　　　　C 南　　　　　D 北

解析：见《住宅设计规范》第 7.1.8 条，除严寒地区外，居住空间朝西外窗应采取外遮阳措施。

答案：B

7-3-113《住宅建筑技术经济评价标准》设置的评价指标体系包括以下哪两个部分?
Ⅰ．建筑功能效果；Ⅱ．费用消耗；Ⅲ．社会劳动消耗；Ⅳ．价格

　　A Ⅰ、Ⅲ　　　B Ⅱ、Ⅲ　　　C Ⅰ、Ⅳ　　　D Ⅱ、Ⅳ

解析：见《住宅技术经济标准》第 2.0.1 条，评价指标体系的设置包括建筑功能效果和社会劳动消耗两部分。

答案：A

7-3-114 住宅评价指标由几级构成?

　　A 2　　　　　B 3　　　　　C 4　　　　　D 5

解析：见《住宅技术经济标准》第 2.0.2 条，评价指标由二级构成。

答案：A

7-3-115 住宅设计应考虑的安全措施中下列何者不包括在内?

　　A 防火　　　　B 防盗　　　　C 防虫鼠　　　D 防坠落

解析：见《住宅技术经济标准》第 3.2.12 条，防虫鼠不包括在内。

答案：C

7-3-116 在面积相同的条件下，下列哪一条不符合《住宅建筑技术经济评价标准》对定量指标的评价?

　　A 卧室、起居室的数量多者为优

　　B 好朝向的卧室、起居室的数量多者为优

　　C 使用面积系数大者为优

　　D 平均每户面宽大者为优

解析：见《住宅技术经济标准》第 3.1.6 条，平均每户面宽以小者为优。

答案：D

7-3-117 关于将幼儿生活用房设在地下室或半地下室的做法，规范规定是(　　)。

　　A 必要时可以　　B 不宜　　　　C 不应　　　　D 严禁

解析：见《托幼规范》第 4.1.3 条。幼儿生活用房不应设在地下室或半地下室。

答案：C

7-3-118 幼儿经常接触的托儿所、幼儿园建筑室外墙离地 1.3m 高度范围内不应采用以下何种面层材料?

　　A 外墙涂料　　B 贴面砖　　　C 水刷石　　　D 水泥砂浆

解析：见《托幼规范》第 4.1.10 条，外墙面宜采用光滑易清洁的材料。

答案：C

7-3-119 现行《中小学校设计规范》对学生宿舍与教学用房合建的规定是（　　）。
A 严禁合建　　　B 不应合建　　　C 不宜合建　　　D 建议合建
解析：见《中小学规范》第6.2.25条，宿舍与教学用房不宜在同一栋建筑中分层合建，可在同一栋建筑中以防火墙分隔贴建。
答案：C

7-3-120 中小学教学楼的楼梯，楼梯井净宽度不应大于（　　）。
A 0.11m　　　B 0.20m　　　C 0.30m　　　D 0.40m
解析：见《中小学规范》第8.7.5条，楼梯两梯段间楼梯井净宽不得大于0.11m，大于0.11m时，应采取有效的安全防护措施。
答案：A

7-3-121 餐饮建筑内设置厕所的规定，以下哪一条不正确？
A 应为就餐者设厕所　　　　　　B 厕所应设前室
C 厕所前室入口应靠近餐厅　　　D 厕所应采用水冲式
解析：见《饮食建筑规范》第3.2.7条，厕所前室入口不应靠近餐厅。
答案：C

7-3-122 餐饮建筑的饮食制作间中，食具洗涤消毒可以布置在以下哪一种房间内？
A 食具存放间　　　　　　B 冷食制作间
C 备餐间　　　　　　　　D 应单独设置
解析：见《饮食建筑规范》第3.3.1、第3.3.2条，食具洗涤消毒间应单独设置。
答案：D

7-3-123 我现行的办公建筑设置电梯的规定是以下哪两项？
Ⅰ.5层以上应设电梯；Ⅱ.6层以上应设电梯；Ⅲ.高层办公建筑的乘客电梯应分层分区停靠；Ⅳ.超高层办公建筑的乘客电梯应分层分区停靠
A Ⅰ、Ⅲ　　　B Ⅱ、Ⅳ　　　C Ⅱ、Ⅲ　　　D Ⅰ、Ⅳ
解析：根据《办公建筑规范》第4.1.3条规定，五层及五层以上办公建筑应设电梯。第4.1.4条规定，超高层办公建筑的乘客电梯应分层分区停靠。
答案：D

7-3-124 办公建筑几层以上应设电梯以及按办公建筑面积至少多少平方米应设一台电梯？
A 7层及7层以上，10000m²　　　B 5层及5层以上，5000m²
C 4层及4层以上，1000m²　　　　D 6层及6层以上，3000m²
解析：见《办公建筑规范》第4.1.3条，5层及5层以上办公建筑应设电梯；第4.1.4条，电梯数量应满足使用要求，按办公建筑面积每5000m²至少设置1台。
答案：B

7-3-125 剧场观众厅内栏杆的设计要求，以下哪一条不妥？
A 栏杆高度不应遮挡视线

B 座席地坪高于前面横走道 0.6m 时应设栏杆

C 座席侧面紧邻有高差的纵走道或梯步时应设栏杆

D 楼座前排栏杆和楼层包厢栏杆应采取措施保证人身安全，下部实体部分不得低于 0.45m

解析：见《剧场规范》第 5.3.7，当座席地坪高于前排 0.5m 时应在高处设栏杆。

答案：B

7-3-126 剧场观众厅地面坡度超过多少时应做台阶？

A 1/10　　　　B 1/8　　　　C 1/6　　　　D 1/4

解析：见《剧场规范》第 5.3.5 条，坡度大于 1∶8 时应做成高度不大于 0.20m 的台阶。

答案：B

7-3-127 商店建筑营业厅内自动扶梯设置的规定是以下哪两项？

Ⅰ.坡度应等于或小于 35°；Ⅱ.坡度应等于或小于 30°；Ⅲ.上下两端水平距离 2m 范围内应保持通畅，不得兼作他用；Ⅳ.上下两端水平距离 3m 范围内应保持通畅，不得兼作他用

A Ⅰ、Ⅲ　　　　B Ⅰ、Ⅳ　　　　C Ⅱ、Ⅲ　　　　D Ⅱ、Ⅳ

解析：见《商店建筑设计规范》JGJ 48—2014 第 4.1.8 条，坡度应等于或小于 30°；上下两端水平距离 3m 范围内应保持通畅，不得兼作他用。

答案：D

7-3-128 下列与人防地下室无关的管道，哪一种绝对不可穿过人防围护结构？

A 给水管道　　B 采暖管道　　C 煤气管道　　D 空调冷媒管道

解析：见《人防地下室规范》第 3.1.6 条，煤气管道绝对不可穿过人防围护结构。

答案：C

7-3-129 防空地下室中，两个防护等级不同的相邻防护单元之间的防护密闭隔墙上开设门洞时，其两侧防护密闭门的设置应符合下列哪一条规定？

A 高抗力的防护密闭门应设在低抗力防护单元一侧

B 高抗力的防护密闭门应设在高抗力防护单元一侧

C 两侧可同用低抗力的防护密闭门

D 两侧应同用高抗力的防护密闭门

解析：见《人防地下室规范》第 3.2.10 条，高抗力的防护密闭门应设在低抗力防护单元一侧。

答案：A

7-3-130 防空地下室战时使用的主要出入口的设置原则是下列哪两条？

Ⅰ.应设在室内；Ⅱ.应设在室外；Ⅲ.可采用竖井式；Ⅳ.不应采用竖井式

A Ⅰ、Ⅲ　　　　B Ⅰ、Ⅳ　　　　C Ⅱ、Ⅲ　　　　D Ⅱ、Ⅳ

解析：见《人防地下室规范》第 3.3.1 条。战时主要出入口应设在室外，且不应采用竖井式。

答案：D

7-3-131 小型车汽车库内汽车的最小转弯半径为（　　）。
A 4.5m　　　　B 6.0m　　　　C 6.5m　　　　D 8.0m
解析：见《车库规范》第4.1.3条表4.1.3，小型车汽车库内汽车的最小转弯半径为6m。
答案：B

（四）无障碍设计和老年人建筑设计规范

7-4-1 (2010) 无障碍坡道为弧线形坡道时，其坡度应以（　　）。
A 弧线内缘的坡度进行计算
B 距弧线内缘1/3处的坡度进行计算
C 中心弧线的坡度进行计算
D 距弧线外缘1/3处的坡度进行计算
解析：见《无障碍规范》第4.4.2条第4款，弧线形坡道的坡度，应以弧线内缘的坡度进行计算。
答案：A

7-4-2 (2010) 盲道的颜色宜为（　　）。
A 中黄色　　　B 砖红色　　　C 浅紫色　　　D 墨绿色
解析：见《无障碍规范》第4.2.1.6条，盲道的颜色宜为中黄色。
答案：A

7-4-3 (2009) 专为老年人设计的居住建筑中，当公用走廊地面有高差时，下列哪项做法符合规范规定？
A 设置坡道并设明显标志
B 设置宽台阶，踏步高度降为0.10m
C 设置台阶，并设明显标志
D 设沿墙扶手，并设明显标志
解析：《老年人照料设施建筑设计标准》JGJ 450—2018第6.1.3条，老年人使用的室内外交通空间，当地面有高差时，应设轮椅坡道连接，且坡度不应大于1/12。
答案：A

7-4-4 (2009) 公共厕所内新建无障碍厕位面积不应小于（　　）。
A 1.60m×1.60m　　　　　　　B 1.70m×1.50m
C 1.90m×1.50m　　　　　　　D 2.00m×1.50m
解析：《无障碍规范》第3.9.2条第1款规定，无障碍厕位应方便乘轮椅者到达和进出，尺寸宜做到2.00m×1.50m（本题按2012年版规范改编）。
答案：D

7-4-5 (2009) 大型公共建筑室内无障碍走道，轮椅通行的最小宽度是（　　）。
A 1.80m　　　　B 1.70m　　　　C 1.50m　　　　D 1.30m

解析：《无障碍规范》第3.5.1条1款，大型公共建筑室内无障碍走道，轮椅通行的最小宽度是1.80m。

答案：A

7-4-6 (2009) 居住建筑中通过轮椅的走道净宽不应小于( )。

A 1.00m　　B 1.20m　　C 1.50m　　D 1.80m

解析：见《无障碍规范》第3.5.1条1款，室内走道不应小于1.20m。

答案：B

7-4-7 (2008) 下列关于单面坡缘石坡道的设计，不正确的是( )。

A 缘石坡道的坡口与车行道之间有高差时，高于车行道的地面不应大于20mm

B 全宽式单面坡缘石坡道的宽度应与人行道宽度相同

C 三面坡缘石坡道的正面坡道宽度不应小于1.20m

D 全宽式单面坡缘石坡道的坡度不应大于1∶20

解析：见《无障碍规范》第3.1.1条2款，缘石坡道的坡口与车行道之间宜没有高差；当有高差时，高于车行道的地面不应大于10mm（本题按2012年版规范改编）。

答案：A

7-4-8 (2008) 按现行《无障碍设计规范》的要求，设有观众席和听众席的公共建筑应设轮椅席位，下列叙述哪项有误？

A 轮椅席位应设于便于到达和疏散及通道的附近

B 每个轮椅席位的占地面积不应小于1.10m×0.80m

C 轮椅席位的地面应平坦，在边缘处不得安装栏杆或栏板

D 不得将轮椅席设在公共通道范围内

解析：《无障碍规范》第3.13.3条规定，轮椅席位的地面应平整、防滑，在边缘处宜安装栏杆或栏板。

答案：C

7-4-9 (2007) 下列无障碍设计的建筑入口哪条不符合规范？

A 在门完全开启的状态下，平台净深度不应小于1.5m

B 建筑物无障碍出入口如设置两道门，门扇同时开启时两道门的间距不应小于1.50m

C 出入口的上方应设雨棚

D 有台阶的出入口坡道净宽为0.9m

解析：见《无障碍规范》第3.4.2条，无障碍出入口的轮椅坡道净宽度不应小于1.20m（本题按2012年版规范改编）。

答案：D

7-4-10 (2007) 无障碍设计中，平坡出入口地面的最大坡度为( )。

A 1∶20　　B 1∶12　　C 1∶10　　D 1∶8

解析：《无障碍规范》第3.3.3条规定，平坡出入口地面的坡度不应大于1∶20（本题按2012年版规范改编）。

答案：A

7-4-11 (2006) 建筑物无障碍出入口的平台最小净深度为（　）。

A 2.00m　　　　B 1.80m　　　　C 1.50m　　　　D 1.20m

解析：《无障碍规范》第3.3.2条规定，除平坡出入口外，在门完全开启的状态下，建筑物无障碍出入口的平台净深度不应小于1.50m（本题按2012年版规范改编）。

答案：C

7-4-12 (2005) 公共厕所无障碍设计的要求是（　）。

Ⅰ. 无障碍厕所的面积，不应小于4.00m²

Ⅱ. 无障碍厕位尺寸宜做到1.80m×1.40m

Ⅲ. 无障碍厕位尺寸不应小于2.00m×1.00m

Ⅳ. 无障碍小便器下口距地面高度不应大于400mm

A Ⅰ、Ⅳ　　　　B Ⅱ、Ⅲ　　　　C Ⅰ、Ⅲ　　　　D Ⅱ、Ⅳ

解析：见《无障碍规范》第3.9.2条，无障碍厕位应尺寸宜做到2.00m×1.50m，不应小于1.80m×1.00m；3.9.3条，无障碍厕所面积不应小于4.00m²；3.9.4条，无障碍小便器下口距地面高度不应大于400mm（本题按2012年版规范改编）。

答案：A

7-4-13 (2005) 以下哪项不符合居住建筑无障碍设计的要求？

A 住宅、公寓中，每100套住房宜设2套无障碍住房

B 无障碍住房及宿舍必须建于底层

C 男女无障碍宿舍不必分别设置

D 每100套宿舍应设置不少于1套无障碍宿舍

解析：见《无障碍规范》第7.4.3条，居住建筑应按每100套住房设置不少于2套无障碍住房；7.4.4条，无障碍住房及宿舍宜建于底层；7.4.5条，宿舍建筑中，男女宿舍应分别设置无障碍宿舍，每100套宿舍各应设置不少于1套无障碍宿舍（本题按2012年版规范改编）。

答案：C

7-4-14 (2005) 不适合残疾人通行的门是（　）。

A 弹簧门、玻璃门

B 乘轮椅通行的自动门净宽不小于1.00m

C 门开启后的通行净宽度不应小于800mm

D 门槛高度及门内外地面高差不大于15mm

解析：见《无障碍规范》第3.5.3条，残疾人通行的门不应采用力度大的弹簧，并不宜采用弹簧门、玻璃门；自动门开启后通行净宽度不应小于1.00m；平开门、推拉门、折叠门开启后的通行净宽度不应小于800mm；门槛高度及门内外地面高差不应大于15mm（本题按2012年版规范改编）。

答案：A

7-4-15 (2005) 建筑物无障碍出入口设计的要求是（　）。

A 建筑入口为无障碍入口时，平坡出入口室外地面坡度不应大于1:50

B 建筑物无障碍出入口的上方应设置雨棚

C 室外地面滤水箅子的孔洞宽度不应大于20mm

D 建筑物无障碍出入口的平台净深度不应小于1.80m

解析：见《无障碍规范》第3.3.2条，建筑物无障碍出入口的上方应设置雨棚；室外地面滤水箅子的孔洞宽度不应大于15mm；建筑物无障碍出入口的平台净深度不应小于1.50m；3.3.3条，平坡出入口地面的坡度不应大于1:20（本题按2012年版规范改编）。

答案：B

7-4-16 (2005) 以下哪项不满足无障碍通道的设计规定？

A 无障碍室内通道的宽度不应小于1.20m

B 无障碍室外通道不宜小于1.50m

C 检票口、结算口轮椅通道不应小于800mm

D 无障碍通道上有高差时，应设置轮椅坡道

解析：见《无障碍规范》第3.5.1条，无障碍室内通道的宽度不应小于1.20m；室外通道不宜小于1.50m；检票口、结算口轮椅通道不应小于900mm。3.5.2条，无障碍通道上有高差时，应设置轮椅坡道（本题按2012年版规范改编）。

答案：C

7-4-17 (2004) 供轮椅通行的坡道应设计成直线形，在有台阶的建筑物入口处其坡道最大坡度为1:12，其最小宽度是（　　）。

A ≥0.9m　　　　B ≥1.5m　　　　C ≥1.2m　　　　D ≥1.0m

解析：见《无障碍规范》第3.4.2条，无障碍出入口的轮椅坡道净宽度不应小于1.20m。

答案：C

7-4-18 (2004) 城市人行天桥方便残疾人通行坡道，在困难地段的坡度和水平长度不应大于以下哪项？

A 1:10, 5.00m　　　　　　　B 1:12, 8.00m

C 1:8, 2.40m　　　　　　　D 1:6, 12.00m

解析：见《无障碍规范》第3.4.4条，轮椅坡道的最大坡度和水平长度1:8，2.40m（本题按2012年版规范改编）。

答案：C

7-4-19 (2004) 居住建筑每多少套住房应设置不少于2套无障碍住房？

A 100套　　　　B 150套　　　　C 200套　　　　D 250套

解析：见《无障碍规范》第7.4.3条，居住建筑应按每100套住房设置不少于2套无障碍住房（本题按2012年版规范改编）。

答案：A

7-4-20 (2004) 乘轮椅者开启的推拉门和平开门，在门把手一侧的墙面应留有的墙面宽度及通行轮椅的平开门净宽度为（　　）。

A 0.4m，≥0.8m　　　　　　B 0.3m，≥0.9m

C 0.5m，≥0.9m　　　　　　　　D 0.6m，≥0.8m

解析：见《无障碍规范》第3.5.3条（本题按2012年版规范改编）。

答案：A

7-4-21 (2004) 一座1500座的剧院，观众席的轮椅席位数及每个轮椅占地面积是(　)。

A 3个，1.10m×0.80m　　　　B 4个，1.10m×0.80m
C 2个，1.50m×1.20m　　　　D 3个，1.20m×0.80m

解析：见《无障碍规范》第8.7.4条，观众厅内座位数为500座以上时不应少于0.2%。3.13.4，每个轮椅席位的占地面积不应小于1.10m×0.80m（本题按2012年版规范改编）。

答案：A

7-4-22 (2004) 哪项不符合公共建筑的无障碍电梯要求？

A 电梯门洞的净宽度不宜小于900mm
B 候梯厅深度不宜小于1.80m
C 电梯轿厅深度大于或等于1.20m，宽度大于或等于0.90m
D 轿厢侧壁上应设高0.90～1.10m带盲文的选层按钮

解析：见《无障碍规范》第3.7.1条，轿厢的最小规格为深度不应小于1.40m，宽度不应小于1.10m（本题按2012年版规范改编）。

答案：C

7-4-23 (2003) 无障碍设计中，只设坡道的建筑入口，坡道最大坡度为(　)。

A 1∶12　　　B 1∶20　　　C 1∶10　　　D 1∶8

解析：《无障碍规范》第7.2.4，只设坡道的建筑入口，坡道最大坡度为1∶20。

答案：B

7-4-24 (2003) 下列题图示中，哪种符合无障碍设计？

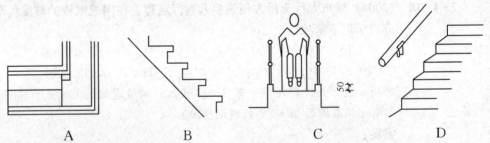

A　　　　　B　　　　　C　　　　　D

解析：以上图示中，A在通道与坡道间有障碍物，错；B踏步有突缘，错；D靠墙面的扶手起点处无水平延伸，错；C轮椅坡道临空侧应设置安全阻挡措施。

答案：C

7-4-25 (2003) 下列关于无障碍设计的建筑措施，哪条不符合规定？

A 主要供残疾人使用的走道最小净宽1.80m
B 轮椅通行门净宽应不小于1.00m
C 有三级以上台阶时应设扶手

D 明步踏面应设高不小于 0.05m 安全挡台

解析：《无障碍规范》第 3.5.3 条第 3 款，平开门、推拉门、折叠门开启后的通行净宽度不应小于 800mm，有条件时，不宜小于 900mm。

答案：B

7-4-26 (2003) 关于无障碍设计的建筑主入口，下列哪条不符合要求？

A 小型公共建筑的入口平台最小宽度为 1.50m

B 无障碍入口和轮椅同行平台应设雨篷

C 小型公共建筑的入口门厅设两道门时，门扇同时开启后的最小间距不小于 1.50m

D 建筑入口处残疾人坡道最小宽度为 0.90m

解析：《无障碍规范》第 3.4.2 条，无障碍出入口的轮椅坡道净宽度不应小于 1.20m。

答案：D

7-4-27 (2003) 以下哪条不符合城市道路无障碍设计规定？

A 全宽式单面坡单面缘石坡道的坡度不应大于 1:20

B 缘石坡道的坡口高出车行道的地面不应大于 10mm

C 行进盲道宽度宜为 250~500mm

D 行进盲道宽度不小于 600mm

解析：此题按新规范改编。现行《无障碍规范》第 3.2.2 规定第 2 款，行进盲道宽度宜为 250~500mm。

答案：D

7-4-28 建筑入口的无障碍设计规定中，下列哪条不准确？

A 无障碍平坡出入口是地面坡度不大于 1:20 且不设扶手的出入口

B 建筑物无障碍出入口的上方应设置雨棚

C 除平坡出入口外，在门完全开启的状态下，建筑物无障碍出入口的平台净深度不应小于 1.50m

D 建筑物无障碍出入口的门厅、过厅如设置两道门，门扇同时开启时两道门的间距不应小于 1.20m

解析：见《无障碍规范》第 3.3.2 条，建筑物无障碍出入口的门厅、过厅如设置两道门，门扇同时开启时两道门的间距不应小于 1.50m（本题按 2012 年版规范改编）。

答案：D

7-4-29 下列关于门的无障碍设计规定，哪一条错误？

A 不应采用力度大的弹簧门

B 门槛高度及门内外地面高差不应大于 50mm

C 在单扇平开门、推拉门、折叠门的门把手一侧的墙面，应设宽度不小于 400mm 的墙面

D 在门扇内外应留有直径不小于 1.50m 的轮椅回转空间

解析：见《无障碍规范》第 3.5.3 条 7 款，地面高差不应大于 15mm，并以斜

面过渡。

答案：B

7-4-30 无障碍设计的建筑措施，下列哪条不符合规定？

A 人流较多或较集中的大型公共建筑的走道室内宽度不宜小于1.80m

B 在单扇平开门、推拉门、折叠门的门把手一侧的墙面，应设宽度不小于500mm的墙面

C 三级及三级以上的台阶应在两侧设置扶手

D 无障碍楼梯不应采用无踢面和直角形突缘的踏步

解析：见《无障碍规范》第3.5.3条5款，在单扇平开门、推拉门、折叠门的门把手一侧的墙面，应设宽度不小于400mm的墙面。

答案：B

7-4-31 下列关于建筑物出入口无障碍坡道设计的要求中，哪一条是不正确的？

A 无障碍出入口的轮椅坡道净宽度不应小于1.20m

B 坡度不大于1∶10

C 坡度为1∶12时，每段坡长不大于9m

D 坡度为1∶12时，每段坡道升起的最大高度为0.75m

解析：见《无障碍规范》第3.4.4条，轮椅坡道最大坡度为1∶8。

答案：B

7-4-32 检票口、结算口轮椅通道宽度不应小于（　　）。

A 0.8m　　　B 0.9m　　　C 1.0m　　　D 1.2m

解析：见《无障碍规范》第3.5.1条3款，检票口、结算口轮椅通道不应小于900mm。

答案：B

7-4-33 下列有关轮椅坡道设计的规定，哪条是不正确的？

A 坡道休息平台的水平长度不应少于1.20m

B 坡道坡度可以为1∶10～1∶8

C 坡道两侧应设扶手

D 轮椅坡道的净宽度不应小于1.00m

解析：见《无障碍规范》第3.4.6条，轮椅坡道起点、终点和中间休息平台的水平长度不应小于1.50m。

答案：A

7-4-34 门的无障碍设计应满足平开门、推拉门、折叠门开启后的通行净宽度不小于（　　）。

A 0.6m　　　B 0.7m　　　C 0.8m　　　D 0.9m

解析：见《无障碍规范》第3.5.3条，平开门、推拉门、折叠门开启后的通行净宽度不应小于800mm。

答案：C

7-4-35 供残疾人使用的扶手做法，下列哪一条不符合规范要求？

A 扶手内侧与墙面的距离不应小于40mm

B 扶手高不小于 0.85～0.9m

C 靠墙面的扶手的起点和终点处应水平延伸不小于 300mm 的长度

D 扶手末端应向内拐到墙面或向下延伸 100mm

解析：见《无障碍规范》第 3.8.1 条，无障碍单层扶手的高度应为 850～900mm，无障碍双层扶手的上层扶手高度应为 850～900mm，下层扶手高度应为 650～700mm。

答案：B

7-4-36 下列哪一条不符合公共厕所无障碍设计要求？

A 男女公共厕所至少各设一个无障碍厕位

B 无障碍厕位应设置无障碍标志

C 厕所的入口和通道应方便乘轮椅者进入和进行回转，回转直径不小于 1.50m

D 无障碍厕位应设蹲式大便器

解析：见《无障碍规范》第 3.9.2 条，无障碍厕位内应设坐便器（此题按 2012 版规范改编）。

答案：D

7-4-37 剧场观众厅中的残疾人轮椅席应当布置在什么位置？

A 视听效果最好的位置　　　　B 公共通道范围内

C 便于到达和疏散及通道的附近　D 便于服务人员照顾的位置

解析：见《无障碍规范》3.13.1 条，轮椅席位应设在便于到达疏散口及通道的附近，不得设在公共通道范围内。

答案：C

7-4-38 通过一辆轮椅的检票口、结算口通道净宽不应小于(　　)。

A 0.8　　　　B 0.9　　　　C 1.0　　　　D 1.2

解析：见《无障碍规范》第 3.5.1 条 3 款。

答案：B

7-4-39 公共建筑的无障碍电梯，以下哪一条设计要求不确切？

A 候梯厅深度不小于 1.80m

B 电梯门开启后的净宽不小于 0.80m

C 电梯轿厢面积不小于 1.40m×1.10m

D 电梯必须由专人操作

解析：见《无障碍规范》第 3.7.1 条第 1 款和第 3.7.2 条第 1、6 款，可知 A、B、C 正确，规范没有要求无障碍电梯必须由专人操作。

答案：D

7-4-40 为残疾人设扶手的规定，下列哪一条要求过分了？

A 扶手高度为 850～900mm

B 栏杆式扶手应向下成弧形或延伸到地面上固定

C 扶手起点、终点应水平延伸不少于 0.30m

D 台阶从二级起应设扶手

解析：见《无障碍规范》第 3.6.2 条第 2 款，台阶从三级起应设扶手。
答案：D

7-4-41 老年人居住建筑层数为多少层时应设电梯？
A 2 B 3 C 4 D 5

解析：《老年人照料设施建筑设计标准》JGJ 450—2018 第 5.6.4 条，二层及以上楼层、地下室、半地下室设置老年人用房时应设电梯，电梯应为无障碍电梯，且至少 1 台能容纳担架。
答案：A

（五）民用建筑设计防火规范

7-5-1 (2010)《建筑设计防火规范》对于室外疏散楼梯的规定，正确的是(　　)。
A 倾斜角度不应大于 45°
B 楼梯的净宽度不应小于 0.85m
C 栏杆扶手的高度不应小于 1.05m
D 除疏散门外，楼梯周围 1.00m 内的墙面上不应设置门窗洞口

解析：见《防火规范》第 6.4.5 条，室外疏散楼梯栏杆扶手的高度不应小于 1.1m，楼梯的净宽度不应小于 0.9m；倾斜角度不应大于 45°；除疏散门外，楼梯周围 2m 内的墙面上不应设置门窗洞口。
答案：A

7-5-2 (2010) 根据《人民防空工程设计防火规范》的规定，人防工程及其出入口地面建筑物的耐火等级正确的是(　　)。
A 均不应低于一级
B 均不应低于二级
C 人防工程为一级，出入口地面建筑物不应低于二级
D 人防工程不应低于二级，出入口地面建筑物不应低于三级

解析：人防工程的耐火等级应为一级，出入口地面建筑物不应低于二级。
答案：C

7-5-3 (2010)《人民防空工程设计防火规范》规定，人防工程内应采用防火墙划分防火分区，下列划分错误的是(　　)。
A 防火分区应在各安全出口处的防火门范围内划分
B 工程内设置病房、员工宿舍时应划分独立防火分区，其疏散楼梯可与其他防火分区共用
C 水泵房、卫生间、盥洗室等无可燃物的房间，其面积可不计入防火分区的面积之内
D 与柴油发电机房或锅炉房配套的储油间、水泵间、风机房等，应与柴油发电机房或锅炉房一起划分为一个防火分区

解析：《人防防火规范》第 4.1.1.5 条规定，工程内设置病房、员工宿舍时，应划分为独立的防火分区，且疏散楼梯不得与其他防火分区的疏散楼梯共用。

答案：B

7-5-4 (2010)《汽车库、修车库、停车场设计防火规范》规定，地下汽车库、高层汽车库、高层建筑裙房内汽车库的楼梯间和前室的门(　　)。

A 均应为甲级防火门
B 分别为甲级防火门、甲级防火门、乙级防火门
C 分别为乙级防火门、甲级防火门、乙级防火门
D 均应为乙级防火门

解析：根据《车库车场防火规范》第6.0.3条2款规定，楼梯间、前室的门应采用乙级防火门。

答案：D

7-5-5 (2010)根据《人民防空地下室设计规范》的规定，防空地下室系指(　　)。

A 具有预定战时和平时防空功能的室内地平面低于室外地平面的高度超过该房间净高1/2的地下室
B 具有预定战时防空功能的室内地平面低于室外地平面的高度超过该房间净高1/2的地下室
C 具有预定战时和平时防空功能的室内顶棚面低于室外地平面的地下室
D 具有预定战时防空功能的室内顶棚面低于室外地平面的地下室

解析：见《人防地下室规范》第2.1.4条，防空地下室系指具有预定战时防空功能且室内地平面低于室外地平面的高度超过该房间净高1/2的地下室。

答案：B

7-5-6 (2010)某甲类人防工程的钢筋混凝土临空墙，其设计最小防护厚度为600mm，但其实际施工厚度只有300mm，如采用空心砖砌体加厚该临空墙，则空心砖砌体的厚度不应小于(　　)。

A 500mm　　　B 620mm　　　C 750mm　　　D 870mm

解析：见《人防地下室规范》第3.3.16条，当甲类防空地下室的钢筋混凝土临空墙的厚度不能满足最小防护厚度要求时，可采用砌砖加厚墙体。空心砖砌体的厚度不应小于最小防护厚度与临空墙厚度之差的2.5倍。

答案：C

7-5-7 (2010)某座钢筋混凝土地下室人防工程的设计埋置深度为25m，则其防水混凝土的设计抗渗等级应不小于(　　)。

A P6　　　B P8　　　C P10　　　D P12

解析：见《人防地下室规范》第4.11.2条，设计埋置深度20～30m时，防水混凝土的设计抗渗等级应不小于P10。

答案：C

7-5-8 (2009)下列哪类公共建筑的室内疏散楼梯应采用封闭楼梯间？

A 三层的旅馆　　　　　　B 四层的办公建筑
C 二层的幼儿园　　　　　D 三层的中学教学楼

解析：见《防火规范》第5.5.13条，旅馆的室内疏散楼梯应采用封闭楼梯间。

答案：A

7-5-9 (2009) 当必须在防火墙上开设门窗洞口时，应设置何等级门窗？

A 甲级防火门窗　　　　　　　　B 乙级防火门窗
C 甲级防火门，乙级防火窗　　　D 乙级防火门，甲级防火窗

解析：见《防火规范》第6.1.5条，防火墙上不应开设门窗洞口，当必须开设时，应设置固定的或火灾时能自动关闭的甲级防火门窗。

答案：A

7-5-10 (2009) 高层建筑的内院或天井，当其短边超过以下哪项时宜设进入内院或天井的消防车道？

A 18m　　　　B 24m　　　　C 30m　　　　D 36m

解析：《防火规范》第7.1.4条规定：有封闭内院或天井的建筑物，当其短边长度超过24m时，宜设有进入内院或天井的消防车道。

答案：B

7-5-11 (2009) 根据现行《汽车库、修车库、停车场设计防火规范》的规定，汽车库防火分类是按（　　）。

A 面积大小分为三类　　　　　　B 停车数量分为四类
C 建筑层数分为三类　　　　　　D 停车方式分为四类

解析：《车库车场防火规范》第3.0.1条规定，汽车库的防火分类应按停车数量分为四类。

答案：B

7-5-12 (2009) 人防地下室的防火分区至防烟楼梯间或避难走道入口处应设（　　）。

A 乙级防火门
B 前室，门为乙级防火门
C 前室，门为甲级防火门
D 甲级防火门

解析：《人防防火规范》第5.2.5条第4款规定：防火分区至避难走道入口处应设置前室，前室的门应为甲级防火门。

答案：C

7-5-13 (2008) 根据现行《建筑设计防火规范》的规定，下列正确的是（　　）。

A 厂房内可设置员工宿舍
B 仓库内可设置员工宿舍
C 仓库和厂房内均严禁设置员工宿舍
D 仓库和厂房内均可设置供换班员工临时休息的宿舍

解析：《防火规范》第3.3.5、第3.3.9条规定，厂房和仓库内均严禁设置员工宿舍。

答案：C

7-5-14 (2008) 根据现行《建筑设计防火规范》的规定，下列储存物品全部属于乙类火灾危险性的是（　　）。

A 甲苯、甲烷、乙醇、丙酮　　　B 乙炔、乙烯、氢气、硝化棉

C 丙烯、氢化钠、电石、乙醚　　　　D 丁醚、煤油、樟脑油、松节油

解析：见《防火规范》所附条文说明 3.1.3 表 3 储存物品的火灾危险性分类举例，丁醚、煤油、樟脑油、松节油全部属于乙类火灾危险性物品。

答案：D

7-5-15 (2008) 根据现行《汽车库、修车库、停车场设计防火规范》的规定，高层汽车库是(　　)。

A 建筑高度超过 32m 的汽车库

B 建筑高度超过 24m 的机械式立体汽车库

C 建筑高度超过 32m 的汽车库或设在高层建筑内地面以上楼层的汽车库

D 建筑高度超过 24m 的汽车库或设在高层建筑内地面以上楼层的汽车库

解析：《车库车场防火规范》第 2.0.5 条解释，高层汽车库系指建筑高度大于 24m 的汽车库或设在高层建筑内地面层以上楼层的汽车库。

答案：D

7-5-16 (2008) 人防工程内应采用防火墙划分防火分区，下列叙述何者有误？

A 水泵房、水库应计入防火分区的面积之内

B 柴油发电机房、直燃机房、锅炉房等应独立划分防火分区

C 避难走道不应划分防火分区

D 防火分区的划分宜与防护单元相结合

解析：《人防防火规范》第 4.1.1.2 条规定，水泵房、污水泵房、水池、厕所、盥洗间等无可燃物的房间，其面积可不计入防火分区的面积之内。

答案：A

7-5-17 (2007) 耐火极限为一、二级的丁、戊类厂房之间的防火间距，下列哪一种说法是正确的？

A 6m　　　　B 8m　　　　C 10m　　　　D 12m

解析：见《防火规范》3.4.1 条表 3.4.1，耐火极限为一、二级的丁、戊类厂房之间的防火间距不应小于 10m。

答案：C

7-5-18 (2007) 多层民用建筑地下、半地下室内房间只设一个出入口，下列哪种情况是正确的？

A 房间面积小于 50m²，人数少于 15 人

B 房间面积小于 60m²，人数少于 15 人

C 房间面积小于 70m²，人数少于 30 人

D 房间面积小于 80m²，人数少于 40 人

解析：见《防火规范》第 5.5.5 条，地下、半地下建筑的房间建筑面积小于等于 50m²，且经常停留人数不超过 15 人时，可设置 1 个疏散门。

答案：A

7-5-19 (2007) 在公共建筑中，以下哪一种竖向交通方式不能作为防火疏散之用？

A 封闭楼梯　　　　　　　　　B 室外楼梯

C 自动扶梯　　　　　　　　　D 防烟楼梯

解析:《防火规范》第5.5.4条规定,自动扶梯和电梯不应作为安全疏散设施。

答案:C

7-5-20 (2007) 下列何类用房可在地下一层或半地下室中布置?

A 托儿所、幼儿园　　　　　　　　B 居住建筑的居室

C 歌舞厅、娱乐厅、游乐场　　　　D 老人、残疾人生活用房

解析:《防火规范》第5.4.9条1款规定:歌舞娱乐放映游艺场所不应布置在地下二层及二层以下。当布置在地下一层时,地下一层地面与室外出入口地坪的高差不应大于10m。

答案:C

7-5-21 (2007) 一、二级耐火等级的多层民用建筑防火分区最大允许建筑面积和建筑物之间的最小防火间距,下列哪项是正确的?

A 2500m² 和 6m　　　　　　　　B 2500m² 和 7m

C 3000m² 和 9m　　　　　　　　D 4000m² 和 10m

解析:见《防火规范》第5.2.2条、第5.3.1条,一、二级耐火等级的多层民用建筑防火分区最大允许建筑面积为2500m²,建筑物之间的最小防火间距为6m。

答案:A

7-5-22 (2007) 在题7-5-22所示建筑群体示意图中,下列防火间距哪一项是错误的(多层建筑为一、二级耐火等级)?

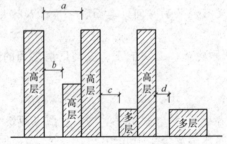

题 7-5-22 图

A $a=20$m　　B $b=12$m　　C $c=10$m　　D $d=9$m

解析:见《防火规范》第5.2.2条表5.2.2,高层建筑之间的防火间距不应小于13m。

答案:B

7-5-23 (2007) 在下列汽车库消防车道的做法中,哪项是错误的?

A 周围设环形消防车道或沿长边和另一边设消防车道

B 消防车道宽度不小于3.5m

C 尽端式消防车道应设12m×12m的回车场

D 消防车道穿过障碍物时,应有不小于4m×4m的净空

解析:见《车库车场防火规范》第4.3.2条,消防车道的宽度不应小于4m。

答案:B

7-5-24 (2006) 高层医院建筑，其首层每个疏散外门的净宽不应小于(　　)。

  A　1.10m　　　　　B　1.30m　　　　　C　1.50m　　　　　D　1.60m

  解析：见《防火规范》第5.5.18条表5.5.18，高层医院建筑首层每个疏散外门的净宽不应小于1.30m。

  答案：B

7-5-25 (2006) 一座高180m的高层建筑，选用其消防电梯的最低速度不能低于(　　)。

  A　2.5m/s　　　　　B　3.0m/s　　　　　C　3.5m/s　　　　　D　6.0m/s

  解析：见《防火规范》第7.3.8条3款，消防电梯的行驶速度应按从首层到顶层的运行时间不宜超过60s计算确定，180m的高层建筑消防电梯的最低速度不能低于3.0m/s。

  答案：B

7-5-26 (2006) 机械式立体汽车库的停车数量超过多少辆时，应设防火墙或防火隔墙进行分隔？

  A　100辆　　　　　B　60辆　　　　　C　50辆　　　　　D　25辆

  解析：见《车库车场防火规范》第5.1.3条，机械式立体汽车库的停车数超过100辆时，应采用无门、窗、洞口的防火隔墙进行分隔。

  答案：A

7-5-27 (2006) 敞开式汽车库每层车库系指外墙敞开面积超过该层四周墙体总面积的(　　)。

  A　50%　　　　　B　45%　　　　　C　35%　　　　　D　25%

  解析：见《车库车场防火规范》第2.0.9条，敞开式汽车库系指任一层车库外墙敞开面积超过该层四周外墙体总面积的25%的汽车库。

  答案：D

7-5-28 (2006) 汽车库、修车库的疏散楼梯应满足规范的有关要求，下列对疏散楼梯的要求哪条是错误的？

  A　室外疏散楼梯可采用金属楼梯

  B　室外楼梯的倾角不应大于45°，栏杆扶手高度不应小于1.1m

  C　室外楼梯每层楼梯平台均应采用不低于1.50h耐火极限的不燃烧材料制作

  D　在室外楼梯周围2m范围内的墙面上，除设置疏散门外，不应开设其他的门、窗、洞口

  解析：见《车库车场防火规范》第6.0.5条，室外的疏散楼梯每层楼梯平台均应采用不低于1.00h耐火极限的不燃烧材料制作。

  答案：C

7-5-29 (2005) 按建筑设计防火规范对防火墙有要求，以下错误的是(　　)。

  A　应直接设置在基础上或钢筋混凝土框架上

  B　民用建筑如必须在防火墙内设排气道时，其两侧的墙身厚度均不应小于12cm

  C　防火墙必须开门窗洞时，应采用甲级防火门窗

D 如设在转角附近,内转角两侧上的门窗洞口之间最近的水平距离不应小于4m

解析:见《防火规范》第6.1.1、第6.1.4及第6.1.5条,可知A、C、D项正确,又知防火墙内不应设置排气道。

答案:B

7-5-30 (2005) 汽车库设一个疏散出口的条件是( )。

A Ⅲ类汽车库 B 双疏散坡道的Ⅱ类地上汽车库
C 停车数少于100辆的地下汽车库 D Ⅰ类修车库

解析:见《车库车场防火规范》第6.0.10条,汽车疏散出口不应少于两个,但停车数少于100辆的地下汽车库可设一个。

答案:C

7-5-31 (2004) 设在转角处的防火墙,其内转角两侧上的门窗洞口之间最近水平距离不应小于( )。

A 2m B 3m C 4m D 5m

解析:见《防火规范》第6.1.4条,建筑物内的防火墙不宜设置在转角处。如设置在转角附近,内转角两侧墙上的门、窗洞口之间最近边缘的水平距离不应小于4m。

答案:C

7-5-32 (2004) 可作为疏散楼梯的室外楼梯,其净宽、倾斜度及栏杆高度应是( )。

A 90cm、≯60°、≮1.0m B 80cm、≯45°、≮1.10m
C 90cm、≯45°、≮1.10m D 80cm、≯60°、≮1.10m

解析:见《防火规范》第6.4.5条第1、2款,室外楼梯符合下列规定时可作为疏散楼梯:栏杆扶手的高度不应小于1.1m,楼梯的净宽度不应小于0.9m,倾斜角度不应大于45°。

答案:C

7-5-33 (2004) 建筑物耐火等级共分几级以及二级耐火等级楼板的耐火极限分别为( )。

A 四级,1.5h B 三级,1.0h
C 四级,2.0h D 四级,1.0h

解析:见《防火规范》第5.1.2条,民用建筑的耐火等级应分为一、二、三、四级,二级耐火等级楼板的耐火极限为1.0h。

答案:D

7-5-34 (2004) 哪类龙骨上安装燃烧性能达到B1级的纸面石膏板、矿棉吸声板,可作为A级装修材料使用?

A 木龙骨 B 轻钢龙骨
C 铝合金龙骨 D 石膏板龙骨

解析:见《装修防火规范》第2.0.4条,安装在钢龙骨上燃烧性能达到B1级的纸面石膏板、矿棉吸声板,可作为A级装修材料使用。

答案：B

7-5-35 (2004) 当顶棚或墙面表面局部采用多孔或泡沫状塑料时，其厚度不应大于哪项，且面积不得超过该房间顶棚或墙面积的百分数值为( )。

A 15mm、10％　　　　　　　　B 20mm、15％
C 15mm、15％　　　　　　　　D 25mm、10％

解析：见《装修防火规范》第3.1.1条，当顶棚或墙面表面局部采用多孔或泡沫状塑料时，其厚度不应大于15mm，且面积不得超过该房间顶棚或墙面积的10％。

答案：A

7-5-36 (2003) 下述人防防火分区划分中，哪项不准确？

A 一般情况下，其不应大于500m²
B A级材料装修的营业厅、展览厅，设火灾自动灭火、报警系统时，其面积不应大于2000m²
C 电影院、礼堂观众厅的面积划分不应大于1000m²，当设火灾自动灭火报警系统时，其允许的面积也不增加
D 溜冰馆冰场、游泳馆游泳池、保龄球馆球道区等面积的一半可计入溜冰馆、游泳馆、保龄球馆的防火分区内

解析：详见《人防防火规范》第4.1.3条第3款，溜冰馆的冰场、游泳馆的游泳池、靶道区、保龄球馆的球道区等，其面积可不计入溜冰馆、游泳馆、射击馆、保龄球馆的防火分区面积内。

答案：D

7-5-37 (2003) 燃气、燃油锅炉房设置在高层建筑物内，下述哪条不符合规定？

A 不应布置在人员密集场所的上一层、下一层，但采用耐火极限不低于2.00h的隔墙时，可贴邻布置
B 采无门窗洞口的耐火极限不低于2.00h的隔墙和1.50h的楼板与其他部位隔开，当必须开门时，应设甲级防火门
C 应布置在首层或地下一层靠外墙部位
D 锅炉的总蒸发量不应超过1260kV·A，单台锅炉蒸发量不应超过630kV·A

解析：详见《防火规范》第5.4.12条，燃气、燃油锅炉房确需布置在民用建筑内时，不应布置在人员密集场所上一层、下一层或贴邻。

答案：A

7-5-38 (2003) 在执行消防设计规范中，下列哪条不符合规定？

A 建筑物地下室、半地下室顶板面高出室外地面1.5m以上者应计入层数
B 高度不大于25m的9层住宅，应为多层民建筑
C 超过24m的单层公共建筑，应为单层民用建筑
D 建筑设计防火规范的建筑高度计算为建筑室外地面到其屋面高度

解析：详见《防火规范》附录A.0.1，建筑高度的计算应符合下列规定：
1 建筑屋面为坡屋面时，建筑高度应为建筑室外设计地面至其檐口与屋脊的平均高度。

2 建筑屋面为平屋面（包括有女儿墙的平屋面）时，建筑高度应为建筑室外设计地面至其屋面面层的高度。

3 同一座建筑有多种形式的屋面时，建筑高度应按上述方法分别计算后，取其中最大值。

答案：D

7-5-39 (2003) 下列有关防火墙设计的叙述中，哪条不符合规定？

A 防火墙设在转角附近时，内转角两侧墙上的窗口之间最近边缘水平距离不应小于4m

B 内转角处设防火墙时，当相邻一侧墙装有固定乙级防火窗时其距离可减一半

C 防火墙两侧的窗口之间水平距离不应小于2m

D 防火墙两侧的窗口，当其中有一侧装固定乙级防火窗时，距离不限

解析：详见《防火规范》第6.1.4条，建筑内的防火墙不宜设置在转角处，确需设置时，内转角两侧墙上的门、窗、洞口之间最近边缘的水平距离不应小于4.0m；采取设置乙级防火窗等防止火灾水平蔓延的措施时，该距离不限。

答案：B

7-5-40 (2003) 在消防安全疏散设计中，下列哪条不可只设一个安全出口？

A 一座3层门诊楼，每层建筑面积不小于500m²

B 建筑高度不大于27m住宅，每个单元任一层的建筑面积小于650m²，或任一户门至最近安全出口的距离小于15m时

C 走道尽端办公室内内任一点至疏散门的直线距离不大于15m、建筑面积不大于200m²且疏散门的净宽度不小于1.40m

D 建筑高度大于27m，但不大于54m的住宅建筑，每个单元设置一座疏散楼梯时，疏散楼梯应通至屋面，且单元之间的疏散楼梯应能通过屋面连通

解析：详见《防火规范》第5.5.8条，医疗建筑无论层数、面积多少均不得只设一个安全出口。

答案：A

7-5-41 (2003) 消防法规对高层建筑分类的划分中，下列哪些说法正确？

Ⅰ．医院病房楼不计高度皆划为一类；Ⅱ．计划单列市的广播电视楼为一类；Ⅲ．50m以下但人员集散较集中的教学楼为一类；Ⅳ．50m以上，但每层面积超过1000m²的电信楼为一类

A Ⅰ、Ⅱ　　　　B Ⅱ、Ⅲ　　　　C Ⅲ、Ⅳ　　　　D Ⅰ、Ⅳ

解析：详见《建筑设计防火规范》表5.1.1，注意现行规范规定，电信楼建筑面积大于1000m²，高度大于24m即为一类。

答案：D

7-5-42 (2003) 下列哪条不符合防空地下室室外出入口口部设计要求？

A 在倒塌范围以外的口部建筑宜采用单层轻型建筑

B 备用出入口不宜设在通风竖井内

C 所有出地面口部都应有防倒塌措施

D 电梯由地面通至地下室时，电梯必须设置在防空地下室的防护密闭门以外

解析：详见《人防地下室规范》3.3，出地面口部在建筑物倒塌范围外，可以不采用防倒塌措施。

答案：C

7-5-43 （2003）人防工程设计中，下列哪条不符合规定？

A 与防空地下室无关的管道不宜穿过人防围护结构

B 防空地下室的室外出入口，进排风口应符合战时及平时使用要求和地面建筑规划要求

C 进入人防顶板管道，只允许给水、采暖、空调冷媒管道穿过，且直径不得大于100mm

D 穿过人防围护结构的管道，均应采取防护密闭措施

解析：此题按现行规范修改。《人防地下室规范》第3.1.6条第2款，穿过防空地下室顶板的管道，其公称直径不宜大于150mm。

答案：C

7-5-44 建筑构件的耐火极限用下列哪一种单位表示？

A 传热系数　　B 热阻　　C 氧指数　　D 小时

解析：见《防火规范》第2.1.10条，实际上表示的是建筑构件耐受火焰作用时间的极限值。

答案：D

7-5-45 民用建筑的耐火等级取决于下列哪一个条件？

A 主体结构的形式和材料

B 建筑构件的燃烧性能和耐火极限

C 建筑物的火灾危险性和规模大小

D 建筑物的重要性和耐久年限

解析：见《防火规范》第5.1.2条，耐火等级取决于建筑构件的燃烧性能和耐火极限。

答案：B

7-5-46 《建筑设计防火规范》关于建筑高度和层数的正确概念，下列几种叙述中哪个正确？

A 建筑高度是指底层室内地面至顶层屋面的高度

B 建筑高度是指室外地面至檐口或屋面面层的高度

C 水箱间、电梯机房应计入建筑高度和层数内

D 住宅建筑的地下室、半地下室的顶板高出室外地面者，应计入层数内

解析：见《防火规范》附录A的A.0.1条。

答案：B

7-5-47 新设计一幢耐火等级为一级的6层办公楼，但近处原有一幢3层办公楼，耐火等级为二级。两楼之间的设计间距，下列哪一种做法不符合防火规范要求？

A 设计间距为8m

B 设计间距为5m

C 设计间距为4m，但须把老楼与新楼相邻外墙改造成防火墙

D 设计间距仅为2m，但须把新楼与老楼相邻的外墙设计为防火墙

解析：见《防火规范》第5.2.2条表5.2.2，在不采取任何措施的情况下，一、二级耐火等级的多层民用建筑之间的防火间距至少应为6m。

答案：B

7-5-48 一座5层办公楼，耐火等级为二级，每层建筑面积为7000m^2，如果不设自动灭火设备，每层应设几个防火分区？

A 1　　　　　　B 2　　　　　　C 3　　　　　　D 4

解析：见《防火规范》第5.3.1条表5.3.1，每个防火分区最大允许建筑面积为2500m^2。

答案：C

7-5-49 一座二级耐火的3层办公楼，只设一座楼梯的必要条件是(　　)。

Ⅰ．每层建筑面积不大于200m^2；Ⅱ．每层建筑面积不大于200m^2；Ⅲ．二、三层人数之和不超过50人；Ⅳ．二、三层人数之和不超过100人

A Ⅰ、Ⅲ　　　　B Ⅰ、Ⅳ　　　　C Ⅱ、Ⅲ　　　　D Ⅱ、Ⅳ

解析：见《防火规范》第5.5.8条表5.5.8。每层建筑面积不大于200m^2，且二、三层人数之和不超过50人，是只设一个楼梯的必要条件。

答案：A

7-5-50 电影院观众厅的安全出入口应采用哪种门？

A 推拉门　　　　B 卷帘门　　　　C 防火门　　　　D 双扇外开门

解析：见《防火规范》；第6.4.11条，建筑中的疏散门应采用向疏散方向开启的平开门，不应采用推拉门、卷帘门、吊门、转门和折叠门；一般不必采用防火门。

答案：D

7-5-51 关于消防车道的设置，下列哪条不符合《建筑设计防火规范》？

A 占地面积超过3000m^2的展览馆宜设环形消防车道

B 供大型消防车使用的回车场面积不宜小于18m×18m

C 消防车道可利用交通道路

D 环形消防车道与其他车道应有一处连通

解析：见《防火规范》第7.1.1、第7.1.2及第7.1.9条知A、B、C项正确，又知，环形消防车道至少应有两处与其他车道连通。

答案：D

7-5-52 下列多层建筑管道井的封堵做法，哪一条正确？

A 应通畅，可不封堵

B 在适中部位用不燃材料封堵

C 每隔2~3层在楼板处用耐火极限不低于0.5h的不燃材料封堵

D 应每层用不燃材料封堵

解析：见《防火规范》第6.2.9条，多层建筑管道井应在每层楼板处用不燃材料封堵。

答案：D

7-5-53 《建筑设计防火规范》规定，附设在建筑物内的空调机房应与建筑物内的其他部位隔开，其隔墙上的门应采用（　　）。
　　A　隔声门　　　　　　　　　　B　甲级防火门
　　C　乙级防火门　　　　　　　　D　丙级防火门
　　解析：见《防火规范》第6.2.7条，附设在建筑物内的空调机房应与建筑物内的其他部位隔开，其隔墙上的门应采用甲级防火门。
　　答案：B

7-5-54 非高层公共建筑在下列哪种情况下可不设置封闭楼梯间？
　　A　医院、疗养院的病房楼　　　B　旅馆
　　C　超过2层的商店　　　　　　D　5层办公楼
　　解析：见《防火规范》第5.5.13条，上列建筑中只有5层办公楼可不设置封闭楼梯间。
　　答案：D

7-5-55 一座二级耐火等级的非高层教学楼，平面为内走廊式布置，楼梯间为开敞式，其袋形走道两侧的房门至楼梯间的最大距离应为（　　）。
　　A　18m　　　B　20m　　　C　22m　　　D　24m
　　解析：见《防火规范》第5.3.17条。教学楼袋形走道22m,开敞楼梯间减少2m。
　　答案：B

7-5-56 两座高层建筑相邻，较高一面外墙比较低一座建筑屋面高15m及以下范围内的墙为不开设门、窗洞口的防火墙时，其防火间距应为（　　）。
　　A　>13m　　　B　>9m　　　C　>4m　　　D　不限
　　解析：见《防火规范》第5.2.2条表5.2.2注2。
　　答案：D

7-5-57 穿过高层建筑的消防车道，其净宽和净空高不应小于（　　）。
　　A　5.00　　　B　4.50　　　C　4.00　　　D　3.50
　　解析：见《防火规范》第7.1.8条。
　　答案：C

7-5-58 二类高层建筑每个防火分区的建筑面积应不大于（　　）。
　　A　500m²　　　B　1000m²　　　C　1500m²　　　D　2000m²
　　解析：见《防火规范》第5.3.1条表5.3.1，高层建筑每个防火分区的建筑面积应不大于1500m²。
　　答案：C

7-5-59 二类高层公共建筑，高度不超过多少时可不设消防电梯？
　　A　30m　　　B　32m　　　C　40m　　　D　50m
　　解析：见《防火规范》第7.3.1条，32m是消防人员利用楼梯登高灭火的体力极限高度，故二类高层公共建筑高度不超过32m时可不设消防电梯。
　　答案：B

7-5-60 下列普通高层建筑中，哪几种应设消防电梯？

Ⅰ．建筑高度为 28m 的科研楼；Ⅱ．建筑高度为 26m 的医院；Ⅲ．建筑高度为 31m 的档案楼；Ⅳ．建筑高度为 34m 的办公楼

A Ⅰ、Ⅲ　　　　B Ⅰ、Ⅳ　　　　C Ⅱ、Ⅲ　　　　D Ⅱ、Ⅳ

解析：见《防火规范》第 7.3.1 条，医院属于一类高层建筑，办公楼高度超过 32m，应设消防电梯。

答案：D

7-5-61 消防电梯前室在首层设通道通向出口，其通道的长度不应超过(　　)。

A 10m　　　　B 14m　　　　C 20m　　　　D 30m

解析：见《防火规范》第 7.3.5 条第 1 款，30m 是从消防电梯前室到建筑出口的最大允许通道长度。

答案：D

7-5-62 消防电梯的载重量不应小于(　　)。

A 500kg　　　　B 800kg　　　　C 1000kg　　　　D 1500kg

解析：见《防火规范》第 7.3.8 条第 2 款，消防电梯载重量不应小于 800kg。

答案：B

7-5-63 高层建筑的防烟楼梯及其前室，在下列哪几种情况下不宜采用自然排烟的方式？

Ⅰ．高度超过 50m 的一类公共建筑；Ⅱ．高度超过 100m 的居住建筑；Ⅲ．高度超过 32m 的一类公共建筑；Ⅳ．高度超过 50m 的居住建筑

A Ⅰ、Ⅱ　　　　B Ⅰ、Ⅳ　　　　C Ⅱ、Ⅲ　　　　D Ⅲ、Ⅳ

解析：见《防火规范》第 8.5.1 条，除建筑高度超过 50m 的一类公共建筑和建筑高度超过 100m 的居住建筑外，靠外墙的防烟楼梯间及其前室、消防电梯间前室和合用前室，宜采用自然排烟方式。

答案：A

7-5-64 高层建筑避难层的设置，下列哪一条是不确切的？

A 两个避难层之间不宜超过 18 层　　B 避难层应设消防电梯出口
C 避难层可兼作设备层　　　　　　　D 避难层应设有应急广播

解析：见《防火规范》第 5.5.23 条，知 B、C、D 正确，另两个避难层之间的高度不宜大于 50m。

答案：A

7-5-65 下列设在高层建筑内变形缝附近的防火门的位置，哪一条是正确的？

A 应设在疏散方向一侧
B 应设在楼层数较多的一侧，且门开启后不应跨越变形缝
C 应设在楼层数较少的一侧，且门开启后不应跨越变形缝
D 应设在楼层数较多的一侧，且门开启后不宜跨越变形缝

解析：见《防火规范》第 6.5.1 条，应布置在楼层数多的一侧，且门开启时门扇不跨越变形缝。

答案：B

7-5-66 高层旅馆位于袋形走道两侧或尽端的房间门至最近的外部出口或楼梯间的最

大距离为( )。

A 12m　　　　B 15m　　　　C 18m　　　　D 20m

解析：见《防火规范》第5.5.17条表5.5.17。

答案：B

7-5-67 人防工程耐火等级的规定，下列各条中哪一条正确？

A 人防工程的耐火等级都必须为一级

B 人防工程的耐火等级应为一级，其出入口地面建筑的耐火等级不应低于二级

C 人防工程的耐火等级均不应低于二级

D 人防工程的耐火等级应和同类地面建筑相同

解析：见《人防防火规范》第3.3.1条，人防工程的耐火极限应符合现行国家标准《防火规范》的相应规定。人防工程的出入口地面建筑可以采用二级耐火等级。

答案：B

7-5-68 地下人防工程中的电影院、礼堂的观众厅，其防火分区的最大允许建筑面积是( )。

A 1000m²　　　　　　　　　　B 1100m²

C 1200m²　　　　　　　　　　D 1500m²（但设有自动灭火设备）

解析：见《人防防火规范》第4.1.3条第2款，地下电影院、礼堂的观众厅，防火分区允许最大建筑面积不应大于1000m²；当设置有火灾自动报警系统和自动灭火系统时，其允许最大建筑面积也不得增加。

答案：A

7-5-69 地下人防工程防火设计中，下列概念何者是不正确的？

A 防火分区应在各出入口处的甲级防火门或管理门范围内划分

B 水泵房、厕所等面积可不计入防火分区面积

C 每个防火分区最大允许建筑面积为500m²

D 人防工程内不得设置柴油发电机房、直燃机房和锅炉房

解析：见《人防防火规范》条文说明第3.1.10条，柴油发电机和锅炉的燃料是柴油、重油、燃气等，在采取相应的防火措施，并设置火灾自动报警系统和自动灭火装置后是可以在人防工程内使用的。

答案：D

7-5-70 平时为商业营业厅的地下人防工程，当设有自动报警系统和自动灭火系统，且采用A级装修材料装修时，防火分区最大允许面积为( )。

A 1000m²　　　B 2000m²　　　C 3000m²　　　D 4000m²

解析：见《人防防火规范》第4.1.3条第1款，商业营业厅、展览厅等，当设置有火灾自动报警系统和自动灭火系统，且采用A级装修材料装修时，防火分区允许最大建筑面积不应大于2000m²。此条规定与《高层防火规范》地下室相同。

答案：B

7-5-71 在计算人防工程防火分区面积时，溜冰馆的冰场、游泳馆的游泳池、射击馆的靶道区、保龄球馆的球道区等面积是否应计入防火分区面积？

A 应全部计入　　　　　　　B 应按1/2计入
C 应按1/3计入　　　　　　　D 可不计入

解析：见《人防防火规范》第4.1.3条第3款，溜冰馆的冰场、游泳馆的游泳池、射击馆的靶道区、保龄球馆的球道区等，其面积可不计入溜冰馆、游泳馆、射击馆、保龄球馆的防火分区面积内。冰场、泳池是有水区域，而靶道、球道区域内基本无人停留，故可不计入防火分区面积。

答案：D

7-5-72 关于一般人防工程（除规范另有规定者外）的防火分区面积，下列哪一项是正确的？

A 每个防火分区的最大允许建筑面积为400m²
B 每个防火分区的最大允许使用面积为400m²
C 每个防火分区的最大允许建筑面积为500m²
D 每个防火分区的最大允许使用面积为500m²

解析：见《人防防火规范》第4.1.2条，每个防火分区的允许最大建筑面积，除本规范另有规定者外，不应大于500m²。

答案：C

7-5-73 关于地下人防安全出入口的规定，下列哪一条不准确？

A 每个防火分区安全出入口的数量不少于两个
B 当有两个或两个以上防火分区，相邻防火分区之间的防火墙上设有防火门时，每个防火分区可只设一个直通室外的安全出口
C 面积不大于200m²，且经常停留的人数不大于3人的防火分区，可只设一个通向相邻防火分区的防火门
D 电影院、礼堂、商场等人员集中的场所，应有两个直通地上的安全出口

解析：见《人防防火规范》第5.1.1条，规范没有要求人员集中的场所"应有两个直通地上的安全出口"。

答案：D

7-5-74 下列关于地下人防工程安全疏散距离的条文，哪一条错误？

A 房间内最远点至房间门口的距离不应超过15m
B 房间门至最近安全出口或至相邻防火分区之间防火墙上防火门的最大距离，医院应为24m，旅馆为30m，其他工程应为40m
C 位于袋形走道两侧或尽端房间的门至最近安全出入口的最大距离，旅馆为15m
D 位于袋形走道两侧或尽端房间的门至最近安全出入口的最大距离，一般为22m

解析：见《人防防火规范》第5.1.5条第2款，位于袋形走道两侧或尽端的一般人防工程房间的最大安全疏散距离应分别为医院、旅馆及其他工程相应距离的一半，而不是22m。

答案：D

7-5-75 人防工程中不得布置下列何种设施？
A 柴油发电机房　　　　　　B 油浸变压器室
C 直燃机房　　　　　　　　D 锅炉房
解析：见《人防防火规范》第3.1.12条，人防工程内不得设置油浸电力变压器和其他油浸电气设备。
答案：B

7-5-76 确定汽车库、停车场防火分类的依据是(　　)。
A 耐火等级　　　B 占地面积　　　C 建筑面积　　　D 停车数量
解析：见《车库车场防火规范》第3.0.1条，汽车库、停车场的防火分类依据停车数量而定。
答案：D

7-5-77 下列关于汽车库和修车库耐火等级的规定，哪条错误？
A 汽车库和修车库的耐火等级分为四级
B 地下汽车库的耐火等级应为一级
C Ⅰ、Ⅱ、Ⅲ类汽车库、修车库其耐火等级不应低于二级
D Ⅳ类汽车库、修车库其耐火等级不应低于三级
解析：见《车库车场防火规范》第3.0.2条，汽车库、修车库的耐火等级应分为三级。
答案：A

7-5-78 两个汽车疏散出口之间的间距不应小于(　　)。
A 6.0m　　　　B 8.0m　　　　C 10.0m　　　　D 12.0m
解析：见《车库车场防火规范》第6.0.14条，两个汽车疏散出口之间的间距不应小于10m。
答案：C

7-5-79 一座90个车位的地下汽车库，其安全出口的设置要求应当是(　　)。
A 人员出口和汽车出口各不少于2个
B 人员出口和汽车出口各不少于1个
C 人员出口不少于1个，汽车出口不少于2个
D 人员出口不少于2个，汽车出口不少于1个双车道
解析：见《车库车场防火规范》第3.0.1、第6.0.2及第6.0.10条，停车数90辆的地下车库属Ⅲ类车库，可设一个双车道作为汽车安全出口；但人员安全出口不应少于2个。
答案：D

7-5-80 设有自动灭火系统的地下汽车库，其防火分区的最大允许建筑面积为(　　)。
A 1000m²　　　B 2000m²　　　C 3000m²　　　D 4000m²
解析：见《车库车场防火规范》第5.1.1、第5.1.2条，由于汽车库内同时停留人数较少，其防火分区面积可以比一般地下大空间扩大一倍。
答案：D

7-5-81 下列建筑物中哪两种的地下不可以附建汽车库？
Ⅰ．托幼园所；Ⅱ．病房楼；Ⅲ．养老院；Ⅳ．剧场观众厅
A Ⅰ、Ⅱ、Ⅲ　　B Ⅰ、Ⅱ、Ⅳ　　C Ⅱ、Ⅲ、Ⅳ　　D Ⅱ、Ⅳ

解析：见《车库车场防火规范》第4.1.4条，托儿所、幼儿园、老年人建筑、病房楼均不可以附建汽车库。

答案：A

7-5-82 下列中哪一条不符合汽车库、修车库室内疏散楼梯的要求？
A 应设封闭楼梯间
B 建筑高度超过24m的高层汽车库应设防烟楼梯间
C 楼梯间和前室的门应向疏散方向开启
D 地下汽车库和高层汽车库的楼梯间、前室的门应采用乙级防火门

解析：见《车库车场防火规范》第6.0.3条，建筑高度超过32m的高层汽车库，应设防烟楼梯间。

答案：B

7-5-83 下述中哪一条符合汽车库安全疏散的要求？
A 停车数大于100辆的地下汽车库，当采用错层或斜楼板式且车道、坡道为双车道时，汽车库内的其他楼层汽车疏散坡道可设一个
B 机械式立体汽车库，Ⅲ、Ⅳ类汽车库，可采用垂直升降梯作汽车疏散出口，其升降梯的数量不应少于两台
C 汽车疏散坡道的宽度，不应小于3.80m
D 两个汽车疏散出口之间的间距，不应小于12.00m

解析：见《车库车场防火规范》第6.0.11条，停车数大于100辆的地下汽车库，当采用错层或斜楼板式且车道、坡道为双车道时，其首层或地下一层至室外的汽车疏散出口不应少于两个，汽车库内的其他楼层汽车疏散坡道可设一个。

答案：A

（六）绿色建筑与建筑节能

7-6-1 (2010) 按照《夏热冬暖地区居住建筑节能设计标准》的规定，符号 SC、SD、S_w 的含义分别是(　　)。
A 窗口的建筑外遮阳系数、窗本身的遮阳系数、外窗的综合遮阳系数
B 外窗的综合遮阳系数、窗口的建筑外遮阳系数、窗本身的遮阳系数
C 窗本身的遮阳系数、外窗的综合遮阳系数、窗口的建筑外遮阳系数
D 窗本身的遮阳系数、窗口的建筑外遮阳系数、外窗的综合遮阳系数

解析：见《夏热冬暖地区居住建筑节能标准》JGJ 75—2012第2.0.1条，外窗的综合遮阳系数（S_w）是考虑窗本身和窗口的建筑外遮阳装置综合遮阳效果的一个系数，其值为窗本身的遮阳系数（SC）与窗口的建筑外遮阳系数（SD）的乘积。

答案：D

7-6-2 (2009) 从"全生命周期"看，下列建筑材料哪一项全部是"绿色建材"？

A 钢材、木材　　　　　　　　B 钢材、混凝土
C 混凝土、黏土砖　　　　　　D 木材、黏土砖

解析：《绿色建筑标准》第2.0.7、第2.0.8条解释，可再利用材料（不改变物质形态可直接再利用，或经过组合、修复后可直接再利用的回收材料）和可再循环材料（通过改变物质形态，可实现循环利用的回收材料）是"绿色建材"。因此，钢材、木材是"绿色建材"，混凝土、黏土砖则不是"绿色建材"。

答案：A

7-6-3 (2009) 我国现阶段所提出的建筑节能50%或65%的目标，主要是指下列哪项？

A 建材生产能耗　　　　　　　B 建筑物建造能耗
C 建筑物使用过程中的能耗　　D 建筑物废弃处置能耗

解析：我国现阶段所提出的建筑节能目标主要是针对降低建筑物使用过程中的能耗而设定的。

答案：C

7-6-4 (2009) 下列不属于绿色建筑评价标准要求的是(　　)。

A 场地内无排放超标的污染源
B 在建设过程中尽量维持原有场地地形地貌
C 在建设过程中的地基改造
D 严格控制玻璃幕墙的反射系数

解析：《绿色建筑标准》第3.2.1条解释，绿色建筑评价指标体系由节地与室外环境、节能与能源利用、节水与水资源利用、节材与材料资源利用、室内环境质量、施工管理、运营管理7类指标组成，没有涉及在建设过程中的地基改造问题。

答案：C

7-6-5 (2009) 民用建筑工程中，哪种室内材料要控制游离甲醛的含量？

A 陶瓷地砖　　　　　　　　　B 石膏板
C 吊顶用矿棉板　　　　　　　D 胶合板

解析：《民用建筑工程室内环境污染控制规范》GB 50325—2010第3.2.1条规定，民用建筑工程室内用人造木板及饰面人造木板，必须测定游离甲醛含量或游离甲醛释放量。

答案：D

7-6-6 (2009) 公共建筑要控制传热系数的部位除外墙、屋面、外窗外还应包括(　　)。

A 采暖楼梯间隔墙　　　　　　B 阳台栏板
C 底面为室外的架空或外挑楼板　D 室内走道隔墙

解析：见《公建节能标准》第3.3.1条，公共建筑要控制传热系数的部位除

外墙、屋面、外窗外还应包括底面为室外的架空或外挑楼板。
答案：C

7-6-7 （2009）下列关于体形系数的论述中哪项有误？
A 体形系数越小，外围护结构的传热损失越小
B 体形系数每增大0.01，能耗量就增加2.5%
C 不同地区对条式建筑和点式建筑有不同的标准
D 计算体形系数时不应包括半地下室的体积

解析：见《严寒寒冷地区居住建筑节能标准》JGJ 26—2010第2.1.5条，建筑物的体形系数是指建筑物与室外大气接触的外表面积与其所包围的体积的比值。故计算体形系数时，半地下室处于室外地面以上部分的体积也应包括。
答案：D

7-6-8 （2008）以下全部是可再生能源的一项是（　　）。
A 太阳能、风能、核电　　　　B 地热能、风能、水电
C 太阳能、生物质能、化石能　　D 氢能、化石能、潮汐能

解析：《绿色建筑标准》第2.0.4条解释，可再生能源是从自然界获取的，可以再生的非化石能源，包括风能、太阳能、水能、生物质能、地热能和海洋能等。
答案：B

7-6-9 （2008）对设置太阳能集热器的墙面要求，以下哪项错误？
A 集热器镶嵌在墙面时，墙面装饰材料的色彩、风格宜与集热器协调一致
B 高纬度地区太阳能集热器宜有适当的倾角
C 外墙除承受集热器荷载外，还应对安装部位可能造成的墙体变形、裂缝等不利因素采取必要的技术措施
D 集热器与贮水箱相连的管线需穿墙面时，应在墙面上预埋防水套管，也不宜设在结构柱处

解析：见《太阳能热水器规范》第5.3.9条，低纬度地区设置在墙面上的太阳能集热器宜有适当的倾角。
答案：B

7-6-10 （2008）根据现行《夏热冬暖地区居住建筑节能设计标准》的规定，以下所列城市全部属于夏热冬暖地区的是（　　）。
A 昆明、柳州、广州、海口　　B 福州、广州、南宁、海口
C 广州、桂林、厦门、海口　　D 韶关、贵阳、广州、海口

解析：按《夏热冬暖地区居住建筑节能标准》JGJ 75—2012第3.0.1条分区图所示，昆明、贵阳、韶关、桂林不属于夏热冬暖地区。
答案：B

7-6-11 （2008）民用建筑太阳能热水系统应满足太阳能集热系统的日照时数是（　　）。
A 3h　　　　B 4h　　　　C 5h　　　　D 6h

解析：《太阳能热水器规范》第5.3.2条规定，应满足太阳能集热器有不少于

4h日照时数的要求。

答案： B

7-6-12 (2008) 民用建筑太阳能热水系统，按系统运行方式分类应为( )。

A 自然循环系统、强制循环系统、直流式系统三种系统

B 独立循环系统、自然循环系统、强制循环系统三种系统

C 自然循环系统、直流式系统、独立循环系统三种系统

D 强制循环系统、独立循环系统、直流式系统三种系统

解析： 见《太阳能热水器规范》第4.2.2条，太阳能热水系统按系统运行方式可分为自然循环系统、强制循环系统、直流式系统三种系统。

答案： A

7-6-13 (2008) 按照现行《民用建筑太阳能热水系统应用技术规范》的规定，平屋面的定义是( )。

A 坡度小于5°的建筑屋面　　　　B 坡度小于6°的建筑屋面

C 坡度小于8°的建筑屋面　　　　D 坡度小于10°的建筑屋面

解析： 见《太阳能热水器规范》第2.0.4条，平屋面的定义是坡度小于10°的建筑屋面。

答案： D

7-6-14 (2008) 以下哪项不符合绿色建筑的定义？

A 在建筑的全寿命周期内，最大限度地节约资源

B 重点是节地和节水两项

C 保护环境、减少污染

D 与自然和谐共生

解析： 见《绿色建筑标准》第2.0.1条，绿色建筑的定义是：在全寿命期内，最大限度地节约资源（节能、节地、节水、节材）、保护环境和减少污染，为人们提供健康、适用和高效的使用空间，与自然和谐共生的建筑。所以重点不仅是节地和节水两项。

答案： B

7-6-15 (2008) 以下哪项不符合太阳能集热器设置在阳台上的要求？

A 朝南、朝西时，集热器设置在栏板上

B 朝东时不宜设在栏板上

C 低纬度地区设在阳台栏板上时应有倾角

D 构成阳台栏板的集热器在强度和防护等功能上应满足建筑设计要求

解析： 见《太阳能热水器规范》第4.4.9条，对朝东阳台，集热器可设置在阳台栏板上。

答案： B

7-6-16 (2007) 绿色建筑是指( )。

A 节地、节能、节水的建筑　　　　B 安全健康的建筑

C 绿化环境很好的建筑　　　　　　D 符合可持续发展理念的建筑

解析： 见《绿色建筑标准》2.0.1条绿色建筑是指在建筑的全寿命周期内，最

大限度地节约资源（节能、节地、节水、节材）、保护环境和减少污染，为人们提供健康、适用和高效的使用空间，与自然和谐共生的建筑。

答案：A

7-6-17 (2006) 按《夏热冬冷地区居住建筑节能设计标准》的规定，4～11层和≥12层居住建筑的体形系数分别不应超过（　　）。

A　0.30和0.40　　　　　　　　B　0.35和0.40
C　0.35和0.45　　　　　　　　D　0.40和0.45

解析：见《夏热冬冷地区居住建筑节能标准》JGJ 134—2010第4.0.3条，夏热冬冷地区4～11层和≥12层居住建筑的体形系数不应大于0.35和0.40（此题按2010年版规范改编）。

答案：A

7-6-18 (2006)《夏热冬冷地区居住建筑节能设计标准》中规定，建筑物的节能综合指标应采用（　　）。

A　静态方法计算　　　　　　　B　平均值法计算
C　抽样均值法计算　　　　　　D　动态方法计算

解析：见《夏热冬冷地区居住建筑节能标准》JGJ 134—2010第5.0.5条，设计建筑和参照建筑在规定条件下的采暖和空调年耗电量应采用动态方法计算。

答案：D

7-6-19 (2006) 按全国建筑热工设计分区图的划分，下列哪座城市位于寒冷地区？

A　吐鲁番　　　B　西宁　　　C　呼和浩特　　　D　沈阳

解析：见《热工规范》附录八。

答案：A

7-6-20 (2006)《建筑采光设计标准》中规定的参考平面（假定工作面），即测量或规定照度的平面；对于工业建筑和民用建筑分别取距地面（　　）。

A　1.10m和0.90m　　　　　　B　1.10m和0.80m
C　1.00m和0.90m　　　　　　D　1.00m和0.75m

解析：见《建筑采光设计标准》GB 50033—2013第2.1.1条，参考平面是测量或规定照度的平面。又第3.0.3条表3.0.3注1规定：工业建筑参考平面取距地面1m，民用建筑取距地面0.75m。（本题按2013年版规范改编）

答案：D

7-6-21 (2005) 以下哪项不符合空调建筑设计的节能措施？

A　空调房间避免布置在顶层，有两面相邻外墙的转角处，有伸缩缝处
B　避免东西向开窗，采用单层外窗时，窗墙面积比不宜超过0.30
C　空调建筑外表面宜减少，且宜采用浅色饰面
D　外围护结构内侧及内围护结构宜采用轻质材料

解析：见《热工规范》第3.4.12条，连续使用的空调建筑，其外围护结构内侧和内围护结构宜采用重质材料。

答案：D

7-6-22 （2005）以下哪项不符合建筑物围护结构隔热措施的要求？
A 设通风屋顶时，风道长度不宜大于10m，间隔高度20cm左右
B 设带铝箔的封闭空间层且为单面铝箔空间层时，铝箔宜设在温度较低的一面
C 采用复合墙体时，内侧宜用10cm左右的重质材料
D 外墙采用双排或三排孔的混凝土或轻骨料混凝土空心砌块墙体，可有利通风

解析：见《热工规范》第5.2.1条，设置带铝箔的封闭空气间层，当为单面铝箔空气间层时，铝箔宜设在温度较高的一侧。

答案：B

7-6-23 （2004）民用建筑北向的窗墙面积比由原规定的0.20改变为0.25，下列哪一项不是改变的原因(   )。
A 房间进深增大，相对开窗面积小   B 采用双玻窗或中空玻璃
C 外围护结构保温水平提高   D 热桥部位采取了保温措施

解析：改变的原因主要是外围护结构热工性能的提高，而不在于房间进深增大，相对开窗面积小。

答案：A

7-6-24 （2004）要求冬季保温的建筑物应符合以下规定，其中哪条是错误的？
A 建筑物宜设在避风、向阳地段，主要房间应有较多日照时间
B 建筑物的外表面积与其包围的体积之比取较大值
C 严寒、寒冷地区不宜设置开敞的楼梯间和外廊，出入口宜设门斗
D 窗户面积不宜过大，并应减少窗户的缝隙长度，加强窗户的密闭性

解析：见《热工规范》第3.2.2条 建筑物的体形设计宜减少外表面积，其平、立面的凹凸面不宜过多。

答案：B

7-6-25 （2004）按热工设计规程，全国共分五个地区，试判断北京属于以下哪个区？
A 累年最冷月平均温度≤-10℃
B 累年最冷月平均温度＞-10℃、≤0℃
C 累年最冷月平均温度＞0℃，最热月平均温度＜28℃
D 累年最热月平均温度≥25℃

解析：见《热工规范》附录八，北京属于寒冷地区。又第3.1.1条表3.1.1规定，寒冷地区主要指标是"最冷月平均温度0～-10℃"。

答案：B

7-6-26 （2003）夏热冬冷地区居住建筑节能设计标准中，建筑层数为10层的居住建筑体形系数不应超过：
A 0.30   B 0.32   C 0.35   D 0.40

解析：《夏热冬冷地区居住建筑节能设计标准》第4.0.4条，建筑层数4～11层体形系数极限值为0.40。

答案：D

7-6-27 (2003) 计算建筑物体形系数时以下哪项正确?

Ⅰ．不包括地面；Ⅱ．不包括不采暖楼梯间隔墙和户门的面积；Ⅲ．包括地面；Ⅳ．包括不采暖楼梯间隔墙和户门的面积

A Ⅰ、Ⅱ   B Ⅰ、Ⅳ   C Ⅱ、Ⅲ   D Ⅲ、Ⅳ

解析：见《严寒和寒冷地区居住建筑节能设计标准》第2.1.5条，计算建筑物体形系数时，建筑外表面面积不包括地面与不采暖楼梯间隔墙和户门的面积。

答案：A

7-6-28 严寒和寒冷地区的民用建筑，哪些朝向的外窗应有保温性能的要求?

A 北向   B 西向和北向   C 东、西和北向   D 各个朝向

解析：见《热工规范》第4.4.2条，严寒和寒冷地区的民用建筑各个朝向的外窗均应有保温要求。

答案：D

《建筑设计标准、规范》有关规范、标准的简称、全称对照表

序号	名　称	编　号	简　称
1	建筑工程设计文件编制深度规定	2016年版	《设计深度规定》
2	民用建筑设计统一标准	GB 50352—2019	《统一标准》
3	住宅设计规范	GB 50096—2011	《住宅设计规范》
4	住宅建筑规范	GB 50368—2005	《住宅建筑规范》
5	住宅性能评定技术标准	GB/T 50362—2005	《住宅性能标准》
6	住宅建筑技术经济评价标准	JGJ 47—88	《住宅技术经济标准》
7	宿舍建筑设计规范	JGJ 36—2016	《宿舍规范》
8	老年人照料设施建筑设计标准	JGJ 450—2018	《老年人照料设施标准》
9	无障碍设计规范	GB 50763—2012	《无障碍规范》
10	办公建筑设计规范	JGJ/T 67—2019	《办公建筑规范》
11	中小学校设计规范	GB 50099—2011	《中小学规范》
12	托儿所、幼儿园建筑设计规范	JGJ 39—2016（2019年版）	《托幼规范》
13	特殊教育学校建筑设计标准	JGJ 76—2019	《特教建筑规范》
14	综合医院建筑设计规范	GB 51039—2014	《医院规范》
15	图书馆建筑设计规范	JGJ 38—2015	《图书馆规范》
16	剧场建筑设计规范	JGJ 57—2016	《剧场规范》
17	电影院建筑设计规范	JGJ 58—2008	《影院规范》
18	饮食建筑设计标准	JGJ 64—2017	《饮食建筑规范》
19	车库建筑设计规范	JGJ 100—2015	《车库规范》
20	城市公共厕所设计标准	CJJ 14—2005	《公厕标准》
21	绿色建筑评价标准	GB/T 50378—2019	《绿色建筑标准》
22	人民防空地下室设计规范	GB 50038—2005	《人防地下室规范》
23	公共建筑节能设计标准	GB 50189—2015	《公建节能标准》
24	建筑设计防火规范	GB 50016—2014（2018年版）	《防火规范》

续表

序号	名　　称	编　号	简　称
25	建筑内部装修设计防火规范	GB 50222—2017	《装修防火规范》
26	汽车库、修车库、停车场设计防火规范	GB 50067—2014	《车库车场防火规范》
27	人民防空工程设计防火规范	GB 50098—2009	《人防防火规范》
28	民用建筑太阳能热水系统应用技术标准	GB 50364—2018	《太阳能热水系统规范》
29	民用建筑热工设计规范	GB 50176—2016	《热工规范》
30	建筑制图标准	GB/T 50104—2010	《建筑制图标准》

《设计前期与场地设计（知识）》
2019年试题、解析及参考答案

2019年试题

1. 下列对指定城市建设用地前期资料收集的说法，错误的是（   ）。
   A 应收集其相邻建设用地的现状建筑状况，不需要考虑相邻用地在控规中的用地性质及用地指标
   B 地震地区应收集地块及周边地震断裂带的资料
   C 应收集地块周边的市政条件状况及地块内的原有各类管线情况
   D 应收集项目所在地主导风向的相关资料

2. 房屋建筑岩土工程详细勘察报告的勘察成果，不包含（   ）。
   A 拟建场地的地下水水位情况　　　B 确定拟建场地的基坑支护方式
   C 拟建场地水、土腐蚀性的评价　　D 建议的地基基础形式

3. 在35kV高压走廊范围内可设置（   ）。
   A 单层永久建筑　　　　　　　　　B 单层施工临建
   C 高大乔木　　　　　　　　　　　D 城市道路

4. 建设用地内的二级古树因特殊需要确需移植，可采取的处理方式是（   ）。
   A 经省、自治区建设行政主管部门审核后，报省、自治区人民政府批准移植
   B 经城市园林绿化行政主管部门和建设行政主管部门审查同意后，报省、自治区建设行政主管部门批准移植
   C 经城市园林绿化行政主管部门批准移植
   D 由建设单位主管部门批准移植

5. 题图为某城市的风玫瑰图，仅从风向考虑，在居住区设计时，采暖锅炉房应设置在居住区的哪个方向（   ）。

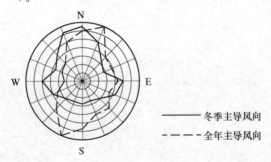

题5图

   A 南向　　　　B 西向　　　　C 东向　　　　D 北向

6. 某高层住宅区项目开展设计时，建筑总平面尚未最终确定、地勘工作还未开展，该项目的工程勘察工作阶段可划分为（   ）。
   A 可行性研究、初步勘察、详细勘察三阶段

B 参考周边勘察资料和详细勘察两阶段
C 初步勘察和详细勘察两阶段
D 合并为详细勘察一阶段

7. 地下水位对建筑工程有多方面的影响，与地下水位深度无关的是（   ）。
   A 地下工程防水做法、措施　　　　B 地基及基础施工方案
   C 结构地基、基础计算　　　　　　D 场地排水设计

8. 关于城市用地防洪（潮）的说法，错误的是（   ）。
   A 地面排水坡度小于0.2%时，宜采用多坡向或者特殊措施排水
   B 地面的规划高程应比周边道路的最低路段高程高出0.1m以上
   C 用地的规划高程应高于多年平均地下水位
   D 雨水排出口内顶高程宜高于受纳水体的多年平均水位

9. 关于题图所示项目用地的描述，错误的是（   ）。

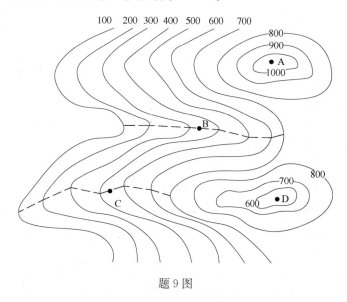

题9图

   A A是山顶　　　　　　　　　　B B是山谷
   C C是山谷　　　　　　　　　　D D是洼地

10. 在大地坐标系的总图中，某一点的坐标表示为$X=310235.734$、$Y=501449.087$，对这一坐标理解正确的是（   ）。
    A X表示东西方向轴线，Y表示南北方向轴线
    B X表示南北方向轴线，Y表示东西方向轴线
    C X表示图面中水平方向，Y表示垂直方向
    D X表示图面中垂直方向，Y表示水平方向

11. 建设场地标高测量及土方平衡时，最常采用的方法是（   ）。
    A 方格网法　　　　　　　　　　B 等高线法
    C 箭头法　　　　　　　　　　　D 坡面分解法

12. 题图中多层住宅间（两条点划线之间的区域）的街坊内集中绿地最大面积是（绿地边界算至距房屋墙脚1.5m处）（   ）。

题12图

  A　1000m²   B　1500m²   C　1625m²   D　1775m²

13. 关于代征用地的说法，正确的是（　　）。
  A　代征用地纳入建设用地容积率的核算范围
  B　代征用地纳入建设用地的规划范围
  C　代征用地纳入建设用地建筑密度的核算范围
  D　代征用地纳入建设单位代为拆迁的范围

14. 关于民用建筑绿色设计原则的说法，错误的是（　　）。
  A　优先采用主动技术策略
  B　选用适宜、集成技术体系
  C　选用高性能建筑产品和设备
  D　当实际条件不符合绿色建筑目标时，可采取调整、平衡和补充措施

15. 开展装配式建筑工程技术策划的最适宜阶段是（　　）。
  A　方案设计阶段   B　初步设计阶段
  C　施工图设计阶段   D　施工图设计后的专项设计阶段

16. 中小学校的建设选址要求中，错误的是（　　）。
  A　严禁建设在暗河地段   B　严禁建设在地质塌裂的地段
  C　校园严禁跨越高压电线   D　校园应远离社区医院门诊楼

17. 居住区按照居民在合理的步行距离内满足基本生活需求的原则进行分级，其中十分钟生活圈居住区的步行距离应控制在（　　）。
  A　1500m   B　800～1000m
  C　500m   D　300m

18. 不适合作为避难场所选址的是（　　）。
  A　居住小区内的花园、空地   B　高压线走廊区域的绿化、空地
  C　稳定年限较长的地下采空区   D　体育场馆

19. 以下基地与城市道路的关系，错误的是（　　）。

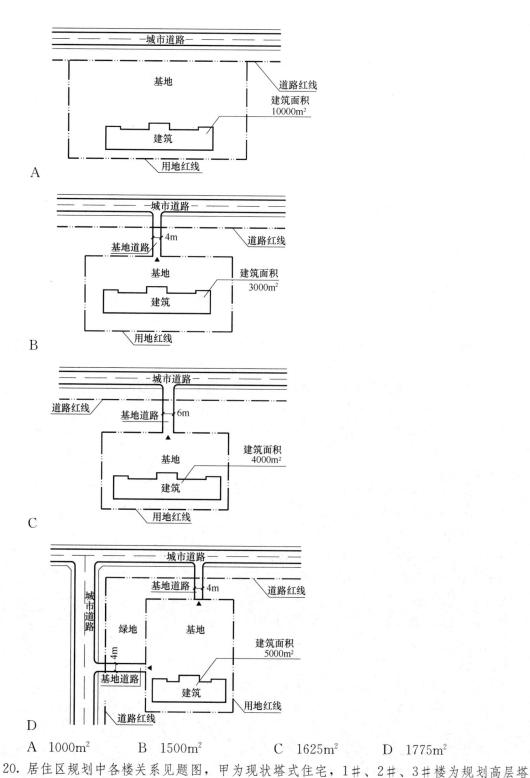

A 1000m²　　　B 1500m²　　　C 1625m²　　　D 1775m²

20. 居住区规划中各楼关系见题图，甲为现状塔式住宅，1#、2#、3#楼为规划高层塔式住宅；日照计算时发现甲住宅西向阴影部分的居室大寒日日照不足，且周围没有其他遮挡建筑。从场地布置上分析导致该部分日照不足的规划建筑是(　　)。

A 1#楼　　　B 2#楼　　　C 3#楼　　　D 三栋楼的综合影响

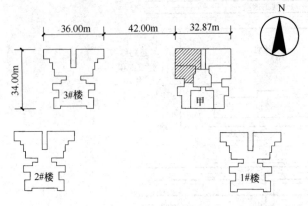

题 20 图

21. 建设项目选址的主要依据是（　　）。
   A 立项报告　　　　　　　　B 与城市规划布局的协调
   C 环境评估报告　　　　　　D 项目可行性报告

22. 关于老年人照料设施选址与建造要求的说法，错误的是（　　）。
   A 应设在日照充足、通风良好的地段
   B 应设在交通方便、基础设施完善、方便使用公共服务设施的地段
   C 其公共活动用房、康复和医疗用房可设在地下一层
   D 不得与其他建筑上、下组合建造

23. 下列工作程序中，不属于建筑策划内容的是（　　）。
   A 目标的确定
   B 外部和内部条件的把握
   C 具体的构想和表现
   D 确定项目建设的实施方案

24. 城镇老年人设施规划时，老年人设施中养老院、老年公寓与老年人护理院配置的总床位数量的计算依据是（　　）。
   A 老年人口数量
   B 所在城镇行政级别
   C 城镇人口数量
   D 建设地点

25. 根据民用建筑绿色设计标准要求，不属于空间合理利用的内容是（　　）。
   A 各类空间应共享
   B 选择适宜的开间和层高
   C 宜避免不必要的高大空间
   D 室内环境需求相同或相近的空间宜集中布置

26. 关于地下商业空间尺度设计要求的说法，错误的是（　　）。
   A 经济型层高宜采用 5～6m
   B 人行通道的净高宜采用 2.7～3.3m

C 人行通道的宽高比宜采用 1.5～2.0

D 地下空间高度应统一

27. 关于住宅建筑间距的说法，正确的是（ ）。

A 在原设计建筑外增加任何设施时不应使相邻住宅原有日照标准降低，既有住宅建筑进行无障碍改造加装电梯除外

B 日照标准计算起点是距离室内地坪 0.8m 高的外墙底层窗台面

C Ⅴ气候区日照标准是大寒日日照时数大于或等于 1h

D 旧区改建项目内新建住宅日照标准不应低于冬至日日照时数 1h

28. 影响住宅间距最小的因素是（ ）。

A 防火间距 B 道路设置要求

C 日照和通风 D 视觉卫生

29. 在Ⅳ气候区老年人居住建筑日照标准不应低于（ ）。

A 大寒日日照 2h B 冬至日日照 2h

C 大寒日日照 3h D 冬至日日照 3h

30. 下列新建公共建筑的建筑密度较为适宜的是（ ）。

A 博物馆 0.42 B 博物馆 0.51

C 展览馆 0.32 D 展览馆 0.45

31. 下列指标中，不属于详细规划阶段海绵城市低影响开发单项控制指标的是（ ）。

A 下沉式绿地率及下沉深度 B 透水铺装率

C 绿色屋顶率 D 绿化覆盖率

32. 关于建设项目环境保护管理要求的说法，错误的是（ ）。

A 国家根据建设项目对环境的影响程度，按照规定对建设项目的环境保护实行分类管理

B 建设项目的初步设计，应当按照环境保护设计规范要求，编制环境保护篇章

C 建设项目对环境可能造成重大影响的，应当编制环境影响报告书

D 建设项目对环境可能造成轻度影响的，应当填报环境影响登记表

33. 关于绿色建筑室外环境评价评分项的说法，错误的是（ ）。

A 夜景照明灯具朝向居室方向的发光强度不应大于规定值

B 公共建筑采取垂直绿化、屋顶绿化等方式

C 硬质铺装地面中透水铺装面积的比例达到 50%

D 有调蓄雨水功能的绿地和水体的面积之和占绿地面积的比例达到 20%

34. 关于城市地铁出入口设置的说法，错误的是（ ）。

A 每个公共区直通地面的出入口数量不得少于两个

B 车站出入口布置宜与过街天桥、过街地道、地下街、邻近公共建筑物相结合或连通

C 地铁出入口不应朝向城市主干道

D 地下出入口通道长度不宜超过 100m，当超过时应采取能满足消防疏散要求的措施

35. 下列图中基地机动车出入口与其他设施的距离，错误的是（ ）。

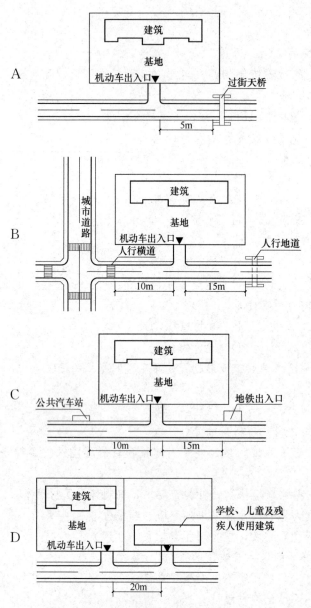

36. 下列优化街区路网结构的规划管理措施中,不符合要求的是( )。

    A 住宅建设要推广小区制

    B 树立"窄马路、密路网"的城市道路布局理念

    C 城市建成区平均路网密度提高到8km/km²,道路面积率达到15%

    D 加强自行车道和步行道系统建设,倡导绿色出行

37. 关于建筑结构设计使用年限的说法,错误的是( )。

    A 结构在规定的设计使用年限内,应具有足够的可靠度

    B 结构在正常施工和正常使用时,能承受可能出现的各种作用

    C 结构在正常使用时,应具有良好的工作性能

    D 在设计规定的偶然事件发生后,仍保持必需的局部和整体稳定性

38. 关于装配式钢结构建筑的说法，错误的是（　　）。
   A 应满足建筑全寿命期的使用维护要求
   B 应采用模块及模块组合的设计方法，遵循多规格、少组合的原则
   C 结构系统应按传力可靠、构造简单、施工方便和确保耐久性的原则进行设计
   D 设备与管线宜采用集成化技术，标准化设计，当采用集成化新技术、新产品时应有可靠依据

39. 关于山地建筑考虑风向影响的图示说法，错误的是（　　）。

　A 利用斜列式迎风　　　　　　B 利用绕山风

　　　　　　　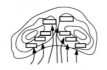

　C 利用点式建筑减少挡风面　　　D 利用地形"兜"风

40. 关于场地中文物古迹保护级别和防洪标准[重现期（年）]关系的说法，错误的是（　　）。
   A 世界级≥100年
   B 国家级≥100年
   C 省级 100～50年
   D 市、县级 10年

41. 下列地块中电动汽车充电站（丙类厂房二级）选址较适宜的是（　　）。

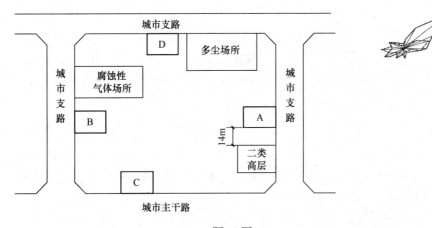

题41图

A A地块　　　　　　　　B B地块
C C地块　　　　　　　　D D地块

42. 根据城市消防站站址选择的要求,题图中较为适宜的地块是( )。

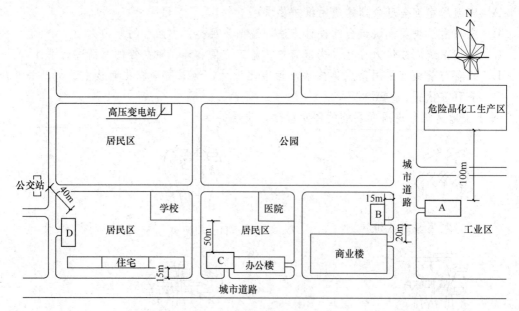

题 42 图

  A A地块 B B地块 C C地块 D D地块

43. 某城镇在现有布局基础上,拟建一所综合医院,题图中最符合要求的地块是( )。

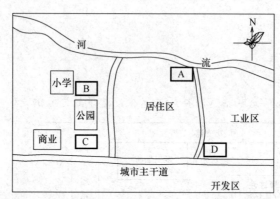

题 43 图

  A A地块 B B地块 C C地块 D D地块

44. 关于调整容积率的说法,错误的是( )。
  A 应当遵守经依法批准的控制性详细规划确定的容积率指标,不得随意调整
  B 容积率调整应当由当地政府召开专门会议研究确定并形成会议纪要后执行
  C 因城乡基础设施建设需要导致相关建设条件发生变化时,可以进行调整
  D 因城乡规划修改造成地块开发条件变化时,可以进行调整

45. 建筑容积率不变,开发商要增加住宅面积,设计所应采取最恰当的方式是( )。
  A 增加住宅进深,减少住宅面宽
  B 降低住宅层高,增加住宅层数

C 开发利用地下空间,将公用设施和部分配套公建设在地下

D 尽可能压缩配套公共设施与管理用房面积,扩大非配套公建面积

46. 关于历史文化街区保护规划必须遵循的原则,错误的是(   )。
   A 保护历史真实载体   B 保护历史环境
   C 采用现代建造技术   D 合理利用、永续发展

47. 工程建设总估算中的"其他费用",不包括(   )。
   A 征地,拆迁,临时水、电、道路(三通一平)费
   B 建设单位管理费、生产职工培训费
   C 检验试验费、二次搬运费
   D 施工监理费、标底编制及审查费

48. 建设项目可行性研究阶段投资估算的编制方法是(   )。
   A 混合估算法   B 系数估算法
   C 比例估算法   D 指标估算法

49. 项目管理计划不包括的内容是(   )。
   A 项目实施要点   B 项目概况
   C 项目范围   D 合同管理

50. 项目控制性进度计划的内容不包括(   )。
   A 月(周)进度计划
   B 年(季)度计划
   C 子项目进度计划和单体进度计划
   D 项目总进度计划

51. 关于停车场与一、二级民用建筑之间最小防火间距的说法,正确的是(   )。
   A 5m   B 6m   C 9m   D 13m

52. 城市居住区人防工程设置医疗救护工程的说法,正确的是(   )。
   A 宜结合教育设施设置   B 宜结合商业设施设置
   C 宜结合社区服务设施设置   D 宜结合行政管理设施设置

53. 防洪堤墙、排洪沟与截洪沟等城市防洪设施用地的控制界线是(   )。
   A 城市黄线   B 城市绿线   C 城市紫线   D 城市蓝线

54. 总图制图中,关于计量单位的说法,正确的是(   )。
   A 总图中的坐标、标高、距离以毫米为单位
   B 总图中的坐标、标高、距离以厘米为单位
   C 总图中的坐标、标高、距离以米为单位
   D 总图中的坐标、标高以米为单位,距离以毫米为单位

55. 根据《总图制图标准》,不属于总图制图中应标注坐标或定位尺寸的是(   )。
   A 建筑物、构筑物的外墙外边线交点
   B 圆形建筑物、构筑物的中心
   C 道路的中线或转折点
   D 管线的中线交叉点和转折点

56. 相邻两座高度相同的一、二级耐火等级民用建筑中,相邻任一侧为防火墙,屋顶的耐

火极限不低于1.00h,其防火间距的说法,正确的是( )。
A 防火间距不应小于3.5m　　　　B 防火间距不应小于4.0m
C 防火间距可适当减少　　　　　　D 防火间距不限

57. 关于中小学校主要教学用房设置窗户的外墙与城市主干路的最小距离的说法,正确的是( )。
A 50m　　　　B 60m　　　　C 70m　　　　D 80m

58. 关于传染病医院医疗用建筑物与院外周边建筑物的最小绿化隔离卫生间距的要求,正确的是( )。
A 10m　　　　B 20m　　　　C 30m　　　　D 40m

59. 根据《民用建筑设计统一标准》,允许突出道路红线和用地红线建造的是( )。
A 地下建筑
B 地下挡土墙
C 地上建筑物的附属设施
D 基地内连接城市的管线、隧道、天桥等市政公共设施

60. 关于基地内道路设置的说法,错误的是( )。
A 单车道路宽度不应小于4m,双车道路宽度不应小于7m
B 人行道路的宽度不应小于1.5m
C 不得利用道路边设置汽车停车位
D 车行道路改变方向时,应满足车辆最小转弯半径的要求

61. 关于消防登高操作场地可间隔布置的条件的说法,正确的是( )。
A 建筑高度不大于50m的建筑　　　B 建筑高度不大于80m的建筑
C 建筑高度不大于100m的建筑　　 D 住宅建筑

62. 关于消防车道与铁路正线平交时,消防车道与备用车道间距的说法,正确的是( )。
A 不应小于80m　　　　　　　　　B 不应小于160m
C 不应小于220m　　　　　　　　 D 不应小于一列火车的长度

63. 关于消防车登高操作场地的说法,正确的是( )。
A 场地的长度和宽度分别不应小于10m和15m
B 场地的长度和宽度分别不应小于15m和10m
C 对于建筑高度大于50m的建筑,场地的长度和宽度分别不应小于18m和15m
D 对于建筑高度大于50m的建筑,场地的长度和宽度分别不应小于15m和18m

64. 关于无障碍设施的说法,错误的是( )。
A 无障碍出入口的轮椅坡道净宽度不应小于1.50m
B 轮椅坡道中间休息平台的水平长度不应小于1.50m
C 室外无障碍通道宽度不应小于1.50m
D 建筑物无障碍出入口的平台的净深度(在门完全开启状态下)不应小于1.50m

65. 关于某幼儿园规划的说法,错误的是( )。
A 出入口不应直接设置在城市干道一侧
B 出入口应设置供车辆和人员停留的场地

C 与大型商场合建时，应设置在底层并设独立出入口
D 幼儿生活用房不应设置在下沉式庭院的地下部分

66. 下列建筑不要求设置环形消防车道的是（　　）。
    A 高层公共建筑　　　　　　　　B 高层厂房
    C 占地面积为1000㎡丙类仓库　　D 100辆停车位的汽车库

67. 防灾避难场所标准设定的防御对象，不包括（　　）。
    A 地震　　　B 风灾　　　C 洪水　　　D 火灾

68. 下列场所中，不属于防灾避难场所类型的是（　　）。
    A 紧急避难场所　　　　　　　　B 临时避难场所
    C 固定避难场所　　　　　　　　D 中心避难场所

69. 总图制图中，关于标高标注的说法，错误的是（　　）。
    A 建筑物标注室内±0.00处的相对标高
    B 构筑物标注其有代表性的标高，并用文字注明标高所指的位置
    C 道路标注路面中心线交点及变坡点标高
    D 场地平整标注其控制位置标高，铺砌场地标注其铺砌面标高

70. 消防救援场地地坪适宜的最大坡度是（　　）。
    A 1%　　　B 3%　　　C 8%　　　D 10%

71. 在地势较为平缓的场地进行竖向设计时，首先应（　　）。
    A 根据周边控制高程确定室外地坪设计标高和建筑室内地坪标高
    B 根据室外地坪设计标高确定建筑室内地坪标高及周边控制高程
    C 根据建筑室内标高确定室外地坪设计标高及周边控制高程
    D 根据业主的要求确定建筑室内、外地坪设计标高和周边控制高程

72. 关于多雪严寒地区基地步行道的纵坡最大坡度的说法，正确的是（　　）。
    A 2%　　　B 4%　　　C 5%　　　D 8%

73. 关于基地地面雨水排水措施的说法，错误的是（　　）。
    A 基地地面及路面的雨水应直接排向城市道路或周边区域，避免造成基地内积水
    B 有条件的地区应采取雨水回收和利用措施
    C 采取车行道排泄地面雨水时，雨水口的形式及数量应根据汇水面积、流量、道路纵坡等确定
    D 单侧排水的道路及低洼易积水的地段，应采取排雨水时不影响交通和路面清洁的措施

74. 关于居住建筑用地自然坡度较大时采用台阶式处理的说法，错误的是（　　）。
    A 台地之间宜采用护坡或挡土墙连接
    B 宜采用小台地形式
    C 台地间高差应与建筑层高接近
    D 相邻台地间高差大于0.7m时，宜在挡土墙墙顶或坡比值大于0.5的护坡顶设置安全防护设施

75. 住宅主要出入口的无障碍平坡出入口的坡度不应大于（　　）。
    A 1∶12　　　B 1∶16　　　C 1∶20　　　D 1∶30

76. 城乡建设用地竖向坡度要求最缓的是（   ）。
    A 城镇中心区用地   B 居住用地
    C 工业、物流用地   D 乡村建设用地
77. 关于综合管廊敷设位置的说法，正确的是（   ）。
    A 干线综合管廊宜设置在机动车道的下面
    B 支线综合管廊宜设置在机动车道的下面
    C 支线综合管廊不宜设置在非机动车道的下面
    D 支线综合管廊不宜设置在人行道的下面
78. 与市政管网相接的工程管线，其平面位置和竖向标高均应采用的坐标系统和高程系统是（   ）。
    A 全国统一   B 全省统一
    C 城市统一   D 根据工程要求确定
79. 严寒或寒冷地区，直埋敷设的工程管线中需根据土壤冰冻深度确定管线埋设覆土深度的是（   ）。
    A 给水、排水、湿燃气   B 给水、排水、热力
    C 给水、排水、通信   D 热力、通信、电力电缆
80. 直埋工程管线最适宜布置在规划道路的部位是（   ）。
    A 机动车道或非机动车道下   B 非机动车道或人行道下
    C 人行道或绿化带下   D 机动车道或绿化带下
81. 下列地下管线交叉布置时，应布置在最下面的管线是（   ）。
    A 可燃气体   B 热力管道   C 电力电缆   D 给水管道
82. 在严寒或寒冷地区以外地区确定管线覆土深度时不需要考虑的因素是（   ）。
    A 埋设方式   B 管线材质   C 土壤性质   D 地面承载大小
83. 离开建筑外墙距离要求最大的埋地管线是（   ）。
    A 直径 300mm 给水管   B 中压燃气管
    C 直埋电力电缆   D 通信管线
84. 关于成林地带古树名木最小保护范围的说法，正确的是（   ）。
    A 外缘树树冠垂直投影所围合的范围
    B 外缘树树冠垂直投影以外 2m 所围合的范围
    C 外缘树树冠垂直投影以外 5m 所围合的范围
    D 外缘树树冠垂直投影以外 10m 所围合的范围
85. 下列关于地下室顶板上活动场地铺装的要求中，不符合绿色设计要求的是（   ）。
    A 采用植草砖铺装
    B 采用下凹式草坪铺装
    C 采用导水板排除地下室顶板上的积水
    D 采用设有封层的透水沥青铺装
86. 关于居住街坊内绿地（非集中绿地）面积计算时绿地边界起算范围的说法，错误的是（   ）。
    A 与城市道路临接时，应算至道路红线

B 与居住街坊附属道路临接时，应算至路面边缘
C 与建筑物临接时，应算至房屋墙脚
D 与围墙、院墙临接时，应算至墙脚

87. 图示为一、二级耐火等级的民用建筑，其防火间距（L）的最小值，正确的是(　　)。

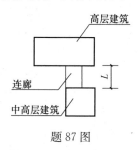

题87图

A 4m　　　　　B 6m　　　　　C 9m　　　　　D 13m

88. 某高度为80m的民用建筑设置消防登高场地的做法，错误的是(　　)。

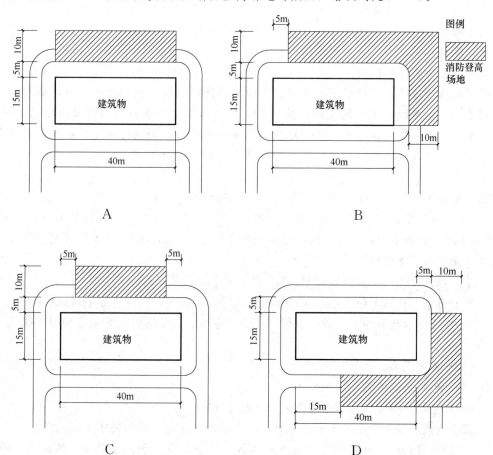

89. 关于总图中方格网交叉点标高的表示，正确的是(　　)。

A $\begin{array}{c|c} -0.50 & 77.85 \\ \hline & 78.35 \end{array}$　　　　　B $\begin{array}{c|c} +0.50 & 77.85 \\ \hline & 78.35 \end{array}$

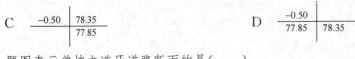

90. 题图表示单坡立道牙道路断面的是（　　）。

2019年试题解析及参考答案

1. **解析**：参见《民用建筑设计统一标准》GB 50352—2019 第 4.2.3 条，建筑基地内建筑物的布局应符合控制性详细规划对建筑控制线的规定。

   答案：A

2. **解析**：参见《岩土工程勘察规范》GB 50021—2001（2009 年版）第 2.1.1 条，岩土工程勘察是根据建设工程的要求，查明、分析、评价建设场地的地质、环境特征和岩土工程条件，编制勘察文件的活动；另参见该规范第 4.1.1 条第 3 款，提出地基基础、基坑支护、工程降水和地基处理设计与施工方案的建议。而确定具体的基坑支护方式则应执行《建筑基坑支护技术规程》JGJ 120—2012 的有关规定。

   答案：B

3. **解析**：依据下述法规与设计规范，A、B、C 选项均不可设置，所以只能选 D。

   ①《66kV 及以下架空电力线路设计规范》GB 50061—2010 条文说明第 3.0.3 条，《电力设施保护条例》规定新建线路应尽量不跨越房屋建筑，并规定在现有电力线路下面不得营造各种建筑物。

   ②《电力设施保护条例》（2011 年 1 月 8 日第二次修正）：

   第十五条 任何单位或个人在架空电力线路保护区内，必须遵守下列规定：

   （一）不得堆放谷物、草料、垃圾、矿渣、易燃物、易爆物及其他影响安全供电的物品；

   （二）不得烧窑、烧荒；

   （三）不得兴建建筑物、构筑物；

   （四）不得种植可能危及电力设施安全的植物。

   第十六条 任何单位或个人在电力电缆线路保护区内，必须遵守下列规定：

   （一）不得在地下电缆保护区内堆放垃圾、矿渣、易燃物、易爆物，倾倒酸、碱、盐及其他有害化学物品；兴建建筑物、构筑物或种植树木、竹子；

   （二）不得在海底电缆保护区内抛锚、拖锚；

   （三）不得在江河电缆保护区内抛锚、拖锚、炸鱼、挖沙。

   第十七条 任何单位或个人必须经县级以上地方电力管理部门批准，并采取安全措施后，方可进行下列作业或活动：

（一）在架空电力线路保护区内进行农田水利基本建设工程及打桩、钻探、开挖等作业；

（二）起重机械的任何部位进入架空电力线路保护区进行施工；

（三）小于导线距穿越物体之间的安全距离，通过架空电力线路保护区；

（四）在电力电缆线路保护区内进行作业。

答案：D

4. **解析**：参见《城市古树名木保护管理办法》（建城［2000］192号）：

第十二条 任何单位和个人不得以任何理由、任何方式砍伐和擅自移植古树名木。<u>因特殊需要，确需移植二级古树名木的，应当经城市园林绿化行政主管部门和建设行政主管部门审查同意后，报省、自治区建设行政主管部门批准</u>；移植一级古树名木的，应经省、自治区建设行政主管部门审核，报省、自治区人民政府批准。直辖市确需移植一、二级古树名木的，由城市园林绿化行政主管部门审核，报城市人民政府批准移植所需费用，由移植单位承担。

答案：B

5. **解析**：采暖锅炉房在冬季使用时会产生烟尘、有害气体，应设置在冬季主导风向的下风侧，由题5图可以看出在南侧，所以选A。参见《锅炉房设计规范》GB 50041—2008第4.1.1.6款，锅炉房位置的选择，应根据下列因素分析后确定：应有利于减少烟尘、有害气体、噪声和灰渣对居民区和主要环境保护区的影响，全年运行的锅炉房应设置于总体最小频率风向的上风侧，<u>季节性运行的锅炉房应设置于该季节最大频率风向的下风侧</u>，并应符合环境影响评价报告提出的各项要求。

新版规范《锅炉房设计标准》GB 50041—2020第4.1.1条第6款没有变化，对本题同样适用。

答案：A

6. **解析**：参见《高层建筑岩土工程勘察标准》JGJ/T 72—2017，根据表3.0.2高层建筑岩土工程勘察等级划分，高层住宅区属于乙级；依据题目条件，该项目符合第3.0.3.2款的规定"当场地勘察资料缺乏、建筑总平面布置未定，对勘察等级为甲级的单体高层建筑或勘察等级为甲级和乙级的高层建筑群的岩土工程勘察，勘察阶段应分为初步勘察和详细勘察两阶段"。

答案：C

7. **解析**：参见《地下工程防水技术规范》GB 50108—2008第3.1.7条，地下工程的防水设计，应根据工程的特点和需要搜集下列资料：最高地下水位的高程、出现的年代、近几年的实际水位高程和随季节变化情况，A与地下水位深度有关；《建筑地基基础工程施工规范》GB 51004—2015第7.1.6条，降水过程中，应对地下水位变化和周边地表及建（构）筑物变形进行动态监测，根据监测数据进行信息化施工，B与地下水位深度有关；《建筑地基基础设计规范》GB 50007—2011第3.0.4条，地基基础设计前应进行岩土工程勘察，岩土工程勘察报告应提供下列资料：地下水埋藏情况、类型和水位变化幅度及规律，以及对建筑材料的腐蚀性，C与地下水位深度有关。

答案：D

8. 解析：参见《民用建筑设计统一标准》GB 50352—2019 第 5.3.1 条，场地设计标高宜比周边城市市政道路的最低路段标高高 0.2m 以上，所以 B 选项错误。另参见《城市排水工程规划规范》GB 50318—2017 第 3.5.6 条，排水管渠出水口内顶高程宜高于受纳水体的多年平均水位。有条件时宜高于设计防洪（潮）水位，故 D 选项正确。

答案：B

9. 解析：C 为山脊，参见本教材第二章第一节，等高线向较低方向凸出，形成山脊；反之，形成山谷。

答案：C

10. 解析：X 轴正方向为该带中央子午线北方向，Y 轴正方向为赤道东方向；所以 X 表示南北方向轴线，Y 表示东西方向轴线；故 B 正确。依据《总图制图标准》GB/T 50103—2010 第 2.4.1 条，总图应按上北下南方向绘制。根据场地形状或布局，可向左或右偏转，但不宜超过 45°。总图中应绘制指北针或风玫瑰图，所以 D 不一定正确。

答案：B

11. 解析：详见《建筑工程设计文件编制深度规定》（2016 年版）第 4.2.6 条第 3 款：土石方图一般用方格网法（也可采用断面法），20m×20m 或 40m×40m（也可采用其他方格网尺寸）方格网及其定位，各方格点的原地面标高、设计标高、填挖高度、填区和挖区的分界线，各方格土石方量、总土石方量。

答案：A

12. 解析：计算依据《城市居住区规划设计标准》GB 50180—2018 第 A.0.2.3 款：当集中绿地与城市道路临接时，应算至道路红线；当与居住街坊附属道路临接时，应算至距路面边缘 1.0m 处；当与建筑物临接时，应算至距房屋墙脚 1.5m 处。第 4.0.7.3 款，居住街坊内集中绿地的规划建设，在标准的建筑日照阴影线范围之外的绿地面积不应少于 1/3。设所求最大集中绿地面积为 S，日照阴影线外的集中绿地面积为 S_1；$S_1=(11.5-1.5)×50=500m^2$，根据规范，$S_1 \geqslant 1/3 S$，所以 $S \leqslant 3 S_1$，所以 S 最大为 $3 S_1$，即 $1500 m^2$。

答案：B

13. 解析："代征用地"可理解为建设工程实施征地时，一并征用（代征用、代拆迁、代安置）毗邻区域一定数量的规划道路、广场、公共绿地等公共用地。"代征用地"不参与指标的计算，也不纳入建设用地规划范围。

答案：D

14. 解析：参见《民用建筑绿色设计规范》JGJ/T 229—2010 第 4.2.4 条，绿色设计方案的确定宜符合下列要求：

1 优先采用被动设计策略；
2 选用适宜、集成技术；
3 选用高性能建筑产品和设备；
4 当实际条件不符合绿色建筑目标时，可采取调整、平衡和补充措施。

答案：A

15. 解析：参见《建筑工程设计文件编制深度规定》（2016 年 11 月）第 1.0.12 条，装配式建筑工程设计中宜在方案阶段进行"技术策划"，其深度应符合本规定相关章节的要求。预制构件生产之前应进行装配式建筑专项设计，包括预制混凝土构件加工详图设计。主体建筑设计单位应对预制构件深化设计进行会签，确保其荷载、连接以及对主体结构的影响均符合主体结构设计的要求。

答案：A

16. 解析：参见《中小学校设计规范》GB 50099—2011 第 4.1.3 条，中小学校建设应远离殡仪馆、<u>医院的太平间</u>、<u>传染病院</u>等建筑，所以 D 选项错误；其他选项正确，参见规范的下列条款：

    第 4.1.2 条，中小学校严禁建设在地震、地质塌裂、暗河、洪涝等自然灾害及人为风险高的地段和污染超标的地段。

    第 4.1.8 条，高压电线、长输天然气管道、输油管道严禁穿越或跨越学校校园；当在学校周边敷设时，安全防护距离及防护措施应符合相关规定。

答案：D

17. 解析：居住区按照居民在合理的步行距离内满足基本生活需求的原则，可分为十五分钟生活圈居住区、十分钟生活圈居住区、五分钟生活圈居住区及居住街坊四级，其分级控制规模应符合《城市居住区规划设计标准》GB 50180—2018 表 3.0.4 的规定。故 C 正确。

居住区分级控制规模 表 3.0.4

距离与规模	十五分钟生活圈居住区	十分钟生活圈居住区	五分钟生活圈居住区	居住街坊
步行距离（m）	800～1000	500	300	—
居住人口（人）	50000～100000	15000～25000	5000～12000	1000～3000
住宅数量（套）	17000～32000	5000～8000	1500～4000	300～1000

答案：C

18. 解析：避难场地应避开高压线走廊区域，故 B 错误，参见《防灾避难场所设计规范》GB 51143—2015。

    第 4.1.1 条，避难场所应优先选择场地地形较平坦、地势较高、有利于排水、空气流通、具备一定基础设施的公园、绿地、广场、学校、体育场馆等公共建筑与设施，其周边应道路畅通、交通便利……故选项 A、D 适合作为避难场所。

    第 4.1.3 条，避难场所场址选择应符合现行国家标准《建筑抗震设计规范》GB 50011、《岩土工程勘察规范》GB 50021、《城市抗震防灾规划标准》GB 50413 的有关规定，并应符合下列规定：

    1 避难场所用地应避开可能发生滑坡、崩塌、地陷、地裂、泥石流及发震断裂带上可能发生地表位错的部位等危险地段，并应避开行洪区、指定的分洪口、洪水期间进洪或退洪主流区及山洪威胁区；

    2 <u>避难场地应避开高压线走廊区域</u>（故选项 B 不适合）；

    3 避难场地应处于周围建（构）筑物倒塌影响范围以外，并应保持安全距离；

    4 避难场所用地应避开易燃、易爆、有毒危险物品存放点、严重污染源以及其他易发生次生灾害的区域，距次生灾害危险源的距离应满足国家现行有关标准对重大

危险源和防火的要求,有火灾或爆炸危险源时,应设防火安全带;

5 避难场所内的应急功能区与周围易燃建筑等一般火灾危险源之间应设置不小于30m的防火安全带,距易燃易爆工厂、仓库、供气厂、储气站等重大火灾或爆炸危险源的距离不应小于1000m;

6 避难场所内的重要应急功能区不宜设置在稳定年限较短的地下采空区,当无法避开时,应对采空区的稳定性进行评估,并制定利用方案(故选项C适合);

7 周边或内部林木分布较多的避难场所,宜通过防火树林带等防火隔离措施防止次生火灾的蔓延。

答案:B

19. **解析:** C选项建筑面积为4000m²,只有一条宽度为6m的连接道路,道路宽度不符合《民用建筑设计统一标准》GB 50352—2019第4.2.1条的规定。

第4.2.1条,建筑基地应与城市道路或镇区道路相邻接,否则应设置连接道路,并应符合下列规定:

1 当建筑基地内建筑面积小于或等于3000m²时,其连接道路的宽度不应小于4.0m;

2 当建筑基地内建筑面积大于3000m²,且只有一条连接道路时,其宽度不应小于7.0m;当有两条或两条以上连接道路时,单条连接道路宽度不应小于4.0m。

答案:C

20. **解析:** 题图中现状住宅楼的南向存在自身遮挡,而上午至中午无采光,题目要求计算大寒日日照,大寒日的有效日照时间带(当地真太阳时)为8时~16时。若太阳的方位角以正南方向为0°,北京(北纬39°57′)14时的太阳方位角约为30°48′,16时的太阳方位角约为55°07′。不考虑时差及太阳高度角(题目未给出楼的高度),2#楼有可能导致现状住宅楼西北部分日照不足。题解图从左至右所示分别是北京14时、15时、16时的日照情况。

参考本教材第二章第一节,利用"等照时线图"进行判断,能发现3#楼在有效日照时间带内并未遮挡东北侧的现状住宅楼;也可参考闫寒所著的《建筑学场地设计》(第四版)"4.3.2棒影图原理"部分,利用日影曲线图来检验建筑遮挡范围和时间。

题20解图 日照分析图

答案:B

21. **解析:** 参考本教材有关《建设项目选址规划管理办法》部分,建设项目规划选址的主要依据应当包括下列内容：
1 经批准的项目建议书；
2 <u>建设项目与城市规划布局的协调</u>；
3 建设项目与城市交通、通信、能源、市政、防灾规划的衔接与协调；
4 建设项目配套的生活设施与城市生活居住及公共设施规划的衔接与协调；
5 建设项目对于城市环境可能造成的污染影响，以及与城市环境保护规划和风景名胜、文物古迹保护规划的协调。

答案：B

22. 解析：老年人照料设施建筑可以与其他建筑上下组合建造，所以 D 选项错误，详见《老年人照料设施建筑设计标准》JGJ 450—2018 的有关规定。

    第 3.0.3 条，与其他建筑上下组合建造或设置在其他建筑内的老年人照料设施应位于独立的建筑分区内，且有独立的交通系统和对外出入口。

    第 4.1.1 条，老年人照料设施建筑基地应选择在工程地质条件稳定、不受洪涝灾害威胁、日照充足、通风良好的地段。

    第 4.1.2 条，老年人照料设施建筑基地应选择在交通方便、基础设施完善、公共服务设施使用方便的地段。

    第 4.1.3 条，老年人照料设施建筑基地应远离污染源、噪声源及易燃、易爆、危险品生产、储运的区域。

    第 5.1.2 条，老年人照料设施的老年人居室和老年人休息室不应设置在地下室、半地下室。

    答案：D

23. 解析：对于"建筑策划"，考试大纲的要求是：能根据项目建议书及设计基础资料，提出项目构成及总体构想，包括：项目构成、空间关系、使用方式、环境保护、结构选型、设备系统、建筑规模、经济分析、工程投资、建设周期等，为进一步发展设计提供依据。由此可以看出"建筑策划"提出的是项目的构成及总体构想，还没有达到能确定项目建设的实施方案的深度。

    答案：D

24. 解析：参见《城镇老年人设施规划规范》GB 50437—2007（2018 年版）第 3.2.1 条，老年人设施中养老院、老年养护院应按所在地城市规划常住人口规模配置，每千名老人不应少于 40 床。

    答案：C

25. 解析：关于空间合理利用可参见《民用建筑绿色设计规范》JGJ/T 229—2010 的有关规定。

    第 6.2.1 条，建筑设计应提高空间利用效率，提倡建筑空间与设施的共享。在满足使用功能的前提下，宜减少交通等辅助空间的面积，并宜避免不必要的高大空间。

    第 6.2.2 条，建筑设计应根据功能变化的预期需求，选择适宜的开间和层高。

    第 6.2.4 条，室内环境需求相同或相近的空间宜集中布置。

    "建筑空间与设施"是指建筑中休息空间、交往空间、会议设施、健身设施等，而不是"各类空间"，所以 A 错误。

答案：A

26. 解析：不同使用功能的空间其层高是不同的，这样才能做到经济合理，所以D选项错误，可参见《城市地下商业空间设计导则》T/CECS 481—2017 的有关规定。

  第4.6.1条，城市地下商业空间的人行通道宽度应满足人流集散和行走的需要，其宽高比宜采用1.5~2.0（C项正确），其宽度宜采用4.0~6.5m。

  第4.6.2条，城市地下商业空间的人行通道长度不宜大于500m，当大于500m时，应设置转折空间或休息停顿的节点空间。

  第4.6.3条，城市地下商业空间的经济型层高宜采用5~6m（A项正确），展示厅、电影院、溜冰场等特定功能空间的层高宜采用商业空间标准层高的2~3倍。

  第4.6.4条，城市地下商业空间的营业厅净高宜采用3.6~4.5m；人行通道的净高宜采用2.7~3.3m（B项正确）；卫生间净高宜采用2.5~3.0m；管理用房净高宜采用2.5~3.0m；设备用房净高应根据最大设备的尺寸及安装操作需求而确定（D项错误）。

  第4.6.5条，城市地下商业空间的店铺使用面积宜采用50~150m²，店铺进深宜采用8~15m，店铺面宽与进深比宜大于2：1。

  第4.6.6条，城市地下商业空间的中庭宽度宜采用16~18m；中庭周边回廊宽度宜采用4~5m；中庭内人行天桥宽度宜采用3.5~4.0m。中庭、休息区等服务空间的净空尺寸宜大于相邻的人行通道的净空尺寸。

答案：D

27. 解析：B应该是0.9m，C应该是冬至日，D应该是大寒日，所以只有A正确；详见《城市居住区规划设计标准》GB 50180—2018 第4.0.9条，住宅建筑的间距应符合表4.0.9的规定；对特定情况，还应符合下列规定：

  1 老年人居住建筑日照标准不应低于冬至日日照时数2h；

  2 在原设计建筑外增加任何设施不应使相邻住宅原有日照标准降低，既有住宅建筑进行无障碍改造加装电梯除外；

  3 旧区改建项目内新建住宅建筑日照标准不应低于大寒日日照时数1h。

住宅建筑日照标准　　　　　　　　表4.0.9

建筑气候区划	Ⅰ、Ⅱ、Ⅲ、Ⅶ气候区		Ⅳ气候区		Ⅴ、Ⅵ气候区
城区常住人口（万人）	≥50	<50	≥50	<50	无限定
日照标准日	大寒日				冬至日
日照时数（h）	≥2		≥3		≥1
有效日照时间带（当地真太阳时）	8时~16时				9时~15时
计算起点	底层窗台面				

注：底层窗台面是指距室内地坪0.9m高的外墙位置。

答案：A

28. 解析：规范中有关住宅建筑间距的条款并未提及"道路设置要求"，所以选择B；参见《城市居住区规划设计标准》GB 50180—2018 条文说明第4.0.8条，本条明确了住宅建筑间距控制应遵循的一般原则。本标准明确了住宅建筑间距应综合考虑日照、采光、通风、防灾、管线埋设和视觉卫生等要求……同时，还应通过规划布局和建筑设计满足视觉卫生的需求（一般情况下不宜低于18m），营造良好居住环境。

另参见《住宅建筑规范》GB 50368—2005 第 4.1.1 条，住宅间距，应以满足日照要求为基础，综合考虑采光、通风、消防、防灾、管线埋设、视觉卫生等要求确定。

答案： B

29. **解析：** 参见《城市居住区规划设计标准》GB 50180—2018 第 4.0.9 条第 1 款，住宅建筑的间距应符合表 4.0.9 的规定；对特定情况，还应符合老年人居住建筑日照标准不应低于冬至日日照时数 2h 的规定。

答案： B

30. **解析：** A、B 选项可参见《博物馆建筑设计规范》JGJ 66—2015 第 3.2.2 条，博物馆建筑的总平面设计应符合下列规定：新建博物馆建筑的建筑密度不应超过 40%。C、D 选项可参见《展览建筑设计规范》JGJ 218—2010 第 3.3.6 条，展览建筑的建筑密度不宜大于 35%。

答案： C

31. **解析：** 参见《海绵城市建设技术指南——低影响开发雨水系统构建（试行）》第三章第一节的有关要求：详细规划（控制性详细规划、修建性详细规划）应落实城市总体规划及相关专项（专业）规划确定的低影响开发控制目标与指标，因地制宜，落实涉及雨水渗、滞、蓄、净、用、排等用途的低影响开发设施用地；并结合用地功能和布局，分解和明确各地块单位面积控制容积、下沉式绿地率及其下沉深度、透水铺装率、绿色屋顶率等低影响开发主要控制指标，指导下层级规划设计或地块出让与开发。

答案： D

32. **解析：** D 选项"应当编制环境影响报告书"，故错误。参见《中华人民共和国环境影响评价法》（2018 年 12 月 29 日修改）第三章第十六条的有关规定：

第十六条 国家根据建设项目对环境的影响程度，对建设项目的环境影响评价实行分类管理。建设单位应当按照下列规定组织编制环境影响报告书、环境影响报告表或者填报环境影响登记表（以下统称环境影响评价文件）：

（一）可能造成重大环境影响的，应当编制环境影响报告书，对产生的环境影响进行全面评价；

（二）可能造成轻度环境影响的，应当编制环境影响报告表，对产生的环境影响进行分析或者专项评价；

（三）对环境影响很小、不需要进行环境影响评价的，应当填报环境影响登记表。建设项目的环境影响评价分类管理名录，由国务院环境保护行政主管部门制定并公布。

答案： D

33. **解析：** D 选项的 20% 比例不能达到得分条件，所以 D 错误。详见《绿色建筑评价标准》GB/T 50378—2019 第 8.2.5 条，利用场地空间设置绿色雨水基础设施，评价总分值为15分，并按下列规则分别评分并累计：

1 下凹式绿地、雨水花园等有调蓄雨水功能的绿地和水体的面积之和占绿地面积的比例达到40%，得3分；达到60%，得5分（D项错误）；

2 衔接和引导不少于80%的屋面雨水进入地面生态设施，得3分；

3 衔接和引导不少于80%的道路雨水进入地面生态设施，得4分；

4 硬质铺装地面中透水铺装面积的比例达到50%，得3分（C项正确）。

第8.2.7条，建筑及照明设计避免产生光污染，评价总分值为10分，并按下列规则分别评分并累计：

1 玻璃幕墙的可见光反射比及反射光对周边环境的影响符合《玻璃幕墙光热性能》GB/T 18091 的规定，得5分；

2 室外夜景照明光污染的限制符合现行国家标准《室外照明干扰光限制规范》GB/T 35626 和现行行业标准《城市夜景照明设计规范》JGJ/T 163 的规定，得5分。

另参见《城市夜景照明设计规范》JGJ/T 163—2008 第7.0.2条，光污染的限制应符合下列规定：夜景照明灯具朝居室方向的发光强度不应大于表7.0.2-2的规定值（A项正确）。

夜景照明灯具朝居室方向的发光强度的最大允许值　　表7.0.2-2

照明技术参数	应用条件	环境区域			
		E1 区	E2 区	E3 区	E4 区
灯具发光强度 I（cd）	熄灯时段前	2500	7500	10000	25000
	熄灯时段	0	500	1000	2500

答案：D

34. **解析：** 依据《地铁设计规范》GB 50157—2013 第9.5.1条，车站出入口的数量，应根据吸引与疏散客流的要求设置；每个公共区直通地面的出入口数量不得少于两个，每个出入口宽度应按远期或客流控制期分向设计客流量乘以1.1~1.25不均匀系数计算确定。故A正确。

第9.5.2条，车站出入口布置应与主客流的方向相一致，且宜与过街天桥、过街地道、地下街、邻近公共建筑物相结合或连通，宜统一规划，可同步或分期实施，并应采取地铁夜间停运时的隔断措施。当出入口兼有过街功能时，其通道宽度及其站厅相应部位设计应计入过街客流量。故B正确。

第9.5.3条，设于道路两侧的出入口，与道路红线的间距，应按当地规划部门要求确定。当出入口朝向城市主干道时，应有一定面积的集散场地。故C错误。

第9.5.6条，地下出入口通道应力求短、直，通道的弯折不宜超过三处，弯折角度不宜小于90°。地下出入口通道长度不宜超过100m，当超过时应采取能满足消防疏散要求的措施。故D正确。

答案：C

35. **解析：** 参见《民用建筑设计统一标准》GB 50352—2019 第4.2.4条，建筑基地机动车出入口位置，应符合所在地控制性详细规划，并应符合下列规定：

1 中等城市、大城市的主干路交叉口，自道路红线交叉点起沿线70.0m范围内不应设置机动车出入口；

2 距人行横道、人行天桥、人行地道（包括引道、引桥）的最近边缘线不应小于5.0m；

3 距地铁出入口、公共交通站台边缘不应小于15.0m；

4 距公园、学校及有儿童、老年人、残疾人使用建筑的出入口最近边缘不应小于20.0m。

答案：C

36. 解析：原则上不再建设封闭住宅小区，所以A错误，参见《中共中央、国务院关于进一步加强城市规划建设管理工作的若干意见》：

（十六）优化街区路网结构。加强街区的规划和建设，分梯级明确新建街区面积，推动发展开放便捷、尺度适宜、配套完善、邻里和谐的生活街区。新建住宅要推广街区制，原则上不再建设封闭住宅小区。已建成的住宅小区和单位大院要逐步打开，实现内部道路公共化，解决交通路网布局问题，促进土地节约利用。树立"窄马路、密路网"的城市道路布局理念，建设快速路、主次干路和支路级配合理的道路网系统。打通各类"断头路"，形成完整路网，提高道路通达性。科学、规范设置道路交通安全设施和交通管理设施，提高道路安全性。到2020年，城市建成区平均路网密度提高到8km/km²，道路面积率达到15%。积极采用单行道路方式组织交通。加强自行车道和步行道系统建设，倡导绿色出行。合理配置停车设施，鼓励社会参与，放宽市场准入，逐步缓解停车难问题。

答案：A

37. 解析：参见《建筑结构可靠性设计统一标准》GB 50068—2018 第3.1.1条，结构的设计、施工和维护应使结构在规定的设计使用年限内以规定的可靠度满足规定的各项功能要求（A项正确）。

第3.1.2条，结构应满足下列功能要求：

1 能承受在施工和使用期间可能出现的各种作用（B项正确）；

2 保持良好的使用性能（C项正确）；

3 具有足够的耐久性能；

4 当发生火灾时，在规定的时间内可保持足够的承载力；

5 当发生爆炸、撞击、人为错误等偶然事件时，结构能保持必要的整体稳固性（D项错误），不出现与起因不相称的破坏后果，防止出现结构的连续倒塌；结构的整体稳固性设计，可根据本标准附录B的规定进行。

答案：D

38. 解析：参见《装配式钢结构建筑技术标准》GB/T 51232—2016 第3.0.2条，装配式钢结构建筑应按照通用化、模数化、标准化的要求，以少规格、多组合的原则，实现建筑及部品部件的系列化和多样化。

答案：B

39. 解析：参见《建筑设计资料集1》（第三版）"场地设计"，B选项应该是涡风，山地建筑布置考虑风向影响如《一级注册建筑师考试教材》第1分册图2-13所示。

答案：B

40. **解析**：文物古迹保护防洪重现期没有小于20年的，所以D错误，参见《防洪标准》GB 50201—2014第10.1.1条，不耐淹的文物古迹，应根据文物保护的级别分为三个防护等级，其防护等级和防洪标准应按表10.1.1确定。

文物古迹的防护等级和防洪标准　　　　　　　　　表 10.1.1

防护等级	文物保护的级别	防洪标准［重现期（年）］
Ⅰ	世界级、国家级	≥100
Ⅱ	省（自治区、直辖市）级	100～50
Ⅲ	市、县级	50～20

注：世界级文物指列入《世界遗产名录》的世界文化遗产以及世界文化和自然双遗产中的文化遗产部分。

答案：D

41. **解析**：参见《电动汽车充电站设计规范》GB 50966—2014第3.2.6条，充电站不宜设在多尘或有腐蚀性气体的场所，当无法远离时，不应设在污染源盛行风向的下风侧。另据《建筑设计防火规范》GB 50016—2014（2018年版）表3.4.1要求丙类厂房（一、二级）与二类高层的防火间距为15m，所以A、B、D错误，本题应选C。

厂房之间及与乙、丙、丁、戊类仓库、民用建筑等的防火间距（m）　表 3.4.1

名　称			甲类厂房	乙类厂房（仓库）			丙、丁、戊类厂房（仓库）				民用建筑				
			单、多层	单、多层		高层	单、多层			高层	裙房,单、多层			高层	
														一类	二类
			一、二级	一、二级	三级	一、二级	一、二级	三级	四级	一、二级	一、二级	三级	四级		
丙类厂房	单、多层	一、二级	12	10	12	13	10	12	14	13	10	12	14	20	15
		三级	14	12	14	15	12	14	16	15	12	14	16	25	20
		四级	16	14	16	17	14	16	18	17	14	16	18		
	高层	一、二级	13	13	15	13	13	15	17	13	13	15	17	20	15

答案：C

42. **解析**：A不满足300m间距，B不满足50m间距，D未标15m且与公交站台的间距不满足≥50m要求，只有C满足规范。参见《城市消防站建设标准》建标152—2017第三章第十五条，消防站的选址应符合下列规定。

一、应设在辖区内适中位置和便于车辆迅速出动的临街地段，并应尽量靠近城市应急救援通道。

二、消防站执勤车辆主出入口两侧宜设置交通信号灯、标志、标线等设施，距医院、学校、幼儿园、托儿所、影剧院、商场、体育场馆、展览馆等公共建筑的主要疏散出口不应小于50m。

三、辖区内有生产、贮存危险化学品单位的，消防站应设置在常年主导风向的上风或侧风处，其边界距上述危险部位一般不宜小于300m。

四、消防站车库门应朝向城市道路，后退红线不宜小于15m，合建的小型站除外。

另据《城市消防站设计规范》GB 51054—2014 的下述规定：

第3.0.1条，消防站的执勤车辆主出入口应设在便于车辆迅速出动的部位，且距医院、学校、幼儿园、托儿所、影剧院、商场、体育场馆、展览馆等人员密集场所的公共建筑的主要疏散出口和公交站台不应小于50m。

第3.0.2条，消防站与加油站、加气站等易燃易爆危险场所的距离不应小于50m。

第3.0.3条，辖区内有生产、贮存危险化学品单位的，消防站应设置在常年主导风向的上风或侧风处，其边界距生产、贮存危险化学品的危险部位不宜小于200m。

第3.0.4条，消防站车库门直接临街的应朝向城市道路，且应后退道路红线不小于15m。

答案：C

43. 解析：其中 A、B 地块只面临1条城市道路，交通不便；C、D 地块临2条城市道路，但 D 地块临近工业区，有污染，所以选 C。参见《综合医院建筑设计规范》GB 51039—2014 第4.1.2 条，基地选择应符合下列要求：

1 交通方便，宜面临2条城市道路；
2 宜便于利用城市基础设施；
3 环境宜安静，应远离污染源；
4 地形宜力求规整，适宜医院功能布局；
5 远离易燃、易爆物品的生产和储存区，并应远离高压线路及其设施；
6 不应临近少年儿童活动密集场所；
7 不应污染、影响城市的其他区域。

答案：C

44. 解析：不得以政府会议纪要等形式代替规定程序调整容积率，所以 B 错误。参见《建设用地容积率管理办法》（建规〔2012〕22号）第五条，任何单位和个人都应当遵守经依法批准的控制性详细规划确定的容积率指标，不得随意调整。确需调整的，应当按本办法的规定进行，不得以政府会议纪要等形式代替规定程序调整容积率。

答案：B

45. 解析：因为容积率不变，所以尽可能将非住宅的面积安排在地下，所以选择 C。A 选项能省密度，但对增加住宅面积没有贡献；B 选项增加住宅层数与增加住宅面积无关；C 选项将公用设施和部分配套公建设在地下，腾出了部分计容面积，可以增加住宅面积；D 选项缩小部分公共设施与管理用房面积，扩大非配套公建面积，与增加住宅面积无关。

答案：C

46. 解析：参见《历史文化名城保护规划标准》GB/T 50357—2018 第1.0.3 条，保护规划必须应保尽保，并应遵循下列原则：

1 保护历史真实载体的原则；

2 保护历史环境的原则;
3 合理利用、永续发展的原则;
4 统筹规划、建设、管理的原则。

答案:C

47. 解析:参见《一级注册建筑师考试教材》第1分册第1章图1-10~图1-11,可知检验试验费属于企业管理费,二次搬运费属于措施项目费;所以C错误。

答案:C

48. 解析:详见《建设工程造价咨询规范》GB/T 51095—2015 第4.2.2条,项目建议书阶段的投资估算可采用生产能力指数法、系数估算法、比例估算法、指标估算法或混合法进行编制;可行性研究阶段的投资估算宜采用指标估算法进行编制。

另参见《建设项目投资估算编审规程》CECA/GC 1—2015 第6.3.1条,可行性研究阶段建设项目投资估算原则上应采用指标估算法。对于对投资有重大影响的主体工程应估算出分部分项工程量,参考相关综合定额(概算指标)或概算定额编制主要单项工程的投资估算。

答案:D

49. 解析:参见《建设项目工程总承包管理规范》GB/T 50358—2017 第4.3.3条,项目管理计划应包括下列主要内容:(1) 项目概况;(2) 项目范围;(3) 项目管理目标;(4) 项目实施条件分析;(5) 项目的管理模式、组织机构和职责分工;(6) 项目实施的基本原则;(7) 项目协调程序;(8) 项目的资源配置计划;(9) 项目风险分析与对策;(10) 合同管理。

答案:A

50. 解析:A 选项属于作业性进度计划,参见《建设工程项目管理规范》GB/T 50326—2017 条文说明第9.2.2条,控制性进度计划可包括以下种类:(1) 项目总进度计划;(2) 分阶段进度计划;(3) 子项目进度计划和单体进度计划;(4) 年(季)度计划。

作业性进度计划可包括下列种类:(1) 分部分项工程进度计划;(2) 月(周)进度计划。

答案:A

51. 解析:间距为6m,参见《汽车库、修车库、停车场设计防火规范》GB 50067—2014 的表4.2.1。

汽车库、修车库、停车场之间及汽车库、修车库、停车场与除甲类物品仓库外的其他建筑物的防火间距(m)　　表 4.2.1

名称和耐火等级	汽车库、修车库		厂房、仓库、民用建筑		
	一、二级	三级	一、二级	三级	四级
一、二级汽车库、修车库	10	12	10	12	14
三级汽车库、修车库	12	14	12	14	16
停车场	6	8	6	8	10

答案:B

52. 解析:虽然"社区服务设施"包括卫生服务(选项C)、商业服务设施(选项B),但选项 C 最符合以下 2 本规范的相关要求。参见《城市居住区人民防空工程规划规范》GB 50808—2013 第 5.2.1 条，医疗救护工程宜结合地面医疗卫生设施建设，其中急救医院服务半径不应大于 3km，救护站的服务半径不应大于 1km。

另参见《城市居住区规划设计标准》GB 50180—2018 第 2.0.10 条"社区服务设施"，五分钟生活圈居住区内，对应居住人口规模配套建设的生活服务设施，主要包括托幼、社区服务及文体活动、卫生服务、养老助残、商业服务等设施。

答案：C

53. 解析：城市黄线是指对城市发展全局有影响的、城市规划中确定的、必须控制的城市基础设施用地的控制界线，所以选 A。参见本辅导教材第一章第二节有关"建筑控制线"的部分，另见《城市黄线管理办法》，其所称城市基础设施包括：

（一）城市公共汽车首末站、出租汽车停车场、大型公共停车场；城市轨道交通线、站、场、车辆段、保养维修基地；城市水运码头；机场；城市交通综合换乘枢纽；城市交通广场等城市公共交通设施。

（二）取水工程设施（取水点、取水构筑物及一级泵站）和水处理工程设施等城市供水设施。

（三）排水设施；污水处理设施；垃圾转运站、垃圾码头、垃圾堆肥厂、垃圾焚烧厂、卫生填埋场（厂）；环境卫生车辆停车场和修造厂；环境质量监测站等城市环境卫生设施。

（四）城市气源和燃气储配站等城市供燃气设施。

（五）城市热源、区域性热力站、热力线走廊等城市供热设施。

（六）城市发电厂、区域变电所（站）、市区变电所（站）、高压线走廊等城市供电设施。

（七）邮政局、邮政通信枢纽、邮政支局；电信局、电信支局；卫星接收站、微波站；广播电台、电视台等城市通信设施。

（八）消防指挥调度中心、消防站等城市消防设施。

（九）防洪堤墙、排洪沟与截洪沟、防洪闸等城市防洪设施。

（十）避震疏散场地、气象预警中心等城市抗震防灾设施。

（十一）其他对城市发展全局有影响的城市基础设施。

答案：A

54. 解析：参见《总图制图标准》GB/T 50103—2010 第 2.3.1 条，总图中的坐标、标高、距离以米为单位。坐标以小数点标注三位，不足以"0"补齐；标高、距离以小数点后两位数标注，不足以"0"补齐。详图可以毫米为单位。

答案：C

55. 解析：《总图制图标准》GB/T 50103—2010 第 2.4.6 条，建筑物、构筑物、铁路、道路、管线等应标注下列部位的坐标或定位尺寸：

1 建筑物、构筑物的外墙轴线交点；
2 圆形建筑物、构筑物的中心；
3 皮带走廊的中线或其交点；
4 铁路道岔的理论中心，铁路、道路的中线或转折点；

  5 管线（包括管沟、管架或管桥）的中线交叉点和转折点；

  6 挡土墙起始点、转折点墙顶外侧边缘（结构面）。

答案： A

56. **解析：** 题目中未给出建筑高度，A、B、C 选项均可排除，参见《建筑设计防火规范》GB 50016—2014（2018 年版）表 5.2.2 的注释。

  1 相邻两座单、多层建筑，当相邻外墙为不燃性墙体且无外露的可燃性屋檐，每面外墙上无防火保护的门、窗、洞口不正对开设且该门、窗、洞口的面积之和不大于外墙面积的 5% 时，其防火间距可按本表的规定减少 25%。

  2 两座建筑相邻较高一面外墙为防火墙，或高出相邻较低一座一、二级耐火等级建筑的屋面 15m 及以下范围内的外墙为防火墙时，其防火间距不限。

  3 相邻两座高度相同的一、二级耐火等级建筑中，相邻任一侧外墙为防火墙，屋顶的耐火极限不低于 1.00h 时，其防火间距不限。

  4 相邻两座建筑中较低一座建筑的耐火等级不低于二级，相邻较低一面外墙为防火墙且屋顶无天窗，屋顶的耐火极限不低于 1.00h 时，其防火间距不应小于 3.5m；对于高层建筑，不应小于 4m。

  5 相邻两座建筑中较低一座建筑的耐火等级不低于二级且屋顶无天窗，相邻较高一面外墙高出较低一座建筑的屋面 15m 及以下范围内的开口部位设置甲级防火门、窗，或设置符合现行国家标准《自动喷水灭火系统设计规范》GB 50084 规定的防火分隔水幕或本规范第 6.5.3 条规定的防火卷帘时，其防火间距不应小于 3.5m；对于高层建筑，不应小于 4m。

  6 相邻建筑通过连廊、天桥或底部的建筑物等连接时，其间距不应小于本表的规定。

  7 耐火等级低于四级的既有建筑，其耐火等级可按四级确定。

答案： D

57. **解析：** 参见《中小学校设计规范》GB 50099—2011 第 4.1.6 条，学校教学区的声环境质量应符合现行国家标准《民用建筑隔声设计规范》GB 50118 的有关规定。学校主要教学用房设置窗户的外墙与铁路路轨的距离不应小于 300m，与高速路、地上轨道交通线或城市主干道的距离不应小于 80m。当距离不足时，应采取有效的隔声措施。

答案： D

58. **解析：** 参见《传染病医院建筑设计规范》GB 50849—2014 第 4.1.3 条，新建传染病医院选址，以及现有传染病医院改建和扩建及传染病区建设时，医疗用建筑物与院外周边建筑应设置大于或等于 20m 绿化隔离卫生间距。

  另据《防灾避难场所设计规范》GB 51143—2015 第 6.3.1 条规定，重症治疗、卫生防疫、医疗垃圾处置周边需要设置卫生防疫分隔，空旷场地利用时按不小于 20m 卫生间距进行分隔处理。

答案： B

59. **解析：** 参见《民用建筑设计统一标准》GB 50352—2019 第 4.3.1 条，除骑楼、建筑连接体、地铁相关设施及连接城市的管线、管沟、管廊等市政公共设施以外，建筑物及其附属的下列设施不应突出道路红线或用地红线建造：

　　1　地下设施，应包括支护桩、地下连续墙、地下室底板及其基础、化粪池、各类水池、处理池、沉淀池等构筑物及其他附属设施等；

　　2　地上设施，应包括门廊、连廊、阳台、室外楼梯、凸窗、空调机位、雨篷、挑檐、装饰构架、固定遮阳板、台阶、坡道、花池、围墙、平台、散水明沟、地下室进风及排风口、地下室出入口、集水井、采光井、烟囱等。

　　答案：D

60．解析：《民用建筑设计统一标准》GB 50352—2019 未提及不得利用道路边设置汽车停车位，故选项 C 错误。

　　其他选项参见第 5.2.2 条，基地道路设计应符合下列规定：

　　1　单车道路宽不应小于 4.0m，双车道路宽住宅区内不应小于 6.0m，其他基地道路宽不应小于 7.0m；

　　2　当道路边设停车位时，应加大道路宽度且不应影响车辆正常通行；

　　3　人行道路宽度不应小于 1.5m，人行道在各路口、入口处的设计应符合现行国家标准《无障碍设计规范》GB 50763 的相关规定；

　　4　道路转弯半径不应小于 3.0m，消防车道应满足消防车最小转弯半径要求；

　　5　尽端式道路长度大于 120.0m 时，应在尽端设置不小于 12.0m×12.0m 的回车场地。

　　答案：C

61．解析：参见《建筑设计防火规范》GB 50016—2014（2018 年版）第 7.2.1 条，高层建筑应至少沿一个长边或周边长度的 1/4 且不小于一个长边长度的底边连续布置消防车登高操作场地，该范围内的裙房进深不应大于 4m。建筑高度不大于 50m 的建筑，连续布置消防车登高操作场地确有困难时，可间隔布置，但间隔距离不宜大于 30m，且消防车登高操作场地的总长度仍应符合上述规定。

　　答案：A

62．解析：参见《建筑设计防火规范》GB 50016—2014（2018 年版）第 7.1.10 条，消防车道不宜与铁路正线平交；确需平交时，应设置备用车道，且两车道的间距不应小于一列火车的长度。

　　答案：D

63．解析：参见《建筑设计防火规范》GB 50016—2014（2018 年版）第 7.2.2 条，消防车登高操作场地应符合下列规定：

　　1　场地与厂房、仓库、民用建筑之间不应设置妨碍消防车操作的树木、架空管线等障碍物和车库出入口。

　　2　场地的长度和宽度分别不应小于 15m 和 10m。对于建筑高度大于 50m 的建筑，场地的长度和宽度分别不应小于 20m 和 10m。

　　3　场地及其下面的建筑结构、管道和暗沟等，应能承受重型消防车的压力。

　　4　场地应与消防车道连通，场地靠建筑外墙一侧的边缘距离建筑外墙不宜小于 5m，且不应大于 10m，场地的坡度不宜大于 3%。

　　答案：B

475

64. 解析：A选项规范要求净宽度不应小于1.20m，参见《无障碍设计规范》GB 50763—2012的下列条款。

　　第3.3.2条，无障碍出入口应符合下列规定：

　　4 除平坡出入口外，在门完全开启的状态下，建筑物无障碍出入口的平台的净深度不应小于1.50m（D项正确）；

　　5 建筑物无障碍出入口的门厅、过厅如设置两道门，门扇同时开启时两道门的间距不应小于1.50m；

　　6 建筑物无障碍出入口的上方应设置雨篷。

　　第3.4.2条，轮椅坡道的净宽度不应小于1.00m，无障碍出入口的轮椅坡道净宽度不应小于1.20m（A项错误）。

　　第3.4.6条，轮椅坡道起点、终点和中间休息平台的水平长度不应小于1.50m（B项正确）。

　　第3.5.1条，无障碍通道的宽度应符合下列规定：

　　1 室内走道不应小于1.20m，人流较多或较集中的大型公共建筑的室内走道宽度不宜小于1.80m；

　　2 室外通道不宜小于1.50m（C项正确）；

　　3 检票口、结算口轮椅通道不应小于900mm。

　　答案：A

65. 解析：幼儿园不能与大型商场合建，所以C错误，参见《托儿所、幼儿园建筑设计规范》JGJ 39—2016（2019年版）。

　　第3.2.2条，四个班及以上的托儿所、幼儿园建筑应独立设置。三个班及以下时，可与居住、养老、教育、办公建筑合建，但应符合下列规定：

　　1 此款删除；

　　1A 合建的既有建筑应经有关部门验收合格，符合抗震、防火等安全方面的规定，其基地应符合本规范第3.1.2条规定；

　　2 应设独立的疏散楼梯和安全出口；

　　3 出入口处应设置人员安全集散和车辆停靠的空间；

　　4 应设独立的室外活动场地，场地周围应采取隔离措施；

　　5 建筑出入口及室外活动场地范围内应采取防止物体坠落措施。

　　第3.2.7条，托儿所、幼儿园出入口不应直接设置在城市干道一侧；其出入口应设置供车辆和人员停留的场地，且不应影响城市道路交通（A、B项正确）。

　　第4.1.3条，托儿所、幼儿园中的生活用房不应设置在地下室或半地下室（D项正确）。

　　答案：C

66. 解析：A、B选项是高层建筑，应设置环形消防车道，D选项是Ⅲ类汽车库（51～150辆），也要求设置环形消防车道；可参考以下两本规范。

　　《建筑设计防火规范》GB 50016—2014（2018年版）：

　　第7.1.2条，高层民用建筑，超过3000个座位的体育馆，超过2000个座位的会堂，占地面积大于3000m²的商店建筑、展览建筑等单、多层公共建筑应设置环形消防车道，确有困难时，可沿建筑的两个长边设置消防车道；对于高层住宅建筑和山坡地或河道边临空建造的高层民用建筑，可沿建筑的一个长边设置消防车道，但该长边所在建筑立面应为消防车登高操作面。

第7.1.3条，工厂、仓库区内应设置消防车道。高层厂房，占地面积大于3000m²的甲、乙、丙类厂房和占地面积大于1500m²的乙、丙类仓库，应设置环形消防车道，确有困难时，应沿建筑物的两个长边设置消防车道。

《汽车库、修车库、停车场设计防火规范》GB 50067—2014：

第3.0.1条，汽车库、修车库、停车场的分类应根据停车（车位）数量和总建筑面积确定，并应符合表3.0.1的规定。

汽车库、修车库、停车场的分类　　　　　表3.0.1

名称		Ⅰ	Ⅱ	Ⅲ	Ⅳ
汽车库	停车数量（辆）	>300	151～300	51～150	≤50
	总建筑面积 S(m²)	S>10000	5000<S≤10000	2000<S≤5000	S≤2000
修车库	车位数（个）	>15	6～15	3～5	≤2
	总建筑面积 S(m²)	S>3000	1000<S≤3000	500<S≤1000	S≤500
停车场	停车数量（辆）	>400	251～400	101～250	≤100

第4.3.2条，消防车道的设置应符合下列要求：

1　除Ⅳ类汽车库和修车库以外，消防车道应为环形，当设置环形车道有困难时，可沿建筑物的一个长边和另一边设置；

2　尽头式消防车道应设置回车道或回车场，回车场的面积不应小于12m×12m；

3　消防车道的宽度不应小于4m。

答案：C

67. 解析：参见《防灾避难场所设计规范》GB 51143—2015有关设防要求部分，以下3条均为强条。

第3.2.2条，避难场所，设定防御标准所对应的地震影响不应低于本地区抗震设防烈度相应的罕遇地震影响，且不应低于7度地震影响。

第3.2.3条，防风避难场所的设定防御标准所对应的风灾影响不应低于100年一遇的基本风压对应的风灾影响，防风避难场所设计应满足临灾时期和灾时避难使用的安全防护要求，龙卷风安全防护时间不应低于3h，台风安全防护时间不应低于24h。

第3.2.4条，位于防洪保护区的防洪避难场所的设定防御标准应高于当地防洪标准所确定的淹没水位，且避洪场地的应急避难区的地面标高应按该地区历史最大洪水水位确定，且安全超高不应低于0.5m。

答案：D

68. 解析：参见《防灾避难场所设计规范》GB 51143—2015第3.1.4条，避难场所按照其配置功能级别、避难规模和开放时间，可划分为紧急避难场所、固定避难场所和中心避难场所三类。另参见该规范表3.1.8，其中紧急避难场所又分为就近紧急避难场所（开放时间不超过1d）和临时避难场所（开放时间不超过3d）；所以B选项不正确。

避难场所的最长开放时间　　表 3.1.8

适用场所	紧急避难场所		固定避难场所			中心避难场所
避难期	紧急	临时	短期	中期	长期	长期
最长开放时间（d）	1	3	15	30	100	100

答案：B

69. 解析：A 选项应该标注"绝对标高"，参见《总图制图标准》GB/T 50103—2010 第 2.5.3 条，建筑物、构筑物、铁路、道路、水池等应按下列规定标注有关部位的标高：

1　建筑物标注室内±0.00 处的绝对标高，在一栋建筑物内宜标注一个±0.00 标高；当有不同地坪标高，以相对±0.00 的数值标注（A 项错误）；

2　建筑物室外散水，标注建筑物四周转角或两对角的散水坡脚处标高；

3　构筑物标注其有代表性的标高，并用文字注明标高所指的位置（B 项正确）；

4　铁路标注轨顶标高；

5　道路标注路面中心线交点及变坡点标高（C 项正确）；

6　挡土墙标注墙顶和墙趾标高，路堤、边坡标注坡顶和坡脚标高，排水沟标注沟顶和沟底标高；

7　场地平整标注其控制位置标高，铺砌场地标注其铺砌面标高（D 项正确）。

答案：A

70. 解析：参见《建筑设计防火规范》GB 50016—2014（2018 年版）第 7.2.2 条第 4 款，消防车登高操作场地应与消防车道连通，场地靠建筑外墙一侧的边缘距离建筑外墙不宜小于 5m，且不应大于 10m，场地的坡度不宜大于 3%。

答案：B

71. 解析：参见《全国民用建筑工程设计技术措施　规划·建筑·景观》（2009 年版）第 3.1.3 条，不同类型场地竖向设计宜按照以下步骤进行：

1　场地的设计高程，应依据相应的现状高程（如城市道路标高、基地附近原有水系的常年水位和最高洪水位、临海地区的海潮防护标高、周围市政管线接口标高等）进行竖向设计。

2　地形平坦的场地，首先依据周边控制高程，确定室外地坪设计标高及建筑室内地坪标高。

3　地形复杂的场地，首先对场地地形进行分析，确定地形不同分类（如陡坡、中坡、缓坡等），以及各类用地的不同功能（如建筑用地、道路、绿地等），进行场地竖向设计，确定各地形高程与周边控制高程的联系。

4　大型公共建筑群依据周边控制高程，确定不同性质建筑的室内外标高，并进行场地竖向设计。

答案：A

72. 解析：《民用建筑设计统一标准》GB 50352—2019 第 5.3.2 条第 3 款，建筑基地内道路设计坡度应符合下列规定：基地内步行道的纵坡不应小于 0.2%，且不应大于 8%，积雪或冰冻地区不应大于 4%；横坡应为 1%～2%；当大于极限坡度时，应设置为台阶步道。

答案：B

73. 解析：不应直接排向城市道路或周边区域，所以A错误。参见《民用建筑设计统一标准》GB 50352—2019第5.3.3条，建筑基地地面排水应符合下列规定：

1 基地内应有排除地面及路面雨水至城市排水系统的措施，排水方式应根据城市规划的要求确定。有条件的地区应充分利用场地空间设置绿色雨水设施，采取雨水回收利用措施（A项错误，B项正确）。

2 当采用车行道排泄地面雨水时，雨水口形式及数量应根据汇水面积、流量、道路纵坡等确定（C项正确）。

3 单侧排水的道路及低洼易积水的地段，应采取排雨水时不影响交通和路面清洁的措施（D项正确）。

答案：A

74. 解析：C选项是公共设施用地分台布置规定，而不是居住建筑用地分台布置规定，故C错误；D选项虽然下述两本规范所做的规定不同，但通常都按新版规范或更严格的要求执行，故D正确。

《城乡建设用地竖向规划规范》CJJ 83—2016

第4.0.5条，街区竖向规划应与用地的性质和功能相结合，并应符合下列规定：

1 公共设施用地分台布置时，台地间高差宜与建筑层高接近；

2 居住用地分台布置时，宜采用小台地形式（B项正确）；

3 大型防护工程宜与具有防护功能的专用绿地结合设置。

第8.0.4条，台阶式用地的台地之间宜采用护坡或挡土墙连接（A项正确）。相邻台地间高差大于0.7m时，宜在挡土墙墙顶或坡比值大于0.5的护坡顶设置安全防护设施（D项正确）。

《住宅建筑规范》GB 50368—2005

第4.5.2条，住宅用地的防护工程设置应符合下列规定：

1 台阶式用地的台阶之间应用护坡或挡土墙连接，相邻台地间高差大于1.5m时，应在挡土墙或坡比值大于0.5的护坡顶面加设安全防护设施；

2 土质护坡的坡比值不应大于0.5；

3 高度大于2m的挡土墙和护坡的上缘与住宅间水平距离不应小于3m，其下缘与住宅间的水平距离不应小于2m。

答案：C

75. 解析：参见《无障碍设计规范》GB 50763—2012第3.3.3条，无障碍出入口的轮椅坡道及平坡出入口的坡度应符合下列规定：

1 平坡出入口的地面坡度不应大于1∶20，当场地条件比较好时，不宜大于1∶30；

2 同时设置台阶和轮椅坡道的出入口，轮椅坡道的坡度应符合本规范第3.4节的有关规定。

答案：C

76. 解析：工业、物流用地的竖向坡度要求最缓，所以选C；其他选项参见《城乡建设用地竖向规划规范》CJJ 83—2016的有关规定，也可参考条文说明第4.0.1条的附表。

第4.0.1条，城乡建设用地选择及用地布局应充分考虑竖向规划的要求，并应符合下列规定：
　　1　城镇中心区用地应选择地质、排水防涝及防洪条件较好且相对平坦和完整的用地，其自然坡度宜小于20%，规划坡度宜小于15%；
　　2　居住用地宜选择向阳、通风条件好的用地，其自然坡度宜小于25%，规划坡度宜小于25%；
　　3　工业、物流用地宜选择便于交通组织和生产工艺流程组织的用地，其自然坡度宜小于15%，规划坡度宜小于10%；
　　4　超过8m的高填方区宜优先用作绿地、广场、运动场等开敞空间；
　　5　应结合低影响开发的要求进行绿地、低洼地、滨河水系周边空间的生态保护、修复和竖向利用；
　　6　乡村建设用地宜结合地形，因地制宜，在场地安全的前提下，可选择自然坡度大于25%的用地。
　　答案：C

77. 解析：参见《城市工程管线综合规划规范》GB 50289—2016第4.2.3条，干线综合管廊宜设置在机动车道、道路绿化带下，支线综合管廊宜设置在绿化带、人行道或非机动车道下。综合管廊覆土深度应根据道路施工、行车荷载、其他地下管线、绿化种植以及设计冰冻深度等因素综合确定。
　　答案：A

78. 解析：参见《民用建筑设计统一标准》GB 50352—2019第5.5.2条，与市政管网衔接的工程管线，其平面位置和竖向标高均应采用城市统一的坐标系统和高程系统。
　　答案：C

79. 解析：参见《城市工程管线综合规划规范》GB 50289—2016第4.1.1条，严寒或寒冷地区给水、排水、再生水、直埋电力及湿燃气等工程管线应根据土壤冰冻深度确定管线覆土深度；非直埋电力、通信、热力及干燃气等工程管线以及严寒或寒冷地区以外地区的工程管线应根据土壤性质和地面承受荷载的大小确定管线的覆土深度。
　　答案：A

80. 解析：参见《城市工程管线综合规划规范》GB 50289—2016第4.1.2条，工程管线应根据道路的规划横断面布置在人行道或非机动车道下面。位置受限制时，可布置在机动车道或绿化带下面。
　　答案：B

81. 解析：参见《城市工程管线综合规划规范》GB 50289—2016第4.1.12条，当工程管线交叉敷设时，管线自地表面向下的排列顺序宜为：通信、电力、燃气、热力、给水、再生水、雨水、污水。给水、再生水和排水管线应按自上而下的顺序敷设。
　　答案：D

82. 解析：参见《城市工程管线综合规划规范》GB 50289—2016第4.1.1条，严寒或寒冷地区给水、排水、再生水、直埋电力及湿燃气等工程管线应根据土壤冰冻深度确定管线覆土深度；非直埋电力、通信、热力及干燃气等工程管线以及严寒或寒冷地区以外地区的工程管线应根据土壤性质和地面承受荷载的大小确定管线的覆土深度（C项、D项是需要考虑的因素）。

工程管线的最小覆土深度应符合表4.1.1的规定。当受条件限制不能满足要求时，可采取安全措施减少其最小覆土深度。由该表可知，A项、B项也是需要考虑的因素。

工程管线的最小覆土深度（m）　　　　　　　表4.1.1

管线名称		给水管线	排水管线	再生水管线	电力管线		通信管线		直埋热力管线	燃气管线	管沟
					直埋	保护管	直埋及塑料、混凝土保护管	钢保护管			
最小覆土深度	非机动车道（含人行道）	0.60	0.60	0.60	0.70	0.50	0.60	0.50	0.70	0.60	—
	机动车道	0.70	0.70	0.70	1.00	0.50	0.90	0.60	1.00	0.90	0.50

注：聚乙烯给水管线机动车道下的覆土深度不宜小于1.00m。

答案：无

83. 解析：A是3.0m，B是1.0m或1.5m，C是0.6m，D是1.0m或1.5m；所以选A。参见《城市工程管线综合规划规范》GB 50289—2016第4.1.9条，工程管线之间及其与建（构）筑物之间的最小水平净距应符合本规范表4.1.9的规定。当受道路宽度、断面以及现状工程管线位置等因素限制难以满足要求时，应根据实际情况采取安全措施后减少其最小水平净距。大于1.6MPa的燃气管线与其他管线的水平净距应按现行国家标准《城镇燃气设计规范》GB 50028执行。

    答案：A

84. 解析：参见《城市古树名木养护和复壮工程技术规范》GB/T 51168—2016第3.0.1条，古树名木单株和群株保护范围的划分应符合下列规定：

    1 单株应为树冠垂直投影外延5m范围内；
    2 群株应为其边缘植株树冠外侧垂直投影外延5m连线范围内。

    另据《公园设计规范》GB 51192—2016第4.1.8条，古树名木的保护应符合下列规定：

    1 古树名木保护范围的划定应符合下列规定：
    1）成林地带为外缘树树冠垂直投影以外5m所围合的范围；
    2）单株树应同时满足树冠垂直投影以外5m宽和距树干基部外缘水平距离为胸径20倍以内。

    2 保护范围内，不应损坏表土层和改变地表高程，除树木保护及加固设施外，不应设置建筑物、构筑物及架（埋）设各种过境管线，不应栽植缠绕古树名木的藤本植物。

    答案：C

85. 解析：参见《民用建筑绿色设计规范》JGJ/T 229—2010第5.4.4条，场地设计时，宜采取下列措施改善室外热环境：

    1 种植高大乔木为停车场、人行道和广场等提供遮阳；
    2 建筑物表面宜为浅色，地面材料的反射率宜为0.3～0.5，屋面材料的反射率宜为0.3～0.6；

3 采用立体绿化、复层绿化,合理进行植物配置,设置渗水地面,优化水景设计;

4 室外活动场地、道路铺装材料的选择除应满足场地功能要求外,宜选择透水性铺装材料及透水铺装构造。

答案:C

86. 解析:C应算至房屋墙角1.0m处,故C说法错误。参见《城市居住区规划设计标准》GB 50180—2018 附录A 技术指标与用地面积计算方法,第A.0.2.2款,居住街坊内绿地面积的计算方法:当绿地边界与城市道路临接时,应算至道路红线;当与居住街坊附属道路临接时,应算至路面边缘;当与建筑物临接时,应算至距房屋墙脚1.0m处;当与围墙、院墙临接时,应算至墙脚。

答案:C

87. 解析:参见《建筑设计防火规范》GB 50016—2014(2018年版)第5.2.2条,民用建筑之间的防火间距不应小于表5.2.2的规定,与其他建筑的防火间距,除应符合本节规定外,尚应符合本规范其他章的有关规定。应注意表后的注释:"6 相邻建筑通过连廊、天桥或底部的建筑物等连接时,其间距不应小于本表的规定"。

民用建筑之间的防火间距(m)　　　　　　表5.2.2

建筑类别		高层民用建筑	裙房和其他民用建筑		
		一、二级	一、二级	三级	四级
高层民用建筑	一、二级	13	9	11	14
裙房和其他民用建筑	一、二级	9	6	7	9
	三级	11	7	8	10
	四级	14	9	10	12

答案:D

88. 解析:建筑高度为80m,消防车登高操作场地长度小于长边长度,所以C图错误;参见《建筑设计防火规范》GB 50016—2014(2018年版)的下列条款。

第7.2.1条,高层建筑应至少沿一个长边或周边长度的1/4且不小于一个长边长度的底边连续布置消防车登高操作场地,该范围内的裙房进深不应大于4m。建筑高度不大于50m的建筑,连续布置消防车登高操作场地确有困难时,可间隔布置,但间隔距离不宜大于30m,且消防车登高操作场地的总长度仍应符合上述规定。

第7.2.2条,消防车登高操作场地应符合下列规定:

1 场地与厂房、仓库、民用建筑之间不应设置妨碍消防车操作的树木、架空管线等障碍物和车库出入口。

2 场地的长度和宽度分别不应小于15m和10m。对于建筑高度大于50m的建筑,场地的长度和宽度分别不应小于20m和10m。

3 场地及其下面的建筑结构、管道和暗沟等,应能承受重型消防车的压力。

4 场地应与消防车道连通,场地靠建筑外墙一侧的边缘距离建筑外墙不宜小于5m,且不应大于10m,场地的坡度不宜大于3%。

答案:C

89. 解析:参见《总图制图标准》GB/T 50103—2010 表3.0.1第29项,如下表所示。

总平面图例（节选） 表 3.0.1

序号	名　称	图　例	备　注
29	方格网 交叉点标高	−0.50 ｜ 77.85 　　　　　78.35	"78.35"为原地面标高 "77.85"为设计标高 "−0.50"为施工高度 "−"表示挖方（"+"表示填方）

答案：A

90. **解析：** 参见《总图制图标准》GB/T 50103—2010 表 3.0.2 第 2 项，如下表所示。

道路与铁路图例（节选） 表 3.0.2

序号	名　称	图　例	备　注
2	道路断面	1.　　　　2. 3.　　　　4.	1. 为双坡立道牙 2. 为单坡立道牙 3. 为双坡平道牙 4. 为单坡平道牙

答案：B

《设计前期与场地设计（知识）》
2012年试题、解析及参考答案

2012年试题❶

1. 选址阶段在项目所在地区搜集有关搬迁工程的资料时，以下何者可不列入收集范围以内？（　　）

   A　选址范围内土地分属镇乡或单位的名称和数量

   B　选址范围内各种建筑物、构筑物的类型，建筑面积和占地面积，特别是住宅中每一住户的建筑面积

   C　选址范围内拆迁区段的建筑容积率

   D　拆除和搬迁条件、补偿和拆迁费用估算

2. 设计前期需要收集的资料不包括（　　）。

   A　项目土地出让协议　　　　B　水文、气象资料

   C　规划市政条件　　　　　　D　详细岩土地质资料

3. 下列题图四个地形图中，其名称与图形不符者为（　　）。

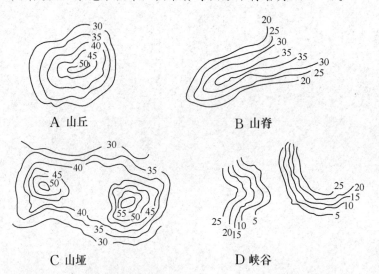

4. 居住区建设用坡地宜采用台地式规划布置的地形为（　　）。

   A　平坡地　　　B　陡坡地　　　C　中坡地　　　D　急坡地

5. 下列关于地震震级的说法中，错误的是（　　）。

   A　震级是表示一次地震释放能量的大小

   B　震级每差一级，地震波的强度将差32倍。

   C　震级表示地震的破坏程度

---

❶ 本套试题中有关标准、规范的试题由于标准、规范的更新，有的题已经过时。但由于是整套题，我们没有删改且仍保持用旧规范作答，敬请读者注意。

D 震级为5～7级的地震属破坏性地震

6. "建筑物必须满足夏季防热、遮阳、通风降温要求，冬季应兼顾防寒"的说法，是下列哪个气候分区对建筑的基本要求？（　　）
   A 寒冷地区　　　　　　　　B 夏热冬冷地区
   C 夏热冬暖地区　　　　　　D 温和地区

7. 在湿陷性黄土地区选择场地时下述哪条不妥？（　　）
   A 避开洪水威胁地段　　　　B 避开新建水库
   C 避开地下坑穴集中地段　　D 避开场地排水顺利地段

8. 当场地勘察资料缺乏、建筑平面位置未定或场地面积较大且为高层建筑群时，勘察宜分为以下何阶段进行？
   A 可行性研究、初步勘察、详细勘察三阶段
   B 参考周边勘察资料和详细勘察两阶段
   C 初步勘察和详细勘察两阶段
   D 合并为详细勘察一阶段

9. 下列关于泥石流的说法中，错误的是（　　）。
   A 泥石流大致有三种类型：山坡型泥石流、沟谷型泥石流和人为泥石流
   B 一个泥石流坡谷就是一个小流域，由清水汇集区、泥石流形成区、流通区和堆积区四个区域所组成
   C 在山区，若1小时的降雨量大于36mm就可能激发泥石流
   D 通常地震会直接导致泥石流发生

10. 下列有关高程的说法中，错误的是（　　）。
    A 我国规定以黄海的最高海水面作为高程的基准面
    B 地面点高出水准面的垂直距离称"绝对高程"或"海拔"
    C 某一局部地区，距国家统一高程系统水准点较远，可选定任一水准面作为假定水准面
    D 我国的水准原点设在青岛

11. 下列关于岩溶（喀斯特）地基的说法中，正确的是（　　）。
    A 有地下水活动的玄武岩地区容易形成岩溶（喀斯特）地基
    B 地表有覆土层的岩溶地基均为发育岩溶
    C 岩溶土层地表覆土层下存在着溶沟、溶洞，沟洞内都有充填的软土，其物理力学性能强于一般的软土，仅结构强度稍低
    D 建设项目宜避开勘探中明确为发育岩溶的地基

12. 某建设用地面积8000m²，其场地设计标高初步定为15.40m，场地平整挖方量为2000m³，场地平整填方量为12000m³，拟建建筑物附建地下室深4m，建筑面积为4000m²，轮廓与一层投影一致。根据上述条件，考虑土方平衡的要求，该项目场地设计标高应调整为（　　）。
    A 15.85m　　B 16.15m　　C 16.45m　　D 16.75m

13. 根据《人民防空工程设计防火规范》的规定，人防工程平时的使用用途不包含以下哪项？（　　）
    A 保龄球馆

B 乙类生产车间和物品库房

C 放映厅

D 卡拉OK厅（含具有卡拉OK功能的餐厅）

14. 下列选项中，表示城市基础设施用地的控制界线是（　　）。
    A 红线　　　　　　　　　　B 蓝线
    C 黄线　　　　　　　　　　D 紫线

15. 下列关于土地市场上惯用土地分类的说法中，错误的是（　　）。
    A 毛地是指荒芜年久、无人问津、贫瘠弃种弃耕的不毛之地
    B 生地是指不具备城市基础设施的土地，如耕地、山林地以及其他各种闲置的土地
    C 净地是指出让的土地上该拆迁的房屋建筑全部卸拆告终、场地统一平整完成，同时三通工程亦已建设开通的土地
    D 熟地具备完善的城市基础设施且无拆迁对象，开发商进场后可立即钉桩放线开工的土地

16. 下列有关城市国有土地使用权出让转让规划管理的说法中，错误的是（　　）。
    A 城市国有土地使用权出让前应当制定控制性详细规划
    B 城市国有土地使用权出让转让合同必须附具规划设计条件及附图
    C 受让方已取得土地出让合同即可办理土地使用权属证明
    D 受让方在符合规划设计条件外为公众提供公共使用空间或设施时，经城市规划行政主管部门批准后，可给予适当提高容积率的补偿

17. 下列关于城市用地选择及用地布局应考虑竖向规划要求的说法中，错误的是（　　）。
    A 城市中心区用地应选择地质及防洪排涝条件较好且相对平坦和完整的用地，自然坡度应小于15%
    B 居住用地应选择向阳、通风条件好的用地，自然坡度应小于30%
    C 工业、仓储用地宜选择便于交通组织和生产工艺流程组织的用地，自然坡度宜小于15%
    D 城市开敞空间用地宜利用挖方较大的区域

18. 下列关于用地规划高程应高于地下水位的说法中，错误的是（　　）。
    A 保护用地免于长期受地下水浸泡
    B 有利于建（构）筑物基础的安全稳固
    C 有利于增大地基的承载力
    D 有利于地下管线的维护

19. 村镇规划建设用地应避开生态敏感的地段，下列区域不属于生态敏感地段的是（　　）。
    A 风景名胜区　　　　　　　B 沙尘暴源区
    C 天然林、红树林、热带雨林　D 珍稀动植物栖息地

20. 以下题图为一占地约5km²、60000人口的城镇分区图，其污水处理厂选址的较好位置是（　　）。
    A Ⅰ区　　B Ⅱ区　　C Ⅲ区　　D Ⅳ区

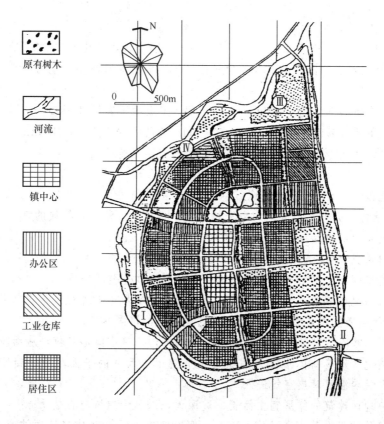

题20图

21. 建筑与规划的结合首先应体现在选址问题上,选址的主要依据不包括以下哪项?(   )
    A 项目建议书   B 可行性研究报告
    C 环境保护评价报告   D 初步设计文件

22. 在建设项目选址报告中对选址方案作比较时,应考虑的主要因素不包括(   )。
    A 土石方工程量   B 附近城镇的人口数以及就业率
    C 拆迁和赔偿数量   D 与城市规划的关系和影响

23. 根据我国现行居住区规范,在计算居住区用地指标时,每户平均人数(人/户)为下列何值?(   )
    A 2.9   B 3.2   C 3.8   D 4.2

24. 在工程项目策划阶段,有关城市购物中心规模和功能的下列说法中,正确的是(   )。
    A 购物中心分为超大型、大区域型、大型区域型和中小型地方型
    B 所有购物中心都应设置停车场
    C 超大型、大区域型的购物中心其营业面积应在 25000m² 以上
    D 超大型、大区域型的购物中心要附设有公共交通换乘站

25. 某住宅小区拟建住宅,其建筑面积 50000m²,户型比要求:60m²/户的占20%,80m²/户的占30%,100m²/户的占40%,120m²/户的占10%,估算该小区的总户数为(   )。

A 556 户 B 569 户
C 596 户 D 无法估算,视具体总图布置而定

26. 下列关于城市居住区级以上(不含居住区级)的商业金融中心服务半径的说法,错误的是(　　)。
    A 特大市级的不宜超过 15km B 市级的不宜超过 8km
    C 区级的不宜超过 4km D 地区级的不宜超过 1.5km

27. 下列不属于控制室内环境污染Ⅱ类的民用建筑类型是(　　)。
    A 旅馆 B 办公楼
    C 幼儿园 D 图书馆

28. 下列关于村庄历史文化遗产和乡土特色保护措施的说法中,错误的是(　　)。
    A 特色场所:重点在于空间环境的保护、改善
    B 自然景观特色:重点在于自然形貌和生态功能保护
    C 历史遗存类:重点是尽可能使遗存得到真实和完整的保存
    D 具有特色风貌的建(构)筑物:重点是对原有风格与外观改造更新并重

29. 下列关于建筑单体体形影响节能设计的说法中,错误的是(　　)。
    A 严寒、寒冷气候区的建筑宜采用紧凑的体形,减小体形系数,从而减少热损失
    B 干热地区建筑的体形宜采用紧凑或有院落、天井的平面,易于封闭、减少通风,减少极端温度时热空气进入
    C 湿热地区建筑的体形宜主面长、进深大,以利于通风与自然采光
    D 建筑的体形系数不满足要求时,严寒、寒冷地区公共建筑必须按相应的标准进行围护结构热工性能的权衡判断

30. 下列关于民用建筑项目安全防护方面的说法中,错误的是(　　)。
    A 防护对象的风险等级分为:一级、二级和三级
    B 风险的险护级别分为:一级、二级和三级
    C 银行内现金出纳柜台 6 个及以上的营业场所其风险等级为一级、防护等级也是一级
    D 80000m² 以下的住宅小区可不设置监控中心

31. 下述关于民用建筑项目中对公共服务设施用房布局的说法中,错误的是(　　)。
    A 燃煤、燃气、燃油锅炉房必须独立布置
    B 充有可燃油的高压电容器室和多油开关间等宜独立布置
    C 柴油发电机房宜布置在民用建筑的一层、地下一层或地下二层
    D 常用(负压)燃气锅炉房距安全出口距离大于 6m 时可布置在民用建筑的屋顶上

32. 下列关于剧场总平面布置的要求中,错误的是(　　)。
    A 基地应至少有一面临接城镇道路或直接通向城市道路的空地
    B 内部道路可兼作消防车道,其净宽不应小于 3.5m,穿越建筑物时净高不应小于 4.0m
    C 布景运输车辆应能直接到达景物出入口
    D 剧场建筑的红线退后距离应符合规划要求,并按不小于 0.5m²/座的标准留出集散空地

33. 下列有关畜禽场场区策划要点的说法中,错误的是( )。
   A 场区距离居民区应不小于3000m
   B 场区距铁路、高速公路、交通干线应不小于1000m
   C 场区大门设施的布置应使外来人员或车辆先经过强制性消毒区再通过门卫才能入场
   D 场区内道路可根据交通流量的大小、畜禽量的多少组成一个环路且其路面应防止扬尘

34. 下列关于城市居住区道路的阐述,正确的是( )。
   A 居住区中的小区级道路是指划分各小区间的道路
   B 小区内允许过境车辆穿行且应保持畅通,并有利于生活服务车辆通行
   C 穿越居住区的城市支路或居住区级道路允许引入公共交通或穿行
   D 居住区级道路应经过各小区的中心地带,以利于人流、车流的分流和疏散

35. 关于建筑结构实现设计使用年限的条件中,不包括以下哪项?
   A 正常大修   B 正常施工   C 正常使用   D 正常维护

36. 某新建停车库拟停放小型机动车600辆,其库址车辆出入口的最少数量为( )。
   A 1个   B 2个   C 3个   D 4个

37. 下列关于建筑物防治雪灾的说法中,错误的是( )。
   A 雪灾的危险性是按积雪深度的深浅分级
   B 在危害性大的C、D区,村庄迎风方向的边缘种植密集型防护林带或设置挡风墙等措施
   C 建筑物不宜设高低屋面
   D 雪灾危害严重地区应建立避灾疏散场所

38. 在下列某一工业区的策划阶段总图布局中(如题图所示),M3(三类工业)中的造纸工业企业应布放在( )。

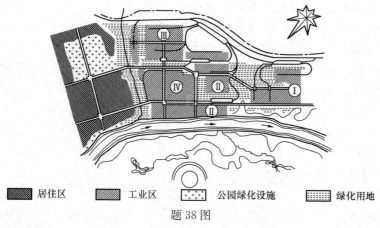

题38图

   A Ⅰ区   B Ⅱ区   C Ⅲ区   D Ⅳ区

39. 下列有关新建公共租赁住房的说法中,错误的是( )。
   A 以集中建设为主,配建为辅
   B 可以以集体宿舍形式建设

C 可以在开发区和工业园区内建设
D 单套建筑面积要严格控制在 60m² 以下

40. 下列关于注册建筑师执业的说法中,错误的是( )。
A 一级注册建筑师的建筑设计范围不受建筑规模和工程复杂程度的限制
B 建筑设计单位承担民用建筑或工业建筑设计项目都须有注册建筑师任项目设计经理(工程设计主持人或设计总负责人)
C 在建筑工程设计的主要文件(图纸)中,除应注明设计单位资格和加盖公章外,还必须由主持该项设计的注册建筑师签字并加盖其执业专用章,方为有效
D 注册建筑师只能在自己任项目设计经理(工程设计主持人、设计总负责人……)的设计文件(图纸)中签字盖章

41. 以出让方式取得土地使用权进行房地产开发而未在动工开发期限内开发土地,超过开发期限满多少年的,国家可以无偿收回土地使用权?( )
A 一年   B 二年   C 三年   D 四年

42. 在方案设计阶段,建筑专业应向其他专业提供的资料中,不包括以下哪项?( )
A 由建设单位提供的设计依据文件
B 主管部门的审批意见
C 总平面与单体平面、立面和剖面
D 简要设计说明

43. 下列有关建筑工程设计收费标准的叙述中,正确的是( )。
A 大型建筑工程是指 15000m² 以上的建筑
B 建筑总平面布置或小区规划设计根据工程复杂程度按 3 万～5 万/hm² 计算收费
C 建筑工程的复杂程度分为 Ⅲ 级
D 基本设计收费要完全按工程设计收费基价表中的标准收费,不得添加各种系数

44. 在工程建设进度控制计划体系中,明确各工种设计文件交付日期,设备交货日期,水电、道路的接通日期以及施工单位进场日期等计划安排的应是( )。
A 工程项目总进度计划表   B 工程项目年度计划表
C 工程项目进度平衡表   D 投资计划年度分配表

45. 从下列哪个设计阶段起,对于涉及消防的相关专业,其设计说明应有建筑消防设计的专门内容?( )
A 设计前期阶段   B 方案设计阶段
C 初步设计阶段   D 施工图阶段

46. 关于住宅建筑的日照标准,下列说法何者不妥?( )
A 老年人住宅不应低于冬至日日照 2h 的标准
B 旧区改建项目内的新建住宅日照标准可酌情降低,但不应低于大寒日日照 1h 的标准
C 以大寒日为标准的城市,其有效日照时间带为大寒日 9 时至 15 时
D 底层窗台面是指距室内地坪 0.9m 高的外墙位置

47. 下列哪种阐述不符合规范对建筑日照要求?( )
A 每套住宅至少应有一个居住空间获得日照且应符合日照标准

B 宿舍半数以上的居室应能获得同住宅居住空间相等的日照
C 托儿所、幼儿园的主要生活用房应能获得大寒日不少于3h的日照
D 南向的普通教室冬至日底层满窗日照不应小于2h

48. 关于总平面中建筑物定位的说法，错误的是(　　)。
   A 一般以测量地形图坐标定位
   B 一般宜以轴线定位
   C 不应以相对尺寸定位
   D 圆形及弧形建筑物应标注圆心坐标及半径

49. 下列关于综合医院职工住宅与医院基地之间布置的说法，正确的是(　　)。
   A 职工住宅应远离医院地基，并不得邻近布置
   B 职工住宅宜设在医院基地内，以便及时为病人服务
   C 职工住宅的建筑规模较小时，可设于医院基地范围内
   D 职工住宅不宜建在医院基地内，如用地毗连应分隔，另设出入口

50. 建筑控制线是指建筑物退后用地红线、道路红线、绿线、蓝线等一定距离后不能超过的界线，该线通常用来控制建筑物的哪个部位？
   A 建筑基底　　　B 建筑基础　　　C 建筑屋顶　　　D 建筑散水

51. 在高压走廊宽度范围内进行总体规划布置时，下列说法中正确的是(　　)。
   A 不得建任何建筑物
   B 不得建主体建筑，只允许布置规模较小的附属建筑
   C 不得跨过铁道线
   D 不允许道路通过

52. 按照《全国民用建筑工程设计技术措施》的一般规定，中小学校学校用地应包括(　　)。
   A 建筑用地、体育用地、绿化用地、道路用地及停车用地
   B 建筑用地、体育用地、绿化用地、道路用地及广场用地
   C 建筑用地、教学用地、绿化用地、道路用地及停车用地
   D 建筑用地、教学用地、体育用地、绿化用地及生活用地

53. 根据总规划用地面积计算其他各项技术指标时，关于总规划用地面积的说法中，正确的是(　　)。
   A 含代征城市道路用地
   B 含代征城市绿化用地
   C 含代征城市绿地，但不含代征城市道路用地
   D 不含代征城市道路用地及代征城市绿地

54. 计算容积率时，关于总建筑面积中是否包括地下、半地下建筑面积的说法，正确的是(　　)。
   A 根据所在城市规划部门的规定计算
   B 包括地下、半地下建筑面积
   C 不包括地下、半地下建筑面积
   D 不包括地下建筑面积，包括半地下建筑面积

55. 下列有关人员密集建筑基地集散要求的说法中,错误的是(　　)。
    A 基地应至少与两条或两条以上城市道路相连接,包括以基地道路形式连接
    B 基地所临接的城市道路应有足够的宽度
    C 基地应至少有一面直接临接城市道路,否则应设基地道路与城市道路相连接
    D 建筑物主要出入口前应有供人员集散用的空地,其面积和长宽尺寸应符合一定要求

56. 在居住区规划设计中布置住宅间距时,下列哪个因素可不考虑?(　　)
    A 住宅立面   B 日照   C 消防   D 管线埋设

57. 关于居住区内机动车与非机动车混行的道路坡度,在非多雪严寒地区其纵坡的最大限值是(　　)。
    A 1%   B 3%   C 5%   D 8%

58. 下列关于住宅小区内主要道路对外出入口要求的说法中,正确的是(　　)。
    A 至少应有两个出入口
    B 至少应有两个不同方向的出入口
    C 当小区内主要道路为环路时,可设一个出入口
    D 至少应有三个出入口

59. 当住宅小区内主要道路坡度较大时,区内主要道路与城市道路衔接的下列说法中,正确的是(　　)。
    A 直接衔接   B 降低城市道路标高
    C 加宽主要道路宽度   D 设缓冲段

60. 室内运动场内某场地平面尺寸为18m×9m,其应为何种球类运动的场地?(　　)
    A 篮球   B 网球   C 羽毛球   D 排球

61. 小型汽车地面停车场的最小停车车位尺寸是(　　)。
    A 2.0m×6.0m   B 2.8m×6.0m
    C 3.0m×6.0m   D 3.0m×5.5m

62. 基地内有建筑面积大于3000m²的若干建筑物,且只有一条基地道路与城市道路相连接,此时基地道路的最小宽度应为(　　)。
    A 4m   B 6m   C 7m   D 8m

63. 下列有关消防通道的说法中,错误的是(　　)。
    A 建筑的内院或天井当其短边长度超过24m时,宜设有进入内院或天井的消防车道
    B 当多层建筑的总长度超过220m时,应在适中位置设置穿过建筑物的消防车道
    C 当多层建筑的沿街长度超过150m时,应在适中位置设置穿过建筑物的消防车道
    D 当建筑的周围设环形消防车道时,如建筑的总长度超过220m,应在适中位置设置穿过建筑物的消防车道

64. 居住区内非公建配建的居民汽车地面停放场地的用地应属于(　　)。
    A 住宅用地   B 宅间绿地
    C 道路用地   D 公共服务设施用地

65. 下列关于在停车场内设置残疾人停车位的说法中,正确的是(　　)。
    A 应靠近停车场出入口   B 应设于空间开阔地段

C 应设于停车场的尽端　　　　　　D 应靠近建筑物出入口

66. 下列有关机动车停车场通向城市道路出入口的说法中,错误的是(　　)。
    A 出入口应距离城市人行过街天桥、地道、桥梁等的引道口大于50m
    B 在以出入口边线与车道中心线交点作视点的120°范围内至边缘外7.5m以上不应有遮挡视线障碍物
    C 大中型停车场出入口应不少于两个
    D 单向行驶时出入口宽度不应小于5m

67. 下列有关场地台地处理的叙述,错误的是(　　)。
    A 居住用地分台布置时,宜采用小台地形式。
    B 公共设施用地分台布置时,台地间高差宜与建筑层高成倍数关系
    C 台地的短边应平行于等高线布置
    D 台地的高度宜为1.5～3.0m

68. 当场地地面排水坡度小于0.2%时,宜采用的排水措施应为(　　)。
    A 单坡向排水　　　　　　　　　B 反坡向排水
    C 定坡向排水　　　　　　　　　D 多坡向排水

69. 下列关于场地竖向设计所依据现状高程的表述中,错误的是(　　)。
    A 城市道路标高
    B 周围市政管线接口标高
    C 场地附近建筑物的现状标高
    D 场地附近原有水系的常年水位和最高洪水位标高

70. 关于在台阶式(台地式)住宅用地挡土墙或护坡上加设安全防护设施的下列说法中正确的是(　　)。
    A 相邻台地间高差小于1.5m时的挡土墙顶面
    B 坡比值大于0.5的护坡顶面
    C 相邻台地间高差大于1.5m时,在坡比值大于0.5的护坡顶面
    D 坡比值小于0.5的护坡顶面

71. 下列有关常年雨水贫乏地区竖向设计的原则中,错误的是(　　)。
    A 合理利用和收集地面雨水
    B 有效控制和减少场地内可渗透地表的面积
    C 设计阻水措施,减缓径流速度
    D 安排储存和处理措施

72. 下列山地地形类型的坡度,按由缓至陡的排列顺序,正确的是(　　)。
    A 平坡地、缓坡地、陡坡地、急坡地
    B 平坡地、缓坡地、急坡地、陡坡地
    C 缓坡地、平坡地、陡坡地、急坡地
    D 缓坡地、平坡地、急坡地、陡坡地

73. 下列有关确定建筑物等防护对象防洪标准的说法中,错误的是(　　)。
    A 防护对象的防洪标准应以防御的洪水或潮水的重现期表示
    B 对特别重要的防护对象,可采用可能最大洪水表示

C 当场地内有两种以上的防护对象时，必须按防洪标准要求较高者确定
D 根据防护对象的不同需要，其防洪标准可采用设计一级或设计、校核两级

74. 某建筑的地上架空平台与城市高架道路连通，下列有关其绘制总图的说法中，正确的是（　　）。
A 室外地坪标高符号宜用细实线绘制的等腰直角三角形表示
B 应以含架空平台的平面作为总平面
C 应以接近地面处±0.000标高的平面作为总平面
D 应以含有屋面投影的屋面平面作为总平面

75. 下列有关总图上各种设施标注标高的说法中，错误的是（　　）。
A 建筑物室外散水标注建筑物四周转角或两对角的散水坡脚处标高
B 铁路标注轨道底标高
C 挡土墙标注墙顶和墙趾标高
D 排水沟标注沟顶和沟底标高

76. 室外运动场地应有良好的表面排水条件，题图所示为足球场地的各种排水方式，错误的是（　　）。

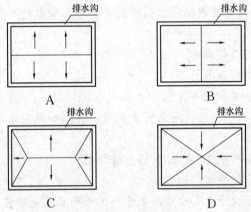

77. 下列关于地下工程管线敷设的说法，何项不妥？（　　）
A 管线的走向宜与道路或建筑物主体相平行垂直
B 管线应从建筑物向道路方向由浅至深敷设
C 管线布置应短捷，重力自流管不应转弯
D 管线与管线、管线与道路应减少交叉

78. 在严寒或寒冷地区直埋敷设的工程管线，其埋置深度可不考虑土壤冰冻深度的管线是（　　）。
A 给水管线　　B 排水管线　　C 燃气管线　　D 热力管线

79. 工程管线平面位置和竖向位置应采用的坐标系统和高程系统，正确的是（　　）。
A 国际统一的坐标系统和高程系统
B 国家统一的坐标系统和高程系统
C 城市统一的坐标系统和高程系统
D 国家统一的坐标系统和城市统一的高程系统

80. 根据各类工程管线埋设的行垂直排序要求，以下管线中埋在最上面的管线是（　　）。

A 电力管线　　　　B 热力管线　　C 给水管线　　　　D 电信管线

81. 地下埋设给水管和排水管时，下列管线之间垂直净距的说法中，错误的是(　　)。
    A 给水管与排水管之间的净距可不考虑
    B 给水管与给水管之间的净距可不考虑
    C 排水管与给水管之间应保持安全距离
    D 排水管与排水管之间应保持安装距离

82. 地下管线的垂直净距是指(　　)。
    A 上下管线内壁面和内壁面之间的距离
    B 上下管线中心线之间的距离
    C 下面管线的外顶和上面管线基础底或外壁面之间的距离
    D 不同管线所指部位各不相同

83. 埋设给水管、雨水管、污水管管线遇到矛盾时，正确的处理方法是(　　)。
    A 雨水管避让给水管和污水管　　　B 给水管避让雨水管和污水管
    C 污水管避让给水管和雨水管　　　D 雨水管和污水管避让给水管

84. 不可以直接敷设在机动车道下面的工程管线是(　　)。
    A 电信电缆管线　　　　　　　　　B 污水排水管线
    C 雨水排水管线　　　　　　　　　D 电力电缆管线

85. 下列有关居住区内绿地面积计算的叙述中，错误的是(　　)。
    A 对居住区级路算到红线
    B 对小区路算到路边，当小区路设有人行便道时算到便道边
    C 带状公共绿地面积计算的起止界同院落式组团绿地
    D 对建筑物算到散水边，当采用暗埋散水（即绿化可铺至墙边）时算到墙边

86. 衡量住宅新区室外环境绿化，指标不应低于30%的是(　　)。
    A 绿化率　　　　　　　　　　　　B 绿地率
    C 绿化覆盖率　　　　　　　　　　D 绿化有效率

87. 居住小区规定要求达到人均1m² 的绿地是指(　　)。
    A 公共绿地　　　　　　　　　　　B 宅旁绿地
    C 道路绿地　　　　　　　　　　　D 全部绿地

88. 题图所示某城市南北平行布置的两栋多层住宅，当地规定的日照间距系数为 $β$，对于其日照间距 L 的计算公式，正确的是(　　)。

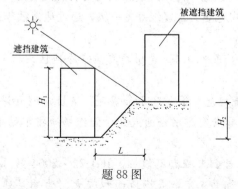

题88图

A $L=(H_1+H_2)\cdot\beta$ B $L=(H_1-H_2)\cdot\beta$
C $L=(H_1+H_2)\div\beta$ D $L=(H_1-H_2)\div\beta$

89. 对题图所示的总图图例所做说明的表述中，正确的是（ ）。

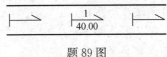

题89图

A 表示排水明沟   B 表示沟底标高 40.00
C 表示沟宽 1.0m   D 表示有盖板的排水沟

90. 题图所示总图图例所表示的含义中，正确的是（ ）。

A 挡土墙   B 挡土墙上设围墙
C 围墙   D 拦水坝

题90图

2012 年试题解析及参考答案

1. **解析**：建设项目选址意见书的主要内容包括题中 A、B、D 三项，不包括 C 项。
   答案：C

2. **解析**：设计前期需要收集的资料包括题中 B、C、D 三项，不包括 A 项目土地出让协议。
   答案：A

3. **解析**：图 B 所示为山嘴。见本辅导教材《第一分册　设计前期场地与设计》（知识）第一章第四节。
   答案：B

4. **解析**：《居住区规范》第 9.0.3 条规定："当自然地形坡度大于 8%，居住区地面连接形式宜选用台地式"。《建筑设计资料集 6》中的坡度分级表，平坡地（3% 以下），缓坡地（3%～10%），中坡地（10%～25%）陡坡地（25%～50%），急坡地（50%～100%）。8% 属缓坡地，但题中无缓坡地，考虑大于 8%，取中坡地。
   答案：C

5. **解析**：震级是指地震的大小，是以地震仪测定的每次地震活动释放的能量多少来确定的。地震越大，震级的数字也越大，震级每差一级，通过地震被释放的能量约差 32 倍。
   答案：C

6. **解析**：见《民建通则》表 3.3.1，是Ⅲ类夏热冬冷地区。
   答案：B

7. **解析**：《黄土地区建筑规范》第 5.2.1 条规定：选址应避开洪水威胁、有新建水库和地下穴集中地段，应选择具有排水畅通或利于组织场地排水的地形条件。
   答案：D

8. **解析**：见《高层建筑岩土工程勘察规程》JGJ 72—2004 第 3.0.2 条 2 款，当场地勘察资料缺乏、建筑平面位置未定，或场地面积较大、为高层建筑群时，勘察阶段宜分为初步勘察和详细勘察两阶段进行。

答案：C

9. 解析：泥石流三种类型：山坡型泥石流、沟谷型泥石流和标准型泥石流。标准型泥石流能区分出形成区、流通区和堆积区，破坏性大。

答案：A

10. 解析：见《竖向规范》第2.0.2条及条文说明，知B、C、D项正确，又知我国是以黄海的平均海水面作为高程的基准面。

答案：A

11. 解析：在岩溶发育地区，岩溶作用使岩土体结构发生变化，形成各种形状不同大小各异的岩溶洞或土洞，以致岩体强度降低。在岩溶发育地区进行工程建设，岩溶会给工程设计或施工带来许多困难，严重则引发重大安全事故。岩溶发育区，场地稳定性差。

答案：D

12. 解析：土方平衡计算：场地平整需要填土量：12000－2000＝10000（m³）；地下建筑可利用挖土：4×4000＝16000（m³）；现多余土：16000－10000＝6000（m³）；可增加高度：6000÷8000＝0.75（m）；设计标高调整后：15.40＋0.75＝16.15（m）。

答案：B

13. 解析：见《人民防空工程设计防火规范》GB 50098—2009第1.0.2-2条按火灾危险性分类属于丙、丁、戊类的生产车间和物品库房等。不包括有甲、乙类生产车间和库房。

答案：B

14. 解析：《城市黄线管理办法》（建设部2005年12月20日第144号令）城市黄线是城市基础设施用地控制线。

答案：C

15. 解析：毛地是指城市基础设施不完善、地上有房屋拆迁的土地。

答案：A

16. 解析：根据《中华人民共和国城镇国有土地使用权出让和转让暂行条例》（国务院1990年5月19日第55号令）第十四条及第十六条，土地使用者应当在签订土地使用权出让合同六十日内，支付全部使用权出让金。之后方可领取土地使用权证，取得土地使用权。

答案：C

17. 解析：见《竖向规范》第5.0.1条1、2、3款，可知A、B、C项正确。又第4款规定，城市开敞空间用地宜利用填方较大的区域。

答案：D

18. 解析：见《竖向规范》8.0.2条第3款条文说明，用地高程高于地下水位的高度限制的内容包括A、B、D项，不包括C项。

答案：C

19. 解析：风景名胜区属于需要特殊保护的区域，住房和城乡建设部将此划为禁建区。B、C、D项都属于生态敏感与脆弱区。

答案：A

20. 解析：靠近工业区：污水处理厂设于东北角，厂区西北风的污染不会影响该城镇环境卫生。

    答案：C

21. 解析：选址在先，初步设计在后。

    答案：D

22. 解析：应考虑B、C、D项。

    答案：A

23. 解析：《居住区规范》表3.0.3注。

    答案：B

24. 解析：《民建通则》第3.6.2条规定：新建扩建的公共建筑应按建筑面积或使用人数，设置停车场。

    答案：B

25. 解析：$(60×2+80×3+100×4+120)÷10=880÷10=88m^2$，即平均每户的面积，则总户数为：$50000÷88=569$ 户。

    答案：B

26. 解析：见《城市公共设施规划规范》GB 50442—2008第4.0.3条第1款，有B、C、D项的规定。规范无A项的要求。

    答案：A

27. 解析：见《民用建筑工程室内环境污染控制规范》GB 50325—2010第4.0.1条第1、2款，可知幼儿园属于Ⅰ类，其他3项均为Ⅱ类。

    答案：C

28. 解析：见《村庄整治技术规范》GB 50445—2008第11.2.2条1、3、4款，知A、B、C项正确。第2款要求"建（构）筑物特色风貌保护主要采取不改变外观特征"。

    答案：D

29. 解析：宜主立面长，且进深小，以利通风与自然采光。

    答案：C

30. 解析：见《安全防范工程技术规范》GB 50348—2004第4.1.1及4.1.2条，可知A、B项正确。又5.2.4条规定，5万m^2以上（含5万m^2）的住宅小区应设置监控中心。又从《银行营业场所风险等级和防护级别的规定》GA 38—2004 4.1.3条可知C项正确。

    答案：D

31. 解析：见《防火规范》第5.4.12条，燃油或燃气锅炉房、变压器室应设置在首层或地下一层的靠外墙部位。

    答案：A

32. 解析：见《剧场建筑设计规范》JGJ 57—2000第3.0.3条集散空地不小于$0.2m^2$/座。

    答案：D

33. 解析：见《畜禽场场区设计技术规范》NY/T 682—2003第4.1.4条，知A、B项正确，4.2.4条知C项正确。又要求场区人员行走和运送饲料的清洁道和运送污物、死禽的污物道要分开，并不得交叉。

答案：D

34. 解析：见《居住区规范》第8.0.1条第4款明文规定容许引入公共交通，但应减少交通噪声对居民干扰。

    答案：C

35. 解析：见《建筑结构可靠度设计统一标准》GB 50068—2001第1.0.7条，建筑结构设计使用年限是指在规定的设计使用年限内应满足B、C、D项的功能要求，在此期间结构或结构构件不需进行大修即可按其预定目的使用。

    答案：A

36. 解析：见原《汽车库建筑设计规范》JGJ 100—98第3.2.4条，多于500辆车的是特大型汽车库，出入口不应少于3个。

    答案：C

37. 解析：雪灾按危险级别来分三级，分别以黄色、橙色、红色表示；一般黄色为三级防御状态，橙色为二级防御状态，红色是一级紧急状态和危险情况。

    答案：A

38. 解析：三类工业应于下风向和河下游的Ⅰ区。

    答案：A

39. 解析：见国务院七部门《关于加快发展公共租赁住房的指导意见》（建保[2010]87号）第四条第（一）款要求，"新建公共租赁住房以配建为主，也可以相对集中建设"。

    答案：A

40. 解析：《中华人民共和国注册建筑师条例实施细则》第三十条规定，注册建筑师所在单位承担民用建筑设计项目，应当由注册建筑师任工程项目设计主持人或设计总负责人；工业建筑设计项目，须由注册建筑师任工程项目建筑专业负责人。

    答案：B

41. 解析：《房地产管理法》第二十六条规定超过动工开发日期两年时，国家可以无偿收回土地使用权。

    答案：B

42. 解析：D条简要设计说明的资料，相对比不如其他三条资料更重要和明显。

    答案：D

43. 解析：根据《工程勘察设计收费管理规定》（国家计委、建设部2002年1月7日发布）表7.3.1注1规定大型建筑工程是指20001m^{2}以上的建筑，注2至注5规定了各种不同复杂情况的收费附加调整系数；注6规定，建筑总平面布置或小区规划设计，按复杂程度以1万～2万/hm^{2}计算收费。又表7.2.1规定，建筑工程按复杂程度分为Ⅰ、Ⅱ、Ⅲ级。

    答案：C

44. 解析：建设工程进度控制计划体条中，工程项目进度平衡表用以明确各种设计文件交付日期、主要设备交货日期、水电及道路的接通日期以及施工单位进场日期等计划安排。

    答案：C

45. 解析：初步设计是建设项目程序工程审批手续重要阶段，尤其有关消防报批审定资料存档专用。
    答案：C

46. 解析：见《居住区规范》第5.0.2.1条（1）、（3）款及表5.0.2-1，知A、B、D项正确。而以大寒日为标准的城市，其有效日照时间带为大寒日8～16时。
    答案：C

47. 解析：见《民建通则》第5.1.3条1、2、4款，可知A、B、D项正确，又第3款要求，托儿所、幼儿园的主要生活用房，应能获得冬至日不小于3h日照，而不是大寒日。
    答案：C

48. 解析：见《总图标准》第2.4.6条，建筑物等用坐标定位时，根据工程具体情况也可用相对尺寸定位。
    答案：C

49. 解析：《医院规范》第4.2.7条规定，职工住宅不得建在医院基地内；如用地毗连时，必须分隔，另设出入口。可知A、B、C项均错误，其实D项的"不宜"也是不对的。
    答案：D

50. 解析：《民建通则》第4.2.3条规定指的是建筑基底。
    答案：A

51. 解析：《城市电力规划规范》GB 50293—1999规定，在高压走廊宽度范围内，不得建任何建筑物。
    答案：A

52. 解析：见《全国民用建筑工程设计技术措施》（2009年版）（规划建筑景观）分册2.1.9条3.2)④款规定，学校用地应包括建筑用地，体育用地、绿化用地、道路用地及广场用地。有条件时宜预留发展用地。
    答案：B

53. 解析：《建设用地规划技术指标》规定，规划建设用地面积指规划行政部门确定的建设用地界线所围合的用地水平投影面积，不含代征用地的面积。
    答案：D

54. 解析：《全国民用建筑工程设计技术措施》（2009年版）（规划·建筑·景观）分册第2.5.9条规定，计算容积率时，总建设面积中，是否包括地下、半地下建筑面积，根据所在城市规划部门的规定计算。
    答案：A

55. 解析：见《民建通则》第4.1.6条3款，知A项正确；从第1款知B、C项正确。又第5款规定：建筑物主要出入口前应有供人员集散用的空地，其面积和长宽尺寸应根据使用性质和人数确定。
    答案：D

56. 解析：住宅立面属建筑外观感，与住宅间距布置无关。
    答案：A

57. 解析：见《居住区规范》第8.0.3条第1款和第8.0.3条第2款。

答案：B

58. 解析：见《居住区规范》第8.0.5条第1款，小区内主要道路至少应有两个出入口。
    答案：A

59. 解析：见《居住区规范》第8.0.5条第2款。
    答案：D

60. 解析：排球场地尺寸为18m×9m。
    答案：D

61. 解析：见《停车场规划设计规范》（公安部、建设部[88]公（交管）字90号），小型汽车地面最小停车车位尺寸与汽车库设计规范是不一样的，是2.8m×6m。
    答案：B

62. 解析：见《民建通则》第4.1.2条。
    答案：C

63. 解析：见《防火规范》第7.1.2条，当设置穿过建筑物消防车道确有困难时，应设置环形消防车道。
    答案：D

64. 解析：见《居住区规范》居住区道路。
    答案：C

65. 解析：原《城市道路和建筑无障碍设计规范》JGJ 50—2001第7.11.1条要求残疾人停车位应距建筑物入口最近。2012年版《无障碍规范》3.14.1条要求，应将通行方便、行走距离路线最短的停车位设为无障碍机动车停车位。
    答案：D

66. 解析：见原《汽车库建筑设计规范》JGJ 100—98第3.2.4条和第3.2.9条，可知A、C、D项正确。又3.2.8条要求，车辆出入口在距出入口边线内2m处作视点的120°范围内至边线外7.5m以上不应有遮挡视线障碍物。
    答案：B

67. 解析：见原《城乡建设用地竖向规划规范》CJJ 83—99第4.0.3条3款及5.0.2条第2、3款，可知A、B、D项正确。又4.0.3条2款要求，台地的长边应平行于等高线布置。
    答案：C

68. 解析：原《城乡建设用地竖向规划规范》CJJ 83—99第8.0.2条1款规定：当场地地面排水坡度小于0.2%时，宜采用多坡向排水。
    答案：D

69. 解析：场地道路和管线要与城市道路和市政管线连接，必须了解城市建路和周围市政管线接口的标高；为防止洪水，要了解附近原有水系的常年水位和最高洪水位标高。而附近建筑物的现状标高不是场地竖向设计的依据。
    答案：C

70. 解析：见原《城乡建设用向竖向规划规范》CJJ 83—99第9.0.3条2款。
    答案：C

71. 解析：对于常年雨水贫乏地区，应合理利用和收集地面雨水，有效控制和减少场地内不可渗透地表的面积；设置阻水措施，减缓径流速度，增强雨水下渗，减少水分蒸发和流失，并安排储存和处理设施。

答案：B

72. 解析：见《建筑设计资料集1》，平坡地（3%以下）缓坡地（3%～10%）中坡地（10%～25%），陡坡地（25%～50%），急坡地（50%～100%）悬崖陡地（100%以上）。

答案：A

73. 解析：根据《防洪标准》第3.0.1条，可知A、B、D项正确。又3.0.5条要求，当防护区内有两种以上的防护对象，又不能分别进行防护时，该防护区的防洪标准，应按防护区和主要防护对象两者要求的防洪标准中较高者确定。

答案：C

74. 解析：见《总图标准》第2.5.1条，建筑物应以接近地面处的±0.00标高的平面作为总平面。又《房屋建筑制图统一标准》GB/T 50001—2010第11.8.2条，总平面室外地坪标高符号，宜用涂黑的三角形表示。

答案：C

75. 解析：见《总图标准》第2.5.3条第2、6款，知A、C、D项正确。又第4款规定，铁路标注轨顶标高。

答案：B

76. 解析：D方式水集中到场内中心，排不出去。

答案：D

77. 解析：见《民建通则》第5.5.5条，知A、B、D项正确。另要求管线布置应短捷，减少转弯，重力自流管不能不转弯。

答案：C

78. 解析：见《管线规范》第2.2.1条，热力管线埋置深度可不受冰冻深度的影响。

答案：D

79. 解析：见《管线规范》第2.1.2条，工程管线的平面位置和竖向位室均应采用城市统一的坐标系统和高程系统。

答案：C

80. 解析：见《居住区规范》第10.0.2.5条（2）款。

答案：D

81. 解析：见《管线规范》表2.2.12，给水管与给水管之间最小垂直净距为0.15m。

答案：B

82. 解析：见《居住区规范》条文说明第10.0.2条。

答案：C

83. 解析：见《居住区规范》第10.0.2条第7款，压力管线避让重力自流管线；小管线避让大管线。给水管是小管线，也是压力管线，而雨水管和污水管都是重力自流管线，管径均大于给水管。因此给水管应避让雨水管和污水管。

答案：B

84. 解析：见：《管线规范》2.2.2条电力电缆管线不可以布置在机动车道下面。

答案：D

85. **解析**：见《居住区规范》第11.0.2.4条，可知A、B、C项正确。绿地面积计算到距房屋墙脚1.5m处。

    答案：D

86. **解析**：见《居住区规范》第7.0.2条第3款。

    答案：B

87. **解析**：见《居住区规范》第7.0.5条。

    答案：A

88. **解析**：遮挡建筑高度与被遮挡建筑南立面所需日照部位的高差，乘日照间距系数β。

    答案：B

89. **解析**：见《总图标准》表3.0.1-37。

    答案：D

90. **解析**：见《总图标准》表3.0.1-18。

    答案：C

《设计前期与场地设计（知识）》
2011年试题、解析及参考答案

2011年试题❶

1. 下列哪项不是选址意见书中应体现的建设项目基本情况？（　　）
   A 名称、性质、用地及建设规模
   B 能源和供水的需求
   C 废水、废气、废渣的排放方式和排放量
   D 投资估算

2. 关于我国湿陷性黄土的分布区域，以下何者是不正确的？（　　）
   A 四川、贵州和江西的部分地区 　　B 河南西部和宁夏、青海、河北的部分地区
   C 山西、甘肃的大部分地区 　　　　D 陕西的大部分地区

3. 选址阶段收集所在地区和邻近地区有关搬迁资料时，以下何者不在此范围之内？（　　）
   A 选址范围内土地分属镇、乡或单位的名称和数量
   B 现有建筑物、构筑物的类型和数量、实住居民户数及人口
   C 选址范围内的建筑容积率
   D 拆除与拆迁条件、赔偿与搬迁费用

4. 题图雨水在路面东西向的流向应为（　　）。

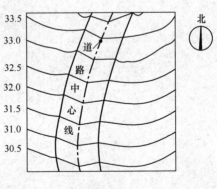

题4图

   A 由道路中心向道路东、西两侧流　　B 由道路东、西两侧向道路中心流
   C 向东排至东部坡地　　　　　　　　D 向西排至西部坡地

5. 每12小时降水量在15~30mm范围内的降雨等级应为（　　）。
   A 中雨　　　　B 大雨　　　　C 暴雨　　　　D 特大暴雨

6. 以各种风向频率和不同风速统计绘制的风象玫瑰图中，下列何者在判断空气污染程度

---

❶ 本套试题中有关标准、规范的试题由于标准、规范的更新，有的题已经过时。但由于是整套题，我们没有删改且仍保持用旧规范作答，敬请读者注意。

上更为直观?( )

A 以平均风速绘制的夏季风象玫瑰图

B 以平均风速绘制的冬季风象玫瑰图

C 以平均风速绘制的全年风象玫瑰图

D 以实际风速绘制的全年风象玫瑰图

7. 下列有关太阳辐射光波的阐述,错误的是(   )。

A 太阳辐射光波中含有紫外、红外、可见三种辐射光波

B 可见辐射光波长大致在 400~750mm 之间

C 可见辐射光占紫外至红外波段总辐射量的 45% 左右

D 起杀菌、消毒、褪色和老化作用的是红外线辐射光

8. 按成因对泥石流的主要分类中不包括(   )。

A 冰川型　　　B 降水型　　　C 溃坝型　　　D 共生型

9. 下列造成强震山区滑坡体不稳定性的因素,错误的是(   )。

A 坡度 20°左右的坡　　　　　B 坡面高低不同、有陷落松塌现象

C 无高大直立树木　　　　　　D 泉、湿地发育

10. 下列典型的泥石流分区概念图（如题图所示）中,流通区是(   )。

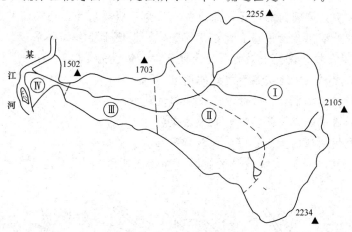

题 10 图

A Ⅰ　　　B Ⅱ　　　C Ⅲ　　　D Ⅳ

11. 下列不同地形地貌及地质情况的场地,其抗震地段类型为危险地段的是(   )。

A 液化土场地　　　　　　　　B 地震时可能发生滑坡的场地

C 条形突出的山嘴　　　　　　D 高耸孤立的山丘

12. 规划管理部门提供的场地地形图的坐标网应是(   )。

A 建筑坐标网　　　　　　　　B 城市坐标网

C 测量坐标网　　　　　　　　D 假定坐标网

13. 城市规划图中经常使用的下列四种色线中,何者是控制基础设施的用地界限线?

A 绿线　　　B 蓝线　　　C 紫线　　　D 黄线

14. 下列有关居住区建筑容积率的叙述,错误的是(   )。

A 容积率＝$\dfrac{居住区用地上总建筑面积}{居住区用地面积}$

B 容积率是规划设计中的一个重要技术指标，它反映了单位土地上所承载的各种人为功能的使用量，即土地开发强度

C 容积率由开发商（业主）和设计方协议商定

D 如建设项目实施中其容积率超过规划审定值，则不能竣工验收、交付使用

15. 下列关于可行性研究中投资估算作用的论述，错误的是（   ）。
    A 是项目决策的重要依据，但不是研究、分析项目经济效果的重要条件
    B 对工程概算起控制作用，设计概算不得突破批准的投资估算额（超过10%需另行批准）
    C 可作为项目资金筹措及制订建设贷款计划的依据
    D 是进行设计招标、优选设计单位和设计方案、实行限额设计的依据

16. 下列城镇国有土地使用权的出让方式中，何者不符合国家条例的规定？（   ）
    A 出租　　　B 拍卖　　　　C 招标　　　　D 协议

17. 下列有关疗养院总体策划的叙述，正确的是（   ）。
    A 疗养院宜设在风景优美、必须靠山或近水的地区
    B 疗养院由疗养用房、文体活动场所、行政办公和附属用房四个部分组成
    C 疗养用房主要朝向的间距，除应符合当地日照要求外，还应满足最小间距要求
    D 疗养院的职工生活用房宜建在疗养院内，以便于服务和联系

18. 流浪未成年人救助保护中心的下列选址条件，错误的是（   ）。
    A 工程地质和水文地质条件较好的地区
    B 宜与劳动教养中心、劳动改造设施邻近建设
    C 交通、通信等市政条件较好的地区或近郊区
    D 便于利用周边的生活、卫生、教育等社会公共服务设施

19. 下列为2万左右人口的城镇分区简图（如题图所示），现拟建污水处理站，其理想的所在位置是（   ）。

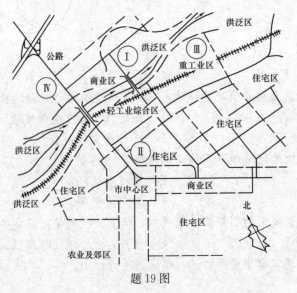

题19图

A Ⅰ　　　　　B Ⅱ　　　　　C Ⅲ　　　　　D Ⅳ

20. 某煤矿区近旁的城镇分区简图如下，现拟建中学，其位置在哪个地区较为理想？（　　）

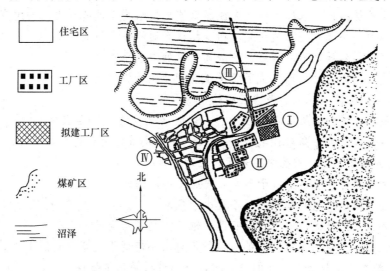

题 20 图

A Ⅰ　　　　　B Ⅱ　　　　　C Ⅲ　　　　　D Ⅳ

21. 城市居住区用地平衡控制指标中除有住宅用地、道路用地和公共绿地外，还应包含下列哪项用地？（　　）
    A 服务业用地　　　　　　　　B 公建用地
    C 其他用地　　　　　　　　　D 文化娱乐用地

22. 下列居住区各项用地占总用地百分比的指标，正确的是（　　）。
    A 住宅用地占55%~65%　　　　B 其他用地占1%~3%
    C 道路用地占7%~15%　　　　　D 公共绿地占7.5%~18%

23. 建筑与规划结合应首先体现在选址问题上，以下文件哪个不是选址的主要依据？（　　）
    A 项目建议书　　　　　　　　B 可行性报告
    C 环境保护评估报告　　　　　D 初步设计文件

24. 根据我国现行居住区规范，在计算人均居住区用地指标时，每户平均人数（人/户）为下列何值？（　　）
    A 2.9　　　　B 3.2　　　　C 3.8　　　　D 4.2

25. 下列设置高层建筑燃油、燃气锅炉房的表述，错误的是（　　）。
    A 宜在高层建筑外设置
    B 当受条件限制需设置在高层建筑内时，不应布置在人员密集场所的上一层、下一层或贴邻
    C 当受条件限制时可设置在建筑物的首层或地下一层靠外墙部位
    D 当常压或负压燃气锅炉房距安全出口的距离大于4m时，可设置在屋顶上

26. 在建筑场地的抗震危险地段可以考虑建造下列何种建筑？（　　）
    A 特殊设防类建筑（甲类建筑）　　B 重点设防类建筑（乙类建筑）

C 标准设防类建筑（丙类建筑）　　D 适度设防类建筑（丁类建筑）

27. 下列有关建筑层高和室内净高的叙述，正确的是（　　）。
   A 坡屋顶层高是指本层楼地面完成面至坡屋顶结构面最低点之间的垂直距离
   B 室内净高是指本层楼地面完成面至结构底面的垂直距离
   C 层高是指各层之间以楼地面完成面计算的垂直距离
   D 室内净高是指楼地面完成面至管道底面之间的垂直距离

28. 住宅建筑按层数划分时，表述正确的是（　　）。
   A 一层至二层为低层住宅　　　　B 三层至六层为多层住宅
   C 七层至九层为中高层住宅　　　D 十一层及以上为高层住宅

29. 下列有关居住区对日照要求的表述，正确的是（　　）。
   A 老年人居住建筑不应低于冬至日日照1小时的标准
   B 条形、多层住宅的侧面间距不宜小于9m
   C 气候区划中Ⅱ区大城市的"日照标准日"是指冬至日
   D 旧区改建项目内新建住宅的日照最低标准不应低于大寒日日照1小时的标准

30. 在处理基本建设与地下文物的关系时，下列哪项做法是错误的？（　　）
   A 选址应尽可能避开地下文物
   B 选址无法避开地下文物时，对文物应尽可能实施迁址保护
   C 凡基本建设需要进行的考古调查、勘探、发掘，所需费用由建设单位列入建设工程清单
   D 建设工程中如发现地下文物，应当保护现场，立即报告当地文物行政部门

31. 防空地下室与生产、储存易燃易爆物品的厂房、库房之间的最小距离应为（　　）。
   A 35m　　　B 40m　　　C 45m　　　D 50m

32. 《建筑设计防火规范》适用范围不包括下列哪一类建筑？（　　）
   A 高层工业建筑（指高层厂房和库房）
   B 建筑高度小于等于24m的公共建筑
   C 建筑高度大于24m的单层公共建筑
   D 底部一层为商业服务网点、其上部为九层的居住建筑

33. 下列哪类住宅可以不进行无障碍设计？（　　）
   A 高层住宅　　B 9层住宅　　C 4层住宅　　D 独立别墅

34. 中等城市防洪标准重现期的设定年限应为（　　）。
   A ≥200年　　B 200~100年　　C 100~50年　　D 50~20年

35. 小于200万人口的大城市道路中，"次干路"机动车设计速度应为（　　）。
   A 80km/h　　B 60km/h　　C 40km/h　　D 25km/h

36. 当基地不与道路红线相邻接且只有一条基地道路与城市道路连接，基地内民用建筑面积与基地道路宽度分别为下列何值时符合要求？（　　）
   A ≤3000m²，≥3.5m　　　　B ≤3000m²，≥4.0m
   C ＞3000m²，≥5.0m　　　　D ＞3000m²，≥6.0m

37. 下列关于建筑物设计使用年限的表述，完全符合民用建筑设计通则要求的是（　　）。
   A 普通建筑和构筑物50年，易于替换结构构件的建筑20年
   B 纪念性和特别重要的建筑100年，临时性建筑10年

C 易于替换结构构件的建筑 25 年,临时性建筑 10 年
D 普通建筑和构筑物 50 年,纪念性和特别重要的建筑 100 年

38. 我国中原地区某小山丘周围要布置一组住宅群,现有平面示意的 A、B、C、D 四个场地可供选择,在满足日照通风要求的前提下,哪个场地对提高建筑密度、节约用地和适用性方面最为有利?( )

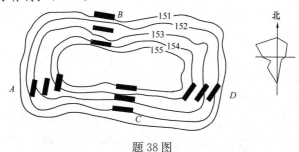

题 38 图

A A   B B   C C   D D

39. 下列绿色建筑的选址原则,错误的是( )。
A 避免选择生态敏感地区   B 选择生态安全区域进行建设
C 保持场地生态系统   D 选择修复后的湿地进行建设

40. 由于甲方缺乏商业地产开发经验而迟迟未能提交设计任务书,此时被委托建筑师应如何做为好?( )
A 等待甲方下达正式设计任务书后再开始工作
B 根据规划建设条件,以自己的专业判断完成方案
C 根据甲方不断更新的设想不厌其烦地配合甲方工作,直到甲方满意为止
D 与甲方沟通,提出建议并使其尽快理清思路,形成设计任务书

41. 从建筑策略的观点而言,下列四项商业建筑及基地示意中哪项不宜选用?( )

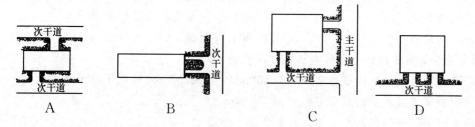

42. 以出让方式取得土地使用权进行房地产开发,未在动工开发期限内开发土地,超过开发期限满多少年的,国家可以无偿收回土地使用权?( )
A 一年   B 二年   C 三年   D 四年

43. 下述建筑面积的计算方法,错误的是( )。
A 单层建筑物高度不足 2.2m 应按面积的 1/2 计算建筑面积
B 设备管道夹层可不计入建筑面积
C 有永久性顶盖的室外楼梯应按建筑物自然层的水平投影面积的 1/2 计算建筑面积
D 雨棚结构不论其挑出长度多少都应按其结构板的水平投影面积的 1/2 计算建筑面积

44. 某小区拟建建筑面积为 10 万平方米的住宅,其中 30%的建筑面积为一室一厅户型、

70m²/户，40%的建筑面积为二室一厅户型、90m²/户，20%的建筑面积为三室二厅户型、120m²/户，10%的建筑面积为四室二厅户型、150m²/户，根据以上要求初步估算该小区住宅建筑户数为（　　）。
A　930户左右　　　　　　　　B　1042户左右
C　1106户左右　　　　　　　D　1254户左右

45. 中国目前执行的设计周期定额中未包含的设计阶段是（　　）。
A　设计前期工作　　　　　　B　方案设计
C　初步设计　　　　　　　　D　施工图设计

46. 关于住宅建筑的日照标准，下列说法何者不妥？（　　）
A　住宅建筑日照标准根据建筑气候区划的不同而不同
B　在原设计建筑外墙加任何设施不应使相邻住宅原有日照标准降低
C　以大寒日为标准的城市，其有效日照时间带为大寒日9～15时
D　日照时间计算起点的"底层窗台面"，是指距室内地面0.9m高的外墙位置

47. 下列建筑基地内设置化粪池的表述，错误的是（　　）。
A　化粪池距离地下水取水构筑物不得小于30m
B　受条件限制时化粪池池外壁可以紧贴建筑物基础建造
C　受条件限制时化粪池可以建造在建筑物内，但应采取通气、防臭和防爆措施
D　化粪池距离建筑物外墙不宜小于5m

48. 下列有关城市用地分类的叙述，正确的是（　　）。
A　村镇居住用地属于居住用地
B　高压线走廊下规定的控制范围内的用地属于市政公用设施用地
C　中学所属用地应为公共设施用地
D　发电厂用地应为工业用地，不属于市政公用设施用地

49. 在城市用地分类中，下列功能用地属于公共设施用地的是哪项？（　　）
A　派出所用地　　　　　　　B　监狱、拘留所、劳改场所用地
C　公安局用地　　　　　　　D　殡仪馆用地

50. 下列有关各类避震疏散场所的叙述，错误的是（　　）。
A　紧急避震疏散场所的服务半径宜为500m，人均有效避难面积不小于0.5m²
B　固定避震疏散场所的服务半径宜为2～3km
C　固定避震疏散场所人均有效避难面积不小于2m²
D　超高层建筑避难层（间）作为紧急避震疏散场所时，人均有效避难面积不小于0.2m²

51. 下列有关中小学布局的叙述，错误的是（　　）。
A　教室的长边与运动场地的间距不应小于25m
B　教室的长边前后间距除应满足日照要求外不宜小于12m
C　运动场地的长轴宜南北向布置
D　南向底层普通教室应能获得冬至日满窗日照不小于2h

52. 下列有关医院基地出入口布置的叙述，正确的是（　　）。
A　出入口有足够宽度时可以将人员出入口和废弃物出口合并
B　不应少于二处，人员出入口不应兼作尸体和废弃物出口

C 不应少于三处，分别为人员出入口，尸体出口和废弃物出口
D 必须在两条城市道路上分别设一处出入口且均可设为人员出入口

53. 供消防车取水的室外消防水池应该满足的条件，下列何者错误？（　　）
    A 为保证储水容量和节约占地，消防水池可以深埋但最低水位不低于道路6m
    B 应设取水口或取水井
    C 应设置消防车道与其连接
    D 与被保护多层民用建筑的外墙距离不宜小于15m

54. 下列不符合人员密集建筑基地条件的是（　　）。
    A 基地应至少有一面直接临接城市道路，否则应设基地道路并与城市道路相连接
    B 基地应至少与两条或两条以上城市道路相连接
    C 基地所临接的城市道路应有足够的宽度
    D 建筑物主要出入口前应有供人员集散用的空地，其面积和长宽尺寸应根据使用性质和人数确定

55. 下列说法何者不符合建筑日照规范要求？（　　）
    A 每套住宅至少应有一个居住空间获得日照且应符合日照标准
    B 宿舍半数以上的居室应能获得同住宅居住空间相等的日照标准
    C 托儿所、幼儿园的主要生活用房应能获得大寒日不少于3h的日照标准
    D 南向的普通教室冬至日底层满窗日照不应小于2h

56. 下列不符合中型电影院建筑基地条件的是（　　）。
    A 一面临街时至少应有另一侧临内院空地或通路，其宽度不应小于3.5m
    B 主要入口前道路通行宽度不应小于安全出口宽度总和，且不应小于8.0m
    C 主要入口前的集散空地面积应按每座0.2m² 计
    D 基地沿城市道路的长度至少不小于建筑物周长的1/6

57. 下列有关消防通道的叙述，错误的是（　　）。
    A 建筑的内院或天井，当其短边长度超过24m时，宜设有进入内院或天井的消防车道
    B 有封闭内院或天井的建筑物沿街时，应设置连通街道和内院（或天井）的人行通道，其间距不宜大于80m
    C 当建筑的沿街长度超过150m且两长边设置消防车道时，应在适中位置设置穿过建筑的消防车道
    D 建筑周围设环形消防车道的，其总长度超过220m时，应在适中位置设置穿过建筑的消防车道

58. 居住区道路用地不包括（　　）。
    A 宅间小路　　　　　　　　B 组团道路
    C 小区道路　　　　　　　　D 居住区级道路（含人行道）

59. 正常情况下，下列哪类建筑可以不设置环形消防车道？（　　）
    A 占地面积为2000m² 的乙类高层厂房
    B 占地面积为3000m² 的丙类仓库
    C 占地面积为3500m² 的乙类单层厂房

D 占地面积为2000m²的乙类仓库

60. 基地内民用建筑面积大于3000m²且只有一条基地道路与城市道路相连接时,下列对该基地道路宽度的叙述,正确的是(　　)。
    A 宽度不应小于4m且基地内部设环形车道
    B 宽度不应小于6m且基地内部车道不环通
    C 宽度不应小于7m
    D 宽度不应小于6m且基地内部车道宽度也不小于6m

61. 下列有关居住区道路的叙述,错误的是(　　)。
    A 当居住区道路仅在同一个方向连接城市干道时,其两个出入口应保证有必要的间距
    B 居住区内尽端式道路应在尽端设不小于12m×12m的回车场地
    C 居住区内道路与城市道路相接时,其交角不宜小于75°
    D 居住小区内应避免过境车辆的穿行,道路通而不畅,避免往返迂回

62. 有关机动车停车库车辆出入口通向城市道路的叙述,错误的是(　　)。
    A 在出入口边线与车道中心线交点作视点的120°范围内至边线外7.5m以上不应有遮挡视线的障碍物
    B 出入口距离桥隧坡道起止线应大于50m
    C 大中型停车库应不少于两个车辆出入口
    D 单向行驶时出入口宽度不应小于5m

63. 拥有150个小型汽车停车位的地下停车库设有两个坡道式出入口,下列宽度要求错误的是哪一项?(　　)
    A 设一个4.0m的单车行驶出入口,一个6.0m的双车行驶出入口
    B 设两个4.0m的单车行驶出入口
    C 设一个3.5m的单车行驶出入口,一个7.0m的双车行驶出入口
    D 设一个4.0m的单车行驶出入口,一个7.0m的双车行驶出入口

64. 有关居住区内道路边缘至建筑物的最小距离的叙述,错误的是(　　)。
    A 高层建筑面向居住区道路无出入口时为5m
    B 多层建筑面向层住区道路无出入口时为3m
    C 高层建筑面向小区路有出入口时为5m
    D 多层建筑面向小区路有出入口时为3m

65. 关于居住区内环境卫生设施前的道路及作业条件的叙述,错误的是(　　)。
    A 环境卫生车辆通往该设施的倒车距离不应大于30m
    B 通往该设施的通道宽度不应小于4m
    C 在该设施前应有120m²的空地以便环卫车辆调头作业
    D 通往该设施通道的道路载重应有2吨以上

66. 下列有关无障碍停车位的叙述,错误的是(　　)。
    A 距建筑入口及车库最近的停车位置应划为无障碍停车位
    B 无障碍停车位的一侧应设宽度不小于1.2m的轮椅通道并与人行通道相连接
    C 轮椅通道与人行通道地面有高差时应设宽度不小于0.9m的坡道相连接
    D 无障碍停车位的地面应涂有停车线、轮椅通道线和无障碍标志等

67. 下列有关停车场车位面积的叙述,错误的是( )。
    A 地面小汽车停车场,每个停车位宜为 25.0~30.0m²
    B 小汽车停车楼和地下小汽车停车库,每个停车位宜为 30.0~35.0m²
    C 摩托车停车场,每个停车位宜为 3.0~3.5m²
    D 自行车公共停车场,每个停车位宜为 1.5~1.8m²

68. 下列关于总平面图的表达,正确的是( )。
    A 应以含±0.00 标高的平面作为总图平面
    B 总图中标注的标高应为相对标高,如标注绝对标高,应注明绝对标高与相对标高的换算关系
    C 应以含室内标高的平面作为总图平面
    D 应以屋面平面作为总图平面

69. 面积大小相同的场地,当采用下列何种材料铺装时其路面排放的雨水量最多?( )
    A 沥青路面   B 大块石铺砌路面
    C 碎石路面   D 砖铺地面

70. 下列有关场地台地处理的叙述,错误的是( )。
    A 居住用地分台布置时,宜采用小台地形式
    B 公共设施用地分台布置时,台地间高差宜与建筑层高成倍数关系
    C 台地的短边应平行于等高线布置
    D 台地的高度宜为 1.5~3.0m

71. 下列有关场地挡土墙处理的叙述,错误的是( )。
    A 挡土墙的高度宜为 1.5~3.0m
    B 高度大于 2.0m 的挡土墙,其下缘与建筑间的水平距离不应小于 2.0m
    C 在条件许可时,挡土墙宜以 4.0m 高度退台处理
    D 挡土墙退台时宽度不应小于 1.0m

72. 城市公共设施建设用地适宜的规划坡度最大值为( )。
    A 8%   B 15%   C 20%   D 25%

73. 当自然地形坡度至少为下列何值时,居住区地面连接形式宜选用台地式?
    A 3%   B 8%   C 15%   D 20%

74. 在膨胀土地区设置挡土墙时,下列做法不正确的是( )。
    A 墙顶面宜做成平台并铺设混凝土防水层
    B 墙体应设泄水孔
    C 墙背应设不大于 250mm 宽的碎石或砂卵石滤水层
    D 挡土墙高度不宜大于 3m

75. 居住区机动车与非机动车混行的道路,其纵坡的最大限值是( )。
    A 1%   B 3%   C 8%   D 15%

76. 居住区公共活动中心应设置无障碍通道,通行轮椅车的坡道宽度至少应为下列何值?( )
    A 2.5m   B 1.8m   C 1.5m   D 1.2m

77. 无台阶的建筑入口为无障碍入口时,入口室外的最大地面坡度应为下列何值?( )

　　　　A 1∶12　　　B 1∶16　　　　C 1∶20　　　　D 1∶50
78. 电信电缆埋地布置时，正确做法是埋置在道路的（　　）。
　　A 东侧或北侧　　　　　　　　B 西侧或南侧
　　C 东侧或南侧　　　　　　　　D 西侧或北侧
79. 下列关于地下工程管线敷设的说法，何项不妥？（　　）
　　A 地下工程管线的走向宜与道路或建筑物主体相平行或垂直
　　B 工程管线应从建筑物向道路方向由浅至深敷设
　　C 工程管线布置应短捷，重力自流管不应转弯
　　D 管线与管线、管线与道路应减少交叉
80. 可以直埋敷设在机动车道下面的工程管线，通常不包括下列哪一项？（　　）
　　A 电信电缆　　　　　　　　　B 污水排水管
　　C 雨水排水管　　　　　　　　D 电力电缆
81. 埋地管工程管线距建筑物基础有最小距离要求，下列管线中要求该距离最大的是（　　）。
　　A 高压燃气管　　　　　　　　B 250mm管径给水管
　　C 直埋闭式热力管　　　　　　D 电力电缆
82. 下列关于布置工程管线的叙述，错误的是（　　）。
　　A 同种管线可以并排敷设不留净距
　　B 各类管线与明沟沟底的最小垂直净距相同
　　C 各种管线不应在垂直方向上重叠直埋敷设
　　D 垂直净距指下面管线的外顶与上面管线的基础底或外壁之间的净距
83. 埋地敷设的给水管与下列何种管线之间的水平净距最小？（　　）
　　A 排水管　　　B 电力电缆　　　C 热力管　　　D 电信电缆
84. 下列有关工程管线直埋敷设覆土的叙述，错误的是（　　）。
　　A 在严寒和寒冷地区覆土深度应保证管道内介质不冻结
　　B 在严寒和寒冷地区以外的地区，覆土深度应根据土壤性质和地面承受荷载的大小确定
　　C 给水管在车行道下的最小覆土深度为0.7m
　　D 10kV以上直埋电力电缆管线在人行道下的最小覆土深度为0.7m
85. 下列各类地下工程管线与绿化之间最小距离的表述，错误的是（　　）。
　　A 管线不宜横穿公共绿地和庭院绿地
　　B 管线与乔木或灌木中心之间最小水平距离应为0.5m至1.0m
　　C 特殊情况可采用绿化树木根茎中心至地下管线外缘的最小距离控制
　　D 可根据实际情况采取安全措施后减少其最小水平净距
86. 下列关于居住区内绿地面积计算的叙述，错误的是（　　）。
　　A 对居住区级路算到红线
　　B 对小区路算到路边，当小区路设有人行便道时算到便道边
　　C 带状公共绿地面积计算的起止界同院落式组团绿地
　　D 对建筑物算到散水边，当采用暗埋散水（即绿化可铺到墙边）时，算到墙边

87. 下列关于居住区绿地的表述，错误的是（ ）。
   A 宅旁、配套公建和道路绿地应计入居住区绿地
   B 居住区绿地应包含块状、带状公共绿地等
   C 居住区绿地应包含老年人、儿童活动场地
   D 居住区绿地与住宅用地、道路用地和公建用地共同组成居住区用地

88. 下列有关居住区块状、带状公共绿地的表述，错误的是（ ）。
   A 用地宽度不小于8m，便于居民休憩、散步和交往之用
   B 面积不小于400m²，绿化面积（含水面）不宜小于70%
   C 对宅间路、组团路和小区路，其起止界应算到路边
   D 不少于1/3的绿地面积在标准建筑日照阴影线范围之外

89. 居住区内不同管线至乔灌木中心的水平净距各不同，下列哪种管线的净距要求最小？（ ）
   A 闸井　　　B 给水管　　　C 污水管　　　D 电信电缆

90. 在方格网土方平衡图（题图）中有 A、B、C、D 四个标志，下列对其解释错误的是（ ）。
   A A 为用地分界线
   B B 为设计等高线
   C C 为原有等高线
   D D 为 $\dfrac{\text{施工高度}}{\text{原地面标高}}\bigg|\dfrac{\text{设计标高}}{}$

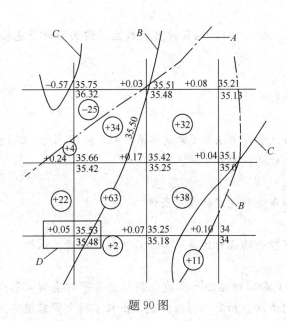

题90图

2011年试题解析及参考答案

1. **解析**：建设项目选址意见书的主要内容，包括本试题中A、B、C项，不包括投资估算。

答案：D

2. 解析：《黄土地区建筑规范》条文说明附录A。
   答案：A

3. 解析：选址阶段不需要收集容积率的资料，应该收集A、B、D的资料。
   答案：C

4. 解析：就道路等高线而言，路中心线为脊，雨水向东、西两侧流。
   答案：A

5. 解析：雨量等级划分规定，大雨每12小时降水量15～29.9mm。
   答案：B

6. 解析：污染程度取决于污染系数，而污染系数是风向频率与平均风速的比值，因此以平均风速绘制的全年风玫瑰图在判断空气污染程度上更为直观。
   答案：C

7. 解析：紫外线是杀毒，红外线是热效应。
   答案：D

8. 解析：按泥石流的分类为A、B、D。不包括溃坝型。
   答案：C

9. 解析：造成强震山区滑坡不稳定因素的坡度为31°～50°。
   答案：A

10. 解析：根据泥石流分区概念图，Ⅱ地段是流通区。
    答案：B

11. 解析：《抗震规范》表4.1.1，地震时可能发生滑坡的场地是危险地段，A、C、D项都是不利地段。
    答案：B

12. 解析：应是测量坐标网。
    答案：C

13. 解析：见《城市黄线管理办法》（建设部第2005年12月20日144号令），城市黄线是城市基础设施用地的控制线。
    答案：D

14. 解析：容积率是城市规划规定的设计条件。
    答案：C

15. 解析：可行性研究报告的投资估算尚不能作为控制投资的依据。
    答案：B

16. 解析：《中华人民共和国城镇国有土地使用权出让暂行条例》第十三条规定，土地使用权出让可以采用协议、拍卖、招标方式，出租不符合国家规定。
    答案：A

17. 解析：《疗养院建筑设计规范》JGJ 40—87第2.2.4条，主要用房应符合C项的要求。
    答案：C

18. 解析：《流浪未成年人求助保护中心建设标准》（建标111—2008）第二十一条，新建上述中心选址应符合发展规划，A、C、D符合选址要求。

答案：B

19. 解析：污水处理站应位于重工业区、河流下游、地势低的位置。
    答案：C

20. 解析：学校选址应靠近居民区，远离工业区且上风上水之地。
    答案：D

21. 解析：《居住区规范》表3.0.2，城市用地分类的居住用地中还包括公建用地。
    答案：B

22. 解析：见《居住区规范》表3.0.2。
    答案：D

23. 解析：按照规划管理程序，选址阶段在先，初步设计在后；因此，选址时还没有进行初步设计。
    答案：D

24. 解析：《居住区规范》表3.0.3，人均居住区用地控制指标表的注释规定：本表各项指标按每户3.2人计算。
    答案：B

25. 解析：《防火规范》第5.4.12条规定，安全出口的距离应大于6m。
    答案：D

26. 解析：按《抗震规范》第3.3.1条规定，抗震危险地带严禁建造甲类、乙类建筑，不应建造丙类建筑。
    答案：D

27. 解析：见《民建通则》第2.0.14条，C为正确答案。
    答案：C

28. 解析：《民建通则》第3.1.2条规定：一至三层为低层住宅，四至六层为多层住宅，七至九层为中高层住宅，十至十层以上为高层住宅，C符合规定。
    答案：C

29. 解析：见《居住区规范》第5.0.2条第1款。
    答案：D

30. 解析：《中华人民共和国文物保护法》（2002年）第20条规定：建设工程选址应当尽可能避开地下文物，当选址无法避开地下文物时，对文物保护单位应尽可能实施原址保护。无法实施原址保护，必须迁移异地保护的，应当报省、自治区、直辖市人民政府批准。
    答案：B

31. 解析：见《人防地下室规范》第3.1.3条。
    答案：D

32. 解析：见原《建筑设计防火规范》GB 50016—2006总则第1.0.2条。
    答案：A

33. 解析：《无障碍规范》第7.4.1条规定：居住建筑进行无障碍设计包括住宅、公寓和宿舍建筑，未包括别墅。
    答案：D

34. **解析**：《防洪标准》第4.2.1条表4.2.1规定，中等城市新标准称为"比较重要"的城市，等级为Ⅲ等，防洪标准重现期为100～50年。
    答案：C

35. **解析**：《道路交通规范》第7.1.6条表7.1.6-1中规定为40km/h。
    答案：C

36. **解析**：《民建通则》第4.1.2条，即面积≤3000m² 和路宽≥4.0m。
    答案：B

37. **解析**：见《民建通则》第3.2.1条表3.2.1。
    答案：D

38. **解析**：C场地中的住宅南北向布置，且充分利用山丘地势的自然高差减小了楼间距。
    答案：C

39. **解析**：修复后的湿地往往是被污染的土地，不能建绿色建筑，因此D是错误的。
    答案：D

40. **解析**：以积极的态度，加快工程进度，这也是建筑师设计前期工作的一部分。
    答案：D

41. **解析**：《商店规范》基地和总平面条文规定，大中型商店建筑应有不少于两个面的出入口与城市道路相邻接；或基地应有不小于1/4的周边总长度和建筑物不少于两个出入口与一边城市道路相邻接。
    答案：B

42. **解析**：《房地产管理法》规定超过两年时，国家可以无偿收回土地使用权。
    答案：B

43. **解析**：见原《建筑工程建筑面积计算规范》GB/T 50353—2005第3.0.1条第1款、第3.0.24条第2款和第3.0.17条，可知A、B、C正确，又第3.0.16条规定，雨棚结构的外边线至外墙结构外边线的宽度超过2.10m的才按水平投影面积的1/2计算建筑面积。
    答案：D

44. **解析**：100000×0.3/70＝428.6
    100000×0.4/90＝444.4
    100000×0.2/120＝166.67
    100000×0.1/150＝66.67
    428.6＋444.4＋166.67＋66.67＝1106.34
    答案：C

45. **解析**：中国目前执行的设计前期工作未进入设计周期，故不在设计周期定额之中。
    答案：A

46. **解析**：见《居住区规范》表5.0.2-1，大寒日应以8～16时计算。
    答案：C

47. **解析**：《城镇环境卫生设施设置标准》CJJ 27—2005规定，化粪池不能影响建筑物基础，不能紧贴建筑物基础建造。
    答案：B

48. 解析：从《城市用地标准》表3.3.2中，可知A、B、D错误，C正确。
    答案：C

49. 解析：见《城市用地标准》，公安局用地属于公共管理与公共服务设施用地中的行政办公用地。
    答案：C

50. 解析：见《城市抗震防灾规划标准》GB 50413—2007第8.2.8、第8.2.10条，可知B、C、D正确，紧急避震疏散场所人均有效避难面积不小于1.0m²。
    答案：A

51. 解析：见原《中小学校设计规范》GBJ 99—86第2.3.6条二、三款和第2.2.3条四款，可知A、C、D正确，又要求两排教室长边相对时间距不应小于25m。
    答案：B

52. 解析：《医院规范》第4.2.2条规定，医院出入口不应少于两处，人员出入口不应兼作尸体和废弃物出口。
    答案：B

53. 解析：原《高层民用建筑设计防火规范》GB 50045—95（2005年版）第7.3.4条，取水口或取水井与被保护高层建筑的外墙距离不宜小于5m，并不宜小于100m。
    答案：D

54. 解析：见《民建通则》第4.1.6条，可知B、C、D正确。人员密集建筑基地应至少有一面直接邻接城市道路。
    答案：A

55. 解析：《民建通则》第5.1.3条第3款规定，托儿所、幼儿园的主要生活用房，应能获得冬至日不小于3h的日照标准。
    答案：C

56. 解析：《影院规范》规定，主要入口前道路通行宽度与电影院规划有关：小型影院不宜小于8m，中型不宜小于12m，大型不宜小于20m，特大型不宜小于25m。
    答案：B

57. 解析：《防火规范》第7.1.1条规定，当建筑物沿街部分的长度大于150m或总长度大于220m时，应设置穿过建筑物的消防车道。当确有困难时，应设置环形消防车道。D答案是在设有环形消防车道的同时，又设了穿过建筑物的消防车道。
    答案：D

58. 解析：见《居住区规范》第2.0.7条，道路用地的术语解释包括B、C、D，不包括A宅间小路。
    答案：A

59. 解析：原《建筑设计防火规范》GB 50016—2006第6.0.6条规定：乙类高层厂房<3000m²，可以不设环形消防车道。注意厂房与仓库要求不同。
    答案：A

60. 解析：《民建通则》第4.1.2条规定：该基地道路的宽度不应小于7m。
    答案：C

61. 解析：原《城市居住区规划设计规范》第8.0.5.1条规定：居住区内主要道路至少应

有两个方向与外围道路相连，而在同一个方向设两个出入口是错的。

答案：A

62. 解析：原《汽车库建筑设计规范》JGJ 100—98 第 3.2.8 条规定：汽车库库址的车辆出入口，距离城市道路的规划红线不应小于 7.5m，并应在距出入口边线内 2m 处作视点的 120°范围内至边线外 7.5m 以上不应有遮挡视线障碍物。

答案：A

63. 解析：原《汽车库、修车库、停车场设计防火规范》GB 50067—97 第 6.0.9 条规定：汽车疏散坡道的宽度不应小于 4m，双车道不宜小于 7m。可知 B、D 项可行，A 项双车出入口宽 6m 也应可以（要求不宜小于 7m）；但 C 项单车出入口 3.5m 不符合规范规定。

答案：C

64. 解析：《居住区规范》第 8.0.5 条表 8.0.5 规定：多层建筑面向小区路有出入口时，居住区内道路边缘至建筑物的最小距离应为 5m。

答案：D

65. 解析：《城镇环境卫生设施设置标准》CJJ 27—2005 第 6.0.6 条规定：环境卫生车辆通往工作点倒车距离不应大于 30m，在环卫车辆必须调头的作业点应有 150m² 的空地。

答案：C

66. 解析：原《城市道路和建筑物无障碍设计规范》JGJ 50—2001 第 7.11.4 条规定：当轮椅通道与人行通道地面有高差时，应设宽 1m 的轮椅坡道。

答案：C

67. 解析：《道路交通规范》第 8.1.7 条规定，摩托车停车场，每个停车车位宜为 2.5～2.7m²。

答案：C

68. 解析：《总图标准》第 2.5.1 条规定：应以含有±0.00 标高的平面作为总平面图。

答案：A

69. 解析：根据《室外排水设计规范》GB 50014—2006 表 3.2.2-1，沥青路面的径流系数为 0.85～0.95，因此排水量最多。

答案：A

70. 解析：原《城乡建设用地竖向规划规范》CJJ 83—99 第 4.0.3 条第 3 款，台地长边应平行于等高线。

答案：C

71. 解析：原《城乡建设用地竖向规划规范》CJJ 83—99 第 9.0.3 条第 5 款，挡土墙宜以 1.5m 高度退台处理。

答案：C

72. 解析：原《城乡建设用地竖向规划规范》CJJ 83—99 表 4.0.4，城市公共设施用地最大坡度值为 20%。

答案：C

73. 解析：《竖向规范》第 4.0.3 条规定：用地自然坡度大于 8%时，宜规划为台阶式

答案：B

74. 解析：《膨胀土地区建筑技术规范》GBJ 112—87 第3.4.4条要求，墙背滤水层厚度不应小于300mm。

    答案：C

75. 解析：《居住区规范》第8.0.3.2条，机动车与非机动车混行的道路，其纵坡宜按非机动车道要求；再查表8.0.3，非机动车道最大纵坡≤3%。

    答案：B

76. 解析：《居住区规范》第8.0.5.4条，通行轮椅车的坡道宽度不应小于2.5m。

    答案：A

77. 解析：见《无障碍规范》第3.3.3条1款，平坡出入口的地面坡度不应大于1:20。

    答案：C

78. 解析：《居住区规范》第10.0.2.6条规定：电信电缆埋地布置在道路的西侧或北侧。

    答案：D

79. 解析：《居住区规范》第10.0.2.3条规定：地下管线的走向，宜沿道路与主体建筑平行布置。垂直布置是错误的。

    答案：A

80. 解析：《管线规范》第2.2.2条规定，工程管线在道路下面的规划位置，应布置在人行道或非机动车道下面。电信电缆、给水输水、燃气输气、污雨水排水等工程管线可布置在非机动车道或机动车道下面。其中不包括电力电缆。

    答案：D

81. 解析：《居住区规范》表10.0.2-3，查表比较后知高压燃气管与建筑物基础的距离为4m，最大。

    答案：A

82. 解析：从《管线规范》表2.2.9可知，电信电缆和燃气管的同种管线并排敷设时也要留净距。

    答案：A

83. 解析：从《管线规范》表2.2.9可知，给水管与电力电缆净距为0.5m，最小。

    答案：B

84. 解析：《管线规范》表2.2.1注规定：10kV以上直埋电力电缆管线的覆土深度不应小于1.0m。

    答案：D

85. 解析：从《管线规范》表2.2.9可知，乔木、灌木与各种管线的水平距离为1.0~1.5m。

    答案：B

86. 解析：《居住区规范》第11.0.2.4条第1款规定：距房屋墙脚1.5m（无论房屋散水暗埋与否，也无论绿化是否铺到房屋墙脚），对其他围墙、院墙算到墙脚。

    答案：D

87. 解析：《居住区规范》第3.0.2条表3.0.2规定：居住区用地构成包括：住宅用地、公建用地、道路用地和公共绿地（不是居住区绿地）。

答案：D

88. 解析：从《居住区规范》第7.0.4.2条可知A、B、D选项正确，从第11.0.2.4条可知其他块状、带状公共绿地面积计算起止界为绿地边界距宅间路、组团路和小区路路边1.0m。故C选项错误。

    答案：C

89. 解析：根据《居住区规范》表10.0.2-4，电信电缆和电力电缆与绿化树种间的净距要求最小，为1.0m。

    答案：D

90. 解析：两条C线似原等高线34.5与36.5，地形图等高线因缺35.0，36.0是错误的。

    答案：C

《设计前期与场地设计（知识）》
2010年试题、解析及参考答案

2010年试题❶

1. 以下哪项不属于建筑专业现场踏勘的内容？（   ）
   A 对土地出让合同中的技术条件进行核查
   B 参照地形图对现场用地范围的地物、地形、地下管线位置等进行踏勘
   C 对设计范围内必须受保护的相邻建筑、古树名木等进行查询
   D 对圈定的设计用地边界和用地范围大小进行核定

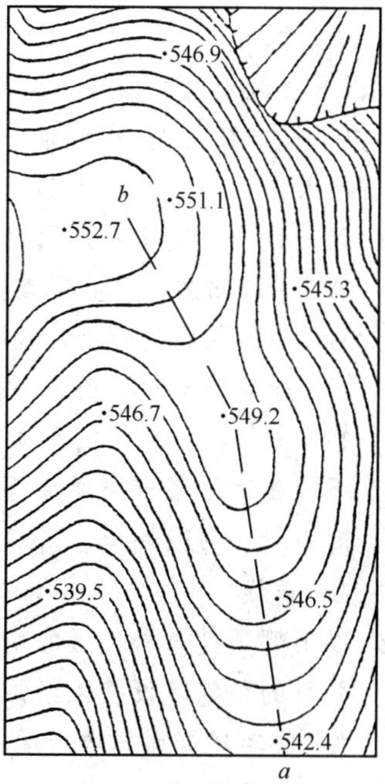

2. 题图 ab 段表示的实际地形为下列哪项？（   ）
   A 山脊   B 山谷
   C 山坡   D 山包

3. 根据地质条件的不同，建筑边坡分为如下哪些类型？（   ）
   A 土质边坡、岩质边坡
   B 重力式边坡、扶壁式边坡
   C 自然边坡、人工边坡
   D 护坡式边坡、挡土墙式边坡

题2图

4. 满足下述三点要求的地区属于下列何类热工分区？①建筑物必须满足夏季防热、遮阳、通风降温要求，冬季应兼顾防寒；②建筑物应防雨、防潮、防洪、防雷电；③其中部分区域建筑还应防台风、暴雨袭击及盐雾侵蚀。（   ）
   A 寒冷地区   B 夏热冬冷地区
   C 夏热冬暖地区   D 温和地区

5. 城市的防洪标准是根据以下哪些要素进行分级的？（   ）
   Ⅰ.社会经济地位的重要性；Ⅱ.非农业人口的数量；Ⅲ.洪水重现期；Ⅳ.最大洪水
   A Ⅰ、Ⅱ   B Ⅰ、Ⅲ   C Ⅱ、Ⅲ   D Ⅲ、Ⅳ

6. 城市用地外围有较大汇水汇入或穿越城市用地时，宜采用哪种方法组织排除用地外围的地面雨水？（   ）
   A 蓄调防涝   B 边沟或排（截）洪沟
   C 暗沟   D 暗管

7. 有关总平面标注的叙述，错误的是（   ）。

---

❶ 本套试题中有关标准、规范的试题由于标准、规范的更新，有的题已经过时。但由于是整套题，我们没有删改且仍保用旧规范作答，敬请读者注意。

A 应以含有屋面投影的平面作为总图平面

B 标高数字应以米为单位,注写到小数点以后第二位

C 室外地坪标高符号宜用涂黑的三角形表示

D 标高应注明绝对标高

8. "动力地质影响作用较弱,环境地质条件较简单,易于整治"的描述,是指以下场地稳定性分类中的哪类?(　　)

　　A 稳定　　　　B 稳定性较差　　C 稳定性差　　D 不稳定

9. 根据《城市居住区规划设计规范》,在计算人均居住区用地控制指标(m^2/人)时,每户平均人数(人/户)为下列何值?(　　)

　　A 2.9　　　　B 3.2　　　　C 3.8　　　　D 4.2

10. 以下哪项不属于新建项目土方工程施工前应进行的工作?(　　)

A 采取措施,防止基坑底部土的隆起并避免危害周边环境

B 清除基底的垃圾、树根等杂物

C 地面排水和降低地下水位工作

D 进行挖、填方的平衡计算,减少重复挖运

11. 下列哪项是城市交通综合换乘枢纽、垃圾转运站、高压线走廊、邮政局、消防指挥调度中心、防洪堤墙、避震疏散场地等用地的控制界线?(　　)

　　A 黄线　　　　B 棕线　　　　C 紫线　　　　D 红线

12. 以下哪项是与居住区的用地条件、建筑气候分区、日照要求、住宅层数等因素有密切关系的住宅建设技术经济指标?(　　)

　　A 住宅建筑面积净密度　　　　　B 住宅建筑净密度

　　C 建筑密度　　　　　　　　　　D 绿地率

13. 建筑选址收集大气降水资料时,以下何者是不需要的?(　　)

A 历年和逐月的平均、最大和最小降雨量

B 一次暴雨持续时间及其最大雨量以及连续最长降雨天数

C 五分钟的最大强度降雨量

D 初终雪日期、积雪日期、积雪强度与密度

14. 以出让方式取得土地使用权进行房地产开发而未在动工开发期限内开发土地,超过开发期限满多少年的,国家可以无偿收回土地使用权?(　　)

　　A 一年　　　　B 二年　　　　C 三年　　　　D 四年

15. 下列关于建设项目环境影响报告书的描述,哪项是错误的?(　　)

A 必须对建设项目产生的污染和对环境的影响作出评价

B 制定对环境产生不利影响时的防治措施

C 经项目主管部门预审并报环境保护行政主管部门批准

D 经批准后计划部门方可批准可行性研究报告

16. 根据《城镇老年人设施规划规范》,下列有关老年人设施选址、绿地等的叙述中最关键的是(　　)。

A 老年人设施应选择地形有一定坡度(>10%)的地段

B 应选择绿化条件较好,空气清新,远离河(湖)水面,有溺水、投湖等可能的地段

C 老年人设施场地内的绿地率，新建项目不应低于35%
D 子女探望老人路途上所花的时间以不超过1小时为佳

17. 以下哪项城市用地选择要求是错误的？（ ）
A 城市中心区用地应选择地质及防洪排涝条件较好且相对平坦和完整的用地
B 居住用地应选择向阳、通风条件好的用地
C 工业、仓储用地宜选择便于交通组织和生产工艺流程组织的用地
D 城市开敞空间用地宜利用挖方较大的区域

18. 以下哪项符合镇规划建设用地的选择条件？（ ）
A 自然保护区或风景名胜区的近旁　　　B 紧靠高速公路和铁路车站
C 荒漠中的绿洲　　　　　　　　　　　D 生产作业区附近

19. 某绿色旅游酒店拟选址于自然保护区，污染物排放不超过国家和地方规定的标准，其可建区域不能超出以下哪项？（ ）
A 核心区　　　B 缓冲区　　　C 实验区　　　D 外围保护地带

20. 题图中的老年公寓最好位于本高层居住区内何处？（ ）
A Ⅰ区域　　　　　B Ⅱ区域
C Ⅲ区域　　　　　D Ⅳ区域

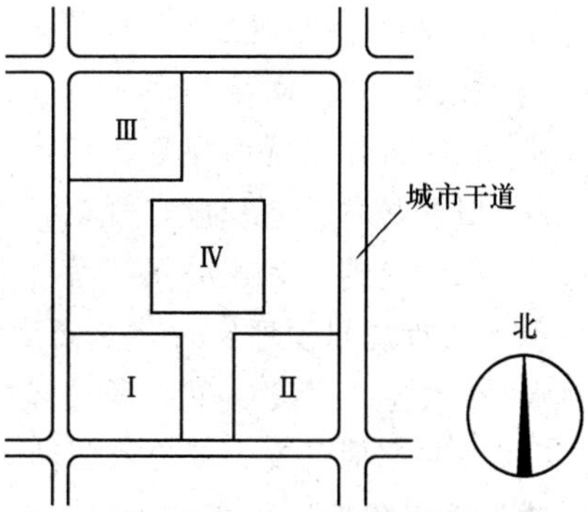

21. 对具体地块的土地利用和建设提出控制指标，是下列哪个城市规划阶段的内容？（ ）
A 总体规划
B 分区规划
C 控制性详细规划
D 修建性详细规划

22. 风景名胜区、文物古迹、历史文化街区的保护范围和空间形态的保护要求是由下列哪个城市规划阶段提出的？（ ）

题20图

A 总体规划　　　　　　　　　　B 分区规划
C 控制性详细规划　　　　　　　D 修建性详细规划

23. 建筑与规划结合首先体现在选址问题上，以下哪条不是选址的主要依据？（ ）
A 项目建议书　　　　　　　　　B 可行性研究报告
C 环境保护评价报告　　　　　　D 初步设计文件

24. 电影院、剧场、体育场馆等人员密集的建筑及有标定人数的公共建筑，其基地的集散空地面积指标一般不应小于下列哪项？（ ）
A 0.2m²/座（人）　　　　　　　B 0.4m²/座（人）
C 0.6m²/座（人）　　　　　　　D 0.8m²/座（人）

25. 人民防空地下室按照战时的功能要求应包括以下哪些工程类别？（ ）
Ⅰ.指挥通信工程；Ⅱ.医疗救护工程；Ⅲ.物资库工程；Ⅳ.人员掩蔽工程；Ⅴ.防空专业队工程；Ⅵ.配套工程；Ⅶ.区域电站
A Ⅰ、Ⅱ、Ⅲ、Ⅳ、Ⅵ　　　　　B Ⅰ、Ⅱ、Ⅳ、Ⅴ、Ⅵ
C Ⅱ、Ⅲ、Ⅳ、Ⅵ、Ⅶ　　　　　D Ⅱ、Ⅳ、Ⅴ、Ⅵ、Ⅶ

26. 关于立体书库的建筑面积计算,以下哪项是错误的?( )

   A 无结构层的应按一层计算

   B 有结构层的应按其结构层面积分别计算

   C 应按书架层计算面积

   D 层高在2.2m及以上者应计算全面积,层高不足2.2m者应计算1/2面积

27. 一般小型车汽车库以每车位计所需的建筑面积(包括坡道面积),大致在以下哪个范围内?( )

   A 20~27m²　　　B 27~35m²　　　C 35~45m²　　　D 45~50m²

28. 决定住宅建筑间距的因素,下列哪项较为准确?( )

   Ⅰ.日照;Ⅱ.采光;Ⅲ.通风;Ⅳ.消防;Ⅴ.管线埋设;Ⅵ.视觉卫生与空间环境

   A Ⅰ、Ⅲ、Ⅳ　　　　　　　　　　B Ⅰ、Ⅱ、Ⅳ、Ⅵ

   C Ⅰ、Ⅱ、Ⅲ、Ⅳ、Ⅵ　　　　　　D Ⅰ、Ⅱ、Ⅲ、Ⅳ、Ⅴ、Ⅵ

29. 在镇规划建设中,下列关于居住建设的原则哪项是错误的?( )

   A 居住用地应在大气污染源的常年最小风向频率的上风侧

   B 居住建筑的布置应根据气候、用地条件和使用要求,确定建筑的标准、类型、层数、朝向、间距、群体组合、绿地系统和空间环境

   C 新建居住组群的规划,镇区住宅宜以多层为主,并应具有配套的服务设施

   D 旧区居住街巷的改建规划,应因地制宜体现传统特色和控制住户总量,并应改善道路交通、完善公用工程和服务设施,搞好环境绿化

30. 下列城市规划管理实行建筑高度控制的要素中,哪项表述较全面?( )

   A 公共空间尺度、卫生和景观　　　　B 公共空间安全、卫生和景观

   C 公共空间尺度、安全和卫生　　　　D 公共空间尺度、安全和景观

31. 建筑避震疏散场所是用作地震时受灾人员疏散的场地和建筑,以下哪项不属于建筑避震疏散场所的法定范畴?( )

   A 临时避震疏散场所　　　　　　　　B 紧急避震疏散场所

   C 固定避震疏散场所　　　　　　　　D 中心避震疏散场所

32. 《住宅性能评定技术标准》将住宅性能划分为五个方面,下列哪项不包括在内?( )

   A 适用性能　　　B 经济性能　　　C 卫生性能　　　D 耐久性能

33. 采用自然通风的办公室,其通风开口面积不应小于房间地面面积的( )。

   A 1/7　　　　　B 1/12　　　　　C 1/20　　　　　D 1/25

34. 下列关于办公建筑总平面布置的要求中,哪项是错误的?( )

   A 绿化与建筑物、构筑物、道路、管线之间的距离应符合有关规定的要求,防止植物根系影响建筑物安全和构筑物妨碍树木花草生长

   B 锅炉房、厨房等后勤用房的燃料、货物及垃圾等物品的运输应设有单独通道和出入口

   C 当办公建筑与公寓、酒店等建筑合建时,办公区域必须设置单独出入口

   D 停车场地(库)最好将内部使用和外部使用的场所分开设置,有条件时汽车停车充分利用社会停车设施

35. 某新建停车场停放小型机动车280辆,其应设置的出入口不得少于( )。

A 2个　　　　　　B 3个　　　　　C 4个　　　　　　D 5个

36. 下列关于民用建筑合理使用年限的描述,错误的是(　　)。
   A 主要指建筑主体结构设计使用年限
   B 根据《建筑结构可靠度设计统一标准》,将设计使用年限分为四类
   C 建筑主要部件和材料的使用年限应与其一致
   D 根据工程项目的建筑等级、重要性来确定

37. 下图为某沿城市道路建设的小商品市场总平面简图,导入顾客人流最差的方案是(　　)。

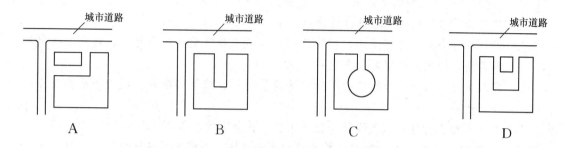

38. 现状地形图上的粗线为规划道路,题图中 a、b 点间路段最适宜的做法为(　　)。

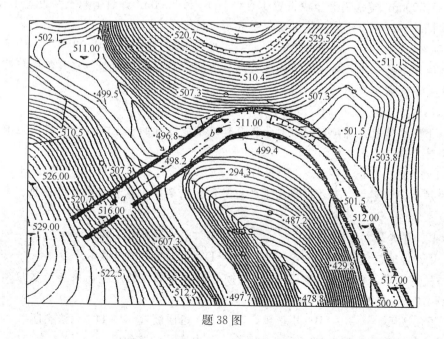

题 38 图

   A 隧道　　　　　　B 涵洞　　　　　C 桥梁　　　　　　D 挡土墙

39. 某小区开发商要求建筑师在规划允许的范围内将容积率做到最大,如下做法中哪种最不恰当?(　　)
   A 适当加大住宅建筑进深,减小面宽
   B 增加商业配套面积的比例
   C 利用多层住宅北向跌落,减小间距

527

D 尽量增加地下室面积

40. 甲方已委托建筑师进行一商业项目建筑设计，由于甲方缺乏经验迟迟未能提交设计任务书，建筑师此时采用以下哪项做法较为合适？（　　）
    A 等待甲方确定明确意见，下达设计任务书要求后启动设计工作
    B 催促甲方尽快提出设计任务书，以便进入实质性设计阶段
    C 根据甲方最新设想，不厌其烦地进行方案设计，直到甲方满意为止
    D 与甲方沟通，提出建议，使其尽快理清思路，协助甲方策划形成设计任务书

41. 关于建筑设计单位的职责，下列哪项是错误的？（　　）
    A 建筑设计单位必须对其设计质量负责
    B 设计文件应符合有关法律、行政法规、建筑工程质量、安全标准、建筑工程勘察设计技术规范的规定以及合同的约定
    C 建筑设计单位对设计文件中所选用的建筑材料、建筑构配件和设备不应指定生产商、供应商
    D 在工程施工过程中建筑设计单位要承担工程监理的职责

42. 五层及五层以上普通办公建筑设置电梯的数量应按如下哪项标准执行？（　　）
    A 每2000m² 建筑面积至少设置1台　　B 每3000m² 建筑面积至少设置1台
    C 每5000m² 建筑面积至少设置1台　　D 每7000m² 建筑面积至少设置1台

43. 党政机关高层办公建筑总使用面积系数不应低于（　　）。
    A 50%　　　　B 57%　　　　C 65%　　　　D 72%

44. 设计绘图室宜采用开放式或半开放式办公空间，并用灵活隔断、家具等进行分隔，其每人使用面积不应小于（　　）。
    A 4m²　　　　B 6m²　　　　C 8m²　　　　D 10m²

45. 从以下哪个建筑设计阶段起，对于涉及建筑节能设计的专业，其设计说明应有建筑节能设计的专门内容？（　　）
    A 设计前期　　B 方案设计　　C 初步设计　　D 施工图设计

46. 国内居住区规划中，哪些气候区主要应考虑住宅夏季防热和组织自然通风、导风入室的要求？（　　）
    A Ⅰ、Ⅱ建筑气候区　　　　B Ⅰ、Ⅲ建筑气候区
    C Ⅱ、Ⅲ建筑气候区　　　　D Ⅲ、Ⅳ建筑气候区

47. 某居民区可容纳居住人口为2500人，按居住区分级控制规模，该居民区应属哪个规划级别？（　　）
    A 居住区级　　B 小区级　　C 组团级　　D 无法判断

48. 民用建筑设计中应贯彻"节约"基本国策，其内容是指节约（　　）。
    A 用地、能源、用水、建设周期　　B 用地、能源、用水、投资
    C 用地、能源、用水、劳动力　　　D 用地、能源、用水、原材料

49. 综合医院总平面布局时规定医院出入口不应少于二处，主要基于下列何种考虑？（　　）
    A 人员出入口不应兼作尸体和废弃物出口
    B 车辆出入口不应兼作尸体和废弃物出口
    C 人员出入口不应兼作车辆出入口

D 医护人员出入口不应兼作病人出入口

50. 医院总平面内两栋病房楼前后平行布置，其间距最小宜为下列何值？（   ）
    A 6m   B 9m   C 12m   D 15m

51. 在民用建筑设计中，国家对某些类型的建筑提出了专门的日照要求，下列何者不在此规定范围内？（   ）
    A 住宅、宿舍、老年人住宅、残病人住宅
    B 托儿所、幼儿园、中小学校
    C 医院、疗养院
    D 宾馆、高档写字楼

52. 建筑物及其附属设施不得突出道路红线和用地红线建造，下列何种情况不受此限制？（   ）
    A 地下室基础   B 建筑物阳台
    C 建筑物台阶   D 连接城市的市政公共设施

53. 住宅建筑日照标准对大寒日的有效日照时间带(h)的规定，正确的是(   )。
    A 8时至16时   B 9时至15时   C 8时至15时   D 9时至16时

54. 居住区内住宅与道路的最小距离以道路边线为起算点，当道路设有人行便道时，道路边线是指下列何者？（   ）
    A 机动车道边线   B 人行便道边线
    C 机动车道边线外0.25m线   D 人行便道边线内0.25m线

55. 老年人住宅的日照要求不应低于(   )。
    A 冬至日日照2h   B 冬至日日照1h
    C 大寒日日照2h   D 大寒日日照1h

56. 关于居住区的道路规划原则，下列说法哪项错误？（   ）
    A 小区内应避免过境车辆穿行，但道路要通畅，并满足各种车辆的通行
    B 有利于居住区内各类用地的划分和有机联系，以及建筑物布置的多样化
    C 在地震烈度不低于六度的地区，应考虑防灾救灾要求
    D 满足居住区的日照通风和地下工程管线的埋设要求

57. 公交车辆进出停放车位时，下列进出车方式中何者正确？（   ）
    Ⅰ. 顺车进，顺车出；Ⅱ. 倒车进，倒车出；Ⅲ. 顺车进，倒车出；Ⅳ. 倒车进，顺车出
    A Ⅰ、Ⅲ   B Ⅰ、Ⅳ   C Ⅱ、Ⅳ   D Ⅱ、Ⅲ

58. 在无障碍道路设计时，下列关于行进盲道的说法哪项错误？（   ）
    A 表面触感部分以下的厚度应与人行道砖一致
    B 颜色宜为中黄色
    C 人行道为弧形时，盲道宜与人行道走向一致
    D 表面触感部分应为圆点形

59. 在无障碍道路设计时，对于提示盲道的设置，下列说法哪项错误？（   ）
    A 行进盲道的起点和终点应设提示盲道
    B 行进盲道在转弯处应设提示盲道
    C 行进盲道中有台阶、坡道和障碍物等，应紧邻其边缘设提示盲道
    D 人行横道入口、广场入口、地下铁道入口等处设置的提示盲道长度应与各入口的

宽度相对应

60. 住宅基地内，通行轮椅车的无障碍坡道宽度最小应为下列何值?( )
　　A 1.0m　　　B 1.5m　　　C 1.8m　　　D 2.1m

61. 居住区内非公建配建的居民汽车地面停放场地应属于哪项用地?( )
　　A 住宅用地　　　　　　　　B 宅间绿地
　　C 道路用地　　　　　　　　D 公共服务设施用地

62. 住宅基地内室内外高差为1m时，其无障碍坡道坡度不应超过下列何值?( )
　　A 1:20　　　B 1:16　　　C 1:12　　　D 1:10

63. 在住宅基地道路交通设计中，宅间小路的路面宽度最小宜为( )。
　　A 1.5m　　　B 2.0m　　　C 2.5m　　　D 3.0m

64. 民用建筑地基内关于何时应设置人行道的表述，下列何者正确?( )
　　A 车流量较大时　　　　　　B 人流量较大时
　　C 人车混流时　　　　　　　D 道路较长时

65. 地下汽车库出入口与道路平行时，应设置至少多长的缓冲车道后再汇入基地道路?( )
　　A 5.0m　　　B 6.0m　　　C 7.5m　　　D 8.5m

66. 当建筑基地道路坡度超过下列何值时，应设缓冲段与城市道路相连接?( )
　　A 1%　　　B 2%　　　C 5%　　　D 8%

67. 居住区规划竖向设计所应遵循的原则中，下列表述哪项错误?( )
　　A 避免填方或挖方
　　B 满足排水管线的埋设要求
　　C 避免土壤受冲刷
　　D 对外联系道路的高程应与城市道路标高相衔接

68. 当居住区自然坡度大于8%时，宜选用下列何种地面连接形式?( )
　　A 坡地式　　　B 平坡式　　　C 平地式　　　D 台地式

69. 居住区内广场兼停车场的适用地面坡度为下列何者?( )
　　A 0.3%~3.0%　　　　　　　B 0.3%~2.5%
　　C 0.5%~1.0%　　　　　　　D 0.2%~0.5%

70. 居住区的竖向规划设计中不包括下列哪项内容?( )
　　A 地形地貌的利用　　　　　B 确定道路控制标高
　　C 建筑物之间的间距控制　　D 地面排水规划

71. 居住区位于何种地段时其地面水排水方式适合选用明沟排水?( )
　　A 平坡地段　　　　　　　　B 缓坡地段
　　C 山坡冲刷严重地段　　　　D 雨水较多地段

72. 住宅基地内相邻台地间高差大于下列何值时，应在挡土墙或坡比值大于0.5的护坡顶面加设安全防护措施?( )
　　A 0.5m　　　B 1.0m　　　C 1.2m　　　D 1.5m

73. 住宅室外地面水的排水系统应根据地形特点设计，地面排水坡度最小应为下列何值?( )
　　A 0.1%　　　B 0.2%　　　C 0.5%　　　D 1.0%

74. 建筑基地内道路的横坡应按下列何者取值?( )

A 1‰～2‰　　　　B 0.1‰～0.5‰　C 0.5‰～5‰　　D 5‰～8‰

75. 关于建筑基地地面的高程与城市道路的关系，下列要求何者正确？（　　）
   A 基地地面最低处高程宜高于相邻城市道路的最低高程
   B 基地地面最低处高程宜低于相邻城市道路的最低高程
   C 基地地面最高处高程宜低于相邻城市道路的最低高程
   D 基地地面的平均高程宜低于相邻城市道路的平均高程

76. 在居住区管线布置时，下列电力电缆与电信电缆的布置原则何者正确？（　　）
   A 电力电缆在道路的东侧或南侧，电信电缆在道路的西侧或北侧
   B 电力电缆在道路的西侧或北侧，电信电缆在道路的东侧或南侧
   C 电力电缆在道路的东侧或北侧，电信电缆在道路的西侧或南侧
   D 电力电缆在道路的西侧或南侧，电信电缆在道路的东侧或北侧

77. 地下管线穿过公共绿地时，下列做法何者正确？（　　）
   A 宜横贯公共绿地　　　　　　　B 为缩短路线宜斜穿公共绿地
   C 宜从公共绿地边缘通过　　　　D 深埋敷设

78. 与市政管线相接的工程管线，其平面位置和竖向标高应采用何种系统来表示？（　　）
   A 全国统一的坐标系统和高程系统　　B 全省统一的坐标系统和高程系统
   C 城市统一的坐标系统和高程系统　　D 施工坐标系统和黄海高程系统

79. 关于工程管线的布置原则，下列说法哪项错误？（　　）
   A 工程管线应根据其不同特性和要求综合布置
   B 对安全、卫生、防干扰等有影响的工程管线不应共沟或靠近敷设
   C 利用综合管沟敷设的工程管线若互有干扰的，应设置在综合管沟的不同沟(室)内
   D 同一专业的管线可以共沟敷设，不同专业的管线不得共沟敷设

80. 下列工程管线布置原则的说法中哪项错误？（　　）
   A 地下工程管线的走向宜与道路或建筑物主体相平行或垂直
   B 工程管线应从建筑物向道路方向由浅至深埋设
   C 管线与管线、管线与道路应减少交叉
   D 工程管线布置应短捷、减少转弯

81. 布置居住区工程管线时首先应考虑何种敷设方式？（　　）
   A 地上敷设　　　　　　　　　　B 地下敷设
   C 地上架空敷设　　　　　　　　D 地上地下相结合敷设

82. 当住宅室外水体无护栏保护措施时，在近岸2m范围内水深最深不应超过下列何值？（　　）
   A 0.5m　　　B 1.0m　　　C 1.2m　　　D 1.5m

83. 对于住宅室外人工景观水体的补充水源，下列说法何者正确？（　　）
   A 严禁使用自来水　　　　　　　B 不得使用中水
   C 严禁使用河水　　　　　　　　D 不得使用经净化处理过的废水

84. 下列住宅区内公共绿地总指标的说法中哪项错误？（　　）
   A 组团不少于0.5m²/人
   B 小区不少于1.0m²/人

C 居住区不少于1.5m²/人
D 旧区改建可酌情降低,但不应低于相应指标的50%

85. 如题图所示,某城市按1.5日照间距系数在平地上南北向布置两栋六层板式住宅,已知住宅建筑高度 $H=18.15m$,室内外高差为0.45m,一层窗台高为0.50m,两栋住宅最小日照间距 L 应为下列何值?( )

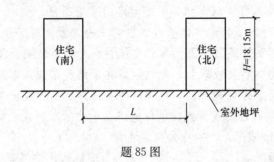

题85图

A $L=27.23m$ B $L=26.55m$ C $L=25.80m$ D $L=25.20m$

86. 以下某中学校的四种总平面布局方案哪种布置较为合理?( )

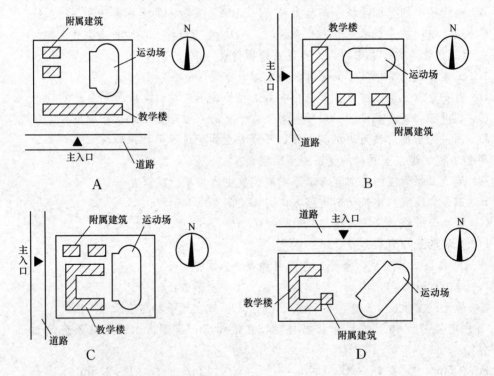

87. 有关埋地工程管线由浅入深的垂直排序,错误的是( )。
    A 电信管线、热力管、给水管、雨水管
    B 电力电缆、燃气管、雨水管、污水管
    C 电信管线、燃气管、给水管、电力电缆
    D 热力管、电力电缆、雨水管、污水管

88. 排水沟图例如题图所示,下列表述的图示含义何者错误?( )

A 图示为有盖排水沟
B "1"表示沟底纵向坡度为1%
C 箭头表示水流方向
D "40.00"表示排水沟的总长度（m）

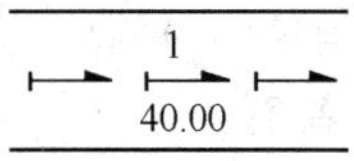

89. 某城市的风玫瑰图如题图所示，下列说法何者错误？（   ）
A 粗实线表示全年主导风向
B 虚线表示夏季主导风向
C 中心圆圈内的数字代表全年无风频率
D 风向从中心吹向外面

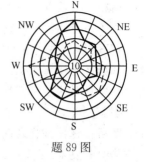

题89图

90. 题图所示图例，其正确的含义为下列何者？（   ）

题90图

A 挡土墙   B 护坡
C 洪水淹没线   D 钢筋混凝土围墙

2010年试题解析及参考答案

1. **解析：** 建筑专业现场踏勘是核查规划部门已批准地界的地形图与现状用地两者间，有何差异与矛盾；主要为落实设计总图的工作，与购地前后土地出让合同的核查无关。
   答案： A

2. **解析：** ab段的高程比周围等高线的高程均高，故为山脊。
   答案： A

3. **解析：**《建筑边坡工程技术规程》GB 50330—2002第3.1.1条规定，边坡分为土质边坡和岩质边坡。
   答案： A

4. **解析：** 根据《民建通则》表3.3.1可知为Ⅲ类气候区。
   答案： B

5. **解析：** 根据原《防洪标准》GB 50201—94第2.0.1条：城市应根据其社会地位的重要性或非农业人口的数量分为四个等级。
   答案： A

6. **解析：** 根据原《城乡建设用地竖向规划规范》CJJ 83—99第8.0.6条规定。
   答案： B

7. **解析：** 根据《总图标准》标高注法中第2.5.1条规定，应以接近地面的±0.00标高的平面作为总平面。
   答案： A

8. **解析：** 根据《城乡规划工程地质勘探规范》CJJ 57—2012附录C中稳定性较弱即较差的规定。
   答案： B

9. 解析：根据《居住区规范》第3.0.3条表3.0.3注规定，按每户3.2人计算。
   答案：B
10. 解析：土方工程施工中不应含事先进行清除基地的垃圾、树根等杂物工作。
    答案：B
11. 解析：建设部2005年12月20日发布《城市黄线管理办法》的第二条规定，黄线是以上用地的控制线。
    答案：A
12. 解析：根据《居住区规范》条文说明第5.0.5～5.0.6条三款的说明，住宅建筑面积净密度与这些因素密切相关。
    答案：A
13. 解析：根据《建筑设计资料集1》中气象降水收集内容，其中没有五分钟的最大强度降雨量要求。
    答案：C
14. 解析：《房地产管理法》第26条规定为二年。
    答案：B
15. 解析：根据《建设环境保护设计规定》第二章第七条，D项是错的，而A、B、C三项都是正确的。
    答案：D
16. 解析：《城镇老年人设施规划规范》GB 50437—2007条文说明第4.2.3条要求：子女探望老人所花的路途时间以不超过一小时左右为最佳。
    答案：D
17. 解析：根据城市用地选择A、B、C三条都是正确的，D条并非唯一，可视具体情况而定。
    答案：D
18. 解析：根据《镇规划标准》GB 50188—2007第5.4.2条，唯有生产作业区附近的规定正确。
    答案：D
19. 解析：根据《绿色建筑》一书中多个章节的相关规定。
    答案：D
20. 解析：老年公寓要求安静。
    答案：D
21. 解析：根据城市规划对具体地块的土地控制是在控制性详细规划阶段。
    答案：D
22. 解析：风景名胜区、文物古迹、历史文化街区的保护范围和空间形态的保护要求是在城市分区规划阶段提出的。
    答案：B
23. 解析：初步设计阶段是已完成场地选择之后并已有了土地的阶段。
    答案：D
24. 解析：根据《影院规范》第3.1.2条6款，《剧场规范》第3.0.3条1款，《体育建筑规范》第 3.0.5 条 4 款。

答案：A

25. 解析：《人防地下室规范》术语中有Ⅰ、Ⅱ、Ⅲ、Ⅳ、Ⅴ、Ⅵ项。

    答案：B

26. 解析：A、B、D 项均符合面积计算规定，不能按书架层计算面积。

    答案：C

27. 解析：原《汽车库建筑设计规范》JGJ 100—98 条文说明第 4.1.5 条规定的 27~35m²。

    答案：B

28. 解析：根据《居住区规范》第 5.0.2 条规定：日照、采光、通风、消防、管线埋设、视觉卫生与空间环境都需要。

    答案：D

29. 解析：《镇规划标准》GB 50188—2007 第 6.0.2 条 1 款规定：居住区应布置在大气污染源的常年最小风向频率的下风侧，故 A 条错误。

    答案：A

30. 解析：根据《民建通则》第 4.3.1 条规定：建筑高度不应危害公共空间安全、卫生和景观。

    答案：B

31. 解析：根据《城市抗震防灾规划标准》第 8.1.3 条规定：城市避震疏散场所应按照紧急避震疏散场所和固定避震疏散场所分别进行安排，甲、乙类模式城市应根据需要，安排中心避震场所。没有临时避震疏散场所的要求。

    答案：A

32. 解析：《住宅性能标准》第 1.0.4 条规定：住宅性能划分为适用性能、环境性能、经济性能、安全性能和耐久性能五个方面。

    答案：C

33. 解析：根据《民建通则》第 7.2.2 条 1 款规定：办公室自然通风开口面积不小于地面面积的 1/20。

    答案：C

34. 解析：根据《办公建筑规范》第 3.2.2 条、第 3.2.3 条和第 3.2.4 条，可知 A、B、C 正确。

    答案：D

35. 解析：根据《车库防火规范》第 6.0.11 条规定：超过 100 辆的停车场出入口不得少于 2 个。

    答案：A

36. 解析：根据《民建通则》条文说明第 3.2.1 条，C 条是错的。

    答案：C

37. 解析：沿城市道路建设的小商品市场，导入顾客应双向口、双入口或有广场单向人流，B 没有广场又是单向人流的总平面是最差的方案。

    答案：B

38. 解析：现状地形图识图能力考核。通路 a（标高 516.0）b（标高 511.0）路段下方是与其垂直相交标高为498.2的山谷地段，此处适宜建桥梁。
答案：C

39. 解析：提高容积率主要应增加住宅面积或适当增加商业配套面积，尽量增加地下室面积是不对的。
答案：D

40. 解析：根据业主需要提出建议形成设计任务书，按规划程序进行。
答案：D

41. 解析：建筑设计单位一般没有工程监理职责，除非具有监理资质又另有委托合同。
答案：D

42. 解析：根据《办公建筑规范》第4.1.3条和4.1.4条规定，办公楼每5000m²建筑面积至少设一台电梯。
答案：C

43. 解析：《办公建筑规范》条文说明第4.1.2条规定，使用面积系数高层办公建筑不应低于57%。
答案：B

44. 解析：见《办公建筑规范》第4.2.4条。
答案：B

45. 解析：从初步设计起应在设计说明中有建筑节能设计的专门内容。
答案：C

46. 解析：根据《民建通则》表3.3.1，可知为Ⅲ、Ⅳ类气候区。
答案：D

47. 解析：根据《居住区规范》表1.0.3，2500人为组团级规模。
答案：C

48. 解析：《民建通则》第1.0.3条提出了节约的内容。
答案：D

49. 解析：见《医院规范》第4.2.2条。
答案：A

50. 解析：见《医院规范》第4.2.6条。
答案：C

51. 解析：根据《民建通则》第5.1.3条。
答案：D

52. 解析：根据《民建通则》第4.2.1条。
答案：D

53. 解析：见《居住区规范》表5.0.2-1，大寒日有效日照时间带为8~16时。
答案：A

54. 解析：根据《居住区规范》表8.0.5注规定，有人行便道时，道路边线即以人行便道边线为起算点。
答案：B

55. 解析：见《民建通则》第5.1.3条4款。

答案：A

56. 解析：根据《居住区规范》第8.0.1.3、第8.0.1.5和第8.0.1.6条可知B、C、D正确，又规范中没有小区内道路应避免过境车辆穿行的要求。
    答案：A

57. 解析：根据《城市公共交通站、场、厂设计规范》第3.3.5条，规定只容许倒车进与顺车出或者顺车进与顺车出两种方式。
    答案：B

58. 解析：根据原《城市道路和建筑物无障碍设计规范》JGJ 50—2001第4.2.1条第3、5、6款及4.2.2条5款可知A、B、C正确，又从第4.2.1条2款可知D错误。
    答案：D

59. 解析：根据原《城市道路和建筑物无障碍设计规范》JGJ 50—2001第4.2.3条第1、2、4款可知A、B、D正确。又从4.2.3条3款知C项叙述不正确。
    答案：C

60. 解析：根据原《城市道路和建筑物无障碍设计规范》JGJ 50—2001表7.2.4的规定。
    答案：B

61. 解析：根据《居住区规范》第2.0.7条规定。非公建配建的居民汽车地面停放场地属道路用地。
    答案：C

62. 解析：《城市道路和建筑物无障碍设计规范》JGJ 50—2001表7.2.5中规定高度1m的坡度为1∶16。
    答案：B

63. 解析：《居住区规范》第8.0.2.4条规定为2.5m。
    答案：C

64. 解析：《民建通则》第5.2.1条第5款规定：车流较大时应设人行道。
    答案：A

65. 解析：根据《民建通则》第5.2.4条第3款规定：缓冲车道长度不小于7.5m。
    答案：C

66. 解析：根据《民建通则》第4.1.5条第5款规定：坡道大于8%时应设缓冲段。
    答案：D

67. 解析：根据《居住区规范》第9.0.2.3、第9.0.2.4和第9.0.2.6第条可知B、C、D正确，又第9.0.2.1条要求合理利用地形地貌，减少土方量，不可能避免填方或挖方。
    答案：A

68. 解析：根据《居住区规范》第9.0.3条规定，地形坡度大于8%时，宜选用台地式。
    答案：D

69. 解析：见《居住区规范》表9.0.2。
    答案：D

70. 解析：根据《居住区规范》第9.0.1条，竖向规划包括A、B、D项，与建筑物之间的间距控制无关。
    答案：C

71. 解析：根据原《城市居住区规划设计规范》GB 50180—93（2002年版）第9.0.4.2条规定，在埋设地下暗沟（管）极不经济的陡坎、岩石地段，或在山坡冲刷严重，管沟易堵塞地段，可采用明沟排水。
    答案：C

72. 解析：根据《住宅建筑规范》第4.5.2条1款，在挡土墙或坡比值大于0.5的护坡顶面加安全防护措施的高差应大于1.5m。
    答案：D

73. 解析：根据《住宅建筑规范》第4.5.1条，最小坡度为0.2%。
    答案：B

74. 解析：根据《民建通则》第5.3.1条第2、3、4款，基地内各种道路的横坡均应为1%～2%。
    答案：A

75. 解析：见《民建通则》第4.1.3条第3款。
    答案：A

76. 解析：《居住区规范》第10.0.2.6条规定，电力电缆在道路的东侧或南侧，电信电缆在道路的西侧或北侧。
    答案：A

77. 解析：见《居住区规范》第10.0.1条中第2条。
    答案：C

78. 解析：《城市工程管线综合规划规范》GB 50289—98第2.1.2条规定，管线平面位置和竖向位置应采用城市统一的坐标系统和高程系统。
    答案：C

79. 解析：根据《民建通则》第5.5.4条，可知A、B、C项正确。不同一专业的管线可按要求共沟敷设。
    答案：D

80. 解析：根据《居住区规范》第10.0.2.3条，地下工程管线的走向宜与道路和建筑物主体相平行，要求相垂直是错误的。
    答案：A

81. 解析：根据《居住区规范》第10.0.2.3条，宜采用地下敷设的方式。
    答案：B

82. 解析：根据《住宅建筑规范》第4.4.3条。
    答案：A

83. 解析：根据《住宅建筑规范》第4.4.3条。
    答案：A

84. 解析：根据《居住区规范》第7.0.5条。
    答案：D

85. 解析：$L=(18.15-0.45-0.50)\times 1.5=25.80m$。
    答案：C

86. 解析：根据《中小学规范》要求功能分区明确，操场南北向布置。
    答案：C

87. **解析：** 根据《居住区规范》第10.0.2.5条（2）款，地下敷设的管线中电力电缆应在给水管上方设置。

    答案： C

88. **解析：** 根据《总图标准》表3.0.1-37，A、B、C正确，40.0表示排水沟变坡点间的距离。

    答案： D

89. **解析：** 从《建筑设计资料集5》可知，风玫瑰图的说明A、B、C正确，另风向由外向中心吹。

    答案： D

90. **解析：** 根据原《总图制图标准》GB/T 50103—2001表3.0.1-34，图例为洪水淹没线符号，2010年版的《总图标准》洪水淹没线已改为一条虚线。

    答案： C

《建筑设计（知识）》
2019年试题、解析及参考答案

2019年试题

1. 分割、削减手法可使简单的形体变得丰富，下列哪个作品主要采用了这一手法（　　）。

A 拉维莱特公园

B Casa Rotonda

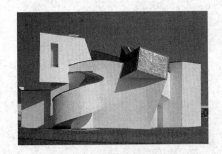

C 德国Vitra家具博物馆

D 加拿大蒙特利尔Habitat 67

2. 柯布西耶把比例和人体尺度结合在一起，提出独特的（　　）。
   A "模度"体系　　　　　　　　B 相似要素
   C 原始体形　　　　　　　　　D 黄金比例

3. 题图所示建筑群平面图采用的是哪种空间组织形式？（　　）
   A 单元式和网格式
   B 轴线式和网格式
   C 庭院式和网格式
   D 轴线式和庭院式

4. 下列建筑均采用连续性空间组织方式的是（　　）。
   A 歌舞厅，剧院，陈列馆
   B 体育馆，影剧院，音乐堂
   C 博物馆，陈列馆，美术馆
   D 办公，学校，酒店

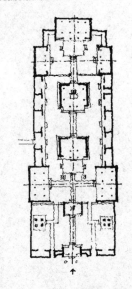

题3图

5. 题图所示图底反转地图用于分析（　　）。

题 5 图

  A 建筑实体与外部空间
  B 建筑内部空间
  C 建筑功能空间
  D 城市机动车交通组织

6. 路易斯·康设计的理查德医学研究楼采取的空间组织方式是(　　)。

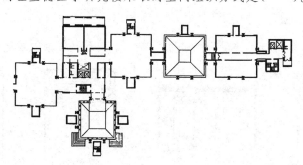

题 6 图

  A 轴线对称式 B 庭院式 C 网格式 D 单元式

7. "少就是多"的言论出自于(　　)。

  A 赖特   B 格罗皮乌斯
  C 密斯·凡·德·罗   D 柯布西耶

8. 炎热地区不利于组织住宅套型内部通风的平面是(　　)。

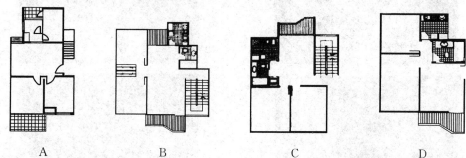

  A   B   C   D

9. 住宅私密性层次和分区错误的是(　　)。

  A 户外走道、楼梯间是公共区域 B 会客厅、餐厅是半公共区
  C 次卧、家庭娱乐室是半私密区 D 主卧室、卫生间是私密区

10. 北京紫禁城中位于中轴线三层汉白玉台阶上的三大殿是（   ）。
    A 太和殿，乾清宫，保和殿 B 太和殿，中和殿，保和殿
    C 太和殿，保和殿，交泰殿 D 太和殿，交泰殿，坤宁宫

11. 题图所示，适合办公人员沟通交流的布局方式是（   ）。

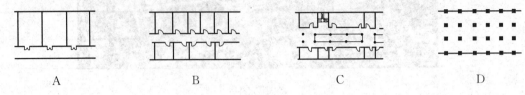

题11图

A 外廊式 B 内走道式 C 内天井式 D 开放式

12. 题图所示黑色部分为核心筒，哪种核心筒布局方式有利于高层办公楼筒体结构抵抗侧力和各向自然采光？（   ）

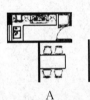 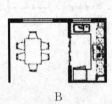 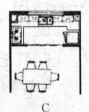 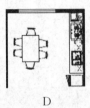

A 中央型 B 单侧型 C 分散型 D 两侧型

13. 题图所示住宅套型的餐厅和厨房组合关系中，不利于烹饪油烟隔离的是（   ）。

A   B   C   D

14. 题图所示，属于拜占庭建筑室内风格的是（   ）。

15. 题图所示，体现了室内空间限定方法中主从关系的是( )。

A

B

C

D

16. 关于室内装修选材的说法，错误的是( )。
    A 室内装修石材包括天然石材和人造石材
    B 陶板和釉面砖都属于陶瓷材料
    C 快餐厅室内空间通常选用柔软的地毯材料
    D 幼儿园适合选用木质墙身下护角

17. 下图所示，藏族民居的室内是( )。

　　A　　　　　　　　B　　　　　　　C　　　　　　　D

18. 下述哪类公共建筑的室内需要利用灯具和舒适的阴影效果来增强物体的立体感和艺术效果？( )
    A 美术馆的陈列室   B 体育馆的比赛大厅
    C 教学楼的教室   D 医院的手术室

19. 关于色彩温度感的描述，错误的是( )。
    A 紫色与橙色并列时，紫色倾向于暖色   B 紫色与青色并列时，紫色倾向于暖色
    C 红色与绿色并列时，红色倾向于暖色   D 蓝色与绿色并列时，蓝色倾向于冷色

20. 低层住宅的层数是( )。
    A 四至七层   B 三至六层   C 三至五层   D 一至三层

21. 下列不属于一类高层民用建筑的是( )。
    A 建筑高度50m的住宅建筑   B 建筑高度55m的办公建筑
    C 建筑高度30m的医院建筑   D 建筑高度30m存书100万册的图书馆

22. 工程设计中，编制概算书属于下列哪个阶段( )。
    A 方案设计   B 技术设计   C 初步设计   D 施工图设计

23. 以下关于室内设计图纸，错误的是(   )。
    A 平面图中应标明房间名称、门窗编号
    B 平面铺地应标明尺寸、材质、颜色、标高等
    C 顶平面图中应该包括灯具、喷淋等设施
    D 顶平面图中应反映平、立面图中的门窗位置和编号
24. 下列关于评价建筑面积指标经济性的说法正确的是(   )。
    A 有效面积越大，越经济   B 结构面积越大，越经济
    C 交通面积越大，越经济   D 用地面积越大，越经济
25. 下列关于格式塔视觉理论的说法，正确的是(   )。
    A 大面积比小面积易成图形   B 开放形态比封闭系统易成图形
    C 不对称形态易成图形   D 水平和垂直形态比斜向形态易成图形
26. 以下中国民居建筑中对干热性气候有较好适应性的是(   )。
    A 北京四合院   B 新疆阿以旺
    C 云南干阑式建筑   D 福建土楼
27. 下列不属于可再生能源的是(   )。
    A 太阳能   B 生物能
    C 潮汐能   D 天然气
28. 下列建筑材料不属于可循环利用的是(   )。
    A 门窗玻璃   B 黏土砖
    C 钢结构   D 铝合金门窗
29. 在绿色建筑全生命周期中碳排放主要在(   )。
    A 建筑材料运输过程   B 建筑施工过程
    C 建筑使用过程   D 建筑拆除过程
30. 根据中国建筑热工气候分区，武汉和天津分别属于(   )。
    A 夏热冬暖，夏热冬冷   B 温和地区，寒冷地区
    C 湿热型，干热型   D 夏热冬冷，寒冷
31. 我国北方地区古代官式建筑主要采用的木结构体系是(   )。
    A 干阑式   B 抬梁式
    C 穿斗式   D 井干式
32. 题图中国古代建筑屋顶形式依次是(   )。

题32图

    A 硬山、悬山、庑殿、歇山、卷棚   B 悬山、硬山、歇山、庑殿、卷棚
    C 悬山、硬山、庑殿、歇山、卷棚   D 硬山、卷棚、悬山、庑殿、歇山
33. 角楼与护城河是明清北京城中哪一个区域的边界？(   )

A 皇城 B 内城
C 宫城 D 外城

34. 华夏传统文化中以五色土来象征东西南北五个方位，其中心部分铺的是（   ）。
    A 青土 B 赤土 C 黄土 D 白土

35. 图示蓟县独乐寺观音阁剖面图，对其描述错误的是（   ）。

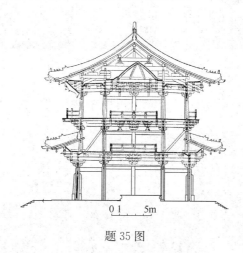

题 35 图

A 采用"双槽"结构 B 上檐柱头铺作双抄双下昂
C 上、下层檐柱采用叉柱造 D 外观二层，内部三层

36. 宋代《营造法式》中规定作为造屋的尺度标准是（   ）。
    A 间 B 材 C 斗口 D 斗栱

37. 唐代建筑的典型特征是（   ）。
    A 斗栱结构职能鲜明，数量少，出檐深远
    B 屋顶陡峭，组合复杂
    C 木架采用各种彩画，色彩华丽
    D 大量采用格子门窗，装饰效果强

38. 以下哪座建筑属于罗曼风格？（   ）

A　　　　　　　　　　　　　　B

　　　　　　C　　　　　　　　　　　　　　D

39. 图示维琴察巴西利卡（Vicenza Basilica）采用的构图通常被称为（　　）。

题 39 图

A 帕拉第奥母题　　　　　　　　　B 维琴察母题
C 券柱式构图　　　　　　　　　　D 连续券构图

40. 从春秋到明清，各朝都城布局都遵循的形制是（　　）。
A 里坊制　　　　　　　　　　　　B 城郭之制
C 开放式街巷制　　　　　　　　　D 左祖右社之制

41. 图示是哪个城市规划理论？（　　）

题 41 图

A 新协和　　　B 田园城市　　　C 广亩城市　　　D 光辉城市

42. 意大利文艺复兴建筑发源地是(　　)。
    A 威尼斯　　　　　　　　　　B 罗马
    C 佛罗伦萨　　　　　　　　　D 米兰
43. 方尖碑最早出现在哪个国家?(　　)
    A 埃及　　　　　　　　　　　B 希腊
    C 罗马　　　　　　　　　　　D 巴比伦
44. 中国建筑师主导的传统复兴潮流的标志性作品是(　　)。

A 南京中山陵　　　　　　　　B 北京协和医院西区

C 南京金陵大学北大楼　　　　D 金陵女子大学

45. 图示彼得·库克设想的未来城市是(　　)。

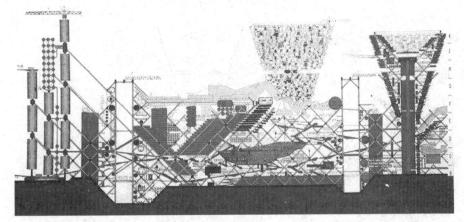

题 45 图

    A 空间城市　　　　　　　　　B 插入城市
    C 巨构城市　　　　　　　　　D 海上城市

46. 在勒·柯布西耶的新建筑五点中,有关自由立面的解释不正确的是( )。
   A 轴线对称　　　　　　　　　　　　B 结构和立面分离
   C 突破古典主义立面构图　　　　　　D 探索自由的立面构图方式

47. 雅各布斯批判城市规划的著作是( )。
   A 美国大城市的生与死　　　　　　　B 向拉斯维加斯学习
   C 拼贴城市　　　　　　　　　　　　D 城市建筑

48. 下列不属于后现代主义作品的是( )。

   A 母亲住宅　　　　　　　　　　　　B 美国电话电报公司总部

   C 波特兰市市政厅　　　　　　　　　D 韦克斯纳视觉艺术中心

49. 杨廷宝主持的近代中国建筑事务所是( )。
   A 基泰工程司　　　　　　　　　　　B 华盖建筑事务所
   C 华信工程司　　　　　　　　　　　D 中国工程司

50. 下述关于法古斯工厂立面不对的是( )。
   A 转角无立柱　　　　　　　　　　　B 对称构图
   C 无挑檐　　　　　　　　　　　　　D 外立面光滑

51. 厚重的夯土墙是下列哪种传统民居的特征?( )
   A 福建土楼　　　　　　　　　　　　B 云南一颗印
   C 河南靠崖窑洞　　　　　　　　　　D 北京四合院

52. 图示下列哪种传统建筑构筑类型?( )
   A 云南白族穿斗结构　　　　　　　　B 四川彝族木拱架
   C 广西壮族干阑式住宅　　　　　　　D 安徽汉族穿斗式

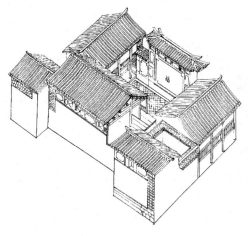

题 52 图

53. 图示四合院中,哪个房间用作客房?(　　)

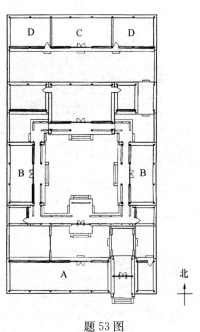

题 53 图

  A　A房间   B　B房间   C　C房间   D　D房间

54. 寄畅园龙光塔的理景手法是(　　)。

  A　框景   B　对景

  C　借景   D　补景

55. 颐和园中谐趣园是模仿哪个江南园林?(　　)

  A　吴江退思园   B　苏州留园

  C　苏州拙政园   D　无锡寄畅园

56. 图示为私家园林剖面,其厅堂形制为(　　)。

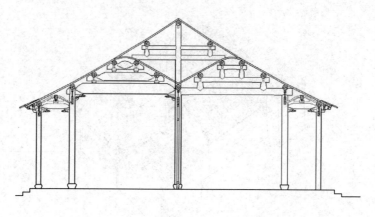

题 56 图

  A 四面厅   B 鸳鸯厅   C 花篮厅   D 楼厅

57. 图示平面图是哪座园林？（　　）

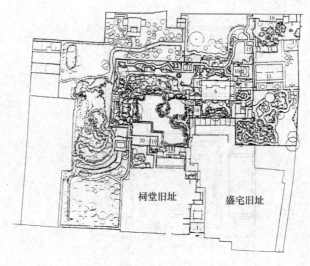

题 57 图

  A 拙政园   B 个园   C 寄畅园   D 留园

58. 平遥属于我国历史文化名城中的哪一种类型（　　）。
  A 风景名胜型   B 民族及民间特色型
  C 传统城市风貌型   D 历史古都型

59. 首次提出历史城区保护的是（　　）。
  A 华盛顿宪章 B 威尼斯宪章 C 佛罗伦萨宪章 D 雅典宪章

60. 负责评定世界遗产的世界遗产委员会隶属于（　　）。
  A 联合国教科文组织   B 古迹遗迹保护协会
  C 国际建筑师协会   D 世界遗产城市联盟

61. 控制性详细规划阶段，规划五线中的紫线是指（　　）。
  A 绿化保护线 B 城市道路 C 文物保护线 D 市政设施范围线

62. 巴西利亚这座城市是体现了雅典宪章的经典作品，它是一个(　　)。
    A 功能城市　　　B 田园城市　　　C 广亩城市　　　D 生态城市
63. 城市森林公园、湿地、绿化隔离带属于(　　)。
    A 公园绿地　　　B 生产绿地　　　C 附属绿地　　　D 其他绿地
64. 如图所示路网布局属于典型集中式和环形放射布局的是(　　)。

A

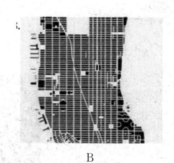
B

C

D

65. 20 世纪 30 年代在美国和欧洲出现了"邻里单位"的居住区规划思想，决定和控制"邻里单位"规模的是(　　)。
    A 幼儿园　　　B 小学　　　C 商场　　　D 教堂
66. 在居住区规划的技术经济指标中，不能体现居住环境质量的是(　　)。
    A 人均居住用地　B 人均公共绿地　C 建筑密度　D 住宅套型
67. 在下列古城中，可作为研究中国古代城市扩建问题的代表案例是(　　)。
    A 曹魏邺城　　　B 元大都　　　C 宋代开封　　　D 秦都咸阳
68. 居住区规划综合指标中必列的指标是(　　)。
    A 高层住宅占比　　　　　　B 住宅总建筑面积
    C 人口密度　　　　　　　　D 绿化覆盖率
69. 《清明上河图》描绘的是哪个朝代的城市？(　　)
    A 北宋东京　　　B 明南京　　　C 隋洛阳　　　D 唐长安
70. 如图所示，意大利威尼斯圣马可广场是(　　)。

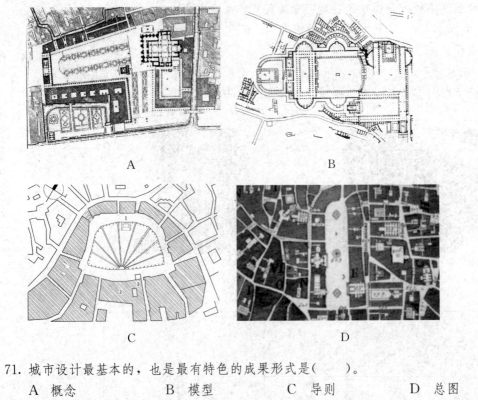

71. 城市设计最基本的，也是最有特色的成果形式是（　　）。
    A 概念　　　　　　B 模型　　　　　　C 导则　　　　　　D 总图
72. 下列控制性详细规划指标中，不属于规定性指标的是（　　）。
    A 建筑形式　　　　B 建筑密度　　　　C 建筑退线　　　　D 用地面积
73. 凯文·林奇提出的城市意向地图的调查方法是一种（　　）。
    A 层次分析法　　　　　　　　　　　B 线性规划法
    C 价值评估法　　　　　　　　　　　D 感知评价法
74. 为获得"山重水复疑无路，柳暗花明又一村"的空间体验，常用的景观设计手法是（　　）。
    A 借景　　　　　　B 障景　　　　　　C 框景　　　　　　D 对景
75. 对热岛效应描述错误的是（　　）。
    A 白天比晚上明显　　　　　　　　　B 城市规模越大越明显
    C 不利于污染物扩散　　　　　　　　D 城市建成区气温高于外围郊区
76. 总体规划中，属于禁建区的是（　　）。
    A 基本农田保护区　　　　　　　　　B 环境协调区
    C 绿化隔离区　　　　　　　　　　　D 城市生态绿地
77. 生态城市规划设计中，不属于绿色出行方式的是（　　）。
    A 私家车交通　　　B 轨道　　　　　　C 自行车　　　　　D 步行
78. 城市生态规划属于城市规划内容中的（　　）。
    A 总体规划　　　　B 区域规划　　　　C 详细规划　　　　D 专项规划
79. 图示雨花台烈士陵园的路径形式是（　　）。
    A 闭合　　　　　　B 串联　　　　　　C 并联　　　　　　D 放射

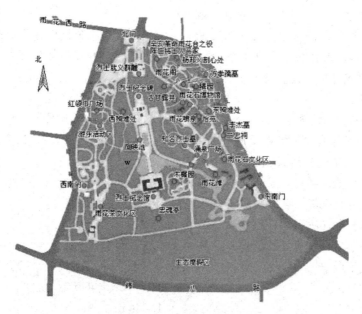

题 79 图

80. 结合风玫瑰图分析，下列适合城市总体规划布局的是( )。

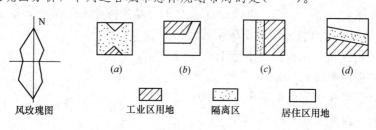

题 80 图

A (a) B (b) C (c) D (d)

81. 室外疏散楼梯以下哪条错误？( )

　　A 净宽大于等于 0.9m　　　　　　B 栏杆扶手高度大于等于 1.05m
　　C 梯段角度小于等于 45°　　　　　D 梯段的耐火极限大于等于 0.25h

82. 高层室外消防登高面，裙房进深值不能超过( )。

　　A 5m　　　B 4.5m　　　C 4m　　　D 3.5m

83. 以下关于装修材料的燃烧性能等级哪个是错的？( )

　　A 地上疏散走道墙面的装修材料大于等于 B_1 级
　　B 地下疏散走道地面的装修材料不得小于 B_1 级
　　C 变形缝周边的基层装修材料不小于 B_1 级
　　D 通向扶梯的地面基层装修材料不小于 B_1 级

84. 公共建筑中，消防电梯与楼梯的合用前室面积和短边进深的数值分别不小于( )。

　　A 6m², 短边进深 1.8m　　　　　B 6m², 短边进深 2.1m
　　C 10m², 短边进深 2.4m　　　　D 12m², 短边进深 2.4m

85. 剧场和商场合建时，以下哪个说法正确？（　　）
　　A 出入口和疏散楼梯都必须分开设置　　B 疏散口和疏散楼梯至少设2个
　　C 疏散口和疏散楼梯至少设1个　　D 疏散口和疏散楼梯可以和商场合用
86. 以下哪个建筑可以不设置消防电梯？（　　）
　　A 一类高层　　B 一类高层办公楼
　　C 4层的老年养护建筑　　D 37m的二类高层
87. 商业营业场所在有自动喷淋及所有装修材料为不燃烧体的情况下，以下关于最大防火分区面积，哪个说法错误？（　　）
　　A 设在多层的一层时，最大防火分区面积10000m²
　　B 设在多层的非第一层时，防火分区面积小于等于5000m²
　　C 设在高层中，防火分区面积小于等于4000m²
　　D 设在地下室且有餐饮的情况下，防火分区小于等于2000m²
88. 以下哪个房间在走道两端有出入口的情况下可只设一个疏散门（　　）。
　　A 大于130m²办公室　　B 80m²老年照料设施
　　C 80m²歌舞厅　　D 60m²教室
89. 以下哪个建筑需要设置防烟楼梯间？（　　）
　　A 一类车库　　B 二类车库
　　C 地下车库　　D 建筑高度大于32m的高层车库
90. 以下防火隔墙的耐火极限哪个是错误的？（　　）
　　A 管道井的隔墙耐火极限不小于1.00h
　　B 通风机房的隔墙2.00h
　　C 柴油燃料间和发电机房不小于2.00h
　　D 剧场舞台与观众厅之间3.00h
91. 下列关于残疾人坡道的说法不正确的是（　　）。
　　A 公共建筑主要出入口宜设置为坡度小于1：30的平坡
　　B 1：30的平坡上不需要设置平台
　　C 无障碍出入口轮椅坡道净宽不小于1m
　　D 检票口的轮椅通道宽度不小于0.9m
92. 人防工程中可以临战施工的是（　　）。
　　A 现浇钢筋混凝土构造　　B 通风口保护措施
　　C 防火密闭门　　D 抗爆隔墙
93. 人防中属于人防清洁区的是（　　）。
　　A 消毒区　　B 洗消间　　C 厕所　　D 除尘室
94. 以下关于人防疏散口的表述，错误的是（　　）。
　　A 竖井也可算出入口
　　B 两个防护单元可以借助另一个作为次要疏散口
　　C 两个疏散口在防爆门之外可以共用一个出地面的出口
　　D 电梯设在防空地下室的防护密闭区以外
95. 在绿色建筑中下列场地概念哪个是错误的？（　　）

A 建筑场地不应设在工业建筑废弃地

B 建筑场地应保留原有河道

C 建筑场地应保留利用没有污染的表面土层

D 建筑场地应还原或补偿原场地周边生态

96. 必须使用安全玻璃的是(　　)。

A 屋顶玻璃

B 高层建筑外窗玻璃

C 室外玻璃栏杆

D 多层建筑二层面积小于1.2m²的外开窗

97. 中小学校建筑的栏杆高度不得小于(　　)。

A 0.9m　　　　B 1.05m　　　　C 1.1m　　　　D 1.2m

98. 民用建筑中,两处楼面或地面高差超过(　　)应该采取防护措施。

A 0.4m　　　　B 0.5m　　　　C 0.6m　　　　D 0.7m

99. 有关室外疏散钢梯错误的是(　　)。

A 梯段宽度不小于0.9m　　　　　　B 栏杆高度不低于1.1m

C 倾斜角度小于45°　　　　　　　D 耐火极限1.5h

100. 下列不属于控制室内环境污染Ⅱ类的民用建筑类型是(　　)。

A 旅馆　　　　B 办公　　　　C 幼儿园　　　　D 图书馆

101. 在旅馆设计中,中庭的栏杆或栏板的高度不应低于(　　)。

A 1000mm　　B 1050mm　　C 1100mm　　D 1200mm

102. 甲类公共建筑不需要考虑围护结构热惰性指标的是哪个地区?(　　)

A 温和地区　　　　　　　　　B 夏热冬暖地区

C 严寒地区　　　　　　　　　D 夏热冬冷地区

103. 以下关于建筑外门窗气密性的说法错误的是(　　)。

A 严寒地区不低于6级

B 幕墙不低于3级

C 10层以下建筑气密性不低于6级

D 10层以上建筑气密性不低于7级

104. 甲类公共建筑在进行围护结构热工性能权衡判断之前不要核查哪项?(　　)

A 屋顶的传热系数

B 外墙的传热系数

C 屋顶玻璃的面积比

D 单面外墙窗墙比大于或等于0.4时,外窗的传热系数

105. 以下不执行公共建筑节能标准的建筑是(　　)。

A 幼儿园　　　　B 商住楼　　　　C 厂房改造的住宅　　　D 办公楼

106. 无障碍设计中,门厅两道门开启后最小距离为(　　)。

A 1500mm　　B 1200mm　　C 1800mm　　D 1000mm

107. 关于无障碍平坡出入口的要求错误的是(　　)。

A 出入口的地面应该光滑

B 不需要护栏
C 室外地面滤水箅子的孔洞宽度不应大于15mm
D 入口的上方应设置雨篷

108. 有关无障碍通道错误的是( )。
   A 室内走道不应小于1.1m
   B 室外通道不宜小于1.5m
   C 无障碍通道上有高差时，应设置轮椅坡道
   D 斜向的自动扶梯、楼梯等下部空间可以进入时，应设置安全挡牌

109. 车库弧线坡道转角为180°时，其内弧半径最小为( )。
   A 3.5m   B 4m   C 5m   D 6m

110. 以下哪些空间无论如何不能突破道路红线设置?( )
   A 雨篷   B 阳台   C 凸窗   D 空调机位

111. 关于电梯候梯厅深度，下列说法正确的是( )。
   A 住宅多台单侧布置时，大于等于最大轿厢进深
   B 住宅单台布置时，大于1.5m且大于等于轿厢深度1.5倍
   C 公共建筑电梯双面多台布置时，大于等于4.5m
   D 公共建筑电梯单台布置时，大于等于轿厢深度1.5倍

112. 自动扶梯梯段下方净空高度哪个正确?( )
   A 2m   B 2.1m   C 2.2m   D 2.3m

113. 关于餐馆厨房，下列说法错误的是( )。
   A 洗碗消毒区应在专用房间设置
   B 配餐间应设置排水明沟
   C 垂直运输的食梯应原料、成品分开设置
   D 冷荤菜品应在厨房专用房间配制

114. 关于宿舍设计错误的是( )。
   A 居室不允许设置在地下室
   B 变配电室不允许设在居室下方
   C 公共厕所不允许设在居室上方
   D 当设备间紧邻居室时，要采取隔声减振措施

115. 幼儿园生活用房单面布置时，走廊最小宽度( )。
   A 1.3m   B 1.5m   C 1.8m   D 2.4m

116. 二级防水可以用于下列哪些空间?( )
   A 汽车库   B 变配电室
   C 人防室的指挥部   D 自行车库种植顶板

117. 关于倒置式屋面保温层最小厚度，以下说法正确的是( )。
   A 按计算值，且大于等于10mm
   B 按计算值，且大于等于25mm
   C 按计算值，再加15%，且大于等于20mm
   D 按计算值，再加25%，且大于等于25mm

118. 屋顶工程材料找坡的最小坡度宜为(　　)。
    A　0.5%　　　　　B　1%　　　　　C　2%　　　　　D　3%
119. 下列关于地下室防水等级2级，描述正确的是(　　)。
    A　允许漏水，但是不允许有线流和漏泥砂
    B　允许漏水，结构表面可以有少量湿渍
    C　不允许漏水，结构表面无湿渍
    D　不允许漏水，结构表面可以有少量湿渍
120. 大于500辆的非机动车库与机动车库出入口的最小水平间距是(　　)。
    A　5m　　　　　B　7.5m　　　　　C　10m　　　　　D　15m

2019年试题解析及参考答案

1. **解析**：B是马里奥·博塔设计的位于瑞士斯塔比奥的圆房子（Casa Rotonda），该建筑采用了分割与削减相结合的形体处理手法。
   答案：B

2. **解析**：参见《建筑空间组合论》第四章 形式美的原则"六、比例与尺度"：著名的现代建筑大师勒·柯布西耶把比例和人体尺度结合在一起，提出了独特的"模度"体系。模度既是数学与美学的结合（黄金分割、直角规线、斐波那契数列），又与人体关联，模度的每一个数值都与人体的某一个部位吻合，符合人体的尺度比例。模度的四个关键数值分别为人的垂手高86cm、脐高113cm、身高183cm和举手高226cm。模度体系被广泛应用于诸如马赛公寓、母亲住宅等柯布西耶的建筑作品中。
   答案：A

3. **解析**：题3图所示是一座具有明确中轴线、多进院落布局的中国古代建筑群体组合平面图，故采用的是轴线式和庭院式空间组织形式。
   答案：D

4. **解析**：参见《公共建筑设计原理》第5.2节 连续性的空间组合，观展类型的公共建筑，如博物馆、陈列馆、美术馆等，为了满足参观路线的要求，在空间组合上多要求有一定的连续性。这种类型的空间布局又可分为以下5种形式：串联式、放射式、串联兼通道式、兼有放射和串联式，以及综合性大厅式。
   答案：C

5. **解析**：参见《城市规划原理》第3节 城市设计的基本理论与方法"1.1 图底理论"第559页：图底理论从分析建筑实体和开敞虚空之间的相对比例关系着手，试图通过比较不同时期城市图底关系的变化，分析城市空间发展的规律和方向。故选项A正确。
   答案：A

6. **解析**：理查德医学研究楼采取了单元式平面组合形式。该建筑反映了路易斯·康的"服务与被服务"空间之间的理想关系，即各自独立并通过结构和机械系统连接起来。服务空间（辅助用房、楼梯间）被分离出来，以塔楼的形式与被服务空间（实验室、工作室）组合成一个功能单元，这种单元组合方式不仅使各生物实验室相对独立，也使建筑得以"自由生长"（该楼落成两年后，又在医学楼旁加建出了生物楼）。

答案：D

7. 解析：密斯·凡·德·罗与格罗皮乌斯、勒·柯布西耶、赖特齐名，并称20世纪中期现代建筑四大师。1928年，密斯曾提出著名的"少就是多"的建筑处理原则。这个原则在他的巴塞罗那世界博览会德国馆的设计中得到了充分体现。

答案：C

8. 解析：A、B、C三个住宅平面均为南北通透（或东西通透）的套型平面，有利于户内通风；而D属于一梯多户的塔楼住宅平面，塔楼建筑密度高，但容易出现暗厨、暗卫，在炎热地区不利于组织住宅套型内部通风。

答案：D

9. 解析：参见《住宅建筑设计原理》（第四版）"1.3.1 套型空间的组合分析"，在住宅建筑设计中，户门外的走道、平台、公共楼梯间等空间属于公共区；会客、宴请、与客人共同娱乐及客用卫生间等空间属于半公共区；家务活动、儿童教育和家庭娱乐等区域是半私密区；书房、卧室、卫生间属于私密区。故C选项将次卧归为半私密区是错误的。

答案：C

10. 解析：北京紫禁城中位于中轴线上的三大殿是太和殿、中和殿、保和殿，这三座大殿在整个都城中轴线最核心位置，是明清封建王朝国家权力机构的核心所在。

答案：B

11. 解析：在办公建筑的平面布置中，如仅从方便人员沟通交流的角度考虑，外廊、内走道及内天井式的布局，都不如开放式空间更便于人员的沟通与交流。

答案：D

12. 解析：办公建筑设计应尽量使办公用房得到充分的自然采光和通风。题中4个高层结构核心筒布局中，只有A选项能够既满足结构抗侧力要求，又能使有效的自然采光和通风的办公面积最大化。

答案：A

13. 解析：题目所示4种住宅套型餐、厨组合平面图中，就烹饪油烟隔离而言，A、B、C户型都能实现厨房烹饪油烟的隔离；只有D户型的开敞式厨房布局，对中餐制作无法实现油烟的有效隔离。

答案：D

14. 解析：参见《外国建筑史》第6章，拜占庭建筑的第一个特点是集中式建筑形制；第二个特点是穹顶、帆拱、鼓座的运用；第三个特点是希腊十字式平面；第四个特点是内部装饰——于平整的墙面贴彩色大理石板，穹顶的弧形表面装饰马赛克或粉画。B图符合上述特点；A图是古罗马的万神庙，C图是拉丁十字式巴西利卡，D图是哥特式教堂。

答案：B

15. 解析：室内空间的限定方法主要有7种：设立、围合、覆盖、凸起、下沉、悬架、质地变化。A图是维也纳邮政储蓄银行，巨大玻璃天窗下的银行大厅空间与其周围的办公空间形成了明确的主从关系，且玻璃天窗显示此空间采用的是覆盖的限定方法；B图是华盛顿国家美术馆东馆，通过楼梯及平台的关系突显了局部下沉空间；C图是法国卢浮宫扩建工程，为将自然光引入地下空间，设置了倒置的玻璃金字塔，采用了覆盖的室内空间限定方法；D 图是上海世博会台湾馆，其室内空间采用了悬架式空间限定方法。

答案：A

16. 解析：快餐厅地面装修材料的选用应优先考虑环保、易清理、耐磨的材料，C 选项在快餐厅室内选用地毯显然不妥。

    答案：C

17. 解析：题目中 A 图是陕北民居窑洞的室内，C 图是蒙古包内景，D 图是满汉宅邸厅堂的典型布置；B 图展示的是藏族民居的室内。

    答案：B

18. 解析：柔和的灯光和适度的阴影效果在体育馆的比赛厅、教学楼的教室和医院手术室中采用，均无法达到相应的视物功能要求。而柔和舒适的灯光所营造出的立体感和艺术效果，比较符合美术馆陈列室的功能需要。

    答案：A

19. 解析：色彩本身并无冷暖的温度差别，是视觉色彩引起人们对冷暖感觉的心理联想。暖色是指红、红橙、橙、黄橙、红紫等色彩；冷色是指蓝、蓝紫、蓝绿等色彩。当紫色与橙色并列时，紫色应该是偏冷的，所以 A 错误。

    答案：A

20. 解析：参考《民用建筑设计统一标准》GB 50352—2019 条文说明第 3.1.2 条，民用建筑高度和层数的分类主要是按照现行国家标准《建筑设计防火规范》GB 50016 和《城市居住区规划设计标准》GB 50180 来划分的。当建筑高度是按照防火标准分类时，其计算方法按现行国家标准《建筑设计防火规范》GB 50016 执行。一般建筑按层数划分时，公共建筑和宿舍建筑 1~3 层为低层，4~6 层为多层，大于或等于 7 层为高层；住宅建筑 1~3 层为低层，4~9 层为多层，10 层及以上为高层。

    答案：D

21. 解析：参见《建筑设计防火规范》GB 50016—2014（2018 年版）第 5.1.1 条，高层民用建筑根据其建筑高度、使用功能和楼层的建筑面积可分为一类和二类，民用建筑的分类应符合表 5.1.1 的规定。

民用建筑的分类　　　　　　　　　　　　　　　　表 5.1.1

名称	高层民用建筑		单、多层民用建筑
	一类	二类	
住宅建筑	建筑高度大于 54m 的住宅建筑（包括设置商业服务网点的住宅建筑）	建筑高度大于 27m，但不大于 54m 的住宅建筑（包括设置商业服务网点的住宅建筑）	建筑高度不大于 27m 的住宅建筑（包括设置商业服务网点的住宅建筑）
公共建筑	1. 建筑高度大于 50m 的公共建筑； 2. 建筑高度 24m 以上部分任一楼层建筑面积大于 1000m² 的商店、展览、电信、邮政、财贸金融建筑和其他多种功能组合的建筑； 3. 医疗建筑、重要公共建筑、<u>独立建造的老年人照料设施</u>； 4. 省级及以上的广播电视和防灾指挥调度建筑、网局级和省级电力调度建筑； 5. 藏书超过 100 万册的图书馆、书库	除一类高层公共建筑外的其他高层公共建筑	1. 建筑高度大于 24m 的单层公共建筑； 2. 建筑高度不大于 24m 的其他公共建筑

答案：A

22. 解析：参见《建筑工程设计文件编制深度规定》（2016年版）第3.1.1条，初步设计文件应包括以下内容：

    1 设计说明书，包括设计总说明、各专业设计说明；对于涉及建筑节能、环保、绿色建筑、人防、装配式建筑等，其设计说明应有相应的专项内容；

    2 有关专业的设计图纸；

    3 主要设备或材料表；

    4 工程概算书；

    5 有关专业计算书（计算书不属于必须交付的设计文件，但应按本规定相关条款的要求编制）。

    答案：C

23. 解析：根据建筑制图规范要求，顶平面应以仰视角度反映出顶棚平面图，顶平面图无法反映低于顶棚标高的平、立面图中的门窗位置和编号。

    答案：D

24. 解析：建筑的有效面积是评价建筑面积经济性的指标之一。建筑平面的设计布局应能在满足功能需求的前提下，得到最大化的有效使用面积，所以有效面积越大，越经济。

    答案：A

25. 解析：格式塔心理学派的创始人最早提出了五项格式塔原则，分别是简单、接近、相似、闭合、连续。后来又延伸出一些其他的格式塔原则，比如对称性原则、主体/背景原则、命运共同体原则等。本题D选项正是对应了这五项原则中的"简单"原则，即水平和垂直形态比斜向形态易成图形。

    答案：D

26. 解析：南疆气候干燥炎热、风沙大、雨水少，且日照时间长、昼夜温差大；这一区域的建筑应特别注意防风沙兼顾防热。阿以旺就形成于南疆的干热地区。这种房屋连成一片，庭院在四周。带天窗的前室称阿以旺，又称"夏室"，有起居、会客等多种用途；后室又称冬室，做卧室，一般不开窗。

    答案：B

27. 解析：天然气是地球在长期演化过程中，需在一定区域且特定条件下，经历漫长的地质演化才能形成的自然资源；一旦消耗，在相当长时间内不可再生；故D选项天然气属于不可再生能源。而太阳能、潮汐能、生物能（植物、动物及其排泄物、垃圾及有机废水等）均属于可再生能源。

    答案：D

28. 解析：门窗玻璃、钢结构的钢材和铝合金门窗型材都是可回收、可循环利用的建筑材料。而黏土砖的原材料是由挖掘土壤得到的，对耕地造成破坏；因此，黏土砖也是国家明令禁止使用的建筑材料。

    答案：B

29. 解析：绿色建筑全生命周期是指建筑从建造、使用到拆除的全过程。因建筑设计合理使用年限一般能达到50年甚至更长，所以碳排放主要是在建筑的使用过程中产生。

答案：C

30. 解析：参见《民用建筑热工设计规范》GB 50176—2016 中表 4.1.2 的规定，并经查附录 A 表 A.0.1 可知，武汉属于夏热冬冷 A 区（3A 气候区），天津属于寒冷 B 区（2B 气候区），故 D 选项是正确的。

    答案：D

31. 解析：参见《中国建筑史》（第七版）"绪论 中国古代建筑的特征"，我国木构建筑的结构体系主要有穿斗式与抬梁式两种。穿斗式木构架广泛应用于江西、湖南、四川等南方地区；抬梁式木构架多用于北方地区及宫殿、庙宇等规模较大的建筑物。

    答案：B

32. 解析：参见《中国建筑史》（第七版）"绪论 中国古代建筑的特征"图 0-5(a)，题 32 图所示中国古代单体建筑的屋顶式样从左至右依次为：悬山、硬山、庑殿、歇山和卷棚。

    答案：C

33. 解析：参见《中国建筑史》（第七版）"2.2.6 元大都与明清北京的建设"，作为皇城核心部分的宫城（紫禁城）位居全城中心部位，四面都有高大的城门，城的四角建有华丽的角楼，城外围以护城河。

    答案：C

34. 解析：在中国的五行观念中，金、木、水、火、土分别对应白、青、黑、红、黄五色土；五行中黄色居中（题 34 解表）。北京社稷坛（即今中山公园五色土）就是按照五行观念设置坛台铺土的［参见《中国建筑史》（第七版）"4.2.2 北京社稷坛"］。

    五行元素对应色彩、方位、四神示意　　　　　　　　题 34 解表

五行元素	金	木	水	火	土
五行色彩	白	青	黑	赤	黄
五行方位	西	东	北	南	中
五行与四神	白虎	青龙	玄武	朱雀	—

    答案：C

35. 解析：参见《中国建筑史》（第七版）"5.2.1 佛教寺院"中的"3）天津蓟县独乐寺"：观音阁面阔五间，进深四间八椽；外观 2 层，内部 3 层（中间有一夹层）；平面为"金厢斗底槽"式样（非"双槽"结构）；上、下层柱的交接采用叉柱造的构造方式；上檐柱头铺作双抄双下昂；梁架分明栿与草栿两部分。

    答案：A

36. 解析："凡构屋之制，皆以材为祖"是北宋将作监李诫主持修编的《营造法式》（卷四《大木作制度一》）中规定的造屋尺度标准。另见《中国建筑史》（第七版）"图 8-11 宋《营造法式》大木作用材之制"。

    答案：B

37. 解析：唐代建筑的斗栱体现了鲜明的结构职能，一般只在柱头上设斗栱或在柱间只用

一组简单的斗栱，以增加承托屋檐的支点。屋顶舒展平远，墙体为夯土，在北方地区尤其需通过斗栱造成深远的出檐，以防雨水淋湿墙体，造成坍塌。门窗以直棂窗为主，朴实无华。琉璃瓦的运用比北魏时多，但多半用于屋脊、檐口部位。唐代的朱白彩画主要体现为阑额上间断的白色长条，即《营造法式》所谓"七朱八白"。由此可见，唐代的建筑风貌是严整开朗、朴实无华的。

B、C、D选项皆为宋代建筑特征。

答案：A

38. 解析：根据《外国建筑史》（第四版）"7.1～7.3"第109、113、131页，中世纪之初，除了意大利北部小小一个地区之外，西欧各地普遍失去了券拱技术。10世纪起，券拱技术又重新传遍西欧。因券拱技术在古罗马时代最发达，长期失传之后重新使用，人们便称之为"罗曼建筑"（即"罗马式建筑"）。图D是意大利的比萨主教堂，是意大利罗曼风格的典型手法。罗曼建筑进一步发展，就形成了12～15世纪西欧的哥特建筑。

图A为韩斯主教堂，图B为巴黎圣母院，图C为米兰大教堂；三座教堂均为典型的哥特式建筑。

答案：D

39. 解析：根据《外国建筑史》（第四版）"8.3 众星璀璨"第164页，因维琴察巴西利卡外廊开间不适合古典券柱式的传统构图，帕拉第奥大胆创新，创造了虚实互生、有无相成的立面构图形式。这一构图是柱式构图的重要创造，被称为"帕拉第奥母题"，在威尼斯的圣马可图书馆二楼立面和佛罗伦萨的巴齐礼拜堂内部侧墙均有采用。

答案：A

40. 解析：古代都城为了保护统治者的安全，有城与郭的设置。从春秋一直到明清，各朝的都城都有城郭之制，"筑城以卫君，造郭以守民"。城与郭，二者的职能很明确。城，用来保护国君；郭，用来看管人民。故B选项正确。

A选项"里坊制"是中国古代主要的城市和乡村规划的基本单位与居住管理制度的复合体，起源于汉代的棋盘式街道，兴盛于三国时期。C选项"开放式街巷制"始于北宋定都开封后，里坊制度瓦解，开放式街巷制形成。D选项"左祖右社之制"出自《周礼·考工记》，虽然《周礼》的王城空间布局制度对古代城市具有一定影响，但不能把它作为一条贯穿古代城市规划的主线，因为这种影响并不是所有城市都体现出来的；例如春秋战国的齐临淄、燕下都、赵邯郸、郑韩故城均未采用"左祖右社之制"。

答案：B

41. 解析：根据《外国近现代建筑史》（第二版）第24、25页图1-4-6，霍华德于1902年出版了《明日的田园城市》一书，该书揭示了工业化条件下的城市与理想的居住条件之间的矛盾以及大城市与自然之间的矛盾，并提出了"田园城市"的设想方案。

答案：B

42. 解析：根据《外国建筑史》（第四版）"8.1 春讯——佛罗伦萨主教堂的穹顶"第145页，意大利文艺复兴建筑史开始的标志，是佛罗伦萨主教堂的穹顶。它的设计和建造过程、技术成就和艺术特色，都体现着新时代的进取精神。

答案：C

43. **解析**：根据《外国建筑史》（第四版）"1.5 太阳神庙"第15页，在古埃及的新王国时期，适应专制制度的宗教终于形成了，皇帝与高于一切的太阳神结合起来，被称为太阳神的化身。

太阳神庙在门前有一两对作为太阳神标志的方尖碑。方尖碑外形呈尖顶方柱状，由下而上逐渐缩小，顶端形似金字塔，塔尖通常以金、铜或金银合金包裹。碑身高度不等，一般长细比为9～10：1，用整块花岗石制成。碑身刻有象形文字的阴刻图案。

答案：A

44. **解析**：参见《中国建筑史》（第七版）"14.2 传统复兴：三种设计模式"第414页："以1925年南京中山陵设计竞赛为标志，中国建筑史开始了传统复兴的建筑设计活动"。南京中山陵为中国建筑师吕彦直设计；是4个建筑作品中，唯一由中国建筑师主导的传统复兴潮流的标志性作品。

北京协和医院由美国建筑师沙特克和赫士（Shattuck & Hussey，另译赫西）主持完成。南京金陵大学北大楼是20世纪10年代末，教会大学转向后期"中国式"的转折之作，设计者是美国建筑师史摩尔（A. G. Small）。南京金陵女子大学是在美国建筑师亨利·墨菲（Henry Killam Murphy）的主持下，由吕彦直协助墨菲完成的作品。

答案：A

45. **解析**：根据《外国近现代建筑史》（第二版）第177页：阿基格拉姆派建筑师彼得·库克于1964年设计了一种插入式城市。这是一栋在已有交通设施和其他各种市政设施上面的网状构架，上面插入形似插座的房屋或构筑物。它们的寿命一般为40年，可以轮流地每20年在构架插座上由起重设备拔掉一批和插上一批。这是他们对未来的高科技与乌托邦时代城市的设想。

答案：B

46. **解析**：根据《外国近现代建筑史》（第二版）第77页：1914年，柯布西耶在拟建的一处住宅区设计中，用一个图解说明现代住宅的基本结构，是用钢筋混凝土的柱子和楼板组成的骨架；在这个骨架之中，可以灵活地布置墙壁和门窗，因为墙壁已经不再承重了。1926年，柯布西耶就自己的住宅设计提出了"新建筑五个特点"。"轴线对称"是古典主义的构图手法，故选项A错误。

答案：A

47. **解析**：根据《外国近现代建筑史》（第二版）第330页：美国城市理论家简·雅各布斯于1961年出版了《美国大城市的生与死》一书。该书对以柯布西耶为代表的功能城市的规划思想公开挑战，甚至对在这之前包括霍华德的花园城市在内的近代种种工业化城市的规划思想都提出了批判。

答案：A

48. **解析**：根据《外国近现代建筑史》（第二版）第337、341、374页：图A为文丘里的母亲住宅，图B为约翰逊设计的美国电话电报公司总部大楼，图C为格雷夫斯设计的俄勒冈波特兰市市政厅。这三座建筑均为后现代主义建筑风格。图 D 为美国俄亥俄州立大学韦克斯纳视觉艺术中心，为解构主义建筑风格。

答案：D

49. 解析：参见《中国建筑史》（第七版）"13.3.2 建筑五宗师"第 400 页："杨廷宝 1927 年从美国学成归国，进入基泰工程司"。与梁思成同样毕业于宾夕法尼亚大学建筑系的杨廷宝，多次在全美建筑学生竞赛中获奖；新中国成立后，设计有和平宾馆等著名现当代建筑。南杨北梁，即是指杨廷宝与梁思成。

　　中国工程司的创办人为阎子亨。天津华信工程司为沈理源于 1931 年经营。成立于 1933 年的华盖建筑事务所（取"中华盖楼"之意）的合伙人为赵深、陈植、童寯。

答案：A

50. 解析：根据《外国近现代建筑史》（第二版）第 67 页：1911 年，格罗皮乌斯设计了法古斯工厂。法古斯工厂的主要设计手法为：一、非对称构图；二、简洁整齐的墙面；三、没有挑檐的平屋顶；四、大面积的玻璃墙；五、取消柱子的建筑转角处理。这些手法和钢筋混凝土结构的性能一致，符合玻璃和金属的特性，也适合实用性建筑的功能需要，同时又产生了一种新的建筑形式美。法古斯工厂是格罗皮乌斯早期的重要作品，也是第一次世界大战前最先进的工业建筑。

答案：B

51. 解析：参见《中国建筑史》（第七版）"3.2.3 福建永定客家土楼"：客家人的住宅，由于移民之故，以群聚一楼为主要方式，楼高耸而墙厚实，用土夯筑而成，称为土楼。

答案：A

52. 解析：参见《中国建筑史》（第七版）第 92 页图 3-9，题 52 图是云南白族的穿斗式住宅，即白族民居建筑"三坊一照壁，四合五天井"的基本形制。

答案：A

53. 解析：在题 53 图中，房间 A 位于坎宅巽门的大门左侧，是倒座房的位置。参见《中国建筑史》（第七版）第 100 页，倒座主要用作门房、客房、客厅。靠近大门的一间多用于门房或男仆居室，大门以东的小院为塾；倒座西部小院内设厕所。前院属对外接待区，非请不得入内。

答案：A

54. 解析：寄畅园位于无锡惠山东麓，初建于明正德年间，旧名"凤谷行窝"，后更名为"寄畅园"。寄畅园的选址很成功，西靠惠山，东南有锡山，可在丛树缝隙中看见锡山上的龙光塔，将园外景色借入园内，巧妙地将远景与园林融为一体，是借景手法的著名实例。

答案：C

55. 解析：参见《中国建筑史》（第七版）第 204 页，谐趣园仿无锡寄畅园手法……富于江南园林意趣；和北海静心斋一样，同是清代园囿中成功的园中之园。

答案：D

56. 解析：题 56 图是鸳鸯厅，前后两坡屋顶内两重轩，即两棍卷棚所营造的对称性空间模式；如拙政园的"三十六鸳鸯馆"和"十八曼陀罗花馆"。四面厅主要为便于四面观景，四周绕以围廊，长窗装于步柱之间，不做墙壁；如拙政园"远香堂"、沧浪亭"面水轩"等。苏州等地的建筑带有垂柱，呈花篮状雕刻装饰（类似北京四合院的垂莲柱造型建筑构造）为花篮厅；如狮子林"荷花厅"。楼厅有上、下楼层空间。

  答案：B

57. 解析：参见《一级注册建筑师考试教材》第1分册图4-40，答案选D。

  答案：D

58. 解析：参见本教材本章第四节 中国的世界遗产及历史文化名城保护"（三）中国历史文化名城"，传统风貌型——保留一个或几个历史时期积淀的有完整建筑群的城市，如平遥、韩城。平遥为1986年颁布的第二批历史文化名城之一。

  答案：C

59. 解析：1987年，国际古迹遗址理事会通过了《华盛顿宪章》，全称为《保护历史城镇与城区宪章》。宪章所涉及的历史城区包括城市、城镇以及历史中心或居住区，也包括这里的自然和人工环境；"它们不仅可以作为历史的见证，而且体现了城镇传统文化的价值"。

  答案：A

60. 解析：在联合国教科文组织内，建立了文化遗产和自然遗产的政府间委员会，即世界遗产委员会。世界遗产委员会成立于1976年11月，由21名成员组成，负责《保护世界文化和自然遗产公约》的实施。委员会每年召开一次会议，主要决定哪些遗产可以录入《世界遗产名录》，并对已列入名录的世界遗产的保护工作进行监督指导。

  答案：A

61. 解析：城市规划五线包括："红线""绿线""蓝线""紫线"和"黄线"。"紫线"是指各类历史文化遗产与风景名胜资源保护控制线，包括各级重点文物保护单位、历史文化保护区、风景名胜区、历史建筑群、重要地下文物埋藏区等保护范围。A选项属于"绿线"，D选项属于"黄线"，B选项"城市道路"不在城市规划五线之中。

  答案：C

62. 解析：巴西利亚是雅典宪章"功能城市"的实践体现，在1933年出版的《光明城》(*The Radiant City*)一书中，勒·柯布西耶认为当时全球所有的城市都是垃圾，混乱、丑陋、毫无功能性，丝毫体现不出设计之美，功能之美。巴西利亚的规划体现了柯布西耶"形式理性主义"的规划思想和功能城市的精神，是当时以最新科学技术成就和艺术哲学观念解决城市建设问题的范例。

  答案：A

63. 解析：参见《城市规划原理》（第四版）"2.1 城市绿地的分类"第433页，其他绿地（G5）包括风景名胜区、水源保护区、郊野公园、森林公园、自然保护区、风景林地、城市绿化隔离带、野生动植物园、湿地、垃圾填埋场恢复绿地等。若按该教材作答，应选D。

  若参考《城市绿地分类标准》CJJ/T 85—2017第2.0.4条表2.0.4-1，城市湿地公园和森林公园等具有特定主题内容的绿地属于其他专类公园（G139）。

  答案：D

64. 解析：参见《城市规划原理》（第四版）"2.1集中式布局的城市"第275页，集中式的城市布局就是城市各项主要用地集中成片布置，其优点是便于设置较为完善的生活服务设施，城市各项用地紧凑、节约，有利于保证生产经济活动联系的效率和方便居民生活。集中式的城市布局又可划分为网格状和环形放射状两种类型。后者在大中城市比较常见，由放射形和环形的道路网组成，城市交通的通达性较好，有较强的向心紧凑发展的趋势，往往具有高密度、展示性、富有生命力的市中心；但最大的问题在于有可能造成市中心的拥挤和过度聚集，一般不适于小城市。C选项符合集中式中的环形放射状布局特征。

    答案：C

65. 解析：参见《城市规划原理》（第四版）第33页，"邻里单位"思想要求在较大的范围内统一规划居住区，使每一个"邻里单位"成为组成居住区的"细胞"。首先考虑的是幼儿上学不要穿越交通干道，"邻里单位"内要设置小学，以此决定并控制"邻里单位"的规模。

    答案：B

66. 解析：居住区的环境指标包括：人口密度、套密度、人均居住用地面积、人均住宅建筑面积、绿地率、人均绿地面积、人均公共绿地面积、日照间距等。居住区的建设强度指标包括：容积率、建筑密度、总建筑面积等。居住区的环境质量体现在建设强度较低、人均占有绿化及各类建筑设施的面积较大方面，故选项A、B、C能体现居住环境质量。

    答案：D

67. 解析：东京城（开封）发展至五代时，由于人口的快速增长，人口密度和建筑密度大为增加。五代后周世宗柴荣在显德二年（公元955年）四月发布改、扩建东京城的诏书，阐明扩建的原因和具体措施。之后宋代开封城按此诏书进行了有规划的城市改、扩建：扩大城市用地，改善旧城拥挤现象，疏浚运河，改善防火、绿化及公共卫生状况。这是中国古代城市规划思想的重大发展，成为研究中国古代城市改、扩建问题的代表性案例。

    答案：C

68. 解析：参见《城市居住区规划设计标准》GB 50180—2018"附录A 技术指标与用地面积计算方法"表A.0.3，各级生活圈居住区指标包括：总用地面积（住宅用地、配套设施用地、公共绿地、城市道路用地）、居住总人口、居住总套（户）数、住宅总建筑面积。其中并不包括选项A、C、D。

    答案：B

69. 解析：张择端的《清明上河图》描绘的是北宋东京（开封）的街景，此画生动记录了当时的城市面貌和社会各阶层人民的生活状况；是北宋风俗画中仅存的精品，属国宝级文物，现藏于北京故宫博物院。

    答案：A

70. 解析：根据《外国建筑史》（第四版）第174、77页，图A为圣马可广场；图B为古罗马帝国广场群；图C为意大利锡耶纳城的坎波广场；图D为意大利罗马的纳沃纳广场。

答案：A

71. 解析：参见《城市规划原理》(第四版)"4.2.3 城市设计导则"第606页，城市设计最基本的，也是最有特色的成果形式是设计导则。

    答案：C

72. 解析：参见《城市规划原理》(第四版)"第2节 规定性控制要素"第315页，规定性指标（指令性指标）指该指标是必须遵照执行，不能更改。包括：用地性质、用地面积、建筑密度、建筑限高（上限）、建筑后退红线、容积率（单一或区间）、绿地率（下限）、交通出入口方位（机动车、人流、禁止开口路段）、停车泊位及其他公共设施（中小学、幼托、环卫、电力、电信、燃气设施等）。指导性指标（引导性指标）是指该指标是参照执行的，并不具有强制约束力。包括：人口容量、建筑形式、风格、体量、色彩要求，以及其他环境要求。选项中B、C、D均为规定性指标，而选项A为指导性指标。

    答案：A

73. 解析：参见《城市意向》（凯文·林奇著）第134页，我们使用了两个基本方法把可印象性的基本概念用于美国的城市：请一小批市民座谈他们的环境印象，以及对受过训练的观察者在现场的环境印象作系统的考察。所以，凯文·林奇最早采用认知地图的方法对人们头脑中记忆的城市形象进行研究，从而得出认知形象的一般特征。

    答案：D

74. 解析：景观设计手法包括：主从与对比，对景与借景，隔景与障景，引导与暗示，渗透与延伸，尺度与比例，质感与肌理，节奏与韵律。选项A"借景"是在视力所及的范围内，将好的景色组织到园林视线中；选项C"框景"为利用门框、窗框等，有选择地摄取空间的优美景色，形成如嵌入镜框中的图画的造景手法；选项D"对景"为从甲点观赏乙点，从乙点观赏甲点的手法。而选项B"障景"则是为引导游人转变方向而屏障景物的手法，最符合诗句的意境。

    答案：B

75. 解析：参见《城市规划原理》(第四版)第201页，在大中城市，由于建筑密集，绿地、水面偏少，生产与生活活动过程散发大量的热量，出现市区气温比郊外要高的现象，即所谓"热岛效应"。

    选项A：相比于郊区，城市上空大气比较混浊，温室气体含量较高，从而增强了大气逆辐射，产生了保温作用。而郊区温室气体含量较少，保温作用不明显，日落后迅速降温。所以热岛效应主要表现在夜晚，此选项错误。

    选项B：因城市化是造成"热导效应"的内因，故城市规模越大，热岛效应也越明显；正确。

    选项C：由于热岛中心区域（城市建成区）的近地面气温高，大气做上升运动，与周围地区（郊区）形成气压差异，周围地区近地面大气向中心区辐合，从而在城市中心区域形成低压旋涡，造成大气污染物质在热岛中心区域聚集，故不利于污染物的扩散；正确。

    选项D：根据"热导效应"的定义，此选项正确。

    答案：A

76. **解析**：参见《城市规划原理》（第四版）第 297 页表 13-4-1，禁止建设区包括自然与文化遗产核心区、风景名胜区核心区、文保单位保护范围、基本农田保护区、河湖湿地绝对生态控制区、城区绿线控制范围、铁路及城市干道绿化带、水源一级保护区及核心区、山区泥石流高易发区、坡度大于 25% 或相对高度超过 250m 的山体、大型市政通道控制带，以及矿产资源的禁止开采区。查该表可知 B、D 属于适宜建设区中的低密度控制区，C 属于限制建设区。

    答案：A

77. **解析**：绿色出行就是采用对环境影响较小的出行方式；既节约能源、提高能效、减少污染，又有益于健康，兼顾效率；包括：搭乘公共汽车、地铁等公共交通工具或者步行、骑自行车等。

    答案：A

78. **解析**：参见《城市规划原理》（第四版）第 177、234、256、363 页，城市专项规划是对某一专项所进行的空间布局规划，包括城市交通与道路规划、城市生态与环境规划、城市工程设施规划、城乡住区规划、城市设计、城市更新与遗产保护规划等。

    答案：D

79. **解析**：园林道路系统的布局形式包括：串联式、并联式、放射式等，雨花台为串联式，即由中间的主环路串联外围各景点。

    答案：B

80. **解析**：参见《城市规划原理》（第四版）第 198、199 页，某城市地区累年风向频率、平均风速图，俗称风玫瑰。在城市规划布局中，为了减轻工业排放的有害气体对居住区的危害，一般工业区应按当地盛行风向位于居住区的下风向：(1) 如果全年只有一个盛行风向，且与此相对的方向风频最小，或最小风频风向与盛行风向转换夹角大于 90°，则工业用地应放在最小风频的上风向，居住区位于其下风向；(2) 如全年拥有两个方向的盛行风时，应避免使有污染的工业处于两盛行风向的上风方向，工业及居住区一般可布置在盛行风向的两侧。由题 80 图的风玫瑰图可知，当地主导风向为南北风向，工业区与居住区应避开主导风向，而布置于东西两侧。

    答案：C

81. **解析**：根据《建筑设计防火规范》GB 50016—2014（2018 年版）第 6.4.5 条，室外疏散楼梯应符合下列规定。

    1 栏杆扶手的高度不应小于 1.10m，楼梯的净宽度不应小于 0.90m（A 项正确，B 项错误）。

    2 倾斜角度不应大于 45°（C 项正确）。

    3 梯段和平台均应采用不燃材料制作。平台的耐火极限不应低于 1.00h，梯段的耐火极限不应低于 0.25h（D 项正确）。

    4 通向室外楼梯的门应采用乙级防火门，并应向外开启。

    5 除疏散门外，楼梯周围 2m 内的墙面上不应设置门、窗、洞口。疏散门不应正对梯段。

    答案：B

82. **解析**：根据《建筑设计防火规范》GB 50016—2014（2018 年版）第 7.2.1 条：高层

建筑应至少沿一个长边或周边长度的1/4且不小于一个长边长度的底边连续布置消防车登高操作场地,该范围内的裙房进深不应大于4m。

答案:C

83. 解析:根据《建筑内部装修设计防火规范》GB 50222—2017 第4.0.4条:地上建筑的水平疏散走道和安全出口的门厅,其顶棚应采用A级装修材料,其他部位应采用不低于B_1级的装修材料;地下民用建筑的疏散走道和安全出口的门厅,其顶棚、墙面和地面均应采用A级装修材料。故A正确,B错误。

第4.0.7条:建筑内部变形缝(包括沉降缝、伸缩缝、抗震缝等)两侧基层的表面装修应采用不低于B_1级的装修材料。故C正确。

第4.0.6条:建筑物内设有上下层相连通的中庭、走马廊、开敞楼梯、自动扶梯时,其连通部位的顶棚、墙面应采用A级装修材料,其他部位应采用不低于B_1级的装修材料。故D正确。

答案:B

84. 解析:根据《建筑设计防火规范》GB 50016—2014(2018年版)第6.4.3条第3款:防烟楼梯间与消防电梯间合用前室时,合用前室的使用面积:公共建筑、高层厂房(仓库),不应小于$10.0m^2$;住宅建筑,不应小于$6.0m^2$。

第7.3.5条第2款:除设置在仓库连廊、冷库穿堂或谷物筒仓工作塔内的消防电梯外,消防电梯应设置前室,且前室的使用面积不应小于$6.0m^2$,前室的短边不应小于2.4m;与防烟楼梯间合用的前室,其使用面积尚应符合本规范第5.5.28条和第6.4.3条的规定。

答案:C

85. 解析:根据《剧场建筑设计规范》JGJ 57—2016第8.2.10条规定,剧场与其他建筑合建时,应符合下列规定:

1 设置在一、二级耐火等级的建筑内时,观众厅宜设在首层,也可设在第二、三层;确需布置在四层及以上楼层时,一个厅、室的疏散门不应少于2个,且每个观众厅的建筑面积不宜大于$400m^2$;设置在三级耐火等级的建筑内时,不应布置在三层及以上楼层。

2 应设独立的楼梯和安全出口通向室外地坪面。

答案:A

86. 解析:根据《建筑设计防火规范》GB 50016—2014(2018年版)第7.3.1条,下列建筑应设置消防电梯:(1)建筑高度大于33m的住宅建筑;(2)一类高层公共建筑和建筑高度大于32m的二类高层公共建筑、5层及以上且总建筑面积大于$3000m^2$(包括设置在其他建筑内5层及以上楼层)的老年人照料设施;(3)设置消防电梯的建筑的地下或半地下室,埋深大于10m且总建筑面积大于$3000m^2$的其他地下或半地下建筑(室)。

答案:C

87. 解析:根据《建筑设计防火规范》GB 50016—2014(2018年版)第5.3.4条,一、二级耐火等级建筑内的商店营业厅、展览厅,当设置自动灭火系统和火灾自动报警系统并采用不燃或难燃装修材料时,其每个防火分区的最大允许建筑面积应符合下列规定：

1 设置在高层建筑内时，不应大于4000m²；

2 设置在单层建筑或仅设置在多层建筑的首层内时，不应大于10000m²；

3 设置在地下或半地下时，不应大于2000m²。

故A、C、D正确。

答案：B

88. 解析：根据《建筑设计防火规范》GB 50016—2014（2018年版）第5.5.15.1款：公共建筑内房间的疏散门数量应经计算确定且不应少于2个。除托儿所、幼儿园、老年人照料设施、医疗建筑、教学建筑内位于走道尽端的房间外，符合下列条件之一的房间可设置1个疏散门：(1) 位于两个安全出口之间或袋形走道两侧的房间，对于托儿所、幼儿园、老年人照料设施，建筑面积不大于50m²；对于医疗建筑、教学建筑，建筑面积不大于75m²；对于其他建筑或场所，建筑面积不大于120m²。(2) 歌舞娱乐放映游艺场所内建筑面积不大于50m²且经常停留人数不超过15人的厅、室。

答案：D

89. 解析：根据《汽车库、修车库、停车场设计防火规范》GB 50067—2014第6.0.3条第1款：建筑高度大于32m的高层汽车库、室内地面与室外出入口地坪的高差大于10m的地下汽车库应采用防烟楼梯间；其他汽车库、修车库应采用封闭楼梯间。

答案：D

90. 解析：根据《建筑设计防火规范》GB 50016—2014（2018年版）第5.4.13条第4款：布置在民用建筑内的柴油发电机房内设置储油间时，其总储存量不应大于1m³，储油间应采用耐火极限不低于3.00h的防火隔墙与发电机间分隔；确需在防火隔墙上开门时，应设置甲级防火门。故C错误。

第6.2.1条：剧场等建筑的舞台与观众厅之间的隔墙应采用耐火极限不低于3.00h的防火隔墙。故D正确。

第6.2.9.2款：建筑内的电缆井、管道井、排烟道、排气道、垃圾道等竖向井道，应分别独立设置；井壁的耐火极限不应低于1.00h，井壁上的检查门应采用丙级防火门。故A正确。

答案：C

91. 解析：根据《无障碍设计规范》GB 50763—2012第3.4.2条：轮椅坡道的净宽度不应小于1.00m，无障碍出入口的轮椅坡道净宽度不应小于1.20m。故C错误。

第8.1.3条：公共建筑的主要出入口宜设置坡度小于1:30的平坡出入口；故A正确。第3.5.1.3款：检票口、结算口轮椅通道不应小于900mm；故D正确。

答案：C

92. 解析：根据《人民防空地下室设计规范》GB 50038—2005第3.7.2条，平战结合的防空地下室中，下列各项应在工程施工、安装时一次完成：现浇的钢筋混凝土和混凝土结构、构件；战时使用的及平战两用的出入口、连通口的防护密闭门、密闭门；战时使用的及平战两用的通风口防护设施；战时使用的给水引入管、排水出户管和防爆波地漏。A、B、C选项应在工程施工、安装时一次完成。

答案：D

93. 解析：根据《人民防空地下室设计规范》GB 50038—2005 第 3.1.7 条，医疗救护工程、专业队队员掩蔽部、人员掩蔽工程以及食品站、生产车间、区域供水站、电站控制室、物资库等主体有防毒要求的防空地下室设计，应根据其战时功能和防护要求划分染毒区与清洁区。其染毒区应包括下列房间、通道：

    1　扩散室、密闭通道、防毒通道、除尘室、滤毒室、洗消间或简易洗消间；

    2　医疗救护工程的分类厅及配套的急救室、抗休克室、诊察室、污物间、厕所等。

    B、C、D 属于染毒区，A 属于清洁区。

    答案：A

94. 解析：根据《人民防空地下室设计规范》GB 50038—2005 第 3.3.1 条，防空地下室战时使用的出入口，其设置应符合下列规定：防空地下室的每个防护单元不应少于两个出入口（不包括竖井式出入口、防护单元之间的连通口），其中至少有一个室外出入口（竖井式除外）。战时主要出入口应设在室外出入口（符合第 3.3.2 条规定的防空地下室除外）。故 A 错误，B 正确。

    第 3.3.26 条：当电梯通至地下室时，电梯必须设置在防空地下室的防护密闭区以外。故 D 正确。

    答案：A

95. 解析：根据《绿色建筑评价标准》GB/T 50378—2019 第 8.2.1 条，充分保护或修复场地生态环境，合理布局建筑及景观，评价总分值为 10 分，并按下列规则评分：

    1　保护场地内原有的自然水域、湿地、植被等，保持场地内的生态系统与场地外生态系统的连贯性，得 10 分。

    2　采取净地表层土回收利用等生态补偿措施，得 10 分。

    3　根据场地实际状况，采取其他生态恢复或补偿措施，得 10 分。

    答案：A

96. 解析：根据《建筑安全玻璃管理规定》（发改运行[2003]2116 号）第六条，建筑物需要以玻璃作为建筑材料的下列部位必须使用安全玻璃：

    （一）7 层及 7 层以上建筑物外开窗；

    （二）面积大于 1.5m² 的窗玻璃或玻璃底边离最终装修面小于 500mm 的落地窗；

    （三）幕墙（全玻幕除外）；

    （四）倾斜装配窗、各类天棚（含天窗、采光顶）、吊顶；

    （五）观光电梯及其外围护；

    （六）室内隔断、浴室围护和屏风；

    （七）楼梯、阳台、平台走廊的栏板和中庭内栏板；

    （八）用于承受行人行走的地面板；

    （九）水族馆和游泳池的观察窗、观察孔；

    （十）公共建筑物的出入口、门厅等部位；

    （十一）易遭受撞击、冲击而造成人体伤害的其他部位。

    答案：B

97. 解析：《中小学校设计规范》GB 50099—2011 第 8.1.6 条，上人屋面、外廊、楼梯、平台、阳台等临空部位必须设防护栏杆，防护栏杆必须牢固、安全，高度不应低于1.10m。防护栏杆最薄弱处承受的最小水平推力应不小于1.5kN/m。

答案： C

98. **解析：** 根据《民用建筑设计统一标准》GB 50352—2019 第 6.7.1 条第 4 款，台阶总高度超过 0.7m 时，应在临空面采取防护设施。第 6.7.2.4 款规定，当坡道总高度超过 0.7m 时，应在临空面采取防护设施。故 D 正确。

    答案： D

99. **解析：** 根据《建筑设计防火规范》GB 50016—2014（2018 年版）第 6.4.5 条，室外疏散楼梯应符合下列规定：

    1 栏杆扶手的高度不应小于 1.10m，楼梯的净宽度不应小于 0.90m（A、B 项正确）。

    2 倾斜角度不应大于 45°（C 项正确）。

    3 梯段和平台均应采用不燃材料制作。平台的耐火极限不应低于 1.00h，梯段的耐火极限不应低于 0.25h（D 项错误）。

    答案： D

100. **解析：** 根据《民用建筑工程室内环境污染控制规范》GB 50325—2020 第 1.0.4 条，民用建筑工程的划分应符合下列规定：

    1 Ⅰ类民用建筑工程包括住宅、居住功能公寓、医院病房、老年人照料房屋设施、幼儿园、学校教室、学生宿舍等；

    2 Ⅱ类民用建筑应包括办公楼、商店、旅馆、文化娱乐场所、书店、图书馆、展览馆、体育馆、公共交通等候室、餐厅等。

    答案： C

101. **解析：** 根据《民用建筑设计统一准》GB 50352—2019 第 6.7.3 条：阳台、外廊、室内回廊、内天井、上人屋面及室外楼梯等临空处应设置防护栏杆，并应符合下列规定：当临空高度在 24.0m 以下时，栏杆高度不应低于 1.05m；当临空高度在 24.0m 及以上时，栏杆高度不应低于 1.1m。上人屋面和交通、商业、旅馆、医院、学校等建筑临开敞中庭的栏杆高度不应小于 1.2m。

    答案： D

102. **解析：** 根据《公共建筑节能设计标准》GB 50189—2015 表 3.3.1-1～表 3.3.1-3 条规定，严寒地区（A、B、C 区）和寒冷地区不需要考虑围护结构的热惰性指标。

    答案： C

103. **解析：** 根据《公共建筑节能设计标准》GB 50189—2015 第 3.3.5 条，建筑外门、外窗的气密性分级应符合现行国家标准《建筑幕墙、门窗通用技术条件》GB/T 31433—2015 的规定，并应满足下列要求：

    1 10 层及以上建筑外窗的气密性不应低于 7 级；

    2 10 层以下建筑外窗的气密性不应低于 6 级；

    3 严寒和寒冷地区外门的气密性不应低于 4 级。

    第 3.3.6 条，建筑幕墙的气密性应符合国家标准《建筑幕墙》GB/T 21086—2007 中第 5.1.3 条的规定且不应低于 3 级。

答案：A

104. 解析：根据《公共建筑节能设计标准》GB 50189—2015 第3.4.1条规定，进行围护结构热工性能权衡判断前，应对设计建筑的热工性能进行核查。核查的项目包括：屋面的传热系数、外墙（包括非透光幕墙）的传热系数，以及当单一立面的窗墙面积比大于或等于0.4时，外窗（包括透光幕墙）的传热系数。此规定中不包含屋顶玻璃的面积比。

答案：C

105. 解析：根据《公共建筑节能设计标准》GB 50189—2015 第1.0.2条规定，本标准适用于新建、扩建和改建的公共建筑节能设计。C选项厂房改造的住宅属于住宅建筑，不执行公共建筑节能标准；B选项商住楼中的住宅部分属于居住建筑，商业部分属于公共建筑，商业部分应执行公共建筑设计标准。

答案：C

106. 解析：根据《无障碍设计规范》GB 50763—2012 第3.3.2条，无障碍出入口应符合下列规定：

　　1　出入口的地面应平整、防滑；

　　2　室外地面滤水箅子的孔洞宽度不应大于15mm；

　　3　同时设置台阶和升降平台的出入口宜只应用于受场地限制无法改造坡道的工程。并应符合本规范第3.7.3条的有关规定；

　　4　除平坡出入口外，在门完全开启的状态下，建筑物无障碍出入口的平台的净深度不应小于1.50m；

　　5　建筑物无障碍出入口的门厅、过厅如设置两道门，门扇同时开启时两道门的间距不应小于1.50m；

　　6　建筑物无障碍出入口的上方应设置雨篷。

答案：A

107. 解析：根据《无障碍设计规范》GB 50763—2012 第3.3.2条（详见题106的解析）。

答案：A

108. 解析：根据《无障碍设计规范》GB 50763—2012 第3.5.1条，无障碍通道的宽度应符合下列规定：

　　1　室内走道不应小于1.20m，人流较多或较集中的大型公共建筑的室内走道宽度不宜小于1.80m；

　　2　室外通道不宜小于1.50m；

　　3　检票口、结算口轮椅通道不应小于900mm。

第3.5.2.2款：无障碍通道上有高差时，应设置轮椅坡道。

答案：A

109. 解析：根据《车库建筑设计规范》JGJ 100—2015 第4.2.10条第5款，坡道式出入口应符合下列规定：微型车和小型车的坡道转弯处的最小环形车道内半径（r_0）不宜小于表4.2.10-3的规定。

坡道转弯处的最小环形车道内半径（r_0） 表 4.2.10-3

角度 半径	坡道转向角度（α）		
	$\alpha \leq 90°$	$90° < \alpha < 180°$	$\alpha \geq 180°$
最小环形车道内半径（r_0）	4m	5m	6m

答案：D

110. 解析：根据《民用建筑设计统一标准》GB 50352—2019 第 4.3.3 条：除地下室、窗井、建筑入口的台阶、坡道、雨篷等以外，建（构）筑物的主体不得突出建筑控制线建造。选项 B 阳台属于建筑物主体的一部分，故不得突破道路红线。

答案：B

111. 解析：参见《民用建筑设计统一标准》GB 50352—2019 表 6.9.1。

候梯厅深度 表 6.9.1

电梯类别	布置方式	候梯厅深度
住宅电梯	单台	$\geq B$，且 $\geq 1.5m$
	多台单侧排列	$\geq B_{max}$，且 $\geq 1.8m$
	多台双侧排列	$\geq$ 相对电梯 B_{max} 之和，且 $<3.5m$
公共建筑电梯	单台	$\geq 1.5B$，且 $\geq 1.8m$
	多台单侧排列	$\geq 1.5B_{max}$，且 $\geq 2.0m$ 当电梯群为 4 台时应 $\geq 2.4m$
	多台双侧排列	$\geq$ 相对电梯 B_{max} 之和，且 $<4.5m$
病床电梯	单台	$\geq 1.5B$
	多台单侧排列	$\geq 1.5B_{max}$
	多台双侧排列	$\geq$ 相对电梯 B_{max} 之和

答案：D

112. 解析：根据《民用建筑设计统一标准》GB 50352—2019 第 6.9.2 条，自动扶梯、自动人行道应符合下列规定：自动扶梯的梯级、自动人行道的踏板或胶带上空，垂直净高不应小于 2.3m。

答案：D

113. 解析：根据《饮食建筑设计标准》JGJ 64—2017 表 4.3.1 条第 5 款，餐用具洗涤消毒间与餐用具存放区（间），餐用具洗涤消毒间应单独设置；故 A 正确。

第 4.3.8.5 款：厨房专间、备餐区等清洁操作区内不得设置排水明沟，地漏应能防止浊气逸出；故 B 错误。

第 4.3.3.3 款：垂直运输的食梯应原料、成品分设；故 C 正确。

第 4.3.3.2 款：冷荤成品、生食海鲜、裱花蛋糕等应在厨房专间内拼配，在厨房专间入口处应设置有洗手、消毒、更衣设施的通过式预进间；故 D 正确。

答案：B

114. 解析：根据《宿舍建筑设计规范》JGJ 36—2005 第 4.2.5 条，居室不应布置在地下室。故 A 正确。

第5.1.2条，柴油发电机房、变配电室和锅炉房等不应布置在宿舍居室、疏散楼梯间及出入口门厅等部位的上一层、下一层或贴邻，并应采用防火墙与相邻区域进行分隔。故B正确。

第4.3.1条，公用厕所、公用盥洗室不应布置在居室的上方；故C正确。

第6.2.2条，居室不应与电梯、设备机房紧邻布置；故D错误。

答案：D

115. **解析**：根据《托儿所、幼儿园建筑设计规范》JGJ 39—2016 表4.1.14的规定，幼儿园生活用房采用单面走廊或外廊时，走廊最小净宽度为1.8m；采用中间走廊时，走廊最小净宽度为2.4m。

答案：C

116. **解析**：根据《地下工程防水技术规范》GB 50108—2008 表3.2.2规定，二级防水适用范围：人员经常活动的场所；在有少量湿渍的情况下不影响使用。自行车库顶板应该在此范围内，可以采用二级防水。

答案：D

117. **解析**：根据《倒置式屋面工程技术规程》JGJ 230—2010 第5.2.5条，倒置式屋面保温层的设计厚度应按计算厚度增加25%取值，且最小厚度不得小于25mm。

答案：D

118. **解析**：根据《屋面工程技术规范》GB 50345—2012 第4.3.1条规定，混凝土结构层宜采用结构找坡，坡度不应小于3%；当采用材料找坡时，宜采用质量轻、吸水率低和有一定强度的材料，坡度宜为2%。

答案：C

119. **解析**：根据《地下工程防水技术规范》GB 50108—2008 表3.2.1规定，地下工程二级防水标准为不允许漏水，结构表面可有少量湿渍。

答案：D

120. **解析**：根据《车库建筑设计规范》JGJ 100—2015 第6.2.2条，非机动车库出入口宜与机动车库出入口分开设置，且出地面处的最小距离不应小于7.5m。

答案：B

《建筑设计（知识）》
2014年试题、解析及参考答案

2014年试题❶

1. 由联合国教科文组织协调，于1948年在瑞士洛桑成立的由不同国家建筑师组织参加的非政府组织UIA是（　　）。
   A 国际现代建筑协会　　　　　　　　B 世界建筑师联盟
   C 国际建筑学协会　　　　　　　　　D 国际建筑师协会

2. 勒·柯布西耶把比例和人体尺度结合在一起，提出了独特的（　　）。
   A "模度"体系　　　　　　　　　　　B 相似形要素
   C 原始体形　　　　　　　　　　　　D 黄金比例

3. 下列各图（题图），哪项为方案设计阶段常用的基地环境分析图？（　　）

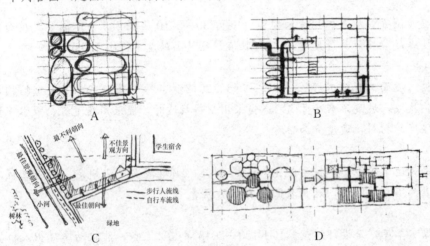

4. 建筑设计中，建筑师所依据的"规范设计要点"不包括（　　）。
   A 建筑高度、容积率的限定　　　　　B 建筑后退红线的限定
   C 绿地率、停车量的要求　　　　　　D 建筑结构选型的要求

5. 分割消减手法可使简单的形体变得丰富，下列哪个作品主要采用这一手法？（　　）

A Casa Rootonda住宅　　　　　　　B 爱因斯坦天文馆

---

❶ 本套试题中有关标准、规范的试题由于标准、规范的更新，有的题已经过时。但由于是整套题，我们没有删改且仍保持用旧规范作答，敬请读者注意。

C 德国Vitra家具博物馆

D 加拿大蒙特利尔Habitat 67

6. 古典构图原则推崇从数的比例去创造和谐的美，下列哪个作品并没有遵循此原则？（　　）

A 巴黎雄狮凯旋门

B 帕提农神庙

C 马赛公寓

D 拉维莱特公园

7. 下列建筑作品中，立面未采用三段式古典构图的是(　　)。

A 德国通用公司透平机车间

B 巴黎圣母院

C 圆厅别墅

D 卢浮宫

577

8. 下列哪个建筑作品突破了古典传统的"稳定与均衡"构图？（　　）

A 纽约肯尼迪TWA候机楼

B 北京CCTV新楼

C 巴西议会大厦

D 纽约新当代艺术博物馆

9. 视错觉是人们对形的错误判断，但运用得当会有助于建筑造型。以下哪个实例中成功地运用了视错觉原理？（　　）
   A 古代埃及金字塔　　　　　　　　B 古希腊帕提农神庙
   C 北京故宫午门　　　　　　　　　D 纽约古根海姆美术馆

10. 建筑中"尺度"的含义是（　　）。
    A 建筑的实际尺寸
    B 建筑各要素之间的相对关系
    C 人体尺寸与建筑尺寸的关系
    D 建筑要素给人感觉上的大小印象与其实际大小的关系

11. 西班牙巴塞罗那博览会德国馆空间布局和体型组合的构图特点是（　　）。

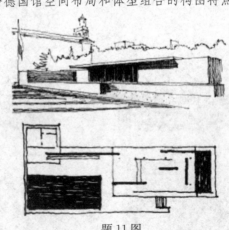

题11图

    A 连续的韵律　　　　　　　　　　B 渐变的韵律
    C 起伏的韵律　　　　　　　　　　D 交错的韵律

12. 下列建筑类型中，属于公共建筑的是（　　）。

A 宾馆　　　　　　B 宿舍　　　　　　C 公寓　　　　　　D 车间

13. 在公共建筑空间中,门厅属于(　　)。
    A 主要使用空间　　　　　　　　　　B 辅助使用空间
    C 枢纽交通空间　　　　　　　　　　D 共享空间

14. 下列常采用"序列空间"组合的建筑是(　　)。
    A 办公楼　　　　　B 航站楼　　　　　C 教学楼　　　　　D 宿舍楼

15. 最不宜使用自动扶梯组织人流交通的公共建筑类型是(　　)。
    A 购物中心　　　　　　　　　　　　B 地铁车站
    C 大型医院　　　　　　　　　　　　D 航空港

16. 火车站和体育馆人流疏散的不同点主要在于(　　)。
    A 火车站比体育馆人流量小
    B 火车站是立体疏散,体育馆是平面疏散
    C 火车站是双向人流,体育馆是单向人流
    D 火车站是连续人流,体育馆是集中人流

17. 高层办公楼常采用板式体形,而超高层办公楼常采用塔式体形,主要是出于(　　)。
    A 造型上的考虑　　　　　　　　　　B 垂直交通布置上的考虑
    C 自然通风上的考虑　　　　　　　　D 结构上的考虑

18. 建筑师D·里勃斯金设计的柏林犹太人博物馆展厅部分采用了哪种空间组合形式?(　　)
    A 放射式　　　　　B 串联兼通道　　　C 放射和串联组合　D 综合性大厅

19. 采用了空间薄壳结构的公共建筑是(　　)。

A 东京代代木国立综合体育馆

B 悉尼超级穹顶多功能体育馆

C 华盛顿杜勒斯国际航空楼

D 巴黎工业展览馆

20. 住宅空间的"生理分室"是指(　　)。
    A 起居用餐与睡眠分离　　　　　　　B 根据家庭成员的性别、年龄等就寝分离
    C 将家庭公共活动从卧室分离　　　　D 将工作、学习空间独立出来

21. 下列住宅建筑总平面局部图示中,采用"点裙式"组合方式的是( )。

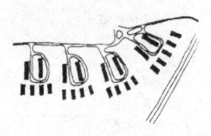
A 汉堡荷纳堪普居住区住宅组团

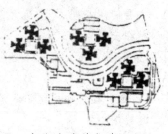
B 香港穗禾苑住宅组团

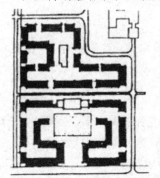
C 北京百万庄住宅组团

D 北京恩济里住宅组团

22. 国家康居示范工程的规划设计中,提倡城市住宅宜以哪种类型为主?( )
   A 低层   B 低层结合高层
   C 多层或中高层   D 高层

23. 新建城市(镇)的规划人均城市建设用地面积指标宜在哪个范围内确定?( )
   A 65.0~95.0m²/人   B 85.1~105.0m²/人
   C 105.1~115.0m²/人   D ≤150.0m²/人

24. 下列设计作品中,突出体现建筑体形适应气候环境特点的是( )。

A 日本东京中银仓体大楼

B 印度孟买干城章嘉公寓

C 日本神户六甲集合住宅

D 加拿大蒙特利尔Habitat 67

25. 为了解决住宅物质老化期与功能老化期两者间的矛盾，住宅设计中通常要求（   ）。

    A 建造各种不同类型的住宅   B 提高住宅的适应性和可变性

    C 加强住宅的标准化设计   D 适当降低结构的生命周期

26. 在炎热地区不利于组织住宅套型内部通风的平面是（   ）。

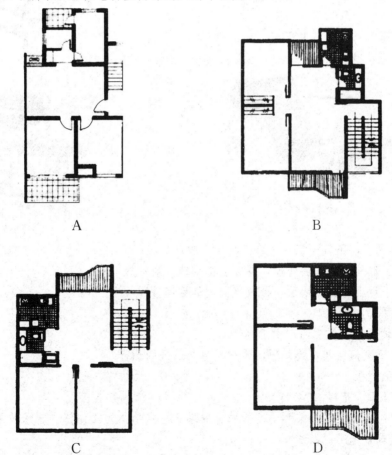

27. 在严寒和寒冷地区，住宅规划布局的不当做法是（   ）。

    A 选在山谷、洼地等凹陷地里   B 争取日照

    C 避免季风干扰   D 建立"气候防护单元"

28. 在我国住宅规划与建筑设计中，与节地目标相悖的做法是（   ）。

A 采用南向退台式住宅形式
B 缩小房屋开间、增加进深
C 总平面布局中点式与条形住宅结合布置
D 适当布置东西向住宅

29. 住宅外部空间环境工程中，软质景指的是（　　）。
    A 道路　　　　B 植物绿化　　　　C 建筑小品　　　　D 围墙
30. 我国古代建筑室内用于不完全分隔房间的固定构件是（　　）。
    A 楣扇　　　　B 罩　　　　C 屏风　　　　D 帷幕
31. 下列图示中，密斯设计的"巴塞罗那椅"是（　　）。

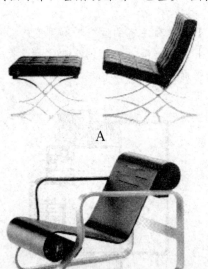
A

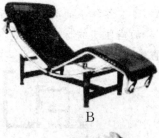
B

C

D

32. 一般情况下，不符合室内装修工程施工顺序的是（　　）。
    A 先里后外：先基层处理，再做装饰构造，最后饰面
    B 先下后上：先做地面，再做墙面，最后装修顶棚
    C 先瓦工，后木工
    D 先地面铺装，后油漆木工装饰
33. 对于儿童室内空间铺装处理，哪种材料是最好的选择？（　　）
    A 羊毛地毯　　　　　　　　　　B 天然实木地板
    C 大理石、花岗石　　　　　　　D 塑料拼接塑胶
34. 室内空间可利用灯具柔和适度的阴影效果来增强物体的立体感和艺术效果，下列哪种公共建筑常采用此做法？
    A 美术馆的陈列室　　　　　　　B 体育馆的比赛厅
    C 教学楼的教室　　　　　　　　D 医院的手术室
35. 在为视觉残疾者考虑的室内设计中，错误的做法是（　　）。
    A 设置可见的符号标志　　　　　B 设置发声标志
    C 楼梯踏步采用反光、光滑的材料　D 出入口大门采用不透明材料

36. 根据建筑热工设计的气候分区标准，属于"温和地区"的城市是(　　)。
    A 上海　　　　　B 武汉　　　　　C 昆明　　　　　D 南宁

37. 我国一般性建筑的耐久年限是(　　)。
    A 15年以下　　　B 25～50年　　　C 50～100年　　D 100年以上

38. 编制概算书属于建筑工程设计中的哪个阶段？(　　)
    A 方案设计　　　B 技术设计　　　C 初步设计　　　D 施工图设计

39. 相对于方案设计说明，初步设计说明应增加的内容是(　　)。
    A 建筑群体和单体的功能布局和立面造型
    B 建筑内部交通组织、防火和安全疏散设计
    C 无障碍和智能化设计
    D 围护结构热工性能及节能构造措施

40. 在车站候车室设计中，下列哪种处理手法无助于减少拥挤感？(　　)
    A 加大通道数量和宽度　　　　　　B 中庭替代部分走廊
    C 窗户视野良好　　　　　　　　　D 墙面装饰大量广告及壁画

41. 关于建筑使用后评价（PoE）的说法，错误的是(　　)。
    A 重点评估建筑审美、空间形式和环境协调
    B 评估小组由多学科研究人员组成
    C 评估过程主要考察技术、功能和行为三方面因素
    D 行为场景理论为其在理论和方法上奠定了基础

42. "认知地图"的概念出自哪部著作？(　　)
    A 《城市意象》　　　　　　　　　B 《城市建筑》
    C 《建筑的复杂性与矛盾性》　　　D 《美国大城市的死与生》

43. 住宅规划设计中，衡量用地经济性的主要指标是(　　)。
    A 居住建筑密度　　　　　　　　　B 绿地率
    C 住宅体形系数　　　　　　　　　D 住宅建筑有效面积

44. 第一次正式提出"可持续发展"观念的场合是(　　)。
    A 1978年联合国环境与发展大会　　B 1976年人居大会（Habitat）
    C 罗马俱乐部《增长的极限》　　　D 马尔萨斯(T. R. Malthus)《人口原理》

45. 不属于"可再生能源"的是(　　)。
    A 太阳能　　　　B 生物质能　　　C 潮汐能　　　　D 天然气

46. 从"生命周期"看，下列建筑材料哪一种不是"绿色建材"？(　　)
    A 木材　　　　　B 钢材　　　　　C 混凝土　　　　D 压制土坯砖

47. 除个别地区外，我国太阳能全年总辐射能的分布特点是(　　)。
    A 北高南低、西高东低　　　　　　B 北低南高、西高东低
    C 北高南低、东高西低　　　　　　D 北低南高、东高西低

48. 在房屋高度、基底面积相同的条件下，最耗能的平面形式是(　　)。
    A 长宽比悬殊的矩形　　　　　　　B 正方形
    C 圆形　　　　　　　　　　　　　D 等边三角形

49. 下列技术手段中，对建筑室外微气候环境的调节影响小的是(　　)。

A 建筑与规划布局　　　　　　　　B 建筑与环境绿化布置
C 水体与水景设计　　　　　　　　D 可循环利用材料应用

50. 绿色建筑（Green Architecture）的含义是(　　)。
A 绿化多的建筑　　　　　　　　B 太阳能建筑
C 智能建筑　　　　　　　　　　D 符合可持续发展理念的建筑

51. 我国隋唐至明清时期的宫殿布局形式都是采用何种方式？(　　)
A 纵向三朝　　　B 左祖右社　　　C 城郭　　　D 高台宫室

52. 我国历史上佛教兴盛，具有灿烂的佛教建筑和艺术的时期是(　　)。
A 西汉和东汉　　B 魏晋南北朝　　C 唐宋　　　D 元明清

53. 我国古代建筑中"斗栱"不具备下列的何种特征？(　　)
A 结构或者装饰　B 计量单位　　　C 象征地位身份　D 檐口曲线

54. 宋代《营造法式》中规定作为建筑尺度标准的是(　　)。
A 间　　　　　　B 材　　　　　　C 斗口　　　D 斗栱

55. 唐代建筑的典型特征是(　　)。
A 斗栱结构职能鲜明、数量少、出挑深远　　B 屋顶陡峭，组合复杂
C 木架采用各种彩画，色彩华丽　　　　　　D 大量用格子门窗，装饰效果强

56. 方尖碑始建于(　　)。
A 古埃及　　　　B 古希腊　　　　C 古罗马　　D 法国

57. 柬埔寨的吴哥窟属于(　　)。
A 王宫　　　　　B 别墅　　　　　C 园林　　　D 庙宇

58. 意大利文艺复兴建筑的诞生地是(　　)。
A 威尼斯　　　　B 罗马　　　　　C 米兰　　　D 佛罗伦萨

59. 英国国会大厦属于哪种建筑风格？(　　)
A 罗马复兴建筑　B 哥特复兴建筑　C 巴洛克建筑　D 洛可可建筑

60. 下列属于巴洛克风格的建筑是(　　)。

A 罗马耶稣会教堂

B 巴黎恩瓦利德教堂

C 罗马圣彼得大教堂

D 德累斯顿尊阁宫大门

61. 我国传统民居土楼主要分布在哪些地区？（　　）
    A 青藏高原、西康、内蒙古　　　　B 广东、福建、赣南地区
    C 豫中、晋中、陕北　　　　　　　D 四川、福建、云南

62. 我国西南少数民族地区常见的干阑式住宅，其主要特征是（　　）。
    A 多层、平屋顶、带外廊
    B 底层架空、人居楼上
    C 外墙采用糯米、砂石、石灰材料夯筑外墙
    D 用石、竹材建造

63. "抄手游廊"是哪种传统民居中常见的建筑组成部分？（　　）
    A 福建客家土楼　　　　　　　　　B 广西壮族干阑式住宅
    C 云南"一颗印"　　　　　　　　D 北京四合院

64. 我国自然式山水风景园林的奠基时期是（　　）。
    A 两汉　　　　　　　　　　　　　B 东晋和南朝
    C 隋唐　　　　　　　　　　　　　D 宋末明初

65. 根据下列居民的剖视图判断，藏族碉楼是（　　）。

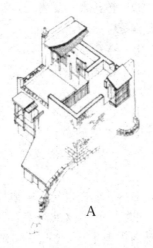
A

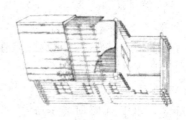
B

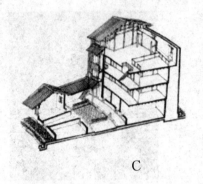
C

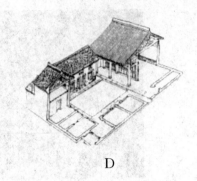
D

66. 欧洲的园林有两大类，其中一类以几何构图为基础，另一类为牧歌式的田园风光，这两类园林的代表性国家分别是（　　）。
    A 意大利、荷兰　　　　　　　　　B 意大利、西班牙
    C 法国、英国　　　　　　　　　　D 法国、意大利

67. 颐和园"谐趣园"的造园手法，模仿自下列哪个江南名园？
    A 吴江退思园　　　　　　　　　　B 苏州留园
    C 苏州拙政园　　　　　　　　　　D 无锡寄畅园

68. 下列哪个说法出自明代造园家计成的《园冶》？（　　）
    A "智者乐水，仁者乐山"　　　　　B "万物负阴而抱阳"
    C "巧于因借，精在体宜"　　　　　D "逸其人，因其地，全其天"

69. 我国传统造园选石、品石的标准中，对应于石面不平、起伏多姿的品质（　　）。
    A "透"　　　　B "瘦"　　　　C "漏"　　　　D "皱"

70. 以几何构图为基础的欧洲园林起源于（　　）。
    A 意大利　　　　B 英国　　　　C 法国　　　　D 西班牙

71. 对中国建筑史学的开创作出突出贡献的是（　　）。
    A 吕彦直、陈植　　　　　　　　　B 梁思成、刘敦桢
    C 莫宗江、庄俊　　　　　　　　　D 杨廷宝、童寯

72. 体现勒·柯布西耶"新建筑五特点"的代表作是（　　）。
    A 萨伏伊别墅　　　　　　　　　　B 马赛公寓
    C 巴黎瑞士学生宿舍　　　　　　　D 昌迪加尔法院

73. 1898年英国人霍华德提出的城市理论是（　　）。
    A "卫星城市"　　　　　　　　　　B "田园城市"
    C "工业城市"　　　　　　　　　　D "带形城市"

74. 1995年，出于对回归建筑的艺术本原的考虑，建筑理论家肯尼斯·弗兰姆普敦（Kenneth Frampton）出版的著作是（　　）。
    A 《为了穷苦者的建筑》　　　　　B 《现代建筑：一部批判的历史》
    C 《城市建筑学》　　　　　　　　D 《建构文化研究》

75. 下列作品中，法国建筑师屈米的解构主义思潮代表作品是（　　）。

A 拉维莱特音乐城

B 加利西亚当代艺术中心

C 维特拉消防站

D 拉维莱特公园

76. 文丘里于1996年发布的建筑理论著作《建筑的复杂性与矛盾性》代表哪一种建筑思潮？（   ）
    A 功能主义   B 新古典主义
    C 后现代主义   D 解构主义

77. 19世纪中叶，开辟了建筑形式与预制装配技术新纪元的代表建筑是（   ）。
    A 芝加哥保险公司大楼   B 伦敦世界博览会"水晶宫"展览馆
    C 巴黎植物园的温室   D 巴黎世界博览会的机械馆

78. 勒·柯布西耶后期作品的风格带有哪种倾向？（   ）
    A 现实主义和理想主义   B 结构主义和功能主义
    C 折中主义和典雅主义   D 浪漫主义和神秘主义

79. 世界遗产包括哪两类？
    A 古代遗产和近现代遗产 B 物质遗产和非物质遗产
    C 科学遗产和艺术遗产   D 文化遗产和自然遗产

80. 按国家级历史文化名城的性质、特点分类，平遥属于（   ）。
    A 风景名胜类   B 民族及地方特色类
    C 传统城市风貌类   D 古都类

81. 下列哪部著作更多地从城乡关系、区域经济和交通布局角度，对城市的发展以及城市管理制度等问题进行阐述？（   ）
    A 《周礼》   B 《管子》   C 《商君书》   D 《孙子兵法》

82. 下列哪个中国古城可作为研究城市规划扩建问题的代表性案例？（   ）
    A 宋代开封城   B 东京（汴梁）
    C 大兴城（长安）   D 隋唐长安城

83. 公元前500年的希腊城邦时期，城市建设的希波丹姆（Hippodamus）的城市布局模式是（　　）。
A 人工环境与自然环境的结合
B 轴线不一定是直线
C 方格网道路为骨架、以城市广场为中心
D 平面方形，中间十字街道

84. 决定居住区居住密度的重要指标是（　　）。
A 住宅居住面积净密度　　B 住宅建筑面积净密度
C 住宅人口净密度　　　　D 住宅建筑密度

85. 题图为深圳万科城市花园住宅组团，其设计采用的布置方法是（　　）。
A 单周边
B 双周边
C 自由周边
D 混合布置

题85图

86. 1933年国际现代建筑协会拟定的"城市设计大纲"中将城市属于第一类活动的事归为（　　）。
A 交通　　　B 游憩　　　C 工作　　　D 居住

87. 下列哪项是评价居住区规划设计优劣的关键所在？（　　）
A 卫生、社会、安全三个方面综合效益
B 社会、经济、环境三个方面综合效益
C 社会、安全、环境三个方面综合效益
D 卫生、经济、环境三个方面综合效益

88. 下列居住区指标不属于必要指标的是（　　）。
A 住宅平均层数　　　　B 中高层住宅比例
C 人口毛密度　　　　　D 住宅建筑净密度

89. 《城市用地分类与规划用地建设标准》GB 50137—2011中B类用地是（　　）。
A 公共管理与公共服务设施用地　　B 工业用地
C 商业服务业设施用地　　　　　　D 道路与交通设施用地

90. 下列哪块绿地可计入组团绿地？（　　）

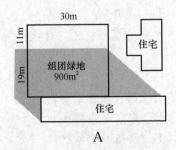
A

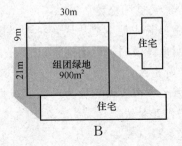
B

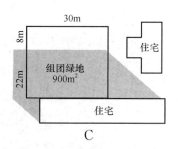
C

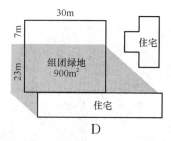
D

91. 提出"城市设计必须和城市管理密切结合理论"的是( )。
    A 雅可布斯（J. Jacobs） B 亚历山大（C. Alexander）
    C 培根（E. N. Bacon） D 十人组合（TEAM10）
92. 提出城市设计是按"三维空间的要求考虑建筑及空间"的是( )。
    A 凯文·林奇（Kelvin Lynch） B 沙里宁（Eliel Saarinen）
    C 弗·吉伯特（Frederick Gibberd） D 希波丹姆（Hippodamus）
93. 古罗马晚期城市设计最突出的规划思想是( )。
    A 体现其政治、军事力量 B "天人合一"
    C 再现古希腊市民民主文化 D 以城市防御为出发点
94. 下列哪项不是景观生态学研究的"格局要素"？( )
    A 物种群落 B "基质" C "斑块" D "廊道"
95. 下列哪项不属于"人工自然"的做法？( )
    A 人工建造的水文土壤 B 人工建造的地形
    C 人工建造的微气候条件 D 植物绿化的曲线造型
96. 探索用灰泥代替水泥造土坯建筑的建筑师是( )。
    A 拉尔夫·厄斯金（Ralph Erskine） B 查尔斯·柯利亚（C. Correa）
    C 格雷姆肖（Nicholas Grimshaw） D 哈桑·法赛（H. Fathy）
97. 按照绿色建筑评价标准，住区人均公共绿地率应满足的基本要求是( )。
    A >0.5m² B >0.6m² C >0.8m² D >1.0m²
98. 题图所示上海的世博会建筑中采用了环保材料，且可方便拆建组合的是( )。

A 德国馆(钢+网膜)

B 德中同行之家(竹+网膜)

C 罗马尼亚馆(钢+玻璃+膜)

D 世博中心遮阳(混凝土+玻璃+膜)

99. 题图所示采用生态与数字化设计并有效降低能耗的是（　　）。

A 蓬皮杜文化艺术中心

B 慕尼黑宝马总部大楼

C 伦敦市政厅

D 毕尔巴鄂古根海姆博物馆

100. 按照《夏热冬冷地区居住区建筑节能设计标准》的规定，条形建筑物和点式建筑物的体形系数分别不应超过（　　）。
　　A　0.30和0.40　　　　　　　　B　0.35和0.40
　　C　0.35和0.45　　　　　　　　D　0.40和0.45

101. 关于一类高层建筑和二类高层建筑地下室的耐火等级的说法，正确的是（　　）。
　　A　应为一级
　　B　功能不同，耐火等级不同
　　C　一类高层建筑地下室的耐火等级为一级，二类高层建筑地下室的耐火等级为二级
　　D　最少不低于二级

102. 关于高层建筑与乙类库房之间防火间距的说法，正确的是（　　）。
　　A　与库房的耐火等级有关　　　　B　与高层建筑的建筑分类有关
　　C　与高层建筑的使用性质有关　　D　高层建筑不宜布置在乙类库房附近

103. 防火分区的防火墙上采用防火卷帘门或者甲级防火门时，应符合下列哪项规定（　　）。
　　A　防火卷帘的耐火极限不应低于3.00h，防火门的耐火极限不应低于1.20h
　　B　防火卷帘和防火门的耐火极限应与防火墙的耐火极限一致
　　C　防火卷帘和防火门的耐火极限均应低于防火墙的耐火极限，但不应低于1.20h
　　D　防火卷帘和防火门的耐火极限均应不低于3.00h

104. 高层建筑中庭，当上、下层连通的面积叠加计算超过一个防火分区面积时，采取下列哪种措施是错误的？（　　）
　　A　房间与中庭回廊相通的门、窗应设自行关闭的乙级防火门、窗
　　B　中庭设置自动喷水灭火系统，防火分区面积可扩大一倍
　　C　与中庭相通的过厅、通道等用乙级防火门或耐火极限大于3.00h的防火卷帘分隔

D 在上下层开口部位设有耐火极限大于3.00h的防火卷帘

105. 下列高层建筑中,必须设置防烟楼梯间的是( )。
 A 十一层通廊式住宅　　　　　　　B 建筑高度不超过32m的二类高层建筑
 C 塔式住宅　　　　　　　　　　　D 十二层单元式住宅

106. 下列高层建筑防火分区防火墙设计中错误的是( )。

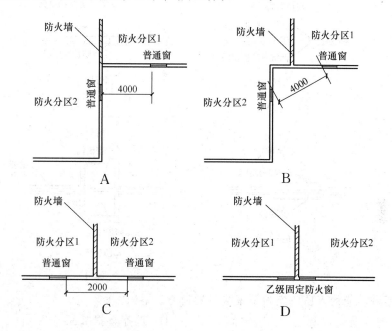

107. 关于木结构民用建筑防火规定的说法,错误的是( )。
 A 对于木结构建筑的最高层数有限制
 B 对于木结构建筑每层的最大允许长度有限制
 C 对于木结构建筑每层的最大允许面积有限制
 D 对于木结构建筑的使用性质有限制

108. 一级耐火等级的多层建筑按规定采取措施后,其首层商业营业厅每个防火分区最大允许建筑面积为( )。
 A 2500m²　　　B 4000m²　　　C 6000m²　　　D 10000m²

109. 汽车库室内最远工作地点至楼梯间距离不应超过45m,当设有自动灭火系统时,其距离( )。
 A 不应超过45m　　B 可加倍　　C 不应超过60m　　D 不限

110. 人防地下商店采用下沉广场作为防火分隔方式时,下述正确的是( )。
 A 广场疏散区域没有最小净面积的限制
 B 不同防火分区通向下沉广场安全出口最近边缘之间的水平距离不应小于13m
 C 不得设置防风雨篷
 D 应设置不少于两个直通地坪的疏散楼梯

111. 下列哪项应设置在人防工程的主体内( )。
 A 扩散室　　　B 水箱间　　　C 洗消间　　　D 滤毒室

112. 防空地下室中，不允许染毒的部位是（　　）。
    A 人防汽车库主体
    B 医疗救护工程分类厅配套的急救室
    C 防毒通道
    D 人员掩蔽工程的厕所

113. 人防工程两相邻防护单元之间的连通口设置，正确的是（　　）。

114. 下列哪种功能的人民防空地下室应设置简易洗消间？（　　）
    A 二等人员掩蔽所
    B 医疗救护工程
    C 专业队队员掩蔽所
    D 人防物资库

115. 综合医院的出入口设置，正确的是（　　）。
    A 门诊、住院可合用出入口
    B 急诊部主要出入口必须有机动车停靠的平台及雨篷，门诊部没有条件可不设
    C 门诊部的出入口，应综合处理好挂号问讯、预检分诊、记账收费、取药的关系
    D 医院次要人员出入口可兼做废弃物出口

116. 综合医院的手术部平面布置应符合洁净区与非洁净区的分区要求，属于非洁净区的是（　　）。
    A 无菌物品
    B 无菌物品暂存
    C 麻醉苏醒
    D 更衣

117. 医院洁净手术部的内墙面，不应采用哪种表面材料？（　　）
    A 装配式壁板
    B 大块瓷砖
    C 木质墙面
    D 涂料

118. 绿色建筑评价指标体系不包括哪项指标？（　　）
    A 节地与室外环境
    B 室内环境质量
    C 运营管理
    D 建造过程控制

119. 人流密集场所的台阶最低高度超过多少米并侧面临空时，应有防护措施？（　　）
    A 0.3　　B 0.5　　C 0.7　　D 0.9

120. 中小学上人屋面防护栏杆最薄弱处所承受的水平推力，不应小于( )。
   A 0.5kN/m   B 1.0kN/m   C 1.5kN/m   D 没有明确规定

121. 可不采用安全玻璃的部位是( )。
   A 玻璃面积为1.2m² 的2层建筑外开窗   B 室内玻璃隔断
   C 室外玻璃栏杆   D 玻璃屋面

122. 关于阳台栏板净高不得低于1.05m的规定，正确的是( )。
   A 不论公建还是住宅，都是24m以下
   B 公建是24m以下，住宅是6层及6层以下
   C 不论公建还是住宅，都是7层以下
   D 公建是7层以下，住宅是24m以下

123. 哪个地区的居住建筑在围护结构热工设计时不需要考虑热惰性指标?
   A 寒冷地区   B 夏热冬冷地区
   C 夏热冬暖地区北区   D 夏热冬暖地区

124. 公共建筑窗墙比应符合下列哪项要求?( )
   A 南向的玻璃幕墙不应大于0.8，其他朝向不应大于0.7
   B 四个朝向的总窗墙比不应大于0.7
   C 每个朝向不应大于0.7
   D 南向不应大于0.7，其他朝向不应大于0.5

125. 哪个地区的居住建筑节能设计要考虑外窗的遮阳系数?( )
   A 严寒A区   B 严寒B区   C 寒冷A区   D 寒冷B区

126. 建筑热工计算中，在确定室内空气露点温度时，居住建筑和公共建筑的室内空气相对湿度均应按多少采用?( )
   A 40%   B 50%   C 60%   D 70%

127. 对于公共建筑外墙的平均K值降为1.1W/(m²·K)，再减小K值对降低建筑能耗已不明显的是哪个地区?( )
   A 严寒地区   B 寒冷地区
   C 夏热冬冷地区   D 夏热冬暖地区

128. 高层居住建筑可选择的太阳能热水供水系统类型为( )。
   A 集中供热水系统   B 集中—分散供热水
   C 分散供热水系统   D 以上三种类型均可

129. 七层及以上住宅建筑入口平台考虑轮椅通行时的入口平台宽度应为( )。
   A 1.5m   B 1.8m   C 2.0m   D 2.2m

130. 关于居住建筑设置无障碍住房，正确的是( )。
   A 对中高层住宅有要求，对多层、低层住宅没有要求
   B 对中高层、多层住宅有要求，对低层住宅没有要求
   C 对中高层、多层、低层住宅都有要求，但标准不同
   D 对中高层、多层、低层住宅都有要求，且标准相同

131. 哪类道路的人行道不在现行《无障碍设计规范》的适用范围内?( )
   A 公路   B 城市道路

C 居住区道路　　　　　　　　　　D 居住区的宅间路

132. 坡度为1：12的无障碍坡道，爬升高度为1.8m，最少应分成几段？（　）
 A 1段　　　　B 2段　　　　C 3段　　　　D 4段

133. 建筑基地机动车道路与城市道路连接时，坡度大于多少时需设置缓冲段？（　）
 A 5%　　　　B 6%　　　　C 7%　　　　D 8%

134. 下列突出于建筑物的构件在任何情况下均不允许突出道路红线的是（　）。
 A 凸窗　　　　B 阳台　　　　C 雨篷　　　　D 空调机位

135. 汽车最小转弯半径是指汽车回转时汽车的（　）。
 A 前轮外侧循回曲线行走轨迹的半径　　B 前轮内侧循回曲线行走轨迹的半径
 C 车身内侧循回曲线行走轨迹的半径　　D 车身外侧循回曲线行走轨迹的半径

136. 中小学的普通教室必须配备的教学设备不包括（　）。
 A 投影仪接口　　B 储物柜　　C 展示园地　　D 显示屏

137. 住宅电梯与下列哪项功能空间相邻布置时，必须采取隔声、减振的构造措施（　）。
 A 起居室兼卧室　　B 起居室　　C 餐厅　　D 卫生间

138. 哪种防水材料可单独用于防水等级为Ⅰ、Ⅱ级的屋面防水？（　）
 A 卷材防水屋面　　　　　　　　B 刚性防水屋面
 C 涂膜防水屋面　　　　　　　　D 油毡瓦屋面

139. 办公建筑中套有若干小房间的半开敞式办公室，应保证直线距离不超过30m的是（　）。
 A 小房间门到防烟楼梯间前室门
 B 小房间门到大空间开向疏散走道的出口
 C 小房间的最远点到防烟楼梯间前室门
 D 小房间的最远点到大空间开向疏散走道的出口

140. 普通地下车库的防水等级，最低可设定为几级？（　）
 A 一级　　　　B 二级　　　　C 三级　　　　D 四级

2014年试题解析及参考答案

1. **解析**：由联合国教科文组织协调，于1948年6月28日在瑞士洛桑（Lausanne）成立了国际建筑师协会。
 答案：D

2. **解析**："模度体系"是法国现代主义建筑大师勒·柯布西耶提出的有关建筑构图的理论。
 答案：A

3. **解析**：A是平面组合，B是流线分析，D是功能分析，都不是环境分析图。
 答案：C

4. **解析**："规划设计要点"中不包括建筑结构选型要求。
 答案：D

5. **解析**：后现代建筑师博塔的这项乡村住宅设计，立面造型同时采用了分割与消减手法。
   答案：A

6. **解析**：后现代建筑师屈米设计的拉维莱特公园建筑，是典型的反古典主义构图原理的"解构主义"建筑作品。
   答案：D

7. **解析**：贝伦斯设计的德国通用透平机车间，建筑造型一反传统的古典主义"三段式"的构图手法，是国际现代建筑的"开山之作"。
   答案：A

8. **解析**：荷兰建筑师库哈斯设计的北京央视大楼打破"均衡稳定"的传统建筑构图手法，因而建成后极具争议。
   答案：B

9. **解析**：古希腊帕提农神庙立面三角形山花两端较中间略低，利用透视错觉原理，给观察者以建筑物更加宽阔的感觉。
   答案：B

10. **解析**：彭一刚《建筑空间组合论》：尺度一般不是指要素真实尺寸的大小，而是指要素给人感觉上的大小印象和其真实大小之间的关系。
    答案：D

11. **解析**：密斯设计的西班牙巴塞罗那博览会德国馆空间布局和体型组合的构图特点是采用了交错的韵律。
    答案：D

12. **解析**：宾馆属于公共建筑。
    答案：A

13. **解析**：公共建筑的门厅属于枢纽交通空间。
    答案：C

14. **解析**：航站楼常采用"序列空间"组合。
    答案：B

15. **解析**：选项所列4种公共建筑中，医院建筑较少采用自动扶梯组织人流交通。
    答案：C

16. **解析**：火车站与体育馆人流疏散的不同点主要在于：前者是连续人流，后者是集中人流。
    答案：D

17. **解析**：主要是出于结构上的考虑。
    答案：D

18. **解析**：犹太人博物馆展厅部分采用了串联兼通道空间组合形式。
    答案：B

19. **解析**：巴黎工业展览馆采用了三角形装配整体式钢筋混凝土薄壳结构。
    答案：D

20. **解析**：所谓"生理分室"主要指"就寝分室"，即根据家庭成员的性别、年龄等实现就寝分离。

答案：B

21. 解析：《住宅建筑设计原理》：点式住宅成组团布置称"点群式布置"，图示香港穗禾苑住宅组团属点群式规则布置。
    答案：B

22. 解析：1999年4月1日住建部发布《国家康居示范工程实施大纲》。其中明确以经济适用住房为重点，全面提高住宅质量，提供有效供给，满足不同层次的社会需求。住建部等7部委于2007年12月出台的《经济适用住房管理办法》中明确指出：经济适用住房单套的建筑面积控制在60平方米左右。低层住宅没有充分利用土地资源，高层造价高，居住成本也高，多层或中高层既能较充分地利用土地资源，造价也不太高，宜于居民居住。
    答案：C

23. 解析：《城市用地分类与规划建设用地标准》GB 50137—2011 第4.2.1条规定：新建城市（镇）的规划人均城市建设用地面积指标应在85.1～105.0m^2/人内确定。
    答案：B

24. 解析：印度孟买干城章嘉公寓是建筑体形适应气候环境特点的范例。
    答案：B

25. 解析：提高住宅的适应性和可变性可解决住宅物质老化期与功能老化期两者间的矛盾。
    答案：B

26. 解析：D平面最不利于组织套内通风，炎热地区不宜采用。
    答案：D

27. 解析：《民建通则》第3.4.1条要求建筑基地应选择在无地质灾害或洪水淹没等危险的安全地段。
    答案：A

28. 解析：住宅北退台布置可有效减少日照间距用地，而南退台布置适得其反。
    答案：A

29. 解析：4个备选项中只有植物绿化可称为"软质景"。
    答案：B

30. 解析："罩"是我国古代建筑中不完全分隔空间，而且是固定的构件。
    答案：B

31. 解析：选项A是密斯设计的"巴塞罗那椅"。
    答案：A

32. 解析：一般室内装修工程的施工顺序是先里后外（先做基层）、先上后下。
    答案：B

33. 解析：按《托幼规范》乳儿室、活动室、寝室及音体活动室宜为暖性、弹性地面，故以天然实木地板为最好。
    答案：B

34. 解析：按常识应选美术馆的陈列室。
    答案：A

35. **解析**：设置可见的符号标志对视力残疾者基本无效。
    答案：A

36. **解析**：按现行《民建通则》划定，昆明属气候温和地区（V_A区）的城市。
    答案：C

37. **解析**：1987年版《民建通则》的规定：以主体结构确定的建筑耐久年限为二级耐久年限50～100年，适用于一般性建筑。但现行（2005年版）《民建通则》及《建筑结构可靠度设计统一标准》GB 50068—2011均规定："普通建筑物的设计使用年限为50年"。此题按旧规范作答。
    答案：C

38. **解析**：初步设计文件中应有工程概算书。
    答案：C

39. **解析**：依据《设计深度规定》，建筑专业的初步设计说明中应包括建筑节能设计的内容（其中应包括"围护结构的热工性能及节能构造措施"）。
    答案：D

40. **解析**：车站候车室墙面装饰大量广告及壁画无助于减少空间的拥挤感。
    答案：D

41. **解析**：建筑审美、空间形式和环境协调不是建筑使用后评价重点评估的内容。
    答案：A

42. **解析**：美国城市规划专家凯文·林奇在1960年出版的《城市意象》一书中，详细介绍了美国3个城市——波士顿、洛杉矶和泽西市市民的认知地图。他在城市意象理论中提出构成认知地图的五要素：标志物、节点、区域、边界、道路。
    答案：A

43. **解析**：在住宅规划设计中，衡量用地经济性的主要指标是居住建筑密度。
    答案：A

44. **解析**：1978年联合国环境与发展大会第一次正式提出"可持续发展"观念。
    答案：A

45. **解析**：太阳能、生物质能、潮汐能都是可再生能源。
    答案：D

46. **解析**：传统混凝土制造过程能耗高，对环境污染大，而且使用后回收再利用较困难，所以不是绿色建材。
    答案：C

47. **解析**：《生态与可持续建筑》5.2.3节指出：除局部地区外，我国太阳能分布的总趋势是北高南低，西高东低。
    答案：A

48. **解析**：《生态与可持续建筑》6.1.2节指出：长宽比悬殊的矩形平面形式最耗能。
    答案：A

49. **解析**：可循环利用材料的应用对建筑室外微气候环境的调节影响最小。
    答案：D

50. **解析**：绿色建筑一般指符合可持续发展理念的建筑。

答案：D

51. **解析**：这道题问的是"宫殿布局形式"，较为符合题意的回答是选项 A。
根据《中国建筑史》（第七版）第 118 页及第 122 页、123 页有关文图：隋唐至明清时期，宫殿布局发展至"第三阶段"，即纵向布置"三朝"时期（一些朝代曾出现过横向布局的情况）。

引教材原文："及至隋文帝营建新都大兴宫，追绍周礼制度，纵向布列'三朝'：广阳门、大兴殿、中华殿……"唐高宗时期，以大明宫中"含元、宣政、紫宸"三殿为"三朝"。北宋元丰后汴京宫殿以"大庆、垂拱、紫宸"三殿为"三朝""但由于地形限制，三殿前后不在同一轴线上"。元代因蒙古民族风气，宫中大明殿与延春阁两组庭院"与周礼传统不同"。明清时期，朱元璋"南京宫殿仿照'三朝'做三殿（奉天殿、华盖殿、谨身殿）"。永乐迁都北京后，"宫殿布局虽一如南京，但殿宇使用随宜变通……'三殿'与'三朝'已无多少对应关系"。

有关这一问题，明清宫殿建筑研究论著较多，以"故宫学"研究为例，大多数观点认为，北京现紫禁城有较为清晰的三朝（外朝、治朝、燕朝）的布局形式。基本上，教材及参考文献所提示的内容，对于宫城的城郭、高台宫室等布局形态的长期性不仅限于隋唐至明清，且偏重土木及单体建筑建设问题。《周礼》的左祖右社，根据民族习惯以及受儒家思想的影响，宫殿建设上时有时无，各时期位置不明确，或者记载考据不是非常清晰。

答案：A

考点：宫殿建筑。

52. **解析**：我国历史上佛教兴盛是在魏晋南北朝时期。如北魏、北齐、南朝时期佛寺众多，足以印证当时佛教建筑和艺术的兴盛。其佛教建筑艺术"变得更为成熟、圆淳"[《中国建筑史》（第七版）第 34 页及参考文献]，形成了佛寺、佛塔、石窟及其塑像、壁画等艺术发展时期。而以唐为代表的佛教建筑和艺术的发展是另一重要时期。元、明、清时期，佛教建筑和艺术的发展已经深入社会各阶层，儒、释、道三教在佛教中得到较大程度的融合。

答案：B

考点：中国古代建筑发展。

53. **解析**：根据《中国建筑史》（第七版）第 8 章第 276～279 页。
斗栱称为"铺作""斗科""斗栱""牌科"等时代或地方名词。
"斗栱是我国木构架建筑特有的结构构件"，从教材及《清式营造则例》等著述观点看，明清时期，"斗栱的装饰作用加强"，斗栱从结构性向装饰性转化的特征较为突出。"此外，它还作为封建社会中森严等级制度的象征和重要建筑的尺度衡量标准。"因此，根据排除法，应选 D 项檐口曲线。有些人提问说，根据《中国建筑史》第 7 章 7.3.3 节"模数制与结构体系"，是否可以理解檐口曲线来自斗口的明清斗口制或者宋为代表时期的材份制，为这道题的答案提出一些干扰。而从该教材第 3 章内容看，国内各地汉族民居、墓室与园林建筑中也出现了斗栱以及变形装饰现象。这些内容目前对于古代社会身份地位象征的所指并不是非常明确，有些属于地方时代或民族的匠作技术、习俗问题。

综合教材各章节内容考虑，答案选C也不能算错；但首选还是D。

答案：D或C

考点：清式营造则例。

54. 解析：《营造法式》提出"以材为祖"，见《中国建筑史》（第七版）第258页，故选B。

答案：B

考点：《营造法式》。

55. 解析：根据《中国建筑史》（第七版）第37~41页，另见第277页，答案选A。即"……唐代建筑斗栱雄大，出檐深远……"其他三项说明的是宋代建筑的典型特征。

答案：A

考点：中国唐代建筑发展特征。

56. 解析：根据《外国建筑史》（第四版）第15页，方尖碑是古埃及崇拜太阳神的纪念碑，常成对立于神庙牌楼门前的入口两侧。其断面为正方形，上小下大，顶部为金字塔形，用整块花岗石制成，碑身刻有象形文字。后被大量搬运到西方国家。故应选A。

答案：A

考点：古代埃及太阳神庙。

57. 解析：根据《外国建筑史》（第四版）第336页，早在公元1世纪时，印度的宗教就已传到柬埔寨。公元9世纪建立的吴哥王朝（9~15世纪），国王苏利耶跋摩二世花费30余年时间兴建了吴哥窟（12世纪上半叶）。此时的国王提倡印度教，也有佛教和婆罗门教信仰。他们以神在轮回过程中的"神王"自居，生前造自己的神殿（庙宇），死后便以神殿为陵墓，享受后人的祭祀。故吴哥窟属于庙宇，应选D。

答案：D

考点：东南亚国家的宗教建筑。

58. 解析：根据《外国建筑史》（第四版）第144页，意大利文艺复兴时期各地的发展不平衡。经过长年混战的罗马城一片荒芜；而意大利北部和中部的一些城市经济繁荣，尤其是佛罗伦萨成为地中海最富庶的城市，在美第奇家族领导下，人文荟萃，文学、艺术欣欣向荣，成为早期意大利文艺复兴运动的中心。佛罗伦萨主教堂穹顶的建造技术和艺术成就极高，成为意大利文艺复兴建筑的第一件作品。故应选D

答案：D

考点：意大利文艺复兴佛罗伦萨主教堂的穹顶。

59. 解析：根据《外国建筑史》（第四版）第186页，英国19世纪30~70年代是浪漫主义建筑的极盛时期。在反拿破仑的战争中，各国民族意识高涨，热衷于发扬本民族文化传统，以及小资产阶级对工业革命的批判等多种因素导致对中世纪建筑的研究和提倡。因此，浪漫主义建筑又被称为哥特复兴建筑。英国国会大厦于1834年被大火焚毁，重建时被要求按伊丽莎白女王时期的哥特式建造。故应选B。

答案：B

考点：资产阶级革命至19世纪上半叶英国建筑。

60. 解析：图片题，根据《外国建筑史》（第四版）第186页，巴洛克时期建筑是指16世纪末到17世纪的意大利建筑，之后流行于欧洲各国。这一时期大量兴建了一批中小型教堂和花园别墅，其中由维尼奥拉设计的罗马耶稣会教堂为早期的蓝本，故应选A，选项中的其他建筑都不属于巴洛克建筑风格。

答案：A

考点：意大利的巴洛克建筑教堂。

61. 解析：土楼"主要分布地在广东、福建、赣南地区"[见《中国建筑史》（第七版）第95页]。

答案：B

考点：住宅建筑之土楼。

62. 解析：见《中国建筑史》（第七版）第2页"注释①"绪论页末注："干阑建筑下层用柱子架空，上层作居住用……"

答案：B

考点：中国古代建筑发展。

63. 解析：参见《中国建筑史》（第七版）第100页所述，可知俗称"抄手游廊"是连接正房与两厢之间的"L"形或"工"形连廊，抄手游廊另一端连接垂花门，形成迴廊。"正房的抄手游廊"是北京地区典型的四合院住宅建筑词汇[见《中国建筑史》（第七版）第100页]。

答案：D

考点：北京四合院。

64. 解析：《中国建筑史》（第七版）第193页指出：中国"山水园林"等特有的山水审美观及其艺术形式的诞生，东晋和南朝（时期）起着决定性的作用。

答案：B

考点：园林与风景建设。

65. 解析：见《中国建筑史》（第七版）第94页藏碉楼图。

答案：A

考点：藏族碉楼。

66. 解析：根据《外国建筑史》（第四版）第276页，欧洲的园林有两大类，一类起源于意大利，发展于法国，以几何构图为基础，意大利的多依地形作多层台地，有中轴而不突出；法国的多在平地展开，中轴极强，成为艺术中心。另一类名为英国式，选择天然的草地、树林、池沼，派牧歌式的田园风光，同原野没有界线。故应选C。

答案：C

考点：法国古典主义建筑、资产阶级革命至19世纪上半叶英国建筑。

67. 解析：《中国建筑史》（第七版）第204页："尽端有一处小景区'谐趣园'，仿无锡寄畅园手法。"

答案：D

考点：江南名园与皇家园林。

68. 解析：《中国建筑史》（第七版）第206页，提到了《园冶》的理论：巧于因借，精在体宜。选项A出自孔子的《论语》；选项B出自老子的《道德经》；选项D引自柳宗元的《永州韦使君新堂记》。

答案： C

考点：《园冶》的理论。

69. **解析：** 在《中国建筑史》（第七版）第206页提出，在园林中好石料要"褶皱多"，说的就是选项D"皱"的特点。

    答案： D

    考点： 石料的品质。

70. **解析：** 根据《外国建筑史》（第四版）第211页，在巴黎郊外的孚-勒-维贡府邸第一个把古典主义原则注入园林艺术中去，获得了很大成功。古典主义者不能欣赏自然的美，认为艺术高于自然。各种树林小径都被组成几何图案。连树木都修剪成几何形的。故应选C。

    答案： C

    考点： 法国古典主义建筑绝对君权的纪念碑。

71. **解析：** "可以说，中国营造学社奠定了中国建筑史学的基石，这里既涌现出梁思成、刘敦桢这样的第一代建筑史学的创立者，也培育了刘致平、陈明达、莫宗江、罗哲文、单士元等一批优秀的第二代建筑史学专家，其影响是深远的。"[《中国建筑史（第七版）》第13章396页] 选项中出现的吕彦直、杨廷宝、梁思成、刘敦桢、童寯还被称为中国建筑界的"五宗师"。庄俊则是著名的开业建筑师和任职建筑师之一；与众多同期代表性建筑师一样，他在学术研究、建筑创作、建筑教育、中国建筑师学会的创办上皆有突出成就。

    答案： B

    考点： 中国建筑史学开创史。

72. **解析：** 根据《外国近现代建筑史》（第二版）第80～81页，萨伏伊别墅是用钢筋混凝土的柱子和楼板组成骨架，底层用独立支柱架空，主要使用部分在二层；平面布置自由，不讲求轴线对称；墙壁成为围合体，不承重；由于采用框架结构，房屋立面可以自由处理，并可以开横向长窗；平屋顶上可布置绿化。所以该住宅是柯布西耶"新建筑五特点"的具体体现和代表作。故应选A。

    答案： A

    考点： 两次世界大战之间的勒·柯布西耶。

73. **解析：** 根据《外国近现代建筑史》（第二版）第24页，19世纪末，英国政府授权英国社会活动家埃比尼泽·霍华德进行社会调查和提出"城市政策"与"解决居住问题"的方案。霍华德于1898年出版《明天——一条引向真正改革的和平道路》一书，1902年再版时书名改为《明日的田园城市》。故应选B。

    答案： B

    考点： 资产阶级革命至19世纪上半叶面对城市矛盾的探索。

74. **解析：** 根据《外国近现代建筑史》（第二版）第424页，20世纪的最后20年是一个建筑思潮不断变化的年代。20世纪90年代建筑界开始关注一种以继承和发展现代建筑一个明显特征的潮流——向"简约"回归。这种潮流不仅仅是一种风格的呈现，因为其中众多的建筑师是力图将这种实践与回归建筑的建造艺术本原的思考联系起来的。因而，这一时期建筑理论家弗兰姆普敦的著作《建构文化研究》（*Studies in Tectonic*

Culture，MIT Press，1995 年）的出版也并不是偶然的。故应选 B。

答案：B

考点：现代主义之后简约的设计倾向。

75. 解析：依据《外国近现代建史》（第二版）第六章第六节，解构主义的思潮来自以法国哲学家德里达为代表的解构主义哲学和 20 世纪 20 年代俄国先锋派构成主义。图片 D 为法国建筑师屈米设计的拉维莱特公园，以解构的策略，先建立一些相对独立的纯净几何方式的系统，再以随机的方式叠合迫使他们互相干扰，以形成某种"杂交"的畸变。其余都不是屈米的作品，故应选 D。

答案：D

考点：现代主义之后的解构主义。

76. 解析：根据《外国近现代建筑史》（第二版）第 331 页，《建筑的复杂性与矛盾性》是美国建筑师文丘里于 1996 年发表的最早对现代主义建筑公开宣战的建筑理论著作。成为后现代主义思潮的代表性著作。故应选 C。

答案：C

考点：现代主义之后的后现代主义。

77. 解析：根据《外国近现代建筑史》（第二版）第 18 页，1851 年在英国伦敦海德公园举行的世界博览会上建造的"水晶宫"展览馆，采用了装配花房的办法，在不到 9 个月的时间里完成了建筑面积为 74000m² 的展览建筑的搭建，是"开辟了建筑形式与预制装配技术新纪元的代表性建筑"。故应选 B。

答案：B

考点：资产阶级革命至 19 世纪上半叶新材料、新技术与新类型。

78. 解析：根据《外国近现代建筑史》（第二版）第 314 页，勒·柯布西耶是现代建筑运动中的主将和激进分子。他不断以新奇的特殊建筑观点、建筑作品和设计方案使人感到惊奇。第二次世界大战后，他的作品具有"浪漫主义和神秘主义"倾向。典型作品如 1953 年建成的朗香教堂，其形体如一件"塑性造型"的艺术品，室内又充满宗教"唯神忘我"的神秘感。故应选 D。

答案：D

考点：两次世界大战之间的勒·柯布西耶，"二战"后的勒·柯布西耶。

79. 解析：《中国建筑史》（第七版）第 553 页说明：世界遗产包括文化遗产和自然遗产两大类。

答案：D

考点：世界遗产包含内容。

80. 解析：历史文化名城按照各个城市的特点主要分为以下七类：

　　古都型：以都城时代的历史遗存物、古都的风貌为特点，如北京、西安；

　　传统风貌型：保留一个或几个历史时期积淀的有完整建筑群的城市，如平遥、韩城；

　　风景名胜型：由建筑与山水环境的叠加而显示出鲜明个性特征的城市，如桂林、苏州；

　　地方及民族特色型：由地域特色或独自的个性特征、民族风情、地方文化构成城市风貌主体的城市，如丽江、拉萨；

近现代史迹型：反映历史上某一事件或某个阶段的建筑物或建筑群为其显著特色的城市，如上海、遵义；

特殊职能型：城市中的某种职能在历史上占有极突出的地位，如"盐城"自贡、"瓷都"景德镇；

一般史迹型：以分散在全城各处的文物古迹为历史传统体现主要方式的城市，如长沙、济南。

答案：C

考点：历史文化名城分类。

81. 解析：见《城市规划原理》（第四版）第19~23页，中国古代城市规划思想主要有：

（1）严格有序的城市等级制度（中轴对称、道路分级等）。《周礼·考工记》记述了周代城市建设的空间布局形制，曹魏邺城、隋唐长安城、元大都等皆是依据周王城所建，对中国古代城市规划实践活动产生了深远的影响。

（2）整体观念和长远发展。《管子·立正篇》从思想上打破了《周礼》单一模式的束缚，提出功能分区，强调了人工环境与自然环境和谐。《商君书》从城乡关系、区域经济、交通布局的角度对城市的发展及城市管理制度等问题进行阐述。

（3）人工环境和自然环境和谐（道家）。《孙子兵法》讲究因地制宜，根据自然地形布局，防洪排涝，兼之完美的防御功能，如战国时期吴国国都阖闾城建设，伍子胥提出"相土尝水，象天法地"。故选C。

答案：C

考点：《商君书》的内容与意义。

82. 解析：见《中国城市建设史》（第三版）第73~77页，北宋开封城是我国古代都城的又一种类型。随着商品经济的发展，宋代开始，延续数千年的里坊制度逐渐废除，北宋中叶开封城中出现了开放的街巷制。针对城市商业发展导致人口增加、用地不足的矛盾，后周世宗柴荣于显德二年（公元955年）关于改建、扩建东京开封而颁发的诏书，是我国古代由帝王颁布的一份杰出的关于此事建设的重要文献。主要内容包括：1. 扩大城市用地，在旧城之外加筑罗城（外城），新扩建部分相当于原来城市用地的4倍；2. 改善旧城的拥挤现象，拓宽道路，改善交通条件；3. 疏浚运河，便于城市供应，便利交通；4. 制定许多防火、改善公共卫生的具体措施，沿街划定植树地带，增加城市绿地。此次改建计划很杰出，主要力量没有放在宫室修建上，也没有受旧城市制度的约束，而是为了适应城市生产和生活方式发展的需要，和以往的都城规划有很大的差异。因此宋代开封城可作为研究城市规划扩建问题的代表性案例。

宋以汴梁之地为东京，名开封府，所以本题选A或B应该都得分。

答案：A或B

考点：后周世宗柴荣对宋代开封城（东京汴梁）的改建。

83. 解析：见《外国城市建设史》（沈玉麟编）第28页，希波丹姆（Hippodamus）的城市布局模式是公元前5世纪希腊建筑师希波丹姆规划的一种以棋盘式道路网为骨架的城市布局形式。希波丹姆遵循古希腊哲理，探求几何图形和数的和谐，以取得秩序和美。城市典型平面为两条广阔并相互垂直的大街从城市中心通过，大街的一侧布置中心广场。街坊面积一般较小，以他主持规划兴建的城市米利都为例，最大的街坊宽仅30米，长52米。

希波丹姆根据古希腊社会体制、宗教和城市公共生活的要求，提出把城市分为三个主要部分：圣地、主要公共建筑区和住宅区。住宅区分三种：工匠住宅区、农民住宅区、城邦卫士和公职人员住宅区。

　　答案： C

　　考点： 希波丹姆模式。

84. **解析：**《城市居住区规划设计规范》GB 50180—1993（2002年版）条文说明5.0.5～5.0.6条二项，住宅建筑面积净密度越大，即住宅建筑基底占地面积的比例越高，空地率就越低，绿化环境质量也相应降低。《城市居住区规划设计标准》GB 50180—2018中"4 用地与建筑"，居住区用地容积率是生活圈内，住宅建筑及其配套设施地上建筑面积与居住区用地总面积的比值。本题是2014年的真题，当时仍沿用2002年版，所以此题按旧规范作答，住宅建筑面积净密度是决定居住区居住密度和居住环境质量的重要因素。

　　答案： B。

　　考点： 住宅建筑净密度的概念。

85. **解析：** 见《城市规划原理》（第四版）第504～507页，住宅群体平面组合的基本形式分为四种：行列式、周边式、混合式和自由式。此图为单周边式。周边式布局为建筑街坊或院落周边的布置形式。这种布置形式形成较内向的院落空间，便于组织休息园地，促进邻里交往。对于寒冷及多风沙地区可阻挡风沙及减少院内积雪。周边布置的形式有利于节约用地，提高居住建筑面积密度。但采用这种布置形式有相当一部分的朝向较差，因此对于湿热地区很难适应，有的还采用转角建筑单元，使结构、施工较为复杂，造价也会增加。

　　答案： A

　　考点： 住宅群体的组合方式。

86. **解析：** 见《城市规划原理》（第四版）第32页，1933年国际现代化建筑协会（CIAM）在雅典开会，中心议题是城市规划，并制定了一个《城市规划大纲》，这个大纲后来被称为《雅典宪章》。这个大纲集中地反映了当时"现代建筑"学派观点，提出了城市功能分区和以人为本的思想。《大纲》首先提出，城市要与其周围影响地区作为一个整体来研究，指出城市规划的目的是解决居住、工作、游憩与交通四大功能的正常进行。《大纲》指出，城市的种种矛盾，是由大工业生产方式的变化和土地私有引起。城市应按照全市民意志进行规划，要以区域规划为依据。城市按照居住、工作、游憩进行分区及平衡后，再建立三者联系的交通网。居住为城市主要因素，要多从居住者的要求出发，应以住宅为细胞组成邻里单位，应按照人的尺度（人的视域、视角、步行距离等）来估量城市各部分的大小范围。城市规划是一个三度空间的科学，不仅是长宽两方向，应考虑立体空间。要以国家法律形式保证规划的实施。

　　答案： D

　　考点：《雅典宪章》。

87. **解析：** 见《城市规划原理》（第四版）第498页，住区规划设计的对象是居民，因此必须坚持"以人为本"的基本观念。充分考虑社会、经济、环境三方面的综合效益。

答案：B

考点：住区规划设计基本理念。

88. 解析：见《城市规划原理》(第四版)第541～542页，书中有"住宅平均层数""人口毛密度""住宅建筑面积净密度"的指标，没有"中高层住宅比例"的指标。

答案：B

考点：住区规划的技术经济指标。

89. 解析：根据《城市用地分类与规划建设用地标准》GB 50137—2011，城乡用地分为H、E两大类，其中H为建设用地，包括H1—城乡居民点建设用地、H2—区域交通设施用地、H3—区域公用设施用地、H4—特殊用地、H5—采矿用地及H9—其他建设用地。其中H1中的H11为城市建设用地，城市建设用地分为8大类、35中类、42小类。8大类包括：R—居住用地、A—公共管理与公共服务设施用地、B—商业服务业设施用地、M—工业用地、W—物流仓储用地、S—道路与交通设施用地、U—公用设施用地、G—绿地与广场用地。

答案：C

考点：城市用地分类与规划用地建设标准。

90. 解析：《城市居住区规划设计标准》GB 50180—2018无组团绿地概念，此题应更新为居住街坊。第4.0.7条中，居住街坊内集中绿地的规划建设，应符合下列规定：

1. 新区建设不应低于$0.5m^2$/人，旧区改建不应低于$0.35m^2$/人；

2. 宽度不应小于8m；

3. 在标准的建筑日照阴影线范围之外的绿地面积不应少于1/3，其中应设置老年人、儿童活动场地。

答案：A

考点：居住街坊内集中绿地的规划建设标准。

91. 解析：培根在其著作《城市设计》(修订版)中提出"城市设计必须和城市管理密切结合理论"的理论。

答案：C

考点：培根的《城市设计》内容。

92. 解析：凯文·林奇(Kevin Lynch)，于1960年出版了他对现代规划最有影响的著作《城市意象》(The Image of the City)。城市意象理论认为：人们对城市的认识并形成的意象是通过对城市的环境形体的观察来实现的。城市意向主要包括以下五点：道路、边界、区域、节点、标志物。

芬兰著名建筑师沙里宁(E. Saarinen)在《论城市》一书中对城市设计含义归纳为："城市设计是三维空间，而城市规划是二维空间，两者都是为居民创造一个良好的有秩序的生活环境"。

英国城市设计家弗·吉伯特(F. Gibberd)在《市镇设计》(Town Design)一书中指出："城市是由街道、交通和公共工程等设施，以及劳动、居住、游憩和集会等活动系统所组成，把这些内容按功能和美学原则组织在一起就是城市设计的本质。"

"城市规划之父"希波丹姆(Hippodamus)的希波丹姆模式：以方格网的道路系

统为骨架，以城市广场为中心，充分体现了民主和平等的城邦精神。遵循古希腊哲理，探求几何和数的和谐，以取得秩序和美。

答案：B

考点：沙里宁《论城市》中，城市设计含义。

93. 解析：根据《外国城市建设史》（沈玉麟编）第28页，如果说在古罗马之前，城市是神和人的城市，那么古罗马之后，城市就转变为君主的城市。当古罗马成为地中海霸主以后，古罗马的统治者就以空前的城市建设规模和形式众多的建筑炫耀其国力的强盛。所以古罗马时期，为突出体现政治、军事力量，城市设计强调街道布局，引进了"主要干道"和"次要干道"的概念，公共建筑被作为街道的附属要素，城市广场采用轴线对称，多层纵深布局，同时发展了纪念性的设计理念，为宣扬和肯定现存制度服务。罗马广场就是日益扩大的君主集权思想的表现。

答案：A

考点：古罗马时期城市特点。

94. 解析：基质（本底）、斑块、廊道是景观生态研究的"格局要素"。

答案：A

考点：景观生态学的"格局要素"。

95. 解析：A、B、C三项均为人工建造，D项植物绿化的曲线造型不是"人工自然"的做法。

答案：D

考点：人工自然做法。

96. 解析：埃及建筑师哈桑·法赛最重要的探索之一是用灰泥替代水泥，建造土坯建筑。埃及全境干燥少雨，大部分地区属热带沙漠气候。由于木材的稀缺，古代埃及的建筑只能使用石材来建。但石材的开采和运输需要大量的人力物力，因此法赛开展了实际的建设工作，把自己的工作重心放在了改善人类的居住条件，尤其是对贫民居住生活条件的改善上。法赛使用埃及传统的建筑材料——泥砖来建造土坯房屋。一方面是经济条件所限；另一方面，法赛认为使用泥砖和传统建造方法，可以使传统文化在乡村中得到延续和发展。

答案：D

考点：法赛探索土坯建筑。

97. 解析：原《绿色建筑评价标准》GB/T 50378—2006 第4.1.6条规定：住区的绿地率不低于30%，人均公共绿地面积不低于$1m^2$。现行《绿色建筑评价标准》GB/T 50378—2014 对人均公共绿地面积没有具体要求，此题按旧规范作答。

答案：D

98. 解析：上海世博会"德中同行之家"是一座主体支撑结构完全采用竹材料的两层建筑，将"可持续发展的城市化进程"主题融入整座建筑之中。

答案：B

99. 解析：诺曼·福斯特设计的伦敦市政厅出于环保的考虑，通过数字化设计，使整个建筑形体向南倾斜3度，以最小的建筑立面接受太阳光照，从而使保持大厦内部温度所用能耗降至最低。

答案：C

100. 解析：原《夏热冬冷地区居住建筑节能设计标准》JGJ 134—2001 第 4.0.3 条规定：条式建筑物的体形系数不应超过 0.35，点式建筑物的体形系数不应超过 0.40。但新版规范无此规定，此题按旧规范作答。

 答案：B

101. 解析：原《高层民用建筑设计防火规范》GB 50045—95 第 3.0.4 条规定：高层建筑地下室的耐火等级应为一级。此题按旧规范作答。

 答案：A

102. 解析：《防火规范》第 5.2.1 条规定：不宜将民用建筑布置在甲、乙类厂（库）房的附近。

 答案：D

103. 解析：《防火规范》第 5.3.2 条规定：防火墙上采用防火卷帘的耐火极限不应低于 3.00h；采用甲级防火门，耐火极限不应低于 1.20h。

 答案：A

104. 解析：原《高层民用建筑设计防火规范》GB 50045—95 第 5.1.5 条规定：中庭设置自动灭火系统后，防火分区面积也不能扩大。此题按旧规范作答。

 答案：B

105. 解析：原《高层民用建筑设计防火规范》GB 50045—95 第 6.2.1 条规定：高层塔式住宅应设防烟楼梯间。此题按旧规范作答。

 答案：C

106. 解析：规范规定"最近水平距离不应小于 4.00m"，B 图示直角三角形的斜边为 4.00m，其水平距离不足。

 答案：B

107. 解析：木结构民用建筑的耐火等级为 4 级，对其层数、长度和面积均有限制，而对使用性质则无限制。

 答案：D

108. 解析：原《防火规范》GB 50016—2006 第 5.1.12 条规定：设置在一、二级耐火等级多层建筑的首层，且按规定采取措施后，营业厅最大允许防火分区建筑面积不应大于 10000m²。新版《防火规范》无此规定。此题按旧规范作答。

 答案：D

109. 解析：《车库车场防火规范》第 6.0.6 条规定：当设置自动灭火系统时，汽车库室内任一点至最近人员安全出口的疏散距离不应大于 60m。

 答案：C

110. 解析：《人民防空工程设计防火规范》GB 50098—2009 第 3.1.7 条第 1 款规定：不同防火分区通向下沉广场安全出口最近边缘之间的水平距离不应小于 13m，规范中没有 A、C、D 项要求。

 答案：B

111. 解析：《人防地下室规范》第 6.2.6 条：水箱间应设在人防工程主体内。

 答案：B

112. 解析：《人民防空地下室设计规范》GB 50038—2005 第 3.1.7 条：医疗救护工程、专业队队员掩蔽部、人员掩蔽工程以及食品站、生产车间、区域供水站、电站控制室、物资库等主体有防毒要求的防空地下室设计，应根据其战时功能和防护要求划分染毒区与清洁区。其染毒区应包括下列房间、通道：

    1 扩散室、密闭通道、防毒通道、除尘室、滤毒室、洗消间或简易洗消间；

    2 医疗救护工程的分类厅及配套的急救室、抗休克室、诊察室、污物间、厕所等。

    第 3.1.8 条：专业队装备掩蔽部、人防汽车库和电站发电机房等主体允许染毒的防空地下室，其主体和口部均可按染毒区设计。

    故选项 A、B、C 均属于染毒区，而选项 D 属于清洁区。

    答案：D

113. 解析：《人防地下室规范》第 3.2.10 条 1 款，正确的是 A。

    答案：A

114. 解析：《人防地下室规范》第 3.3.20 条：二等人员掩蔽所应设置简易洗消间。

    答案：A

115. 解析：《医院规范》第 2.2.2 条：医院出入口不应少于二处，人员出入口不应兼作尸体和废弃物出口。故门诊、住院可合用出入口。

    答案：A

116. 解析：原《综合医院建筑设计规范》JGJ 49—88 附录 1 有手术部分洁净区、非洁净区的规定，手术部更衣室属半清洁区而非洁净区。新版《综合医院建筑设计规范》GB 51039—2014 无此规定。此题按旧规范作答。

    答案：D

117. 解析：《医院手术部规范》第 7.3.7 条规定：洁净手术部内与室内空气直接接触的外露材料不得使用木材和石膏。

    答案：C

118. 解析：《绿色建筑评价标准》第 3.2.7 条，各类评价指标项目中包括题中 A、B、C 项指标，不包括 D 项建造过程控制指标。

    答案：D

119. 解析：《民用建筑设计通则》第 6.6.1 条 1 款：人流密集的场所台阶高度超过 0.70m 并侧面临空时，应有防护设施。

    答案：C

120. 解析：《中小学规范》第 8.1.6 条：上人屋面、外廊、楼梯、平台、阳台等临空部位必须设防护栏杆，防护栏杆必须牢固、安全，高度不应低于 1.10m；防护栏杆最薄弱处承受的最小水平推力应不小于 1.5kN/m。

    答案：C

121. 解析：国家发改委《建筑安全玻璃管理规定》：面积大于 1.5m² 的窗玻璃必须使用安全玻璃。故玻璃面积为 1.2m² 的 2 层建筑外窗可不采用安全玻璃。

    答案：A

122. 解析：《民用建筑设计通则》第 6.6.3 条 2 款：临空高度在 24m 以下时，栏杆高度不应低于1.05m。

答案：A

123. 解析：《夏热冬暖地区居住建筑节能设计标准》对轻质围护结构只限定传热系数 K 值，而不对热惰性指标 D 值作相应限定。

答案：D

124. 解析：原《公共建筑节能设计标准》GB 50189—2005 第4.2.4条规定：建筑每个朝向的窗墙面积比（包括透明幕墙）均不应大于0.70。新版《公共建筑节能设计标准》GB 50189—2015 第3.2.2条规定：严寒地区甲类公共建筑各单一立面窗墙面积比（包括透明幕墙）均不宜大于0.60，其他地区甲类公共建筑各单一立面窗墙面积比（包括透明幕墙）均不宜大于0.70。此题按旧规范作答。

答案：C

125. 解析：《严寒和寒冷地区居住建筑节能设计标准》JGJ 26—2010 第4.2.2条表4.2.2-6：寒冷（B）区外窗需考虑遮阳系数。

答案：D

126. 解析：《热工规范》第4.3.2条：在确定室内空气露点温度时，居住建筑和公共建筑的室内空气相对湿度均应按60%采用。

答案：C

127. 解析：原《公共建筑节能设计标准》GB 50189—2005 条文说明第4.2.2条：夏热冬冷地区既要满足冬季保温又要考虑夏季的隔热；对于公共建筑，外墙平均 K 值降为 $1.1W/(m^2 \cdot K)$ 时，再减小 K 值对降低建筑能耗已不明显。此题按旧规范作答。

答案：C

128. 解析：高层居住建筑的太阳能热水供水系统选择集中系统、分散系统和集中—分散系统均可。

答案：D

129. 解析：《住宅设计规范》第6.6.3条规定：七层及七层以上住宅建筑入口平台宽度不应小于2.00m。

答案：C

130. 解析：对于居住建筑设置无障碍住房，无论中高层、多层、低层住宅都有要求，且标准相同。

答案：D

131. 解析：公路人行道不在现行《无障碍设计规范》的适用范围内。

答案：A

132. 解析：《无障碍设计规范》第3.4.4条规定：坡度为1∶12的轮椅坡道的最大高度为0.75m，故应分成3段。

答案：C

133. 解析：《民建通则》第4.1.5条5款规定：当基地道路坡度大于8%时，应设缓冲段与城市道路连接。

答案：D

134. 解析：《民建通则》第4.2.1条规定：建筑阳台不可突出道路红线。

答案：B

135. 解析：原《汽车库建筑设计规范》JGJ 100—98 第 2.0.2 条规定："汽车最小转弯半径"是指"汽车回转时汽车的前轮外侧循圆曲线行走轨迹的半径"。新版《车库建筑设计规范》JGJ 100—2015 第 2.0.23 条对"机动车最小转弯半径"定义更细致，是指："机动车回转时，当转向盘转到极限位置，机动车以最低稳定车速转向行驶时，外侧转向轮的中心平面在支承平面上滚过的轨迹圆半径。"
    答案：D

136. 解析：《中小学规范》第 5.1.16 条规定：普通教室不必配备显示屏。
    答案：D

137. 解析：《住宅设计规范》第 6.4.7 条规定：电梯不应紧邻卧室布置。当受条件限制，电梯不得不紧邻兼起居的卧室布置时，应采取隔声、减振的构造措施。
    答案：A

138. 解析：《屋面工程技术规范》条文说明 4.5.1 规定：当防水等级为Ⅰ级时，设防要求为两道防水设防，可采用卷材防水层和卷材防水层、卷材防水层和涂膜防水层、复合防水层的防水做法；当防水等级为Ⅱ级时，设防要求为一道防水层，可采用卷材防水层、涂膜防水层、复合防水层的防水做法。
    答案：A

139. 解析：《办公规范》第 5.0.2 条规定：办公建筑的开放式、半开放式办公室，其室内任一点至最近的安全出口的直线距离不应超过 30m。
    答案：D

140. 解析：《地下工程防水技术规范》第 3.2.2 条规定：二级防水适用于人员经常活动的场所。
    答案：B

《建筑设计（知识）》
2012年试题、解析及参考答案

2012年试题❶

1. 2011年进行的建筑学学科调整将原建筑学一级学科一分为三，拆分后的三个一级学科分别是（　　）。
   A 建筑设计及其理论、城市规划与设计（含风景园林）、建筑技术科学
   B 建筑学、城乡规划学、风景园林学
   C 建筑学、城市规划学、建筑技术科学
   D 建筑学、城市规划学、景观建筑学

2. 提出"坚固、实用、美观"建筑三原则的是（　　）。
   A 《建筑十书》的作者帕拉第奥　　　B 《建筑十书》的作者维特鲁威
   C 《建筑四书》的作者维特鲁威　　　D 《建筑四书》的作者帕拉第奥

3. 在古希腊建筑中柱式象征人体的比例，下述分别象征男性和女性人体比例的希腊柱式是（　　）。
   A 塔斯干、科林斯　　　B 多立克、爱奥尼
   C 多立克、科林斯　　　D 塔斯干、爱奥尼

4. 罗马圣彼得大教堂高138m，清华大礼堂高38m，但看上去圣彼得大教堂好像没有那么高大，其原因在于两者的（　　）。

题4图

   A 建筑性质不同　　　B 建筑构件和细部尺寸不同
   C 建筑风格不同　　　D 观看视距不同

5. 下列4个图形属拓扑同构的是（　　）。

   I.　　　II.　　　III.　　　IV.
   题5图

---

❶ 本套试题中有关标准、规范的试题由于标准、规范的更新，有的题已经过时。但由于是整套题，我们没有删改且仍保持用旧规范作答，敬请读者注意。

　　　　A Ⅰ、Ⅱ　　　　　　B Ⅱ、Ⅲ　　　　　　C Ⅲ、Ⅳ　　　　　　D Ⅰ、Ⅳ
6. "凿户牖以为室，当其无，有室之用"出自（　　）。
　　A 战国时期的庄子　　　　　　　　　B 秦朝的吕不韦
　　C 春秋时期的老子　　　　　　　　　D 春秋时期的孔子
7. 《设计结合自然》这本书的作者是（　　）。
　　A 杨经文　　　　B 柯里亚　　　　C 麦克哈格　　　　D 哈桑·法赛
8. 下列关于建筑尺度或比例的说法，正确的是（　　）。
　　A 比例主要表现为建筑各部分数量之比，涉及具体尺寸
　　B 尺度是相对的、感性的，与建筑要素的真实尺寸和大小无关
　　C 拥有绝对美的比例才能保证合适的尺度
　　D 尺度是建筑整体或局部给人感觉上的大小和真实大小之间的关系
9. 威尼斯圣马可广场外部空间组织没有采用下列哪项处理手法？（　　）

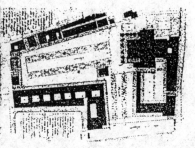

题9图

　　A 空间对比　　　　　　　　　　　B 空间的渗透与层次
　　C 室内外空间过渡　　　　　　　　D 空间的重复与再现
10. 下列关于形态的视知觉原理的说法，错误的是（　　）。
　　A "单纯化原理"是指将复杂的形态分解成简单形去处理
　　B "群化法则"是指由各部分相似形组成群体
　　C "图底关系"是指图形和背景之间的渗透关系
　　D "图形层次"是指形与形之间存在明确实在的前后关系
11. 下列哪项建筑形象不是以突出"韵律美"为特征？（　　）
　　A 古罗马斗兽场　　B 上海金茂大厦　　C 悉尼歌剧院　　D 萨伏伊别墅
12. 公共建筑设计中下列哪项不是处理建筑功能的核心问题？（　　）
　　A 功能分区　　　B 空间组成　　　C 交通组织　　　D 空间形态
13. 下列关于公共建筑楼梯设计的表述中，正确的是（　　）。
　　A 楼梯栏杆的高度按男子人体身高幅度的上限来考虑
　　B 楼梯踏步的高度按成年人平均身高来考虑
　　C 楼梯栏杆间距净空按女子人体摆幅来考虑
　　D 楼梯上方的净空按人体身高幅度的极限来考虑
14. 在设有集中空调的大型开敞式办公室设计中，下述处理手法错误的是（　　）。
　　A 空调噪声可维持在45～50dB（A）的声级

B 分隔个人办公区域的隔板高度应相当于人体身高（平均值）
C 吊顶做成吸声吊顶
D 适当降低吊顶高度

15. 在进行建筑平面布置时，下列哪两种手段最常用来分析和确定空间关系？（ ）
Ⅰ．流线分析图；Ⅱ．平面网格图；Ⅲ．功能关系图；Ⅳ．结构布置图
A Ⅰ、Ⅳ　　　　　B Ⅱ、Ⅲ　　　　　C Ⅱ、Ⅳ　　　　　D Ⅰ、Ⅲ

16. 下述哪项与确定公共建筑中水平交通通道的宽度与长度无关？（ ）
A 人流量和性质　　　　　　　B 建筑造型特征
C 建筑功能类型　　　　　　　D 空间尺度和感受

17. 机场航站楼和体育场人流集散的不同点主要在于（ ）。
A 机场航站楼人流量大，体育场人流量小
B 机场航站楼是单面集散，体育场是四面集散
C 机场航站楼是连续人流，体育场是集中人流
D 机场航站楼是均匀人流，体育场是高峰人流

18. 下列哪组均为采用钢和玻璃为主要材料建成的板式高层建筑？（ ）
A 芝加哥西尔斯大厦、纽约利华大厦、香港中国银行大厦
B 联合国总部大厦、纽约利华大厦、纽约西格拉姆大厦
C 联合国总部大厦、波士顿汉考克大厦、香港中国银行大厦
D 芝加哥西尔斯大厦、波士顿汉考克大厦、纽约西格拉姆大厦

19. 家庭人口结构中"核心户"的构成是（ ）。
A 一对夫妻　　　　　　　　　B 一对夫妻和其未婚子女
C 一对夫妻和其子女及孙辈　　D 一对夫妻和其子女及父母

20. 勒·柯布西耶设计的法国马赛公寓在住宅形式上属于（ ）。
A 内廊式　　　　　　　　　　B 内廊跃层式
C 外廊式　　　　　　　　　　D 外廊跃层式

21. 住宅设计需考虑家庭生活年循环的两个变化因素是（ ）。
A 地球运行节律变化，人的生命节律变化
B 季节的气候变化，工作日和节假日变化
C 季节的气候变化，家庭生活的变化
D 家庭生活的变化，工作日和节假日变化

22. 住宅设计中延长住宅建筑寿命的关键措施是解决（ ）。
A 收入水准提高与住宅性能要求的矛盾
B 家庭人口增加与住宅面积固定的矛盾
C 建筑结构寿命长与设备系统进步的矛盾
D 建筑结构寿命长与住宅功能变化的矛盾

23. 住宅户内功能分区是指（ ）。
A 将居住、工作和交通空间分区
B 将使用空间和辅助空间分区
C 实行"公私分区""动静分区""系统分区"

D 实行"生理分区""功能分区""内外分区"

24. 下列关于控制住宅体形系数的措施中，正确的是（   ）。
    A 减少住宅开窗面积   B 缩小住宅外表面积
    C 适当加大住宅进深   D 适当增加住宅层数

25. 下述高层住宅与多层住宅的区别，错误的是（   ）。
    A 垂直交通方式不同   B 结构体系不同
    C 户型面积指标不同   D 防火规范不同

26. 下列关于高层住宅单元入口处设计的做法，正确的是（   ）。
    A 内设电梯的入口于台阶处应设坡道，以方便残疾人、婴儿车通行及用户搬运
    B 应在单元出入口处集中设计垃圾道，以便统一清运垃圾，保证环境卫生
    C 应将管道集中设置在单元入口处，以方便检修
    D 应设门斗，门洞最小尺寸宜为1100~2000mm

27. 住宅群体设计中不利于节约用地的做法是（   ）。
    A 增加房屋进深与层数   B 房屋前后左右空地重叠利用
    C 房屋前后排平行并列   D 间距用地与道路用地尽量合并

28. 下列设计商住楼平面时的做法，错误的是（   ）。
    A 厨房卫生间尽可能集中靠边布置
    B 利用住宅楼梯，帮助疏散商业人流
    C 尽量使住宅进深轴线尺寸规格统一
    D 尽量采用住宅外凸楼梯间形式

29. "各住户的日照具有均好性，且便于规划道路与管网、方便施工"，此种住宅组团布局方式是（   ）。
    A 院落式   B 周边式   C 点群式   D 行列式

30. 在体育馆剖面设计中控制建筑体积的主要目的不包括（   ）。
    A 节能设计   B 声学设计
    C 结构设计   D 视线设计

31. 我国塔式高层住宅的平面形式中，T形、Y形、二蝶形多用于北方地区，正十字形、井字形、风车形多用于南方地区，其最主要的制约因素是（   ）。
    A 日照   B 通风   C 经济   D 结构技术

32. 下列哪项不是影响观演建筑视觉质量的主要因素？
    A 观众厅座位布置与升起   B 台口形状尺寸
    C 观众厅的照明设计   D 室内装饰界面处理

33. 美国建筑师波特曼设计旅馆的主要特点是（   ）。
    A 设置丰富的室内庭院和绿化
    B 以客房来围成个高大的中庭空间
    C 设置高大华丽的门厅
    D 设置室内大型的水景观

34. 以下题图所示两建筑的设计者和设计项目是（   ）。

 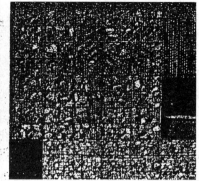

题 34 图

A 赫尔佐格与德梅隆，葡萄酒厂 B 赫尔佐格与德梅隆，美术馆
C 马里奥·博塔，山区修道院 D 马里奥·博塔，博物馆

35. 室内铺地的刚性板（块）材的尺寸通常比室外的大，其原因在于（　　）。
   A 方便施工 B 室外空间比室内空间开敞
   C 室内装修水准要比室外高 D 室内外地面荷载和气候条件不同

36. 国家推行"住宅土建与装修工程一体化设计施工"，即"一次装修到位"，其主要目的是（　　）。
   A 节约材料与资源，避免二次装修的浪费
   B 使装饰装修和建筑设计风格一致
   C 便于推广项目总承包的建设体制
   D 有助于保证装修工程质量

37. 下列关于两个光色混合结果的说法，错误的是（　　）。
   A 色相在两光色之间
   B 明度等于其中明度高的那个光色的明度
   C 彩度弱于其中彩度强的那个光色的彩度
   D 光色混合是加色混合，不同于颜色混合的减色混合

38. 在住宅室内设计时，采取下述哪项处理手法对增加居室的宽敞感没有效果？（　　）
   A 适当减小家具的尺度
   B 采用浅色或冷灰色色调
   C 按功能划分室内空间
   D 削弱主景墙面的"图形"性质，增加其"背景"的性质

39. 下列关于明代家具和清代家具的说法，正确的是（　　）。
   A 明代家具多用曲线，清代家具多用直线
   B 明代家具简洁不过多装饰，清代家具华丽较注重装饰
   C 明代家具常用紫檀木，清代家具常用黄花梨
   D 明代家具体现汉族审美，清代家具体现满族审美

40. 下列哪位设计师最擅长在室内设计中运用木材？（　　）
   A 阿尔瓦·阿尔托 B 维克托·霍尔塔

C 汉斯·霍莱茵　　　　　　　　　D 理查德·迈耶

41. "中国营造学社"是中国近代调查研究古建筑的学术团体，其创办人是（　　）。
A 梁思成　　　B 刘敦桢　　　C 朱启钤　　　D 杨廷宝

42. 中国古代有工官制度，历史上著名的工官有（　　）。
A 隋代的宇文恺，宋代的李诫，明代的计成
B 隋代的宇文恺，宋代的李诫，明代的蒯祥
C 宋代的李诫，明代的蒯祥，清代的雷发达
D 隋代的宇文恺，明代的计成，清代的雷发达

43. 宋代木结构的"侧脚"是指（　　）。
A 檐柱柱头向内倾斜　　　　　　B 侧面柱子的柱础
C 侧面大梁的底部　　　　　　　D 大梁底部有所起拱

44. 题图从左到右四个古塔的建造朝代和地点分别是（　　）。

题 44 图

A 唐—扬州；辽—大同；五代—登封；隋—大理
B 南梁—扬州；辽—应县；隋—嵩山；五代—大理
C 南唐—南京；辽—蓟县；北魏—嵩山；唐—西安
D 南唐—南京；辽—应县；北魏—登封；唐—西安

45. 我国现存最早的唐代木建筑是（　　）。
A 山西五台山佛光寺大殿　　　　B 山西五台山南禅寺
C 河北正定隆兴寺　　　　　　　D 西安大明宫麟德殿

46. 题图从左到右的三个建筑分别位于（　　）。

题 46 图

A 伊拉克、埃及、墨西哥　　　　B 叙利亚、伊拉克、秘鲁
C 伊拉克、墨西哥、秘鲁　　　　D 秘鲁、埃及、墨西哥

47. 题图是希腊的三个古代建筑遗址,按年代由先至后排序正确的是（　　）。

题47图

A Ⅰ、Ⅱ、Ⅲ　　B Ⅱ、Ⅰ、Ⅲ　　C Ⅱ、Ⅲ、Ⅰ　　D Ⅰ、Ⅲ、Ⅱ

48. 题图为某哥特式教堂结构示意图,其中①、②、③部位的名称分别是（　　）。

A 侧拱、肋拱、尖拱
B 侧拱、骨架券、花拱
C 飞扶壁（飞券）、骨架券、尖拱
D 飞扶壁（飞券）、十字拱、花拱

49. 西班牙阿尔罕布拉宫、印度泰姬陵、印度桑奇大塔、柬埔寨吴哥窟的宗教风格分别属于（　　）。

A 伊斯兰教、印度教、印度教、佛教
B 伊斯兰教、伊斯兰教、佛教、佛教
C 伊斯兰教、伊斯兰教、佛教、印度教
D 基督教、伊斯兰教、佛教、印度教

50. 下述哪项描述与日本伊势神宫建筑无关？（　　）

A 为祭祀天照大神的神道教建筑
B 其粗粝的砌石与细致的木雕形成对比
C 神宫立有每20年重建一次的规矩
D 其白木茅草与黄金交相辉映

题48图

51. 如题图所示民居建筑从左到右分别位于（　　）。

题51图

A 河南、安徽、云南　　　　　　B 陕西、浙江、贵州
C 河北、安徽、云南　　　　　　D 河南、浙江、贵州

52. 下列哪种民居采用了木构抬梁的住宅构筑类型?（　　）
    A 壮族干阑式住宅　　　　　　　　B 新疆阿以旺
    C 福建客家土楼　　　　　　　　　D 北京四合院
53. 如题图所示民居建筑从左到右分别位于（　　）。

题53图

    A 福建、广西、辽宁　　　　　　　B 福建、广西、山西
    C 广东、贵州、山西　　　　　　　D 福建、贵州、辽宁
54. "三坊一照壁"和"四合五天井"是哪个地方和民族的住宅布局形式?（　　）
    A 湖南，土家族　　　　　　　　　B 贵州，侗族
    C 广西，壮族　　　　　　　　　　D 云南，白族
55. 中国自然式山水风景园林的奠基时期是（　　）。
    A 东晋和南朝　　B 隋朝　　　　　C 汉代　　　　　D 唐宋
56. 清代帝苑一般由两大部分构成，分别是（　　）。
    A 猎场和园林　　B 山形和水系　　C 宫室和园林　　D 林木和叠石
57. 在江南私家园林中作为主体建筑与构图中心的是（　　）。
    A 亭子　　　　　B 厅堂　　　　　C 楼阁　　　　　D 游廊
58. 颐和园内的谐趣园是模仿下列哪一座园林建筑的?（　　）
    A 狮子林　　　　B 瘦西湖　　　　C 寄畅园　　　　D 网师园
59. 欧洲园林可分为哪两大类型（　　）。
    A 一类以平原、水面为主，另一类以山坡草地为主
    B 一类以几何构图的草地花坛为主，另一类以自然生长的森林为主
    C 一类起源于意大利而发展于法国，另一类为英国式
    D 一类为意大利式，另一类为法国式
60. 第一个把法国古典主义的原则灌输到园林艺术中去的是（　　）。
    A 凡尔赛宫　　　　　　　　　　　B 孚·勒·维贡府邸
    C 枫丹白露宫　　　　　　　　　　D 卢浮宫
61. 20世纪50年代出现的"粗野主义"和"典雅主义"，其最具代表性的作品分别为（　　）。
    A 朗香教堂、哈佛大学研究生中心
    B 巴西利亚会议大厦、麦格拉格会议中心

C 马赛公寓、伊利诺伊工学院建筑系馆
D 印度昌迪加尔议会大厦、新德里的美国驻印度大使馆

62. 罗伯特·文丘里（Venturi）所著的两本著作是（　　）。
    A 《后现代建筑语言》和《向拉斯维加斯学习》
    B 《建筑的复杂性和矛盾性》和《向拉斯维加斯学习》
    C 《后现代建筑语言》和《建筑的复杂性与矛盾性》
    D 《建筑的意义》和《后现代建筑语言》

63. 如题图所示三个建筑，从上到下其设计人分别是（　　）。
    A 勒·柯布西耶，格罗皮乌斯，尼迈耶
    B 勒·柯布西耶，勒·柯布西耶，勒·柯布西耶
    C 理查德·迈耶，勒·柯布西耶，尼迈耶
    D 理查德·迈耶，勒·柯布西耶，勒·柯布西耶

64. 如题图所示的建筑是（　　）。
    A 有机派的罗伯茨住宅
    B 分离派的斯坦纳住宅
    C 现代派的图根哈特住宅
    D 风格派的乌得勒支住宅

题 63 图

题 64 图

65. 题图是同一建筑室外和室内的照片，这个建筑的设计者是（　　）。

题 65 图

A 英国的罗杰斯　　　　　　　　　B 英国的福斯特
　　C 西班牙的卡拉特拉瓦　　　　　　D 日本的丹下健三
66. 获得南京中山陵设计竞赛首奖的建筑师是哪一位？（　　）
　　A 庄俊　　　　B 杨廷宝　　　　C 吕彦直　　　　D 梁思成
67. 《为了穷人的建筑》（Architecture for the Poor）一书的作者是（　　）。
　　A 印度的多西（B. V. Doshi）　　　B 斯里兰卡的巴瓦（Geoffey Bawa）
　　C 印度的柯里亚（Charles Correa）　D 埃及的哈桑·法赛（Hassan Fathy）
68. 下列哪项全部是我国入选世界自然遗产名录的项目？（　　）
　　A 九寨沟、中国丹霞、三江并流、中国南方喀斯特
　　B 三清山、华山、张家界、黄山
　　C 黄龙、五大连池、峨眉山、庐山
　　D 可可西里、四川大熊猫栖息地、武夷山、长白山
69. 下列哪项全部是我国入选世界文化与自然遗产的项目？（　　）
　　A 泰山、武陵源、丽江古城、武夷山
　　B 泰山、武夷山、黄山、峨眉山和乐山大佛
　　C 九寨沟、三江并流、黄山、武夷山
　　D 九寨沟、武夷山、黄山、武陵源
70. 下述国际文件未涉及古迹遗址保护的是（　　）。
　　A 1964年的《威尼斯宪章》　　　　B 1987年的《华盛顿宪章》
　　C 1999年的《北京宪章》　　　　　D 2005年的《西安宣言》
71. 战国时期对城市的发展及管理制度等问题进行阐述的重要著作是（　　）。
　　A 《管子·度地篇》　　　　　　　B 《孙子兵法》
　　C 《周礼·考工记》　　　　　　　D 《商君书》
72. 中国古代城市规划思想最早形成的时代是（　　）。
　　A 夏代　　　　B 商代　　　　C 战国时代　　　　D 南北朝时期
73. 把城市设计理论归纳成为路径、边界、场地、节点、标志物五元素的学者是（　　）。
　　A 伊利尔·沙里宁
　　B 埃蒙德·培根
　　C 凯文·林奇
　　D 克里斯托夫·亚历山大
74. 如题图所示为《周礼·考工记》中的王城规划，其中凸显中国古代建筑共性特点的部位是（　　）。
　　A 城门数量
　　B 用地面积
　　C 城墙高度
　　D 道路宽度

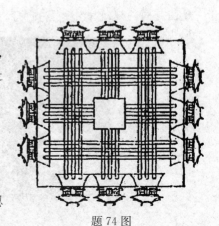

题74图

75. 如题图所示罗马时期完全以防御要求实施的理想城市是（　　）。

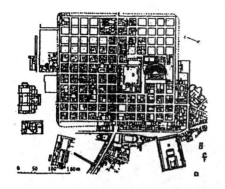

A 提姆加得（Timgad）

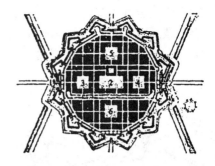

B 斯卡莫奇（Scamozzi）

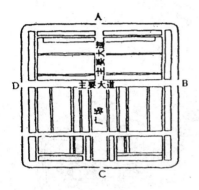

C 派拉斯（Pyrrhus）

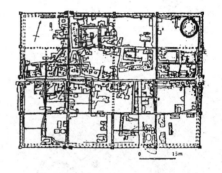

D 阿奥斯达（Aosta）

76. 如题图所示为考古发现的乌尔（Ur）城，该城位于以下哪条河流流域？（ ）
   A 恒河
   B 尼罗河
   C 亚马孙河
   D 幼发拉底河和底格里斯河

77. 19世纪新协和村（New harmony）主张的建立者是（ ）。
   A 托马斯·莫尔（Thomas More）
   B 康帕内拉（Tommaso Campanella）
   C 傅立叶（Charles：Fourier）
   D 罗伯特·欧文（Robert Owen）

78. 意大利文艺复兴时期出现了许多卓越的城市广场，最有代表性的是（ ）。
   A 恺撒广场   B 奥台斯广场
   C 圣马可广场 D 圣彼得教堂前广场

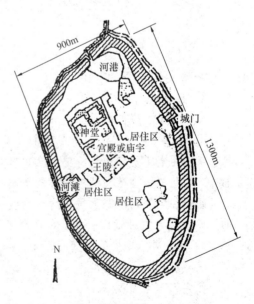

题76图

79. 山地建筑竖向布置中"掉层"的概念是指（ ）。
   A 房屋基底随地形筑成阶状，其阶差等于房屋的层高

B　房间顺坡势逐层沿水平方向错移、跌落
　　C　房屋的局部或全部支撑在柱上使其凌空
　　D　对天然地表开挖和填筑而形成平整台地
80. 图示住宅群体采用散立式方法布置的是（　　）。

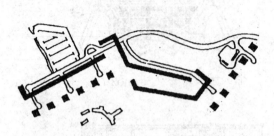
A　瑞典斯德哥尔摩涅布霍夫居住区

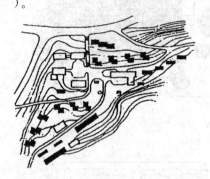
B　重庆华一坡住宅组群

C　法国鲍皮尼居住小区局部

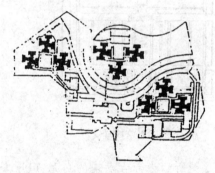
D　香港穗禾苑住宅组群

81. 住宅性能按评定得分可划分为（　　）。
　　A　A、B二级　　　　　　　　　B　A、B、C三级
　　C　A、B、C、D四级　　　　　　D　A、B、C、D、E五级
82. 下列有关建筑技术经济评价中哪条有误？（　　）
　　A　评价住宅建筑功能指标值越大越好
　　B　评价住宅社会劳动消耗指标的值越小越好
　　C　评价住宅平均每户面宽以大者为优
　　D　评价住宅使用面积系数以大者为优
83. 决定居住区居住密度的重要指标是（　　）。（注：此题已过时）
　　A　住宅居住面积净密度　　　　　B　住宅建筑面积净密度
　　C　住宅人口净密度　　　　　　　D　住宅建筑密度
84. 下列住宅建筑层数与用地关系的叙述中，错误的是（　　）。（注：此题已过时）
　　A　平房比5层楼房占地大3倍
　　B　层数为3～5层时，每提高一层，则每公顷用地可相应增加建筑面积1000m² 左右
　　C　5层增至9层可使住宅居住面积密度提高35%
　　D　7层住宅从建筑造价和节约用地来看都是比较经济的

85. 下列被视为中世纪极具生活和聚会功能的广场范例的是（   ）。

A 罗马圣彼得教堂前广场

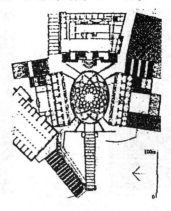

B 罗马卡皮多广场

C 佛罗伦萨西诺里广场

D 锡耶纳坎波广场

86. 城市中心的位置选择中，下列哪项原则不准确？（   ）
   A 利用原有基础和历史上形成的中心地段
   B 中心应处在服务范围的几何中心
   C 为减少人口过于集中，应在各分区设置分区中心
   D 各级中心须具备良好的交通条件

87. 提出以垂直生态过程的连续性为依据的"千层饼模式"（Layer-cake Model，1981）的景观规划师是（   ）。
   A 麦克哈格（McHarg）　　　　　B P.G.里泽（P.G. Risser）
   C 福尔曼（Forman）　　　　　　D 戈登（Godron）

88. 在道路交叉口处种植草木时须留出非植树区以保证行车视距，在该视野范围内，植物的高度应小于（   ）。
   A 2.0m　　　　B 1.8m　　　　C 1.5m　　　　D 1.0m

89. 下列以强调"人与自然和谐（Harmony with Nature）"为宗旨的活动是（   ）。
   A 1991年，墨尔本"生态设计（Eco-Design）国际会议"
   B 1992年，里约热内卢"全球最高级会议（Earth Summit）"
   C 1993年，布达佩斯"世界太阳能大会（Solar World Congress）"
   D 1994年，"世界环境日（World Environment Day）"

90. 下列哪项是"绿色高层建筑"的重要标志性作品？（   ）

A 新加坡 EDITT 大楼

B 东京奈良大厦

C 上海金茂大厦

D 北京中央电视台新址

91. 设计托儿所、幼儿园的生活用房时，防火要求须符合（   ）。
    A 在四级耐火等级的建筑中不应超过二层
    B 在三级耐火等级的建筑中不应设在三层及以上
    C 在二级耐火等级的建筑中不应设在五层及以上
    D 在一级耐火等级的建筑中不应设在六层及以上

92. 高层建筑的内院或天井，当其短边超过以下哪项时宜设进入内院的消防车道？（   ）
    A 18m　　　　B 24m　　　　C 30m　　　　D 36m

93. 电影院观众厅顶棚和地面应选用哪种燃烧性能等级的装修材料？（   ）
    A 不低于 A1 级，不低于 B1 级　　　　B 不低于 B1 级，不低于 B2 级
    C A 级，不低于 B1 级　　　　　　　　D A 级，不低于 B2 级

94. 根据现行《建筑设计防火规范》的规定，下列正确的是（   ）。
    A 厂房内可设置员工宿舍
    B 仓库内可设置员工宿舍
    C 仓库和厂房内均严禁设置员工宿舍
    D 仓库和厂房内均可设置供换班员工临时休息的宿舍

95. 某中型铁路旅客车站内设有集散厅、候车区、售票厅、办公区、设备区、行李与包裹库，其防火分区设置正确的是（   ）。

A 集散厅、候车区、售票厅和办公区、设备区、行李与包裹库五个防火分区
B 集散厅和候车区、售票厅和办公区、设备区、行李与包裹库四个防火分区
C 集散厅、候车区和售票厅、办公区、设备区、行李与包裹库五个防火分区
D 集散厅、候车区和售票厅、办公区、设备区和行李与包裹库四个防火分区

96. 一、二级耐火等级的多层建筑，其上人平屋顶的屋面板耐火极限分别不应低于（   ）。
A 2.50h、2.00h   B 2.00h、1.50h   C 1.50h、1.00h   D 1.00h、0.75h

97. 下列哪项不符合高层建筑应设消防电梯的规定？（   ）
A 一类公共建筑
B 塔式住宅
C 十层及以上的单元式住宅和通廊式住宅
D 高度超过32m的二类公共建筑

98. 下列有关装修材料的叙述，错误的是（   ）。
A 装修材料的燃烧性能等级由专业检测机构检测确定，B3级装修材料可不进行检测
B 安装在钢龙骨上的纸面石膏板可作为A级装修材料使用
C 施涂于A级基材上的无机装饰涂料可作为A级装修材料使用
D 当胶合板表面涂覆一级饰面型防火涂料时，可作为A级装修材料使用

99. 根据《人民防空工程设计防火规范》规定，人防工程内严禁存放（   ）。
A 桶装沥青   B 固体石蜡
C 灌装机油   D 液化石油气钢瓶

100. 防空地下室设计必须满足其预定的战时对各类武器的各项防护要求，甲类和乙类防空地下室除满足常规武器外，还应分别满足（   ）。
A 生化武器、核武器、电磁武器防护要求，生化武器、核武器防护要求
B 生化武器、核武器防护要求，生化武器防护要求
C 生化武器、核武器防护要求，核武器防护要求
D 生化武器、核武器、电磁武器防护要求，生化武器防护要求

101. 根据现行的规定，人防人员掩蔽工程战时阶梯式出入口的踏步高和宽的限值何者正确？（   ）
A 踏步高不宜大于200mm，宽不宜小于240mm
B 踏步高不宜大于180mm，宽不宜小于250mm
C 踏步高不宜大于175mm，宽不宜小于260mm
D 踏步高不宜大于170mm，宽不宜小于280mm

102. 防空地下室战时使用的每个防护单元不应少于两个出入口，其中至少有一个室外出入口，以下描述，正确的是（   ）。
A 出入口包括竖井式出入口，不包括防护单元之间的连通口。室外出入口不包括竖井式出入口
B 出入口不包括竖井式出入口和防护单元之间的连通口。室外出入口包括竖井式出入口
C 出入口不包括竖井式出入口和防护单元之间的连通口。室外出入口不包括竖井式

出入口

  D 出入口包括竖井式出入口，不包括防护单元之间的连通口。室外出入口包括竖井式出入口

103. 下列《住宅建筑设计规范》中有关设备及用房的叙述，正确的是（ ）。

  A 水泵房、风机房应采取有效的隔声措施，水泵、风机应采取减振措施，管道井可不采取隔声减振措施

  B 水泵房、风机房应采取有效的减振措施，水泵、风机应采取隔声措施，管道井可不采取隔声减振措施

  C 管道井、水泵房、风机房应采取有效的隔声措施，水泵、风机应采取减振措施

  D 管道井、水泵房、风机房应采取有效的减振措施，水泵、风机应采取隔声措施

104. 在特殊教育学校建筑设计中应充分采用（ ）。

  A 天然采光和自然通风   B 天然采光和机械通风

  C 人工照明和自然通风   D 人工照明和机械通风

105. 下列《中小学校建筑设计规范》中关于采光与照明的叙述，错误的是（ ）。

  A 教室光线应自学生座位的左侧射入

  B 学校建筑应装设人工照明装置

  C 有条件的学校，教室宜选用无眩光灯具

  D 教室灯管应采用长轴平行于黑板的方向布置

106. 按照《城市公共厕所设计标准》的规定，下列有关公共厕所平面设计的叙述中，正确的是（ ）。

  A 大便间和小便间可合并设置，盥洗室应独立设置，小便间不得露天设置

  B 大便间、小便间和盥洗室分室设置，小便间不得露天设置

  C 大便间、小便间和盥洗室分室设置，小便间可露天设置

  D 大便间、小便间和盥洗室宜分室设置，小型公共厕所可根据类似功能合并设置

107. 按照《生活垃圾转运站技术规范》的规定，下列叙述错误的是（ ）。

  A 生活垃圾转运站的环境保护配套设施必须与其主体设施同时设计、同时建设、同时启用

  B 生活垃圾转运站应结合垃圾转运单元的工艺设计，强化在卸装垃圾等关键位置的通风、除尘、除臭措施

  C 所有的生活垃圾转运站均必须设置独立的抽排风或除臭系统

  D 生活垃圾转运站配套的运输车辆必须有良好的整体密封性能

108. 下列有关无障碍专用厕所的设计要求，错误的是（ ）。

  A 厕所面积≥2.0m×2.0m

  B 坐便器高应为 0.45m，两侧应设高 0.70m 水平拉杆，在墙面一侧应加设高 1.40m 的垂直抓杆

  C 洗手盆两侧和前缘 50mm 处应设置安全抓杆

  D 距地面高 0.60～0.90m 处应设求助呼救按钮

109. 按《综合医院建筑设计规范》的规定，X线治疗室的防护门和"迷路"的净宽应分别不小于（ ）。

A 0.90m 和 1.00m   B 1.00m 和 1.10m
C 1.10m 和 1.20m   D 1.20m 和 1.20m

110. 下列有关中小学校化学实验室设计的叙述，错误的是（ ）。
A 每间化学实验室内至少应设置一个急救冲洗水嘴
B 化学实验室内严禁设置煤气管道
C 化学实验室的外墙至少应设置2个机械排风扇
D 化学试验室附设的药品室的药品柜内应设通风装置

111. 下列有关老年人居住建筑阳台设计的叙述，错误的是（ ）。
A 老年人住宅和公寓应设阳台，养老院、护理院、托老所的居室宜设阳台
B 低层、多层老年人居住建筑阳台栏杆的高度不应低于1.05m
C 中高层、高层老年人居住建筑阳台栏杆的高度不应低于1.10m
D 老年人设施的阳台宜作为紧急避难通道

112. 下列有关综合医院传染病用房设计的叙述，正确的是（ ）。
A 30床以下的一般传染病房宜设在病房楼的首层，并设专用出入口
B 门诊的平面应严格按照使用流程和洁污分区布置，病人与医护人员的通行路线以及诊查室的门宜合并设置
C 几个传染病种不得同时使用一间诊室
D 门诊应设隔离观察室，不需设专用化验室和发药处

113. 下列有关特殊教育学校教学用房窗户设计的叙述，错误的是（ ）。
A 教室、实验室的窗间墙宽度应大于1.2m
B 二层以上教学楼内外开启的窗，应考虑擦洗玻璃方便与安全，并设置下腰窗
C 教室、实验室的窗台高度不宜低于0.8m，并不宜高于1.0m
D 教室、实验室靠外廊、单内廊一侧应设窗，但距地面2.0m范围内，窗开启后不应影响教室、走廊的使用和通行安全

114. 下列有关空调房间的设置，错误的是（ ）。
A 空调房间应优先选择布置在有双墙的伸缩缝处
B 空调房间应避免布置在有两面相邻外墙的转角处
C 空调房间应避免布置在顶层，当必须布置在顶层时其屋顶应有良好的隔热措施
D 在满足使用要求的前提下，空调房间的净高宜降低

115. 按全国建筑热工设计分区图的划分，下列哪座城市位于寒冷地区？（ ）
A 吐鲁番   B 西宁   C 呼和浩特   D 沈阳

116. 下列住宅节能设计参照建筑的确定原则中，错误的是（ ）。
A 参照建筑的形状、大小和朝向均应与所设计住宅相同
B 参照建筑的开窗面积应小于所设计住宅的开窗面积
C 当所设计住宅的窗面积超过规定性指标时，参照建筑的窗面积应减小到符合规定性指标
D 参照建筑的外墙、屋顶和窗户的各项热工性能参数应符合规定性指标

117. 下列有关太阳能集热器设置在墙面上时的要求，错误的是（ ）。
A 嵌入建筑墙面的集热器应满足建筑围护结构的承载、保温、隔热、隔声、防水、

防护等功能

B 构成建筑墙面的集热器，其刚度、强度、热工、锚固、防护功能应满足建筑围护结构设计要求

C 在高纬度地区，集热器可设置在建筑的朝南、南偏东、南偏西或朝东、朝西的墙面上

D 在低纬度地区，集热器可设置在建筑北偏东、北偏西或朝东、朝西的墙面上

118. 绿色建筑评价指标体系中，下列不属于指标选项的是（　　）。
A 一般项　　　　B 优选项　　　　C 创新项　　　　D 控制项

119. 下列建筑物必须设置无障碍专用厕所的是（　　）。
A 中型商业与服务建筑　　　　B 中型文化与纪念建筑
C 中型观演与体育建筑　　　　D 交通与医疗建筑

120. 在住宅区内可以对公共绿地不进行无障碍设计的是（　　）。
A 居住区公园　　B 小区游园　　C 组团绿地　　D 老年人活动场

121. 下列关于建筑入口轮椅通行平台最小宽度的要求，错误的是（　　）。
A 高层公寓建筑入口平台最小宽度1.50m
B 小型公共建筑入口平台最小宽度1.50m
C 中型公共建筑入口平台最小宽度2.00m
D 大型公共建筑入口平台最小宽度2.00m

122. 下列有关不同位置坡道的坡度和宽度的设计要求，错误的是（　　）。
A 有台阶的建筑入口，坡度≤1∶12，宽度≥1.2m
B 只设坡道的建筑入口，坡度≤1∶20，宽度≥1.2m
C 室内走道，坡度≤1∶12，宽度≥1.0m
D 室外通道，坡度≤1∶20，宽度≥1.5m

123. 下列有关主要供残疾人使用的走道与地面的设计要求，正确的是（　　）。
A 走道宽度不应小于1.5m
B 走道至少应设单侧扶手
C 走道及室内地面应平整，并应选用遇水不滑的地面材料
D 走道两侧墙面应设高0.3m的护墙板

124. 下列有关供残疾人使用的门的设计要求，错误的是（　　）。
A 应采用自动门，也可采用推拉门、折叠门或平开门
B 乘轮椅者开启的门扇，应安装视线观察玻璃
C 乘轮椅者开启的门扇，关门把手应设于靠近门轴的一侧
D 门槛高度及门内外地面高差大于15mm时，应以斜面过渡

125. 在同一张图纸上绘制多于一层的平面图时，各层平面图宜按层数由低向高的顺序（　　）。
A 从左至右或从下向上布置　　　　B 从左至右或从上向下布置
C 从右至左或从下向上布置　　　　D 从右至左或从上向下布置

126. 绘图应优先选用常用比例，下列常用的比例是（　　）。
A 1∶3　　　　B 1∶150　　　　C 1∶15　　　　D 1∶300

127. 下列有关设备层设置的规定,错误的是（   ）。
    A 设备层的净高应根据设备和管线的安装检修需要确定
    B 设备层布置应便于市政管线接入
    C 设备层在设置自然通风时,也必须设置机械通风装置
    D 设备层的给排水设备机房应设集水坑并预留排水泵电源和排水管路或接口

128. 某剧场观众容量为1600座,男女观众比例为1:1,则男、女厕所内设置男大便器、男小便器、女大便器的最少数量,下列何者正确?（   ）
    A 8个、20个、32个   B 10个、22个、35个
    C 12个、25个、38个   D 15个、30个、40个

129. 下表关于各级旅馆建筑某层级以上应设电梯的规定正确的是（   ）。

级别 选项	一级	二级	三级	四级
A	2层	3层	4层	5层
B	3层	4层	5层	6层
C		3层	4层	5层
D		3层	4层	6层

130. 居住建筑中通过轮椅的走道净宽不应小于（   ）。
    A 1.0m   B 1.2m   C 1.5m   D 1.8m

131. 下列平屋顶建筑物室内外高差均为0.45m,按《高层民用建筑设计防火规范》的分类,其中不属于一类建筑的是（   ）。
    A 各层层高2.70m的19层住宅楼
    B 各层层高3.30m的15层普通旅馆
    C 1、2层商场层高5.00m、4.00m,3～10层住宅层高2.80m,各层建筑面积1600m² 的商住楼
    D 藏书120万册的5层图书馆

132. 按照《工程勘察设计收费标准》的规定,建筑、人防工程按复杂程度由低到高排列顺序正确的是（   ）。
    A Ⅳ级、Ⅲ级、Ⅱ级、Ⅰ级   B Ⅰ级、Ⅱ级、Ⅲ级、Ⅳ级
    C Ⅲ级、Ⅱ级、Ⅰ级   D Ⅰ级、Ⅱ级、Ⅲ级

133. 下列关于平面图的施工图深度的规定中,错误的是（   ）。
    A 当工程设计内容简单时,竖向布置图可与总平面图合并
    B 建筑首层平面图上需画出指北针
    C 特殊工艺要求的土建配合尺寸须画在建筑平面图上
    D 如是对称平面,对称部分的尺寸及轴线号可以省略

134. 某设计文件总封面的标识内容有:项目名称,设计单位名称,项目的设计编号,设计阶段,编制单位法定代表人、技术总负责人和项目总负责人的姓名及其签字或授权盖章,设计日期等内容,则该设计文件总封面为（   ）。
    A 方案设计总封面

B 初步设计总封面
C 施工图设计总封面
D 方案设计、初步设计和施工图设计共用总封面

135. 下列住宅设计应计算的技术经济指标中，何者是正确的？（　　）
A 总建筑面积、套内使用面积、套型建筑面积
B 总建筑面积、各功能空间使用面积、套型使用面积系数、套型阳台面积
C 住宅标准层总使用面积、住宅标准层总建筑面积、各功能空间使用面积
D 住宅标准层总使用面积、住宅标准层总建筑面积、住宅标准层使用面积系数

136. 下列决定住宅建筑间距的主要因素中，不须考虑的是（　　）。
A 通风、日照　　B 水文、地质　　C 消防、抗震　　D 视线、噪声

137. 安全色是表达安全信息含义的颜色，能使人迅速发现或分辨安全标志和提醒注意，以防发生事故，适用于各类公共建筑及场所安全色规定为（　　）。
A 红、黄、蓝三种颜色　　　　　　B 红、黄、绿三种颜色
C 红、黄、蓝、绿四种颜色　　　　D 红、黄、绿、白四种颜色

138. 合理齐全的住宅配套公建除教育、医疗卫生、文化、体育、商业服务、社区服务外，还应包括（　　）。
A 金融邮电、市政公用、行政管理3类设施
B 金融邮电、行政管理、安全防卫3类设施
C 行政管理、安全防卫2类设施
D 市政公用、安全防卫2类设施

139. 下列关于开发利用太阳能的论述，何者不妥？（　　）
A 蕴藏量最大，取之不竭，用之不尽
B 覆盖面最广，任何地区都有开发利用价值
C 污染性最小
D 安全性最佳

140. 以下哪项内容均为《绿色建筑评价标准》的评价内容？（　　）
A 公寓建筑、体育建筑、交通建筑
B 托儿所建筑、学校建筑、医院建筑
C 公寓建筑、科研建筑、旅馆建筑
D 住宅建筑、办公建筑、商场建筑

2012年试题解析及参考答案

1. **解析**：2011年学科目录调整后，城市规划与设计（含：风景园林规划设计）分出，不再是建筑学下的二级和三级学科。人居环境科学的学科群由建筑学、城乡规划学、风景园林学三个独立的一级学科组成。这样建筑学作为一级学科目录内就只包含建筑历史与理论、建筑设计及其理论、建筑技术科学三个二级学科。
   答案：B

2. **解析**：提出"坚固、实用、美观"建筑三原则的是《建筑十书》的作者维特鲁威，见《公建原理》第3页。

   答案：B

3. **解析**：分别象征男性和女性人体比例的希腊柱式是多立克、爱奥尼。

   答案：B

4. **解析**：原因在于两者的建筑构件和细部尺寸不同。这是建筑构图原理中的"尺度"概念。

   答案：B

5. **解析**：参见《中国建筑史》（第七版）第244页，"经过拓扑变换的图形在结构上相同，其图形称为拓扑同构"。依上述原理，Ⅰ、Ⅱ两个图形都是在围合线框上的一点向内伸出一条线，这就是拓扑同构概念。

   答案：A

6. **解析**：参见《中国建筑史》（第七版）第155、230页："老子《道德经》"。题目中文字见第257页，出自《道德经》，即李耳著。语出春秋时期的老子。

   答案：C

7. **解析**：《设计结合自然》的作者是麦克哈格。

   答案：C

8. **解析**：尺度是建筑整体或局部给人感觉上的大小和真实大小之间的关系。

   答案：D

9. **解析**：威尼斯圣马可广场外部空间组织采用了空间对比、空间的渗透与层次和室内外空间过渡等处理手法，而没有采用空间的重复与再现手法。

   答案：D

10. **解析**："图底关系"并非指图形和背景之间的渗透关系，而是相互衬托与转化关系。

    答案：C

11. **解析**：萨伏伊别墅的建筑形象不是以突出"韵律美"为特征。

    答案：D

12. **解析**：公共建筑设计中的空间形态不是处理建筑功能的核心问题，其他3项则是。

    答案：D

13. **解析**：楼梯上方的净空应按人体身高幅度的极限来考虑，不能低于2m。

    答案：D

14. **解析**：在设有集中空调的大型开敞式办公室设计中，分隔个人办公区域的隔板高度应稍低于人体身高（平均值）。

    答案：B

15. **解析**：在进行建筑平面布置时，流线分析图与功能关系图是现代主义建筑师最常用来分析和确定空间关系的两种手段。

    答案：D

16. **解析**：建筑造型特征与确定公共建筑中水平交通通道的宽度与长度无关。见《公建设计原理》第30页。

    答案：B

17. 解析：机场航站楼是连续人流，体育场是集中人流。
    答案：C
18. 解析：联合国总部大厦、纽约利华大厦、纽约西格拉姆大厦均为采用钢和玻璃为主要材料建成的板式高层建筑。
    答案：B
19. 解析：一对夫妻和其未婚子女构成家庭人口结构中的"核心户"。见《住宅设计原理》第4页。
    答案：B
20. 解析：马赛公寓在住宅形式上属于内廊跃层式。
    答案：B
21. 解析：住宅设计需考虑家庭生活年循环的两个变化因素是季节的气候变化，工作日和节假日变化，见《住宅设计原理》第93页。
    答案：B
22. 解析：住宅设计中延长住宅建筑寿命的关键措施是解决建筑结构寿命长与住宅功能变化的矛盾。
    答案：D
23. 解析：住宅户内功能分区是指实行"公私分区""动静分区""系统分区"，见《住宅设计原理》第22页。
    答案：C
24. 解析：控制住宅体形系数的正确措施是缩小住宅外表面积。
    答案：B
25. 解析：高层住宅与多层住宅的区别并不在于户型面积指标不同，而在垂直交通方式、结构体系、防火规范等方面有很大区别。
    答案：C
26. 解析：内设电梯的入口于台阶处应设坡道，以方便残疾人、婴儿车通行及用户搬运。
    答案：A
27. 解析：相比于其他3项，房屋前后排平行并列不利于节约用地。
    答案：C
28. 解析：设计商住楼平面时不允许利用住宅楼梯帮助疏散商业人流。
    答案：B
29. 解析：行列式住宅组团布局可使各住户的日照具有均好性，且便于规划道路与管网，方便施工。
    答案：D
30. 解析：体育馆剖面设计中控制建筑体积的主要目的不包括结构设计。
    答案：C
31. 解析：制约我国南、北方塔式高层住宅平面形式的最主要因素是日照。
    答案：A
32. 解析：室内装饰界面处理不是影响观演建筑视觉质量的主要因素。
    答案：D

33. 解析：以客房来围成个高大的中庭空间是美国建筑师波特曼设计旅馆的主要特点。
    答案：B

34. 解析：设计者是赫尔佐格与德梅隆，设计项目是葡萄酒厂。
    答案：A
    考点：赫尔佐格。

35. 解析：地面荷载和气候条件不同使得室内外铺地的刚性板（块）材的尺寸大小差别较大。室内环境受气候影响小，温度变化不大，地面荷载也较小，因而所用刚性板（块）材的尺寸可以大一些。
    答案：D
    考点：《室内设计原理》。

36. 解析：主要目的是节约材料与资源，避免二次装修的浪费。
    答案：A
    考点：绿色建筑。

37. 解析：光色的混合称为加色混合。两个光色混合时，其色相在二色之间，明度是二色的明度之和，彩度弱于二色中的强色。
    答案：B
    考点：建筑色彩知识。

38. 解析：在住宅室内设计时，适当减小家具的尺度、采用浅色或冷灰色色调、削弱主景墙面的"图形"性质，增加其"背景"的性质等手法对增加居室的宽敞感有效；而按功能划分室内空间并不能增加居室的宽敞感。
    答案：C
    考点：室内设计原理。

39. 解析：参见《中国建筑史》（第七版）第292页所述，明代家具简洁不过多装饰，清代家具华丽较注重装饰。
    答案：B
    考点：明清家具比较。

40. 解析：阿尔瓦·阿尔托最擅长在室内设计中运用木材。
    答案：A
    考点：两次世界大战之间的阿尔托。

41. 解析：参见《中国建筑史》（第七版）第396页所述，"中国营造学社"创办人是朱启钤。
    答案：C
    考点：朱启钤。

42. 解析：参见《中国建筑史》（第七版）第15页，"工官制度"一节提到隋宇文恺、宋李诫、明蒯祥三人。
    答案：B
    考点：古代工官制度。

43. 解析：参见《中国建筑史》（第七版）第275页"侧脚"，宋代木结构的"侧脚"是为了让建筑有较好的稳定性，规定外檐柱在前后檐均向内倾斜柱高的10/1000，在两山面位置檐柱向内倾斜8/1000，而角柱则在两个方向都有倾斜。

答案：A

考点：侧脚。

44. **解析**：参见《中国建筑史》（第七版）第42页"栖霞寺舍利塔"，第177页"山西应县佛宫寺释迦塔""虎丘云岩寺塔""登封嵩岳寺塔"。图片显示的古塔分别是南唐时期所建的南京栖霞寺塔，应县辽代木塔佛宫寺释迦塔，登封北魏嵩岳寺塔，今西安唐代荐福寺小雁塔。

答案：D

考点：塔的形制。

45. **解析**：参见《中国建筑史》（第七版）第54页"会昌五年（公元845年）与五代后周世宗显德二年（公元955年）的两次灭法"，另参见第39、第157及第158页提示"麟德殿""南禅寺大殿""宋隆兴寺"。唐会昌五年，武宗灭法。中国佛教建筑几乎都受到影响，被拆毁，包括山西五台山佛光寺大殿。但是因为地处偏僻，山西五台山的另一座木建筑南禅寺却完好地保留下来。河北正定隆兴寺为宋代建筑。大明宫麟德殿目前保留有大型基础遗址。现在五台山佛光寺大殿的木结构建筑是会昌五年后重建。

答案：B

考点：南禅寺大殿。

46. **解析**：图片题，根据《外国建筑史》（第四版）第24页，左图为伊拉克的两河流域的山岳台遗址；根据《外国建筑史》（第四版）第9页，中图为埃及的绍赛尔金字塔。根据《外国建筑史》（第四版）第383页，右图为墨西哥玛雅帕伦克宫中的建筑。故应选A。

答案：A

考点：古代西亚山岳台，古代埃及金字塔的演化，美洲印第安的玛雅建筑。

47. **解析**：图片题，根据《外国建筑史》（第四版）第35页，图Ⅰ为克诺索斯宫殿内院，约公元前二千纪；根据《外国建筑史》（第四版）第36页，图Ⅱ为迈锡尼卫城狮子门，公元前14世纪。根据《外国建筑史》（第四版）第56页，图Ⅲ为雅典卫城的伊瑞克提翁庙，建于公元前421～前406年。因此按年代由先至后排序正确的是A。

答案：A

考点：爱琴文化克里特，古代希腊雅典卫城。

48. **解析**：图片题，根据《外国建筑史》（第四版）第116、117页，哥特式教堂结构的特点如下。

一、用骨架券作为拱顶的承重构件。框架式，填充部分维护减轻，可以覆盖各种形状复杂的平面。

二、骨架券把拱顶荷载集中到每间十字拱的四角，用独立的飞券在两侧凌空越过侧廊上方，在骨架券四角的起脚抵住它的侧推力。侧廊外墙因卸去荷载而窗洞大开。

三、全部使用两圆心的尖券和尖拱，侧推力小，有利于减轻结构重量。

①、②、③部位的名称分别是飞扶壁（飞券）、骨架券、尖拱。故应选C。

答案：C

考点：西欧中世纪哥特教堂。

49. **解析**：根据《外国建筑史》（第四版）第137页，阿尔汗布拉宫是伊斯兰世界中保存较好的一座宫殿；

　　根据《外国建筑史》（第四版）第343页，印度莫卧儿王朝最杰出的建筑是泰姬-玛哈尔，可以说这座建筑是整个伊斯兰世界建筑经验的结晶；

　　根据《外国建筑史》（第四版）第323页，印度桑奇大塔是印度孔雀王朝存放释迦牟尼舍利的灵骨塔，为佛教建筑。

　　根据《外国建筑史》（第四版）第336页，吴哥窟建造时期国王们竭力提倡印度教，但也掺进了许多佛教和婆罗门教的信仰，吴哥窟在神、王合一观念的作用下根据佛教和印度教共有的信仰建造。

　　故准确地说，B和C都正确。

答案：B和C

考点：西班牙中世纪的伊斯兰建筑、印度的伊斯兰建筑、印度次大陆和东南亚的佛教建筑。

50. **解析**：根据《外国建筑史》（第四版）第354、355页，伊势神宫地面为颗粒均匀的白色砾石铺装，建筑距今2000余年，木构架简洁质朴，无油饰，不做木雕装饰。B项描述不对。其余三项如祭祀、迁宫仪式和白木茅草、黄金装饰等均为伊势神宫的独特之处。

答案：B

考点：日本的神社建筑。

51. **解析**：参见《中国建筑史》（第七版）第555、110、106页（从右至左），此题2009年考过。图中最右边一张照片是梁思成版《中国建筑史》中的插图，拍摄地在云南丽江古城。左边一张图为河南窑洞地坑院场景，中间一张为安徽宏村徽派建筑。

答案：A

考点：中国古代住宅建筑类型。

52. **解析**：参见《中国建筑史》（第七版）第93、97、103、100页。壮族干阑为穿斗式住宅构筑类型，新疆阿以旺为生土做法。福建土楼采用穿斗、版筑法土木混合结构，土楼在建筑局部、单层祠堂等采用抬梁做法。北京四合院为木构抬梁的住宅构筑类型。

答案：D

考点：住宅建筑构筑类型。

53. **解析**：参见《中国建筑史》（第七版）第103、2及93、92页（从左及右），此题2009年考过。图中民居建筑从左至右分别是福建永定土楼，广西黎平侗寨鼓楼式风雨桥程阳桥，山西祁县乔家大院。

答案：B

考点：中国古代住宅建筑与桥梁建筑。

54. **解析**：参见《中国建筑史》（第七版）第92页"白族建筑"。中国各民族住宅采用院落形式的主要是汉族、藏族、白族等。其中"三坊一照壁"是云南大理白族住宅建筑中的特征，其布局形式也有着"四合五天井"的形式。

答案：D

考点：白族建筑。

55. **解析**：参见《中国建筑史》（第七版）第194页可知：东晋和南朝是中国自然式山水

风景园林的奠基时期。《中国建筑史》(第七版)提出：由于汉代之后的乱世影响，儒学式微，人们看重道家思想，清谈与玄学成为人们的一时风尚。中国人对山水的认识提高到"畅神"的外化阶段。山水诗歌、山水散文、山水画、山水园林四种艺术由此诞生。东晋和南朝起着决定性作用。

答案：A

考点：中国园林与风景建设自然审美孕育期。

56. 解析：参见《中国建筑史》(第七版)第198页，关于清代帝苑一般分为两大部分：一部分是居住和朝见的宫室；另一部分是供游乐的园林。

答案：C

考点：宫殿建筑形制。

57. 解析：参见《中国建筑史》(第七版)第207页所述：江南私家园林建筑以厅堂为主，《园冶》因此有"凡园圃立基，定厅堂为主"之说。江南私家园林的厅堂主要有四面厅、鸳鸯厅、花篮厅等形式。

答案：B

考点：《园冶》。

58. 解析：参见《中国建筑史》(第七版)第204页所述，即颐和园中的谐趣园是一处园中之园。建于乾隆年间，是这位皇帝感谢祖宗蒙阴所建。此园林模仿的是无锡寄畅园，当年乾隆祖父康熙下江南的驻跸之所。

答案：C

考点：谐趣园。

59. 解析：根据《外国建筑史》(第四版)第193、211、254页，意大利园林为多层台地式，对称布置，几何构图。法国把古典主义原则注入园林艺术中去，各种树林小径都被组成几何图案。连树木都修剪成几何形的。从艺术特点上看这类花园都被恰当的称为"骑马者的花园"。而英国崇尚自然的浪漫主义，在中国造园艺术的影响下，形成英式园林。故应选C。

答案：C

考点：18世纪欧洲园林流派。

60. 解析：根据《外国建筑史》(第四版)第211页，古典主义的原则强调构图中的主从关系，突出轴线，讲求对称。第一个把法国古典主义原则灌输到园林艺术中去的是巴黎郊外的孚·勒·维贡府邸。设计者是造园家勒·诺特尔。故应选B。

答案：B

考点：法国古典主义，建筑绝对君权的纪念碑。

61. 解析：根据《外国近现代建筑史》(第二版)第250～259页，勒·柯布西耶的马赛公寓和印度昌迪加尔议会大厦属于"粗野主义"作品。根据《外国近现代建筑史》(第二版)第265～270页，斯通的新德里美国驻印度大使馆，雅马萨奇的麦格拉格会议中心属于"典雅主义"。故应选D。

答案：D

考点："二战"后粗野主义倾向，典雅主义倾向。

62. 解析：根据《外国近现代建筑史》(第二版)第336、339页，文丘里的著作是《建筑的复杂性和矛盾性》和《向拉斯维加斯学习》。选项中《后现代建筑语言》和《建筑的意义》作者都是C. 詹克斯。故应选B。

答案：B

考点：现代主义之后的后现代主义。

63. 解析：图片题，根据《外国近现代建筑史》（第二版）第76、251、253页，图示中的三建筑设计人均为勒·柯布西耶。分别是法国萨沃伊别墅、马赛公寓、印度昌迪加尔议会大厦。故应选B。

答案：B

考点：两次世界大战之间的勒·柯布西耶，"二战"后的勒·柯布西耶。

64. 解析：图片题，根据《外国近现代建筑史》（第二版）第60页，图示所示建筑是荷兰风格派（De Stijl）的乌得勒支住宅，受到蒙德里安对三原色和点、线、面抽象绘画艺术风格的影响，里特弗尔德设计。故应选D。

答案：D

考点："一战"后的风格派。

65. 解析：图片题，根据《外国近现代建筑史》（第二版）第410页，这个建筑是1994年建成的法国里昂机场高铁车站，设计者是西班牙的卡拉特拉瓦。故应选C。

答案：C

考点：现代主义之后高技派的新发展。

66. 解析：参见《中国建筑史》（第七版）第398～402页所述，C选项，吕彦直，设计、监造的南京中山陵并主持设计的广州中山纪念堂。获得南京中山陵设计竞赛首奖。

A选项，庄俊，我国最早留学美国、学习建筑工程学的建筑师，毕业于西南交通大学。发起组织了中国第一个建筑师的组织"中国建筑师学会"，多次被推举为会长。主要建筑作品有上海金城银行、中南银行、大陆商场、汉金城银行、大陆银行等。

B选项，杨廷宝，重庆中央大学和其后改名的南京大学、南京工学院建筑系教授，中国科学院院士，中国近现代建筑设计开拓者之一，被誉为"近现代中国建筑第一人"。徐州淮海战役革命烈士纪念塔、北京车站、南京长江大桥桥头堡工程建筑、南京民航候机楼等。对北京人民英雄纪念碑、北京人民大会堂、毛主席纪念堂、北京图书馆等工程，他都参与了方案和建议。和梁思成被称为"南杨北梁"。1924年美国城市艺术协会设计竞赛一等奖和艾默生设计竞赛一等奖。

D选项，梁思成，参与了人民英雄纪念碑、中华人民共和国国徽等作品的设计。扬州"鉴真和尚纪念堂"荣获中国优秀建筑设计一等奖。1988年8月，中华人民共和国国家科学技术委员会颁发证书，表彰梁思成教授和他所领导的集体在"中国古代建筑理论及文物建筑保护"的研究中做出的重要贡献，被国家科学技术委员会授予国家自然科学奖一等奖。

答案：C

考点：吕彦直、杨廷宝、梁思成、庄俊等建筑师。

67. 解析：根据《外国近现代建筑史》（第二版）第331页，埃及建筑师法赛为了要为穷人解决住宅问题，长期献身于用本土最廉价的材料与最简单的结构方法来建筑大量性住宅的实践与研究，1969年发表《为了穷苦者的建筑》，代表了非西方国家建筑界对国际式建筑的公开抵抗。法赛分析了埃及20世纪30年代建造的村落，指出外来的建造技术无法满足实际需求，却使传统建造方式与文化特征一并消失。它不仅使西方世界之外的国家和地区都转向对自身历史和传统的挖掘和认识，也使西方世界内部关注到自身的多样性和差异性。故应选D。

答案：D

考点："二战"后对地域性与现代性结合的探索。

68. 解析：参见《中国建筑史》（第七版）第553页及《一级注册建筑师考试教材》第1分册第四章第四节"中国的世界遗产及历史文化名城保护"中的"中国世界遗产名录表"。选项中华山、五大连池、可可西里、长白山没有被列入世界自然遗产名录，庐山是文化景观。只有A项符合题目要求。故应选A。

答案：A

考点：中国"世界文化遗产"。

69. 解析：参见《中国建筑史》（第七版）第553页，截至2021年7月25日，中国世界遗产已达56项，其中世界文化遗产38项（含文化景观5项）、世界文化与自然双重遗产4项、世界自然遗产14项，为拥有世界遗产最多的国家。4项世界文化与自然双重遗产分别为：黄山、泰山、峨眉山-乐山大佛、武夷山。故应选B。

答案：B

考点：中国"世界文化遗产"。

70. 解析：参见《中国建筑史》（第七版）第508页所述，《威尼斯宪章》是保护文物建筑及历史地段的国际原则，肯定了历史文物建筑的重要价值和作用，将其视为人类的共同遗产和历史的见证。1987年《华盛顿宪章》又称《保护历史城镇与城区宪章》。该宪章涉及历史城区，包括城市、城镇以及历史中心或居住区，体现着传统的城市文化的价值。1999年的《北京宪章》是世界建协在北京举办的世界建筑师大会上由吴良镛起草的，未涉及古迹遗址保护。《西安宣言》是在古城西安通过的环境宣言，其将环境对于遗产和古迹的重要性提升到一个新的高度。故应选C。

答案：C

考点：《北京宪章》。

71. 解析：见《城市规划原理》（第四版）第20页，战国时代的重要著作《商君书》更多地从城乡关系、区域经济和交通布局的角度对城市的发展以及城市管理制度等问题进行了阐述。《商君书》中论述了都邑道路、农田分配及山陵丘谷之间比例的合理分配问题，分析了粮食供给、人口增长与城市发展规模之间的关系，开创了我国古代区域城镇关系研究的先例。故选择D项。A选项《管子·度地篇》打破了城市单一的周制布局模式，从城市功能出发，建立了理性思维与自然环境和谐的准则，其影响极为深远。B选项中《孙子兵法》主要是在思想上丰富了城市规划的创造。C选项中《周礼·考工记》则是记述了关于周代王城建设的空间布局："匠人营国，方九里，旁三门。国中九经九纬，经涂九轨。左祖右社，前朝后市。市朝一夫"。

答案：D

考点：中国古代城市规划思想中，《商君书》的内容及意义。

72. 解析：见《城市规划原理》（第四版）第19页，《周礼·考工记》成书于春秋战国之际，故应选 C 选项。

答案：C

考点：《周礼》的意义。

73. 解析：凯文·林奇在《城市意象》一书中，对城市意象中物质形态研究的内容归纳为五种元素——路径、边界、场地、节点、标志物。

答案：C

考点：凯文·林奇城市设计五要素。

74. 解析：因为通过一张平面图，并不能得到 B、C、D 的内容。

答案：A

考点：《周礼·考工记》。

75. 解析：见《外国城市建设史》（沈玉麟编，中国建筑工业出版社）第37、41页，罗马帝国时期建设的军事营塞城提姆加得。B选项为文艺复兴时期斯卡莫奇的理想城市方案，C选项为古罗马占领地中海的营地，D选项为帝国时期所建的有军事意义的城市，但南北道路已不在中央而在偏西部，且有两个中心。

答案：A

考点：罗马帝国时期的营塞城。

76. 解析：见《城市规划原理》（第四版）第25页，古代两河流域文明发源于幼发拉底河与底格里斯河之间的美索不达米亚平原，两河流域的城市建设充分体现了其城市规划思想，比较著名的有波尔西巴、乌尔以及新巴比伦城。

答案：D

考点：其他古代文明的城市规划思想。

77. 解析：见《城市规划原理》（第四版）第27页，罗伯特·欧文是英国19世纪初有影响的空想社会主义者，他提出解决生产的私有性与消费的社会性之间的矛盾的方式是"劳动交换银行"及"农业合作社"。他所主张建立的"新协和村"，居住人口500～1500人，有公用厨房及幼儿园。

答案：D

考点：现代城市规划思想的理论渊源中，空想社会主义者的改良理念。

78. 解析：见《外国城市建设史》（沈玉麟编，中国建筑工业出版社）第81～82页，圣马可广场是世界上最精致的广场之一。圣马可广场成为历史上最有名的广场之一。

答案：C

考点：文艺复兴时期，意大利的城市广场。

79. 解析：见《城市规划原理》（第三版）第387页，掉层是指房屋基底随地形筑成阶状，其阶差等于房屋的层高。

答案：A

考点：山地住宅建筑处理手法中，"掉层"的概念。

80. 解析：见《城市规划原理》（第四版）第507页，B选项中重庆华一坡住宅组群为散立式布置，A选项为曲尺形布置，C选项为曲线形布置，D选项为点群形布置。

答案：B

考点：住宅群体的组合方式。

81. 解析：见《住宅性能标准》，住宅性能按照评定得分划分为 A、B 两个级别。

    答案：A

    考点：住宅建筑净密度概念。

82. 解析：见《住宅建筑技术经济评价标准》GBJ 47—88 第 3.1.6 条，平均每户面宽以小者为优。故 C 选项错误。

    答案：C

    考点：住宅建筑技术经济评价标准。

83. 解析：《城市居住区规划设计规范》GB 50180—1993（2002 年版）第 5.0.5~5.0.6 条二项，住宅建筑面积净密度越大，即住宅建筑基底占地面积的比例越高，空地率就越低，绿化环境质量也相应降低。《城市居住区规划设计标准》GB 50180—2018 中"4 用地与建筑"，居住区用地容积率是生活圈内，住宅建筑及其配套设施地上建筑面积与居住区用地总面积的比值。本题是 2014 年的真题，当时仍沿用 2002 年版，所以此题按旧规范作答，住宅建筑面积净密度是决定居住区居住密度和居住环境质量的重要因素。

    答案：B

    考点：无。

84. 解析：见《城市居住区规划设计规范》GB 50180—1993（2002 年版）表 5.0.6-2，多层住宅的住宅建筑面积净密度控制指标为 1.7 万~1.9 万 m^2/hm^2，如按五层住宅 1.7 万 m^2/hm^2 计算，则每增加一层，将增加建筑面积 $3400m^2$。

    答案：B

    考点：无。

85. 解析：见《城市规划原理》（第三版）第 520 页，佛罗伦萨的西诺里广场是中世纪城市发展和市民生活的需要逐步建成的，广场平面不规则，主要建筑有市政厅、法院、兰兹券廊、雕像及喷泉池等。

    答案：C

    考点：城市设计中，城市广场实例。

86. 解析：见《城市规划原理》（第四版）第 566 页，中心位置的选择，从交通要求考虑，它们的位置应选在被服务的居民能便捷到达的地段。但是，中心的位置往往受自然条件、原有道路等条件的制约，并不一定都处在服务范围的几何中心。故 B 选项错误。

    答案：B

    考点：城市设计中，城市中心位置的选择。

87. 解析：麦克哈格在他的《设计结合自然》书中建立了景观规划的准则，强调土地利用规划应遵从自然固有的价值和自然过程，即土地的适宜性。并因此完善了以因子分层分析和地图叠加技术为核心的规划方法论，被称之为"千层饼模式"，从而将景观规划设计提高到一个科学的高度。

    答案：A

    考点：麦克哈格的景观规划准则。

88. 解析：根据《城市道路交叉口规划设计规范》GB 52647—2011 第 3.5.2.3 条规定，平面交叉口子转角部位的视距三角形限界内不得布置任何高出道路平面标高 1.0m 且影响驾驶员视线的物体。

答案：D

考点：视距三角形。

89. 解析：1992年，里约热内卢"全球最高级会议（Earth Summit）"提出了人类"可持续发展"的新战略和新观念：人类应与自然和谐一致，可持续地发展并为后代提供良好的生存发展空间。

    答案：B

90. 解析：新加坡EDITT大楼全名"热带生态大楼"，是"绿色高层建筑"的重要标志性作品。

    答案：A

91. 解析：见《防火规范》第5.4.4条规定，托儿所、幼儿园的生活用房在三级耐火等级的建筑中不应超过二层。

    答案：B

92. 解析：见《防火规范》第7.1.4条，有封闭内院或天井的建筑物，当其短边长度大于24.0m时，宜设置进入内院或天井的消防车道。

    答案：B

93. 解析：见《影院规范》第6.1.4条，观众厅的顶棚材料应采用A级装修材料，墙面、地面材料不应低于B1级。

    答案：C

94. 解析：见《防火规范》第3.3.5条，厂房内严禁设置员工宿舍；3.3.9条，仓库内严禁设置员工宿舍。

    答案：C

95. 解析：见《铁路旅客车站建筑设计规范》GB 50226—2007 第7.1.4条，特大型、大型和中型站内的集散厅、候车区（室）、售票厅和办公区、设备区、行李与包裹库，应分别设置防火分区。

    答案：A

96. 解析：见《防火规范》第5.1.4条，一、二级耐火等级建筑的上人平屋顶，其屋面板的耐火极限分别不应低于1.50h和1.00h。

    答案：C

97. 解析：见原《高层民用建筑设计防火规范》GB 50045—95（2005年版）第6.3.1.3条，十二层及十二层以上的单元式住宅和通廊式住宅应设消防电梯。

    答案：C

98. 解析：见《装修防火规范》第2.0.5条，当胶合板表面涂覆一级饰面型防火涂料时，可作为B1级装修材料使用。

    答案：D

99. 解析：见《人防防火规范》第3.1.2条，人防工程内不得使用和储存液化石油气。

    答案：D

100. 解析：见《人防地下室规范》第1.0.4条，甲类防空地下室设计必须满足其预定的战时对核武器、常规武器和生化武器的各项防护要求。乙类防空地下室设计必须满足其预定的战时对常规武器和生化武器的各项防护要求。

答案：B

101. 解析：见《人防地下室规范》第3.3.9条，人员掩蔽工程的战时阶梯式出入口踏步高不宜大于0.18m，宽不宜小于0.25m。

答案：B

102. 解析：见《人防地下室规范》第3.3.1条，防空地下室战时使用的出入口不包括竖井式出入口、防护单元之间的连通口。室外出入口不包括竖井式出入口。

答案：C

103. 解析：见《住宅建筑规范》第7.1.6条，管道井、水泵房、风机房应采取有效的隔声措施，水泵、风机应采取减振措施。

答案：C

104. 解析：见《特教建筑规范》第8.1.2条，在设计中应充分利用天然采光和自然通风。

答案：A

105. 解析：见《中小学规范》第10.3.3条，灯管应采用长轴垂直于黑板的方向布置。

答案：D

106. 解析：见《公厕标准》第3.3.1条，公共厕所的平面设计应将大便间、小便间和盥洗室分室设置，各室应具有独立功能。小便间不得露天设置。

答案：B

107. 解析：《生活垃圾转运站技术规范》CJJ 47—2006第7.1.3条，大型转运站必须设置独立的抽排风、除臭系统。

答案：C

108. 解析：见《无障碍规范》第3.9.3.10条，在坐便器旁的墙面上应设高400~500mm的救助呼叫按钮。

答案：D

109. 解析：见原《综合医院建筑设计规范》JGJ 49—88第3.7.2条，X线治疗室的防护门和"迷路"的净宽不应小于1.2m。

答案：D

110. 解析：见《中小学规范》第5.3.8、5.3.9条，知A、C、D项正确，条文中无"严禁设置煤气管道"的规定。

答案：B

111. 解析：见《老年人居住标准》第4.13.1、4.13.4条，可知A、D正确；又第4.13.2条规定：阳台栏杆的高度不应低于1.10m。

答案：B

112. 解析：见原《综合医院建筑设计规范》JGJ 49—88第3.5.2条，几个传染病种不得同时使用一间诊室。

答案：C

113. 解析：见《特教建筑规范》第6.3.2条，教室、实验室的窗间墙宽度不应大于1.20m。

答案：A

114. 解析：见《热工规范》第3.4.3条，空调房间应避免布置在有两面相邻外墙的转角处和有伸缩缝处。

答案：A

115. 解析：见《热工规范》附录八"全国建筑热工设计分区图"，吐鲁番位于寒冷地区。

答案：A

116. 解析：见《夏热冬冷地区居住建筑节能设计标准》第5.0.4条。

答案：B

117. 解析：见《太阳能热水器规范》第4.4.10条，在低纬度地区，集热器可设置在建筑南偏东、南偏西或朝东、朝西墙面上。

答案：D

118. 解析：见原《绿色建筑评价标准》GB/T 50378—2006第3.2.1条，绿色建筑评价指标体系由节地、节能、节水等六类指标组成。每类指标包括控制项、一般项与优选项，并无"创新项"。

答案：C

119. 解析：见原《城市道路和建筑物无障碍设计规范》JGJ 50—2001第5.1.5条，交通与医疗建筑必须设置无障碍专用厕所。但2012年9月1日起实施的《无障碍设计规范》GB 50763—2012对此项要求在提法上有所改变。故此题今后不再适用，以下120至124题均有此问题。

答案：D

120. 解析：见原《城市道路和建筑物无障碍设计规范》第6.2.1条，住宅区内对公共绿地进行无障碍设计的范围不包括老年人活动场。现行的《无障碍设计规范》第7.2.1条规定居住绿地内进行无障碍设计的范围同样也不包括老年人活动场。

答案：D

121. 解析：见原《城市道路和建筑物无障碍设计规范》第7.1.3条规定，高层公寓建筑入口平台最小宽度2.00m。新规范不再作此明确规定。

答案：A

122. 解析：这也是根据旧规范出的题。见原《城市道路和建筑物无障碍设计规范》第7.2.4条，只设坡道的建筑入口，坡度≤1∶20，宽度≥1.5m。新规范取消了"只设坡道的建筑入口"的做法。

答案：B

123. 解析：见原《城市道路和建筑物无障碍设计规范》第7.3.7条，主要供残疾人使用的走道宽度不应小于1.80m；走道两侧应设扶手；走道两侧墙面应设高0.35m的护墙板。新规范将室内外走道统称"通道"，并取消了安装扶手和护墙板的规定。

答案：C

124. 解析：这是根据旧规范出的题。新规范对门的无障碍设计规定在细节上与旧规范略有不同，但仍保留了"门槛高度及门内外地面高差不应大于15mm，并以斜面过渡"的条文。

答案：D

125. 解析：见《建筑制图标准》第4.1.2条，在同一张图纸上绘制多于一层的平面图时，各层平面图宜按层数由低向高的顺序从左至右或从下至上布置。

答案：A

126. 解析：见《建筑制图标准》第2.2.1条的规定。

    答案：B

127. 解析：见《民建通则》第6.4.1条，设备层应有自然通风或机械通风。

    答案：C

128. 解析：见《剧场规范》第4.0.6条，男厕应按每100座设一个大便器，每40座设一个小便器；女厕应按每25座设一个大便器。

    答案：A

129. 解析：见原《旅馆建筑设计规范》JGJ 62—90第3.1.8条，一、二级旅馆建筑3层及3层以上，三级旅馆建筑4层及4层以上，四级旅馆建筑6层及6层以上应设乘客电梯。

    答案：D

130. 解析：见《老年人居住标准》第4.3.1条，仅供一辆轮椅通过的走廊有效宽度不应小于1.20m。又《住宅建筑规范》第5.3.4条规定，供轮椅通行的走道和通道净宽不应小于1.20m。

    答案：B

131. 解析：见原《高层民用建筑设计防火规范》GB 50045—95（2005年版）第3.0.1条，普通旅馆高度49.5m（不超过50m）属于二类建筑。

    答案：B

132. 解析：见《工程勘察设计收费标准》第7.3.1条。

    答案：D

133. 解析：见《文件深度规定》第4.3.4条，图纸的省略：如系对称平面，对称部分的内部尺寸可省略，对称轴部位用对称符号表示，但轴线号不得省略。

    答案：D

134. 解析：见《文件深度规定》第4.1.2条，该设计文件总封面为施工图设计总封面。

    答案：C

135. 解析：见《住宅设计规范》第4.0.1条，住宅设计应计算总建筑面积、各功能空间使用面积、套内使用面积、套型总建筑面积、套型阳台面积。

    答案：B

136. 解析：见《民建通则》5.1节"建筑布局"。

    答案：B

137. 解析：见《建筑设计资料集1》（第二版）第54页。

    答案：C

138. 解析：见《住宅建筑规范》第4.2.1条，配套公共服务设施应包括：教育、医疗卫生、文化、体育、商业服务、金融邮电、社区服务、市政公用和行政管理等9类设施。

    答案：A

139. 解析："覆盖面最广，任何地区都有开发利用价值"的说法不妥，日照时数过短的地区就没有开发利用价值。

答案：B

140. 解析：见原《绿色建筑评价标准》GB/T 50378—2006 第 1.0.2 条，本标准用于评价住宅建筑和公共建筑中的办公建筑、商场建筑和旅馆建筑。

答案：D

《建筑设计（知识）》
2011年试题、解析及参考答案

2011年试题❶

1. 下列建筑师与其倡导的空间组织特征的对应关系中，哪一项是正确的?（   ）
   A 奥斯卡·纽曼（Oscar Newman）——流动空间
   B 芦原义信（Ashihara Yoshinobu）——个人防卫空间
   C 约翰·波特曼（John Portman）——共享空间
   D 密斯·凡·德·罗（Mies Van Der Rohe）——积极空间与消极空间

2. 勒·柯布西耶（Le Corbusier）提出的著名的"人体模数图"（见题图）中包含有两种比例关系，一是黄金分割，另一是（   ）。
   A 等比数列   B 菲波那契数列
   C 柱式比例   D 高斯比例

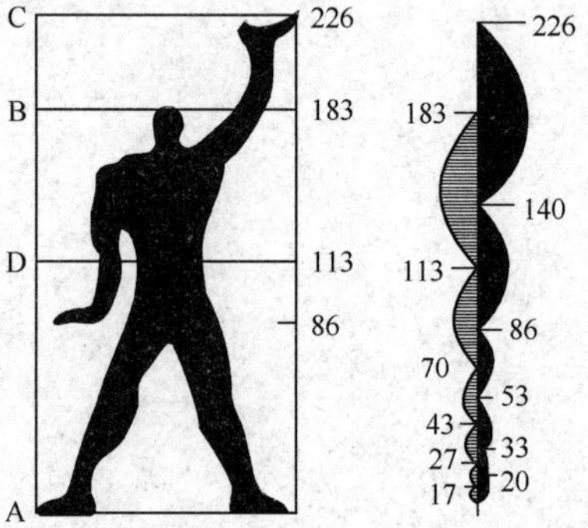

   题2图

3. 古希腊神庙的柱子粗壮而开间狭窄，中国宫殿建筑的柱子细长而开间宽大；这种现象表明（   ）。
   A 希腊建筑有美的比例，中国建筑有理的哲学
   B 古希腊崇尚人体美，中国传统是自然美
   C 建筑的比例有合乎材料特性的关系
   D 文化不同，审美的标准不同

4. 帕提农神庙山花下的水平檐口中间微微下垂，其主要原因是（   ）。
   A 沉降变形   B 施工误差   C 视觉错觉   D 透视校正

5. 以下哪项建筑与其构图手法的对应关系较为贴切?
   A 巴西国会大厦——对比均衡   B 意大利威尼斯总督府——动态平衡
   C 巴黎凯旋门——渐变韵律   D 悉尼歌剧院——对称稳定

6. 在装饰纹样的疏密、粗细、凹凸程度的处理中，下列陈述哪一条不准确?（   ）
   A 阳面的装饰纹样要精细一些，阴面的装饰纹样可粗略一些
   B 近人栏杆柱头需精雕细刻，高高在上的檐口可适当粗略
   C 木雕应适当纤细一点，石雕可粗壮一些
   D 与人接触的部位要精细一些，接触不到的地方可粗略一些

7. 在建筑空间序列组织中，题图的两个示例都采用了（   ）。
   A 对称的建筑空间序列处理手法
   B 封闭的建筑外部空间与开阔的自然空间相对比的处理手法

---

❶ 本套试题中有关标准、规范的试题由于标准、规范的更新，有的题已经过时。但由于是整套题，我们没有删改且仍保持用旧规范作答，敬请读者注意。

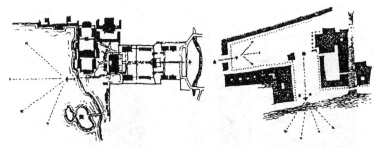

颐和园入口部分　　　　　　　圣马可广场

题7图

  C　错落的建筑形体与规整的广场空间相对比的处理手法
  D　丰富的建筑空间和简单的平面布局相对比的处理手法

8. 在进行建筑平面布置时，最常用下列哪些手段来分析和确定空间关系？
  Ⅰ．人流分析图；Ⅱ．平面网格图；Ⅲ．功能关系图；Ⅳ．结构布置图
  A　Ⅰ、Ⅳ　　　　B　Ⅱ、Ⅲ　　　　C　Ⅱ、Ⅳ　　　　D　Ⅰ、Ⅲ

9. 梁思成先生在设计天安门广场人民英雄纪念碑时，借鉴了颐和园的昆明湖碑。从题图可以看出前者要比后者大得多，这表明设计者在以下哪个方面把握得很好？（　　）

题9图

  A　建筑造型　　　B　建筑比例　　　C　建筑尺度　　　D　建筑环境

10. 用"近""净""静""境（环境）"表示设计要求的公共建筑是（　　）。
  A　图书馆　　　B　教学楼　　　C　医院门诊部　　　D　医院住院部

11. 下述关于观演性建筑的陈述中哪一条是不正确的？（　　）
  A　由大体量的观众厅和一系列辅助空间组成
  B　具有人流集中疏散的特点和要求
  C　必须解决视线距离、控制视角和观众席地面升高问题
  D　观众厅应首要考虑色彩、光线和照明设计

12. 公共建筑人流疏散有连续性、集中性、连续与集中兼有三种形态，与此对应的三种建筑类型分别是（　　）。
  A　火车站、展览馆、美术馆　　　　　B　医院门诊部、体育馆、火车站

C 电影院、音乐厅、图书馆　　　　　　D 商场、餐厅、医院急诊部

13. 如题图所示两座高层建筑，左、右分别是（　　）。

题 13 图

A 米兰派瑞利大厦，纽约西格拉姆大厦
B 米兰派瑞利大厦，纽约利华大厦
C 东京新宿住友大厦，纽约利华大厦
D 东京新宿住友大厦，纽约西格拉姆大厦

14. 下列关于一般观演建筑视线设计要考虑的因素中，哪一条不正确？（　　）
A 观看场景的不同　　　　　　　　　B 座位的排列方式
C 观众的差异　　　　　　　　　　　D 视点的选择

15. 高层办公楼多采用板式，而超高层办公楼多采用塔式，造成这种差异的主要原因是（　　）。
A 围护结构的节能要求　　　　　　　B 抵抗风荷载的要求
C 集中布置电梯的要求　　　　　　　D 外观造型上的要求

16. 为提高公共建筑的经济性，设计中要注重考虑增加建筑的（　　）。
A 外围护面积　　　　　　　　　　　B 有效面积
C 单位有效面积的体积　　　　　　　D 人均用地定额

17. 题图所示三个大跨度公共建筑，从上到下其屋盖结构类型分别是（　　）。
A 钢筋混凝土薄壳、钢筋混凝土薄壳、钢筋混凝土薄壳
B 钢筋混凝土拱肋、钢网架、钢筋混凝土薄壳
C 钢筋混凝土拱肋、钢筋混凝土薄壳、钢网架
D 钢筋混凝土薄壳、钢网架、钢网架

18. 不适合采用走道式空间组合形式的建筑是（　　）。
A 学校　　　　B 医院　　　　C 展览馆　　　　D 单身宿舍

19. 公共建筑的交通联系部分一般可分为三种基本空间形式，它们是（　　）。
A 走廊、楼梯、电梯与自动扶梯　　　B 门厅走道、楼梯、电梯
C 水平交通、垂直交通、枢纽交通　　D 主要交通、次要交通、枢纽交通

罗马小体育馆

巴黎工业展览馆

伊利诺伊大学会堂

题 17 图

20. 组织住宅套型内部良好通风应避免采用（   ）。
    A 门、窗对位　　　　　　　　　　B 庭院式天井
    C 居室通风与厨卫通风合流　　　　D 凹阳台

21. 下列有关住宅设计节约用地的措施，哪一项有误？
    A 减小住宅面宽，加大住宅进深　　B 减少层数，采用南向退台式
    C 适当增加东西朝向的住宅　　　　D 间距用地和道路用地重合

22. 住宅的物质寿命较长而功能寿命较短，正确的解决办法是（   ）。
    A 使耐久性适应功能寿命　　　　　B 增加住宅类型的多样化
    C 加快住宅的更新速度　　　　　　D 提高住宅的适应性和可变性

23. 住宅的分户墙必须满足（   ）。
    A 分隔空间要求，坚固要求，耐火等级要求
    B 承重要求，隔声要求，安全要求
    C 坚固要求，隔声要求，耐火等级要求
    D 承重要求，坚固要求，耐火等级要求

24. 题图所示两个住宅建筑都考虑了所在地的气候条件，从左到右，建筑的设计者以及所采取的适应气候的主要措施分别是（   ）。
    A 杨经文（Ken Yeang）、隔热，哈桑·法赛（H. Fathy）、自然通风

题 24 图

  B 杨经文（Ken Yeang）、遮阳、柯里亚（C. Correa）、自然通风

  C 勒·柯布西耶（Le Corbusier）、遮阳、柯里亚（C. Correa）、自然通风

  D 勒·柯布西耶（Le Corbusier）、通风、哈桑·法赛（H. Fathy）、遮阳

25. 工业化住宅体系中的基本矛盾是（　　）。
    A 建筑标准与经济性的矛盾　　　　B 多样化和标准化的矛盾
    C 工厂生产和现场施工的矛盾　　　D 模数体系和构件尺寸的矛盾

26. 在老年人公寓室内设计中，宜采用鲜艳明亮色彩的部位是（　　）。
    A 楼梯起步与台阶　B 卫生间洁具　C 房间墙壁　D 房间窗户

27. 长时间观看紫色的墙后再看白色的物体，会感到物体带有（　　）。
    A 紫色　　　　B 绿色　　　　C 蓝色　　　　D 黄色

28. 室内设计中要考虑的室内环境主要是指（　　）。
    A 物理环境、空间环境、心理环境
    B 热环境、声环境、光环境、空气环境
    C 功能环境、艺术环境、技术环境
    D 功能环境、视觉环境、空间环境

29. 中国古代用于分隔建筑室内空间的固定木装修隔断称为（　　）。
    A 幕　　　　B 屏　　　　C 罩　　　　D 帷

30. 下列哪项高度的确定不能考虑平均人体身高而应考虑较高人体身高？（　　）
    A 餐桌高度　　　　　　　　　　B 栏杆高度
    C 普通座椅高度　　　　　　　　D 楼梯踏步高度

31. 当同一色彩面积增大时，在视觉上有什么变化？
    A 明度升高、彩度升高　　　　　B 明度降低、彩度升高
    C 明度降低、彩度降低　　　　　D 明度升高、彩度降低

32. "可持续发展"（Sustainable Development）概念的定义是（　　）。
    A 在全世界范围内，使各个地区、各个国家、各个民族的经济和社会都得到发展
    B 节约能源，保护生态，发展经济
    C 既满足当代人的需要，又不对后代满足其需要的能力构成危害的发展
    D 在地球资源有限的条件下，保持世界经济持续发展

33. 题 33 图所示两个著名的生态建筑项目，上、下分别是（　　）。

题 33 图

A 伦佐·皮亚诺（Renzo Piano）设计的新喀里多尼亚吉巴欧文化中心
理查德·罗杰斯（Richard Rogers）设计的德国国会大厦改建

B 伦佐·皮亚诺（Renzo Piano）设计的新喀里多尼亚吉巴欧文化中心
诺曼·福斯特（Norman Foster）设计的德国国会大厦改建

C 杨经文（Ken Yeang）设计的新喀里多尼亚吉巴欧文化中心
理查德·罗杰斯（Richard Rogers）设计的英国国会大厦改建

D 杨经文（Ken Yeang）设计的马来西亚吉巴欧文化中心
诺曼·福斯特（Norman Foster）设计的英国国会大厦改建

34. 中国政府发表的《中国 21 世纪议程》是（　　）。

A 作为 1992 年联合国环境与发展大会发表《21 世纪议程》的组成部分
B 中国可持续发展的战略对策
C 中国在 21 世纪经济建设的目标和纲领
D 中国在 21 世纪的人口和环境政策

35. 被动式太阳能建筑（passive solar building）是指（　　）。

A 这种太阳能建筑不借用泵、风机来输送太阳能，不用光电转换系统把太阳能转换成电能
B 这种太阳能建筑是属于传统地区利用太阳能的乡土建筑，是没有建筑师的建筑（architecture without architects）
C 这种太阳能建筑是对太阳能的被动使用,即有太阳时有效,无太阳时(阴天、夜间)无效
D 这种太阳能建筑的设计者不具主动权，要依从居住者的要求

36. 从"全生命周期"看，下列材料哪一项全部是"绿色材料"?（　　）

A 钢材、混凝土、石材　　　　B 钢材、木材、生土
C 混凝土、黏土砖、生土　　　　D 木材、黏土砖、石材

37. 近年来被屡屡提到的"低碳"概念是指（   ）。
    A 减少煤炭的使用，减少大气污染
    B 降低二氧化碳浓度，改善室内空气质量
    C 减少含碳物质的使用
    D 减少二氧化碳排放，降低"温室效应"

38. 我国颁布的有关绿色建筑的第一部国家标准是（   ）。
    A 《绿色建筑评价标准》   B 《民用建筑节能设计标准》
    C 《生态住区和住宅评价标准》   D 《绿色建筑评估标准及细则》

39. 在建筑高度相同、平面面积相等的情况下，下列哪种形式更有利于节能？
    A 正方形   B 正三角形   C 正六边形   D 圆形

40. 下列关于开发利用太阳能的论述中，何者是不妥的？（   ）
    A 蕴藏量最大，取之不竭，用之不尽
    B 覆盖面最广，任何地区都有开发利用价值
    C 污染性最小
    D 安全性最佳

41. 下列三座中国古代石建筑，从左到右，其建造朝代分别是（   ）。

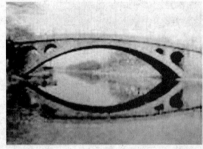

题41图

    A 唐、北魏、南梁   B 隋、东汉、唐
    C 汉、北魏、唐   D 隋、东汉、南梁

42. 下列三组中国古代建筑，按建造年代从远至近排序正确的是（   ）。

Ⅰ.北京妙应寺白塔   Ⅱ.河南登封嵩岳寺塔   Ⅲ.山西应县释迦塔

题42图

A Ⅱ、Ⅲ、Ⅰ　　　B Ⅲ、Ⅱ、Ⅰ　　　C Ⅰ、Ⅱ、Ⅲ　　　D Ⅱ、Ⅰ、Ⅲ

43. 颐和园内的谐趣园是模仿下列哪一座园林建造的?（　　）
　　A 狮子林　　　B 瘦西湖　　　C 寄畅园　　　D 网师园

44. 《营造法式》中"材、栔"分别是指（　　）。
　　A 建筑用材、屋架结构　　　　B 计量单位、屋架结构
　　C 计量单位、屋面坡度　　　　D 建筑用材、屋面坡度

45. 下面三座中国古代城市的平面图比例尺不同，方位均为上北下南，从左到右分别是（　　）。

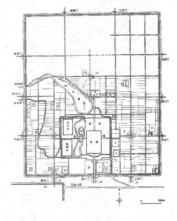

题 45 图

　　A 明南京、唐长安、元大都　　　　B 南朝建康、唐长安、明北京（内城）
　　C 南朝建康、汉长安、明北京（内城）　D 明南京、汉长安、元大都

46. 下列三座建筑从左到右分别是（　　）。

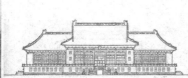

题 46 图

　　A 广州中山纪念堂、北京协和医院、南京党史陈列馆
　　B 重庆大会堂、北京协和医院、南京中央博物院
　　C 广州中山纪念堂、上海市政府大厦、南京中央博物院
　　D 重庆大会堂、上海市政府大厦、南京党史陈列馆

47. 南京中山陵和广州中山纪念堂设计竞赛获首奖的建筑师是（　　）。
　　A 庄俊　　　B 杨廷宝　　　C 吕彦直　　　D 梁思成

48. 下列哪一种技术成就在古罗马时期还没有出现?（　　）
　　A 小技术桁架　　　　　　　　B 配有钢筋的混凝土梁
　　C 动滑轮组和使用绞车的起重架　D 用水冲走秽物的公共厕所

49. 哥特式教堂结构体系是中世纪工匠的伟大成就，获得这个成就的主要原因（　　）。

653

A 建筑工匠进一步专业化和工匠中类似专业建筑师的产生
B 建筑力学和建筑结构计算的推广
C 教会的需求和王室的支持
D 罗马建筑技术的传承和中世纪工匠技艺的精湛

50. 意大利文艺复兴时期出现了许多卓越的城市广场，最有代表性的是（　　）。
A 恺撒广场　　　B 奥普斯广场　　　C 圣马可广场　　　D 圣彼得广场

51. 以下三处建筑遗址（见题图）从左到右分别是（　　）。

题51图

A 秘鲁马丘比丘、墨西哥特奥蒂瓦坎城、墨西哥蒂卡尔城
B 秘鲁库兹科城、墨西哥特奥蒂瓦坎城、墨西哥蒂卡尔城
C 秘鲁昌昌城、墨西哥蒂卡尔城、墨西哥奇清·伊扎
D 秘鲁马丘比丘、墨西哥特奥蒂瓦坎城、墨西哥奇清·伊扎

52. 下列四座古埃及建筑哪座建造年代最早？

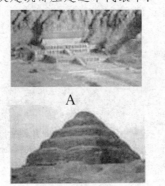

53. 我国现存最早的唐代木建筑是（　　）。
A 山西五台山佛光寺大殿　　　B 山西五台山南禅寺
C 河北正定隆兴寺　　　D 西安大明宫麟德殿

54. 抬梁式木构架、穿斗式木构架、竹木构干阑式、砖墙承重式四种结构形式的典型代表分别是（　　）。
A 北京四合院、安徽徽州民居、云南傣族民居、山西晋中民居
B 江苏苏州民居、福建永定民居、广西壮族民居、陕西关中民居
C 江苏苏州民居、江西婺源民居、云南傣族民居、陕西关中民居
D 北京四合院、云南白族民居、广西侗族民居、山西晋中民居

55. 下列为民居建筑平面示意图，从左到右分别是哪些地方的民居？（　　）

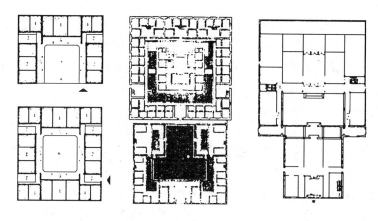

题 55 图

A 四川灌县、江苏苏州、安徽黟县 B 云南大理、福建永定、江苏吴县
C 四川灌县、福建永定、山西平遥 D 云南大理、山西祁县、江西婺源

56. 下列建筑从左到右分别是哪个省份的民居?（   ）

题 56 图

A 贵州、云南、陕西 B 湖南、山西、河南
C 四川、辽宁、陕西 D 湖南、辽宁、河南

57. 推动世界乡土建筑研究的一个重大事件是（   ）。

A 1963 年第 7 届国际建筑师协会大会"发展中国家的建筑"
B 1964 年在纽约举办的"没有建筑师的建筑"图片展
C 1969 年《设计结合自然》一书的出版
D 1969 年第 10 届国际建筑师协会大会"建筑是社会之原动力"

58. 图示三个地方民居从左到右分别处于什么地域气候?（   ）

题 58 图

A 非洲草原气候、斯堪的纳维亚寒温带森林气候、印度尼西亚赤道雨林气候

B 中美洲草原气候、斯堪的纳维亚寒温带森林气候、美洲亚马孙热带雨林气候

C 澳洲沙漠气候、西伯利亚寒温带气候、太平洋岛国热带气候

D 非洲草原气候、日本温带森林气候、东南亚热带雨林气候

59. "天下名山僧占多",佛教四大名山是指（　　）。

A 山西五台山、四川青城山、湖北武当山、浙江普陀山

B 江西三清山、四川峨眉山、山东泰山、河南嵩山

C 山西五台山、四川峨眉山、安徽九华山、浙江普陀山

D 山西五台山、江西龙虎山、安徽九华山、湖北武当山

60. 明清著名私家园林退思园、寄畅园、个园分别位于哪个城市？

A 苏州、常州、无锡　　　　B 吴江、无锡、扬州

C 吴江、苏州、扬州　　　　D 苏州、无锡、吴江

61. 欧洲的园林有以下哪两大类？（　　）

A 法国平地上的几何构图、意大利台地式的田园风光

B 法国以几何构图为基础、英国牧歌式的田园风光

C 意大利的人工造园多建筑小品、法国的自然林木和湖泊

D 南欧的台地式葡萄园、北欧的草原式风光

62. 题图中的塔建在哪个国家的花园中？（　　）

A 法国　　　　　B 意大利

C 奥地利　　　　D 英国

题62图

63. 题图所示的花园在以下哪个宫殿中？（　　）

A 罗马哈德良离宫

B 巴黎凡尔赛宫

C 维也纳美泉宫

D 法国枫丹白露宫

题63图

64. 题图所示三个建筑从左至右其设计者分别是（　　）。

A 埃及哈桑·法赛（H. Fathy）、日本的丹下健三（Tange Kenzo）、印度的柯里亚（C. Correa）

B 伊朗的哈桑·法赛（H. Fathy）、日本的前川国男（Mayekawa Kunio）、斯里兰卡的巴瓦（G. Bawa）

题64图

C 沙特的瓦赫德(Wahid)、日本的丹下健三(Tange Kenzo)、印度的多西(B. Doshi)

D 埃及的哈桑·法赛(H. Fathy)、日本的黑川纪章(Kurokawa Kisho)、印度的柯里亚(C. Correa)

65. 外国建筑与城市名著《美国大城市的死与生》《建筑的复杂性与矛盾性》《为了穷苦者的建筑》三本书的作者分别是（　　）。

A 霍华德（Howard）、詹克斯（Jencks）、哈桑·法赛（H. Fathy）

B 霍华德（Howard）、詹克斯（Jencks）、柯里亚（C. Correa）

C 雅各布斯（J. Jacobs）、文丘里（Venturi）、柯里亚（C. Correa）

D 雅各布斯（J. Jacobs）、文丘里（Venturi）、哈桑·法赛（H. Fathy）

66. 如题图两个建筑平面分别是（　　）。

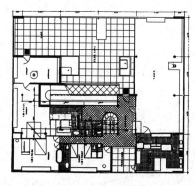
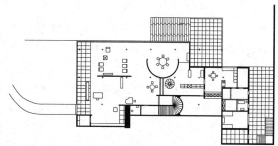

题 66 图

A 赖特（Frank Lloyd Wright）设计的落水别墅，密斯·凡·德·罗（Mies Van Der Rohe）设计的图根德哈特住宅

B 赖特（Frank Lloyd Wright）设计的落水别墅，密斯·凡·德·罗（Mies Van Der Rohe）设计的巴塞罗那博览会德国馆

C 勒·柯布西耶（Le Corbusier）设计的萨伏伊别墅，密斯·凡·德·罗（Mies Van Der Rohe）设计的巴塞罗那博览会德国馆

D 勒·柯布西耶（Le Corbusier）设计的萨伏伊别墅，密斯·凡·德·罗（Mies Van Der Rohe）设计的图根德哈特住宅

67. 下面两个建筑从左至右分别是（　　）。

题 67 图

A 盖里（Frank Gehry）设计的德国维特拉家具设计博物馆、李伯斯金（Daniel Libeskind）设计的柏林犹太人博物馆

B 盖里（Frank Gehry）设计的西班牙毕尔巴鄂古根汉姆博物馆、李伯斯金（Daniel Libeskind）设计的柏林犹太人博物馆

C 盖里（Frank Gehry）设计的德国维特拉家具设计博物馆、哈迪德（Zaha Hadid）设计的柏林犹太人博物馆

D 盖里（Frank Gehry）设计的西班牙毕尔巴鄂古根汉姆博物馆、李伯斯金（Daniel Libeskind）设计的华盛顿大屠杀纪念馆

68. 下述哪组建筑全部属于注重工业技术的"高技派"（Hi-Tech）？（　　）

A 罗杰斯（Richard Rogers）皮亚诺（Renzo Piano）设计的巴黎蓬皮杜艺术与文化中心、皮亚诺（Renzo Piano）设计的新喀里多尼亚吉巴欧文化中心、福斯特（Foster）设计的香港赤腊角新机场候机楼

B 罗杰斯（Richard Rogers）设计的伦敦劳埃德保险公司大厦、福斯特（Foster）设计的法兰克福商业银行、佩里（Pelli）设计的吉隆坡双塔大厦

C 福斯特（Foster）设计的香港汇丰银行、努韦尔（Jean Nouvel）设计的巴黎阿拉伯世界研究中心、罗杰斯（Richard Rogers）和皮亚诺（Renzo Piano）设计的巴黎蓬皮杜艺术与文化中心

D 贝聿铭（I. M. Pei）设计的波士顿汉考克大厦、格瑞姆肖（Grimshaw）设计的塞维利亚世博会英国馆、罗杰斯（Richard Rogers）设计的伦敦劳埃德保险公司大厦

69. 题图所示三座建筑，从上到下它们的设计人分别是（　　）。

A 勒·柯布西耶（Le Corbusier）、路易斯·康（Louis Isadore Kahn）、路易斯·康（Louis Isadore Kahn）

B 密斯·凡·德·罗（Mies Van Der Rohe）、勒·柯布西耶（Le Corbusier）、路易斯·康（Louis Isadore Kahn）

C 勒·柯布西耶（Le Corbusier）、勒·柯布西耶（Le Corbusier）、勒·柯布西耶（Le Corbusier）

D 密斯·凡·德·罗（Mies Van Der Rohe）、格罗皮乌斯（Walter Gropius）、勒·柯布西耶（Le Corbusier）

题69图

70. 下列哪一个是主要涉及文化遗产保护的国际文件？（　　）

A 《伊斯坦布尔宣言》　　B 《北京宪章》
C 《里约宣言》　　D 《威尼斯宪章》

71. 下列哪一组全部属于世界文化遗产？（　　）

A 平遥古城、福建土楼、周庄同里江南古镇群
B 龙门石窟、麦积山石窟、云冈石窟
C 泰山、大足石刻、武当山古建筑群

D 故宫、拉萨布达拉宫、元中都遗址

72. 下列哪项属于修建性详细规划的内容?（　　）
　　A 规定各地块建筑高度、建筑密度、容积率、绿地率的控制指标
　　B 作出建筑、道路、管网、绿地和竖向的布置和景观规划设计
　　C 确定各级支路的红线位置、控制点的坐标和标高
　　D 确定工程管线的走向和工程设施的用地界线

73. 下列哪项不是城市开放空间系统的概念?（　　）
　　A 在城市的建筑实体以外存在的开放空间体
　　B 一个公园体系
　　C 人、社会与自然进行信息、物质和能量交换的重要场所
　　D 提供充分的空间与环境潜力

74. 欧洲第三代卫星城的代表是（　　）。
　　A 哈罗（Harlow） 　　　　　　B 斯特文内几（Stevenage）
　　C 魏林比（Vallinby） 　　　　 D 米尔顿·凯恩斯（Milton Keynes）

75. 1934年伊利尔·沙里宁（Eliel Saarinen）针对城市膨胀带来的弊端，提出了（　　）。
　　A "花园城市"思想 　　　　　B "卫星城镇"思想
　　C "有机疏散"理论 　　　　　D "邻里单位"理论

76. 以方格网道路系统为骨架，以城市广场为中心，体现了市民民主文化的城市是（　　）。
　　A 波尔西巴（Borsippa）城 　　B 米列都（Milet）城
　　C 乌尔（Ur）城 　　　　　　　D 新巴比伦城

77. 我国古代运用周礼制城市规划思想与自然相结合建造的城市典范是（　　）。
　　A 金陵　　　B 邺城　　　C 隋长安　　　D 东都洛阳

78. 含小区与组团在内的新建居住区，其公共绿地人均指标不少于（　　）。（注：此题已过时）
　　A 0.9m²/人　　B 1.2m²/人　　C 1.5m²/人　　D 2.0m²/人

79. 如题图所示居住组团建筑布置的方法是（　　）。

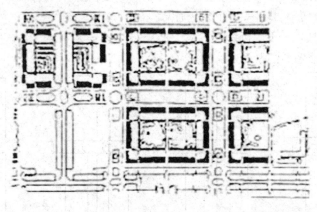

题79图

A 单周边　　B 双周边　　C 自由周边　　D 组合布置

80. 以下对居住区绿地规划基本要求的叙述中,哪一条是不正确的?( )
    A 集中与分散相结合
    B 重点与一般相结合
    C 点、线、面相结合
    D 尽可能避开劣地、坡地、洼地进行绿化

81. 1933年国际现代建筑协会(CIAM)将城市活动归结为四大功能,其中作为"城市第一活动"的功能是( )。
    A 居住   B 工作   C 游憩   D 交通

82. 下列示意图中不属于利用地形防止噪声的为( )。

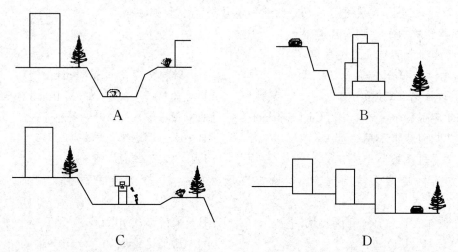

83. 把城市设计理论归纳为路径、边界、场地、节点、标志物五元素的学者是( )。
    A 伊利尔·沙里宁   B 埃蒙德·培根
    C 凯文·林奇   D 克里斯托夫·亚历山大

84. 在20世纪40至50年代侧重于对传统建筑进行再发现的建筑师是( )。
    A 哈桑·法赛(H. Fathy)   B 柯里亚(C. Correa)
    C 拉尔夫·厄斯金(Ralph Erskine) D 霍普金斯(Hopkins)

85. 下列哪座城市的总体规划采用了带状布局?( )
    A 天津   B 西安   C 重庆   D 兰州

86. 图示停车位间绿化布置方式正确的是( )。

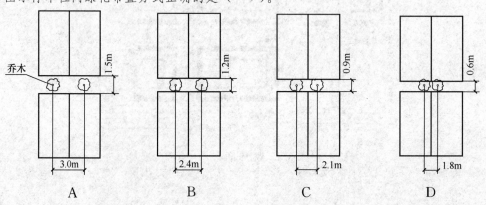

87. 可持续发展的原则不包括（　　）。
    A 公平性原则　　　B 持续性原则　　　C 共同性原则　　　D 难易性原则

88. "可持续发展战略"是在哪一个国际会议上被各国普遍接受的？（　　）
    A 1972年联合国"人类环境会议"　　　　B 1981年国际建协（UIA）"华沙宣言"
    C 1987年挪威"我们共同的未来"　　　　D 1992年联合国"环境与发展大会"

89. 厂房内设置丙类仓库时，必须采用防火墙隔开，正确的是（　　）。

    A 丙类仓库／丁类厂房 1.0h　　B 丙类仓库／丁类厂房 1.5h　　C 丙类仓库／丁类厂房 2.0h　　D 丙类仓库／丁类厂房 2.5h

90. 图示仓库中可设一个安全出口且面积最大的是（　　）。

    A 占地面积≤300m²　　B 占地面积≤350m²　　C 占地面积≤400m²　　D 占地面积≤500m²

91. 某高层办公建筑的三层裙房商场内，有两个防烟楼梯间，每个梯宽1.5m；两个封闭楼梯间，每个梯宽2.0m；中庭有一个开敞楼梯，梯宽1.8m；一个室外楼梯，净宽_____m。三层商场的疏散总宽度是（　　）。
    　　　　　　　　　　B 7.0m　　　　C 7.8m　　　　D 8.8m

92. _____物安全出口的是（　　）。
    　　　　　B 消防电梯　　　C 自动扶梯　　　D 楼梯

93. _____梯设置正确的是（　　）。
    _____在首层通向室外出口的通道长度不应超过35m
    _____量不应小于900kg
    _____室门应采用乙级防火门
    _____机房与相邻其他电梯机房之间应采用耐火极限不低于2.00h的隔墙隔开，当在隔墙上开门时应设乙级防火门

94. 无自然采光楼梯间和封闭楼梯间各部位装修材料的燃烧性能的等级应为（　　）。
    A 顶棚B1级，墙面A级，地面A级　　　B 顶棚A级，墙面A级，地面A级
    C 顶棚A级，墙面B1级，地面A级　　　D 顶棚B1级，墙面A级，地面B1级

95. 以下哪项不符合防烟楼梯间入口处的要求？
    A 设有防烟前室　　　　　　　　　　B 设有开敞式阳台
    C 设有开敞式凹廊　　　　　　　　　D 设有中庭

96. 哪类用房不能设在人民防空工程内？（　　）
    A 放映厅　　　B 游乐厅　　　C 汽车库　　　D 歌舞厅

97. 地下商场营业厅顶棚、墙面和地面装修材料的燃烧性能等级应分别为（　　）。
    A B1级、A级、A级　　　　　　　　B A级、B1级、B1级
    C A级、A级、B1级　　　　　　　　D A级、A级、A级

98. 地下汽车库室内最远工作地点至楼梯间的距离依条件不同而不同，当未设和设有自动

灭火系统时，其距离各不应超过多少米？（　　）

　　A　30m、50m　　　B　40m、50m　　　C　45m、60m　　　D　30m、60m

99. 人民防空地下室的以下哪道墙体是临空墙？

　　A　有覆土的地下室外墙

　　B　滤毒室和风机房之间的隔墙

　　C　装有密闭门的墙

　　D　到室外出入口的通道和人员掩蔽所之间的隔墙

100. 人民防空地下室的防毒通道是指（　　）。

　　A　防烟楼梯间的前室

　　B　通向滤毒室和风机房的通道

　　C　防护密闭门和密闭门之间所构成的，有通风和超压排风的空间

　　D　防护密闭门和密闭门之间的通道，是依靠密闭隔绝作用阻挡毒剂侵入室内的密闭空间

101. 人民防空地下室两相邻防护单元连通口应设防护密闭门，设置方法正确的是（　　）。

　　A　相邻防护单元抗力相同时，按高抗力设一道

　　B　相邻防护单元抗力不同时，按高抗力设两道

　　C　相邻防护单元抗力不同时，与所在防护单元一致，两侧各设一道

　　D　相邻防护单元抗力不同时，高抗力防护单元侧设低抗力门，低抗力防护单元侧设高抗力门各一道

102. 老年人居住建筑中卧室、起居室的采光窗洞口面积与该房间的面积之比不宜小于（　　）。

　　A　1/5　　　　　　B　1/6　　　　　　C　1/7　　　　　　D

103. 下列哪条符合侧窗有效采光面积计算的规定？

　　A　采光口面积的80%为有效采光面积

　　B　采光口离地面高度在0.6m以上部分为有效采光面积

　　C　采光口上部有外廊、阳台等外挑遮挡物时，采光口的60%为有效采光面

　　D　采光口上部无外挑遮挡物时，采光口离地面高度在0.8m以上的部分为有效采光面积

104. 规范对旅馆客房隔墙体的空气声隔声量要求是不同的，其中要求最高的是（　　）。

　　A　客房内卫生间隔墙　　　　　　B　客房与走廊间隔墙

　　C　客房与客房间隔墙　　　　　　D　客房外墙

105. 采用哪种做法可以使住宅的现浇钢筋混凝土楼板隔声效果最好？（　　）

　　A　70mm水泥焦砟垫层　　　　　B　50mm细石混凝土＋20mm聚苯板

　　C　楼板下做石膏板吊顶　　　　　D　30mm水泥砂浆上贴复合木地板

106. 公共建筑周围人行区中不影响室外活动舒适性的风速为（　　）。

　　A　2m/s　　　　　B　3m/s　　　　　C　4m/s　　　　　D　5m/s

107. 城市公共厕所中，男女厕位分别超过多少时宜设双出入口？

　　A　30个　　　　　B　25个　　　　　C　20个　　　　　D　18个

108. 下列老年人居住建筑公用走道的设计表述中，哪项不符合规范要求？（　　）

　　A　有效宽度不小于1.50m

B 设有告示牌和宣传灯箱，突出墙面0.25m
C 地面有高差处设置1∶12的坡道
D 设置单层扶手时高度为0.80~0.85m

109. 下列剧场观众厅纵走道中，何者符合规范要求？（　　）
    A 采用台阶式，踏步宽0.90m、高0.22m
    B 采用坡道式，坡度1∶7，面层为木地板
    C 采用坡道式，坡度1∶8，面层为大理石
    D 采用坡道式，坡度1∶10，面层为B1级地毯材料

110. 办公建筑为多少层时允许设置电梯？（　　）
    A 七层及以上　　B 六层及以上　　C 五层及以上　　D 四层及以上

111. 住宅走廊及公共部分通道的净宽和局部净高各不应低于多少？（　　）
    A 1.25m，2.20m　　　　　　　B 1.20m，2.00m
    C 1.10m，2.00m　　　　　　　D 1.00m，2.10m

112. 哪些地区的公共建筑体形系数不应大于0.4？（　　）
    A 严寒地区A区和B区　　　　　B 严寒地区和寒冷地区
    C 严寒地区、寒冷地区和夏热冬冷地区　　D 严寒地区B区和寒冷地区

113. 除气候分区外，公共建筑外窗传热系数限值的确定尚取决于（　　）。
    A 窗的类型和窗地比　　　　　B 窗的类型和墙体材料
    C 体形系数和墙体材料　　　　D 体形系数和窗墙比

114. 公共建筑窗墙比应符合下列哪项要求？（　　）
    A 南向不应大于0.7，其他朝向不应大于0.5
    B 四个朝向的总窗墙比不应大于0.7
    C 每个朝向都不应大于0.7
    D 南向的玻璃幕墙不应大于0.8，其他朝向不应大于0.7

115. 外墙平均传热系数是指（　　）。
    A 将结构性热桥影响考虑在内的外墙传热系数
    B 外墙和外窗的综合传热系数
    C 多层复合外墙传热系数的平均值
    D 同一建筑采用多种外墙形式时的外墙传热系数加权平均值

116. 下列夏热冬冷地区居住建筑围护结构和其所对应的性能指标中，何者正确？（　　）
    A 屋面：传热系数和天窗面积　　　B 外墙：传热系数和热惰性指标
    C 外窗：传热系数和遮阳系数　　　D 分户墙和楼板：传热系数

117. 居住建筑采用哪种热水系统最节能环保？（　　）
    A 分户天然气热水系统　　　　　B 分户电加热热水系统
    C 太阳能热水系统　　　　　　　D 天然气集中供给热水系统

118. 必须设无障碍专用厕所的建筑是（　　）。
    A 学生宿舍　　B 高等院校　　C 科研建筑　　D 交通建筑

119. 下列乘轮椅者通行的走道，其宽度不符合规定的是（　　）。
    A 检票口≥900mm　　　　　　　B 小型公共建筑≥1200mm

C 中型公共建筑≥1500mm   D 大型公共建筑≥1800mm

120. 供轮椅通行的坡道不宜设计成（　　）。
　　A 直线形　　　B 曲线形　　　C 折返形　　　D 直角形

121. 供轮椅通行的坡道当坡度为1：12时，坡道的最大高度和水平长度各应为多少米？（　　）
　　A 0.35m，2.80m　　　　　　B 0.60m，6.00m
　　C 0.75m，9.00m　　　　　　D 1.00m，16.00m

122. 建筑入口的雨水箅子不得高出地面，其孔洞不应大于多少？（　　）
　　A 15mm×15mm　　　　　　B 16mm×16mm
　　C 17mm×17mm　　　　　　D 18mm×18mm

123. 某室内汽车库采用垂直式停放车辆，如小型车宽1.8m，柱宽0.8m，停放3辆小型车的最小轴线间距是（　　）。
　　A 7.5m　　　B 7.8m　　　C 8.0m　　　D 8.2m

124. 以下哪组轴线编号不符合规定？（　　）
　　A 普通轴线编号①、②…、Ⓐ、Ⓑ…
　　B 插入轴线编号 1/3…，1/E…
　　C 分区轴线编号 1-1、2-1…，a-1、b-1…
　　D 圆形平面，径向轴线编号①、②…圆周轴线编号Ⓐ、Ⓑ…

125. 剧场和电影院观众厅建筑声学的设计重点是（　　）。
　　A 电声设计　　　　　　　B 观众厅体形设计和混响时间控制
　　C 噪声控制　　　　　　　D 观众厅消音设计

126. 下列剧场最远视点的表述中，不能满足规范要求的是（　　）。
　　A 伸出式剧场不大于20m　　B 话剧剧场不大于28m
　　C 戏剧剧场不大于30m　　　D 歌舞剧场不大于33m

127. 下列哪项不在图书馆文献资料的建筑防护内容中？（　　）
　　A 防水防潮　　B 防噪声　　C 防紫外线照射　　D 防磁防静电

128. 体育运动场地出入口的大小除了满足出入方便和疏散要求外，还必须满足下列哪项要求？
　　A 器材运输　　　　　　　B 媒体采访
　　C 运动员和观众交流　　　D 贵宾出入

129. 依据《工程勘察设计收费标准》，可以将建筑等级划分为（　　）。
　　A Ⅰ级、Ⅱ级、Ⅲ级　　　　B 一类、二类、三类
　　C Ⅰ级、Ⅱ级、Ⅲ级、Ⅳ级　　D 一类、二类

130. 以下哪项工程设计条件不是划分建筑等级的依据？（　　）
　　A 建筑面积　　　　　　　B 室内装修标准
　　C 投资额度　　　　　　　D 建筑高度

131. 以下哪项包括了初步设计文件的全部内容？（　　）
　　A 总平面图、设计总说明、有关专业设计图纸、主要设备和材料表
　　B 包括设计总说明和各专业设计说明的设计说明书、有关专业设计图纸、工程概算

书、有关专业计算书、主要设备和材料表
C 设计总说明和各专业设计说明，工程总价估算，建筑平、立、剖面图
D 地形图，总平面图，区域规划图，建筑平、立、剖面图

132. 以下哪项不应列入建筑专业施工图内容？（　　）
 A 门窗表、装修做法或装修表
 B 对采用新技术、新材料的做法说明及必要的建筑构造说明
 C 墙体、地下室防水、屋面、外墙饰面、节能等材料要注明规格、性能及生产厂家
 D 幕墙工程及特殊屋面金属、玻璃、膜结构等工程的性能及制作要求

133. 在施工图设计阶段，建筑专业设计文件应包括（　　）。
 A 设计总说明、设计图纸、土建工程预算
 B 图纸目录、施工图设计说明、设计图纸、建筑专业预算
 C 图纸目录、施工图设计说明、设计图纸、计算书
 D 施工图设计说明、设计图纸、专业预算书、节能计算书

134. 《住宅性能评定技术标准》将住宅评定指标的分值设定为（　　）。
 A 八项　　　　B 五项　　　　C 四项　　　　D 三项

135. 住宅性能按照评定得分可划分为（　　）。
 A 一级、二级、三级　　　　B A级、B级、C级
 C A级、B级　　　　　　　　D A级、B级、C级、D级

136. 住宅环境性能的评定除用地与规划、建筑造型和公共服务设施外还应包括以下哪四个评定项目？（　　）
 A 绿地与活动场地、室外噪声与空气污染、水体与排水系统、智能化系统
 B 绿地与水面、室外空气质量、道路与排水系统、物业管理
 C 绿地与活动场地、室外噪声控制、道路与停车、雨污水排放系统
 D 绿地与活动场地、室外噪声控制、道路与停车、智能化系统

137. 住宅性能评定分为以下哪几个方面？（　　）
 A 耐久性能、安全性能、经济性能、环境性能、适用性能
 B 功能合理性、经济环保性、生活安全性
 C 实用性能、环保性能、经济性能、安全性能
 D 平面功能性能、总体节能性能、经济合理性能、环境交通性能

138. 依据住宅性能评定标准对围护结构进行评定时，下列哪项不在评定范围内？（　　）
 A 外墙传热系数　　B 外窗传热系数　　C 窗墙面积比　　D 屋顶传热系数

139. 住宅外部空间生理环境的三个重要方面是（　　）。
 A 日照、通风、防噪声　　　　B 绿化、日照、交通服务
 C 日照、安全、健身设施　　　D 购物、交通、教育设施

140. 寒冷地区和炎热地区住宅设计的差异主要表现在（　　）。
 A 寒冷地区要考虑节能，炎热地区不必考虑节能
 B 建筑质量和造价控制不同
 C 建筑与等高线的关系
 D 规划布局和套型设计

665

2011年试题解析及参考答案

1. **解析：** 美国建筑师约翰·波特曼在他设计的旅馆建筑中首创共享空间概念。
   答案： C

2. **解析：** 图中人体模数数值自下而上的排列关系与菲波那契数列非常接近，即前两数之和等于第三数。
   答案： B

3. **解析：** 古希腊神庙采用石材建造，受到石材结构跨度的限制，相对于粗壮的柱子，开间显得狭窄；而中国古代宫殿多为木结构，开间的高宽比例明显较小。
   答案： C

4. **解析：** 据研究，古希腊人设计建造帕提农神庙时已经能够运用透视校正的方法处理建筑造型。
   答案： D

5. **解析：** 巴西利亚的国会大厦采用非对称的立面构图，建筑横、竖向体量间形成强烈对比，是对比均衡构图手法的范例。
   答案： A

6. **解析：** 参见《建筑空间组合论》第68页，装饰纹样的疏密、粗细、隆起程度的处理，必须具有合适的尺度感。一般与纹样处于阳面或阴面无关。
   答案： A

7. **解析：** 这两个建筑实例都采用了封闭的建筑外部空间与开阔的自然空间相对比的处理手法。
   答案： B

8. **解析：** 人流分析图和功能关系图是运用现代主义建筑设计方法进行平面布置、确定空间关系的最常用分析手段。
   答案： D

9. **解析：** 这是梁思成先生成功把握建筑尺度的一个设计实例。
   答案： C

10. **解析：** 四种公共建筑都有"近"和"境"的要求，其中的医疗建筑更突出要求"净"。而仅就门诊部和住院部而言，住院部更要求"静"。
    答案： D

11. **解析：** 观众厅设计首先要考虑的是视听问题，色彩、光线和照明问题尚属次要。
    答案： D

12. **解析：** 医院门诊部人流是连续不断的；体育馆人流则有集中于开场前和散场时集散的特点；火车站既有列车出发前和到达后的集中人流，又有大量不同车次连续不断输送旅客的特点。
    答案： B

13. **解析：** 派瑞利大厦平面呈梭形，不易与其他作品搞混；西格拉姆大厦和利华大厦都是板式高层办公楼，区别在于前者无裙房，后者有裙房。
答案：A

14. **解析**：一般观演建筑视线设计不会因演出剧目的场景不同而改变。
    答案：A

15. **解析**：超高层办公楼抵抗风荷载的要求比一般高层办公楼要高得多。二者在节能、布置电梯和外观造型上的要求相差并不大。
    答案：B

16. **解析**：见《公建设计原理》112页。
    答案：C

17. **解析**：见《公建设计原理》102页，三个均为钢筋混凝土薄壳。
    答案：A

18. **解析**：见《建筑空间组合论》123页，展览馆这类有大量人流集散的公共建筑适合采用以广厅连接空间的组合形式，而不宜采用走道式空间组合形式。
    答案：C

19. **解析**：见《公建设计原理》29页。
    答案：C

20. **解析**：居室通风与厨卫通风合流会将厨房油烟等有害气体引入居室。
    答案：C

21. **解析**：采用北向退台式可减少住宅的日照间距用地，南向退台则无此效果。
    答案：B

22. **解析**：见《住宅设计原理》91页。
    答案：D

23. **解析**：住宅的分户墙必须满足隔声和防火要求。
    答案：C

24. **解析**：左图为住宅遮阳，右图为自然通风。左图是马来西亚建筑师杨经文设计的自宅，右图是印度建筑师C柯里亚设计的干城章嘉公寓。
    答案：B

25. **解析**：见《住宅设计原理》216页，多样化与规格化的问题是工业化住宅建筑方案设计中的基本矛盾。
    答案：B

26. **解析**：老年人的视力普遍较弱，在老年公寓的楼梯、台阶的踏步处宜用鲜明的色彩提示。
    答案：A

27. **解析**：这是色彩感觉的连续对比现象，也叫补色残像。紫色的补色是黄色。
    答案：D

28. **解析**：物理环境、空间环境、心理环境，这三项比较全面地概括了室内设计中主要考虑的内容。热环境、声环境、光环境、空气环境都只是物理环境；技术环境的概念含糊；视觉环境则可归于空间环境和心理环境范畴。
    答案：A

29. 解析：屏和罩均属木装修隔断，而屏可活动，罩则是固定的。
    答案：C
30. 解析：为防人身坠落，栏杆高度应按我国成年男子身体重心的平均高度确定。
    答案：B
31. 解析：见《建筑设计资料集1》42页，色彩感觉的对比现象。
    答案：A
32. 解析：1992年里约热内卢世界环境与发展大会首先提出的"可持续发展"概念是："既满足当代人的需要，又不对后代满足其需要的能力构成危害的发展。"
    答案：C
33. 解析：上图是伦佐·皮亚诺设计的新喀里多尼亚吉巴欧文化中心，建筑师运用当地独特的棚屋结构形式打造出片片风帆的建筑形象，十分独特。下图是诺曼·福斯特设计的德国国会大厦改建，其新建的玻璃穹顶引人注目。
    答案：B
34. 解析：《中国21世纪议程》是中国政府响应联合国环境与发展大会《21世纪议程》，于1994年提出的中国21世纪人口、环境与发展白皮书。其主要内容是"可持续发展总体战略与政策"。
    答案：B
35. 解析：被动式太阳能建筑并非没有建筑师的建筑，无太阳时可利用建筑本身的蓄热采暖，设计者是有主动权的。
    答案：A
36. 解析：首先排除黏土砖，因为取土烧砖破坏生态环境，已被我国政府明令禁止使用。再比较A、B选项，似乎木材、生土比混凝土、石材更显"绿色"。
    答案：B
37. 解析："低碳"概念是指减少二氧化碳排放，降低"温室效应"。
    答案：D
38. 解析：《绿色建筑标准》自2006年6月1日起实施。
    答案：A
39. 解析：圆形平面建筑的外表面积相对最小，因而体形系数相对最小，更有利于节能。
    答案：D
40. 解析：在全年日照时数过低的地区利用太阳能的经济效益太差，不宜推广开发。
    答案：B
41. 解析：参见《中国建筑史》（第七版）第38、37、33页可知：三张照片的内容分别是河北赵县隋赵州桥、四川雅安东汉高颐墓子母阙、江苏南京南梁建康萧景墓表。
    答案：D
42. 解析：参见《中国建筑史》（第七版）第177、183页等可知所示图片建造年代排序是：北京元代妙应寺白塔、河南登封北魏嵩岳寺塔、山西应县辽代佛宫寺释迦塔；从远至近，其年代顺序为A。
    答案：A
    考点：塔的形制。

43. **解析:** 参见《中国建筑史》(第七版) 第 204 页可知：乾隆感念蒙荫之爱，特派人写仿祖父康熙下江南无锡驻跸处"寄畅园"至清漪园，即颐和园中营建。此题也是 2010 年考题。

    答案: C

    考点: 谐趣园、皇家园林。

44. **解析:** 参见《中国建筑史》(第七版) 第 274 页所述，即："材、栔"都是宋代建筑的计量单位。屋面坡度的概念来自"举势"。原试题题干缺少后一部分提问。

    答案: C

    考点:《营造法式》。

45. **解析:** 参见《中国建筑史》(第七版) 第 77 页图、第 66、72 页图（从左至右依次示意图），本题图示从左至右分别是明南京、唐长安和元大都。

    答案: A

    考点: 古代中国城市建设。

46. **解析:** 参见《中国建筑史》(第七版) 第 414 页所述"自中山陵后，广州中山纪念堂（图 14-13）、上海市政府大厦（图 14-14）、……南京中央博物院（图 14-22）"可知，图示三座建筑从左至右分别是广州中山纪念堂、上海市政府大厦、南京中央博物院。

    答案: C

    考点: 近代中国"传统复兴"。

47. **解析:** 参见《中国建筑史》(第七版) 第 399 页所述"与中山陵设计竞赛一样，吕彦直同样以出类拔萃的设计，在 28 份应征设计中夺得头魁。"19 世纪 20 年代，在南京中山陵和广州中山纪念堂设计竞赛中获首奖的建筑师都是吕彦直。

    答案: C

    考点: 吕彦直。

48. **解析:** 根据《外国建筑史》(第四版) 第 67~71 页，古罗马时代建筑中使用过天然混凝土，钢筋混凝土是近代大工业生产的产物。1824 年英国生产出波特兰水泥，1855 年转炉炼钢法出现后，钢材开始普遍使用。因此，钢筋混凝土的普遍使用是在 1890 年以后。故应选 B。

    答案: B

    考点: 钢筋混凝土的历史。

49. **解析:** 根据《外国建筑史》(第四版) 第 116 页，哥特式教堂结构成就的主要原因是：第一建筑工匠进一步专业化，分工很细，术业因而很精；第二从工匠中，主要是石匠中产生了类似专业的建筑师和工程师，专业建筑师的产生对建筑水平的提高起着重要的作用。故应选 A。

    答案: A

    考点: 西欧中世纪哥特式教堂。

50. **解析:** 根据《外国建筑史》(第四版) 第 173 页，圣马可广场被赞誉为"欧洲最漂亮的客厅"，它基本上是文艺复兴时期完成的。圣彼得大广场是巴洛克时期建成的。故应选 C。

    答案: C

考点：意大利文艺复兴与巴洛克。

51. 解析：图片题，美洲印第安文明有三大代表：玛雅文化、阿兹特克文化和印加文化。左图为印加文化中的马丘比丘城堡、中图为玛雅文化中的特奥蒂瓦坎城中心的月亮金字塔广场，右图为多尔台克文化的代表，在奇清·伊扎的"螺旋塔"。故应选D。

    答案：D

    考点：美洲印第安文明。

52. 解析：图片题，根据《外国建筑史》（第四版）第14页，图A为新王朝时期建造的女皇哈特什帕苏（公元前1525~前1503年）墓；根据该书第15页，图B为阿蒙神庙，古埃及新王朝时期太阳神成为主神，与作为新首都底比斯的地方神阿蒙合二为一，阿蒙神庙延续了中王国的神庙形制；根据该书第9页，图C为第一座石头金字塔，绍赛尔金字塔，大约建于公元前3000年；根据该书第10页，图D为吉萨金字塔群，建于公元前三千纪中叶，是古埃及金字塔最成熟的代表。所以绍赛尔金字塔建造年代最早，故应选C。

    答案：C

    考点：古代埃及峡谷里的陵墓、太阳神庙、金字塔的演化。

53. 解析：参见《中国建筑史》（第七版）第154页所述"唐会昌五年（公元845年）……武宗灭法"，佛教建筑损毁一时，但南禅寺大殿因地处偏僻而未毁于此次灭法，因而是目前发现的最早的唐代木构建筑。我国现存最早的唐代木建筑是山西五台山的南禅寺大殿，其主体结构保存较为完整。

    答案：B

    考点：南禅寺大殿。

54. 解析：参见《中国建筑史》（第七版）第100、92、94页，北京四合院为抬梁式木构架，云南白族民居为穿斗式木构架，广西侗族民居、云南傣族民居等为竹木干阑式，山西晋中民居为砖墙承重式。

    答案：D

    考点：中国住宅建筑构筑类型。

55. 解析：参见《中国建筑史》（第七版）第98、103、83页可知，本题图示分别为云南大理一颗印住宅、福建永定遗经楼、江苏吴县（相当于现在的苏州市吴中区和相城区）东山尊让堂。

    答案：B

    考点：中国古代住宅建筑类型。

56. 解析：参见《中国建筑史》（第七版）第93~94页及106页可识别，本题图示从左至右分别为湖南西部吊脚楼、山西晋商宅院以及河南地坑院。

    答案：B

    考点：中国古代住宅建筑类型。

57. 解析：推动世界乡土建筑研究的一个重大事件是1964年在纽约举办的"没有建筑师的建筑"图片展。1969年出版的《设计结合自然》是英国城市规划和景观设计师麦克哈格的作品，主要内容是从生态科学的角度论述景观设计。1963年第7届国际建筑师协会大会"发展中国家的建筑"和1969年第10届国际建筑师协会大会"建筑是社会之原动力",都是职业建筑师的会议,与乡土建筑和民间建筑师,即非职业建筑师,是两个领域。伯纳德·鲁道夫斯基1964年在纽约现代艺术博物馆组织举办了题为"没有建筑师的建筑"主题展览,随后出版了同名著述,在建筑理论界引起了极大的反响。他科学公正地评述了非职业匠师和民众的乡土建筑,推动了对传统的非西方"主流"建筑文化的探索研究。故应选B。

    答案: B

    考点: 世界乡土建筑研究。

58. **解析:** 图片从左至右分别为:非洲草原气候建筑[特征:圆形、夹泥木墙(类似木骨泥墙)、草顶],斯堪的纳维亚的木结构教堂(特征:公元15世纪,丹麦等地因航海业发展而兴盛起来的木结构教堂。在俄罗斯等地也有一定发展),印度尼西亚赤道雨林气候的船屋(特征:亚太地区海洋文化建筑特征、干阑建筑、东南亚"长屋"和船形屋顶造型)。故应选A。

    答案: A

    考点: 外国木构及干阑建筑。

59. **解析:** 参见《中国建筑史》(第七版)第217页所述"天下名山僧占多""……佛教四大名山……"可见,"天下名山僧占多",佛教四大名山,即四大菩萨道场为:山西五台山、四川峨眉山、安徽九华山和浙江普陀山。

    答案: C

    考点: 佛教建筑。

60. **解析:** 参见《中国建筑史》(第七版)第213、208、215页,退思园建于吴江、寄畅园建于无锡、个园位于扬州。

    答案: B

    考点: 江南名园。

61. **解析:** 根据《外国建筑史》(第四版)第276页,欧洲的园林有两大类,一类起源于意大利,发展于法国的以几何构图为基础;另一类为英国式,为牧歌式的田园风光,与原野没有界线。故应选B。

    答案: B

    考点: 欧洲18世纪园林流派。

62. **解析:** 图片题,根据《外国建筑史》(第四版)第276页,18世纪下半叶曾经为英国皇家建筑师的钱伯斯为皇家设计了中国式的丘园,其中建了一座中国式塔,八角形平面,10层,高49.7m。故应选D。

    答案: D

    考点: 欧洲18世纪园林流派。

63. **解析:** 图片题,根据《外国建筑史》(第四版)第212页,在巴黎郊外的孚-勒-维贡府邸第一个把古典主义原则注入园林艺术中去,获得了很大成功。古典主义者不能欣赏自然的美,认为艺术高于自然。各种树林小径都被组成几何图案。连树木都修剪成几何形的。国王路易十四看到孚-勒-维贡府邸,十分美慕,下令建造凡尔赛宫和它的花园。园林范围很大,中轴东西长达3公里,有一条横轴和几条次轴,几何形花坛和水池。园里布满雕像和喷泉。图片所示即为凡尔赛宫,故应选B。

答案：B

考点：法国古典主义建筑绝对君权的纪念碑。

64. 解析：图片题，根据《外国近现代建筑史》（第二版）第292页，左图为埃及建筑师法赛设计的城市市场工地；根据该书第207页，中图为日本建筑师丹下健三设计的东京代代木国立室内综合竞技场的大体育馆与小体育馆；根据该书第302页，右图为印度建筑师柯里亚设计的甘地纪念馆。故应选A。

答案：A

考点：两次世界大战之间现代建筑派诞生，第三世界国家对地域性与现代性结合建筑的探索。

65. 解析：根据《外国近现代建筑史》（第二版）第330、331页：

雅各布斯的《美国大城市的生与死》对功能城市规划思想公开挑战，也对包括霍华德花园城市在内的近代种种工业化城市的规划思想都提出批判；

文丘里的《建筑性的复杂性与矛盾性》着眼于建筑本身的设计范畴，批判现代建筑技术理性排斥了建筑所应包含的矛盾性和复杂性；

法赛1969年发表《为了穷者的建筑》，代表了非西方国家建筑界对国际式建筑的公开抵抗。它不仅使西方世界之外的国家和地区都转向对自身历史和传统的挖掘和认识，也使西方世界内部关注到自身的多样性和差异性。故应选D。

答案：D

考点：现代主义之后的建筑思潮，现代主义之后的后现代主义。

66. 解析：图片题，根据《外国近现代建筑史》（第二版）第76页，左图建筑是勒·柯布西耶设计的萨伏伊别墅；根据《外国近现代建筑史》（第二版）第84页，右图建筑是密斯·凡·德·罗设计的图根德哈特住宅。故应选D。

答案：D

考点：两次世界大战之间的，勒·柯布西耶、密斯·凡·德·罗。

67. 解析：图片题，根据《外国近现代建筑史》（第二版）第385页，左图建筑是盖里设计的德国维特拉家具设计博物馆；根据《外国近现代建筑史》（第二版）第379页，右图建筑是李伯斯金设计的柏林犹太人博物馆。故应选A。

答案：A

考点：现代主义之后的解构主义。

68. 解析：根据《外国近现代建筑史》（第二版）第276页，贝聿铭（I·M·Pei）设计的波士顿汉考克大厦属于"高技派"（Hi-Tech）作品；

根据《外国近现代建筑史》（第二版）第408页，格瑞姆肖（Grimshaw）设计的塞维利亚世博会英国馆属于"高技派"（Hi-Tech）作品；

根据《外国近现代建筑史》（第二版）第404页，罗杰斯（Richard Rogers）设计的伦敦劳埃德保险公司大厦属于"高技派"（Hi-Tech）作品。故应选D。

答案：D

考点："二战"后注重高度工业技术的倾向，现代主义之后高技派的新发展。

69. 解析：图片题，根据《外国近现代建筑史》（第二版）第76、251、253页，图中三个建筑分别是勒·柯布西耶设计的萨伏伊别墅（1930年）、巴黎瑞士学生宿舍（1932

年)、昌迪加尔行政中心（1957年）议会大厦。故应选C。

答案： C

考点： 两次世界大战之间的勒·柯布西耶，"二战"后的勒·柯布西耶。

70. **解析：** 1964年5月从事历史文物建筑工作的建筑师和技术人员在威尼斯举行会议，制定了保护文物建筑及历史地段的国际宪章——《威尼斯宪章》。故应选D。

    答案： D

    考点：《威尼斯宪章》。

71. **解析：** 参见《中国建筑史》（第七版）第553页，本题选项中全部属于文化遗产的是C项。自然和文化双遗产有：泰山、大足石刻、武当山古建筑群。周庄同里江南古镇群、麦积山石窟和元中都遗址目前尚未列入世界文化遗产名录。故应选C。

    答案： C

    考点： 中国"世界文化遗产"。

72. **解析：** 见《城市规划编制办法》（中华人民共和国建设部令第146号）第四章第四节，控制性详细规划应当包括下列6条内容：①确定规划范围内不同性质用地的界线，确定各类用地内适建，不适建或者有条件地允许建设的建筑类型；②确定各地块建筑高度、建筑密度、容积率、绿地率等控制指标，确定公共设施配套要求、交通出入口方位、停车泊位、建筑后退红线距离等要求；③提出各地块的建筑体量、体型、色彩等城市设计指导原则；④根据交通需求分析，确定地块出入口位置、停车泊位、公共交通场站用地范围和站点位置、步行交通以及其他交通设施，规定各级道路的红线、断面、交叉口形式及渠化措施、控制点坐标和标高；⑤根据规划建设容量，确定市政工程管线位置、管径和工程设施的用地界线，进行管线综合。确定地下空间开发利用具体要求；⑥制定相应的土地使用与建筑管理规定。修建性详细内容应包括下列7条内容：①建设条件分析及综合技术经济论证；②建筑、道路和绿地等的空间布局和景观规划设计，布置总平面图；③对住宅、医院、学校和托幼等建筑进行日照分析；④根据交通影响分析，提出交通组织方案和设计；⑤市政工程管线规划设计和管线综合；⑥竖向规划设计；⑦估算工程量、拆迁量和总造价，分析投资效益。可见，选项A、C、D均为控制性详细规划内容，B选项为修建性详细规划内容。

    答案： B

    考点： 控制性和修建性详细规划内容。

73. **解析：** 一般来说，开放空间具备以下四项功能：1.提供室外活动及公共社交的场所；2.改善城市微气候，维护日照、通风、采光，提升居住品质；3.提供城市防灾、避难的场地；4.降低视觉活动的干扰，连接不同基地空间。根据以上标准，A、B、D显然是开放空间系统，而C的说法太过泛泛，所说的内容包含开放空间系统，但又不仅仅是开放空间系统。

    答案： C

    考点： 城市开放空间系统。

74. **解析：** 见《城市规划原理》（第四版）第29~31页，卫星城经历了第一代卧城、第二代半独立卫星城镇、第三代独立新城和现阶段的第四代卫星城。A选项伦敦卫星城哈罗被誉为第一代卫星城的代表，于1947年规划设计，1949年建造，设置多个邻里单位，邻里单位有小学及商业中心；B 选项斯特文内几同样是伦敦第一代卫星城；C 选项魏林比新城是斯德哥尔摩的第三代半独立卫星城，对母城仍具有一定依赖性，以一条电气化铁路和高速干道与母城连接；D 选项米尔顿·凯恩斯是英国 60 年代建造的第三代独立新城，位于伦敦西北与利物浦之间，城市具有了多种就业机会，交通便利，设有邻里单位与大型商业中心。本题选 C。

答案：C

考点：三代卫星城的代表城市。

75. 解析：A 选项"花园城市"思想最早由英国人霍华德在 1898 年出版的《明天——一条引向真正改革的和平道路》书中提出，1902 年再版《明日的田园城市》使得"花园城市"思想得到大家的广泛关注；B 选项，雷蒙·恩温于 1922 年出版的《卫星城市的建设》一书中正式提出了"卫星城镇"思想；C 选项，1918 年沙里宁提出有机疏散理论，理论体系集中体现在 1942 年出版的《城市：它的发展、衰败和未来》中；D 选项，邻里单位理论由美国建筑师佩里在 1929 年提出。

答案：C

考点："有机疏散"理论的提出。

76. 解析：古希腊是欧洲文明的发祥地。公元 5 世纪，古希腊经历了奴隶制的民主政体，形成了一系列城邦国家。在该时期，城市布局出现了以方格网状道路系统为骨架、以城市广场为中心的希波丹姆（Hippodamus）模式，该模式充分体现了民主和平等的城邦精神和市民民主文化的要求，在米列都（Milet）城得到了最为完整的体现。

答案：B

考点：希波丹姆和米利都城的特点和意义。

77. 解析：三国时期，魏王邺城规划继承了战国时期以宫城为中心的规划思想，功能分区明确、结构严谨，其规划布局对以后的中国古代城市规划思想的发展产生了重要影响。吴国国都迁都于金陵，其城市用地依自然地势发展，皇宫位于城市南北中轴线上，重要建筑以此对称布局。金陵是周礼制城市规划思想和与自然结合的规划理念相结合的典范。里坊制在隋唐长安城得到了进一步的发展。

答案：A

考点：明清时代的南京城。

78. 解析：根据《居住区规范》第 7.0.5 条规定：居住区内公共绿地的总指标，组团不少于 0.5m²/人，小区（含组团）不少于 1.0m²/人，居住区（含小区与组团）不少于 1.5m²/人。

答案：C

考点：无。

79. 解析：见《城市规划原理》（第四版）第 504～507 页，住宅群体平面组合的基本形式分为四种：行列式、周边式、混合式和自由式。此图为单周边式。周边式布局为建筑街坊或院落周边的布置形式（题 79 解表）。这种布置形式形成较内向的院落空间，便于组织休息园地，促进邻里交往。对于寒冷及多风沙地区，可阻挡风沙及减少院内积雪。周边布置的形式有利于节约用地，提高居住建筑面积密度。但采用这种布置形式有相当一部分的朝向较差，因此对于湿热地区很难适应，有的还采用转角建筑单元，使结构、施工较为复杂，造价也会增加。此题图为英国密尔顿凯恩斯新城住宅组，为单周边式布置。

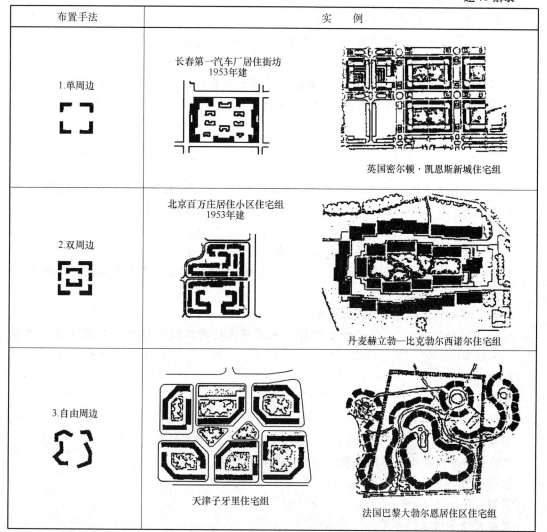

题79解表

答案：A

考点：住宅群体平面组合的基本形式。

80. 解析：见《城市规划原理》（第四版）第531~534页"住区绿地规划"的基本要求。根据住区的功能组织和居民对绿地的使用要求采取集中与分散、重点与一般及点、线、面相结合的原则，以形成完整统一的住区绿地系统。尽可能利用劣地、坡地、洼地进行绿化，以节约用地。

答案：D

考点：住区绿地规划的基本要求。

81. 解析：见《城市规划原理》（第四版）第32页，1933年国际现代化建筑协会（CIAM）在雅典开会，中心议题是城市规划，并制定了一个《城市规划大纲》（后称为《大纲》），这个大纲后来被称为《雅典宪章》。《大纲》集中地反映了当时"现代建筑"学派观点，提出了城市功能分区和以人为本的思想。《大纲》首先提出，城市要与其周围影响地区作为一个整体来研究，指出城市规划的目的是解决居住、工作、游憩与交通四大功能的正常进行。《大纲》指出，城市的种种矛盾是由大工业生产方式的变化和土地私有引起的。城市应按照全市民意志进行规划，要以区域规划为依据。城市按照居住、工作、游憩进行分区及平衡后，再建立三者联系的交通网。居住为城市主要因素，要多从居住者的要求出发，应以住宅为细胞组成邻里单位，应按照人的尺度（人的视域、视角、步行距离等）来估量城市各部分的大小范围。城市规划是一个三度空间的科学，不仅是长宽两方向，应考虑立体空间。要以国家法律形式保证规划的实施。

  答案：A

  考点：雅典宪章。

82. **解析**：见《城市规划原理》（第四版）第512～514页，住宅群体噪声防治的规划设计措施，图18-3-21是利用地形来防止噪声，D不在此范围内。

  答案：D

  考点：住宅群体噪声防治的规划设计措施。

83. **解析**：凯文·林奇把城市设计理论归纳为路径、边界、场地、节点和标志物五元素。

  答案：C

  考点：凯文·林奇城市设计五要素。

84. **解析**：20世纪40～50年代侧重于对传统建筑进行再发现的建筑师是埃及建筑师哈桑·法赛。

  答案：A

  考点：建筑历史（近现代）。

85. **解析**：兰州城市因受地形条件的限制，只能采用带状布局。

  答案：D

  考点：城市布局形态不同类型中分散式布局的城市。

86. **解析**：树池半径最小为1.5m。

  答案：A

  考点：停车场绿化布置。

87. **解析**：可持续发展是20世纪80年代提出的一个新概念。可持续发展观的三个原则为：（1）公平性原则。这包括同代人之间、代际之间，人与其他生物种群之间，不同国家和地区之间的公平。（2）持续性原则。地球面积是有限的，这决定了地球的承载能力也是有限的。人类的经济活动和社会发展必须保持在资源与环境的承载能力之内。为此，人类应做到合理开发与利用自然资源，保持适度的人口规模，处理好发展经济与保护环境的关系。（3）共同性原则。地球是一个整体，地区性问题往往会转化成全球性问题，这要求地方的决策和行动应该有助于实现全球整体的协调。D选项不包含。

  答案：D

  考点：可持续发展原则的内容。

88. **解析**：可持续发展的观念是在1978年联合国环境与发展大会上第一次在国际社会正式提出。1987年联合国世界环境与发展委员会在《我们共同的未来》报告中详尽阐述了可持续发展的概念。1992年第二次环境与发展大会通过的《环境与发展宣言》和

《全球21世纪议程》，正式地确立了可持续发展是当代人类发展的主题，被各国普遍接受。

答案：D

考点：可持续发展战略的提出。

89. 解析：见《防火规范》第3.3.6条2款，题中丁类厂房内设置丙类仓库的防火分隔，耐火极限最高2.5h显然不是防火墙，而是多层厂房的楼板。规范规定，厂房内设置丙类仓库时，必须采用防火墙和耐火极限不低于1.5h的楼板与厂房隔开。

答案：B

90. 解析：见原《建筑设计防火规范》GB 50016—2006第3.8.2条，每座仓库的安全出口不应少于2个，当一座仓库的占地面积≤300m² 时，可设置1个安全出口。

答案：A

91. 解析：火灾发生时，高层办公建筑中庭的开敞楼梯一般不能用于紧急疏散；按《防火规范》第6.4.5条规定，室外楼梯净宽不应小于0.90m。故净宽0.8m的室外楼梯不可计入疏散总宽度。

答案：B

92. 解析：见《防火规范》第5.5.4条，自动扶梯和电梯不应作为安全疏散设施。

答案：D

93. 解析：见《防火规范》第7.3.5条1款、第7.3.8条2款及第7.3.6条，知A、B、D项错误，又从第7.3.5条4款知消防电梯间前室的门应采用乙级防火门。

答案：C

94. 解析：按《内部装修防火规范》第3.1.6条规定，无自然采光楼梯间、封闭楼梯间、防烟楼梯间及其前室的顶棚、墙面和地面均应采用A级装修材料。

答案：B

95. 解析：见原《高层民用建筑设计防火规范》GB 50045—95（2005年版）第6.2.1.1条，楼梯间入口处应设前室、阳台或凹廊。

答案：D

96. 解析：见《人防防火规范》第3.1.3条，人防工程内不应设置哺乳室、托儿所、幼儿园、游乐厅等儿童活动场所和残疾人员活动场所。

答案：B

97. 解析：按《装修防火规范》表3.4.1规定，地下商场营业厅顶棚、墙面和地面装修材料的燃烧性能等级均应为A级。

答案：D

98. 解析：见《车库车场防火规范》第6.0.6条，汽车库室内最远工作地点至楼梯间的距离不应超过45m，当设有自动灭火系统时，其距离不应超过60m。

答案：C

99. 解析：见《人防地下室规范》第2.1.22条，临空墙系指一侧直接受空气冲击波作用，另一侧为防空地下室内部的墙体。

答案：D

100. 解析：见《人防地下室规范》第2.1.40条，防毒通道是指由防护密闭门或两道密闭

677

门之间所构成的，具有通风换气条件，依靠超压排风阻挡毒剂侵入室内的空间。

答案：C

101. 解析：见《人防地下室规范》第3.2.10条，两相邻防护单元之间应至少设置一个连通口，在连通口的防护单元隔墙两侧应各设置一道防护密闭门，高抗力防护单元侧设低抗力门，低抗力防护单元侧设高抗力门。

答案：D

102. 解析：按《老年人居住标准》第6.1.2条要求，老年人居住建筑中卧室、起居室的采光窗洞口面积与该房间的面积之比不宜小于1/6。

答案：B

103. 解析：按《民建通则》第7.1.2.1条规定，侧窗采光口离地面高度在0.80m以下的部分不应计入有效采光面积。

答案：D

104. 解析：按《民建通则》第7.5.2条表7.5.2规定，旅馆客房隔墙体的空气声隔声量要求以客房与客房间隔墙为最高，客房与走廊间隔墙次之，客房外墙再次，客房内卫生间隔墙未作要求。

答案：C

105. 解析：现浇钢筋混凝土楼板上设置柔性垫层可以有效地隔绝撞击声。

答案：B

106. 解析：按《绿色建筑标准》第4.2.6条第1.1款规定，建筑物周围人行区风速小于5m/s，有利于室外行走。

答案：D

107. 解析：《公厕标准》第3.3.17条，男、女厕所厕位分别超过20时，宜设双出入口。

答案：C

108. 解析：《老年人居住建筑设计标准》第4.3.3条规定，公用走道墙面不应有突出物。2014年5月1日开始执行的《养老设施建筑设计规范》第6.3.2条规定："养老设施建筑走廊净宽不应小于1.80m。固定在走廊墙、立柱上的物体或标牌距地面的高度不应小于2.00m；当于小2.00m时，探出部分的宽度不应大于100mm；当探出部分的宽度大于100mm时，其距地面的高度应小于600mm。"此题未按此规范修改。请读者注意。

答案：B

109. 解析：《剧场规范》第5.3.5条规定，观众厅纵走道坡度大于1∶10时应做防滑处理，铺设的地毯等应为B1级材料，并有可靠的固定方式。

答案：D

110. 解析：《办公建筑规范》第4.1.3条规定，五层及五层以上办公建筑应设电梯。

答案：C

111. 解析：见《住宅设计规范》第6.5.1条，住宅走廊通道的净宽不应小于1.20m，局部净高不应低于2.00m。

答案：B

112. 解析：原《公共建筑节能设计标准》GB 50189—2005第4.1.2条规定，严寒、寒冷地区建筑的体形系数应小于或等于0.40。

答案：B

113. 解析：见《公建节能标准》第3.1.1条，公共建筑外窗传热系数限值的确定尚取决于体形系数和窗墙比。
     答案：D

114. 解析：见原《公共建筑节能设计标准》GB 50189—2005第4.2.4条，建筑每个朝向的窗（包括透明幕墙）墙面积比均不应大于0.7。
     答案：C

115. 解析：按《严寒寒冷节能标准》第2.1.8条解释，外墙平均传热系数是考虑了墙上存在的热桥影响后得到的传热系数。
     答案：A

116. 解析：见《夏热冬冷节能标准》第4.0.4条，建筑围护结构各部分的热工性能指标均包含传热系数和热惰性指标两部分。
     答案：B

117. 解析：居住建筑采用太阳能热水系统最节能环保。
     答案：C

118. 解析：按原《城市道路和建筑物无障碍设计规范》JGJ 50—2001第5.1.5条规定，交通建筑必须设无障碍专用厕所。
     答案：D

119. 解析：按原《城市道路和建筑物无障碍设计规范》JGJ 50—2001第7.3.1条规定，中、小型公共建筑乘轮椅者通行的走道均应≥1500mm。
     答案：B

120. 解析：按《无障碍规范》第3.4.1条规定，供轮椅通行的坡道宜设计成直线形、直角形或折返形。
     答案：B

121. 解析：按《无障碍规范》第3.4.4条表3.4.4的规定，供轮椅通行的坡道当坡度为1：12时，坡道的最大高度为0.75m，水平长度为9.00m。
     答案：C

122. 解析：按原《城市道路和建筑物无障碍设计规范》JGJ 50—2001第7.3.4条规定，建筑入口的雨水算子不得高出地面，其孔洞不应大于15mm×15mm。
     答案：A

123. 解析：按《车库规范》第4.0.5条表4.0.5规定，汽车库内汽车与汽车、柱之间的最小净距分别为0.60m和0.30m。3×1.8m+2×0.6m+2×0.3m+0.8m=8m。
     答案：C

124. 解析：《房屋建筑制图统一标准》第7.0.5条规定，分区号采用阿拉伯数字或大写拉丁字母表示。
     答案：C

125. 解析：观众厅体形设计和混响时间控制是剧场和电影院观众厅建筑声学设计的首要任务。
     答案：B

126. **解析**：见《剧场规范》第5.1.5条，观众席对视点的最远视距，歌舞剧场不宜大于33m；话剧和戏曲剧场不宜大于28m；伸出式、岛式舞台剧场不宜大于20m。
    答案：C

127. **解析**：见《图书馆规范》第5.1.1条，防护内容应包括围护结构保温、隔热、温度和湿度要求、防水、防潮、防尘、防有害气体、防阳光直射和紫外线照射、防磁、防静电、防虫、鼠、消毒和安全防范等。
    答案：B

128. **解析**：见《体育建筑设计规范》JGJ 31—2003第4.2.4条，场地的对外出入口应不少于二处，其大小应满足人员出入方便、疏散安全和器材运输的要求。
    答案：A

129. **解析**：依据国家计委、建设部2002年修订的《工程勘察设计收费标准》，所有工程设计按复杂程度分为Ⅰ级（一般）、Ⅱ级（较复杂）、Ⅲ级（复杂）三个等级。
    答案：A

130. **解析**：按《工程勘察设计收费标准》第7.3.1条规定，建筑、人防工程的复杂程度等级主要取决于技术要求的复杂性、建筑规模、建筑高度、室内装修标准等，与投资额度没有直接关系。
    答案：C

131. **解析**：按《文件深度规定》第3.1.1条规定，初步设计文件应有：设计说明书（包括设计总说明、各专业设计说明），有关专业的设计图纸，主要设备和材料表，工程概算书，有关专业计算书，共5项。
    答案：B

132. **解析**：按《文件深度规定》第4.3.3条第4.1款要求，墙体、墙身防潮层、地下室防水、屋面、外墙面等处的材料和做法说明并不应提及生产厂家。
    答案：C

133. **解析**：按《文件深度规定》第4.3.1条规定，在施工图设计阶段，建筑专业设计文件应包括图纸目录、设计说明、设计图纸和计算书。
    答案：C

134. **解析**：按《住宅性能标准》第3.0.10条规定，评定指标的分值设定为：适用性能和环境性能满分为250分，经济性能和安全性能满分为200分，耐久性能满分为100分，总计满分1000分。
    答案：B

135. **解析**：按《住宅性能标准》第1.0.5条，住宅性能按照评定得分可分为A、B两个级别。
    答案：C

136. **解析**：见《住宅性能标准》第5.1.1条，住宅环境性能的评定应包括：用地与规划、建筑造型、绿地与活动场地、室外噪声与空气污染、水体与排水系统、公共服务设施和智能化系统7个评定项目。
    答案：A

137. **解析**：见《住宅性能标准》第1.0.4条，本标准将住宅性能划分为：适用性能、环境性能、经济性能、安全性能和耐久性能 5 个方面。

答案：A

138. 解析：见《住宅性能标准》第 6.2.3 条，围护结构的评定应包括外窗和阳台门的气密性以及外墙、外窗和屋顶的传热系数等。

答案：C

139. 解析：《住宅设计原理》第 297 页，日照、通风、防噪声是生理环境的三个重要方面。

答案：A

140. 解析：参见《住宅设计原理》第五章，不同地区和特殊条件下的住宅设计。

答案：D